LS 10

LAMBACHER SCHWEIZER

Mathematisches Unterrichtswerk
für das Gymnasium

von
Prof. August Schmid
Prof. Dr. Ingo Weidig

erarbeitet von
Dr. Detlef Lind, Wuppertal
Angelika Müller, Aachen
Hartmut Schermuly, Wuppertal
Dr. Ingo Weidig, Landau
Dr. Peter Zimmermann, Speyer

Ernst Klett Verlag
Stuttgart · Leipzig

Bildquellenverzeichnis:

AKG, Berlin: 112.3, 113.1 und 2 (Erich Lessing), 113.4; Tony Angermayer, Holzkirchen: 84.1 (Günter Ziesler); Artephot, Paris (F): S. 45; Bildarchiv Preussischer Kulturbesitz, Berlin: S. 158; Bilderberg, Hamburg: S. 11 (Georg Fischer), S. 124 (Wolfgang Volz); Bongarts (G. Schiffmann), Hamburg: S. 137; „Der Große Brockhaus“: S. 96; Cartoon-Caricature-Contor, Ernesto Clusellas, München: 113.3; 1996 M. C. Escher, Cordon Art B.V., Baarn (Holland): 113.5; Deutsches Museum, München: S. 28, S. 29, S. 66, S. 76 (Bürgi, Napier), 77.3, S. 91, S. 94, S. 120 Rand; „Geometry“, S. 628 (Verlag Freeman and Co., San Francisco, USA): S. 136; Globus-Kartendienst, Hamburg: S. 58; Gerd Görries, Nagold: 85.5; Prof. Dr. W. M. Heckl, München: 6.2; IFA-Bilderteam, München: 84.3 (Gottschalk); H. Kühr, Heidelberg: S. 82; Landesbildstelle Rheinland-Pfalz, Koblenz: S. 93 (freigeg. unter Nr. 10016-3); Lichtbildarchiv Dr. Keil, Neckargemünd: S. 163; Mauritius, Stuttgart: S. 27 (Phodri), S. 50 (Thonig), 81.2 (Mitterer), 85.2 (Superstock), S. 127 (H. Schmied), S. 131 (Hubatka), S. 140 (Pascal), 204.3 (Rosenfeld); Cira Moro, Stuttgart: S. 24, S. 55, 77.4, 81.1, S. 99, 205.4; Angelika Müller, Aachen: S. 135; Okapia, Frankfurt: S. 134 (NAS.T. McHugh); „Praxis Geometriae“ (Ernst Klett, Stuttgart, 1981), Tab. XVI, Fig. 3, N.1: 204.4; George C. Rudolph: U. S. Steel Building, New York, 1966: 112.1; P. H. Sahling: S. 52; „Spektrum der Wissenschaft“, Heft 8/93, S. 39–41: 6.1; Stadtbibliothek Nürnberg: 76.1; Thylmann, Stuttgart: S. 119, 205.3; Ingo Weidig, Landau: S. 83, 84.2, 120.1 und 2

Nicht in allen Fällen war es uns möglich, den uns bekannten Rechtsinhaber ausfindig zu machen. Berechtigte Ansprüche werden selbstverständlich im Rahmen der üblichen Vereinbarungen abgegolten.

Passend zu den Schülerbüchern gibt es die so genannten Kompakt-Hefte, in denen man in Doppeljahrgangsstufen zusammengefasst die wichtigsten Formeln und Merksätze zum Nachschlagen sowie vollständig gelöste Beispiele zum Nachrechnen findet.
LS Kompakt 5/6 (3-12-730715-2), LS Kompakt 7/8 (3-12-730735-7), LS Kompakt 9/10 (3-12-730755-1)

1. Auflage € A 1 11 10 9 8 7 | 2012 2011 2010 2009 2008

Alle Drucke dieser Auflage können im Unterricht nebeneinander benutzt werden; sie sind im Wesentlichen untereinander unverändert. Die letzte Zahl bezeichnet das Jahr dieses Druckes.
Ab dem Druck 2000 ist diese Auflage auf die Währung EURO umgestellt. Zum überwiegenden Teil sind in den Aufgaben keine zahlenmäßigen Veränderungen erfolgt. Die wenigen notwendigen Änderungen sind mit € gekennzeichnet. Lösungen und Hinweise zu diesen Aufgaben sind im Internet unter http://www.klett-verlag.de verfügbar.

Internetadresse: http://www.klett-verlag.de

Zeichnungen: U. Bartl, Weil der Stadt; R. Hungreder, Leinfelden; Bertron & Schwarz, W. Müller, Schwäbisch Gmünd.
Umschlaggestaltung: Alfred Marzell, Schwäbisch Gmünd.
DTP-Satz: topset Computersatz, Nürtingen.
Repro: SCHNITZER DRUCK GmbH, 71404 Korb.
Druck: Stürtz GmbH, Würzburg.
Printed in Germany.

ISBN 978-3-12-731060-3

9 783127 310603

Inhaltsverzeichnis

I Potenzen

II Potenzfunktionen

III Exponentialfunktionen

IV Kreisberechnungen

V Zeichnerische Darstellung von Körpern

VI Körperberechnungen

VII Einführung in die Trigonometrie

VIII Trigonometrische Funktionen

IX Trigonometrische Berechnungen

Fig. 1

1 Zehnerpotenzen

1 Das Licht legt in einer Sekunde ungefähr 300 000 km zurück. Ein Lichtjahr ist die Strecke, die das Licht in einem Jahr zurücklegt. Berechne aus den Angaben von Fig. 1 mit deinem Taschenrechner, wie viel km die Große Magellansche Wolke von uns entfernt ist. Wie gibt dein Taschenrechner das Ergebnis an?

2 Zeolithe sind hoch poröse Tonminerale, die von feinen Kanälen durchzogen sind. Sie werden in der Chemie als Katalysatoren verwendet. Die Poren des Zeolithen ZSM-5 (Fig. 2) haben einen Durchmesser von $\frac{11}{20\,000\,000\,000}$ m. Gib diesen Durchmesser als Dezimalbruch an.

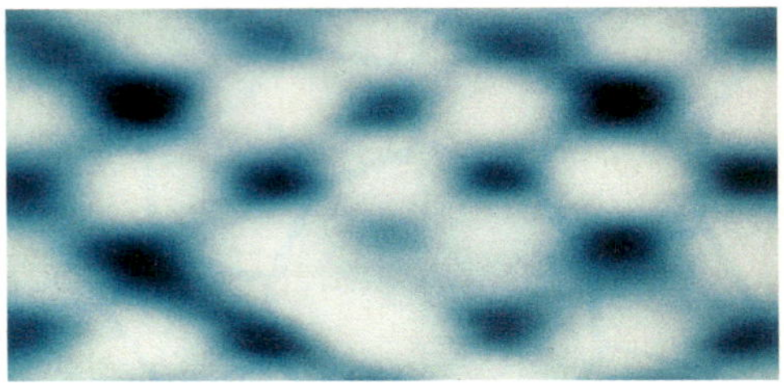
Fig. 2

Zahlen mit sehr großem oder sehr kleinem Betrag kann man übersichtlich in einer kurzen Schreibweise angeben. Diese Schreibweise heißt **Potenzschreibweise mit Zehnerpotenzen**.

Potenzschreibweise:		Dezimalschreibweise:	
...	...	...	
10^8	=	100 000 000	eine Eins mit 8 Nullen
10^7	=	10 000 000	eine Eins mit 7 Nullen
...	...	...	
10^2	=	100	eine Eins mit 2 Nullen
10^1	=	10	eine Eins mit 1 Null
10^0	=	1	eine Eins ohne Nullen
10^{-1}	=	0,1	eine Eins an der 1. Nachkommastelle
10^{-2}	=	0,01	eine Eins an der 2. Nachkommastelle
...	...	...	
10^{-7}	=	0,000 000 1	eine Eins an der 7. Nachkommastelle
10^{-8}	=	0,000 000 01	eine Eins an der 8. Nachkommastelle
...	...	...	

Große Zahlen wie 27 000 000 kann man auch so schreiben: $2{,}7 \cdot 10^7$
Zahlen mit kleinem Betrag wie 0,000 003 7 kann man auch so schreiben: $3{,}7 \cdot 10^{-6}$

Beispiel 1
Schreibe als Produkt aus einem Dezimalbruch mit einer Ziffer ($\neq 0$) vor dem Komma und einer Zehnerpotenz.
a) 470 000 b) 0,0023
Lösung:
a) $470\,000 = 4{,}7 \cdot 100\,000 = 4{,}7 \cdot 10^5$ b) $0{,}0023 = 2{,}3 \cdot 0{,}001 = 2{,}3 \cdot 10^{-3}$

Beispiel 2
Schreibe dezimal.
a) $7 \cdot 10^6$ b) $4{,}19 \cdot 10^{-7}$
Lösung:
a) $7 \cdot 10^6 = 7 \cdot 1\,000\,000 = 7\,000\,000$ b) $4{,}19 \cdot 10^{-7} = 4{,}19 \cdot 0{,}000\,000\,1 = 0{,}000\,000\,419$

Bei Taschenrechnern wird die Potenzschreibweise oft in einer veränderten Form verwendet.

Beispiel 3
Berechne mit Hilfe des Taschenrechners. Schreibe das Ergebnis als Produkt aus einem Dezimalbruch mit einer Stelle (≠ 0) vor dem Komma und einer Zehnerpotenz. Runde den Dezimalbruch auf zwei Nachkommastellen: $2 : (3{,}5 \cdot 10^{13})$
Lösung:
Tastenfolge: 2 [÷] [(] 3.5 [x] 10 [y^x] 13 [)] [=]
oder: 2 [÷] 3.5 [EE] 13 [=]
Mögliche Anzeige: 5.714285714 -14
Gerundetes Ergebnis: $5{,}71 \cdot 10^{-14}$

Aufgaben

3 Schreibe mit Hilfe einer Zehnerpotenz.
a) 100 000 000 000 b) 100 000 000 000 000 000 c) 34 500 000 d) 3 705 000 000 000 000 000
e) 0,000 000 000 1 f) 0,000 000 000 000 001 g) 0,000 001 4 h) 0,000 000 007 040 096 8

4 Wie viele Millionen (Milliarden; Billionen) sind
a) 40 000 000 000 000 000 000 b) 230 000 000 000 000 000 c) 1 350 000 000 000 000 000 000?

5 Wie viele Stellen hat die Zahl $10^{(10^{10})}$, wenn man sie dezimal schreibt?
Wie lang würde diese Zahl, wenn man beim Schreiben für 10 Ziffern 4 cm Platz benötigt?

6 Schreibe dezimal.
a) $5 \cdot 10^4$ b) $7{,}96 \cdot 10^3$ c) $13{,}87 \cdot 10^6$ d) $5{,}32 \cdot 10^9$ e) $6{,}85 \cdot 10^{11}$
f) 10^{-5} g) $4 \cdot 10^{-3}$ h) $1{,}7 \cdot 10^{-2}$ i) $765 \cdot 10^{-4}$ k) $0{,}502 \cdot 10^{-5}$

7 Schreibe als Produkt aus einem Dezimalbruch mit einer Ziffer (≠ 0) vor dem Komma und einer Zehnerpotenz.
a) $543 \cdot 10^7$ b) $0{,}876 \cdot 10^{-3}$ c) 23 400 000 d) 0,000 765 e) $12{,}67 \cdot 10^{-7}$

8 Berechne mit Hilfe des Taschenrechners. Schreibe das Ergebnis als Produkt aus einem Dezimalbruch mit einer Stelle (≠ 0) vor dem Komma und einer Zehnerpotenz.
a) $10^{15} \cdot (45 : 10^{-37})$ b) $(14\,567{,}3 + 10^{15}) \cdot (45 : 10^{-37})$ c) $(3{,}5 \cdot 10^{57}) - (23\,456 + 6543 \cdot 10^{17})$
d) $(3{,}5 \cdot 10^{57}) - 10^{17}$ e) $(3{,}5 \cdot 10^{57}) + (23\,456 - 6543 \cdot 10^{26})$ f) $(10^3 - 10^{13}) \cdot (10^3 + 10^{13})$

9 Berechne mit Hilfe des Taschenrechners so genau wie möglich.
a) 13 254 376 555 · 978 561 325 444 b) 0,007 600 000 001 2 · 0,000 098 000 02
c) 84 635 394 836 394 – 1 993 929 · 5438
d) 28 382 719 000 000 000 : 9 724 152 615 241 342 415
e) 5 241 327 252 413 · 0,000 000 000 002 + 98 787 654 354
f) (45 376 543 222 + 9 786 754 310 987) : 600 870 654 321

10 Wie viele Stellen haben diese Zahlen im Dezimalsystem?
a) 8,5 Milliarden (geschätzte Zahl der im Jahr 2025 lebenden Menschen)
b) 150 Millionen (mittlerer Abstand Erde–Sonne in km)

11 Schreibe mit einem Dezimalbruch als Maßzahl.
a) Dauer eines Blitzes: 10^{-4} s b) Atomdurchmesser: 10^{-10} m
c) Wellenlänge des blauen Lichtes: $4{,}8 \cdot 10^{-7}$ m d) Erdoberfläche: $5{,}11 \cdot 10^8$ km²
e) Durchmesser von Darmbakterien: $1{,}5 \cdot 10^{-3}$ mm f) Landfläche der Erde: $1{,}49 \cdot 10^8$ km²

12 a) Wie viele Sekunden vergehen im Lauf von 100 000 Jahren (ohne Schaltjahre u. Ä.)?
b) Welcher Bruchteil eines Jahres ist eine Millisekunde?

13 Ein Team europäischer Astronomen hat im Jahr 1995 eine Galaxie entdeckt. Signale dieses Sternensystems waren zwischen 11 Milliarden und 15 Milliarden Jahre unterwegs. Solche Signale legen ungefähr 300 000 km in einer Sekunde zurück. Wie viel Kilometer legten diese Signale mindestens (höchstens) zurück, bis sie die Erde erreichten?

14 Das menschliche Gehirn hat ungefähr $14 \cdot 10^9$ Nervenzellen. Die Anzahl der Verknüpfungen dieser Zellen untereinander, der Synapsen, ist 500-mal so groß.
Wie viele Synapsen hat ein menschliches Gehirn?

15 Im Körper eines mittelgroßen Menschen kreisen ca. 5 *l* Blut. In 1 mm^3 Blut befinden sich ca. $5 \cdot 10^6$ rote Blutkörperchen. Wie viele rote Blutkörperchen sind in der gesamten Menge Blut eines Menschen?

16 Das Verhältnis von Erdmasse zu Sonnenmasse beträgt ungefähr 1 : 330 000. Die Erde hat eine Masse von ca. $6 \cdot 10^{24}$ kg. Berechne die ungefähre Masse der Sonne.

Das Verhältnis zweier Maßzahlen kann man wie Brüche erweitern und kürzen.

17

Wie weit wären auf diesem Maßband mit Zentimetereinteilung die Markierungen mit der größten und zweitgrößten Zahl, die dein Taschenrechner anzeigen kann, voneinander entfernt?

Vorsilben für große Zahlen:

deka (da)	10
hekto (h)	10^2
kilo (k)	10^3
mega (M)	10^6
giga (G)	10^9
tera (T)	10^{12}

z. B.:
5 MWatt = $5 \cdot 10^6$ Watt

Vorsilben für kleine Zahlen:

dezi (d)	10^{-1}
zenti (c)	10^{-2}
milli (m)	10^{-3}
mikro (µ)	10^{-6}
nano (n)	10^{-9}
piko (p)	10^{-12}

z. B.:
3 cm = $3 \cdot 10^{-2}$ m

18 Eine Uhr weicht täglich höchstens 10^{-11} Sekunden von der richtigen Zeit ab. Der Hersteller will mit dem Slogan werben: „Weicht in x Jahren um höchstens 1 Sekunde von der tatsächlichen Zeit ab“. Welche Zahl kann für x eingesetzt werden?

19 Ein kugelförmiger Wassertropfen von 1 mm Durchmesser besteht aus ca. $1{,}74 \cdot 10^{19}$ Molekülen. Wie lange würde es dauern, diese Moleküle zu zählen, wenn man 5 Moleküle pro Sekunde zählen könnte?

20 Gib mit Hilfe von Zehnerpotenzen an.
a) 45 km in mm b) 5,8 g in µg (t; Mt) c) 4,9 m^2 in km^2 (mm^2; nm^2)

21 Ein Kraftwerk gibt eine elektrische Leistung von 900 MW ab. Wie viele 60-W-Glühlampen könnten mit der Leistung dieses Kraftwerkes gleichzeitig zum Leuchten gebracht werden?

22 Ein Atomkern hat einen Durchmesser von ca. 10^{-2} pm. Der Durchmesser eines Atoms ist ca. 10^5-mal größer als der Durchmesser des Atomkerns. Drücke den Durchmesser eines Atoms in nm (µm, mm) aus.

23 Nicht gebräuchliche, aber mögliche Fragestellungen:
a) Wie viele Tage hat ein Hektojahr? b) Wie viele Sekunden sind 500 Milliminuten?

2 Potenzen mit ganzzahligen Exponenten

n	4	3	2	1	0	−1	−2	−3	−4
n·5	20	15	10	5	0	−5	−10	−15	−20
	−5	−5	−5	−5	−5	−5	−5	−5	

n	4	3	2	1	0	−1	−2	−3	−4
5^n	625	125	25						
	:5	:5							

Fig. 1

1 a) Schreibe 10^{-1}; 10^{-2}; 10^{-3}; . . .; 10^{-n} als Brüche.
b) Wie kann man die Tabelle in Fig. 1 sinnvoll ausfüllen? Begründe deine Antwort.
c) Schreibe 7^{-1}, 7^{-2}; 7^{-3}; . . .; 7^{-n} als Brüche.

Zur Erinnerung:
*Bei einer Potenz a^n nennt man a die **Basis** und n den **Exponenten**.*

Bisher war a^n nur für natürliche Zahlen n mit $n \geqq 2$ erklärt.
Wie bei Zehnerpotenzen kann man auch allgemein Potenzen für die Exponenten 1 und 0 sowie für negative ganzzahlige Exponenten definieren.

Definition:

$a^n = \underbrace{a \cdot a \cdot \ldots \cdot a}_{n \text{ Faktoren}}$ für jede reelle Zahl a und jede natürliche Zahl n mit $n \geqq 2$.

$a^1 = a$ für jede reelle Zahl a.

$a^0 = 1$ für jede reelle Zahl a mit $a \neq 0$.

$a^{-n} = \frac{1}{a^n}$ für jede reelle Zahl mit $a \neq 0$ und jede natürliche Zahl $n \geqq 1$.

So kann man mit Hilfe des Taschenrechners 2^{-5} leicht berechnen:
Tastenfolge:
2 [y^x] 5 [±] [=]
Ergebnis:
$2^{-5} = 0{,}03125$

Beachte: Klammern werden zuerst ausgerechnet. Innerhalb von Klammern oder, wenn Klammern fehlen, gilt: Potenzrechnung vor Punktrechnung; Punktrechnung vor Strichrechnung. Deshalb ist: $-5^4 = -(5^4)$, aber $-5^4 \neq (-5)^4$.

Beispiel 1
Berechne a) $(-5)^3$ b) -5^4 c) 5^{-3} d) $\left(\frac{3}{4}\right)^{-2}$
Lösung:
a) $(-5)^3 = (-5)\cdot(-5)\cdot(-5) = -125$
b) $-5^4 = -(5^4) = -(5\cdot5\cdot5\cdot5) = -625$
c) $5^{-3} = \frac{1}{5^3} = \frac{1}{5\cdot5\cdot5} = \frac{1}{125}$
d) $\left(\frac{3}{4}\right)^{-2} = \frac{1}{\left(\frac{3}{4}\right)^2} = \frac{1}{\frac{3}{4}\cdot\frac{3}{4}} = \frac{1}{\frac{9}{16}} = \frac{16}{9}$

Beispiel 2
Schreibe mit positivem Exponenten: a) $\frac{3^{-4}}{5^7}$ b) $\frac{3^4}{5^{-7}}$ c) $\frac{3^{-4}}{5^{-7}}$
Lösung:
a) $\frac{3^{-4}}{5^7} = \frac{\frac{1}{3^4}}{5^7} = \frac{1}{3^4\cdot5^7}$
b) $\frac{3^4}{5^{-7}} = \frac{3^4}{\frac{1}{5^7}} = 3^4\cdot5^7$
c) $\frac{3^{-4}}{5^{-7}} = \frac{\frac{1}{3^4}}{\frac{1}{5^7}} = \frac{5^7}{3^4}$

Aufgaben

2 Rechne im Kopf.
a) 1^{56} b) 2^3 c) 4^3 d) 3^3 e) $(-2)^5$ f) $(-2)^6$ g) $(-7)^2$ h) $(-5)^4$
i) $0{,}1^7$ k) $0{,}7^2$ l) $0{,}03^3$ m) $\left(\frac{1}{2}\right)^5$ n) $\left(\frac{2}{5}\right)^{-4}$ o) $\left(\sqrt{3}\right)^4$ p) $\left(\sqrt{37}\right)^0$ q) 0^{23}

3 Berechne.

a) $2^2;\ 2^3;\ \ldots;\ 2^{10}$ b) $4^2;\ 4^4;\ 4^6;\ \ldots;\ 4^{10}$ c) $3^2;\ 3^3;\ \ldots;\ 3^{10}$

d) $9^1;\ 9^2;\ \ldots;\ 9^5$ e) $0{,}2^2;\ 0{,}2^3;\ \ldots;\ 0{,}2^{10}$ f) $\left(\frac{2}{9}\right)^2;\ \left(\frac{2}{9}\right)^3;\ \ldots;\ \left(\frac{2}{9}\right)^6$

4

a) $(-3)^2;\ (-3)^4;\ (-3)^6;\ (-3)^8;\ (-3)^{10}$ b) $-3^2;\ -3^4;\ -3^6;\ -3^8;\ -3^{10}$

c) $-(-3)^2;\ -(-3)^4;\ -(-3)^6;\ -(-3)^8;\ -(-3)^{10}$ d) $(-3)^3;\ (-3)^5;\ (-3)^7;\ (-3)^9$

e) $-3^3;\ -3^5;\ -3^7;\ -3^9$ f) $-(-3)^3;\ -(-3)^5;\ -(-3)^7;\ -(-3)^9$

5 Schreibe als Potenz mit einer möglichst kleinen natürlichen Zahl als Basis.

a) 100 000; 1000; 100 000 000 b) 64; 128; 512 c) 125; 625; 3125

d) 27; 243; 81; 729 e) 36; 216; 1296 f) 49; 2401; 117 649

6 Schreibe als Bruch.

a) $2^{-1};\ 2^{-2};\ 2^{-3};\ 2^{-4};\ 2^{-5}$ b) $5^{-2};\ 5^{-1};\ 5^0$ c) $3^{-3};\ 3^{-1};\ 3^{-4};\ 3^{-5};\ 3^{-6}$

d) $10^{-7};\ 10^{-6};\ 10^{-5};\ 10^{-10}$ e) $6^{-1};\ 6^{-3};\ 6^0$ f) $8^{-2};\ 8^{-1};\ 8^{-3};\ 8^0;\ 8^{-4}$

7 Schreibe als Potenz mit negativem Exponenten.

a) $\frac{1}{2^3};\ \frac{1}{5^4};\ \frac{1}{3^2};\ \frac{1}{4};\ \frac{1}{25};\ \frac{1}{100};\ \frac{1}{32};\ \frac{1}{81};\ \frac{1}{64};\ \frac{1}{49};\ \frac{1}{10000};\ \frac{1}{625}$

b) 0,01; 0,001; 0,1; 0,000 01; 0,000 001; 0,04; 0,25; 0,000 4

8 Berechne.

a) $(-2)^{-3};\ (-2)^{-1};\ (-2)^{-2}$ b) $(-3)^{-5};\ (-3)^{-4}$ c) $(-4)^{-1};\ (-4)^0;\ (-4)^{-2};\ (-4)^{-3}$

d) $-2^5;\ -2^{-2};\ (-2)^{-5}$ e) $-0{,}1^4;\ (-0{,}1)^{-3}$ f) $\left(-\frac{1}{2}\right)^4;\ -\left(\frac{2}{3}\right)^{-2};\ \left(-\frac{1}{10}\right)^{-1};\ -1^{-4}$

9

a) $2 \cdot 5^2$ b) $3 \cdot 2^4$ c) $7 \cdot 3^2$ d) $10 \cdot 4^3$ e) $3 \cdot 2^{-4}$ f) $5 \cdot 3^{-2}$

g) $8 \cdot 5^{-1}$ h) $7 \cdot 10^{-3}$ i) $2 \cdot 10^4$ k) $-4 \cdot 3^2$ l) $-6 \cdot 2^5$ m) $4^2 \cdot (-8)$

n) $-500 : 10^2$ o) $-\frac{1}{2} : 5^2$ p) $4 + 2^3$ q) $-3 + 10^{-2}$ r) $1{,}5 - 2^{-3}$ s) $5 + 2 \cdot 3^4$

t) $20 - 3 \cdot 5^2$ u) $8 : 5^{-2} + 4$ v) $5 + 4 \cdot \left(\frac{1}{2}\right)^2$ w) $6 - \frac{2}{3} \cdot 5^{-1}$ x) $19 - 4 \cdot 2^{-3}$ y) $14 - 3 \cdot \left(\frac{3}{5}\right)^{-3}$

10

a) $3 \cdot \left(\frac{1}{2}\right)^{-2}$ b) $5 \cdot \left(\frac{3}{4}\right)^{-1}$ c) $72 : 6^2$ d) $-12 : 2^2$ e) $18 : 3^3$ f) $24 : 2^{-3}$

g) $-3 \cdot 0{,}5^{-3}$ h) $3 \cdot 5^2$ i) $(3 \cdot 5)^2$ k) $6 \cdot 2^{-3}$ l) $(6 \cdot 2)^{-3}$ m) $-3 \cdot 2^4$

n) $(-3 \cdot 2)^4$ o) $-8 : 2^{-3}$ p) $6 + 2 \cdot 3^2$ q) $18 - 4 \cdot 2^{-3}$ r) $2 - 5 \cdot 3^{-2}$ s) $3 \cdot 2^5 + 4 \cdot 5^{-1}$

t) $6 : 2^3 - 9 \cdot 3^{-2}$ u) $8 + 2 \cdot 5^{-2}$ v) $8 + (2 \cdot 5)^{-2}$ w) $(8 + 2 \cdot 5)^{-2}$ x) $4 - 8 \cdot 10^{-2}$ y) $4 - (8 \cdot 10)^{-2}$

11 Berechne mit Hilfe des Taschenrechners.

a) $2{,}4^{-3} \cdot (-4{,}8)^3$ b) $0{,}12 \cdot 10^{-5} \cdot 0{,}12^5$ c) $-1455 : (3{,}44 \cdot 10^{-12})$ d) $8^{-9} \cdot (-11^{-10})$

12 Forme so um, dass keine Exponenten auftreten, die kleiner oder gleich Null sind. Gib einschränkende Bedingungen für die Variablen an.

a) $a^{-4};\ b^{-7};\ c^{-3};\ 3 \cdot x^{-2};\ 0{,}8 \cdot z^0$ b) $(a + b)^{-1};\ (x - y)^{-7};\ (u - 1)^0$

c) $a x^{-6};\ (a x)^{-2};\ a^{-1} x;\ a^{-1} x^{-1}$ d) $1 : a^{-2};\ a : b^{-3};\ (a : b)^{-5};\ a^{-2} : b^{-2}$

13 Welche Zahl ist größer: $(4^3)^2$ oder $4^{(3^2)}$? Berechne beide Zahlen.

14 Für welche natürlichen Zahlen a und n lässt sich a^{-n} als abbrechender Dezimalbruch schreiben?

3 Potenzen mit gleicher Basis

1 Ein Bit (Abkürzung für binary digit) ist die kleinste Speichereinheit eines Computers. Ein Bit kann den Wert 0 oder 1 annehmen. Acht Bit nennt man ein Byte. Fälschlicherweise bezeichnet man 2^{10} Byte als ein Kilobyte (kB) und 2^{10} kB als ein Megabyte.
a) Wie viel Byte ergeben 1 MB?
b) Gib die Speicherkapazität des Chips in Fig. 1 als 2er-Potenz in MB, kB und Byte an.

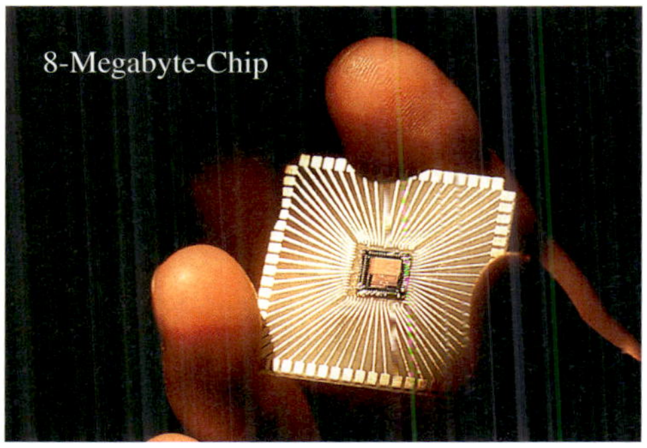

Fig. 1

2 Es ist $854\,296\,875 = 3^7 \cdot 5^8$ und $18\,984\,375 = 3^5 \cdot 5^7$.
Gib die Primfaktorzerlegung von $854\,296\,875 \cdot 18\,984\,375$ an.

Potenzen kann man als Produkte mit gleichen Faktoren schreiben, deshalb gilt:

$$a^p \cdot a^q = \underbrace{(a \cdot a \cdot \ldots \cdot a)}_{p\ \text{Faktoren}} \cdot \underbrace{(a \cdot a \cdot \ldots \cdot a)}_{q\ \text{Faktoren}} = \underbrace{a \cdot a \cdot \ldots \cdot a}_{p+q\ \text{Faktoren}} = a^{p+q} \quad (\text{falls } p, q > 0)$$

Quotienten mit gleichen Faktoren in Nenner und Zähler kann man kürzen, deshalb gilt:

$$a^p : a^q = \frac{a^p}{a^q} = \frac{\overbrace{a \cdot a \cdot \ldots \cdot a}^{p\ \text{Faktoren}}}{\underbrace{a \cdot a \cdot \ldots \cdot a}_{q\ \text{Faktoren}}} = \frac{\overbrace{a \cdot a \cdot \ldots \cdot a}^{p-q\ \text{Faktoren}}}{1} = \underbrace{a \cdot a \cdot \ldots \cdot a}_{p-q\ \text{Faktoren}} = a^{p-q} \quad (a \neq 0,\ p, q > 0 \text{ und } p > q)$$

$$a^p : a^q = \frac{a^p}{a^q} = \frac{\overbrace{a \cdot a \cdot \ldots \cdot a}^{p\ \text{Faktoren}}}{\underbrace{a \cdot a \cdot \ldots \cdot a}_{q\ \text{Faktoren}}} = \frac{1}{\underbrace{a \cdot a \cdot \ldots \cdot a}_{q-p\ \text{Faktoren}}} = \frac{1}{a^{q-p}} = a^{-(q-p)} = a^{p-q} \quad (a \neq 0,\ p, q > 0 \text{ und } p < q)$$

Diese Regeln gelten nicht nur für Potenzen mit positiven ganzzahligen Exponenten, sondern für alle Potenzen mit ganzzahligen Exponenten:

> Für Potenzen mit **gleicher Basis** a ($a \neq 0$) und ganzzahligen Exponenten p, q gilt:
> $$a^p \cdot a^q = a^{p+q} \quad \text{und} \quad a^p : a^q = a^{p-q}$$

Begründung:
Vor dem Kasten wurde gezeigt, dass die Regeln für positive Exponenten gelten.
Es bleibt zu zeigen, dass diese Regeln auch für negative Exponenten gültig sind.
1. $a^p \cdot a^q = a^{p+q}$ gilt auch für $p > 0$ und $q < 0$, denn ist $p > 0$ und $q = -s$ mit $s > 0$, dann ist $a^p \cdot a^q = a^p \cdot a^{-s} = a^p \cdot \frac{1}{a^s} = \frac{a^p}{a^s} = a^{p-s} = a^{p+(-s)} = a^{p+q}$
2. $a^p \cdot a^q = a^{p+q}$ gilt auch für $p < 0$ und $q < 0$, denn ist $p = -r$ und $q = -s$ mit $r, s > 0$, dann ist $a^p \cdot a^q = a^{-r} \cdot a^{-s} = \frac{1}{a^r} \cdot \frac{1}{a^s} = \frac{1}{a^{r+s}} = a^{-(r+s)} = a^{-r-s} = a^{(-r)+(-s)} = a^{p+q}$.
3. Für Quotienten von Potenzen mit ganzzahligen Exponenten p, q gilt:
$a^p : a^q = a^p \cdot a^{-q} = a^{p-q}$.

*zu 3.:
Auch für $q < 0$ gilt: $a^{-q} = \frac{1}{a^q}$, denn ist $q = -s$ mit $s > 0$ dann ist $a^{-q} = a^{-(-s)} = a^s = \frac{1}{\frac{1}{a^s}} = \frac{1}{a^{-s}} = \frac{1}{a^q}$.*

Beachte:
Bei Summen und Differenzen wie $m \cdot a^p + n \cdot a^p$ und $m \cdot a^p - n \cdot a^p$ kann man ausklammern:

$$m \cdot a^p + n \cdot a^p = (m + n) \cdot a^p \quad \text{und} \quad m \cdot a^p - n \cdot a^p = (m - n) \cdot a^p$$

für alle Zahlen m, n, a ($a \neq 0$) und alle ganzen Zahlen p.

Beispiel 1
Berechne: a) $a^5 \cdot a^{-12}$ b) $a^{-4} : a^6$ c) $17 \cdot a^5 + 23 \cdot a^5 - 35 \cdot a^5$
Lösung:
a) $a^5 \cdot a^{-12} = a^{5+(-12)} = a^{5-12} = a^{-7}$ b) $a^{-4} : a^6 = a^{-4-6} = a^{-10}$
c) $17 \cdot a^5 + 23 \cdot a^5 - 35 \cdot a^5 = (17 + 23 - 35) \cdot a^5 = 5 \cdot a^5$

Beispiel 2
Vereinfache: a) $\frac{5x^r - 25x^{3r}}{10x^r}$ b) $\frac{a^7 b^{-1}}{b^{-4}} - 2a^5 b^3$ c) $(a + b)^{-3}(a^2 + 2ab + b^2)$
Lösung:
a) $\frac{5x^r - 25x^{3r}}{10x^r} = \frac{5x^r(1 - 5x^{2r})}{10x^r} = \frac{1 - 5x^{2r}}{2} = \frac{1}{2} \cdot (1 - 5x^{2r})$ (für $x \neq 0$)
b) $\frac{a^7 b^{-1}}{b^{-4}} - 2a^5 b^3 = a^7 b^{-1-(-4)} - 2a^5 b^3 = a^7 b^3 - 2a^5 b^3 = a^5 b^3 (a^2 - 2)$ (für $b \neq 0$)
c) $(a + b)^{-3} \cdot (a^2 + 2ab + b^2) = (a + b)^{-3} \cdot (a + b)^2 = (a + b)^{-1} = \frac{1}{a+b}$ (für $a + b \neq 0$)

Aufgaben

Gib bei Aufgaben mit Variablen, falls nötig, einschränkende Bedingungen an.

Ausklammern

3 Vereinfache und berechne.
a) $3 \cdot 5^3 + 2 \cdot 5^3$ b) $3{,}7 \cdot 10^6 - 1{,}9 \cdot 10^6$ c) $9 \cdot 4^5 - 3 \cdot 4^5 + 7 \cdot 4^5$ d) $13 \cdot 4^7 - 9 \cdot 2^2 + 6 \cdot 4^3$

4 Vereinfache.
a) $3 \cdot 4^n - 2 \cdot 4^n$ b) $4^p - 13 \cdot 4^p$ c) $5^r - 0{,}7 \cdot 5^r$ d) $0{,}4 \cdot 7^d + 1{,}6 \cdot 7^d$
e) $x^n + 2 \cdot x^n$ f) $3 \cdot y^r + 0{,}5 \cdot y^r$ g) $0{,}5\,b^{-3} - 0{,}3\,b^{-3}$ h) $-6v^{-t} + 8v^{-t}$

5
a) $5x^3 - 7x^3 + 6x^3 - 4x^3$ b) $1{,}4z^{-4} - 0{,}6z^{-4} + z^{-4} - 1{,}2z^{-4}$
c) $\frac{1}{2}a^n - a^n + \frac{3}{4}a^n + 1{,}5a^n$ d) $0{,}4 \cdot 10^{-4} - 10^{-4} - 1{,}6 \cdot 10^{-4}$

6
a) $2x^3 + x^2 + 4x^3 + 5x^2 + 4x^2$ b) $4y^5 - 3y^3 - y^3 - 6y^5 + 10y^3$
c) $1 + x^3 - 0{,}4 + 2x^3 - \frac{1}{4}x^3$ d) $3a^{-2} + 4a^2 - 5a^{-2} + 3a^2 + a^2$
e) $6x^3 - y^3 + 0{,}5x^3 + 1{,}7y^3$ f) $8a^{-1} - 4b^{-1} + \frac{2}{3}b^{-1} - 0{,}8a^{-1}$

7
a) $5(a + b)^3 + 7(a + b)^3$ b) $6(x - y)^{k+1} - 7(x - y)^{k+1}$
c) $\frac{1}{2}(1 + x)^r - 0{,}6(1 + x)^r$ d) $a \cdot (1 - z)^{n-1} - b \cdot (1 - z)^{n-1}$

Multiplizieren und Dividieren

8 Schreibe als eine Potenz.
a) $5^6 \cdot 5^{-7}$ b) $3^4 \cdot 3^{-4}$ c) $2^{-4} : 2^3$ d) $4^{-5} \cdot 4^{-3}$ e) $8^2 : 8^{-1}$
f) $\left(\frac{2}{3}\right)^2 \cdot \left(\frac{2}{3}\right)^3$ g) $\left(\frac{1}{2}\right)^4 : \left(\frac{1}{2}\right)^3$ h) $\left(\frac{4}{5}\right) \cdot \left(\frac{4}{5}\right)^3$ i) $\left(\frac{5}{2}\right)^{-2} : \left(\frac{5}{2}\right)^3$ k) $\left(\frac{3}{4}\right)^{-1} : \left(\frac{3}{4}\right)^{-2}$
l) $0{,}5^3 \cdot 0{,}5^2$ m) $1{,}2^3 : 1{,}2^{-2}$ n) $0{,}75^{-2} : 0{,}75^2$ o) $0{,}2^{-3} : 0{,}2^{-1}$ p) $5{,}1^{-1} \cdot 5{,}1^{-1}$

9 Schreibe als eine Potenz.

a) $x^3 \cdot x^5$ b) $y^7 \cdot y$ c) $z^3 \cdot z^3$ d) $r^{-2} \cdot r^4$ e) $s^5 : s^{-3}$
f) $a^3 : a^4$ g) $b^{-2} : b^2$ h) $x^{-1} \cdot x^{-2}$ i) $u^{-2} : u$ k) $v^{-1} : v^{-2}$
l) $e^x \cdot e^x$ m) $a^x \cdot a^{-x}$ n) $a^x : a^{-x}$ o) $x^{2k} : x^k$ p) $k^{-1} \cdot k$

10

a) $(-2)^3 \cdot (-2)^2$ b) $\left(-\frac{3}{4}\right)^{-2} \cdot \left(-\frac{3}{4}\right)^4$ c) $(-0{,}2)^3 : (-0{,}2)^2$ d) $(-1{,}6)^3 \cdot (-1{,}6)^{-4}$
e) $\left(\sqrt{2}\right)^3 \cdot \left(\sqrt{2}\right)^2$ f) $\left(\sqrt{3}\right)^2 : \left(\sqrt{3}\right)^{-1}$ g) $\left(2\sqrt{2}\right)^{-3} : \left(2\sqrt{2}\right)^{-4}$ h) $-2\sqrt{3} \cdot \left(-2\sqrt{3}\right)^{-1}$

11 Vereinfache.

a) $z^{n+1} \cdot z^{-n}$ b) $a^{k+1} : a^{k-1}$ c) $b^x : b^{x-1}$ d) $r^{2a} \cdot r^{-a}$
e) $x^{3k} \cdot x^{-3k}$ f) $y^{1-k} : y^{k-1}$ g) $z : z^n$ h) $e^{x} : e$
i) $\frac{x^5}{x^3}$ k) $\frac{a^7}{a^{-2}}$ l) $\frac{4{,}6 \cdot a^{-3} b}{23 \cdot a \cdot b^{-2}}$ m) $\frac{56 r^2 s^{-1} r^{-1}}{1{,}4 \cdot s^3 r^{-2}}$

12

a) $\frac{a^{27} + a^{17}}{a^{15}}$ b) $\frac{a^7 b^{17} + a^{17} b^7}{a^5 b^3}$ c) $\frac{5a^8 + 6a^9}{18a^{12} + 15a^{11}}$ d) $\frac{ax - ax^{17}}{1 - x^{16}}$
e) $\frac{z^{m+3} - z^m}{z^m}$ f) $\frac{-y^{k+1}}{y^{k+1} + y^k}$ g) $\frac{b^{m+1}}{b^{m-1}} - b$ h) $\frac{x^{-k-1}}{-x^{k+1}} - x^{-k}$
i) $\frac{1}{x^n} - \frac{1}{x^{n+1}} + 1$ k) $\frac{1}{u^{3x}} + \frac{1}{u^{3+x}} - \frac{5}{u^x}$ l) $a^{12} b^7 + \frac{2a^8 - 4b^9 a^3}{a^3}$ m) $\frac{v^{-6} w^{-8}}{v^2} + \frac{v^{-7} w^3}{w^5}$

13

a) $g \cdot (g+h)^n + h \cdot (g+h)^n$ b) $a \cdot (a-b)^{m-1} - b \cdot (a-b)^{m-1}$
c) $(-a) \cdot (b-a)^{r-2} + (b-a)^{r-2} \cdot b$ d) $(a^2-b^2) \cdot (a-b)^{t-1} - (a-b)^{t-1} \cdot (b^2-a^2)$

***14**

a) $(z-u)^{2r+t} + (z-u)^{2r+t} - (z-u)^{2r}(z-u)^t$ b) $(z-u)^{2r+t} + (z-u)^r (z-u)^{r+t} + 2(z-u)^{2r+t}$
c) $7(a-b)^{r+t} + 5(a-b)^{t+r} - 2(a-b)^{t+r}$ d) $3(a+b)^r (a+b)^{2t} + 7(a+b)^{r+2t} - 8(a+b)^{2t-r}$
e) $a^{g+h} \cdot (t-r) + a^{g+h} \cdot t - a^{g+h} \cdot r - a^g \cdot (t-r) \cdot a^h$ f) $a^g \cdot a^h (t-r) + 2a^g (t-r) a^h - a^{g+h} \cdot t + a^{g+h} \cdot r$
g) $a^{g+h} \cdot (t-r)^4 + (a^{g+h} \cdot t - a^{g+h} \cdot r) \cdot (r-t)^3 \cdot a^g \cdot a^h$

Binomische Formeln

15 Vereinfache.

a) $(b^6 - c^6)(b^6 + c^6)$ b) $(g^r + h^r)(g^r - h^r)$ c) $\frac{y^{k-3} - y^{k+1}}{y^{k-4} + y^{k-2}}$ d) $\frac{a^m y^{k+3} - a^{m-2} y^{k+1}}{a^m y^{k+1} - a^{m-1} y^k}$

16 Klammere aus und vereinfache.

a) $(v^4 + v^6)(v^7 - v^9)$ b) $(a^7 - b^7) b^2 + (a^7 - b^7) a^2 - 2ab(a^7 - b^7)$
c) $(x^7 - y^7) y^7 + (x^7 - y^7) x^7 + \left[(x^7)^2 - (y^7)^2\right]$
d) $(x^3)^2 + (y^3)^2 - 2x^3 y^3 + \left(\sqrt{2}\, x^3 - \sqrt{2}\, y^3\right)\left(\sqrt{2}\, x^3 + \sqrt{2}\, y^3\right)$

Besondere Produkte

17

a) $(z^9 + z^8 + z^7 + z^6 + z^5 + z^4 + z^3 + z^2 + z^1) \cdot (z - 1)$
b) $(-z^{100} - z^{99} - \ldots - z^2 - z^1) \cdot (1 - z)$
c) $(-w^9 + w^8 - w^7 + w^6 - w^5 + w^4 - w^3 + w^2 - w^1) \cdot (w + 1)$
d) $(c^{5x} - c^{4x} + c^{3x} - c^{2x} + c^x - c^0) \cdot (1 + c^x)$
e) $(a^{20} b^0 + a^{19} b^1 + a^{18} b^2 + \ldots + a^1 b^{19} + a^0 b^{20}) \cdot (a - b)$

4 Potenzen mit gleichen Exponenten

1 a) Warum kann man die Aufgabe an der Tafel schneller im Kopf rechnen als mit Hilfe eines Taschenrechners?
b) Gib weitere solche Aufgaben an, die man schneller im Kopf als mit Hilfe eines Taschenrechners rechnen kann.

2 Ist das Produkt (der Quotient) zweier Quadratzahlen wieder eine Quadratzahl?

Mit Hilfe des Kommutativgesetzes und des Assoziativgesetzes kann man Produkte und Quotienten von Potenzen mit gleichen Exponenten vereinfachen:

Produkte von Potenzen mit gleichen Exponenten:

$$a^p \cdot b^p = \underbrace{a \cdot a \cdot \ldots \cdot a}_{p \text{ Faktoren}} \cdot \underbrace{b \cdot b \cdot \ldots \cdot b}_{p \text{ Faktoren}} = \underbrace{(ab) \cdot (ab) \cdot \ldots \cdot (ab)}_{p \text{ Faktoren}} = (ab)^p \qquad (p > 0)$$

Quotienten von Potenzen mit gleichen Exponenten:

$$a^p : b^p = \frac{a^p}{b^p} = \frac{\overbrace{a \cdot a \cdot \ldots \cdot a}^{p \text{ Faktoren}}}{\underbrace{b \cdot b \cdot \ldots \cdot b}_{p \text{ Faktoren}}} = \underbrace{\frac{a}{b} \cdot \frac{a}{b} \cdot \ldots \cdot \frac{a}{b}}_{p \text{ Faktoren}} = \left(\frac{a}{b}\right)^p = (a : b)^p \qquad (p > 0 \text{ und } b \neq 0)$$

Diese Regeln gelten nicht nur für Potenzen mit gleichen positiven ganzzahligen Exponenten, sondern für alle Potenzen mit gleichen ganzzahligen Exponenten:

> Für Potenzen mit **gleichen ganzzahligen Exponenten** p gilt:
> $$a^p \cdot b^p = (a \cdot b)^p \quad \text{und} \quad a^p : b^p = (a : b)^p = \left(\frac{a}{b}\right)^p \qquad (a \neq 0;\ b \neq 0)$$

Begründung:
Vor dem Kasten wurde gezeigt, dass die Regeln für positive Exponenten p gelten.
Es bleibt zu zeigen, dass diese Regeln auch für negative Exponenten gültig sind.
Für $p < 0$ mit $p = -s$ und $s > 0$ ist:

1. $a^p \cdot b^p = a^{-s} \cdot b^{-s} = \frac{1}{a^s} \cdot \frac{1}{b^s} = \frac{1}{a^s b^s} = \frac{1}{(ab)^s} = (a \cdot b)^{-s} = (a \cdot b)^p \qquad (a \neq 0;\ b \neq 0)$
2. $a^p : b^p = a^{-s} : b^{-s} = \frac{1}{a^s} : \frac{1}{b^s} = \frac{b^s}{a^s} = \left(\frac{b}{a}\right)^s = \left(\frac{a}{b}\right)^{-s} = \left(\frac{a}{b}\right)^p = (a : b)^p \qquad (a \neq 0;\ b \neq 0)$

Beispiel 1
Berechne:
a) $8^{17} \cdot 0{,}125^{17}$ b) $27^3 : 9^3$ c) $6^{-5} \cdot 3^{-5}$ d) $12^q \cdot 3^{-q}$
Lösung:
a) $8^{17} \cdot 0{,}125^{17} = (8 \cdot 0{,}125)^{17} = 1^{17} = 1$
b) $27^3 : 9^3 = (27 : 9)^3 = 3^3 = 81$
c) $6^{-5} \cdot 3^{-5} = (6 \cdot 3)^{-5} = 18^{-5} = 5{,}29 \cdot 10^{-7}$
d) $12^q \cdot 3^{-q} = 12^q \cdot \frac{1}{3^q} = \frac{12^q}{3^q} = \left(\frac{12}{3}\right)^q = 4^q$

Beispiel 2

Vereinfache:

a) $x^{2k+3} \cdot (7x-5)^{2k+3}$ b) $\frac{(27v)^{11x}}{v^{11x}}$ c) $\frac{a^7}{v^7 w^8} : \frac{a^5}{(vw)^9}$

Lösung:

a) $x^{2k+3} \cdot (7x-5)^{2k+3} = [x(7x-5)]^{2k+3} = (7x^2-5x)^{2k+3}$

b) $\frac{(27v)^{11x}}{v^{11x}} = \left(\frac{27v}{v}\right)^{11x} = 27^{11x}$

c) $\frac{a^7}{v^7 w^8} : \frac{a^5}{(vw)^9} = \frac{a^7}{v^7 w^8} \cdot \frac{(vw)^9}{a^5} = \frac{a^7 (vw)^9}{a^5 v^7 w^8} = \frac{a^7 v^9 w^9}{a^5 v^7 w^8} = a^2 v^2 w = (av)^2 w$

Aufgaben

3 Berechne im Kopf.

a) $2^3 \cdot 5^3$ b) $7^{-2} \cdot 2^{-2}$ c) $\left(\frac{1}{2}\right)^5 \cdot 6^5$ d) $0{,}8^{-3} \cdot 5^{-3}$ e) $4^{-1} \cdot \left(\frac{3}{4}\right)^{-1}$

f) $8^5 : 2^5$ g) $12^3 : 6^3$ h) $20^{-2} : 5^{-2}$ i) $18^{-3} : 12^{-3}$ k) $0{,}6^4 : 0{,}3^4$

l) $7^{-2} : 1{,}4^{-2}$ m) $1{,}2^6 \cdot 5^6$ n) $3^4 \cdot 3^4$ o) $\left(\frac{1}{5}\right)^{-2} : \left(\frac{3}{5}\right)^{-2}$ p) $10^{-3} \cdot \left(\frac{1}{5}\right)^{-3}$

4 Vereinfache.

a) $2^n \cdot 5^n$ b) $\left(\frac{2}{3}\right)^t \cdot 6^t$ c) $10^a : 5^a$ d) $2{,}4^r : 0{,}8^r$ e) $4{,}5^k : 3^k$

f) $4^{2k} \cdot 3^{2k}$ g) $2^{n+1} \cdot \left(\frac{1}{2}\right)^{n+1}$ h) $2^{n+1} : \left(\frac{1}{2}\right)^{n+1}$ i) $5^{2k} : 5^{2k}$ k) $8^{2-n} : 4^{2-n}$

l) $10^{-3} : 2^{-3}$ m) $15^{-k} : 10^{-k}$ n) $(b+a^2)^{-2} : a^{-2}$ o) $(2x)^{k+1} : x^{1+k}$ p) $\left(\frac{p}{q}\right)^{-z} : \left(\frac{p}{2q}\right)^{-z}$

5

a) $\frac{12^4}{3^4}$ b) $\frac{2{,}4^{-2}}{0{,}8^{-2}}$ c) $\frac{(2a)^3}{a^3}$ d) $\frac{x^{-4}}{(2x)^{-4}}$ e) $\frac{(3k)^k}{3^k}$

6

a) $6^5 \cdot 3^{-5}$ b) $5^{-3} : 10^3$ c) $4{,}2^{-3} : 2^3$ d) $4^{-5} \cdot \left(\frac{2}{3}\right)^5$ e) $\left(\frac{2}{3}\right)^{-2}\ \left(\frac{3}{2}\right)^2$

f) $5^{-x} \cdot 10^x$ g) $g^k \cdot 3^{-k}$ h) $\left(\frac{2}{5}\right)^{-x} : \left(\frac{4}{5}\right)^x$ i) $\left(2\frac{1}{2}\right)^{-n} \cdot \left(\frac{4}{5}\right)^n$ k) $3^{n-1} : 6^{1-n}$

7 Berechne im Kopf.

a) $3 \cdot 2^4 \cdot 5^4$ b) $6^{-2} \cdot 5 \cdot 2^{-2}$ c) $3^{-2} \cdot 4 \cdot \left(\frac{1}{6}\right)^{-2}$ d) $\frac{3 \cdot 12^3}{4^3}$ e) $\frac{8 \cdot 2^3}{4^3 \cdot 2}$

8 Vereinfache.

a) $(p+q)^2 \cdot (p-q)^2$ b) $(2x-1)^3 \cdot (1+2x)^3$ c) $(u-2v)^2 \cdot (2v+u)^2$

d) $(2r+3s)^{-2} \cdot (-3s+2r)^{-2}$ e) $(4z-4)^{-4} \cdot (4+4z)^{-4}$ f) $(3a-4b)^{-8} \cdot (4b-3a)^{-8}$

g) $(a^2-b^2)^3 \cdot (a-b)^3 \cdot (a+b)^3$ h) $\frac{(a+b)^5}{(a^2-b^2)^5} \cdot (a-b)^5$ i) $\left(\frac{a-2b}{a+2b}\right)^3 : (a^2-4b^2)^3$

9

a) $(a^3-b^3) \cdot (a-b)^3$ b) $(g+h)^2 \cdot (g-h)^2 \cdot h^2$ c) $(u-v)^6 \cdot (-v-u)^6$

d) $(-x^3+y^3)^{16} \cdot (x^3-y^3)^{16}$ e) $(-x^6+y^6)^{15} \cdot (x^6-y^6)^{15}$ f) $[(-x)^6+y^6]^{13} \cdot (x^6-y^6)^{13}$

10 Schreibe als Produkt von Potenzen.

a) $(2x)^3$ b) $(6ab)^4$ c) $(xy)^{-2}$ d) $(2xz)^3$ e) $5^2(ak)^{-3}$

11 Vereinfache.

a) $\frac{(ab)^{-2}}{x^2 y^{-1}} \cdot \frac{(xy)^2}{a^3 b}$ b) $\frac{(ax)^{-2}}{(by)^3} \cdot \frac{(abx)^2}{y^{-3}}$ c) $\frac{(xy^2z)^{-2}}{a^2 b^{-1}} : \frac{(x^2y)^2}{(ab)^{-1}}$ d) $\frac{(r^2 s^3 t)^2}{r s^{-1}} : \frac{(r^2 s^2)^2}{r^{-1} s}$

12

a) $\frac{12^3 \cdot 15^2}{9^4 \cdot 20^2}$ b) $\frac{6^5 \cdot 14^4 \cdot 15^3}{10^2 \cdot 12^3 \cdot 21^4}$ c) $\frac{18^6 \cdot 25^5 \cdot 8^4}{24^5 \cdot 75^4 \cdot 36^2}$ d) $\frac{225^3 \cdot 16^5 \cdot 28^4}{96^4 \cdot 35^3 \cdot 200^2}$

5 Potenzieren von Potenzen

1 Wer hat Recht?
Begründe deine Antwort.

2 a) Schreibe $(3^5)^7$ als ein Produkt mit den Faktoren 3^5.
b) Schreibe $(3^5)^7$ als eine Potenz mit der Basis 3.

Ist bei einer Potenz die Basis wiederum eine Potenz, so kann man diesen Term vereinfachen:

$$(a^p)^q = \underbrace{(a^p)\cdot(a^p)\cdot\ldots\cdot(a^p)}_{q \text{ Faktoren der Form } (a^p)} = \underbrace{(a\cdot a\cdot\ldots\cdot a)(a\cdot a\cdot\ldots\cdot a)\cdot\ldots\cdot(a\cdot a\cdot\ldots\cdot a)}_{q \text{ Faktoren der Form } (\underbrace{a\cdot a\cdot\ldots\cdot a}_{p \text{ Faktoren}})} = \underbrace{a\cdot a\cdot\ldots\cdot a}_{p\cdot q \text{ Faktoren}} = a^{pq} \quad (p, q > 0)$$

Diese Regeln gelten nicht nur für Potenzen mit positiven ganzzahligen Exponenten, sondern für alle Potenzen mit ganzzahligen Exponenten:

> Für das **Potenzieren von Potenzen** gilt: $(a^p)^q = a^{pq} \quad (a \neq 0)$

Begründung:
Vor dem Kasten wurde gezeigt, dass die Regel für positive Exponenten p, q gilt. Es bleibt zu zeigen, dass diese Regel auch für negative Exponenten gültig ist.

Für $a \neq 0$ und alle ganzen Zahlen p, q ist:
$(a^0)^0 = 1^0 = 1 = a^0$
$(a^0)^q = 1^q = 1 = a^0$
$(a^p)^0 = 1 = a^0$.

1. Für $q = -s$ mit $s > 0$ gilt:
$(a^p)^q = (a^p)^{-s} = \left(\frac{1}{a^p}\right)^s = \frac{1}{(a^p)^s} = \frac{1}{a^{ps}} = a^{-ps} = a^{p(-s)} = a^{pq} \quad (a \neq 0)$
2. Für $p = -r$, $q = -s$ mit $r, s > 0$ gilt:
$(a^p)^q = (a^{-r})^{-s} = \left(\frac{1}{a^{-r}}\right)^s = (a^r)^s = a^{rs} = a^{(-r)(-s)} = a^{pq} \quad (a \neq 0)$
3. Für $p = -r$ mit $r > 0$ gilt:
$(a^p)^q = (a^{-r})^q = \left(\frac{1}{a^r}\right)^q = \frac{1}{(a^r)^q} = \frac{1}{a^{rq}} = a^{-rq} = a^{(-r)q} = a^{pq} \quad (a \neq 0)$

Beispiel 1
Berechne: a) $(3^2)^4$ b) $(2^3)^7 \cdot (5^3)^7$
Lösung:
a) $(3^2)^4 = 3^8 = 6561$ b) $(2^3)^7 \cdot (5^3)^7 = (2^3 \cdot 5^3)^7 = (10^3)^7 = 10^{21} = 1\,000\,000\,000\,000\,000\,000\,000$

Beispiel 2
Berechne: a) $\frac{(27a^{-3}b^5)^{-4}}{(3^4a^4b^{-7})^{-3}}$ b) $\frac{(a-b)^2}{(a^3-a^2b)^3}$
Lösung:
a) $\frac{(27a^{-3}b^5)^{-4}}{(3^4a^4b^{-7})^{-3}} = \frac{(3^3)^{-4}a^{12}b^{-20}}{(3^4)^{-3}a^{-12}b^{21}} = a^{24}b^{-41} \quad (a \neq 0,\ b \neq 0)$
b) $\frac{(a-b)^2}{(a^3-a^2b)^3} = \frac{(a-b)^2}{(a^2(a-b))^3} = \frac{(a-b)^2}{a^6(a-b)^3} = \frac{1}{a^6(a-b)} \quad (a \neq 0,\ a \neq b)$

Aufgaben

3 Berechne.

a) $(2^2)^4$ b) $(4^{-3})^2$ c) $(3^{-2})^{-3}$ d) $(-2^3)^2$
e) $((-2)^3)^2$ f) $(10^4)^{-5}$ g) $[(-0{,}5)^{-2}]^5$ h) $[(-0{,}01)^{-3}]^{-2}$

4 Vereinfache.

a) $(x^5)^3$ b) $(a^3)^6$ c) $(y^4)^{-2}$ d) $(z^{-2})^0$
e) $(x^m)^2$ f) $(c^2)^{n+1}$ g) $(x^{q-1})^{-3}$ h) $(a^{-n+1})^v$

5 Schreibe als Potenzen mit möglichst kleiner natürlicher Basis.

a) 25^3 b) 8^4 c) 1000^3 d) 81^6
e) 16^{-5} f) 125^n g) 27^p h) 16^{q+1}
i) 9^{n-1} k) 100^{2n-1} l) 32^{2m+1} m) 36^{-x}
n) 216^{-n} o) 64^{1-r} p) 49^{-pq} q) 243^{-3a}

6 Berechne.

a) $[(-2)^2]^{-3}$; $(-2^2)^{-3}$; $-(2^2)^{-3}$ b) $[(-0{,}5)^{-1}]^2$; $-(0{,}5^{-1})^2$; $[-(0{,}5^{-1})]^2$

7 Vereinfache.

a) $\frac{(18a^2b^{-6})^{-2}}{(27a^3b^{-3})^{-4}}$ b) $\frac{(6v^8w^{-1})^2}{(15v^{-2}w^{-3})^{-1}}$ c) $\frac{(2z^{-4}y^3)^{-5}}{(2z^3y^{-2})^4}$

8

a) $\frac{(u^5v^7)^3}{5m^4v^{-6}} \cdot \frac{(m^2u^{-7})^{-4}}{(muv^6)^5}$ b) $\frac{(u^5v^7)^{-3}}{0{,}2m^{-4}v^6} : \frac{(m^2u^{-7})^4}{(muv^6)^{-5}}$ c) $\left(\frac{(-g-h)^4}{(h+g)^6}\right)^{-13} : (g+h)^{-27}$

9 Bringe auf einen gemeinsamen Nenner und vereinfache.

a) $\frac{1-x^4}{(x^3)^2} - \left(\frac{1}{x}\right)^2$ b) $\frac{4+x^2}{4(x^4)^2} - \frac{1}{(2x^3)^2}$ c) $\frac{3x^5+2}{2x^5} + \frac{3(x^4)^2-2}{3(x^2)^4} - \frac{5(x^5)^2-2}{2(x^2)^5}$

d) $\frac{2x^5}{3(x^2)^3} - \frac{(x^4)^2}{2(x^3)^3}$ e) $\frac{(x^3)^2-2x^2}{4(x^3)^2} + \frac{1}{2(x^2)^2}$ f) $\frac{2x^2+3}{3x^5} - \frac{x^3+2x}{2(x^3)^2} - \frac{x^5}{4(x^2)^4}$

10 Vereinfache.

a) $(x^r+y^s)^2-(x^r-y^s)^2$ b) $(x^r-y^s)^2-(x^r+y^s)^2$
c) $(x^{2r}+y^{2s})\cdot[(x^r)^2-(y^s)^2]$ d) $v^4-2v^2w^2+(w^2)^2$
e) $4v^{4a}+8(v^2w^2)^a+(2w^{2a})^2$ f) $18(v^2)^2-36v^2w^2+2\cdot(3w^2)^2$

11

a) $\frac{a^4-2(ab)^2+b^4}{5(a^2-b^2)}$ b) $\frac{4(a^{10}+b^{10}-2(ab)^5)}{17\cdot(2a^5-2b^5)^2}$ c) $\frac{(a^2-b^2)^2}{(a^2-b^2)^{-1}\cdot(a+b)^3}$

12

a) $\frac{1}{(g^7-h^7)} + \frac{1}{(h^7+g^7)}$ b) $\frac{14\cdot(k^6-m^6)}{k^3-m^3} - \frac{(k^3)^2+2(m^3k^3)+(m^2)^3}{k^3+m^3}$

13 Wie viele Nullen hat diese Zahl, wenn man sie dezimal schreibt?

a) $(10^{10})^7$ b) $10^{(10^7)}$ c) $(10^{100})^{(10^{100})}$ d) $10^{((10^{10})^{10})}$ e) $10^{(10^{(10^{10})})}$

14 a) Gib die größte Zahl an, die man mit drei Ziffern schreiben kann.
b) Gib die kleinste Zahl an, die man mit drei Ziffern schreiben kann.

15 Es ist $2^{10} \approx 10^3$. Wie groß ist ungefähr

a) 2^{50}; b) 2^{72}; c) 4^{36}; d) 8^{24}?

6 Wurzeln

1 Ein Roulettespieler hatte zunächst Glück und verlor dann doch, weil er nicht aufhören konnte: Er setzte 10 € auf eine bestimmte Kombination und gewann. Jetzt hatte er das x-fache seines Einsatzes. Dieses Geld setzte er auf die gleiche Kombination und gewann wieder usw., bis er beim siebten Mal alles verlor (Fig. 1). Den wievielfachen Einsatz bekam er bei einem Gewinn jeweils zurück?

Fig. 1

Potenzieren →

x	x^2
0	0
1	1
2	4
3	9
4	16
5	25

← Radizieren

Fig. 2

Potenzieren →

x	x^3
0	0
1	1
2	8
3	27
4	64
5	125

← Radizieren

Fig. 3

Der Radikand einer n-ten Wurzel muss stets größer oder gleich Null sein.

Die Tabellen mit Potenzen (Fig. 2 und 3) kann man auch umgekehrt benutzen: Zu $a = x^2$ oder $b = x^3$ wird jeweils die Basis x abgelesen. Dies nennt man Wurzelziehen oder **Radizieren**.

Ist $a = x^2$, mit $x \geqq 0$, dann heißt x die zweite Wurzel von a oder die Quadratwurzel von a.
Ist $a = x^3$, mit $x \geqq 0$, dann heißt x die dritte Wurzel von a.
Ist $a = x^4$, mit $x \geqq 0$, dann heißt x die vierte Wurzel von a.
...
Ist $a = x^n$, mit $x \geqq 0$ und einer natürlichen Zahl n, dann heißt x die **n-te Wurzel von a**.

Wenn für nicht-negative Zahlen a und x und eine natürliche Zahl n, $n > 1$, gilt: $a = x^n$, dann nennt man x die **n-te Wurzel von a**. Man schreibt: $x = \sqrt[n]{a}$.

Anmerkungen:
1. Der Term unter dem Wurzelzeichen heißt Radikand.
2. Man kann beweisen, dass es zu jeder Zahl a, $a \geqq 0$, und jeder natürlichen Zahl n, $n > 0$, genau eine n-te Wurzel von a gibt, d. h. eine einzige nicht-negative Zahl x mit $a = x^n$.
3. n-te Wurzeln, die irrationale Zahlen sind, können ähnlich wie $\sqrt{2}$ mit Hilfe einer Intervallschachtelung näherungsweise bestimmt werden.

Beispiel 1
Bestimme durch Ausprobieren: a) $\sqrt[3]{8}$ b) $\sqrt[7]{2187}$ c) $\sqrt[5]{100\,000}$
Lösung:
a) $2 \cdot 2 \cdot 2 = 8$; also $\sqrt[3]{8} = 2$ b) $3 \cdot 3 \cdot 3 \cdot 3 \cdot 3 \cdot 3 \cdot 3 = 2187$; also $\sqrt[7]{2187} = 3$
c) $10 \cdot 10 \cdot 10 \cdot 10 \cdot 10 = 100\,000$; also $\sqrt[5]{100\,000} = 10$

Beispiel 2
Bestimme mit Hilfe einer Intervallschachtelung auf zwei Nachkommastellen: $\sqrt[3]{7}$
Lösung:

$1{,}9^3 = 6{,}859$ $\quad 2^3 = 8$ $\quad$ also $\quad 1{,}9 < \sqrt[3]{7} < 2$
$1{,}91^3 = 6{,}967\,871$ $\quad 1{,}92^3 = 7{,}077\,888$ $\quad$ also $\quad 1{,}91 < \sqrt[3]{7} < 1{,}92$
$1{,}912^3 = 6{,}989\,782\,528$ $\quad 1{,}913^3 = 7{,}000\,755\,5$ $\quad$ also $\quad 1{,}912 < \sqrt[3]{7} < 1{,}913$
$\sqrt[3]{7} \approx 1{,}91$

Beispiel 3
Berechne: $\left(\sqrt[7]{5}\right)^{14}$
Lösung:
$\left(\sqrt[7]{5}\right)^7 = 5$, deshalb: $\left(\sqrt[7]{5}\right)^{14} = \left[\left(\sqrt[7]{5}\right)^7\right]^2 = 5^2 = 25$

Aufgaben

2 Berechne im Kopf.
a) $\sqrt[4]{10\,000}$ b) $\sqrt[4]{1}$ c) $\sqrt[4]{256}$ d) $\sqrt[5]{0}$ e) $\sqrt[5]{100\,000}$
f) $\sqrt[5]{0{,}00001}$ g) $\sqrt[4]{\frac{1}{16}}$ h) $\sqrt[4]{\frac{1}{625}}$ i) $\sqrt{\frac{4}{9}}$ k) $\sqrt[4]{\frac{1}{81}}$
l) $\sqrt[6]{64}$ m) $\sqrt{0{,}01}$ n) $\sqrt[3]{0{,}064}$ o) $\sqrt[5]{0{,}00243}$ p) $\sqrt[0]{1024}$

3 Prüfe durch Potenzieren, ob die Aussage wahr ist.
a) $\sqrt[3]{64} = 4$ b) $\sqrt[4]{2401} = 7$ c) $\sqrt{0{,}0572} = 0{,}24$
d) $3{,}1 = \sqrt[3]{29{,}791}$ e) $0{,}16 = \sqrt[4]{0{,}00020736}$ f) $\sqrt[3]{0{,}216} = \frac{3}{5}$

4 Berechne.
a) $\left(\sqrt[3]{2}\right)^3$ b) $\left(\sqrt[5]{7}\right)^5$ c) $\left(\sqrt[7]{5}\right)^{21}$ d) $\left(\sqrt[4]{3}\right)^{12}$ e) $\left(\sqrt[11]{6}\right)^{33}$

5 Bestimme. (Die Variablen stehen für natürliche Zahlen größer 1.)
a) $\sqrt{\sqrt{4}}$ b) $\sqrt{\sqrt[3]{1\,000\,000}}$ c) $\sqrt[3]{\sqrt{10^6}}$ d) $\sqrt[a]{\sqrt[b]{(x^a)^b}}$ e) $\sqrt[u]{\sqrt[v]{y^{5uv}}}$

6 Gib die ersten drei Schritte einer Intervallschachtelung zur näherungsweisen Bestimmung von a) $\sqrt[3]{3}$, b) $\sqrt[4]{5}$, c) $\sqrt[5]{4}$ an.

7 Wie viel m Draht braucht man, um das Kantenmodell eines Würfels mit dem Volumen 5 dm³ herzustellen? Wie viel m² Papier ist nötig, um den Würfel zu bespannen?

8 Aus einer Zahl wurde zuerst die Quadratwurzel gezogen, dann vom Ergebnis die dritte Wurzel, von diesem Ergebnis die 4-te Wurzel. Wie heißt die Zahl, wenn das letzte Ergebnis a) 1, b) 10, c) 0,1, d) 2 ist?

9 Ein Spieler hat bei einem Glücksspiel zu Beginn 15 Punkte.
Er setzt diese 15 Punkte und gewinnt. Jetzt hat er das x-fache seines Einsatzes. Er setzt wieder alles, gewinnt wieder und besitzt nun das x-fache des zweiten Einsatzes usw.
Auf diese Weise hat er nach 7 Spielen 245 760 Punkte. Berechne x.

***10** a) Von vier Zahlen a, b, c, d ist jede doppelt so groß wie die vorangehende.
Berechne d für $a = 5$. Wie groß ist a für $d = 30$?
b) Von vier Zahlen a, b, c, d haben je zwei aufeinander folgende den gleichen Quotienten.
Berechne b und c für $a = 5$ und $d = 135$ (für $a = 16$ und $d = 54$).

***11** Zeige, dass $\sqrt[3]{2}$ irrational ist.
Zeige hierzu erst:
Wenn $\frac{p}{q}$ (mit p, q aus ℕ) ein so weit wie möglich gekürzter Bruch ist mit $q \neq 1$, dann ist $\left(\frac{p}{q}\right)^n$ für keine natürliche Zahl n eine ganze Zahl.

7 Potenzen mit rationalen Exponenten

$\sqrt{2^8} = 2^4$	$\sqrt{2^4} = 2^2$	$\sqrt{2^2} = 2^1$	$\sqrt{2} = 2^{\blacksquare}$	
$\sqrt[3]{5^{27}} = 5^9$	$\sqrt[3]{5^9} = 5^3$	$\sqrt[3]{5^3} = 5^1$	$\sqrt[3]{5} = 5^{\blacksquare}$	Fig. 1

1 Ergänze die fehlenden Exponenten in Fig. 1 sinngemäß.

Überträgt man das Gesetz für „Potenzen von Potenzen“ auf rationale Exponenten, so erhält man: $\left(a^{\frac{1}{n}}\right)^n = a^{\frac{1}{n}\cdot n} = a^{\frac{n}{n}} = a$ $\quad$ ($a \geqq 0$ und n aus $\mathbb{N}$, $n > 0$);
andererseits gilt: $\left(\sqrt[n]{a}\right)^n = a$ $\quad$ ($a \geqq 0$ und n aus $\mathbb{N}$, $n > 0$).

Dies legt die Definition des Kastens nahe.

Definition: Für $a \geqq 0$, p aus $\mathbb{Z}$ und q aus $\mathbb{N}$, $q \neq 0$, gilt: $a^{\frac{p}{q}} = \sqrt[q]{a^p}$
Insbesondere gilt für n aus $\mathbb{N}$, $n > 1$: $a^{\frac{1}{n}} = \sqrt[n]{a}$

$\sqrt[1]{a} = a$

Anmerkungen:
1. Ist der Exponent ein Bruch, so darf man ihn erweitern und kürzen, d. h.: $a^{\frac{rp}{rq}} = a^{\frac{p}{q}}$,
denn: $\left(a^{\frac{rp}{rq}}\right)^{rq} = \left(\sqrt[rq]{a^{rp}}\right)^{rq} = a^{rp}$; $\left(a^{\frac{p}{q}}\right)^{rq} = \left(\left(\sqrt[q]{a^p}\right)^q\right)^r = (a^p)^r = a^{rp}$,
also ist: $\left(a^{\frac{rp}{rq}}\right)^{rq} = \left(a^{\frac{p}{q}}\right)^{rq}$ und somit $a^{\frac{rp}{rq}} = a^{\frac{p}{q}}$.
2. Aufgabe 8 zeigt, dass Potenzen $a^{\frac{p}{q}}$ $(q \neq 0)$ nur für $a \geqq 0$ sinnvoll definiert werden können.

Die Potenzgesetze gelten auch für Potenzen mit rationalen Exponenten:

Sind r und s rationale Zahlen und a und b positive reelle Zahlen, so gilt

für Potenzen mit gleicher Basis:	$a^r \cdot a^s = a^{r+s}$	und	$a^r : a^s = a^{r-s}$
für Potenzen mit gleichem Exponenten:	$a^r \cdot b^r = (a \cdot b)^r$	und	$a^r : b^r = (a : b)^r$
für Potenzen von Potenzen:	$(a^r)^s = a^{r \cdot s}$		

Begründung:
Es ist für alle p, u aus $\mathbb{Z}$ und alle q, v aus $\mathbb{N}$ mit $q \neq 0$, $v \neq 0$:
1. $\left(a^{\frac{p}{q}} \cdot a^{\frac{u}{v}}\right)^{qv} = \left(\sqrt[q]{a^p} \cdot \sqrt[v]{a^u}\right)^{qv} = \left(\sqrt[q]{a^p}\right)^{qv} \cdot \left(\sqrt[v]{a^u}\right)^{qv} = \left(\left(\sqrt[q]{a^p}\right)^q\right)^v \cdot \left(\left(\sqrt[v]{a^u}\right)^v\right)^q = (a^p)^v \cdot (a^u)^q = a^{pv} \cdot a^{uq} = a^{pv+uq}$
Deshalb gilt: $a^{\frac{p}{q}} \cdot a^{\frac{u}{v}} = \sqrt[qv]{a^{pv+qu}} = a^{\frac{pv+qu}{qv}} = a^{\frac{p}{q}} \cdot a^{\frac{u}{v}}$.
Ferner gilt für alle r, s aus $\mathbb{Q}$: $a^r : a^s = a^r \cdot \frac{1}{a^s} = a^r \cdot a^{(-1)\cdot s} = a^r \cdot a^{-s} = a^{r-s}$
2. $\left(a^{\frac{p}{q}} \cdot b^{\frac{p}{q}}\right)^q = \left(\sqrt[q]{a^p} \cdot \sqrt[q]{b^p}\right)^q = \left(\sqrt[q]{a^p}\right)^q \cdot \left(\sqrt[q]{b^p}\right)^q = a^p \cdot b^p = (a \cdot b)^p$
Deshalb gilt: $a^{\frac{p}{q}} \cdot b^{\frac{p}{q}} = \sqrt[q]{(a \cdot b)^p} = (a \cdot b)^{\frac{p}{q}}$.
Ferner gilt für alle r aus $\mathbb{Q}$: $a^r : b^r = a^r \cdot \left(\frac{1}{b}\right)^r = \left(a \cdot \frac{1}{b}\right)^r = (a : b)^r$.
3. $\left(\left(a^{\frac{p}{q}}\right)^{\frac{u}{v}}\right)^{qv} = \left(\left(\left(a^{\frac{p}{q}}\right)^{\frac{u}{v}}\right)^v\right)^q = \left(\left(\sqrt[v]{\left(\sqrt[q]{a^p}\right)^u}\right)^v\right)^q = \left(\left(\sqrt[q]{a^p}\right)^u\right)^q = \left(\left(\sqrt[q]{a^p}\right)^q\right)^u = (a^p)^u = a^{pu}$
Deshalb gilt: $\left(a^{\frac{p}{q}}\right)^{\frac{u}{v}} = \sqrt[qv]{a^{pu}} = a^{\frac{pu}{qv}} = a^{\frac{p}{q}\cdot\frac{u}{v}}$.

Für das Rechnen mit Wurzeln gilt:

1. $\sqrt[n]{a} \cdot \sqrt[n]{b} = \sqrt[n]{a \cdot b}$ denn $a^{\frac{1}{n}} \cdot b^{\frac{1}{n}} = (a \cdot b)^{\frac{1}{n}}$

2. $\sqrt[m]{\sqrt[n]{a}} = \sqrt[mn]{a}$ denn $\left(a^{\frac{1}{n}}\right)^{\frac{1}{m}} = a^{\frac{1}{mn}}$

3. $\sqrt[rn]{a^{rm}} = \sqrt[n]{a^m}$ denn $a^{\frac{rm}{rn}} = a^{\frac{m}{n}}$

Beispiel 1

a) Schreibe als Potenz: $\sqrt[7]{4^3}$. b) Schreibe als Wurzel: $7^{\frac{2}{5}}$.

Lösung:

a) $\sqrt[7]{4^3} = 4^{\frac{3}{7}}$ b) $7^{\frac{2}{5}} = \sqrt[5]{7^2}$

Beispiel 2

Schreibe mit nur einem Wurzelzeichen: a) $\sqrt[3]{11} \cdot \sqrt{11}$, b) $\sqrt[3]{\sqrt[5]{7}}$.

Lösung:

a) *1. Schritt: Wandle in die Potenzschreibweise um.* $\sqrt[3]{11} \cdot \sqrt{11} = 11^{\frac{1}{3}} \cdot 11^{\frac{1}{2}}$

2. Schritt: Rechne mit Hilfe der Potenzgesetze. $= 11^{\frac{1}{3}+\frac{1}{2}} = 11^{\frac{5}{6}}$

3. Schritt: Schreibe das Ergebnis mit Hilfe einer Wurzel. $= \sqrt[6]{11^5}$

b) $\sqrt[3]{\sqrt[5]{7}} = \sqrt[3 \cdot 5]{7} = \sqrt[15]{7}$ oder $\sqrt[3]{\sqrt[5]{7}} = \left((7)^{\frac{1}{5}}\right)^{\frac{1}{3}} = 7^{\frac{1}{5} \cdot \frac{1}{3}} = 7^{\frac{1}{15}} = \sqrt[15]{7}$

Anmerkung zu Beispiel 3: Statt nach dem Exponenten 3 „zu suchen“, kann man auch so rechnen:

$\sqrt[3]{16} = 16^{\frac{1}{3}} = (2^4)^{\frac{1}{3}}$

$= 2^{\frac{4}{3}} = 2^{1+\frac{1}{3}} = 2 \cdot 2^{\frac{1}{3}}$

$= 2 \cdot \sqrt[3]{2}$

Beispiel 3

Radiziere teilweise: $\sqrt[3]{16}$.

Lösung:

$\sqrt[3]{16} = (16)^{\frac{1}{3}} = (2^3 \cdot 2)^{\frac{1}{3}} = (2^3)^{\frac{1}{3}} \cdot 2^{\frac{1}{3}} = 2 \cdot 2^{\frac{1}{3}} = 2\sqrt[3]{2}$

oder $\sqrt[3]{16} = \sqrt[3]{2^3 \cdot 2} = \sqrt[3]{2^3} \cdot \sqrt[3]{2} = 2\sqrt[3]{2}$

Beispiel 4

Schreibe als eine Wurzel aus einem Term: a) $\sqrt[3]{5} \cdot 2$, b) $\sqrt[a]{x} \cdot x$.

Lösung:

a) $\sqrt[3]{5} \cdot 2 = \sqrt[3]{5} \cdot \sqrt[3]{2^3} = \sqrt[3]{5 \cdot 2^3} = \sqrt[3]{5 \cdot 8} = \sqrt[3]{40}$

b) $\sqrt[a]{x} \cdot x = \sqrt[a]{x} \cdot \sqrt[a]{x^a} = \sqrt[a]{x \cdot x^a} = \sqrt[a]{x^{a+1}}$

$\left(\sqrt[a]{b}\right)^a = b$

Beispiel 5

Mache den Nenner rational: a) $\frac{1}{\sqrt[5]{3}}$ b) $\sqrt[3]{\frac{2}{5}}$

Lösung:

Erweitere so, dass der Nenner die Form $\left(\sqrt[a]{b}\right)^a$ erhält.

a) $\frac{1}{\sqrt[5]{3}} = \frac{\left(\sqrt[5]{3}\right)^4}{\sqrt[5]{3}\left(\sqrt[5]{3}\right)^4} = \frac{\left(\sqrt[5]{3}\right)^4}{\left(\sqrt[5]{3}\right)^5} = \frac{\left(\sqrt[5]{3}\right)^4}{3}$

b) $\sqrt[3]{\frac{2}{5}} = \frac{\sqrt[3]{2}}{\sqrt[3]{5}} = \frac{\sqrt[3]{2}\left(\sqrt[3]{5}\right)^2}{\left(\sqrt[3]{5}\right)^3} = \frac{\sqrt[3]{2 \cdot 25}}{5} = \frac{\sqrt[3]{50}}{5}$

Aufgaben

2 Schreibe als Wurzel.

a) $2^{\frac{3}{4}}$ b) $5^{\frac{2}{3}}$ c) $6^{\frac{4}{3}}$ d) $10^{\frac{5}{2}}$ e) $3^{\frac{1}{2}}$ f) $4^{-\frac{1}{5}}$ g) $10^{-\frac{1}{2}}$

h) $2^{-\frac{3}{4}}$ i) $2^{0,5}$ k) $3^{0,3}$ l) $5^{0,75}$ m) $7^{2,5}$ n) $2^{-0,8}$ o) $3^{-1,2}$

3

a) $x^{\frac{1}{2}}$ b) $y^{\frac{1}{3}}$ c) $a^{-\frac{1}{2}}$ d) $b^{-\frac{1}{4}}$ e) $z^{\frac{2}{5}}$ f) $c^{-\frac{4}{3}}$ g) $x^{-\frac{2}{7}}$

h) $x^{-\frac{3}{5}}$ i) $a^{-1,5}$ k) $x^{0,7}$ l) $y^{0,4}$ m) $c^{-0,2}$ n) $d^{-0,7}$ o) $t^{-1,2}$

4 Schreibe als Potenz.

a) $\sqrt{5}$ b) $\sqrt[3]{6}$ c) $\sqrt[4]{2}$ d) $\sqrt[3]{24^2}$ e) $\sqrt[5]{11^6}$ f) $\sqrt[4]{7^3}$ g) $\sqrt{5^6}$

h) $\sqrt[3]{18^2}$ i) $\frac{1}{\sqrt{2}}$ k) $\frac{1}{\sqrt[4]{12^3}}$ l) $\frac{1}{\sqrt[3]{7^2}}$ m) $\frac{1}{\sqrt[3]{a^2}}$ n) $\frac{1}{\sqrt[r]{t^s}}$ o) $\frac{1}{\sqrt[n]{a^{r+1}}}$

5 Schreibe als Potenz, kürze und schreibe dann wieder als Wurzel (a, r, s, t, x, y > 0).

a) $\sqrt[4]{3^2}$ b) $\sqrt[6]{2^3}$ c) $\sqrt[12]{5^4}$ d) $\sqrt[10]{y^5}$ e) $\sqrt[9]{t^6}$ f) $\sqrt[8]{s^6}$ g) $\sqrt[18]{r^{12}}$

h) $\sqrt[4]{x^6}$ i) $\frac{1}{\sqrt[10]{2^8}}$ k) $\frac{1}{\sqrt[15]{3^{10}}}$ l) $\frac{1}{\sqrt[2n]{r^n}}$ m) $\frac{1}{\sqrt[16]{a^{4k}}}$ n) $\frac{1}{\sqrt[15]{x^{3k}}}$ o) $\frac{1}{\sqrt[3a]{x^{12a}}}$

6 Vereinfache.

a) $\sqrt[4]{100}$ b) $\sqrt[4]{25}$ c) $\sqrt{9^4}$ d) $\sqrt[6]{4^3}$ e) $\sqrt[10]{25^4}$ f) $\sqrt[8]{16}$ g) $\sqrt[6]{81}$

7 Schreibe als Potenz und berechne dann mit Hilfe des Taschenrechners auf 3 Dezimalen.

a) $\sqrt{7}$ b) $\sqrt[4]{3}$ c) $\sqrt[5]{14}$ d) $\sqrt[10]{2}$ e) $\sqrt[4]{7^3}$ f) $\sqrt[5]{6^3}$ g) $\sqrt[6]{47^2}$

h) $\sqrt[3]{5}$ i) $\sqrt[3]{23}$ k) $\sqrt[3]{23^2}$ l) $\sqrt[6]{4}$ m) $\sqrt[7]{25}$ n) $1 : \sqrt[7]{2}$ o) $5 : \sqrt[3]{8}$

8 Es gilt $(-2)^3 = -8$. Was ist an der Rechnung $(-2)^3 = (-2)^{\frac{6}{2}} = \sqrt[2]{(-2)^6} = \sqrt[2]{64} = 8$ falsch?

9 Berechne.

a) $\sqrt[3]{(-3)^6}$ b) $\frac{1}{\sqrt{(-5)^4}}$ c) $\sqrt[7]{b^{14}}$ mit $b < 0$ d) $\sqrt[n]{b^{2n}}$ mit n aus $\mathbb{N}$, $n \neq 0$, $b < 0$

10 Schreibe als Wurzel.

a) $\sqrt[3]{2} \cdot \sqrt[3]{4}$ b) $\sqrt{3} \cdot \sqrt{27}$ c) $\sqrt[4]{2} \cdot \sqrt[4]{32}$ d) $\sqrt[5]{4} \cdot \sqrt[5]{2{,}5}$ e) $\sqrt[4]{32} : \sqrt[4]{2}$

f) $\sqrt[3]{2x} : \sqrt[3]{x}$ g) $\sqrt{x} \cdot \sqrt{4x}$ h) $\sqrt[4]{10y} : \sqrt[4]{2y}$ i) $\sqrt[5]{x^2} \cdot \sqrt[5]{x^3}$ k) $\sqrt[3]{\frac{1}{x}} \cdot \sqrt[3]{x^2}$

11

a) $\sqrt[4]{6} : \sqrt[3]{6}$ b) $\sqrt[6]{5} : \sqrt[3]{5}$ c) $\sqrt[3]{10} : \sqrt[3]{5}$ d) $\frac{1}{\sqrt[4]{12}} \cdot \frac{1}{\sqrt[4]{4}}$ e) $\sqrt[6]{\sqrt[4]{2^3}}$

f) $\sqrt[3]{4} \cdot \sqrt[4]{4}$ g) $\sqrt{2} \cdot \sqrt[3]{2}$ h) $\sqrt[5]{3} : \sqrt{3}$ i) $\sqrt[3]{5} : \sqrt{5}$ k) $\sqrt[4]{2^9} \cdot \sqrt{2^9}$

l) $\sqrt[3]{x} : \sqrt{x}$ m) $\sqrt{x} : \sqrt[4]{x}$ n) $\sqrt[n]{3} : \sqrt[2n]{3}$ o) $\sqrt[n]{e^x} \cdot \sqrt[n]{e^x}$ p) $\frac{1}{\sqrt[n]{x}} : \sqrt[n]{x}$

12

a) $\sqrt[3]{7} \cdot \sqrt[5]{7}$ b) $\sqrt{11} : \sqrt[5]{11}$ c) $\sqrt[4]{3^2} \cdot \sqrt[3]{3^2}$ d) $\sqrt[n]{5} \cdot \sqrt[2n]{5}$

e) $\sqrt[4]{9} \cdot \sqrt[4]{3}$ f) $\sqrt[3]{25} : \sqrt[3]{5}$ g) $\sqrt[5]{0{,}2} \cdot \sqrt[5]{10}$ h) $\sqrt[4]{0{,}16} \cdot \sqrt[4]{0{,}01}$

13 Vereinfache.

a) $5^{\frac{1}{2}} \cdot 5^{\frac{1}{4}}$ b) $3^{\frac{1}{3}} \cdot 3^{\frac{1}{4}}$ c) $2^{\frac{1}{4}} \cdot 2^{\frac{1}{4}}$ d) $4^{-\frac{2}{3}} \cdot 4^{\frac{3}{4}}$ e) $2^{\frac{3}{5}} \cdot 2^{-\frac{3}{10}}$

f) $10^{\frac{1}{2}} : 10^{\frac{1}{3}}$ g) $6^{-\frac{1}{2}} : 6^{\frac{2}{3}}$ h) $2^{-\frac{2}{3}} : 2^{-0{,}5}$ i) $a^{-\frac{1}{2}} : a$ k) $3^x : 3^{-\frac{1}{2}}$

l) $x^{\frac{1}{n}} \cdot x^{-\frac{1}{n}}$ m) $y^{\frac{1}{q}} : y^{\frac{1}{q}}$ n) $z^{-\frac{1}{n}} \cdot z^{-\frac{1}{n}}$ o) $t^{\frac{3}{n}} : t^{-\frac{1}{n}}$ p) $c^{-\frac{1}{2}} \cdot c^4$

14 Vereinfache.

a) $a^{\frac{6}{5}} \cdot a^{-1}$ b) $b^{\frac{2}{3}} : b$ c) $x^{\frac{1}{4}} \cdot x^{\frac{1}{2}}$ d) $y^{\frac{2}{3}} : y^{-\frac{1}{3}}$ e) $z^{1{,}2} \cdot z^{-0{,}7}$

f) $(2a)^{\frac{5}{4}} : (2a)^{\frac{3}{4}}$ g) $(5b^{-2}) : b^{-3}$ h) $(ax)^t \cdot (ax^{-6})$ i) $(8x^2)^{\frac{3}{2}} \cdot (8x)^2$ k) $(15y)^{-2} : (15y)^{-3}$

15 Vereinfache.

a) $\left(2^{\frac{1}{2}}\right)^4$ b) $\left(3^{\frac{1}{2}}\right)^4$ c) $\left(5^{\frac{2}{3}}\right)^{\frac{1}{4}}$ d) $\left(4^{\frac{1}{5}}\right)^{-\frac{3}{4}}$ e) $\left(3^{-\frac{3}{4}}\right)^{-\frac{4}{5}}$

16

a) $\left(x^{\frac{5}{4}} : y^{-\frac{5}{8}}\right)^{-\frac{4}{5}}$ b) $\left(x^{\frac{4}{5}} \cdot y^{-\frac{8}{5}}\right)^{-\frac{5}{8}}$ c) $\left(x^{\frac{3}{2}} - y^{\frac{3}{2}}\right)^2$ d) $\left(a^{\frac{5}{6}} + b^{\frac{1}{6}}\right)^2$

17 Schreibe mit nur einem Wurzelzeichen.

a) $\sqrt{\sqrt{2}}$ b) $\sqrt[3]{\sqrt{2}}$ c) $\sqrt[3]{\sqrt[3]{5}}$ d) $\sqrt{\frac{1}{\sqrt{3}}}$ e) $\sqrt[n]{\sqrt[3]{a}}$ f) $\sqrt{\sqrt[n]{a}}$

g) $\sqrt{\sqrt[3]{5}}$ h) $\sqrt[3]{\sqrt[4]{x}}$ i) $\sqrt{3\sqrt{x}}$ k) $\sqrt[3]{5\sqrt{a^3}}$ l) $\sqrt[3]{9\sqrt[3]{9}}$ m) $\sqrt[3]{\sqrt[n]{x}}$

18 Vereinfache.

a) $\sqrt[3]{\sqrt[3]{\sqrt{4^9}}}$ b) $\sqrt{\sqrt[3]{\sqrt{8^4}}}$ c) $\sqrt[4]{\sqrt[3]{216}}$ d) $\sqrt[3]{\sqrt[4]{256}}$ e) $\sqrt[3]{\sqrt[5]{32\,768}}$

19

a) $\frac{\sqrt{b} \cdot \sqrt[3]{b}}{\sqrt[4]{b^3}}$ b) $\frac{x}{\sqrt[3]{x^2} \cdot \sqrt[4]{x}}$ c) $\frac{\sqrt[6]{a^5}}{\sqrt{a} : \sqrt[3]{a}}$ d) $\frac{\sqrt[3]{2y} : \sqrt[3]{y}}{\sqrt{y} : \sqrt[4]{y}}$ e) $\frac{\sqrt{t} : \sqrt[3]{t}}{t}$ f) $\left(\frac{10^n : 2^n}{\sqrt{5}}\right)^2$

20

a) $\left(\sqrt[3]{5}\right)^6$ b) $\left(\sqrt[5]{2}\right)^{-10}$ c) $\left(\sqrt[6]{x}\right)^4$ d) $\left(\sqrt[4]{x}\right)^{-2}$ e) $\left(\sqrt{x^3}\right)^4$ f) $\left(\sqrt[10]{y^3}\right)^5$

g) $\left(\sqrt{s}\right)^{2n}$ h) $\left(\sqrt[3]{s^4}\right)^{3n}$ i) $\left(\sqrt[n]{t^3}\right)^{2n}$ k) $\left(\sqrt[2n]{x}\right)^n$ l) $\left(\sqrt{\sqrt{3}}\right)^8$ m) $\left(\sqrt{\sqrt{b^3}}\right)^{4n}$

21 Radiziere teilweise und vereinfache, falls möglich.

a) $\sqrt{8}$ b) $\frac{\sqrt{27}}{3}$ c) $\frac{\sqrt[3]{40}}{2}$ d) $\frac{2}{\sqrt{12}}$ e) $\sqrt[4]{241\,x^3}$ f) $\sqrt[3]{9\,a^4}$

g) $\sqrt{(-5)^4 x^5}$ h) $\sqrt{x^3 (a+b)^5}$ i) $\sqrt[6]{a^{-11} b^{-7}}$ k) $\sqrt[5]{a^6 (x-9)^{-7}}$ l) $\sqrt[3]{a^9 b^{12} c^4}$ m) $\sqrt{a^4 b^3 c^5}$

22 Mache den Nenner rational und vereinfache, falls möglich.

a) $\frac{1}{\sqrt{5}}$ b) $\frac{1}{\sqrt[3]{4}}$ c) $\sqrt{\frac{2}{3}}$ d) $\sqrt{\frac{5}{11}}$ e) $\sqrt[3]{\frac{2}{3}}$ f) $\sqrt[3]{\frac{4}{3}}$

g) $\frac{1}{\sqrt[4]{2}}$ h) $\frac{2}{\sqrt[4]{4}}$ i) $\sqrt[4]{\frac{2}{5}}$ k) $\sqrt[5]{\frac{2}{3}}$ l) $\sqrt{\frac{1}{a}}$ m) $\left(\frac{4}{3y}\right)^{\frac{1}{3}}$

23

a) $\frac{a^2}{\sqrt[3]{4a^2}}$ b) $\frac{3b}{\sqrt[4]{27b^3}}$ c) $\frac{d}{\sqrt{8d^3}}$ d) $\frac{a+b}{\sqrt{a+b}}$ e) $\frac{1}{\sqrt[6]{(4-x)^2}}$

24

a) $\frac{a+b}{\sqrt{a}+\sqrt{b}}$ b) $\frac{2\sqrt{x}-15\sqrt{y}}{\sqrt{x}+5\sqrt{y}}$ c) $\frac{3p-\sqrt{p}}{\sqrt{p}+1}$ d) $\frac{\sqrt{2u}-2\sqrt{v}}{\sqrt{u}-\sqrt{2v}}$ e) $\frac{(3-3\sqrt{x})\,x^{\frac{3}{2}}}{\sqrt{x}\,(1+\sqrt{x})}$

25 Schreibe als eine Wurzel aus einem Term.

a) $\sqrt[3]{5} \cdot 7$ b) $\sqrt[a]{x^b} \cdot x^b$ c) $(a-b)\cdot\sqrt{(a-b)}$ d) $(z-y)^{\frac{2}{3}} \cdot \sqrt[3]{(y+z)^2}$

26 Vereinfache.

a) $\left(\sqrt{18}-\sqrt{32}\right)\cdot\sqrt{2}$ b) $\frac{\sqrt[3]{54}+\sqrt[3]{128}}{\sqrt[4]{2401}} \cdot \sqrt[3]{\frac{1}{2}}$ c) $\left(\sqrt[b]{a^{2b-3}} - \sqrt[b]{a^{3-b}}\right) : \sqrt[b]{a^{b-3}}$

8 Potenzen mit irrationalen Exponenten

1 Johanna hat 3 [y^x] 2 [$\sqrt{\ }$] [=] in den Taschenrechner eingegeben. Sie ist nun überzeugt, dass sie $3^{\sqrt{2}}$ berechnet hat. Kai meint jedoch, dieses Ergebnis sei falsch. Wer hat Recht? Begründe deine Antwort.

Fig. 1

Jede reelle Zahl x kann man durch eine Intervallschachtelung beschreiben (z. B.: $\sqrt{2}$ in Fig. 2). Verwendet man die rationalen Zahlen dieser Intervallschachtelung als Exponenten zur gleichen Basis a (z. B. zur Basis 5), so erhält man wieder eine Intervallschachtelung. Diese neue Intervallschachtelung legt eine reelle Zahl fest, die man mit a^x bezeichnet (z. B. $5^{\sqrt{2}}$ in Fig. 3).

1	<	$\sqrt{2}$	<	2
1,4	<	$\sqrt{2}$	<	1,5
1,41	<	$\sqrt{2}$	<	1,42
1,414	<	$\sqrt{2}$	<	1,415
1,4142	<	$\sqrt{2}$	<	1,4143
		...		

Fig. 2

5^1	(= 5)	<	$5^{\sqrt{2}}$	<	5^2	(= 25)
$5^{1,4}$	(= 9,5...)	<	$5^{\sqrt{2}}$	<	$5^{1,5}$	(= 11,1...)
$5^{1,41}$	(= 9,6...)	<	$5^{\sqrt{2}}$	<	$5^{1,42}$	(= 9,8...)
$5^{1,414}$	(= 9,73...)	<	$5^{\sqrt{2}}$	<	$5^{1,415}$	(= 9,75...)
$5^{1,4142}$	(= 9,738...)	<	$5^{\sqrt{2}}$	<	$5^{1,4143}$	(= 9,739...)
			...			

Fig. 3

Fig. 3 zeigt den Anfang einer Intervallschachtelung, denn:

1. Die linken Intervallgrenzen sind stets kleiner als die rechten, denn:
   Ist b, c > 0 und b < c, so ist $5^b < 5^c$.
   Hieraus folgt auch: Die Zahl $5^{\sqrt{2}}$ ist in jedem dieser Intervalle enthalten.
   Weiterhin gilt: Jedes Intervall (bis auf das erste) liegt ganz in dem vorausgegangenen und ist kleiner als das vorausgegangene Intervall.
2. Die Intervalle werden beliebig klein, denn:

Für Basen a mit $0 < a < 1$ gilt:
Ist $b, c > 0$ und $b < c$, so ist $a^b > a^c$

$5^2 - 5^1$	=	$5^1 \cdot (5^1 - 1)$	und damit	$5^2 - 5^1$	≦	$5^2 \cdot (5^1 - 1)$
$5^{1,5} - 5^{1,4}$	=	$5^{1,4} \cdot (5^{0,1} - 1)$		$5^{1,5} - 5^{1,4}$	<	$5^2 \cdot (5^{0,1} - 1)$
$5^{1,42} - 5^{1,41}$	=	$5^{1,41} \cdot (5^{0,01} - 1)$		$5^{1,42} - 5^{1,41}$	<	$5^2 \cdot (5^{0,01} - 1)$
$5^{1,415} - 5^{1,414}$	=	$5^{1,414} \cdot (5^{0,001} - 1)$		$5^{1,415} - 5^{1,414}$	<	$5^2 \cdot (5^{0,001} - 1)$
$5^{1,4143} - 5^{1,4142}$	=	$5^{1,4143} \cdot (5^{0,0001} - 1)$		$5^{1,4143} - 5^{1,4142}$	<	$5^2 \cdot (5^{0,0001} - 1)$
		...				...

5^1; $5^{0,1}$; $5^{0,01}$; ... nähert sich immer mehr der Zahl 1.

Allgemein gilt:

> Ist $a > 0$ eine reelle Zahl, x eine irrationale Zahl, dann gibt es genau eine reelle Zahl a^x. Diese Zahl a^x kann man mit einer Intervallschachtelung darstellen; hierzu kann man eine Intervallschachtelung für x zu Hilfe nehmen.

Da man Potenzen mit irrationalen Exponenten durch Intervallschachtelungen mit Potenzen mit rationalen Exponenten beliebig genau annähern kann, lassen sich die Potenzgesetze auch auf Potenzen mit irrationalen Exponenten übertragen.

Beispiel

Vereinfache: a) $\left(a^{\sqrt{5}}\right)^{3\sqrt{5}}$, b) $\frac{b^{3\sqrt{2}+1}}{b^{2\sqrt{2}-2}}$.

Lösung:

a) $\left(a^{\sqrt{5}}\right)^{3\sqrt{5}} = a^{\sqrt{5}\cdot 3\sqrt{5}} = a^{3\cdot\sqrt{5}\cdot\sqrt{5}} = a^{3\cdot 5} = a^{15}$

b) $\frac{b^{3\sqrt{2}+1}}{b^{2\sqrt{2}-2}} = b^{3\sqrt{2}+1-(2\sqrt{2}-2)} = b^{3\sqrt{2}+1-2\sqrt{2}+2} = b^{\sqrt{2}+3}$

Aufgaben

2 Vereinfache.

a) $3^{\sqrt{5}} \cdot 3^{\sqrt{5}}$ b) $7^{1+\sqrt{7}} \cdot 7^{1-\sqrt{7}}$ c) $13^{\sqrt{11}} : 13^{3\sqrt{11}}$ d) $9^{7+3\sqrt{5}} : 9^{6-4\sqrt{5}}$

e) $45^{\sqrt{15}} \cdot 0{,}3^{\sqrt{15}}$ f) $198^{\sqrt{14}} : 66^{\sqrt{14}}$ g) $100^{\sqrt{3}} \cdot 0{,}1^{\sqrt{3}}$ h) $\frac{1}{5^{\sqrt{3}}} : \frac{1}{5^{2\sqrt{3}}}$

i) $\left(6^{-\sqrt{3}}\right)^{2\sqrt{3}}$ k) $\left(3^{\sqrt{4{,}5}}\right)^{\sqrt{2}}$ l) $\left(10^{\sqrt{2}} : 5^{\sqrt{2}}\right) \cdot 2^{\sqrt{2}}$ m) $\left(12^{\sqrt{3}} \cdot 12^{\sqrt{2}}\right)^{\sqrt{2}}$

3

a) $\frac{a^{\sqrt{3}}}{a^{\sqrt{2}}}$ b) $\frac{b^{3\sqrt{2}+1}}{b^{2\sqrt{2}-2}}$ c) $\frac{c^{5\sqrt{3}+2\sqrt{5}}}{c^{2\sqrt{3}-3\sqrt{5}}}$ d) $\frac{k^{2\sqrt{5}+\sqrt{7}}}{k^{\sqrt{5}-2\sqrt{7}}}$

e) $\frac{x^{2\sqrt{3}}}{y^{2\sqrt{3}}}$ f) $\frac{(xy)^{\sqrt{3}}}{(yz)^{\sqrt{3}}}$ g) $\frac{a^{\sqrt{5}} \cdot b^{\sqrt{5}}}{c^{\sqrt{5}}}$ h) $\frac{u^{2+\sqrt{3}} \cdot v^{2+\sqrt{3}}}{w^{2+\sqrt{3}} \cdot z^{2+\sqrt{3}}}$

4 Zeige durch Umformung:

a) $\left(\sqrt{2}^{\sqrt{3}}\right) \cdot \left(\sqrt{2}^{\sqrt{3}}\right) = 2^{\sqrt{3}}$; b) $\left(\sqrt{3}\right)^{\sqrt{5}} : \left(2\sqrt{3}\right)^{\sqrt{5}} = 2^{-\sqrt{5}}$;

c) $\left(\sqrt{2} \cdot \sqrt{3}\right)^{\sqrt{12}} = 6^{\sqrt{3}}$; d) $\left(\sqrt[3]{4} : \sqrt[3]{2}\right)^{\sqrt{2}} = 4^{\sqrt{2}}$.

5 Schreibe mit der gleichen Basis und ordne dann der Größe nach:

$2^{\sqrt{2}}$; $\left(\sqrt{2}\right)^{\sqrt{2}}$; 2^2; $\left(\sqrt{2}\right)^2$.

6 Schreibe als eine einzige Potenz.

a) $\frac{a^{2\sqrt{2}}}{a^{\sqrt{2}}}$ b) $\frac{b^{2\sqrt{3}-\sqrt{4}}}{b^{\sqrt{3}-2}}$ c) $\frac{c^{\sqrt{2}+\sqrt{3}}}{c^{3\sqrt{2}-\sqrt{3}}}$ d) $\frac{x^{2\sqrt{5}+2}}{x^{2\sqrt{5}-1}}$

e) $\frac{a^{2\sqrt{2}}}{b^{2\sqrt{2}}}$ f) $\frac{b^{\sqrt{2}+\sqrt{3}}}{c^{\sqrt{2}+\sqrt{3}}}$ g) $\frac{x^{2\sqrt{5}}}{y^{2\sqrt{5}}}$ h) $\frac{p^{\sqrt{3}} \cdot q^{\sqrt{3}}}{r^{\sqrt{3}} \cdot s^{\sqrt{3}}}$

$\sqrt{2} < 1{,}5$

7 Begründe: a) $2^{\sqrt{2}} < 2\sqrt{2}$, b) $2^{\sqrt{3}} > 2\sqrt{2}$.

$\sqrt{3} > 1{,}7$

8 Gib eine rationale und eine irrationale Zahl an, die größer als $2^{\sqrt{2}}$ und kleiner als $2^{\sqrt{3}}$ ist.

9 Welche dieser Zahlen sind rational? Begründe deine Antwort.

$\left(3^{\sqrt{2}}\right)^{\sqrt{2}}$; $3^{\sqrt{2}+1} \cdot 3^{\sqrt{2}-1}$; $\left(3^{\sqrt{2}+1}\right)^{\sqrt{2}+1}$; $\left(3^{\sqrt{2}+1}\right)^2$

10 Berechne mit dem Taschenrechner.

a) $5^{\sqrt{3}}$ b) $5^{2\sqrt{3}}$ c) $5^{-\sqrt{3}}$ d) $5^{-2\sqrt{3}}$

e) $5^{\frac{1}{2}\sqrt{3}}$ f) $5^{-\frac{1}{2}\sqrt{3}}$ g) $\left(\frac{3}{4}\right)^{\sqrt{2}}$ h) $\left(\frac{1}{2}\right)^{\frac{2}{3}\sqrt{3}}$

i) $\sqrt{3}^{\sqrt{2}}$ k) $\sqrt{3}^{-7\sqrt{2}}$ l) $2^{\sqrt{3}} \cdot 3^{\sqrt{2}}$ m) $\left(5+\sqrt{3}\right)^{\sqrt{3}}$

11 Gib eine Intervallschachtelung an für a) $3^{\sqrt{3}}$, *b) $\left(\frac{2}{3}\right)^{\sqrt{2}}$.

9 Vermischte Aufgaben

1 Schreibe in der Form $a \cdot 10^z$, so dass a nur eine Ziffer ($\neq 0$) vor dem Komma hat.

a) $340\,000$ b) $59\,800$ c) $0{,}003\,62$ d) $0{,}000\,073\,7$

e) $25 \cdot 10^4$ f) $0{,}063 \cdot 10^{-3}$ g) $0{,}008 \cdot 10^6$ h) $3456 \cdot 10^{-5}$

2 Berechne.

a) $3{,}4 \cdot (2 \cdot 10^{-4})$ b) $\frac{8 \cdot 12 \cdot 10^{-2}}{4 \cdot 10^2}$ c) $\frac{6{,}8 \cdot 10^{-2} \cdot 4}{2 \cdot 10^2}$ d) $\frac{4{,}2 \cdot 10^3 \cdot 0{,}04 \cdot 10^{-2}}{0{,}8 \cdot 10^{-3} \cdot 1{,}4}$

e) $\frac{(3 \cdot 10^{-2})^2 \cdot 1{,}21}{(11 \cdot 10^2)^2 \cdot 9}$ f) $\left(\frac{10^{-2}}{4}\right)^2 \cdot 5{,}6 \cdot 10^4$ g) $\frac{15 \cdot 10^{-2}}{2 \cdot 10^2} : (3 \cdot 10^{-1})$ h) $\frac{(4 \cdot 10^{-3}) : (2 \cdot 10^{-1})^{-2}}{0{,}2 \cdot 10^{-4}}$

3 Vereinfache.

a) $x^{\frac{3}{4}} \cdot x$ b) $y^{\frac{1}{2}} : y$ c) $z^{\frac{1}{2}} \cdot z^{\frac{1}{2}}$ d) $3^k : 3^{\frac{1}{2}k}$ e) $x : x^{-\frac{1}{2}}$ f) $t^n : t^{\frac{1}{2}n}$

g) $10^k : 2^k$ h) $8^3 \cdot 4^{-3}$ i) $x : x^r$ k) $a^t \cdot a^{-t}$ l) $b^{2r} \cdot b^{\frac{1}{r}}$ m) $x^c : (2x)^c$

n) $y^s \cdot y^{2s}$ o) $z^x \cdot z^{1-x}$ p) $r^t : r^{t-1}$ q) $r^s \cdot \left(\frac{1}{r}\right)^s$ r) $(4a^3) : a^3$ s) $(6x)^2 : (2x)^2$

4

a) $x^{1-n} \cdot x^{n-1}$ b) $2y^{1-k} : y^k$ c) $(2z)^r : z^{-r}$ d) $(4a^2)^n \cdot 2a^{-n}$

e) $x^{\frac{1}{n}} \cdot x^{-\frac{1}{n}}$ f) $y^{-\frac{1}{n}} : y^{\frac{1}{n}}$ g) $a : a^{-n}$ h) $e^{-x} \cdot 2e$

5

a) $\frac{(15x^2y^{-3})^{-4}}{(25x^3y^{-6})^{-2}}$ b) $\frac{(8a^3b^{-3})^{-2}}{(12a^{-2}b^{-4})^{-3}}$ c) $\frac{(3u^4v^{-1})^2}{(9u^{-2}v^{-3})^{-1}}$ d) $\frac{(2p^{-6}q^3)^{-3}}{(2p^5q^{-2})^4}$

6

a) $\frac{(2x-4)^2}{4}$ b) $\frac{(5-10y)^3}{25}$ c) $\frac{(3-6z)^{-1}}{(1-2z)^{-3}}$

d) $\frac{(12-18x)^3}{(3x-2)^5}$ e) $(1-2x)^3(1-2x)^3$ f) $(2-5y)^3(5y-2)^3$

g) $(x-3y)^2(3y-x)^4$ h) $(2x-3y)^{-1}(3y-2x)^{-3}$ i) $\frac{(1-x^4)^{-1}}{(x^2+1)^2}$

k) $\frac{3(5-y)^{-2}}{3y-15}$ l) $\frac{2a^2}{(8a^3-2a)^2}$ m) $\frac{(4x^{2n}-1)^3}{(1-2x^n)^2}$

7

a) $(a^7b^2c + b^3c^3 - a^4b) \cdot ab^2c^4$ b) $(p^{-3}q^3r^{-2}s^2 + qrs + p^2q^{-2} + q^{-5}r) \cdot p^3q^{-2}r^2s^{-4}$

c) $(x^4yz^3 + xz^4 + x^5y^3z) : x^4y^2z$ d) $(u^{-4}v^{-1}w^5 - u^4vw^{-5} + uv^7w^{-3}) : u^{-4}vw^3$

e) $(d^{\frac{1}{3}}ef^2 + d^{-3}e^{\frac{3}{2}}f^{-\frac{2}{5}} - e^{\frac{2}{3}}f^{-2}) \cdot d^3e^{\frac{1}{3}}f^{-\frac{1}{2}}$ f) $(s^{\frac{4}{5}}t^3u^{-3}v^{\frac{3}{8}} + st^{-5}v^{-6} + s^{-5}u^{-4}v) : s^{-5}t^{\frac{1}{5}}u^7v^{-\frac{1}{2}}$

8

a) $\left(u\sqrt{v} + v\sqrt{w}\right) \cdot \sqrt{uv}$ b) $\left(\sqrt[4]{xyz} - x\sqrt[4]{y^3z}\right) \cdot \sqrt[4]{yz}$ c) $\left(\sqrt{pq} + \sqrt[4]{pq}\right) \cdot \sqrt{\frac{p}{q}}$

d) $\left(\sqrt{ax} - \sqrt{bx}\right) : \sqrt{x}$ e) $\left(a\sqrt[3]{b} + b\sqrt[3]{a}\right) : \sqrt[3]{ab}$ f) $\left(\sqrt[5]{\frac{u^2}{v}} - \sqrt[5]{u^3v^2}\right) : \sqrt[5]{\frac{v^4}{u^3}}$

9

a) $\left(\sqrt[3]{25} - \sqrt[3]{4}\right)\left(\sqrt[3]{5} + \sqrt[3]{2}\right)$ b) $\left(\sqrt[4]{8} + \sqrt[4]{27}\right)\left(\sqrt[4]{3} - \sqrt[4]{2}\right)$

c) $\left(\sqrt{x} + \sqrt{y}\right)\left(\sqrt{2x} - \sqrt{2y}\right)$ d) $\left(x\sqrt{a} + a\sqrt{x}\right)\left(\sqrt{a} - \sqrt{x}\right)$

e) $\left(\sqrt[3]{a^2} - \sqrt[3]{ab} + \sqrt[3]{b^2}\right)\left(\sqrt[3]{a} + \sqrt[3]{b}\right)$ f) $\left(\sqrt[4]{a^2} + \sqrt[4]{b^2}\right)\left(\sqrt[4]{a^2} - \sqrt[4]{b^2}\right)$

10 Vereinfache.

a) $\left(\sqrt{7}+\sqrt{6}\right)\left(\sqrt{7}-\sqrt{6}\right)$
b) $\left(5\sqrt{2}-2\sqrt{5}\right)\left(5\sqrt{2}+2\sqrt{5}\right)$
c) $\left(\sqrt{x+h}-\sqrt{x}\right)\left(\sqrt{x+h}+\sqrt{x}\right)$
d) $\left(a+\sqrt{a^2-b^2}\right)\left(a-\sqrt{a^2-b^2}\right)$
e) $(x-y):\left(\sqrt{x}-\sqrt{y}\right)$
f) $\left(a\sqrt{ax}-x\sqrt{ax}\right):\left(\sqrt{a}-\sqrt{x}\right)$

11 Mache den Nenner rational ($x, a, b > 0$).

a) $\frac{4x^2}{\sqrt[3]{2x}}$
b) $\frac{6a}{\sqrt[4]{2a^3}}$
c) $\frac{18b}{\sqrt[3]{9b}}$
d) $\frac{a\sqrt{b}+b\sqrt{a}}{\sqrt{ab}}$
e) $\frac{1}{\sqrt{3a-2b}}$
f) $\frac{3\sqrt{a}+5\sqrt{b}}{5\sqrt{b}-3\sqrt{a}}$
g) $\frac{1}{\sqrt{x}+\sqrt{7}}$
h) $\frac{1}{\sqrt{x+\sqrt{7}}}$

12 Vereinfache.

a) $\frac{x^n-x^{n+2}}{x^n+x^{n-1}}$
b) $\frac{a^{k+2}-k^2a^k}{a^k-ka^{k-1}}$
c) $\frac{t^{5x}-t^{3x}}{t^{3x+1}-t^{2x+1}}$
d) $\frac{1-4a^{2r}}{a+2a^{r+1}}$
e) $\frac{9a^{2x+1}-a}{a^2-3a^{x+2}}$
f) $\frac{2x^t-2x^{2t}}{3-3x^t}$
g) $\frac{e^{x+1}-e^{1-x}}{e^{-x}-e^x}$
h) $\frac{y^{-3n}-x^{-2n}y^{-n}}{y^{-2n}x^{-n}-y^{-3n}}$

13 Fasse zusammen.

a) $\frac{x^{-k}-1}{1-x^k}-\frac{1}{x^k}$
b) $\frac{x^{-r}-r^{-x}}{r^x-x^r}-\frac{1}{r^xx^r}$
c) $\left(x^n-\frac{1}{x^n}\right)^2-x^{-2n}$
d) $\frac{1+2x}{2x^n}-\frac{1}{x^{n-1}}+\frac{1-2x}{4x^{n+1}}$
e) $\frac{1-a^p}{1+a^p}-\frac{1-a^p}{3-a^p}+2$
f) $\frac{y^{n-2}}{1-y}-\frac{y^{n-1}}{1+y}-\frac{y^n}{1-y^2}$
g) $\frac{t^n}{t^n-2}-1+\frac{t^2}{t^{n-1}-2}$
h) $\frac{1}{x^n}+\frac{1}{2x^n}-\frac{1}{x^{n+1}}$
i) $\frac{1}{y^n-1}-\frac{1}{y^{2n}-1}-\frac{1}{y^n}$

14 Schreibe mit einem einzigen Wurzelzeichen ($x, a > 0$).

a) $\sqrt{a}\cdot\sqrt[3]{a^2}\cdot\sqrt[4]{a^3}$
b) $\frac{a}{\sqrt{a}\,\sqrt[3]{a}}$
c) $\sqrt[3]{\sqrt{a}}$
d) $\sqrt[4]{a\sqrt[3]{a}}$

15 Weltweit wurden 1992 etwa $5{,}6\cdot10^{11}$ Hühnereier produziert. Wie viel km hoch ist der Stapel, wenn man sie sich in die üblichen 10er-Packungen (Höhe 6 cm) abgepackt und diese aufeinander geschichtet denkt?

16 Das von der Erde am weitesten entfernte Objekt des Universums, das man noch mit bloßem Auge erkennen kann, ist der Andromeda-Nebel (Fig. 1). Er ist etwa 2,7 Millionen Lichtjahre von uns entfernt; sein größter Durchmesser beträgt etwa 163 000 Lichtjahre.
Gib Entfernung und Durchmesser in km an (Lichtgeschwindigkeit $3\cdot10^5\,\frac{km}{s}$).

17 In so genannten Blasenkammern können die Bahnen von Elementarteilchen sichtbar gemacht werden.
Bei einem Experiment legte ein solches Teilchen während seiner „Lebensdauer" eine 10 cm lange Strecke mit Lichtgeschwindigkeit ($3\cdot10^5\,\frac{km}{s}$) zurück. Wie lange existierte dieses Teilchen?

Fig. 1

Musikalische  Stimmungen

Mit Saiten, wie sie z. B. bei Streich- oder Zupfinstrumenten verwendet werden, kann man Töne verschiedener Höhen erzeugen. Die Höhe eines Tones hängt von der Anzahl der Schwingungen der Saite, der Frequenz, ab. Die Frequenz gib man in Hertz (Hz) an: 1 Hz = 1 Schwingung in der Sekunde. Je größer die Frequenz ist, desto höher ist der Ton.
Zum Musizieren verwendet man Töne, die „gut zueinander passen". Diese Töne kann man „festlegen", indem man die Frequenz eines Ausgangstones und die Verhältnisse aller ausgewählten Tonfrequenzen zueinander angibt.

Das pythagoreische Stimmungsprinzip

Pythagoras (580–496 v. Chr.) und seine Schüler untersuchten mit Hilfe eines Monochords (Fig. 1), welche Töne gut zusammen klingen.
Sie verglichen den Ton einer Saite, den Grundton, mit den Tönen, die man erhält, wenn man jeweils nur einen Teil dieser Saite (bei gleicher Spannung) schwingen lässt:

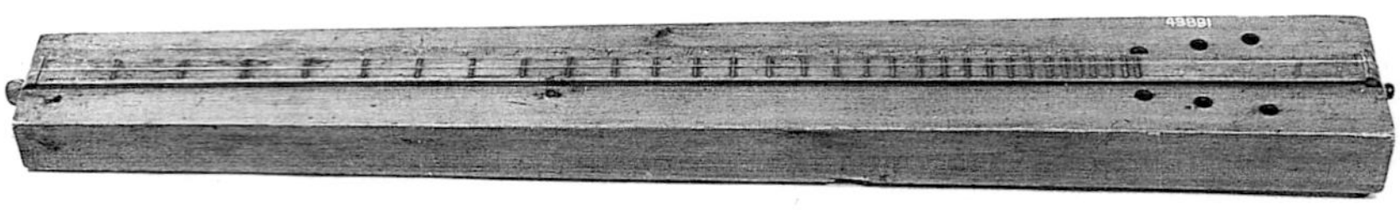

Fig. 1

Der Grundton und der Ton der halben Saite klingen besonders harmonisch zusammen. Einen guten Zusammenklang ergeben auch der Grundton und der Ton von $\frac{2}{3}$ der Saite. Ebenfalls (noch) angenehm klingen der Grundton und der Ton von $\frac{3}{4}$ der Saite.
Die Frequenz eines Tones ist umgekehrt proportional zur Länge der schwingenden Saite. Hat der Grundton die Frequenz f_0, so haben die drei mit ihm gut klingenden Töne deshalb die Frequenzen $2 \cdot f_0$, $\frac{3}{2} \cdot f_0$ und $\frac{4}{3} \cdot f_0$.
Das Verhältnis der Frequenzen $\frac{3}{2} \cdot f_0$ und $\frac{4}{3} \cdot f_0$ ist $\frac{9}{8}$. Die Pythagoreer nutzten das Frequenzverhältnis $\frac{9}{8}$, um weitere Töne festzulegen. Tab. 1 zeigt eine „pythagoreische Tonleiter" mit heutigen Tonbezeichnungen c′, d′, e′, . . .

Tonbezeichnung	c′	d′	e′	f′	g′	a′	h′	c″
Frequenz	f_0	$\frac{9}{8} \cdot f_0$	$\frac{81}{64} \cdot f_0$	$\frac{4}{3} \cdot f_0$	$\frac{3}{2} \cdot f_0$	$\frac{27}{16} \cdot f_0$	$\frac{243}{128} \cdot f_0$	$2 \cdot f_0$
Frequenzverhältnis zum vorherigen Ton		9 : 8	9 : 8	256 : 243	9 : 8	9 : 8	9 : 8	256 : 243

Tab. 1

Der Zusammenklang von Tönen, deren Frequenzen im Verhältnis kleiner ganzer Zahlen stehen, empfindet man als besonders angenehm. Betrachtet man jedoch in der pythagoreischen Stimmung z. B. die Tonika (den Grundakkord) c′–e′–g′, so erhält man das Frequenzverhältnis 64 : 81 : 96 (d. h.: zu c′–e′ gehört das Frequenzverhältnis 64 : 81 und zu e′–g′ das Frequenzverhältnis 81 : 96).
Dem pythagoreischen Stimmungsprinzip warf man Klangarmut vor allem beim Spielen von Akkorden vor. Didymos (geb. 63 v. Chr.) entwickelte ein Stimmungsprinzip, das sehr gut die Forderung nach harmonischem Zusammenklang der Töne erfüllt:

Das diatonische Stimmungsprinzip

Tonbezeichnung	c′	d′	e′	f′	g′	a′	h′	c″
Frequenz	f_0	$\frac{9}{8} \cdot f_0$	$\frac{5}{4} \cdot f_0$	$\frac{4}{3} \cdot f_0$	$\frac{3}{2} \cdot f_0$	$\frac{5}{3} \cdot f_0$	$\frac{15}{8} \cdot f_0$	$2 \cdot f_0$
Frequenzverhältnis zum vorherigen Ton		9 : 8	10 : 9	16 : 15	9 : 8	10 : 9	9 : 8	16 : 15

Tab. 2

Der Tonika c′–e′–g′ entspricht nun das Frequenzverhältnis 4 : 5 : 6. Weil die diatonische Skala im besonderen Maße den harmonischen Zusammenklang von Tönen unterstützt, heißt sie auch **reine** Tonskala.

Die diatonische Stimmung bereitet Schwierigkeiten, wenn man eine Tonleiter mit einem anderen Grundton spielen will, denn:
Wählt man z. B. d als Grundton einer Tonleiter, so muss der fünfte Ton die Frequenz $\frac{3}{2} \cdot (\frac{9}{8} \cdot f_0) = \frac{27}{16} \cdot f_0$ haben. Ein Ton mit dieser Frequenz ist jedoch in der Tab. 2 auf der gegenüberliegenden Seite nicht vorhanden (a hat die Frequenz $\frac{5}{3} \cdot f_0$). Deshalb kann man mit einem diatonisch gestimmten Klavier eine gegebene Melodie nicht in jeder Tonart spielen. Diesen Nachteil versuchte man durch Einfügen von weiteren Tönen zu beheben. Fig. 1 zeigt eine Klaviatur für eine solche Stimmung. Man stieß jedoch wegen der unterschiedlichen Frequenzverhältnisse von Tönen benachbarter Tasten auf weitere Probleme und es gab spieltechnische Schwierigkeiten.

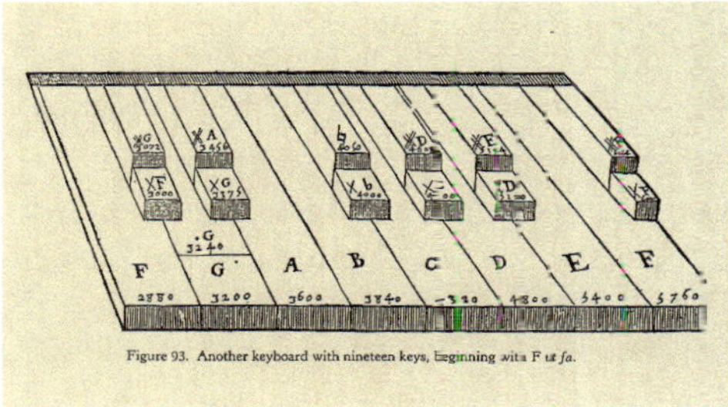

Klaviatur eines Klavichordes mit 19 Tonschritten in der Oktave
aus Marin Mersennes „Harmonie universelle"

Fig. 1

Der Mathematiker Marin Mersenne (1588–1648) und der Orgelbauer Andreas Werckmeister (1645–1706) entwickelten eine Stimmung, die die Nachteile der diatonischen Stimmung aufhob, ohne zu sehr von ihr abzuweichen:

Die temperierte Stimmung

Bei dieser Stimmung bleiben der Grundton c′ mit der Frequenz f_0 und der Ton c″ mit der Frequenz $2 \cdot f_0$ erhalten. Nach den Tönen c′, d′, f′, g′ und a′ wird jeweils ein weiterer Ton eingefügt. Die Frequenzen werden so gewählt, dass das Frequenzverhältnis k zweier benachbarter Töne (in Tab. 1) stets gleich ist.

Tonbezeichnung	c′	cis′	d′	dis′	e′	f′	fis′	g′	gis′	a′	ais′	h′	c″
Frequenz	f_0	$k \cdot f_0$	$k^2 \cdot f_0$	$k^3 \cdot f_0$	$k^4 \cdot f_0$	$k^5 \cdot f_0$	$k^6 \cdot f_0$	$k^7 \cdot f_0$	$k^8 \cdot f_0$	$k^9 \cdot f_0$	$k^{10} \cdot f_0$	$k^{11} \cdot f_0$	$2 \cdot f_0$

Tab. 1

Also ist $k^{12} \cdot f_0 = 2 \cdot f_0$ und somit $k = \sqrt[12]{2}$.
Die temperierte Stimmung liegt vermittelnd zwischen den beiden anderen Stimmungen; so hat z. B. der Ton e′
in der pythagoreischen Stimmung die Frequenz $\frac{81}{64} \cdot f_0 = 1{,}265\,625 \cdot f_0$,
in der diatonischen Stimmung die Frequenz $\frac{5}{4} \cdot f_0 = 1{,}25 \cdot f_0$,
in der temperierten Stimmung die Frequenz $\left(\sqrt[12]{2}\right)^4 \cdot f_0 = \sqrt[3]{2} \cdot f_0 \approx 1{,}259\,921 \cdot f_0$.
Um eine Stimmung komplett anzugeben, muss man auch die Frequenz eines Bezugstones benennen.
1939 wurde auf einer Konferenz in London die Frequenz 440 Hz für den so genannten Kammerton a′ festgelegt. Zu Beginn eines Konzertes gibt der Oboist diesen Ton an; nach ihm stimmen alle übrigen Instrumentalisten ihre Blas- und Saiteninstrumente. Manchmal wird jedoch für den Ton a′ aus künstlerischen Gründen eine etwas kleinere Frequenz als 440 Hz gewählt.

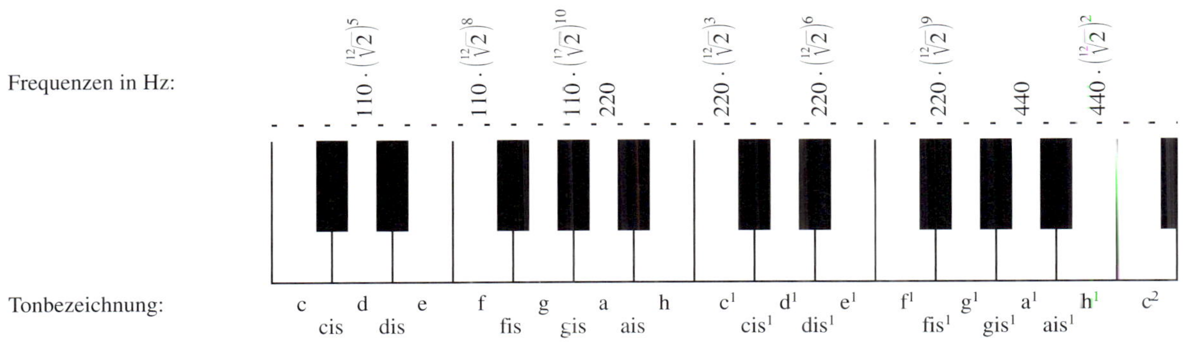

Fig. 2

Die temperierte Stimmung hat gegenüber der diatonischen Stimmung den Vorteil, dass jeder Ton Grundton einer Tonleiter sein kann. Sie hat jedoch gegenüber der diatonischen Stimmung auch einen Nachteil – welchen?

Rückblick

Potenzen mit ganzzahligen Exponenten:
Bei einer Potenz a^n nennt man a die **Basis** und n den **Exponenten.**

Für jede Zahl $(a \neq 0)$ und jede natürliche Zahl n mit $n \geqq 2$ ist:
$a^n = \underbrace{a \cdot a \cdot \ldots \cdot a}_{\text{n Faktoren}}$; $a^{-n} = \frac{1}{a^n}$; $a^0 = 1$; $a^1 = a$; $a^{-1} = \frac{1}{a}$

$(-5)^3 = (-5) \cdot (-5) \cdot (-5) = -125$
$5^{-3} = \frac{1}{5^3} = \frac{1}{125}$
$5^0 = 1$
$5^1 = 5$
$10^{12} = 1\,000\,000\,000\,000$
$10^{-4} = 0{,}0001$
$35\,000\,000 = 3{,}5 \cdot 10^7$
$0{,}000\,56 = 5{,}6 \cdot 10^{-4}$

Wurzeln
Gilt für zwei Zahlen $a > 0$ und $x > 0$ $a = x^n$ (mit n aus $\mathbb{N}$, $n > 0$), so nennt man x die n-te Wurzel aus a und man schreibt $x = \sqrt[n]{a}$.

$\sqrt[3]{8} = 2$, denn $2^3 = 8$

Der Term unter dem Wurzelzeichen heißt Radikand.
Zu jeder Zahl $a \geqq 0$ und jeder natürlichen Zahl $n > 0$ gibt es genau eine n-te Wurzel von a.

$\left(\sqrt[5]{3}\right)^5 = 3$

Potenzen mit rationalen Exponenten
Für $a \geqq 0$, p aus $\mathbb{Z}$ und q aus $\mathbb{N}$, $q \neq 0$, ist: $a^{\frac{p}{q}} = \sqrt[q]{a^p}$
Insbesondere gilt: $a^{\frac{1}{n}} = \sqrt[n]{a}$

$\sqrt[5]{a^3} \cdot \sqrt[6]{a^5} = a^{\frac{3}{5}} \cdot a^{\frac{5}{6}} = a^{\frac{3}{5} + \frac{5}{6}} = a^{\frac{43}{30}} = a \cdot a^{\frac{13}{30}}$
$= a \cdot \sqrt[30]{a^{13}}$

Potenzen mit irrationalen Exponenten
Ist $a > 0$ eine reelle Zahl und x eine irrationale Zahl, dann gibt es genau eine reelle Zahl a^x.
Diese Zahl a^x kann man mit einer Intervallschachtelung beschreiben.

Rechnen mit Potenzen und Wurzeln

Potenzgesetze
1. Gleiche Basis: $a^p \cdot a^q = a^{p+q}$; $a^p : a^q = a^{p-q}$; $a \neq 0$
2. Gleiche Exponenten: $a^p \cdot b^p = (a \cdot b)^p$; $a^p : b^p = (a : b)^p$; $b \neq 0$
3. Potenzen von Potenzen: $(a^p)^q = a^{p \cdot q}$

$3^5 \cdot 3^4 = 3^{5+4} = 3^9$; $3^7 : 3^5 = 3^{7-5} = 3^2$
$4^3 \cdot 5^3 = (4 \cdot 5)^3 = 20^3$;
$4^3 : 5^3 = (4 : 5)^3 = 0{,}8^3$
$(4^2)^3 = 4^{2 \cdot 3} = 4^6$

Sind p und q ganzzahlige Exponenten, so gelten die Gesetze für alle reellen Zahlen a $(a \neq 0)$; in allen anderen Fällen muss $a \geqq 0$ sein.

$\left[2a^p + 3\left(\sqrt[q]{a^p}\right)^q\right]^2 - 25(a^2)^p$
$= [2a^p + 3a^p]^2 - 25a^{2p}$
$= [5a^p]^2 - 25a^{2p}$
$= 25a^{2p} - 25a^{2p} = 0$

Beachte:
Klammern werden zuerst ausgerechnet.
Innerhalb von Klammern oder wenn Klammern fehlen, gilt:
Potenzrechnung vor Punktrechnung; Punktrechnung vor Strichrechnung.

Wurzelgesetze:
1. $\sqrt[n]{a} \cdot \sqrt[n]{b} = \sqrt[n]{a \cdot b}$
2. $\sqrt[m]{\sqrt[n]{a}} = \sqrt[mn]{a}$

$\sqrt[3]{5} \cdot \sqrt[3]{7} = \sqrt[3]{35}$
$\sqrt[3]{\sqrt[4]{2}} = \sqrt[12]{2}$

Aufgaben zum Üben und Wiederholen

1 Schreibe in der Dezimalschreibweise.
a) 10^{-7} b) $4 \cdot 10^{13}$ c) $1{,}7 \cdot 10^{2}$ d) $845 \cdot 10^{-5}$ e) $0{,}12 \cdot 10^{-6}$

2 Schreibe als Produkt aus einer Dezimalzahl mit einer Ziffer ($\neq 0$) vor dem Komma und einer Zehnerpotenz.
a) $873 \cdot 10^{6}$ b) $0{,}276 \cdot 10^{-3}$ c) 93 400 000 d) 0,076 000 e) $67{,}67 \cdot 10^{-7}$

3 Wie viele Sekunden vergehen in 1 Milliarde Jahre (ohne Schaltjahre u. ä.)?

4 Schreibe als Potenz mit einer möglichst kleinen natürlichen Zahl als Basis.
a) 250 000; 16 900; 256 000 000 000 000 b) 1024; 4096 c) 3125; 16 807

5 Vereinfache
a) $x^{\frac{7}{11}} \cdot x^{\frac{3}{22}}$ b) $z^{\frac{6}{13}} : z^{\frac{7}{26}}$ c) $(3s)^{-\frac{1}{3}} \cdot \frac{1}{(9s)^{\frac{1}{3}}}$ d) $(4a)^{-3r} : (7a)^{-6r}$

6 Berechne
a) $4 \cdot 2^{3}$ b) $0{,}7^{-3}\ 686$ c) $5 \cdot 7^{3} \cdot 3 \cdot 49^{-6}$ d) $(12{,}5 \cdot 10^{-2} + 35 \cdot 10^{-3}) \cdot 2^{4}$

7 Vereinfache
a) $(a-b)^{2}(a^{2}+b^{2}-2ab)$ b) $\frac{25a^{r}-625a}{75a^{r}}$ c) $\frac{x^{s-1}}{x^{1+s}} - \frac{1}{x^{2}}$ d) $\frac{1-k^{2x-1}}{k^{x-1}} + (k^{-x})^{-1}$

8
a) $b^{t+h} \cdot (s-r) - b^{t+h} \cdot s + b^{t+h} \cdot r + (b^{t} + b^{h})(s-r)$ b) $x^{g+h} \cdot (t-r)^{4} + x^{g+h} \cdot t + x^{g+h} \cdot r - (x^{g} \cdot x^{h})(r+t)$

9
a) $\frac{a^{-4}b^{5}}{x^{-3}y^{-2}} \cdot \frac{x^{-2}y^{-1}}{a^{-3}b^{6}}$ b) $\frac{x^{2}y^{-5}}{a^{-3}b^{-1}} \cdot \frac{a^{-1}b}{x^{-2}y^{-7}}$ c) $\frac{p^{3}q^{-2}}{r^{-4}s^{-5}} : \frac{r^{-6}s^{-1}}{p^{-1}q^{2}}$ d) $\frac{3x^{-2}y}{2a^{2}b} : \frac{x^{4}y^{-3}}{6ab^{2}}$
e) $\left(\frac{x^{-4}y^{-3}}{z^{4}}\right)^{-3} \cdot \left(\frac{z^{7}}{xy^{3}}\right)^{-2}$ f) $\left(\frac{a^{-1}b^{-2}}{c^{-7}}\right)^{-4} : \left(\frac{ab^{-2}}{c^{7}}\right)^{-2}$ g) $\frac{((a+b) \cdot (a-b))^{-5}}{(a^{2}-b^{2})}$ h) $\frac{((a+b)^{3})^{4}}{(a^{2}+2ab+b^{2})^{6}}$

10
a) $\frac{(81a^{-6}b^{10})^{-4}}{(27a^{8}b^{-14})^{-3}}$ b) $\frac{(a-b)^{4}}{(a^{3}-a^{2}b)^{6}}$ c) $\frac{3}{(g^{5}-h^{5})} + \frac{3}{(h^{5}+g^{5})}$
d) $\frac{42 \cdot (k^{6}-m^{6})}{3k^{3}-3m^{3}} - \frac{6(k^{3})^{2} + 12m^{3}k^{3} + 6(m^{2})^{3}}{6k^{3}+6m^{3}}$ e) $\frac{(x-y)^{7}}{x^{2}-y^{2}} - \frac{(x-y)^{6}}{x+y}$

11
a) $\sqrt[3]{\sqrt[3]{\sqrt[3]{4^{9}}}}$ b) $\sqrt[3]{\sqrt{4096}}$ c) $\sqrt[5]{32 \cdot \sqrt[3]{243}}$ d) $\sqrt{\sqrt[3]{8} + \sqrt[4]{16}}$

12 Mache den Nenner rational.
a) $\frac{1}{\sqrt{u-v}}$ b) $\frac{1}{\sqrt[5]{2u+3v}}$ c) $\frac{7a}{\sqrt{a}-\sqrt{b}}$ d) $\frac{2x}{\sqrt{2k} + 4\sqrt{3m}}$
e) $\frac{\sqrt{7}}{\sqrt{11}}$ f) $\sqrt[3]{\frac{7}{13}}$ g) $\frac{2\sqrt{y} - 3\sqrt{z}}{2\sqrt{y} + 3\sqrt{z}}$ h) $\frac{1}{1-\sqrt{1-g}}$

13 Radiziere teilweise.
a) $\sqrt{24}$ b) $\sqrt[5]{486}$ c) $\sqrt[4]{16 \cdot (a-b)^{5}}$
d) $\sqrt[3]{(4a^{2} - 12ab + 9b^{2}) \cdot (2a - 3b)^{2}}$ e) $\sqrt[3]{(a^{2}-4) \cdot (a^{2}+4a+4)}$

Die Lösungen zu den Aufgaben dieser Seite findest du auf Seite 208.

1 Potenzfunktionen der Form $x \mapsto x^n$

Fig. 1

1 Fig. 1 zeigt Original und acht Modelle eines Pkw im Maßstab 1 : 8.
a) Was bedeutet dies für den Vergleich von Original und Modell für die Streckenlängen, Flächeninhalte und Volumen?
b) Schreibe für Würfel die Funktionsvorschriften auf zu den Funktionen
Kantenlänge → Inhalt einer Seitenfläche
Kantenlänge → Oberflächeninhalt
Kantenlänge → Volumen.
Gib jeweils die Definitionsmenge an und skizziere die Graphen der Funktionen in einem Koordinatensystem.

Eine Funktion der Form $x \mapsto x^n$ (n aus ℕ) nennt man **Potenzfunktion (n-ten Grades)**. Falls $n > 1$ ist, heißt ihr Graph **Parabel (n-ter Ordnung)**.

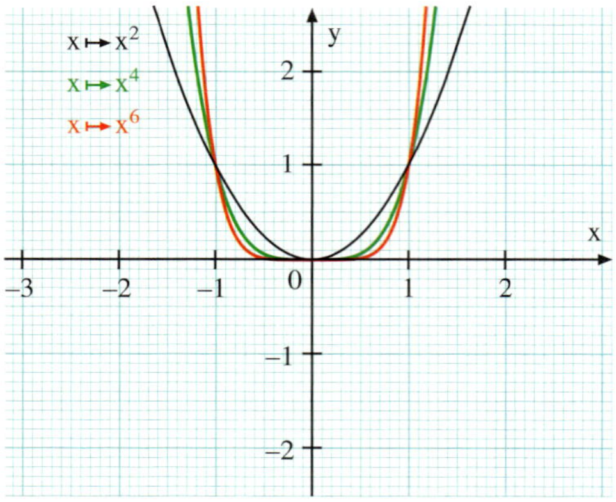

Fig. 2

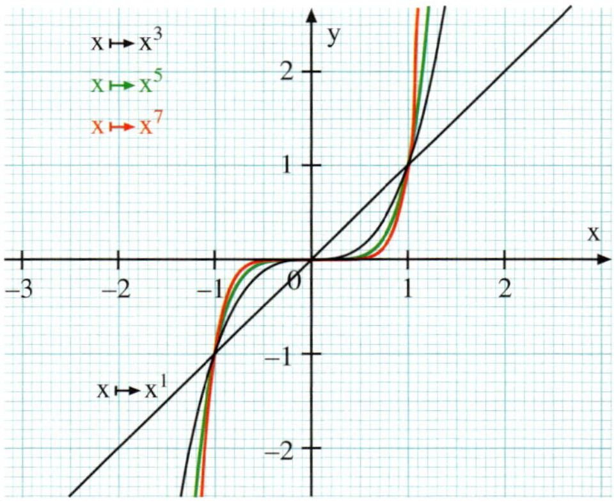

Fig. 3

Eigenschaften von Funktionen $f: x \mapsto x^n$ mit **geradem** Exponenten n:

1. Für alle x ist $f(x) \geqq 0$.
Der Graph verläuft „oberhalb" der x-Achse.
2. Für jede Zahl x gilt $f(-x) = f(x)$.
Der Graph ist symmetrisch zur y-Achse.
3. Der kleinste Funktionswert ist 0.
Der „tiefste" Punkt $S(0|0)$ heißt Scheitel.
4. Für alle $x_1, x_2 \leqq 0$ gilt: Wenn $x_1 < x_2$ ist, dann ist $f(x_1) > f(x_2)$. Man sagt:
f ist für $x \leqq 0$ **streng monoton fallend**.
5. Für alle $x_1, x_2 \geqq 0$ gilt: Wenn $x_1 < x_2$ ist, dann ist $f(x_1) < f(x_2)$. Man sagt:
f ist für $x \geqq 0$ **streng monoton steigend**.

Eigenschaften von Funktionen $f: x \mapsto x^n$ mit **ungeradem** Exponenten n:

1. Für alle $x \geqq 0$ ist $f(x) \geqq 0$, und für alle $x < 0$ ist $f(x) < 0$.
2. Für jede Zahl x gilt $f(-x) = -f(x)$.
Der Graph ist punktsymmetrisch zu $O(0|0)$.

3. Für alle x_1, x_2 gilt: Wenn $x_1 < x_2$ ist, dann ist $f(x_1) < f(x_2)$. Man sagt:
f ist überall **streng monoton steigend**.

Anmerkung:
Die genannten Eigenschaften gelten auch für Funktionen $f: x \mapsto a \cdot x^n$ mit $a > 0$ und ihre Graphen.

Beispiel 1
Skizziere den Graphen von $f: x \mapsto x^3$ und den Graphen von g. Wie kann man sich den Graphen von g aus dem Graphen von f entstanden denken?
a) $g: x \mapsto x^3 + 1$
b) $g: x \mapsto (x-1)^3$
c) $g: x \mapsto 2x^3$
Lösung:
a) Der Graph von f wurde um eine Einheit entlang der y-Achse verschoben.
b) Der Graph f wurde um eine Einheit entlang der x-Achse verschoben.
c) Multipliziert man die y-Koordinaten der Punkte des Graphen von f mit 2, so erhält man die y-Koordinaten der Punkte des Graphen von g.

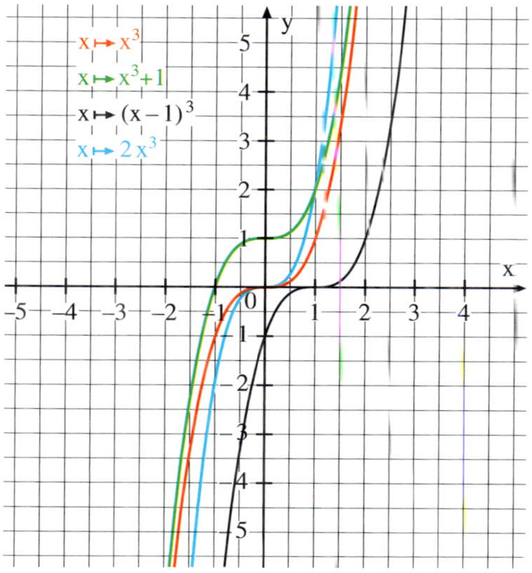

Fig. 1

Beispiel 2
Beschreibe die Symmetrie des Graphen und die Monotonie von f.
a) $f: x \mapsto x^3 + 1$ b) $d: x \mapsto (x-2)^4 + 1$
Lösung:
a) *Verschiebt man den Graphen von $x \mapsto x^3$ um eine Einheit in Richtung der y-Achse, so erhält man den Graphen von f.*
Der Graph von f ist symmetrisch zum Punkt $P(0|1)$. f ist überall streng monoton steigend.
b) *Verschiebt man den Graphen von $x \mapsto x^4$ um zwei Einheiten in Richtung der x-Achse und um eine Einheit in Richtung der y-Achse, so erhält man den Graphen von f.*
Der Graph von f ist achsensymmetrisch zur Parallele zur y-Achse, die durch den Punkt $P(2|1)$ geht. Der Punkt $P(2|1)$ ist der Scheitel der Parabel.
f ist für $x < 2$ streng monoton fallend und für $x > 2$ streng monoton steigend.

Aufgaben

2 Prüfe, ob der Punkt P auf dem Graphen von $x \mapsto x^6$ (von $x \mapsto x^7$) liegt.
a) $P(0{,}1|0{,}000\,0001)$ b) $P(3|2187)$ c) $P(-5|78\,125)$ d) $P(-4|-4096)$ e) $P(1|1)$

3 Der Punkt Q liegt auf dem Graphen von $x \mapsto x^5$. Ergänze die fehlende Koordinate.
a) $Q(3|\square)$ b) $Q(-3|\square)$ c) $Q(\square|-32)$ d) $Q(\square|2^{10})$ e) $Q(\square|7^{15})$

4 Begründe: Die Graphen aller Funktionen der Form $x \mapsto \sqrt{17}\,x^n$, n aus $\mathbb{N}\setminus\{0\}$, gehen durch zwei gemeinsame Punkte.

5 Begründe:
a) Die Graphen aller Funktionen der Form $x \mapsto 5 \cdot x^n$ mit geradem Exponenten n gehen durch drei gemeinsame Punkte.
b) Die Graphen aller Funktionen der Form $x \mapsto 5 \cdot x^n$ mit ungeradem Exponenten n gehen durch drei gemeinsame Punkte.

6 Für welche x-Werte liegen die Funktionswerte f(x) zwischen 0 und 10, wenn
a) $f: x \mapsto x^3$, b) $f: x \mapsto x^4$, c) $f: x \mapsto x^7$, d) $f: x \mapsto x^8$?

7 Für welche x-Werte sind die Beträge der Funktionswerte größer als 10^6 (kleiner als 10^{-7})?
a) $x \mapsto x^3$ b) $x \mapsto 3 \cdot x^4$ c) $x \mapsto -3 \cdot x^5$ d) $x \mapsto 10^{-9} \cdot x^6$

8 Die Punkte $P(-1{,}2 \mid \square)$ und $Q(1{,}2 \mid -2{,}488\,32)$ liegen auf dem Graphen von $f: x \mapsto a \cdot x^5$. Bestimme ohne Taschenrechner die fehlende Koordinate.

9 Skizziere den Graphen von $f: x \mapsto x^4$ und den Graphen von g. Wie kann man sich den Graphen von g aus dem Graphen von f entstanden denken?
a) $g: x \mapsto x^4 + 2$ b) $g: x \mapsto x^4 - 1$ c) $g: x \mapsto (x + 2)^4$
d) $g: x \mapsto (x - 3)^4$ e) $g: x \mapsto (x - 2)^4 + 1$ f) $g: x \mapsto (x + 3)^4 - 2$
g) $g: x \mapsto 0{,}1\,x^4$ h) $g: x \mapsto 0{,}5\,(x - 2)^4$ i) $g: x \mapsto -0{,}5\,(x + 2)^4 - 1$

10 Zeichne die Graphen von $x \mapsto x^3$, $x \mapsto x^5$, $x \mapsto x^7$ ($x \mapsto x^2$, $x \mapsto x^4$, $x \mapsto x^6$) in ein Koordinatensystem und vergleiche den Verlauf der Graphen für $|x| < 1$ und $|x| > 1$.

11 Zu welcher Geraden sind die Graphen von f symmetrisch? Begründe deine Antwort.
a) $f: x \mapsto x^{12} + 5$ b) $f: x \mapsto x^8 - 9$ c) $f: x \mapsto 12\,x^{22}$
d) $f: x \mapsto (x + 10)^{12}$ e) $f: x \mapsto (x - 12)^{30} + 12$ f) $f: x \mapsto 32\,(x^{10} - 5) + 23$

12 Zu welchem Punkt sind die Graphen von f symmetrisch? Begründe deine Antwort.
a) $f: x \mapsto x^7 + 7$ b) $f: x \mapsto -9{,}3 \cdot x^5$ c) $f: x \mapsto 8{,}4\,x^{21} - 14$
d) $f: x \mapsto (x + 17)^{13}$ e) $f: x \mapsto (x - 56)^{33} + 12$ f) $f: x \mapsto 3\,(x^{19} - 5) + 2$

13 Beschreibe die Symmetrie des Graphen und die Monotonie von f.
a) $f: x \mapsto x^6 + 4$ b) $f: x \mapsto x^3 - 9$ c) $f: x \mapsto 5{,}2\,x^{28}$
d) $f: x \mapsto (x + 7)^{11}$ e) $f: x \mapsto (x - 56)^{34} + 12$ f) $f: x \mapsto -3\,(x^{17} - 6) + 8$
g) $f: x \mapsto -6{,}4\,x^{26}$ h) $f: x \mapsto -7\,(x - 8)^{14} + 9$ i) $f: x \mapsto -3\,(x - 6)^{19} + 2$

14 Der Graph einer Funktion der Form $x \mapsto a \cdot x^n$ geht durch $A(1 \mid 4)$ und $B(2 \mid 32)$ (durch $C(-1 \mid -4)$ und $D(0{,}5 \mid 0{,}125)$). Bestimme a und n.

15 Der Graph von $x \mapsto x^3$ ($x \mapsto x^5 - 3$) wurde an der y-Achse gespiegelt. Gib die Funktionsvorschrift an, die zu dem gespiegelten Graphen gehört.

16 Gib die Funktionsterme vollständig an (Fig. 1).

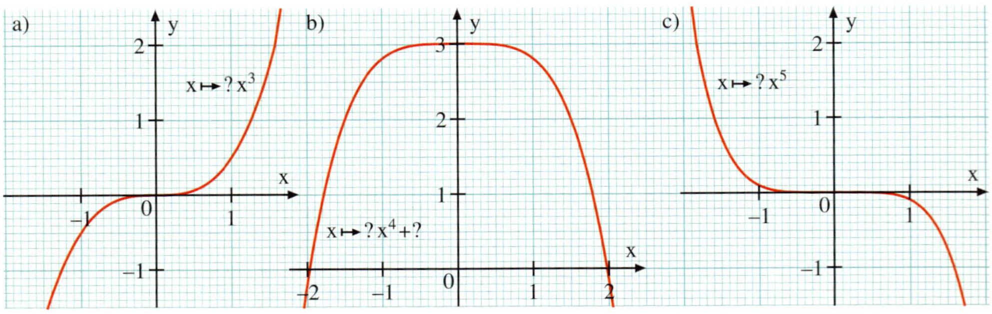

Fig. 1

2 Potenzfunktionen der Form $x \mapsto x^{-n}$

1 Die Anziehungskraft (in Newton) zwischen der Erde und einem Raumschiff der Masse 100 t kann man ungefähr mit dem Term $\frac{4 \cdot 10^{19}}{r^2}$ bestimmen, wenn man für r den Abstand des Raumschiffs vom Erdmittelpunkt (in Meter) einsetzt.
a) Berechne diese Anziehungskraft für den in Fig. 1 angegebenen Abstand. (Erdradius: ca. 6370 km)
b) Wie ändert sich die Anziehungskraft, wenn sich der Abstand vom Erdmittelpunkt verdoppelt (vervierfacht, halbiert)?

Fig. 1

Die Graphen von Funktionen der Form $x \mapsto x^{-n}$ (n aus $\mathbb{N}$, $n \neq 0$) nennt man **Hyperbeln**.

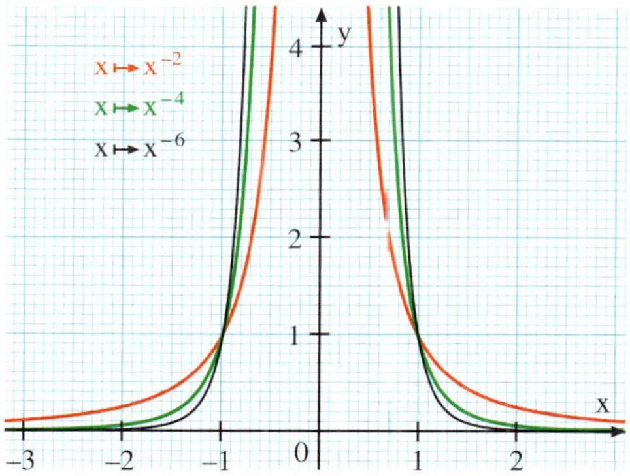

Fig. 2

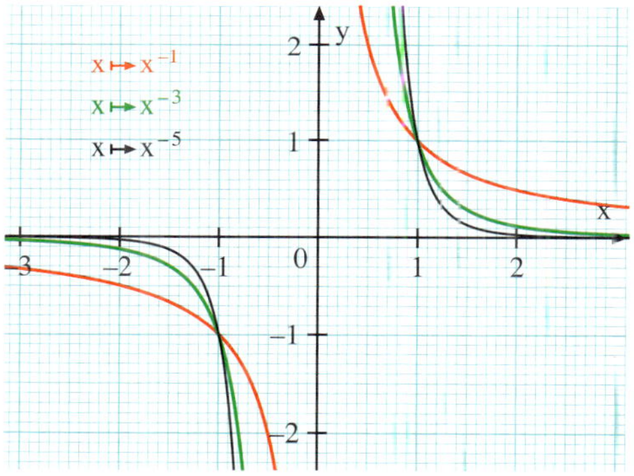

Fig. 3

Funktionen der Form $x \mapsto x^{-n}$ heißen auch Potenzfunktionen.

Eigenschaften von Funktionen f: $x \mapsto x^{-n}$ mit **geradem** Exponenten n:

1. f ist für $x = 0$ nicht definiert.
2. Nähert sich x der Zahl 0, so wird f(x) immer größer.
3. Wird $|x|$ immer größer, so nähert sich f(x) immer mehr der Zahl 0.
4. Für alle x mit $x \neq 0$ gilt $f(-x) = f(x)$. Der Graph ist symmetrisch zur y-Achse.
5. f ist für $x < 0$ streng monoton steigend, und für $x > 0$ ist f streng monoton fallend.

Eigenschaften von Funktionen f: $x \mapsto x^{-n}$ mit **ungeradem** Exponenten n:

1. f ist für $x = 0$ nicht definiert.
2. Nähert sich x mit $x < 0$ ($x > 0$) der Zahl Null, so wird f(x) immer kleiner (größer).
3. Wird $|x|$ immer größer, so nähert sich f(x) immer mehr der Zahl 0.
4. Für alle x mit $x \neq 0$ gilt $f(-x) = -f(x)$. Der Graph ist punktsymmetrisch zu O(0|0).
5. f ist für $x < 0$ und $x > 0$ jeweils streng monoton fallend.

sympiptein (griech.): zusammenfallen

Die Vorsilbe a gibt eine Verneinung an.

Anmerkungen:
1. Diese Eigenschaften gelten auch für Funktionen f: $x \mapsto a \cdot x^{-n}$ mit $a > 0$ und ihre Graphen.
2. „Schmiegt" sich ein Graph an eine Gerade an, so heißt diese Gerade **Asymptote** des Graphen (vergleiche jeweils die Eigenschaften, die in 2. und 3. beschrieben werden).
Die x-Achse und die y-Achse sind Asymptoten der Graphen von $x \mapsto x^{-n}$.

Beispiel 1
Skizziere den Graphen von $f: x \mapsto x^{-4}$ und den Graphen von g. Wie kann man sich den Graphen von g aus dem Graphen von f entstanden denken?
a) $g: x \mapsto x^{-4} + 1$
b) $g: x \mapsto (x - 1)^{-4}$
c) $g: x \mapsto 2x^{-4}$
Lösung:
a) Der Graph von $x \mapsto x^{-4}$ wurde um eine Einheit entlang der y-Achse verschoben.
b) Der Graph von $x \mapsto x^{-4}$ wurde um eine Einheit entlang der x-Achse verschoben.
c) Multipliziert man die y-Koordinaten der Punkte des Graphen von $x \mapsto x^{-4}$ mit 2, so erhält man die y-Koordinaten der Punkte des Graphen von $x \mapsto 2x^{-4}$.

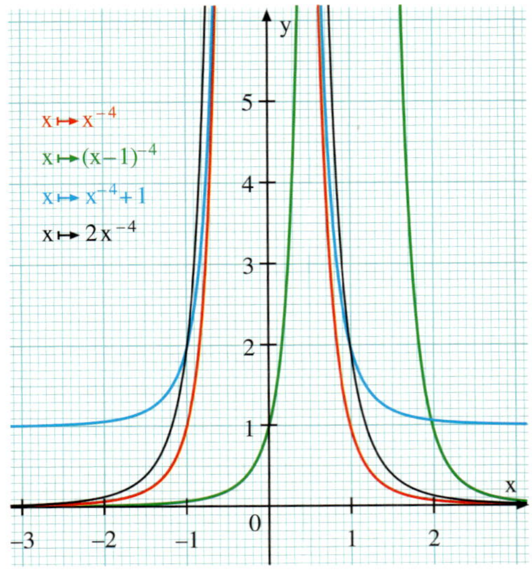

Fig. 1

Beispiel 2
Beschreibe die Symmetrie des Graphen, die Monotonie von f, und gib die Asymptoten an.
a) $f: x \mapsto x^{-3} + 5$ b) $f: x \mapsto (x - 3)^{-4} + 2$
Lösung:
a) *Verschiebt man den Graphen von $x \mapsto x^{-3}$ um 5 Einheiten in Richtung der y-Achse, so erhält man den Graphen von f.*
Der Graph von f ist symmetrisch zum Punkt $P(0|5)$.
f ist für alle $x < 0$ und für alle $x > 0$ streng monoton fallend.
Die y-Achse und die Parallele zur x-Achse, die durch Punkt $P(0|5)$ geht, sind Asymptoten.
b) *Verschiebt man den Graphen von $x \mapsto x^{-4}$ um 3 Einheiten in Richtung der x-Achse und um 2 Einheiten in Richtung der y-Achse, so erhält man den Graphen von f.*
Der Graph von f ist achsensymmetrisch zur Parallelen zur y-Achse, die durch den Punkt $P(3|2)$ geht.
f ist für alle $x < 3$ streng monoton steigend und für alle $x > 3$ streng monoton fallend.
Die Parallelen zur x-Achse und zur y-Achse, die durch den Punkt $P(3|2)$ gehen, sind Asymptoten.

Aufgaben

2 Prüfe, ob der Punkt P auf dem Graphen von $x \mapsto x^{-4}$ ($x \mapsto x^{-5}$) liegt.
a) $P(0{,}1|10^3)$ b) $P(-1|-1)$ c) $P(-5|1{,}6 \cdot 10^{-3})$ d) $P(-1|1)$ e) $P(1|-1)$

3 Der Punkt Q liegt auf dem Graphen von $x \mapsto x^{-7}$. Ergänze die fehlende Koordinate.
a) $Q(3|\square)$ b) $Q(-3|\square)$ c) $Q(\square|0{,}0078125)$ d) $Q(\square|128)$

4 Begründe: Die Graphen aller Funktionen der Form $x \mapsto 12{,}7 \cdot x^{-n}$, n aus $\mathbb{N}$, gehen durch einen gemeinsamen Punkt.

5 Begründe:
a) Die Graphen aller Funktionen der Form $x \mapsto 3{,}5\,x^{-n}$ mit geradem n gehen durch zwei gemeinsame Punkte.
b) Die Graphen aller Funktionen der Form $x \mapsto 3{,}5\,x^{-n}$ mit ungeradem n gehen durch zwei gemeinsame Punkte.

6 Für welche x-Werte liegen die Funktionswerte f(x) zwischen 0 und 10, wenn
a) $f: x \mapsto x^{-1}$ b) $f: x \mapsto x^{-2}$ c) $f: x \mapsto x^{-5}$ d) $f: x \mapsto x^{-8}$?

7 Für welche x-Werte sind die Beträge der Funktionswerte größer als 10^6 (kleiner als 10^{-7})?
a) $x \mapsto x^{-3}$ b) $x \mapsto x^{-4}$ c) $x \mapsto 5 \cdot x^{-5}$ d) $x \mapsto 10^9 \cdot x^{-6}$

8 Die Punkte $P(-0{,}2 \mid 3125)$ und $Q(0{,}2 \mid \square)$ liegen auf dem Graphen von $f: x \mapsto a \cdot x^{-5}$. Bestimme ohne Taschenrechner die fehlende Koordinate.

9 Skizziere den Graphen von $f: x \mapsto x^{-3}$ und den Graphen von g. Wie kann man sich den Graphen von g aus dem Graphen von f entstanden denken?
a) $g: x \mapsto x^{-3} + 2$ b) $g: x \mapsto x^{-3} - 1$ c) $g: x \mapsto (x + 1)^{-3}$
d) $g: x \mapsto (x - 2)^{-3}$ e) $g: x \mapsto (x - 1)^{-3} + 1$ f) $g: x \mapsto (x + 3)^{-3} - 2$
g) $g: x \mapsto 0{,}1\,x^{-3}$ h) $g: x \mapsto 1{,}5\,(x - 2)^{-3}$ i) $g: x \mapsto -1{,}5\,(x + 2)^{-3} - 1$

10 Zeichne die Graphen von $x \mapsto x^{-3}$, $x \mapsto x^{-5}$, $x \mapsto x^{-7}$ ($x \mapsto x^{-4}$, $x \mapsto x^{-6}$, $x \mapsto x^{-8}$) in ein Koordinatensystem und vergleiche den Verlauf der Graphen für $|x| < 1$ und $|x| > 1$.

11 Zu welchem Punkt ist der Graph von f symmetrisch? Gib auch die Asymptoten an.
a) $f: x \mapsto x^{-13} + 5$ b) $f: x \mapsto x^{-7} - 9$ c) $f: x \mapsto 12\,x^{-19}$
d) $f: x \mapsto (x + 10)^{-11}$ e) $f: x \mapsto (x - 12)^{-29} + 12$ f) $f: x \mapsto 32\,(x^{-5} - 5) + 23$

12 Zu welcher Geraden ist der Graph von f symmetrisch? Gib auch die Asymptoten an.
a) $f: x \mapsto x^{-8} + 6$ b) $f: x \mapsto x^{-18} - 4$ c) $f: x \mapsto 7{,}5\,x^{-22}$
d) $f: x \mapsto (x + 67)^{-12}$ e) $f: x \mapsto (x - 46)^{-34} + 12$ f) $f: x \mapsto 5\,(x^{-16} - 5) + 4$

13 Beschreibe die Symmetrie des Graphen, die Monotonie von f, und gib die Asymptoten an.
a) $f: x \mapsto x^{-6} + 9$ b) $f: x \mapsto x^{-7} - 4$ c) $f: x \mapsto 0{,}4\,x^{-8}$
d) $f: x \mapsto (x + 7)^{-3}$ e) $f: x \mapsto (x - 56)^{-4} + 2$ f) $f: x \mapsto 3\,(x - 5)^{-5} + 1$
g) $f: x \mapsto -6\,x^{-36}$ h) $f: x \mapsto -8\,(x - 7)^{-13} + 9$ i) $f: x \mapsto -2\,(x - 3)^{-10} + 6$

14 Der Graph von $x \mapsto x^{-5}$ ($x \mapsto x^{-5} - 2$) wurde an der y-Achse gespiegelt. Gib die Funktionsvorschrift an, die zu dem gespiegelten Graphen gehört.

15 Gib die Funktionsterme vollständig an (Fig. 1).

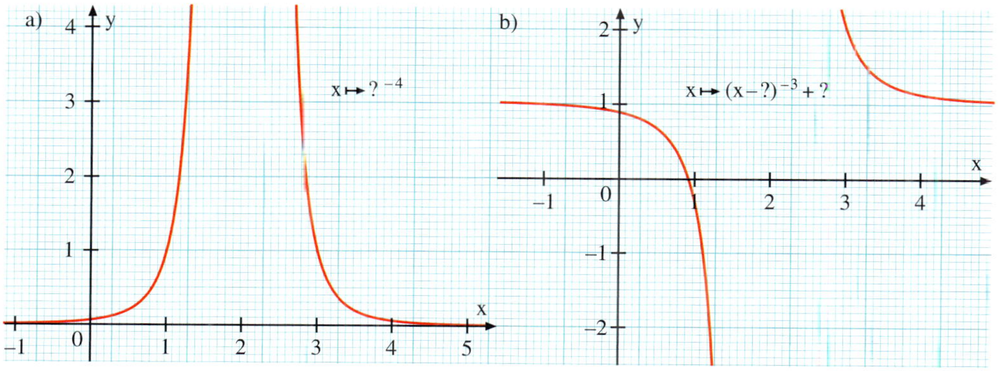

Fig. 1

3 Umkehrfunktion; Funktionen der Form $x \mapsto x^{\frac{1}{n}}$

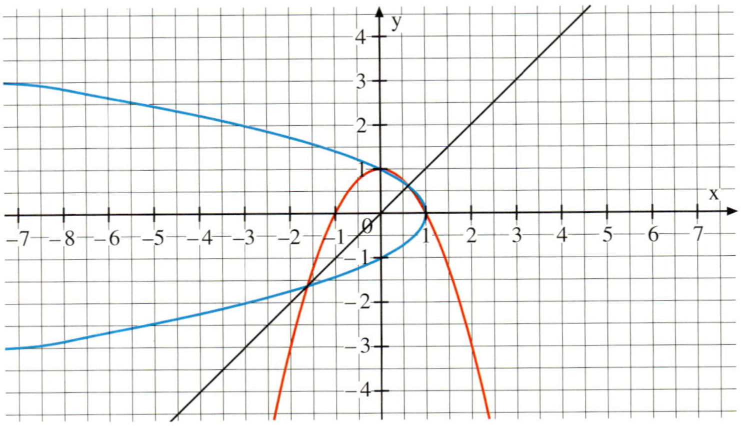

Fig. 1

1 Der rote Graph wurde an der Geraden mit der Gleichung $y = x$ gespiegelt; man erhielt den blauen Graphen.
a) Ist die Zuordnung, die zu dem blauen Graphen gehört, eine Funktion?
b) Vergleiche die Koordinaten der Punkte des roten Graphen mit den Koordinaten ihrer jeweiligen Spiegelpunkte.

2 Die Funktion $x \mapsto 3x - 1$ ordnet der Zahl 1 die Zahl 2, der Zahl 2 die Zahl 5 usw. zu. Wie lautet die Funktion, die umgekehrt der Zahl 2 die Zahl 1, der Zahl 5 die Zahl 2 usw. zuordnet?

Funktion: $x \mapsto 2x + 1$	**Umkehrzuordnung:** $x \mapsto 0{,}5x - 0{,}5$
$0 \mapsto 1$	$1 \mapsto 0$
$1 \mapsto 3$	$3 \mapsto 1$
$2 \mapsto 5$	$5 \mapsto 2$

Zu jeder Funktion gibt es eine passende **Umkehrzuordnung**, die die jeweilige Zuordnung wieder rückgängig macht.

Den Graphen einer Umkehrzuordnung erhält man, wenn man den Graphen der ursprünglichen Funktion an der Geraden g mit der Gleichung $y = x$ spiegelt (Fig. 2), denn:
Ist $P(a|b)$ ein Punkt des Graphen der ursprünglichen Funktion, dann ist $Q(b|a)$ ein Punkt der Umkehrzuordnung.
Andererseits gilt:
Die Achsenspiegelung an der Geraden g bildet $\overline{OS}$ auf $\overline{OV}$ und $\overline{SP}$ auf $\overline{VQ}$ ab.
Deshalb ist $Q(b|a)$ der Bildpunkt von $P(a|b)$ bei der Achsenspiegelung an g.

Nicht jede Umkehrzuordnung ist eine Funktion.
Eine Potenzfunktion $x \mapsto x^n$ mit geradem Exponenten n und der Definitionsmenge $\mathbb{R}$ ordnet a und $-a$ die Zahl a^n zu.
(Z. B. ordnet $x \mapsto x^2$ den Zahlen -1 und 1 jeweils die Zahl 1 zu; vgl. Fig. 3.)
Die Umkehrzuordnung ordnet der Zahl a^n die beiden Zahlen a und $-a$ zu.
(Die Umkehrzuordnung von $x \mapsto x^2$ ordnet z. B. der Zahl 1 die Zahlen -1 und 1 zu.)
Die Umkehrzuordnung ist somit keine Funktion.

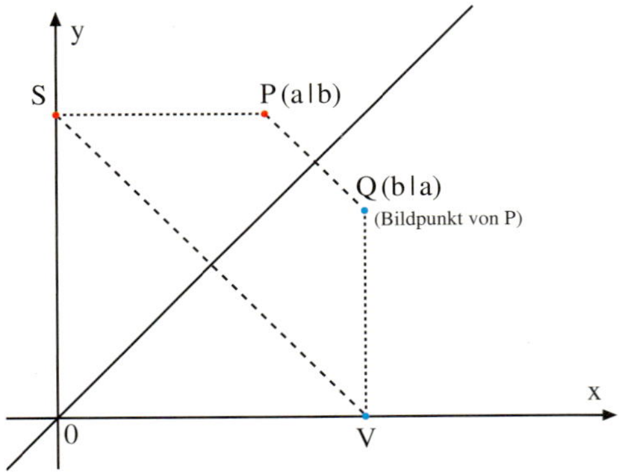

Fig. 2

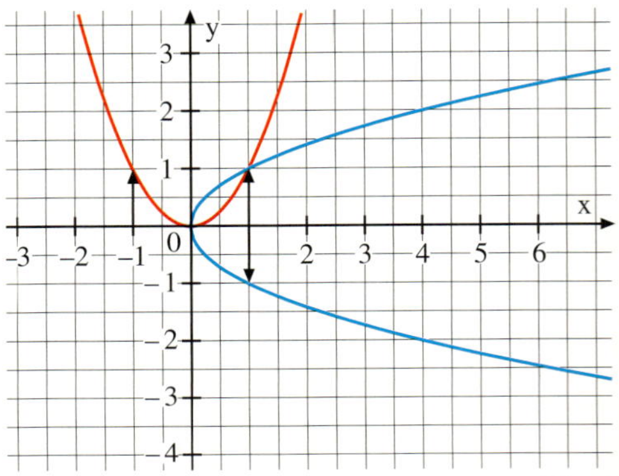

Fig. 3

Zur Erinnerung:
Eine Funktion ist eine ***eindeutige Zuordnung****,*
d. h.:
Eine Funktion ordnet einem Element der Definitionsmenge jeweils ***genau ein*** *Element der Wertemenge zu.*

Ist die Umkehrzuordnung einer Funktion f wieder eine Funktion, dann heißt die Funktion f **umkehrbar**; ihre Umkehrzuordnung nennt man eine **Umkehrfunktion**.

Bei umkehrbaren Funktionen kann man einen Term der Umkehrfunktion oft rechnerisch bestimmen. Hierbei kann man so vorgehen:

	Beispiel:	
1. Man schreibt die Funktion auf:	$x \mapsto x^n$	
2. Man schreibt die Gleichung der Funktion auf:	$y = x^n$	
3. Man löst nach x auf:	$x = y^{\frac{1}{n}}$	(vgl. Kap. I)
4. Man vertauscht x und y:	$y = x^{\frac{1}{n}}$	
5. Man gibt die Vorschrift der Umkehrfunktion an:	$x \mapsto x^{\frac{1}{n}}$	

Da es zu jeder Zahl $x \geqq 0$ und zu jeder natürlichen Zahl n, $n \neq 0$, genau eine Zahl $x^{\frac{1}{n}}$ gibt, gilt:

> Eine Potenzfunktion $x \mapsto x^n$ mit n aus $\mathbb{N}$, $n \neq 0$, und der Definitionsmenge $\{x \mid x \text{ aus } \mathbb{R} \text{ und } x \geqq 0\}$ ist umkehrbar. Ihre Umkehrfunktion ist die Funktion $x \mapsto x^{\frac{1}{n}}$ bzw. $x \mapsto \sqrt[n]{x}$ mit der Definitionsmenge $\{x \mid x \text{ aus } \mathbb{R} \text{ und } x \geqq 0\}$.

Beispiel

Skizziere den Graphen. Entscheide anhand des Graphen, ob die Funktion umkehrbar ist. Gib ggf. die Umkehrfunktion mit ihrer Definitionsmenge an und skizziere ihren Graphen.

a) $x \mapsto (x + 2)^2$; Definitionsmenge $\mathbb{R}$

b) $x \mapsto x^2 + 1$; Definitionsmenge $\{x \mid x \text{ aus } \mathbb{R} \text{ und } x \geqq 0\}$

Lösung:

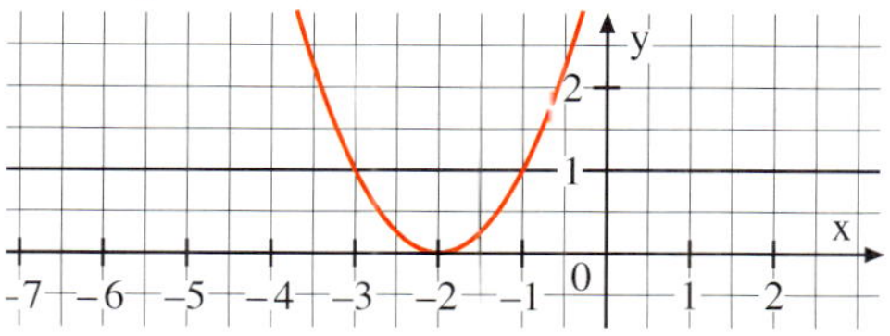

Fig. 1

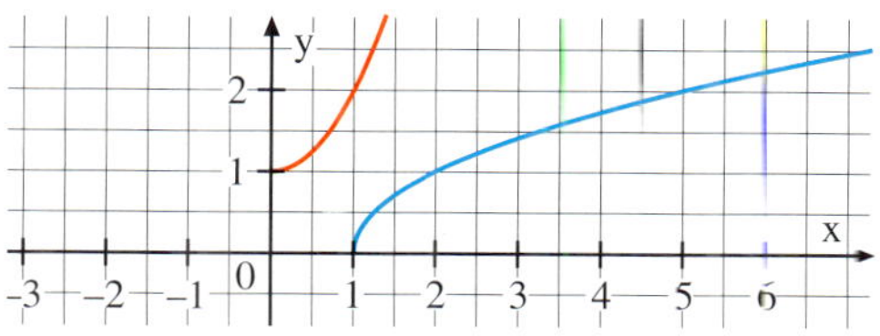

Fig. 2

a) *Die eingezeichnete Parallele zur x-Achse schneidet den Graphen in den Punkten P(−3 | 1) und Q(−1 | 1). Den Zahlen −3 und −1 wird also derselbe y-Wert 1 zugeordnet. Die Umkehrzuordnung ordnet deshalb der Zahl 1 die Zahlen −1 und −3 zu, somit gilt:*

Die Umkehrzuordnung ist keine Funktion.

b) *Es gibt keine Parallele zur x-Achse, die den Graphen der gegebenen Funktion zweimal schneidet; d. h. zu jedem x-Wert gibt es nur einen einzigen y-Wert.*

Die Funktion $x \mapsto x^2 + 1$ ist umkehrbar.

Berechnung der Funktionsvorschrift:

Gleichung der gegebenen Funktion:	$y = x^2 + 1$
nach x auflösen:	$x^2 = y - 1$
weil $x \geqq 0$*:*	$x = \sqrt{y - 1}$
x und y vertauschen:	$y = \sqrt{x - 1}$
Funktionsvorschrift:	$x \mapsto \sqrt{x - 1}$
Definitionsmenge:	$\{x \mid x \text{ aus } \mathbb{R} \text{ und } x \geqq 1\}$

Aufgaben

3 Skizziere die Graphen von
a) $x \mapsto x^{\frac{1}{2}}$; $x \mapsto 2x^{\frac{1}{2}}$; $x \mapsto \frac{1}{2}x^{\frac{1}{2}}$, b) $x \mapsto x^{\frac{1}{3}}$; $x \mapsto 3x^{\frac{1}{3}}$; $x \mapsto \frac{1}{3}x^{\frac{1}{3}}$.

4 Skizziere die Graphen von
a) $x \mapsto \sqrt[5]{x}$, b) $x \mapsto \sqrt[6]{x}$, c) $x \mapsto \sqrt[3]{x} + 1$, d) $x \mapsto \sqrt[3]{x - 1}$.

5 Skizziere den Graphen von $x \mapsto x^{\frac{1}{3}}$. Spiegle diesen Graphen an der x-Achse (y-Achse). Gib die Funktion des neuen Graphen und ihre Definitionsmenge an.

6 a) Begründe:
Die Funktion $x \mapsto 3x^2 - 5$ mit der Definitionsmenge $\mathbb{R}$ ist nicht umkehrbar.
b) Ist die Funktion $x \mapsto 3x^2 - 5$ mit der Definitionsmenge $\{x \mid x \text{ aus } \mathbb{R} \text{ und } x \geqq 0\}$ umkehrbar? Gib gegebenenfalls die Umkehrfunktion mit ihrer Definitionsmenge an und skizziere beide Graphen.

7 Entscheide anhand der Graphen in Fig. 1, ob die zugehörigen Funktionen umkehrbar sind.

8 Begründe:
Jede überall streng monoton steigende Funktion ist umkehrbar.

9 Zeichne den Graphen der Funktion. Schränke, falls nötig, die Definitionsmenge so ein, dass du eine umkehrbare Funktion erhältst. Bestimme dann die Gleichung der Umkehrfunktion.
a) $x \mapsto 0{,}5x^2$ b) $x \mapsto x^2 - 2$
c) $x \mapsto 0{,}5x^2 - 2$ d) $x \mapsto (x + 1)^2$
e) $x \mapsto (x - 3)^2$ f) $x \mapsto 2 \cdot (x - 1)^2$

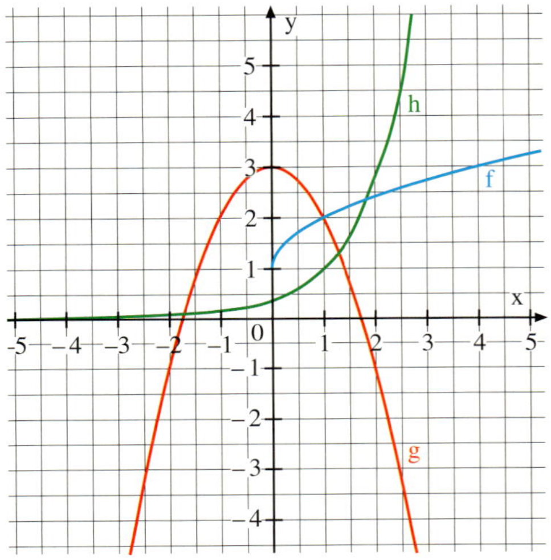

Fig. 1

10 a) Zeichne die Graphen der Funktionen f, g, h und k.
f: $x \mapsto x$; g: $x \mapsto 3x$; h: $x \mapsto x + 3$; k: $x \mapsto 3$
b) Zeichne die Graphen der Umkehrzuordnungen von f, g, h und k mit Hilfe von Achsenspiegelungen.
c) Gib die Umkehrzuordnungen zu f, g, h und k an. Sind f, g, h und k jeweils umkehrbar?
d) Welche linearen Funktionen sind nicht umkehrbar?

11 a) Zeichne den Graphen der Funktion $x \mapsto x^{\frac{2}{3}}$ mit der Definitionsmenge $\{x \mid x \text{ aus } \mathbb{R} \text{ und } x \geqq 0\}$. Erstelle dazu eine Wertetabelle für x-Werte von 0 bis 4.
b) Zeige, dass für $x > 0$ die Funktion $x \mapsto x^{\frac{2}{3}}$ die Umkehrfunktion der Funktion $x \mapsto x^{\frac{3}{2}}$ ist.
Skizziere die Graphen beider Funktionen in einem Koordinatensystem.

12 Zu welcher Funktion g ist f die Umkehrfunktion?
a) f: $x \mapsto \sqrt{x}$ b) f: $x \mapsto x^{\frac{1}{4}}$ c) f: $x \mapsto x^{\frac{3}{2}}$ d) f: $x \mapsto x - 1$
e) f: $x \mapsto \sqrt{x - 2}$ f) f: $x \mapsto x$ g) f: $x \mapsto x^2$ h) f: $x \mapsto (x - 2)^2$

4 Potenzgleichungen

1 Zur Vorbereitung der Einladungen zu einer Klassenparty wird das Wort FETE mit Hilfe eines Kopiergerätes vergrößert. Die Kopie wird wieder vergrößert usw. Der Vergrößerungsfaktor ist stets derselbe. Fig. 1 zeigt das Original und die 4. Kopie. Berechne den Vergrößerungsfaktor.

Fig. 1

Gleichungen der Form $x^n = a$, n aus $\mathbb{N}$, $n > 1$, heißen **Potenzgleichungen**.
Wie bei quadratischen Gleichungen kann man Potenzgleichungen der Form $x^n = a$ (näherungsweise) grafisch lösen: Man bringt die Gleichung auf die Form $x^n - a = 0$, zeichnet den Graphen der Funktion $x \mapsto x^n - a$ und liest die x-Koordinaten der Schnittpunkte des Graphen mit der x-Achse ab.

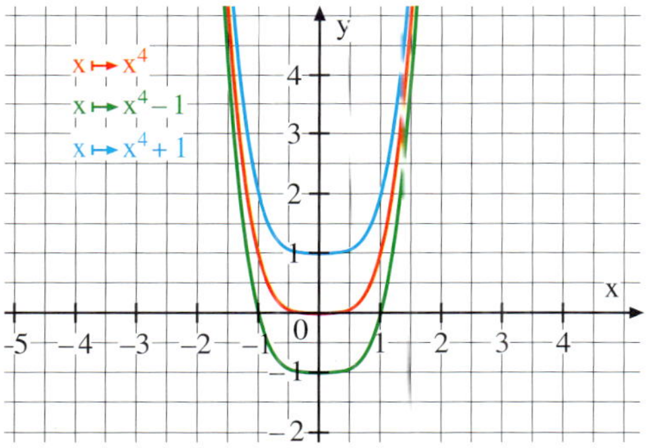

Fig. 2

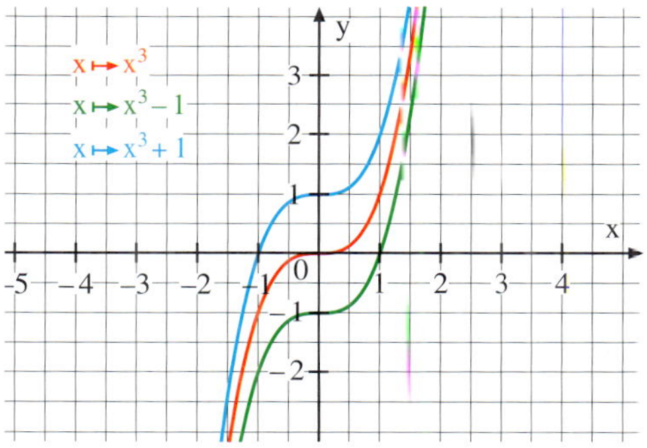

Fig. 3

Die Graphen in Fig. 2 und Fig. 3 verdeutlichen:

Für **gerade** Exponenten n gilt:
Eine Gleichung der Form $x^n = a$ hat
- keine Lösung, falls $a < 0$
- die einzige Lösung $x = 0$, falls $a = 0$
- genau zwei Lösungen, falls $a > 0$.

Ist $a > 0$, so hat die Gleichung die Lösung $x_1 = \sqrt[n]{a}$, denn $\left(\sqrt[n]{a}\right)^n = a$.
Weil der Graph von $x \mapsto x^n$ symmetrisch zur y-Achse ist, ist $x_2 = -\sqrt[n]{a}$ die zweite Lösung.

Für **ungerade** Exponenten n gilt:
Eine Gleichung der Form $x^n = a$ hat eine einzige Lösung, denn der Graph von $x \mapsto x^n$ schneidet die x-Achse nur einmal.
Ist $a \geqq 0$, so hat diese Gleichung die Lösung $x = \sqrt[n]{a}$, denn $\left(\sqrt[n]{a}\right)^n = a$.
Ist $a < 0$, so hat diese Gleichung die Lösung $x = -\sqrt[n]{|a|}$, denn
$\left(-\sqrt[n]{|a|}\right)^n = (-1)^n \cdot \left(\sqrt[n]{|a|}\right)^n = (-1) \cdot |a| = a$.

Beispiel 1
Bestimme die Lösungsmenge: a) $x^6 = 64$ b) $x^6 = -64$ c) $x^3 = 64$ d) $x^3 = -64$
Lösung:
a) $x_1 = \sqrt[6]{64} = 2$; $x_2 = -\sqrt[6]{64} = -2$; $L = \{-2; 2\}$ b) $L = \{\,\}$
c) $x = \sqrt[3]{64} = 4$; $L = \{4\}$ d) $x = -\sqrt[3]{|-64|} = -\sqrt[3]{64}$; $L = \{-4\}$

Gleichungen der Form
$x^{\frac{p}{q}} = a$
heißen auch Potenzgleichungen.

Beispiel 2
Bestimme die Lösungsmenge: a) $x^{\frac{1}{3}} = 2$ b) $x^{\frac{2}{3}} = 5$
Lösung:
a) $x^{\frac{1}{3}} = 2$ *bedeutet* $\sqrt[3]{x} = 2$; *damit ist:* $x = 2^3$;
Lösungsmenge: $L = \{8\}$
b) $x^{\frac{2}{3}} = 5$ *bedeutet* $\sqrt[3]{x^2} = 5$; *damit ist* $x^2 = 5^3$; *also:* $x = \sqrt{5^3}$, d.h. $x = 5^{\frac{3}{2}}$
Lösungsmenge: $L = \{5\sqrt{5}\}$. *Beachte:* $x^{\frac{2}{3}}$ *ist nur für* $x \geqq 0$ *definiert.*

Das Beispiel zeigt, dass man eine Gleichung der Form $x^{\frac{p}{q}} = a$ mit p, q aus $\mathbb{N}$ und $p, q > 0$ durch „Potenzieren" beider Seiten der Gleichung mit $\frac{p}{q}$ lösen kann.

Aufgaben

2 Bestimme die Lösungsmenge.
a) $x^6 = 20$ b) $x^6 = -20$ c) $x^5 = 20$ d) $x^5 = -20$
e) $x^4 = 625$ f) $x^5 + 1024 = 0$ g) $343 + x^3 = 0$ h) $x^5 + 17 = -15$
i) $x^3 + 12 = 39$ k) $x^3 - 23 = -13$ l) $87 + x^5 = 93$ m) $x^3 + 0{,}125 = 0$

3
a) $5x^3 - 20 = 7 - 3x^3$ b) $65 - 53x^2 = 16 + 47x^2$ c) $1{,}2x^5 + 0{,}00243 = 0{,}2x^5$

4 Gib die Lösungen auf zwei Nachkommastellen genau an.
a) $x^3 = 100$ b) $x^5 = 15$ c) $x^4 = 13{,}5$ d) $x^6 = 18{,}2$
e) $x^{-3} = -7{,}5$ f) $1{,}2x^4 = 4{,}9$ g) $0{,}3x^3 = 0{,}68$ h) $23{,}4x^4 = 3{,}8$

5 Bestimme die Lösungsmenge.
a) $(x - 3)^3 = 8$ b) $(2x - 1)^4 = 16$ c) $(0{,}4x + 1)^5 = 243$
d) $(7x - 3)^3 = 216$ e) $(5x - 3)^3 - 8 = 0$ f) $(x + 7{,}3)^4 = 256$
g) $(9 - 5x)^7 - 2 = 0$ h) $(84x - 81)^4 = 81$ i) $(7x - 23)^8 = 10^{-8}$
k) $(10^7 \cdot x - 23)^9 = 10^{18}$ l) $125 \cdot 100^2 = (12 - 0{,}1x)^4$ m) $(6{,}5x - 6{,}5)^6 + 36^3 = 0$

6
a) $x^{\frac{1}{2}} = 11$ b) $x^{\frac{1}{2}} = 7$ c) $x^{\frac{1}{3}} = 8$ d) $x^{\frac{1}{5}} = 1$
e) $\sqrt[3]{2x} = 1$ f) $4 = \sqrt[3]{2x}$ g) $\sqrt[3]{x - 1} = 2$ h) $\sqrt[3]{1 - 2x} = -0{,}1$

7
a) $\sqrt{x^3} = 2$ b) $\sqrt[3]{x^2} = 2$ c) $\sqrt[5]{x^2} = 2$ d) $\sqrt[6]{x^5} = 10^{-5}$
e) $x^{\frac{2}{3}} = 3$ f) $x^{\frac{2}{5}} = 2$ g) $x^{\frac{5}{2}} = 1$ h) $x^{\frac{3}{4}} = 0{,}001$

8
a) $\sqrt[3]{x^2 + 3} - 1 = 0$ b) $\sqrt[4]{x^3 - \sqrt{2}} + 1 = 0$ c) $5 - \sqrt[5]{x^3 - 5} = -238$

9 Berechne die x-Koordinaten der Schnittpunkte der Graphen von g und f.
a) $g: x \mapsto x^3$; $f: x \mapsto 6x$ b) $g: x \mapsto x^7$; $f: x \mapsto 6x^6 + x^5$ c) $g: x \mapsto x^3 + 2x^2$; $f: x \mapsto x^4 + 2x^2$

10 Eine Parabel 3. Ordnung wurde um 4 Einheiten entlang der y-Achse verschoben. Eine zweite Parabel 3. Ordnung wurde zunächst an der y-Achse gespiegelt und anschließend so verschoben, dass sie nun symmetrisch zum Punkt $P(0|-12)$ ist. Berechne den Schnittpunkt der beiden Parabeln.

5 Vermischte Aufgaben

1 Bestimme die fehlende Koordinate des Punktes P so, dass P auf dem Graphen der angegebenen Funktion liegt.

a) $x \mapsto x^2$; $P(3\,|\,\square)$ b) $x \mapsto -2x^3$; $P(-0{,}5\,|\,\square)$ c) $x \mapsto 5x^3$; $P(\square\,|\,5)$

d) $x \mapsto \sqrt[3]{x}$; $P(\square\,|\,2)$ e) $x \mapsto \sqrt[4]{x}$; $P(\square\,|\,\frac{1}{2})$ f) $x \mapsto \sqrt[4]{x^3}$; $P(\square\,|\,2)$

2 Prüfe, ob der genannte Punkt auf dem Graphen der angegebenen Funktion liegt.

a) $x \mapsto -x^3$; $P(0{,}6\,|\,-0{,}216)$ b) $x \mapsto \sqrt[3]{x}$; $P(3{,}375\,|\,1{,}5)$

c) $x \mapsto x^{-2}$; $P(0{,}4\,|\,6{,}25)$ d) $x \mapsto x^{-\frac{2}{3}}$; $P(1{,}5\,|\,0{,}8)$

3 Für welche x-Werte nehmen die beiden angegebenen Funktionen denselben Wert an?

a) $x \mapsto x^3$; $x \mapsto x^4$ b) $x \mapsto x^3$; $x \mapsto \sqrt{x}$ c) $x \mapsto x^4$; $x \mapsto x^2$

d) $x \mapsto 2x^3$; $x \mapsto 3x^2$ e) $x \mapsto \sqrt{2x}$; $x \mapsto \sqrt[3]{x}$ f) $x \mapsto 2x^{-3}$; $x \mapsto \sqrt{x}$

4 Für welche x-Werte sind die Funktionswerte kleiner (größer) als die x-Werte? Verdeutliche das rechnerische Ergebnis durch eine Skizze.

a) $x \mapsto 2x^2$ b) $x \mapsto 3\sqrt{x}$ c) $x \mapsto 8x^{-2}$ d) $x \mapsto 2x^{\frac{2}{3}}$ e) $x \mapsto \frac{1}{3}x^{-\frac{3}{2}}$ f) $x \mapsto (5x)^{-\frac{3}{4}}$

5 Zeichne den Graphen der Funktion.

a) $x \mapsto \sqrt[3]{-x}$ für $-8 \leqq x \leqq 0$ b) $x \mapsto |x^3|$ für $-2 \leqq x \leqq 2$

c) $x \mapsto \sqrt{|x|}$ für $-4 \leqq x \leqq 4$ d) $x \mapsto x \cdot |x|$ für $-2{,}5 \leqq x \leqq 2{,}5$

6 Gib für $x > 0$ die Umkehrfunktion an.

a) $x \mapsto x^{\frac{1}{2}}$ b) $x \mapsto x^{\frac{3}{4}}$ c) $x \mapsto x^{-\frac{2}{3}}$ d) $x \mapsto x^{-\frac{1}{3}}$

e) $x \mapsto 3x - 5$ f) $x \mapsto 5\sqrt{x}$ g) $x \mapsto 3x^{-\frac{1}{2}}$ h) $x \mapsto (4x)^{-\frac{2}{3}}$

7 In Fig. 1 bis Fig. 4 ist jeweils die „Hälfte" einer Parabel eingezeichnet.
a) Gib die Funktion an, deren Graph der eingezeichnete „Parabelbogen" ist.
b) Übertrage den „Parabelbogen" ins Heft; spiegle ihn an der Geraden mit der Gleichung $y = x$. Gib die Funktion an, deren Graph der gespiegelte „Parabelbogen" ist; gib auch die Definitionsmenge dieser Funktion an.

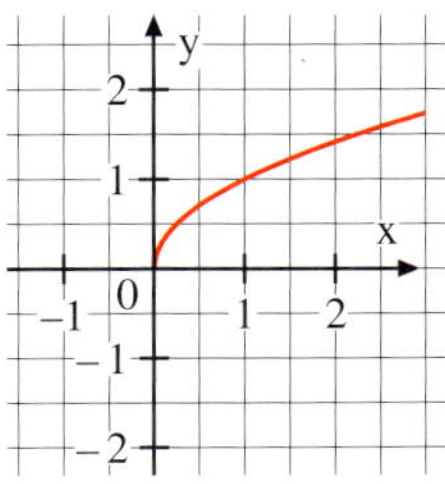

Fig. 1

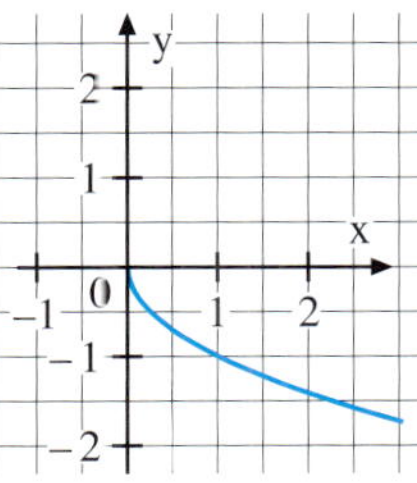

Fig. 2

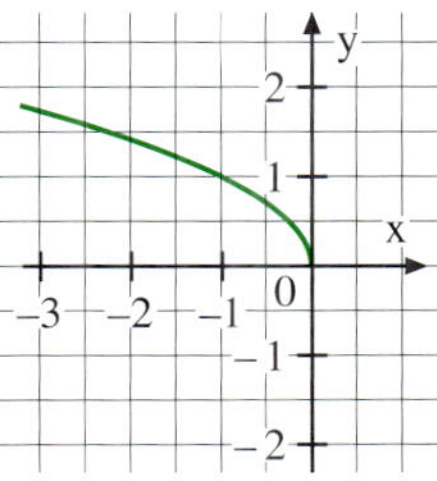

Fig. 3

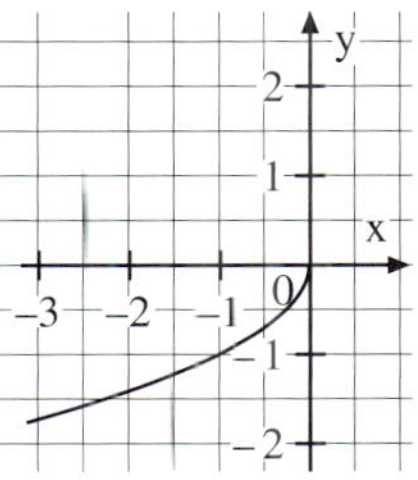

Fig. 4

8 Gib die größtmögliche Definitionsmenge an, so dass die Funktion umkehrbar ist; gib auch die Umkehrfunktion an.

a) $x \mapsto x + 2$ b) $x \mapsto 2 \cdot x$ c) $x \mapsto 2 \cdot x - 3$ d) $x \mapsto x^2$

e) $x \mapsto x^2 + 4$ f) $x \mapsto x^3 + 1$ g) $x \mapsto \frac{1}{x}$ h) $x \mapsto \sqrt{x}$

9 Bestimme die Lösungsmenge.

a) $2x^3 + 25 = x^3 + 150$ b) $3x^4 - 262 = 62 - x^4$ c) $x^3 + 6x = 6(x + 36)$
d) $4x^4 - 25x^2 = 3x^2(x^2 - 3)$ e) $(x^2 - 10)(x^3 + 8) = 0$ f) $(32 - x^5)(x^4 - 121) = 0$
g) $3x^3 - 1{,}47 = 0{,}245 - 2x^3$ h) $(x^2 - 5)(x^2 + 5) = 75$ i) $x^5 - 8x^2 = 8(3 - x^2)$

10 Bestimme die Lösungsmenge für $x \geqq 0$.

a) $\sqrt[3]{x} = 5$ b) $\sqrt[4]{x} = 3$ c) $\sqrt{x} = 9$ d) $\sqrt{x} = -9$
e) $\sqrt{x^3} = 8$ f) $x\sqrt{x} = -8$ g) $\sqrt[5]{x - 3} = 2$ h) $\sqrt[5]{x^2 - 4} = 2$

11

a) $x^{\frac{3}{4}} = 5$ b) $(x - 6)^{\frac{1}{3}} - 343 = 0$ c) $x^{\frac{2}{5}} - 3^{\frac{4}{5}} = 0$ d) $(5 - x)^{\frac{7}{11}} = (-1)^6$

12 Das Volumen (der Oberflächeninhalt) eines Würfels ist 3-mal so groß wie das Volumen (der Oberflächeninhalt) eines zweiten Würfels. Vergleiche die Kantenlängen der Würfel.

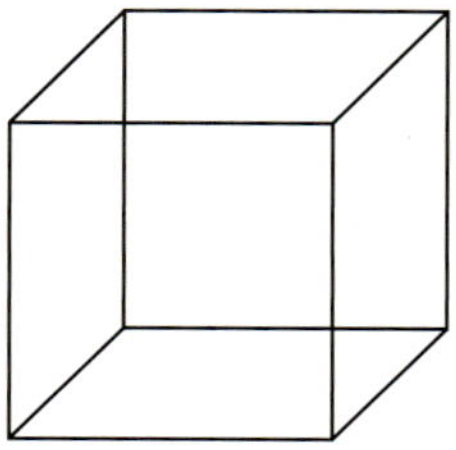

Fig. 1

13 Aus einem 60 cm langen Draht soll das Kantenmodell eines Würfels (Fig. 1) hergestellt werden.
a) Berechne den Oberflächeninhalt und das Volumen des entstehenden Würfels.
b) Wie verändert sich der Oberflächeninhalt (das Volumen), wenn man einen 80 cm langen Draht verwendet?
c) Wie lang müsste der Draht sein, damit der entstehende Würfel einen Oberflächeninhalt von $900\,cm^2$ (ein Volumen von $2000\,cm^3$) hat?

14 Zur Klimaforschung wird an verschiedenen Stellen in Deutschland die Außentemperatur automatisch aufgezeichnet. Es wird also der Zeit die Temperatur zugeordnet. Skizziere, wie eine solche Kurve für einen ganzen Tag aussehen kann. Ist die zugehörige Temperatur-Zeit-Funktion umkehrbar?

15 Beschreibe die Symmetrie des Graphen und die Monotonie von f.

a) $f: x \mapsto x^8 + 4$ b) $f: x \mapsto x^7 - 7$ c) $f: x \mapsto 9{,}2x^{38}$
d) $f: x \mapsto (x + 3)^{13}$ e) $f: x \mapsto (x - 6{,}4)^{42} + 12$ f) $f: x \mapsto 3(x^9 - 6) + 1$
g) $f: x \mapsto -6{,}4x^{62}$ h) $f: x \mapsto -7(x - 12)^{14} + 5$ i) $f: x \mapsto -2(x - 6)^{17} + 3$

16 Beschreibe die Symmetrie des Graphen und die Monotonie von f. Gib die Asymptoten an.

a) $f: x \mapsto x^{-4} + 7$ b) $f: x \mapsto x^{-7} + 4$ c) $f: x \mapsto 0{,}8x^{-6}$
d) $f: x \mapsto (x + 5)^{-5}$ e) $f: x \mapsto (x - 4)^{-4} - 4$ f) $f: x \mapsto 5(x + 5)^{-5} - 5$
g) $f: x \mapsto -6x^{-6}$ h) $f: x \mapsto -7(x - 7)^{-7} - 7$ i) $f: x \mapsto -10(x - 10)^{-10} + 10$

17 Bestimme die Funktion, die zu dem Graphen gehört.

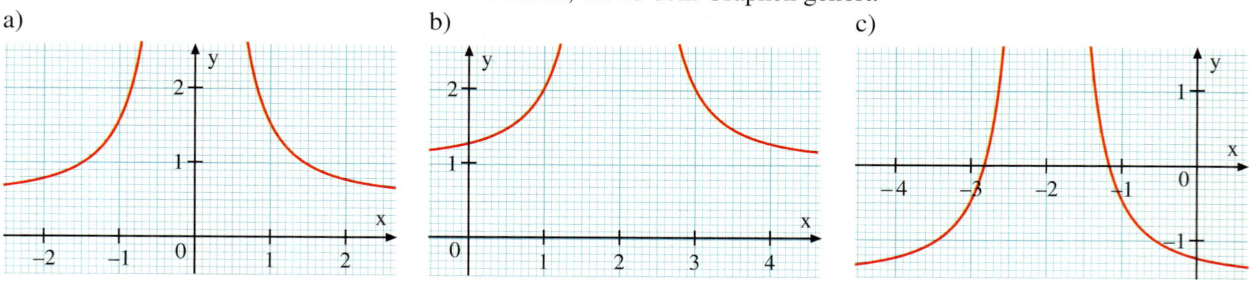

Fig. 2

Das dritte keplersche Gesetz

In der Antike nahm man an, die Erde sei der Mittelpunkt der Welt („geozentrisches Weltbild“), die Sterne würden sich an einem „Firmament“ bewegen. **Nikolaus Kopernikus** (1473–1543) stellte die *Theorie* auf, nicht die Erde, sondern die Sonne sei das Zentrum der Welt, um die sich die Planeten auf Kreisen bewegen („heliozentrisches Weltbild“).
Mit Hilfe der *Messergebnisse* des dänischen Astronomen **Tycho Brahe** (1546–1601) ging **Johannes Kepler** (1571–1630) daran, die Theorie von Kopernikus zu *überprüfen*. Dabei erkannte er, dass die Bahn des Planeten Mars nicht genau kreisförmig ist, sondern die Form einer Ellipse hat.
In seinem Buch *Astronomia nova* (Neue Astronomie) von 1609 stellte Kepler für *alle* Planeten die Behauptung auf, diese bewegten sich auf Ellipsen um die Sonne. Er gab dazu zwei Gesetze an, die man heute das **erste** und das **zweite keplersche Gesetz** nennt.

Planet	Merkur	Venus	Erde	Mars	Jupiter	Saturn
a (AE)	0,3871	0,7233	1,000	1,5237	5,2028	9,5389
T (Jahre)	0,2408	0,6152	1,000	1,8808	11,8616	29,4563

Auszug aus der *Harmonice mundi* (Weltharmonik) von Johannes Kepler (Übersetzung von Max Caspar):

Nachdem ich in unablässiger Arbeit einer sehr langen Zeit die wahren Intervalle der Bahnen mit Hilfe der Beobachtungen Brahes ermittelt hatte, zeigte sich mir endlich, endlich die wahre Proportion der Umlaufzeiten in ihrer Beziehung zu der Proportion der Bahnen:

„. . . spät zwar schaute sie nach dem Erschaffenen,
*Doch sie schaute nach ihm und hernach kam sie selber“ *)*

Am 8. März dieses Jahres 1618, wenn man die genauen Zeitangaben wünscht, ist sie in meinem Kopf aufgetaucht. Ich hatte aber keine glückliche Hand, als ich sie der Rechnung unterzog, und verwarf sie als falsch. Schließlich kam sie am 14. Mai wieder und besiegte in einem neuen Anlauf die Finsternis meines Geistes, wobei sich zwischen meiner siebzehnjährigen Arbeit an den Tychonischen Beobachtungen und meiner gegenwärtigen Überlegung eine so treffliche Übereinstimmung ergab, daß ich zuerst glaubte, ich hätte geträumt und das Gesuchte in den Beweisunterlagen vorausgesetzt. Allein es ist ganz sicher und stimmt vollkommen, daß ***die Proportion, die zwischen den Umlaufzeiten irgend zweier Planeten besteht, genau das Anderthalbe der Proportion der mittleren Abstände, . . . , ist.***

. . .

Wenn man also von der Umlaufzeit z. B. der Erde, die ein Jahr beträgt, und von der Umlaufzeit des Saturns, die 30 Jahre beträgt, den dritten Teil der Proportion, d. h. die Kubikwurzeln nimmt und von dieser Proportion das Doppelte bildet, indem man jene Wurzeln ins Quadrat erhebt, so erhält man in den sich ergebenden Zahlen die vollkommen richtige Proportion der mittleren Abstände der Erde und des Saturns von der Sonne.

*) ein Zitat von Vergil

Das heliozentrische Weltbild von Kopernikus

Kepler vermutete darüber hinaus einen Zusammenhang zwischen den mittleren Sonnenentfernungen a der Planeten und ihren Umlaufzeiten T. An den ihm bekannten Messwerten (die Tabelle gibt sie in den heute üblichen Maßeinheiten an: 1 AE (sprich: eine astronomische Einheit) ist die mittlere Entfernung der Erde von der Sonne: 1 AE ≈ 149,6 Millionen km) sah er sofort, dass die Funktion *mittlere Sonnenentfernung a* → *Umlaufzeit T* nicht proportional sein kann. Denn dann müsste für die mittleren Sonnenentfernungen a_1 und a_2 zweier Planeten und die zugehörigen Umlaufzeiten T_1 und T_2 gelten:

$$T_1 : T_2 = a_1 : a_2$$

Auch eine „doppelte Proportion“:

$$T_1 : T_2 = (a_1 : a_2)^2$$

lag nicht vor, die Funktion $a \mapsto T$ war also auch nicht quadratisch.
Im Kasten findest du eine Übersetzung des Originaltextes von Kepler, in dem er seine Entdeckung beschreibt, die man heute das **dritte keplersche Gesetz** nennt.
Mit dem „Anderthalben einer Proportion“ meint Kepler

$$T_1 : T_2 = (a_1 : a_2)^{1,5},$$

d. h. $a \mapsto T$ mit $T = b \cdot a^{1,5}$ mit passendem b. Heute schreibt man das Gesetz in Form

$$T_1^2 : T_2^2 = a_1^3 : a_2^3.$$

Kepler beschreibt auch, wie man das Gesetz nachprüfen kann. Rechne selbst einmal ein paar Werte nach.

Rückblick

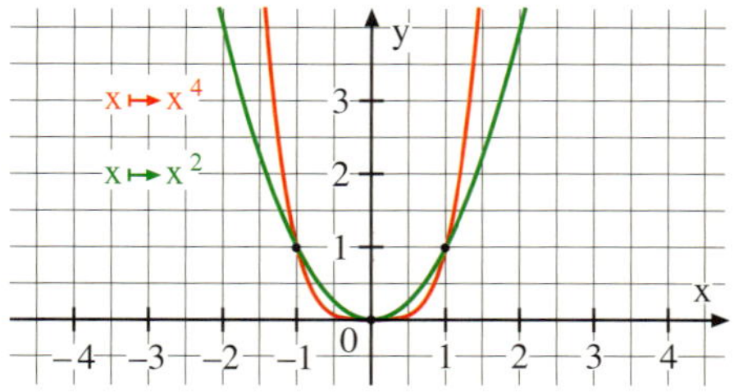

Fig. 1

Funktionen der Form $x \mapsto x^n$; Parabeln

Eine Funktion der Form $x \mapsto x^n$ (n aus $\mathbb{N}$; $n \neq 0$) nennt man **Potenzfunktion (n-ten Grades)**.
Falls $n > 1$, heißt ihr Graph **Parabel (n-ter Ordnung)**.

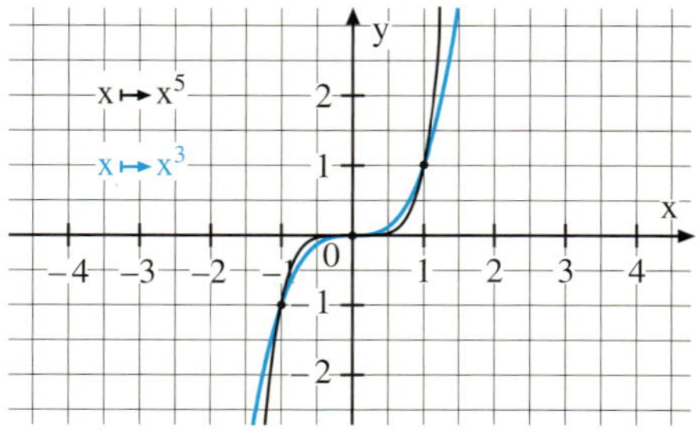

Fig. 2

Eigenschaften von Potenzfunktionen f: $x \mapsto x^n$, falls n gerade ist:
1. Für alle x gilt $f(x) = f(-x)$. Der Graph ist symmetrisch zur y-Achse.
2. Der kleinste Funktionswert ist 0. $S(0|0)$ ist der Scheitel der Parabel.
3. f ist für $x \leqq 0$ streng monoton fallend.
4. f ist für $x \geqq 0$ streng monoton steigend.

Eigenschaften von Funktionen f: $x \mapsto x^n$, falls n ungerade ist:
1. Für alle x ist $-f(x) = f(-x)$. Der Graph ist punktsymmetrisch zu $O(0|0)$.
2. f ist überall streng monoton steigend.

Funktionen der Form $x \mapsto x^{-n}$; Hyperbeln

Die Graphen von Funktionen der Form $x \mapsto x^{-n}$ (n aus $\mathbb{N}$, $n \neq 0$) nennt man **Hyperbeln**.

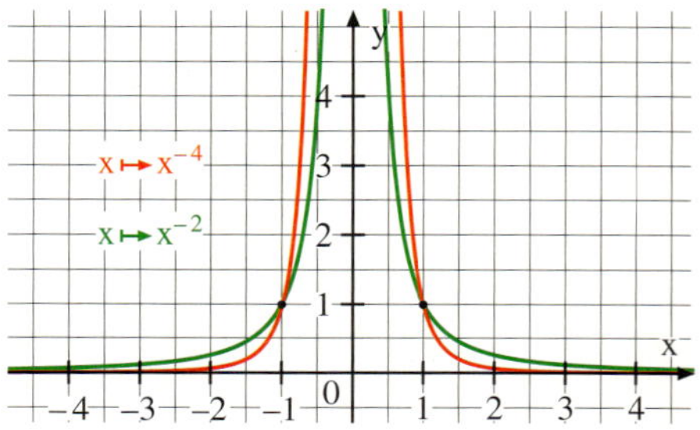

Fig. 3

Eigenschaften von Funktionen f: $x \mapsto x^{-n}$, falls n gerade ist:
1. Definitionsmenge: $\{x \mid x \text{ aus } \mathbb{R} \text{ und } x \neq 0\}$
2. Für alle x ist $f(x) = f(-x)$. Der Graph ist symmetrisch zur y-Achse.
3. Für $x < 0$ $(x > 0)$ ist f streng monoton steigend (fallend).

Eigenschaften von Funktionen f: $x \mapsto x^{-n}$, falls n ungerade ist:
1. Definitionsmenge: $\{x \mid x \text{ aus } \mathbb{R} \text{ und } x \neq 0\}$
2. Für alle x ist $f(x) = -f(-x)$. Der Graph ist punktsymmetrisch zu $O(0|0)$.
3. f ist jeweils für alle $x > 0$ und alle $x < 0$ streng monoton fallend.

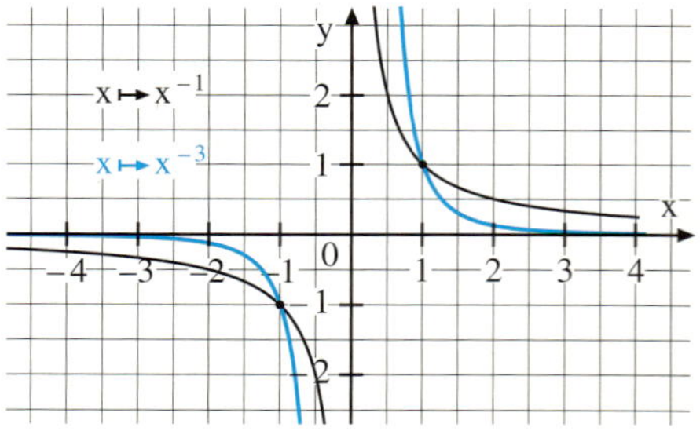

Fig. 4

Potenzgleichungen

Gleichungen der Form $x^n = a$, n aus $\mathbb{N}$, heißen **Potenzgleichungen**.
Eine Gleichung $x^n = a$ mit geradem Exponenten n hat,
falls $a < 0$, die Lösungsmenge $L = \{\,\}$;
falls $a = 0$, die Lösungsmenge $L = \{0\}$;
falls $a > 0$, die Lösungsmenge $L = \left\{-\sqrt[n]{a}; \sqrt[n]{a}\right\}$.

$x^8 = -7$; $L = \{\}$
$x^4 = 0$; $L = \{0\}$
$x^6 = 64$; $L = \left\{-\sqrt[6]{64}; \sqrt[6]{64}\right\} = \{-2; 2\}$

Eine Gleichung $x^n = a$ mit ungeradem Exponenten n hat,
falls $a \geqq 0$, die Lösungsmenge $L = \left\{\sqrt[n]{a}\right\}$;
falls $a < 0$, die Lösungsmenge $L = \left\{-\sqrt[n]{|a|}\right\}$.

$x^3 = 8$; $L = \left\{\sqrt[3]{8}\right\} = \{2\}$
$x^5 = -32$; $L = \left\{-\sqrt[5]{|32|}\right\} = \{-2\}$

Gleichungen der Form $x^{\frac{p}{q}} = a$ mit p, q aus $\mathbb{N}$ und $p, q > 0$ kann man durch Potenzieren beider Seiten der Gleichung mit $\frac{p}{q}$ lösen.

$x^{\frac{2}{3}} = 4$; $x = 4^{\frac{3}{2}}$; $x = \sqrt{4^3}$; $x = \sqrt{64}$; $x = 8$; $L = \{8\}$

Aufgaben zum Üben und Wiederholen

1 Für welche x-Werte sind die Funktionswerte größer als 10^6 (kleiner als 10^{-9})?
a) $x \mapsto 0{,}1 \cdot x^4$ b) $x \mapsto 3 \cdot x^{-5}$ c) $x \mapsto 5 \cdot x^6$ d) $x \mapsto 10^9 \cdot x^{-7}$

2 Skizziere den Graphen von $f\colon x \mapsto x^3$ und den Graphen von g.
Wie kann man sich den Graphen von g aus dem Graphen von f entstanden denken?
a) $g\colon x \mapsto x^3 + 2$ b) $g\colon x \mapsto (x - 7)^3$ c) $g\colon x \mapsto (x + 2)^3 + 4$

3 Skizziere den Graphen von $f\colon x \mapsto x^{-4}$ und den Graphen von g.
Wie kann man sich den Graphen von g aus dem Graphen von f entstanden denken?
a) $g\colon x \mapsto x^{-4} + 5$ b) $g\colon x \mapsto x^{-4} - 3$ c) $g\colon x \mapsto (x + 1)^{-4}$

4 Beschreibe die Symmetrie des Graphen und die Monotonie der Funktion f.
a) $f\colon x \mapsto x^7 + 8$ b) $f\colon x \mapsto x^4 - 17$ c) $f\colon x \mapsto 8x^{18}$
d) $f\colon x \mapsto (x - 11)^{11}$ e) $f\colon x \mapsto (x - 6)^{54} + 1$ f) $f\colon x \mapsto 0{,}8(x^9 - 5) + 2$
g) $f\colon x \mapsto -9x^6$ h) $f\colon x \mapsto -6(x - 8)^{12} + 9$ i) $f\colon x \mapsto -5(x - 7)^{13} + 3$

5 Beschreibe die Symmetrie des Graphen von f, gib die Asymptoten an und gib an, für welche x die Funktion streng monoton steigend bzw. streng monoton fallend ist.
a) $f\colon x \mapsto x^{-5} + 8$ b) $f\colon x \mapsto x^{-6} + 5$ c) $f\colon x \mapsto 0{,}7x^{-7}$
d) $f\colon x \mapsto (x + 4)^{-4}$ e) $f\colon x \mapsto (x - 5)^{-3} + 2$ f) $f\colon x \mapsto 13(x - 6)^{-15} + 1$
g) $f\colon x \mapsto -x^{-22}$ h) $f\colon x \mapsto -6(x + 17)^{-13} + 1$ i) $f\colon x \mapsto -(x - 3)^{-6} - 6$

6 Skizziere die Graphen von
a) $x \mapsto x^{\frac{1}{4}}$; $x \mapsto 2x^{\frac{1}{4}}$; $x \mapsto \frac{1}{2}x^{\frac{1}{4}}$ b) $x \mapsto x^{\frac{1}{5}}$; $x \mapsto 3x^{\frac{1}{5}}$; $x \mapsto \frac{1}{3}x^{\frac{1}{5}}$

7 Die Definitionsmenge von f ist $\mathbb{R}$. Ist f umkehrbar? Begründe deine Antwort.
a) $f\colon x \mapsto x^2 + 1$ b) $f\colon x \mapsto x^3 + 1$ c) $f\colon x \mapsto (x - 1)^2$ d) $f\colon x \mapsto (x - 1)^3$

8 a) Skizziere den Graphen von $f\colon x \mapsto x^4 - 3$, Definitionsmenge $\mathbb{R}$, und spiegle ihn an der Geraden von $x \mapsto x$.
b) Wähle die Definitionsmenge von $f\colon x \mapsto x^4 - 3$ möglichst groß und so, dass f umkehrbar ist.

9 Wähle die Definitionsmenge von f möglichst groß und so, dass f umkehrbar ist.
a) $f\colon x \mapsto x^4 + 12$ b) $f\colon x \mapsto (x + 7)^8$ c) $f\colon x \mapsto (x - 7)^8$ d) $f\colon x \mapsto (x - 12)^4 + 1$

10 Bestimme die Lösungsmenge.
a) $0{,}25 \cdot x^6 = 1024$ b) $x^5 = 7776$ c) $3 \cdot x^{12} + 45 = 52$
d) $7 \cdot x^{12} + 13 = 0$ e) $x^{13} = 45$ f) $x^{14} = -45$

11
a) $(2x + 4)^3 = -1$ b) $2(x + 8)^8 = -12$ c) $(2x^6 + 1)(2x^6 - 1) = 7$
d) $(2x^6 + 1)^2 = 4x^6$ e) $(2x^6 + 1)^3 = -1$ f) $(2x^6 - 1)^3 = 1$

12
a) $\sqrt[3]{x^2} = 729$ b) $\sqrt[5]{x + 5} + 5 = 5$ c) $\sqrt[9]{x^8} + 11 = 0$ d) $1 + \sqrt[5]{x^3 - 1} = 2$

Die Lösungen zu den Aufgaben dieser Seite findest du auf den Seiten 208 und 209.

13
a) $x^{\frac{3}{5}} = 8$ b) $800 - (x - 5)^{\frac{1}{3}} = 71$ c) $x^{\frac{3}{7}} - 3^{\frac{6}{7}} = 0$ d) $(7{,}3 - 5x)^{\frac{7}{10}} = -17$

1 Wachstumsvorgänge

Alter in Wochen	Mohr (♂) Gewicht in g	Rübe (♀) Gewicht in g
0	80	78
1	115	110
2	155	145
3	200	180
4	240	218

Fig. 1

1 Carlottas Meerschweinchen hat zwei Junge bekommen. Jede Woche bestimmt Carlotta das Gewicht der Jungtiere (Fig. 1).
a) Gib für jede Woche und für jedes Tier an, wie viel g es gegenüber der Vorwoche zugenommen hat. Gib die Zunahme auch in Prozent des Gewichtes der Vorwoche an.
b) Um welchen Faktor hat das Gewicht der Tiere in den 4 Wochen zugenommen?
c) Stelle die Funktion *Alter* ⟶ *Gewicht* in einem Koordinatensystem dar.

x	$\xrightarrow{+1}$ x + 1
y	y + d oder y · q

Fig. 2

Wachstumsvorgänge kann man durch Funktionen f: $x \mapsto y$ beschreiben.
Den Funktionswert von 0, also f(0), nennt man **Anfangswert**.
Ändert sich bei einem Wachstum die 1. Größe, der x-Wert, um 1 (d. h. um eine Einheit), so hat man zwei Möglichkeiten, die Änderung der 2. Größe, des y-Werts, zu beschreiben:
1. Man gibt den **Summanden d** an, um den die 2. Größe zunimmt. Diesen bezeichnet man als **Wachstumsrate**.
2. Man gibt den **Faktor q** an, mit dem die 2. Größe zunimmt. Diesen bezeichnet man als **Wachstumsfaktor**.

Die Tabellen beschreiben die Funktionen nur für natürliche Zahlen x. Nimmt man an, dass das Wachstum nicht „ruckartig" erfolgt, darf man die Graphen auch durchzeichnen.

Zwei Formen des Wachstums treten besonders häufig auf:

Nimmt die Größe x um 1 zu, so wächst die Größe y **immer** um einen festen **Summanden d**.

	+1	+1	+1	+1	+1
x	0	1	2	3	4	5
y	b	d + b	2d + b	3d + b	4d + b	5d + b
	+d	+d	+d	+d	+d

Z. B.: Anfangswert b = 2,
Wachstumsrate d = 0,5

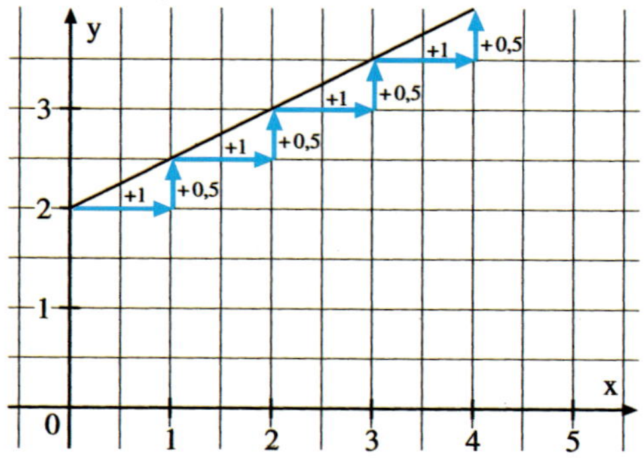

Fig. 3

Ein solches Wachstum nennt man **lineares Wachstum**.

Nimmt die Größe x um 1 zu, so wächst die Größe y **immer** mit einem festen **Faktor q**.

	+1	+1	+1	+1	+1
x	0	1	2	3	4	5
y	b	$b \cdot q$	$b \cdot q^2$	$b \cdot q^3$	$b \cdot q^4$	$b \cdot q^5$
	· q	· q	· q	· q	· q

Z. B.: Anfangswert b = 0,9,
Wachstumsfaktor q = 1,5

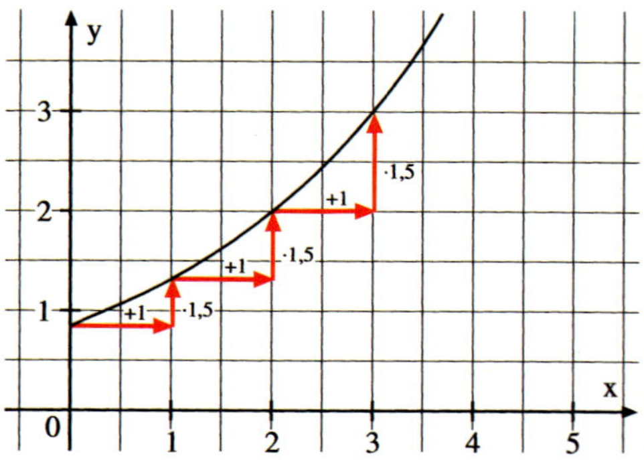

Fig. 4

Ein solches Wachstum nennt man **exponentielles Wachstum**.

Lineares Wachstum:
Nimmt die 1. Größe um 1 zu, so wächst die 2. Größe jeweils um eine **feste Wachstumsrate d.**

Exponentielles Wachstum:
Nimmt die 1. Größe um 1 zu, so wächst die 2. Größe jeweils mit einem **festen Wachstumsfaktor q.**

Exponentielles Wachstum wird häufig durch Angabe einer prozentualen Zunahme beschrieben. Nimmt eine Größe G um p% zu, so wächst sie auf $G + G \cdot \frac{p}{100} = G \cdot (1 + \frac{p}{100})$.

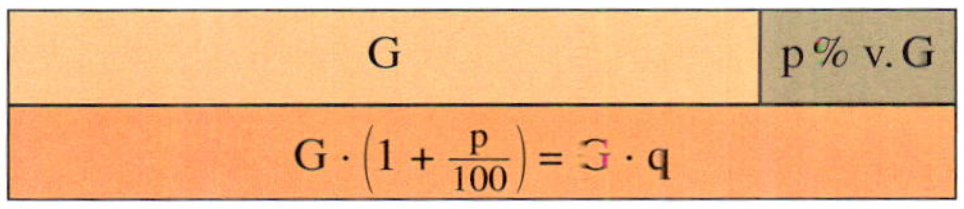

Fig. 1

Eine Zunahme um p% ergibt daher den Wachstumsfaktor $q = 1 + \frac{p}{100}$.
Man spricht auch dann von einem Wachstum, wenn $d < 0$ bzw. $0 < q < 1$. Es gilt:
$d > 0$: Zunahme; $d < 0$: Abnahme, $q > 1$: Zunahme; $0 < q < 1$: Abnahme.

Beachte:
Der Wachstumsfaktor q ist immer ***positiv****.*

Beispiel 1
Beschreibe die Form des Wachstums. Zeichne den Graphen der zugehörigen Funktion.
a) Bei 20 °C ist die Quecksilbersäule eines Thermometers 15 mm hoch. Sie „steigt" bei einer Temperaturerhöhung um 1 °C jeweils um 0,5 mm.
b) Eine 1,2 m lange Alge vergrößert täglich ihre Länge um 30%.
c) Ein Motor enthält 4000 cm³ Öl. Er verbraucht 200 cm³ Öl auf 1000 km.
d) Ein 35 000 € teurer Pkw verliert jährlich 25% seines Zeitwertes.
Lösung:

a) Lineares Wachstum mit:
Wachstumsrate: 0,5 mm (je °C)
Anfangswert: 15 mm

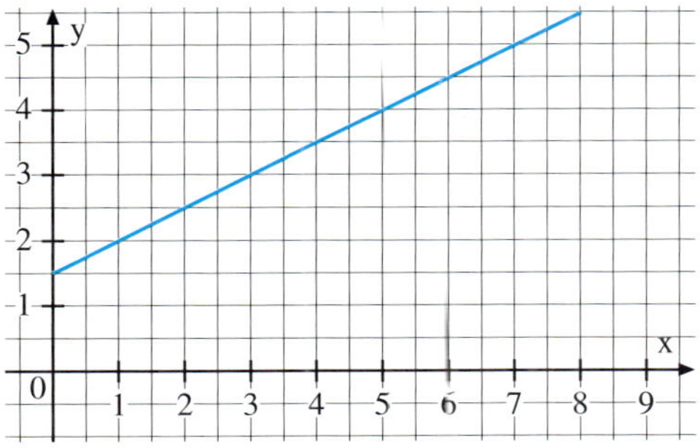

Fig. 2

b) Exponentielles Wachstum mit:
Wachstumsfaktor: $1 + \frac{30}{100} = 1{,}3$
Anfangswert: 1,2 m

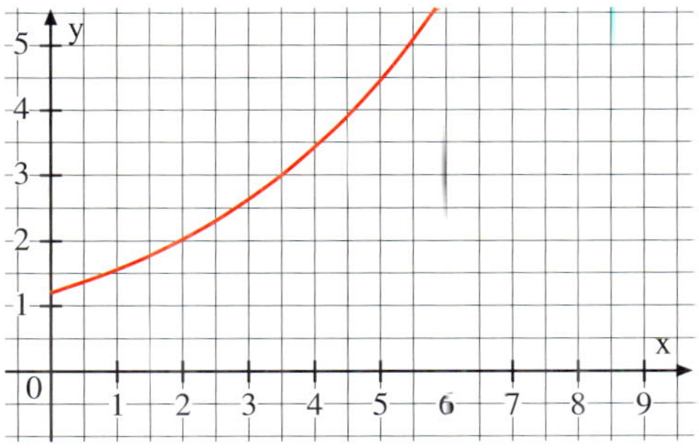

Fig. 3

Bei einer Abnahme spricht man auch von ***negativem Wachstum****. (Die Wachstumsrate d ist negativ, aber der Wachstumsfaktor q ist trotzdem positiv: $0 < q < 1$.)*

c) Lineares Wachstum (Abnahme) mit:
Wachstumsrate: −0,2 *l* (auf 1000 km)
Anfangswert: 4 *l*

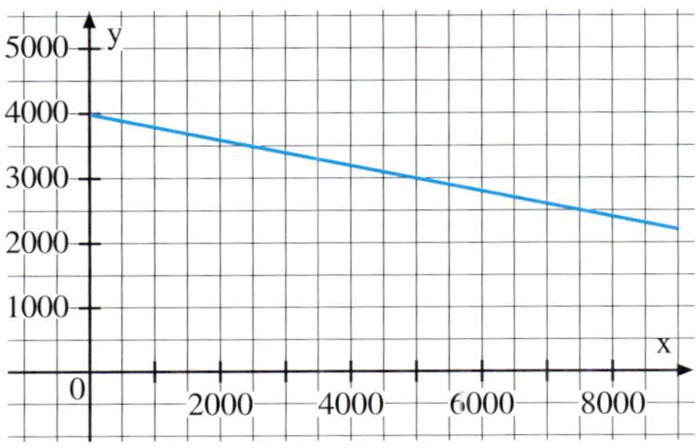

Fig. 4

d) Exponentielles Wachstum (Abnahme) mit:
Wachstumsfaktor: $1 - \frac{25}{100} = 0{,}75$
Anfangswert: 35 000 €

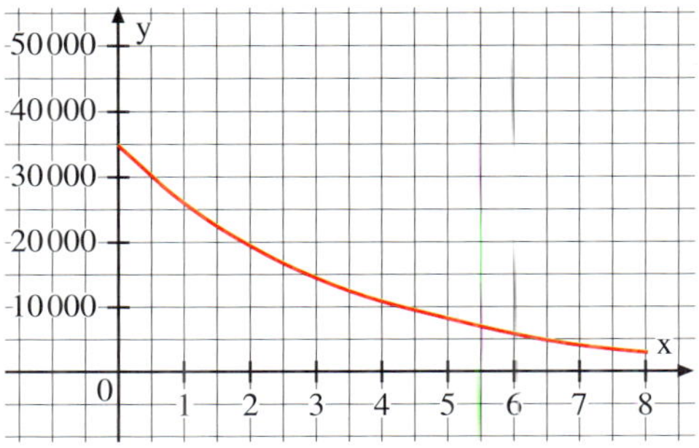

Fig. 5

Beispiel 2
Prüfe, ob die Tabellen zu einem linearen oder einem exponentiellen Wachstum gehören können.

a)

x	0	1	2	3
y	2	7	12	17

b)

x	0	1	2	3
y	3	9	27	81

c)

x	0	1	2	3
y	1	2	5	10

Lösung:

a) Lineares Wachstum
Wachstumsrate: 5,
denn: $2 \xrightarrow{+5} 7 \xrightarrow{+5} 12 \xrightarrow{+5} 17$

b) Exponentielles Wachstum
Wachstumsfaktor: 3,
denn: $3 \xrightarrow{\cdot 3} 9 \xrightarrow{\cdot 3} 27 \xrightarrow{\cdot 3} 81$

c) Weder lineares noch exponentielles Wachstum.

Aufgaben

Untersuchung von Wachstumsvorgängen

2€ Beschreibe die Form des Wachstums. Stelle für die zugehörige Funktion eine Wertetabelle auf. Zeichne den Graphen.
a) Monique bekommt monatlich 20 € Taschengeld. Jedes Jahr soll es um 5 € erhöht werden.
b) Karina verdient als Tischlerin 10 € in der Stunde. Jedes Jahr soll der Stundenlohn um 5 % steigen.
c) Eine 12 cm hohe Kerze wird angezündet. Jede Minute brennt sie um 2 mm herunter.
d) Ein Computer kostet 1000 €. Jedes Jahr verliert er die Hälfte seines Werts.
e) Eine Hefekultur mit 5 g Hefe verdreifacht stündlich ihre Masse.
f) Ein Öltank enthält noch 800 *l* Öl. In den Tank werden je Minute 200 *l* Öl gepumpt.

3 Prüfe, ob die Tabellen zu einem linearen oder einem exponentiellen Wachstum gehören können.

a)

x	0	1	2	3
y	8	12	18	27

b)

x	0	1	2	3
y	11	9	7	5

c)

x	0	1	2	3
y	32	16	8	4

Mehr über Bevölkerungswachstum erfährst du auf Seite 75.

4 Geschätzte Entwicklung der Weltbevölkerung 1920–1990 in Milliarden Menschen:

Jahr	1920	1930	1940	1950	1960	1970	1980	1990
Erdbevölkerung	1,86	2,07	2,30	2,52	2,99	3,62	4,49	5,29

Berechne für jedes Jahrzehnt den Wachstumsfaktor. Gib die Bevölkerungszunahme in 10 Jahren jeweils auch in Prozent an. Handelt es sich um exponentielles Wachstum?

Lineares Wachstum

5 Bei einer Tanne beträgt die Wachstumsrate in den ersten 20 Jahren etwa 12 cm jährlich. Es wird eine 90 cm hohe Tanne gepflanzt. Nach wie vielen Jahren ist die Tanne 1,50 m hoch?

6 Der hängende Tropfstein in der Höhle wächst jährlich um durchschnittlich 3 mm.
a) Der Tropfstein ist 1,062 m lang. Wie viele Jahre ist er vermutlich alt?
b) In wie vielen Jahren wird der Stein voraussichtlich 1,500 m lang sein?

7 Martinas Uhr geht gegenüber der Fernsehuhr in einer Woche um 5 s vor. Im Moment geht sie bereits 15 s vor. In wie vielen Wochen beträgt die Abweichung 1 min?

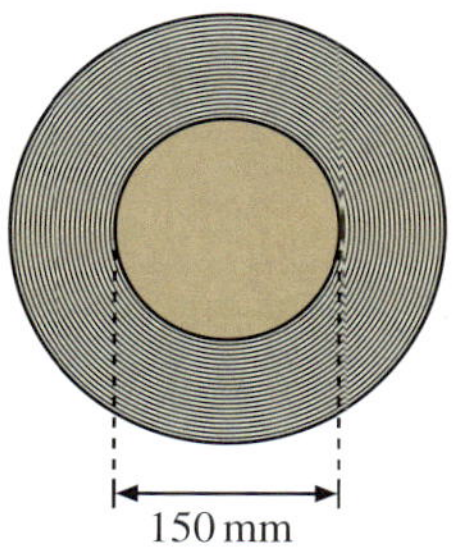

Fig. 1

8 Papier mit einer Stärke von 0,2 mm wird auf eine Rolle gewickelt (Fig. 1).
a) Auf welchen Durchmesser wächst die Rolle mit x Lagen an?
b) Wie viele Lagen sind auf der Rolle, wenn der Durchmesser 1,80 m beträgt?

9 Nach dem Besuch eines Weinfestes hat Herr Rompel um Mitternacht einen Blutalkoholspiegel von 1,5 ‰. Jede Stunde wird der Alkoholgehalt im Blut um 0,15 ‰ abgebaut. Morgens um 7 Uhr will er mit dem Auto zur Arbeit fahren. Droht ihm bei einem Unfall Führerscheinentzug, weil mehr als 0,3 ‰ Alkohol im Blut nachgewiesen werden können?

Exponentielles Wachstum

10 Ergänze im Heft die fehlenden Werte so, dass ein exponentielles Wachstum vorliegt.

a)

x	0	1	2	3	4	5
y	20	15				

b)

x	0	1	2	3	4	5
y			2,5	3,5		

11 Bei einer Kiefer bilden sich in der Regel jährlich an jedem Zweigende fünf neue Triebe. Ein junger Kiefernast hat drei Zweigenden. Mit wie vielen Enden kann man nach 1, 2, 3, 4 Jahren rechnen?

12 Die Papierformate nach DIN entstehen durch fortlaufendes Halbieren, z. B. ergibt ein Blatt DIN A 4 beim Halbieren zwei Blätter DIN A 5.
Ein Blatt DIN A 0 hat einen Flächeninhalt von 1 m^2. Berechne den Flächeninhalt eines DIN-A-3- (A-4-, A-5-)Bogens.

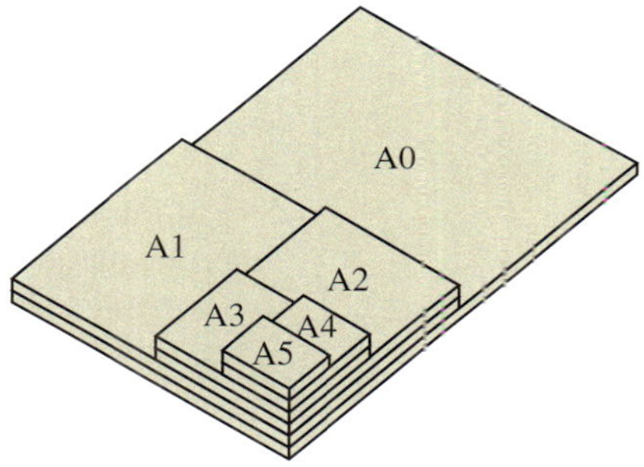

Fig. 2

13 a) Ein Kapital von 8000 € wird mit einem festen Zinssatz von 5 % jährlich verzinst. Wie groß ist der Wachstumsfaktor (= „Zinsfaktor") des Kapitals von einem Jahr zum nächsten? Auf wie viel Euro wächst das Kapital nach Ablauf von fünf Jahren mit Zinsen und Zinseszinsen?
b) Nach wie vielen Jahren hat sich das Kapital verdoppelt?

Höhe über NN in km	Luftdruck in hPa
0	1013
1	899
2	795
3	701
4	616
5	540
6	472
7	411
8	356

Fig. 3

14 a) Der Luftdruck nimmt exponentiell mit der Höhe über dem Meeresspiegel ab. Überprüfe dies an Fig. 3 (NN bedeutet Normal-Null (= Meereshöhe), hPa Hektopascal).
b) Um etwa wie viel Prozent nimmt der Luftdruck pro km Höhe ab?

15 Helge erfährt eine tolle Neuigkeit. Nach 1 Minute erzählt er sie ganz vertraulich einem Freund weiter. Nach einer weiteren Minute erzählen beide wieder ganz vertraulich die Neuigkeit einem Freund/einer Freundin. Nimm an, es geht immer so weiter. Nach wie vielen Minuten weiß es die ganze Klasse mit 32 Schülern, wann die ganze Schule mit rund 1000 Schülern?

16 Eine Seerosenart verdoppelt täglich die von ihr bedeckte Teichfläche. Am Anfang wird eine Seerose in einen Teich gepflanzt. Nach 30 Tagen ist der ganze Teich bedeckt.
a) Nach wie vielen Tagen ist der Teich zur Hälfte bedeckt?
b) Nach wie vielen Tagen ist der Teich bedeckt, wenn man am Anfang zwei Seerosen statt einer Seerose pflanzt?

2 Exponentialfunktionen

1 In 20 m Tiefe einer Meeresbucht wachsen Braunalgen. Sie verdoppeln jede Woche ihre Höhe.
a) Zu Beginn der Beobachtung ist eine Alge 1 m hoch. Wie hoch ist sie nach 1, 2, 3, ..., x Wochen? Wie hoch war sie 1, 2, 3, ... Wochen vor Beginn der Beobachtung?
b) Nimm an, in gleichen Zeitspannen wächst die Alge immer um den gleichen Faktor. Wie hoch ist die Alge nach einer halben Woche? Wie hoch ist die Alge nach $1\frac{1}{2}$ Wochen, nach $2\frac{1}{2}$ Wochen?
Wie hoch war die Alge vor $\frac{1}{2}$ Woche, vor $1\frac{1}{2}$ Wochen?
c) Die Funktion $x \mapsto 2^x$ beschreibt das Wachstum der Algen. Überprüfe das mit deinen Ergebnissen.

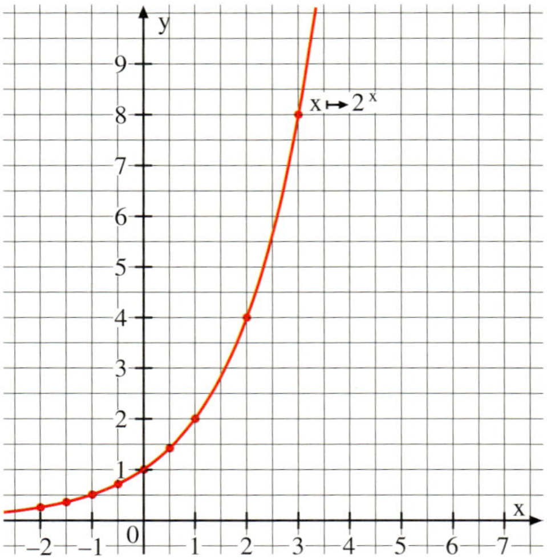

Fig. 1

2 a) Die in Fig. 2 dargestellten Funktionen beschreiben exponentielle Wachstumsvorgänge. Bestimme jeweils den Wachstumsfaktor.
b) Wie kann man am Wachstumsfaktor erkennen, ob die zugehörige Funktion monoton wächst bzw. fällt?
c) Wie liegen die Graphen in Fig. 2 zueinander? Wie kann man das an den Wachstumsfaktoren erkennen?

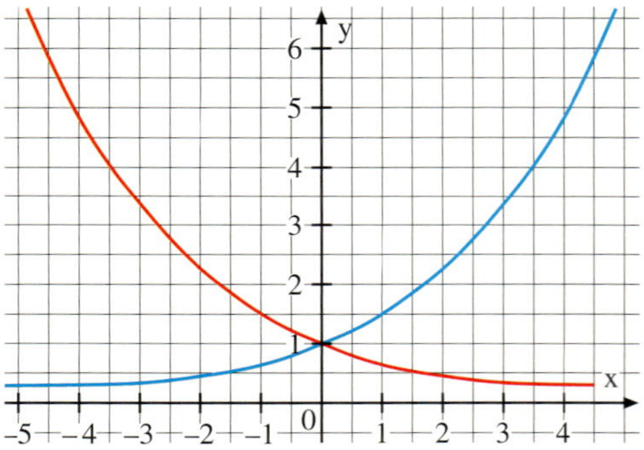

Fig. 2

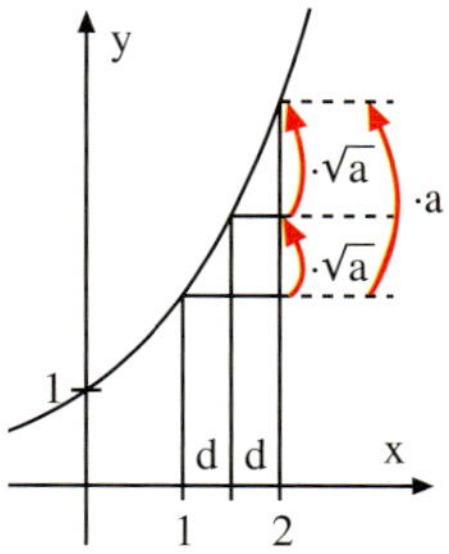

Fig. 4

Es sollen die Funktionen bestimmt werden, die exponentielles Wachstum beschreiben:
In der Tabelle ist ein exponentielles Wachstum mit dem Wachstumsfaktor a und dem Anfangswert 1 dargestellt.
Für natürliche Zahlen x beschreibt die Funktion $x \mapsto a^x$ dieses Wachstum.

	+1	+1	+1	+1	...	
x	0	1	2	3	...	x
f(x)	1	a	a^2	a^3	...	a^x
	· a	· a	· a	· a	...	

Fig. 3

Wenn für ein Wachstum gilt:

In gleichen Abständen d (nicht nur für d = 1) der ersten Größe wächst die zweite Größe stets um den gleichen Faktor,

dann kann man auch Zwischenwerte bestimmen, vgl. Fig. 4.
Diese Zwischenwerte stimmen mit den Werten überein, die der Term a^x liefert.

In Kapitel I wurde a^x für alle reellen Zahlen x erklärt. Dies ist jedoch nur für $a > 0$ möglich.

> Funktionen der Form $x \mapsto a^x$ für $a > 0$ und $a \neq 1$ nennt man **Exponentialfunktionen**.
> Sie sind für alle reellen Zahlen x definiert, ihre Funktionswerte sind stets positiv.

Eigenschaften der Exponentialfunktion
$x \mapsto a^x$ (vgl. auch Fig. 1):
(1) Ist $a > 1$, so ist die Funktion $x \mapsto a^x$ überall streng monoton wachsend;
ist $0 < a < 1$, so ist die Funktion $x \mapsto a^x$ überall streng monoton fallend.
(2) Alle Graphen von $x \mapsto a^x$ gehen durch den Punkt $(0|1)$.
(3) Die Graphen von $x \mapsto a^x$ und $x \mapsto \left(\frac{1}{a}\right)^x$ liegen symmetrisch zur y-Achse.
(4) Für $f: x \mapsto a^x$ gilt:
$f(u + v) = f(u) \cdot f(v)$.

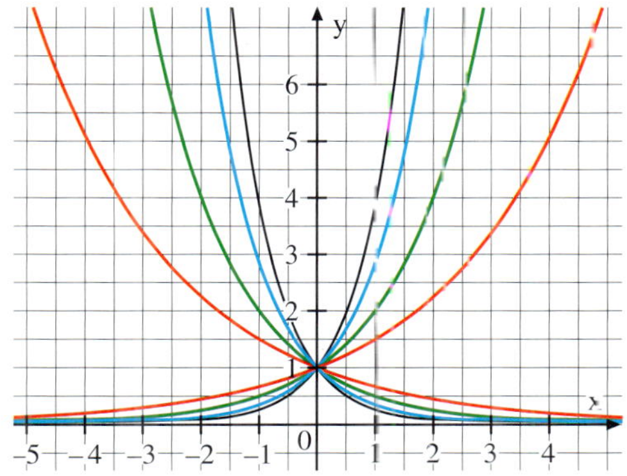

Fig. 1

Begründung:
(1): Ist $d > 0$ und $a > 1$, so gilt $a^d > 1$ und somit $a^x < a^x \cdot a^d = a^{x+d}$.
Ist $d > 0$ und $0 < a < 1$, so gilt $a^d < 1$ und somit $a^x > a^x \cdot a^d = a^{x+d}$.
(2): Für $x \mapsto f(x) = a^x$ ist $f(0) = 1$ für alle $a > 0$.
(3): Ist $a > 1$, so ist $a^{-x} = (a^{-1})^x = \left(\frac{1}{a}\right)^x$.
(4): Für $x \mapsto f(x) = a^x$ gilt: $f(u + v) = a^{u+v} = a^u \cdot a^v = f(u) \cdot f(v)$.

Auch Funktionen der Art $f: x \mapsto b \cdot a^x$ nennt man Exponentialfunktionen. Sie beschreiben exponentielles Wachstum mit dem Wachstumsfaktor a und dem Anfangswert $f(0) = b$. Den Übergang von $x \mapsto a^x$ zu $x \mapsto b \cdot a^x$ kann man als eine „Streckung" des Graphen in Richtung der y-Achse mit dem Faktor b auffassen (Fig. 2), aber auch als eine Verschiebung parallel zur x-Achse (Fig. 3), denn $a^{x+d} = a^d \cdot a^x = b \cdot a^x$ für d mit $b = a^d$.

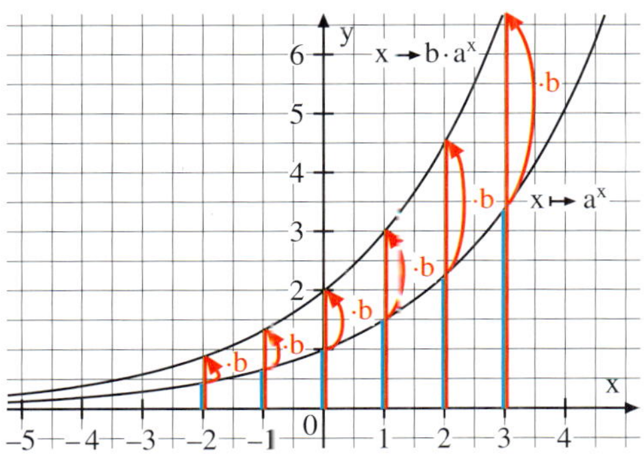

Fig. 2 mit $a = 1{,}5$ und $b = 2$

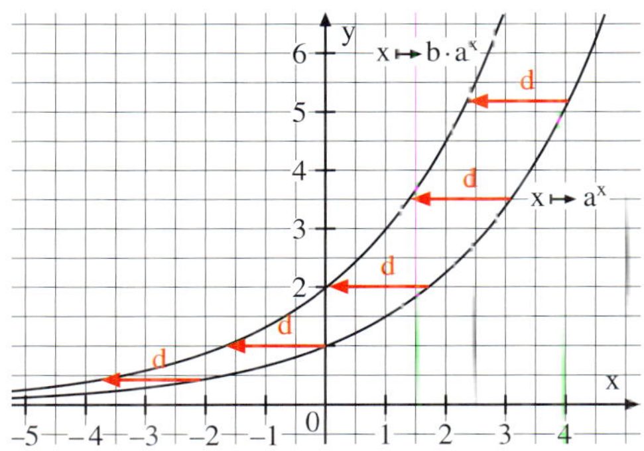

Fig. 3 mit $a = 1{,}5$; $b = 2$ und $d \approx 1{,}7$

Beispiel 1
Bestimme die Exponentialfunktion $x \mapsto a^x$, deren Graph durch
a) $P(3|5)$, b) $Q(-2|9)$ geht.
Lösung:
a) Aus $a^3 = 5$ folgt $a = \sqrt[3]{5}$, also $x \mapsto \left(\sqrt[3]{5}\right)^x$. b) Aus $a^{-2} = 9$ folgt $a = \frac{1}{3}$, also $x \mapsto \left(\frac{1}{3}\right)^x$.

Beispiel 2
Wie ändert sich der Funktionswert f(x) von $x \mapsto f(x) = 3^x$, wenn x um d zunimmt?
Lösung:
Der Funktionswert wird mit dem Faktor 3^d vergrößert, denn $f(x + d) = 3^{x+d} = 3^x \cdot 3^d$.

Aufgaben

3 Stelle eine Wertetabelle für x-Werte von –3 bis 3 mit der Schrittweite $\frac{1}{2}$ auf. Zeichne den Graphen der Funktion.

a) $x \mapsto 1{,}2^x$ b) $x \mapsto 2{,}5^x$ c) $x \mapsto 0{,}8^x$ d) $x \mapsto 0{,}4^x$

e) $x \mapsto \left(\frac{3}{4}\right)^x$ f) $x \mapsto \left(\frac{4}{3}\right)^x$ g) $x \mapsto \left(\sqrt{3}\right)^x$ h) $x \mapsto \left(\sqrt[3]{2}\right)^x$

4 Zeichne die Graphen der Funktionen in dasselbe Koordinatensystem.

a) $x \mapsto 1{,}5^x$; $x \mapsto 3^x$; $x \mapsto \left(\frac{2}{3}\right)^x$; $x \mapsto \left(\frac{1}{3}\right)^x$

b) $x \mapsto 2^x$; $x \mapsto \left(\sqrt{2}\right)^x$; $x \mapsto \left(\frac{1}{2}\sqrt{2}\right)^x$; $x \mapsto 0{,}5^x$

5 a) Wie hängt der Graph der Funktion $x \mapsto a^x$ von a ab? Unterscheide zwischen den Bereichen $x < 0$ und $x > 0$.
b) Gibt es zum Graphen von $x \mapsto a^x$ eine Asymptote? Erläutere deine Antwort.

6 Zeichne für $x \geqq 0$ in dasselbe Koordinatensystem die Graphen von $x \mapsto 2^x$ und $x \mapsto x^2$. Untersuche für $x > 2$, welche der beiden Funktionen „stärker wächst“.

7 Die Graphen in Fig. 1 gehören zu Exponentialfunktionen der Form $x \mapsto a^x$. Bestimme jeweils a.

8 Bestimme die Exponentialfunktionen der Form $x \mapsto a^x$, deren Graph durch den folgenden Punkt geht.

a) P(1|2,5) b) Q(3|64)
c) R(2|5) d) S(3|2)
e) T(4|9) f) U$(2|\frac{4}{25})$
g) V$(3|\frac{1}{2})$ h) W(–2|0,16)
i) X(–3|2) k) Y$(-2|\frac{5}{4})$

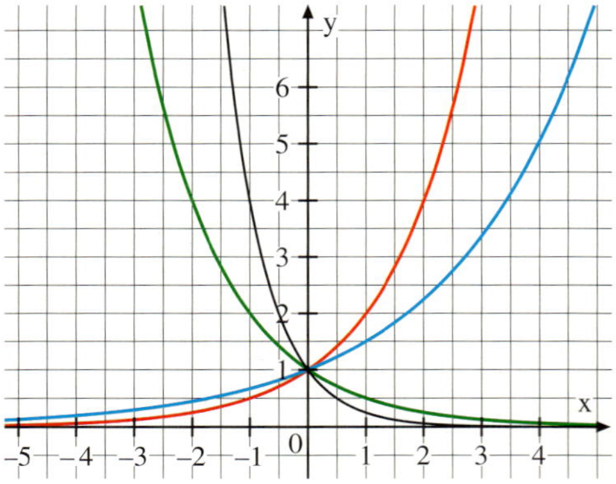

Fig. 1

9 Stelle eine Wertetabelle für x-Werte von –3 bis 3 auf. Zeichne den Graphen.

a) $x \mapsto 3 \cdot 2^x$ b) $x \mapsto 0{,}1 \cdot 3^x$ c) $x \mapsto 2 \cdot \left(\frac{1}{2}\right)^x$ d) $x \mapsto 3 \cdot \left(\frac{2}{3}\right)^x$

e) $x \mapsto 1{,}5^{x-1}$ f) $x \mapsto 1{,}5^{x+3}$ g) $x \mapsto 3 \cdot 2^{x+1}$ h) $x \mapsto 3 \cdot 2^{x-2}$

10 a) Zeichne die Graphen der Funktionen $x \mapsto 2^x$; $x \mapsto 2^{x+1}$ und $x \mapsto 2^{x-1}$ in dasselbe Koordinatensystem. Wie gehen die Graphen von $x \mapsto 2^{x+1}$ bzw. $x \mapsto 2^{x-1}$ aus dem Graphen von $x \mapsto 2^x$ hervor? Unterscheide zwei Möglichkeiten.
b) Der Graph der Funktion $x \mapsto 3^x$ wird um zwei Einheiten nach rechts (um 4 Einheiten nach links) verschoben. Gib die Funktion, deren Graph die neue Kurve ist, in der Form $x \mapsto 3^{x+d}$ und in der Form $x \mapsto b \cdot 3^x$ an.

11 Wie ändert sich bei einer Exponentialfunktion $f\colon x \mapsto a^x$ der Funktionswert f(x), wenn man

a) x um 1 vergrößert, b) x um 2 verkleinert, c) x verdoppelt,
d) x halbiert, e) x mit 3 multipliziert, f) x durch 3 dividiert?

12 Für welche Werte von a ist die Exponentialfunktion wachsend? Für welche Werte von a ist sie fallend?

a) $x \mapsto (a+1)^x$ b) $x \mapsto (1-a)^x$ c) $x \mapsto \left(\frac{a}{2}\right)^x$ d) $x \mapsto (3a)^x$

3 Bestimmung von Exponentialfunktionen

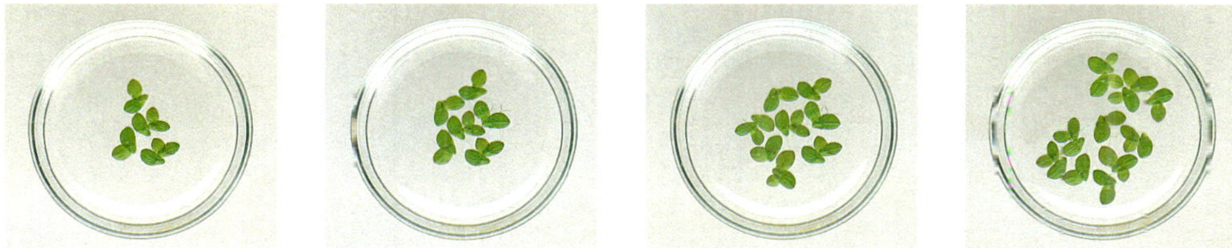

Beginn | nach 1 Tag | nach 2 Tagen | nach 3 Tagen Fig. 1

1 In Fig. 1 ist die Vermehrung von Wasserlinsen dargestellt. Zu Beginn der Beobachtung sind 10 Keime zu sehen.
a) Zähle die Keime nach 1, 2 und 3 Tagen. Berechne den Wachstumsfaktor.
b) Gib einen Term für die Funktion *Zahl der Tage* $\rightarrow$ *Anzahl der Keime* an.
Berechne damit die Anzahl der Keime nach 5 Tagen.

2 Die Halbwertszeit von Jod 131 beträgt ungefähr 8 Tage. Zu Beginn einer medizinischen Behandlung sind 2 mg Jod 131 vorhanden.
a) Die Funktion *Zahl der Tage* $\rightarrow$ *Masse* hat die Form $x \mapsto b \cdot a^x$.
Bestimme a und b.
b) Wie viel Prozent des Jod 131 zerfällt innerhalb eines Tages?

In der Medizin wird radioaktives Jod 131 vor allem bei der Diagnose und Behandlung von Schilddrüsenerkrankungen benutzt. Im Laufe der Zeit wandeln sich die Jodatome in Xenonatome um und senden dabei eine radioaktive Strahlung aus. Dies nennt man einen radioaktiven Zerfall. Die Zeitspanne, in der die Hälfte der Jodatome zerfällt, heißt Halbwertszeit.

Fig. 2

Ein exponentielles Wachstum mit dem Wachstumsfaktor a und dem Anfangswert 1 kann man mit der Exponentialfunktion $x \mapsto a^x$ beschreiben, da $f(0) = a^0 = 1$.
Ist der Anfangswert b, soll also $f(0) = b$ sein, so kann das exponentielle Wachstum durch eine Exponentialfunktion der Form $x \mapsto b \cdot a^x$ beschrieben werden (Fig. 3).

	+1	+1	+1	+1	…	
x	0	1	2	3	…	x
f(x)	b	$b \cdot a$	$b \cdot a^2$	$b \cdot a^3$	…	$b \cdot a^x$
	$\cdot a$	$\cdot a$	$\cdot a$	$\cdot a$	…	

Fig. 3

Der Anfangswert b und der Wachstumsfaktor a sind durch zwei Wertepaare der Funktion festgelegt (vgl. Beispiel 1).
Besonders günstig ist es, wenn man die Funktionswerte von 0 und von 1 kennt. Dann ist $f(0) = b \cdot a^0 = b$ und $f(1) = b \cdot a^1 = ab$. Für den Graphen bedeutet dies:

> Der Graph der Funktion $x \mapsto b \cdot a^x$ geht durch die Punkte $(0|b)$ und $(1|ab)$.

Bei einem exponentiellen Wachstum ändert sich in gleichen (Zeit-)Abständen eine beobachtete Größe stets um den gleichen Faktor. In den Naturwissenschaften beschreibt man Wachstums- bzw. Abnahmeprozesse häufig durch die Zeit, in der sich die beobachtete Größe verdoppelt oder halbiert:

In Physik-Büchern wird die Halbwertszeit oft mit $T_{1/2}$ bezeichnet.

Verdoppelungszeit T_D nennt man die Zeit, in der sich jeweils der Funktionswert verdoppelt.

Halbwertszeit T_H nennt man die Zeit, in der sich jeweils der Funktionswert halbiert.

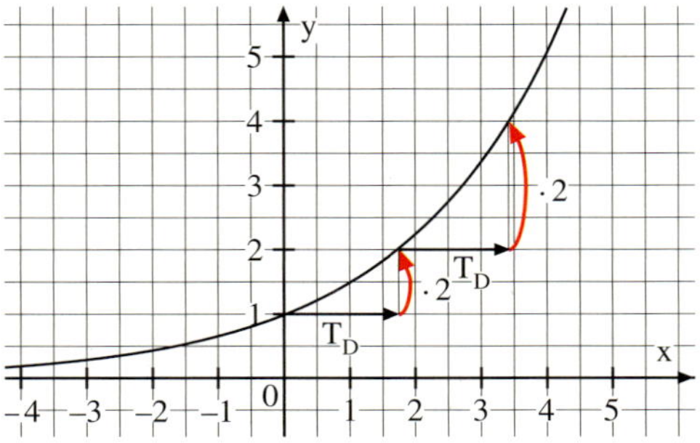

Fig. 1

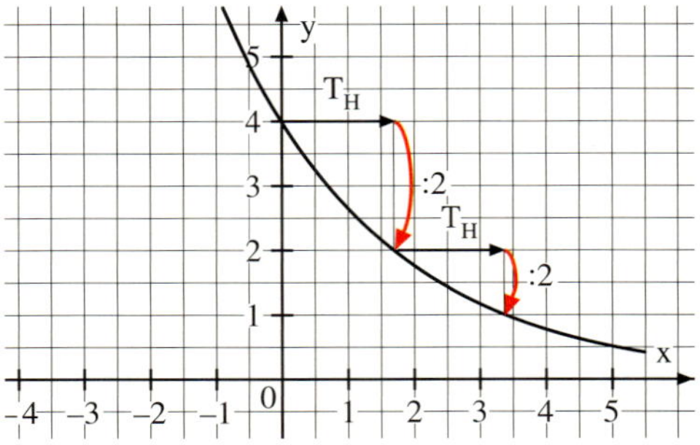

Fig. 2

Beispiel 1

Bestimme a und b so, dass der Graph der Exponentialfunktion $x \mapsto b \cdot a^x$ durch
a) $(-1|24)$ und $(1{,}5|0{,}75)$, b) $(0|1{,}5)$ und $(1|1{,}8)$ geht.

Lösung:

a) *Einsetzen in den Funktionsterm:* $b \cdot a^{-1} = 24$ und $b \cdot a^{1,5} = 0{,}75 \left(= \frac{3}{4}\right)$

Auflösen der 1. Gleichung nach b: $b = 24a$

Einsetzen in die 2. Gleichung: $24a \cdot a^{1,5} = \frac{3}{4}$

$a^{2,5} = \frac{1}{32}$ bzw. $a^{\frac{5}{2}} = \frac{1}{32}$

Potenzieren mit $\frac{2}{5}$, um a^1 zu erhalten: $a = \left(\frac{1}{32}\right)^{\frac{2}{5}} = \frac{1}{4}$

Berechnung von b durch Einsetzen in die 1. Gleichung: $b \cdot \left(\frac{1}{4}\right)^{-1} = 24;\ 4b = 24;\ b = 6$

Beachte zu b) den Kasten von der Seite vorher.

b) *Der Graph soll durch $(0|1{,}5)$ gehen; damit ist:* $b = 1{,}5$.

Der Graph soll auch durch $(1|1{,}8)$ gehen; damit ist: $a \cdot b = 1{,}8$;

Einsetzen der 1. Gleichung in die 2. Gleichung: $a \cdot 1{,}5 = 1{,}8$; also $a = 1{,}2$

Beispiel 2

Gegeben ist die Funktion $x \mapsto 2^{3x+5}$. Schreibe sie in der Form $x \mapsto b \cdot a^x$.

Lösung:

Forme den Funktionsterm um, wende dazu die Potenzgesetze an:

$2^{3x+5} = 2^{3x} \cdot 2^5 = 2^5 \cdot (2^3)^x = 32 \cdot 8^x$, also $x \mapsto 32 \cdot 8^x$.

Beispiel 3

Bei der Reaktorkatastrophe von Tschernobyl im Jahr 1986 wurde neben Jod 131 vor allem Cäsium 137 freigesetzt.

a) Cäsium 137 hat eine Halbwertszeit von 33 Jahren. Gib den Wachstumsfaktor für 1 Jahr an. Wie viel Prozent beträgt die jährliche Abnahme?

b) Zu Beginn einer Beobachtung sind 250 mg Cäsium 137 vorhanden. Bestimme die Exponentialfunktion, die den Zerfall von Cäsium 137 mit diesem Anfangswert beschreibt.

Lösung:

a) *Der Zerfall des Cäsiums wird durch eine Funktion der Form $x \mapsto b \cdot a^x$ beschrieben.*

Nach der Halbwertszeit T_H gilt: $b \cdot a^{T_H} = \frac{1}{2}b$

Setze die gegebene Halbwertszeit ein: $b \cdot a^{33} = \frac{1}{2}b$

Daraus folgt (da $b \neq 0$): $a^{33} = \frac{1}{2}$; $a = \left(\frac{1}{2}\right)^{\frac{1}{33}} \approx 0{,}979$

Aus $a \approx 0{,}979$ (= 97,9 %) ergibt sich eine jährliche Abnahme von 2,1 %.

b) Anfangswert: $b = 250$ (mg); $x \mapsto 250 \cdot 0{,}979^x$

Aufgaben

3 In Fig. 1 und 2 sind die Graphen von Exponentialfunktionen gezeichnet. Bestimme die Funktionsterme.

a)

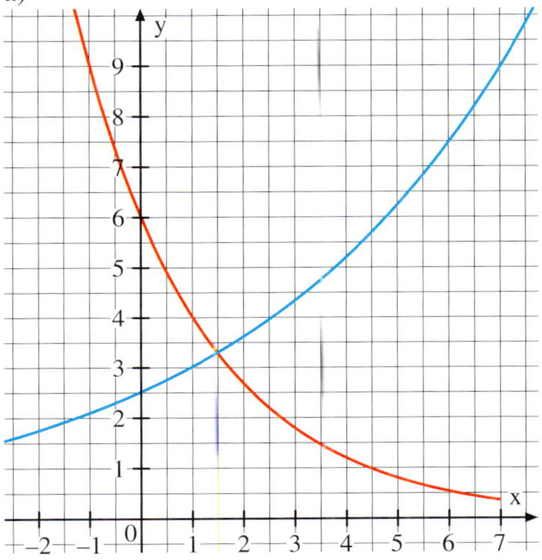

Fig. 1

b)

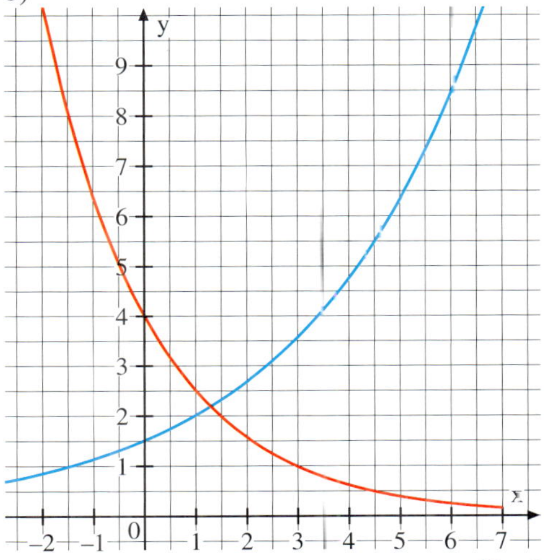

Fig. 2

4 Bestimme a und b so, dass der Graph der Exponentialfunktion $x \mapsto b \cdot a^x$ durch die Punkte P und Q geht.

a) $P(0\,|\,5)$; $Q(1\,|\,1)$ b) $P(0\,|\,\frac{1}{2})$; $Q(1\,|\,1)$ c) $P(0\,|\,\sqrt{2})$; $Q(1\,|\,2)$
d) $P(2\,|\,1)$; $Q(3\,|\,5)$ e) $P(1\,|\,5)$; $Q(4\,|\,40)$ f) $P(5\,|\,24)$; $Q(3\,|\,3)$
g) $P(2\,|\,3)$; $Q(6\,|\,75)$ h) $P(3\,|\,15)$; $Q(5\,|\,3)$ i) $P(4\,|\,8)$; $Q(7\,|\,5)$
k) $P(0\,|\,b)$; $Q(1\,|\,c)$ l) $P(0\,|\,b)$; $Q(c\,|\,1)$ m) $P(0\,|\,b)$; $Q(c\,|\,d)$

5 Zeichne in dasselbe Koordinatensystem die Graphen der Exponentialfunktionen:
$x \mapsto \left(\frac{3}{2}\right)^x$; $x \mapsto \frac{1}{2}\cdot\left(\frac{3}{2}\right)^x$; $x \mapsto \frac{3}{2}\cdot\left(\frac{3}{2}\right)^x$; $x \mapsto \frac{1}{2}\cdot\left(\frac{2}{3}\right)^x$; $x \mapsto \left(\frac{2}{3}\right)^{x+1}$; $x \mapsto \frac{1}{2}\cdot\left(\frac{2}{3}\right)^{x+1}$
Vergleiche die Graphen. Wie gehen sie auseinander hervor?

6 Schreibe die Funktion in der Form $x \mapsto b \cdot a^x$. Zeichne ihren Graphen.

a) $x \mapsto 2^{x-1}$ b) $x \mapsto 2^{2x}$ c) $x \mapsto 2^{2x+4}$ d) $x \mapsto \left(\frac{1}{2}\right)^{x-1}$
e) $x \mapsto \left(\sqrt{2}\right)^{2x+4}$ f) $x \mapsto \left(\sqrt{3}\right)^{4x-2}$ g) $x \mapsto \left(\sqrt{2}\right)^{3x+5}$ h) $x \mapsto \left(\sqrt[3]{5}\right)^{6x-3}$

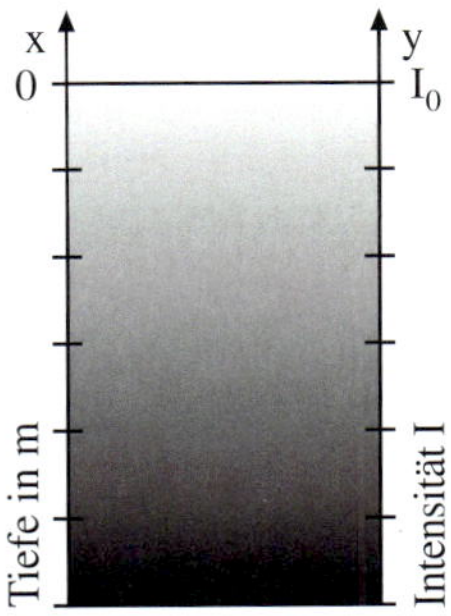

7 In einem See verringert sich je 1 m Wassertiefe die Helligkeit (Beleuchtungsstärke) um 40 %. In 1 m Wassertiefe zeigt der Belichtungsmesser 3000 Lux.
a) Die Funktion *Tiefe* → *Beleuchtungsstärke* hat die Form $x \mapsto b \cdot a^x$. Bestimme a und b. Zeichne den Graphen.
b) Bestimme am Graphen, nach wie viel m jeweils die Beleuchtungsstärke halbiert wird.

8 Eine Wassermelone wiegt 0,3 kg. Sie verdoppelt unter idealen Bedingungen alle 6 Tage ihr Gewicht. Die Funktion *Zahl der Tage* → *Gewicht* hat die Form $x \mapsto b \cdot a^x$. Bestimme a und b.

9 Strontium 90 hat eine Halbwertszeit von 28 Jahren. Zu Beginn der Beobachtung sind 100 mg vorhanden.
a) Gib den Wachstumsfaktor für 1 Jahr an. Wie lautet die zugehörige Exponentialfunktion?
b) Wie viel mg Strontium 90 ist nach 50 Jahren noch vorhanden?

Lässt man frische Milch einige Tage offen stehen, so wird sie dickflüssig und schmeckt sauer, es ist Sauermilch entstanden. Dies ist auf eine Massenvermehrung von Milchsäurebakterien zurückzuführen. Auch zur Herstellung von Sauerkraut und Joghurt werden Milchsäurebakterien verwendet.

*Ein Tipp zu Aufgabe 11: Bei a) kommt natürlich **nicht** 36 % heraus.*

10 Milchsäurebakterien (streptococcus lactis) verdoppeln ihre Anzahl bei 37 °C etwa alle halbe Stunde. Bestimme die Funktion *Zeit (in h)* $\rightarrow$ *Anzahl der Bakterien* für eine Bakterienkultur mit anfangs 100 Bakterien.

11 In einem zylindrischen Gefäß wird der Zerfall von Bierschaum untersucht. Die Höhe der Schaumsäule verringert sich alle 15 Sekunden um 9 %.
a) Um wie viel Prozent verringert sich die Höhe der Schaumsäule in 1 Minute?
b) Zu Beginn der Beobachtung beträgt die Schaumhöhe 10 cm. Bestimme die Exponentialfunktion *Zeit (in min)* $\rightarrow$ *Schaumhöhe (in cm).* Zeichne den Graphen.
c) Man spricht von „sehr guter Bierschaumhaltbarkeit“, wenn die Halbwertszeit des Schaumzerfalls größer als 110 Sekunden ist. Überprüfe am Graphen, ob sehr gute Bierschaumhaltbarkeit vorliegt.

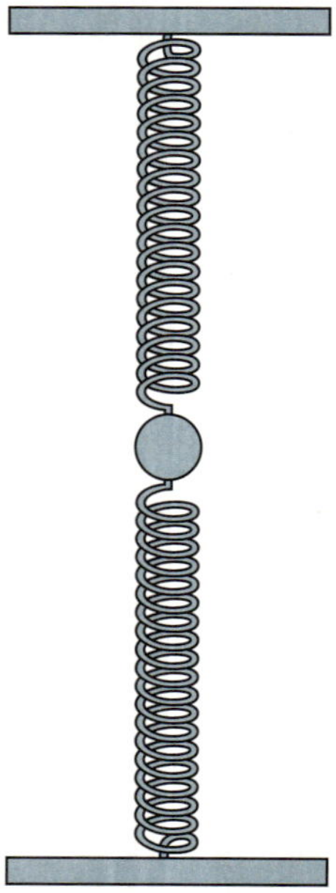

12 An einem Sommertag wird Apfelsaft aus dem Kühlschrank in ein Glas gegossen. Die Temperatur des Saftes ist 14° niedriger als die Raumtemperatur. Diese Temperaturdifferenz halbiert sich bei gleichbleibender Raumtemperatur alle 40 Minuten. Bestimme die Exponentialfunktion *Zeit (in h)* $\rightarrow$ *Temperaturdifferenz (in Grad)* und zeichne ihren Graphen.

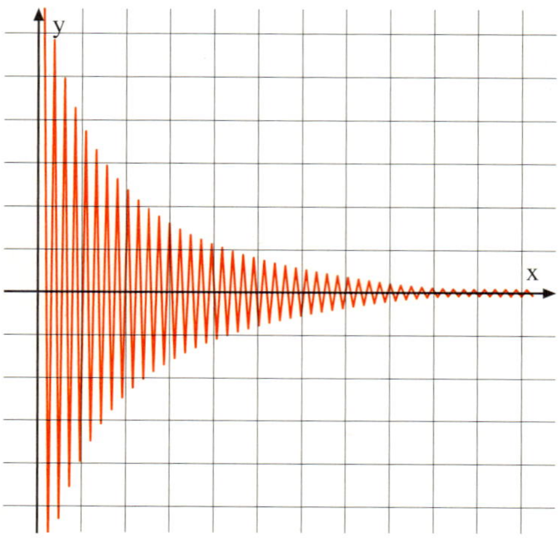

Fig. 1

13 Die gedämpfte Schwingung eines Federpendels wurde aufgezeichnet. Die Entfernung des Umkehrpunkts zur Ruhelage heißt Amplitude. Die Amplitude nimmt mit der Zeit exponentiell ab.
a) Bestimme aus Fig. 1 die Amplitude nach jeweils 10 Sekunden. Um welchen Faktor nimmt die Amplitude alle 10 Sekunden ab?
b) Die Exponentialfunktion
Zeit (in s) $\rightarrow$ *Amplitude (in cm)*
kann durch $x \mapsto b \cdot a^{\frac{x}{10}}$ beschrieben werden. Bestimme a und b.

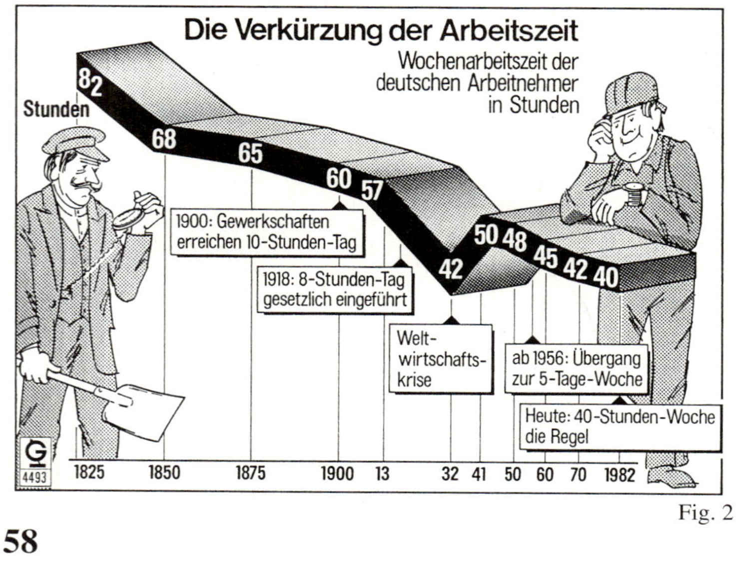

Fig. 2

***14** Fig. 2 zeigt die Entwicklung der Wochenarbeitszeit in Deutschland von 1825 bis 1982. Sozialwissenschaftler nehmen an, dass die Abnahme der Wochenarbeitszeit ungefähr exponentiell erfolgt.
a) Bestimme a und b so, dass für die Funktion $f: x \mapsto b \cdot a^x$ gilt: f(0) gibt den Wert von 1900 an, f(82) den Wert von 1982. Runde dabei a auf drei Nachkommastellen.
b) Berechne f(x) für $x = -75, -50, -25, 0, 13$ usw. Vergleiche mit den Werten der Grafik.
c) Führe eine „Hochrechnung“ durch, wann die 35-Stunden-Woche erreicht wird, d. h. bestimme x so, dass $f(x) = 35$ gilt.
d) Man kann auch 82 als Anfangswert wählen und mit $x \mapsto 82 \cdot 0{,}995^{x+75}$ rechnen. Beantworte b) und c) für diese Funktion. Vergleiche die Ergebnisse.

4 Logarithmen

Zur Familie der Riedgräser (lat.: Cyperaceae) gehören Wollgräser, Binsen und Seggen. Riedgräser sind an ihrem dreikantigen Halm zu erkennen.

1 In den Chiu Chang Suan Shu (Neun Bücher arithmetischer Technik), einem über 2000 Jahre alten chinesischen Rechenbuch, wird ein Riedgras erwähnt, das täglich seine Länge verdoppelt.
Das Riedgras hat zu Beginn der Beobachtung eine Länge von 1 Fuß. Wann ist es 4 Fuß (8 Fuß, 16 Fuß) lang? Wann ist es ungefähr 2,8 Fuß (5 Fuß, 1,5 Fuß) lang? Benutze Fig. 1.

2 a) Löse die Gleichungen, indem du die rechte Seite als Zweierpotenz schreibst:
$2^x = 256$; $2^x = \frac{1}{32}$; $2^x = \sqrt[3]{4}$; $2^x = \sqrt{8}$.
b) Bestimme mit dem Graphen in Fig. 1 näherungsweise eine Lösung von
$2^x = 0{,}5$; $2^x = 3$; $2^x = 6$.

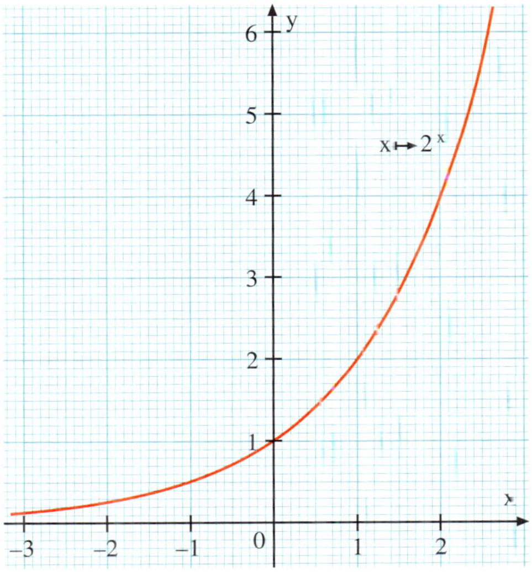

Fig. 1

$a^u = b$ → $a = b^{\frac{1}{u}}$ und $u = \log_a(b)$

Das Potenzieren kann man auf zwei Arten umkehren:

1. Gesucht ist die Basis:
$x^u = b$, z. B. $x^3 = 125$.
Die Lösung findet man durch Potenzieren mit dem Kehrwert des Exponenten:
$x = b^{\frac{1}{u}}$, $x = 125^{\frac{1}{3}} = \sqrt[3]{125} = 5$

2. Gesucht ist der Exponent x:
$a^x = b$; z. B. $5^x = 125$
Im Beispiel ist die Lösung:
$x = 3$, denn $5^3 = 125$

Dem Graphen der Funktion $x \mapsto a^x$ ($a > 0$, $a \neq 1$) kann man entnehmen, dass die Funktion $x \mapsto a^x$ umkehrbar ist. Damit hat $a^x = b$ für alle $b > 0$ genau eine Lösung.

logos arithmos (griech.): Verhältniszahl, vgl. dazu den Lesetext über die Geschichte der Logarithmen.

> Die Gleichung $a^x = b$ besitzt für $a > 0$, $a \neq 1$, $b > 0$ genau eine reelle Zahl als Lösung.
> Man bezeichnet sie als **Logarithmus von b zur Basis a** und schreibt $\mathbf{x = \log_a(b)}$.
> Kurz: $\log_a(b) = x \Leftrightarrow a^x = b$

Wir verwenden für $\log_a(b)$ eine Schreibweise mit Klammern, da sich $x \mapsto \log_a(x)$ als Funktion erweisen wird. In manchen Büchern und Formelsammlungen wird die Schreibweise $\log_a b$ verwendet.

Da a^x nur für $a > 0$ definiert ist, kann man $\log_a(b)$ auch nur für $a > 0$ definieren. Außerdem muss $a = 1$ ausgeschlossen werden, denn $1^x = b$ ist für $b \neq 1$ nicht lösbar.

$\log_a(b)$ ist also diejenige reelle Zahl, mit der man a potenzieren muss, um b zu erhalten.
Beachte:
1. Logarithmuswerte kann man nur von positiven Zahlen bestimmen, da Potenzen a^x für $a > 0$ stets positiv sind.
2. „Logarithmieren“ und Potenzieren heben sich gegenseitig auf:
$\log_a(a^x) = x$ und $a^{\log_a(b)} = b$.

Logarithmen zur Basis 10 nennt man **Zehnerlogarithmen**. Man bezeichnet sie kurz mit lg: $\log_{10}(b) = \mathbf{lg(b)}$.
Hat ein Taschenrechner eine log-Taste oder lg-Taste, so kann man damit (Näherungs-) Werte für Zehnerlogarithmen erhalten.

Das Beispiel zeigt jeweils zwei Lösungswege. Der erste benutzt die Definition des Logarithmus, der zweite beruht darauf, dass Logarithmieren und Potenzieren sich gegenseitig aufheben.

Beispiel

Bestimme a) $\log_2(8)$ b) $\log_5\left(\frac{1}{25}\right)$ c) $\log_3\left(\sqrt{27}\right)$ d) $\log_5(1)$ e) $\lg(100\,000)$

Lösung:

a) $\log_2(8) = 3$; denn $2^3 = 8$ *oder* $\log_2(8) = \log_2(2^3) = 3$

b) $\log_5\left(\frac{1}{25}\right) = -2$; denn $5^{-2} = \frac{1}{5^2} = \frac{1}{25}$ *oder* $\log_5\left(\frac{1}{25}\right) = \log_5(5^{-2}) = -2$

c) $\log_3\left(\sqrt{27}\right) = \frac{3}{2}$; denn $3^{\frac{3}{2}} = (3^3)^{\frac{1}{2}} = \sqrt{27}$ *oder* $\log_3\left(\sqrt{27}\right) = \log_3\left(3^{\frac{3}{2}}\right) = \frac{3}{2}$

d) $\log_5(1) = 0$; denn $5^0 = 1$ *oder* $\log_5(1) = \log_5(5^0) = 0$

e) $\lg(100\,000) = 5$; denn $10^5 = 100\,000$ *oder* $\lg(100\,000) = \lg(10^5) = 5$

Aufgaben

$5^3 = 125$ ist gleichbedeutend mit $\log_5(125) = 3$.

3 Schreibe um in die Form $\log_a(b) = x$.

a) $2^5 = 32$ b) $10^4 = 10\,000$ c) $5^1 = 5$ d) $7^0 = 1$ e) $2^{-1} = \frac{1}{2}$

f) $3^{-2} = \frac{1}{9}$ g) $6^{\frac{1}{3}} = \sqrt[3]{6}$ h) $5^{-\frac{1}{2}} = \frac{1}{\sqrt{5}}$ i) $10^{-\frac{3}{4}} = \frac{1}{\sqrt[4]{1000}}$ k) $a^{\frac{3}{5}} = \sqrt[5]{a^3}$

4 Bestimme wie im Beispiel.

a) $\log_2(4)$ b) $\log_2(16)$ c) $\log_2(64)$ d) $\log_3(27)$ e) $\log_5(625)$

f) $\lg(100)$ g) $\lg(10\,000)$ h) $\lg(10)$ i) $\log_2(2)$ k) $\log_3(3)$

l) $\log_2(1)$ m) $\lg(1)$ n) $\log_5(1)$ o) $\log_3\left(\frac{1}{3}\right)$ p) $\log_4\left(\frac{1}{4}\right)$

q) $\lg(0{,}1)$ r) $\log_5\left(\frac{1}{125}\right)$ s) $\log_2\left(\frac{1}{16}\right)$ t) $\lg(0{,}001)$ u) $\log_5\left(\frac{1}{625}\right)$

$3^{\log_{\sqrt{3}}(17)} = ?$

5

a) $\log_2\left(\sqrt{2}\right)$ b) $\lg\left(\sqrt{10}\right)$ c) $\log_3\left(\sqrt{3}\right)$ d) $\log_4\left(\sqrt{4}\right)$ e) $\lg\left(\sqrt{1000}\right)$

f) $\log_2\left(\frac{1}{\sqrt{2}}\right)$ g) $\log_5\left(\frac{1}{\sqrt{5}}\right)$ h) $\log_8\left(\frac{1}{\sqrt{8}}\right)$ i) $\log_6\left(\frac{1}{\sqrt[3]{6}}\right)$ k) $\log_2\left(\frac{1}{\sqrt{8}}\right)$

6

a) $\log_a(a)$ b) $\log_a(1)$ c) $\log_a\left(\frac{1}{a}\right)$ d) $\log_a(a^n)$ e) $\log_a\left(\frac{1}{a^n}\right)$

7 Vergleiche

a) $\log_2(8)$ und $\log_8(2)$, b) $\log_a(b)$ und $\log_b(a)$.

8 Bestimme die Basis a.

a) $\log_a(25) = 2$ b) $\log_a\left(\frac{1}{49}\right) = -2$ c) $\log_a(16) = -4$ d) $\log_a(3) = \frac{1}{2}$ e) $\log_a\left(\sqrt{125}\right) = \frac{3}{2}$

9 Bestimme b.

a) $\log_3(b) = 4$ b) $\log_4(b) = 3$ c) $\log_8(b) = \frac{1}{3}$ d) $\log_9(b) = 1{,}5$ e) $\lg(b) = -4$

Ein Tipp zu Aufgabe 10: Den Graphen von $x \mapsto 2^x$ findest du in Fig. 1 der vorherigen Seite.

10 Bestimme mit Hilfe des Graphen von $x \mapsto 2^x$ Näherungswerte für

a) $\log_2(3)$, b) $\log_2(6)$, c) $\log_2(6{,}5)$, d) $\log_2(0{,}8)$, e) $\log_2(0{,}6)$.

11 Bestimme näherungsweise mit dem Taschenrechner.

a) $\lg(5)$ b) $\lg(50)$ c) $\lg(500)$ d) $\lg(0{,}005)$ e) $\lg(25)$

12 Löse näherungsweise mit dem Taschenrechner. Kontrolliere mit der „Potenztaste“.

a) $10^x = 6$ b) $10^x = 11$ c) $10^x = 0{,}5$ d) $10^x = 1{,}7$ e) $10^x = 17$

13 Welche der Gleichungen sind lösbar? Begründe deine Antworten.

a) $2^x = 3$ b) $2^x = \frac{1}{3}$ c) $2^x = -3$ d) $2^x = -\frac{1}{3}$ e) $2^x = 0$

5 Logarithmusfunktion

$x \mapsto 2^x$	
-1	$\frac{1}{2}$
$-\frac{1}{2}$	$\frac{1}{\sqrt{2}}$
0	1
$\frac{1}{2}$	$\sqrt{2}$
1	2
$1\frac{1}{2}$	$(\sqrt{2})^3$
2	4
?	$\leftarrow$ y

1 In Fig. 1 wurde der Graph der Funktion $x \mapsto 2^x$ an der Geraden $y = x$ gespiegelt.
a) Begründe: Die Exponentialfunktion $x \mapsto 2^x$ ist umkehrbar.
b) Bestimme die Funktionsvorschrift der Umkehrfunktion. Gib auch ihre Definitionsmenge und ihre Wertemenge an.
c) Zeichne den Graphen der Funktion $x \mapsto \left(\frac{1}{2}\right)^x$.
Spiegele ihn an der Geraden $y = x$.
Gibt es eine Umkehrfunktion zu $x \mapsto \left(\frac{1}{2}\right)^x$?
Wenn ja, gib ihre Funktionsvorschrift an.

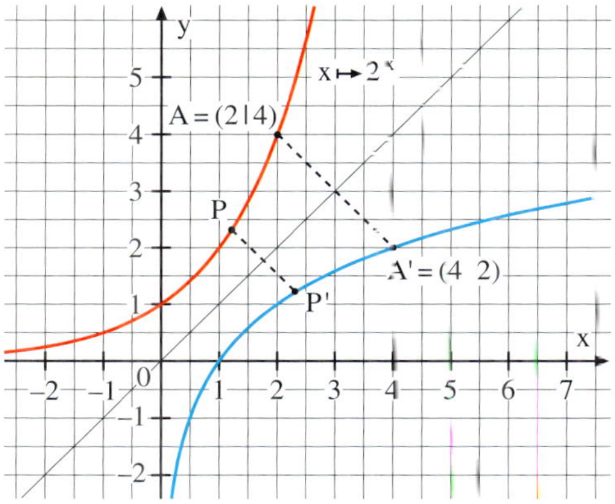

Fig. 1

Die Exponentialfunktion $x \to a^x$ mit $a \neq 1$ ist umkehrbar. Aus $y = a^x$ ergibt sich $x = \log_a(y)$, durch Vertauschen von x und y die Gleichung $y = \log_a(x)$.

$a^{\log_a(x)} = x$
$\log_a(a^x) = x$

Die **Logarithmusfunktion** $x \mapsto \log_a(x)$ $(a > 0;\ a \neq 1)$ ist die Umkehrfunktion der Exponentialfunktion $x \mapsto a^x$. Sie ist nur für positive x-Werte definiert.

Eigenschaften der Funktion $x \mapsto \log_a(x)$:
Ist $a > 1$, so ist die Funktion $x \mapsto \log_a(x)$ überall streng monoton wachsend.
Ist $0 < a < 1$, so ist die Funktion $x \mapsto \log_a(x)$ überall streng monoton fallend.
Für alle $a > 0$, $a \neq 1$ gilt: Der Graph von $x \mapsto \log_a(x)$ geht durch den Punkt $(1|0)$ (da $\log_a(1) = 0$). Die Graphen von $x \mapsto \log_a(x)$ und $x \mapsto \log_{\frac{1}{a}}(x)$ liegen symmetrisch zur x-Achse (Fig. 2).

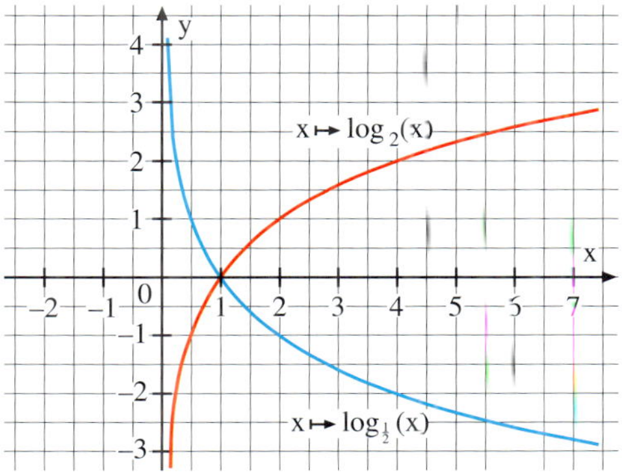

Fig. 2

Beispiel
Fig. 3 zeigt die Graphen zweier Logarithmusfunktionen $x \mapsto \log_a(x)$. Bestimme a.
Lösung:
Lies die Koordinaten eines Punktes des Graphen ab. Wähle, wenn möglich, einen „Gitterpunkt", jedoch nicht (1|0). Setze dann die Koordinaten in $\log_a(x) = y$ ein.
(1) $P(2{,}5\,|\,1)$ liegt auf dem Graphen.
Aus $\log_a(2{,}5) = 1$ folgt $a^1 = 2{,}5$, also $a = 2{,}5$.
(2) $P(3\,|\,0{,}5)$ liegt auf dem Graphen.
Aus $\log_a(3) = \frac{1}{2}$ folgt $a^{\frac{1}{2}} = 3$, also $a = 9$.

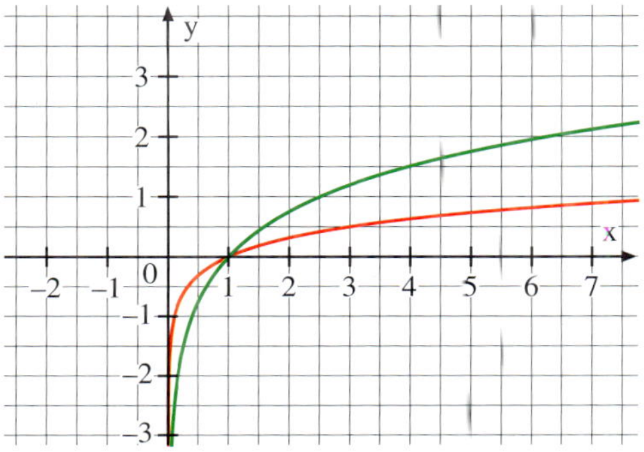
Fig. 3

Aufgaben

2 a) Zeichne den Graphen der Exponentialfunktion $x \mapsto 1{,}2^x$ $(x \mapsto 0{,}8^x)$.
Spiegele den Graphen an der Geraden $y = x$. Gib die Termdarstellung der zugehörigen Funktion an.
b) Bestimme am Graphen Näherungslösungen für die Gleichungen
$1{,}2^x = 2$; $1{,}2^x = 0{,}7$; $1{,}2^x = 3{,}5$ $(0{,}8^x = 0{,}5$; $0{,}8^x = 2$; $0{,}8^x = 0{,}35)$.

Die Logarithmusfunktion $x \mapsto \log_a(x)$ ist die Umkehrfunktion der Exponentialfunktion $x \mapsto a^x$. Damit ist auch die Exponentialfunktion $x \mapsto a^x$ Umkehrfunktion der Logarithmusfunktion $x \mapsto \log_a(x)$.

3 a) Konstruiere den Graphen von $x \mapsto \log_3(x)$ (von $x \mapsto \log_{\sqrt{2}}(x)$) aus dem Graphen der Umkehrfunktion.
b) Für welche x-Werte sind die Funktionswerte größer als 4, für welche kleiner als $\frac{1}{4}$?

4 Gib die Termdarstellung der Umkehrfunktion an.
a) $x \mapsto 5^x$ b) $x \mapsto \left(\frac{1}{3}\right)^x$ c) $x \mapsto \left(\frac{2}{5}\right)^x$ d) $x \mapsto \left(\sqrt{3}\right)^x$ e) $x \mapsto 100^x$
f) $x \mapsto \log_4(x)$ g) $x \mapsto \log_{2,5}(x)$ h) $x \mapsto \log_{0,6}(x)$ i) $x \mapsto \lg(x)$ k) $x \mapsto \log_{\sqrt{5}}(x)$

5 Fig. 1 zeigt die Graphen verschiedener Logarithmusfunktionen $x \mapsto \log_a(x)$.
Bestimme a mit Hilfe geeigneter Punkte.

6 a) Begründe:
Der Graph von $x \mapsto \log_a(x)$ geht stets durch den Punkt $P(a\,|\,1)$.
b) Überprüfe mit der Eigenschaft aus a), soweit möglich, deine Lösungen von Aufgabe 5.

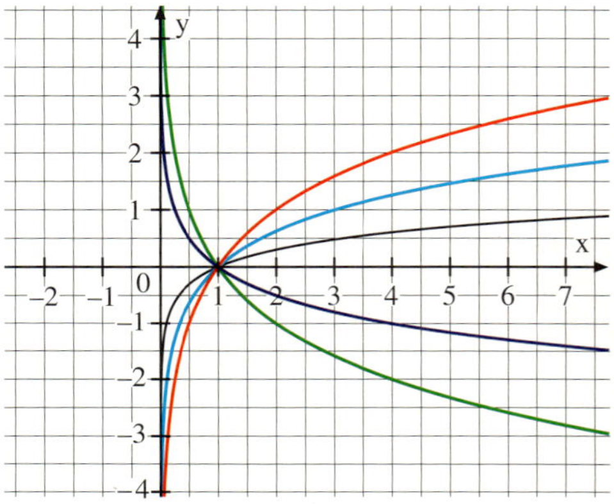

Fig. 1

7 Bestimme diejenige Logarithmusfunktion $x \mapsto \log_a(x)$, deren Graph durch den Punkt P geht.
a) $P(9\,|\,3)$ b) $P(100\,|\,2)$ c) $P(3\,|\,9)$
d) $P(0{,}5\,|\,-1)$ e) $P\left(\sqrt{5}\,\middle|\,\frac{1}{2}\right)$ f) $P\left(\sqrt[3]{4}\,\middle|\,\frac{2}{3}\right)$

8 a) Begründe: Wenn $a > 1$, so gilt:
Für $0 < x < 1$ ist $\log_a(x) < 0$; für $1 < x$ ist $\log_a(x) > 0$.
b) Formuliere und begründe eine entsprechende Aussage für $0 < a < 1$.

9 Auf der Seite vorher wurde als Eigenschaft der Logarithmusfunktionen angegeben:
Die Graphen von $x \mapsto \log_a(x)$ und $x \mapsto \log_{\frac{1}{a}}(x)$ liegen symmetrisch zur x-Achse.
Begründe dies mit Hilfe einer Eigenschaft der Umkehrfunktionen.

Ein Tipp zu Aufgabe 10: Schau dir noch einmal Seite 53 an.

10 Zeichne in ein Koordinatensystem die Graphen von $x \mapsto 2^x$ und $x \mapsto 3 \cdot 2^x$. Gib die Termdarstellungen der Umkehrfunktionen an. Zeichne die Graphen der Umkehrfunktionen. Wie liegen sie zueinander?

***11** a) Erläutere die folgende Rechnung:
Es ist $2^{10} = 1024 \approx 10^3$. Daraus ergibt sich $2 \approx 10^{0,3}$ und somit $\lg(2) \approx 0{,}300$.
b) Begründe $5 = 10 : 2 \approx 10^{0,7}$ und zeige damit $\lg(5) \approx 0{,}700$.
c) Bestimme eine Näherung für $\lg(3)$ auf drei Nachkommastellen mit Hilfe von $3^9 = 19\,683 \approx 2 \cdot 10^4$.
d) Überprüfe mit dem Taschenrechner, wie genau die gefundenen Näherungen für $\lg(2)$, $\lg(5)$ und $\lg(3)$ jeweils sind.

6 Rechnen mit Logarithmen

1 Wie bestimmt man $1\,000\,000\,000\,000\,000 \cdot 10\,000\,000$, wie $100\,000\,000^{10\,000}$?
Was bedeutet das für die Zehnerlogarithmen dieser Zahlen?

2 Berechne im Kopf mit Hilfe der folgenden Tabelle: $9 \cdot 243$; $81 \cdot 729$; $27 \cdot 2187$.

3er-Potenz 3^n	1	3	9	27	81	243	729	2187	6561	19683	59049
Exponent n	0	1	2	3	4	5	6	7	8	9	10

Was bedeutet deine Rechnung für die Dreierlogarithmen der Faktoren?

Für Produkte und Quotienten von Potenzen sowie Potenzen von Potenzen gilt:
1. $a^x \cdot a^y = a^{x+y}$; 2. $a^x : a^y = a^{x-y}$; 3. $(a^x)^y = a^{x \cdot y}$ (für $a > 0$).
Diesen Gesetzen entsprechen die folgenden Regeln für das Rechnen mit Logarithmen.

Regeln für das Rechnen mit Logarithmen (für $u > 0$; $v > 0$; $a > 0$; $a \neq 1$):
1. $\log_a(u \cdot v) = \log_a(u) + \log_a(v)$ 2. $\log_a(u : v) = \log_a(u) - \log_a(v)$
3. $\log_a(u^r) = r \cdot \log_a(u)$

Die übrigen Regeln werden in der Aufgabe 14 bewiesen.

Beweis der ersten Regel:
Setze (1) $x = \log_a(u)$ und $y = \log_a(v)$
Dies ist gleichbedeutend mit (2) $u = a^x$ und $v = a^y$
Aus $u \cdot v = a^x \cdot a^y = a^{x+y}$ ergibt sich: (3) $\log_a(u \cdot v) = \log_a(a^{x+y}) = x + y$
Einsetzen von (1) in (3): (4) $\log_a(u \cdot v) = \log_a(u) + \log_a(v)$

Mit der [log]-Taste eines Taschenrechners kann man sofort einen Näherungswert für $\lg(x)$ bestimmen. Zur Bestimmung von $\log_a(x)$ sind „Sondertasten" nicht notwendig. Denn es gilt:

$$\log_a(x) = \frac{\lg(x)}{\lg(a)} \quad (x > 0;\ a > 0;\ a \neq 1)$$

Beweis:
Setze (1) $y = \log_a(x)$
Dies ist gleichbedeutend mit (2) $a^y = x$
Also gilt für den Zehnerlogarithmus: (3) $\lg(a^y) = \lg(x)$
Mit der 3. Rechenregel für Logarithmen gilt: (4) $y \cdot \lg(a) = \lg(x)$, also $y = \frac{\lg(x)}{\lg(a)}$
woraus mit (1) folgt: (5) $\log_a(x) = \frac{\lg(x)}{\lg(a)}$

Beispiel 1
a) Bestimme $\lg(3{,}93 \cdot 10^{115})$. b) Schreibe 2^{1000} mit Zehnerpotenzen.
Lösung:
a) $\lg(3{,}93 \cdot 10^{115}) = \lg(3{,}93) + \lg(10^{115}) = \lg(3{,}93) + 115 \approx 115{,}59439$
b) *Setze:* $10^u = 2^{1000}$.
Wende darauf den Zehnerlogarithmus an: $u = \lg(2^{1000}) = 1000 \cdot \lg(2) \approx 301{,}03$.
Also gilt $2^{1000} \approx 10^{301{,}03} = 10^{0{,}03} \cdot 10^{301} \approx 1{,}1 \cdot 10^{301}$.

Beispiel 2

Bestimme mit dem Taschenrechner $\log_2(11)$.

Lösung:

$\log_2(11) = \frac{\lg(11)}{\lg(2)} \approx 3{,}45943$

Beispiel 3

a) Schreibe als Vielfaches von $\lg(x)$: $\lg\left(\sqrt{x^3}\right)$

b) Schreibe als einen Logarithmus: $\lg(u) - 3 \cdot \lg(v)$

Lösung:

a) *Wende die 3. Logarithmenregel an:* $\lg\left(\sqrt{x^3}\right) = \lg\left(x^{\frac{3}{2}}\right) = \frac{3}{2} \cdot \lg(x)$

b) *Wende die 3. und 2. Logarithmenregel an:* $\lg(u) - 3 \cdot \lg(v) = \lg(u) - \lg(v^3) = \lg\left(\frac{u}{v^3}\right)$

Beispiel 4

Löse die Gleichung $\lg(x) = 2 \cdot \lg(5) + \lg(3)$.

Lösung:

$\lg(x) = 2 \cdot \lg(5) + \lg(3) = \lg(5^2 \cdot 3) = \lg(75)$; also $x = 75$; $L = \{75\}$

Aufgaben

3 Bestimme

a) $\lg(4{,}7 \cdot 10^{150})$ b) $\lg(3{,}6^{230})$ c) $\lg(5 \cdot 10^{-120})$ d) $\log_2(3 \cdot 2^{200})$ e) $\log_2(7 \cdot 2^{-100})$

Erst seit wenigen Jahren weiß man, dass die Zahlen in Aufgabe 4 Primzahlen sind.

4 Schreibe für die folgenden Primzahlen eine Näherung mit Zehnerpotenzen. Wie viele Stellen haben diese Primzahlen im Zehnersystem?

a) $7 \cdot 2^{54486} - 1$ b) $2^{86243} - 1$ c) $2^{132049} - 1$ d) $2^{216091} - 1$ e) $2^{759839} - 1$

5 Bestimme mit dem Taschenrechner.

a) $\log_3(5)$ b) $\log_7(6)$ c) $\log_9(0{,}8)$ d) $\log_{15}(3{,}3)$ e) $\log_{20}(100)$

f) $\log_{0,5}(7)$ g) $\log_{0,8}(0{,}5)$ h) $\log_{0,75}(12)$ i) $\log_{0,3}(0{,}1)$ k) $\log_{0,9}(200)$

l) $\log_{25}(5{,}5)$ m) $\log_7(12^2)$ n) $\log_7(0{,}12^2)$ o) $\log_4(2^5)$ p) $\log_{0,25}(2^{-5})$

6 Stelle eine Wertetabelle auf und zeichne den Graphen der Funktion.

a) $x \mapsto \log_3(x)$ b) $x \mapsto 2{,}4 \cdot \log_{1,8}(x)$ c) $x \mapsto \log_{0,75}(x)$ d) $x \mapsto 3 \cdot \log_{0,4}(x)$

Denke daran:

Umformungen

7 Schreibe als Summe oder Produkt mit „einfachen" Logarithmen.

a) $\lg(3x)$ b) $\log_a(abc)$ c) $\lg(u^2)$ d) $\log_a(z^3)$ e) $\log_a(2ab^2)$

f) $\log_a\left(\frac{5e}{f}\right)$ g) $\log_a\left(\frac{uv}{w}\right)$ h) $\lg\left(\sqrt{x}\right)$ i) $\log_a\left(1 : \sqrt{x}\right)$ k) $\log_a\left(\sqrt[4]{b}\right)$

l) $\log_a\left(\frac{1}{\sqrt[3]{b^2}}\right)$ m) $\log_a\left(\frac{u^3}{\sqrt{v}}\right)$ n) $\log_a\left(\frac{\sqrt[3]{x}}{v^2}\right)$ o) $\log_a\left[\left(\frac{a}{b}\right)^4\right]$ p) $\lg\left(\sqrt[4]{\frac{x^3}{y}}\right)$

8

a) $\log_a\left(\frac{x^2 y^3}{u^2 v^3}\right)$ b) $\log_a\left(\frac{1}{a^2 b^4 c^7}\right)$ c) $\log_a\left(\frac{r^2 s t^4}{u^3 v}\right)$ d) $\log_a\left(\sqrt{a^{11} b^3 c^5}\right)$

e) $\lg\left(\sqrt{x^5 y z^9}\right)$ f) $\lg\left(\frac{1}{\sqrt{xy}}\right)$ g) $\log_a\left(\sqrt[3]{\frac{x^2 y}{z^2}}\right)$ h) $\log_a\left(\frac{3s^3}{\sqrt{t^5}}\right)$

9

a) $\lg[(a+b)^2]$ b) $\log_a(a^2 - b^2)$ c) $\log_a\left(\frac{1}{1-x}\right)$ d) $\log_a\left(x\sqrt{a^2 - x^2}\right)$

10 Schreibe als einen Logarithmus.

a) $\lg(x) + \lg(2y)$ b) $\log_a(u^2) - \log_a(u)$ c) $\lg(ab) - \lg(a^2 b)$ d) $\log_a(ab) - \log_a(a^2 b)$

e) $\frac{2}{3}\log_a(z)$ f) $\log_a\left(\frac{1}{x}\right) - \log_a\left(\frac{2}{x}\right)$ g) $2 \cdot \lg\left(\frac{1}{a}\right) + \lg(a^2)$ h) $\log_a(x) - \log_a\left(\sqrt{x}\right)$

11

a) $2 \cdot \lg(x) + 3 \cdot \lg(y) - \lg(z)$ b) $\log_a(p) - \frac{1}{2}\log_a(q) + \frac{1}{4}\log_a(r)$

c) $3\lg(a) + \frac{1}{2}\lg(a + x)$ d) $\frac{1}{4}\log_a(a + b) - \frac{1}{3}\log_a(a - b)$

e) $\log_a(2u) - 2 \cdot \log_a(u) + \log_a(u^2) + \log_a\left(\frac{1}{u}\right)$ f) $\lg\left(\sqrt{x}\right) - \lg\left(\sqrt{4x}\right) + \lg\left(\frac{1}{2}x^2\right) + \lg(4)$

12 Löse die Gleichung wie im Beispiel 4, also ohne Taschenrechner.

a) $\log_a(x) = 2 \cdot \log_a(3)$ b) $\lg(x) = \lg(6) - \lg(3)$ c) $\lg(x) = 2 \cdot \lg(5) + 3 \cdot \lg(2)$

d) $3 \cdot \log_a(x) = 27$ e) $2 \cdot \lg(x) = \lg(16) + \lg(9)$ f) $\log_a(b \cdot x) = 1 + \log_a(5)$

13 Löse nach x auf. u und v stehen für reelle Zahlen mit $u > v > 0$.

a) $\log_a(x) = 2 \cdot \log_a(u) + \frac{1}{2}\log_a(v)$ b) $\log_a(x) = \log_a(u + v) - \log_a(u - v)$

c) $3 \cdot \log_a(x) = 4 \cdot \log_a(u) - 2 \cdot \log_a(v)$ d) $2 \cdot \log_a(x) + 3 \cdot \log_a(u^2 + v^2) = 0$

Beweise

14 a) Beweise die 2. Rechenregel für das Rechnen mit Logarithmen. Gehe wie beim Beweis der 1. Rechenregel vor.
b) Beweise die 3. Rechenregel für das Rechnen mit Logarithmen. Setze dazu $x = \log_a(u)$, drücke u^r durch a aus und wende darauf den Logarithmus an.

15 a) Beweise $\log_a\left(\frac{1}{u}\right) = -\log_a(u)$. Benutze dazu die 2. Rechenregel (3. Rechenregel).
b) Wende auf $u : v = u \cdot \frac{1}{v}$ die 1. Rechenregel und dann die Regel aus a) an. Welche Regel hast du so bewiesen?
c) Beweise $\log_a\left(\sqrt[n]{u}\right) = \frac{1}{n} \cdot \log_a(u)$.

16 Für die Exponentialfunktion $x \mapsto f(x) = a^x$ gilt $f(u + v) = f(u) \cdot f(v)$.
Gib eine entsprechende Eigenschaft für die Logarithmusfunktion $x \mapsto \log_a(x)$ an.
Welcher Rechenregel für Logarithmen entspricht diese Eigenschaft?

17 a) Zeichne in ein Koordinatensystem die Graphen von $x \mapsto \log_2(x)$ und von $x \mapsto \log_2(4x)$. Wie geht der Graph von $x \mapsto \log_2(4x)$ aus dem Graphen von $x \mapsto \log_2(x)$ hervor? Begründe deine Antwort, indem du $\log_2(4x)$ geeignet umformst.
b) Wie kann man den Graphen von $x \mapsto \log_2(r \cdot x)$ mit $r > 0$ aus dem Graphen von $x \mapsto \log_2(x)$ erhalten? Beweise deine Behauptung.

18 Beweise: Die Funktionswerte von $x \mapsto \log_a(x)$ und $x \mapsto \log_b(x)$ unterscheiden sich nur um einen „konstanten" Faktor. Zeige dazu, dass es eine Zahl k gibt, die nicht von x abhängt, so dass für alle x gilt: $\log_b(x) = k \cdot \log_a(x)$.

19 lg(3) ist eine irrationale Zahl. Fig. 1 zeigt die Beweisschritte dazu.
a) Begründe jeden einzelnen Schritt. Wieso ergibt sich aus (3) ein Widerspruch zur Annahme?
b) Zeige entsprechend, dass auch $\log_2(3)$ eine irrationale Zahl ist.
c) Versuche, den Beweis auch für $\log_4(8)$ durchzuführen.

Angenommen, lg(3) ist ein Bruch $\frac{p}{q}$, dann gilt:

(1) $10^{\frac{p}{q}} = 3$

(2) $\left(10^{\frac{p}{q}}\right)^q = 3^q$

(3) $10^p = 3^q$

Fig. 1

7 Exponentialgleichungen

Marie Curie entdeckte 1898 das Radium als einen strahlenden Stoff. Sie nannte das Phänomen Radioaktivität.

1 Zu Beginn einer Beobachtung sind 12 mg Radium 224 vorhanden. Nach 1 Tag sind 17 % davon zerfallen.
a) Wie viel mg sind nach 1 Tag (nach 2 Tagen, nach 3 Tagen) noch vorhanden?
b) Nach wie vielen Tagen ist nur noch 1 mg Radium 224 vorhanden? Stelle eine Gleichung auf und löse sie.

2 Ein Kapital K wird jährlich mit 3,5 % verzinst. Nach ungefähr wie vielen Jahren hat sich das Kapital mit Zinsen und Zinseszinsen verdoppelt?
Stelle eine Gleichung auf und löse sie.

Gleichungen, bei denen die Variable im Exponent steht, heißen **Exponentialgleichungen**. Beispiel 1 und 2 zeigen zwei verschiedene Lösungsmöglichkeiten.

Beispiel 1
Schreibe 32 als eine Zweierpotenz. Löse $2^{3x-1} = 32$ durch „Vergleich der Exponenten".
Lösung:

$2^{3x-1} = 32$

Schreibe 32 als Zweierpotenz: $2^{3x-1} = 2^5$

Vergleiche die Exponenten: $3x - 1 = 5;\quad 3x = 6;\quad x = 2$

Da Exponentialfunktionen für verschiedene x-Werte niemals gleiche Funktionswerte haben, ist 2 die einzige Lösung.

Im Beispiel 2 kann man statt des Zehnerlogarithmus prinzipiell auch jeden anderen Logarithmus benutzen. Wegen der lg-Taste des Taschenrechners empfiehlt sich aber der Zehnerlogarithmus.

Beispiel 2
Löse die Exponentialgleichung $1{,}2^{4x-7} = 9$.
Lösung:
Da hier, im Gegensatz zum Beispiel 1, eine Darstellung von 9 als Potenz von 1,2 nicht zu sehen ist, geht man so vor:

Wende auf die gegebene Gleichung $1{,}2^{4x-7} = 9$
den Zehnerlogarithmus an: $\lg(1{,}2^{4x-7}) = \lg(9)$

Benutze die 3. Logarithmenregel: $(4x - 7)\cdot\lg(1{,}2) = \lg(9)$

Vereinfache und löse: $4x - 7 = \frac{\lg(9)}{\lg(1{,}2)}$

$x = \left(\frac{\lg(9)}{\lg(1{,}2)} + 7\right) : 4;\quad x \approx 4{,}763$

Beispiel 3
Wassermelonen wachsen sehr schnell. Unter idealen Bedingungen nimmt ihr Gewicht täglich um 12 % zu. In wie vielen Tagen hat eine Wassermelone bei diesem Wachstum ihr Gewicht a) verdoppelt, b) verdreifacht?
Lösung:

Ein tägliches Wachstum von 12 % entspricht dem Wachstumsfaktor 1,12. Das Wachstum wird daher durch $x \mapsto f(x) = b\cdot 1{,}12^x$ beschrieben. Verdopplung bzw. Verdreifachung bedeutet: f(x) nimmt in der Zeit x gegenüber f(0) = b um den Faktor 2 bzw. 3 zu.

a) $f(x) = 2\cdot f(0)$
$b\cdot 1{,}12^x = 2\cdot b$
$1{,}12^x = 2;$
$x\cdot\lg(1{,}12) = \lg(2)$
$x = \frac{\lg(2)}{\lg(1{,}12)}$
$x \approx 6$ (Tage)

b) $f(x) = 3\cdot f(0)$
$b\cdot 1{,}12^x = 3\cdot b$
$1{,}12^x = 3;$
$x\cdot\lg(1{,}12) = \lg(3)$
$x = \frac{\lg(3)}{\lg(1{,}12)}$
$x \approx 10$ (Tage)

Beispiel 4

Löse die Exponentialgleichung $7^{x-1} = 3 \cdot 5^x$.

Lösung:

Wende auf die Gleichung den Zehnerlogarithmus an:

$$7^{x-1} = 3 \cdot 5^x$$
$$(x-1) \cdot \lg(7) = \lg(3) + x \cdot \lg(5) \qquad | -x \cdot \lg(5) + \lg(7)$$
$$x \cdot [\lg(7) - \lg(5)] = \lg(3) + \lg(7)$$
$$x = \frac{\lg(3) + \lg(7)}{\lg(7) - \lg(5)} \qquad x \approx 9{,}05$$

Beispiel 5

Löse die Exponentialgleichung $5 \cdot 5^x + 5^{-x} = 6$.

Lösung:

Ersetze 5^x durch u (> 0). $\quad 5 \cdot 5^x + 5^{-x} = 6; \quad 5^x = u$

*Dies nennt man **Substitution**.* $\quad 5u + \frac{1}{u} = 6$

substituere (lat.): ersetzen

Löse diese Gleichung. $\quad 5u^2 - 6u + 1 = 0$

1. Lösung: $u_1 = 1$; 2. Lösung: $u_2 = \frac{1}{5}$

Mache die Substitution rückgängig. $\quad 5^{x_1} = 1; \quad 5^{x_2} = \frac{1}{5}$

$x_1 = 0; \quad x_2 = -1;$

Lösungsmenge der Gleichung $5 \cdot 5^x + 5^{-x} = 6$: $\quad L = \{-1; 0\}$

Aufgaben

Einfache Exponentialgleichungen

3 Löse durch „Vergleich der Exponenten".

a) $5^{2x-3} = 5$ b) $6^{4x-5} = 216$ c) $4^{2x-1} = 64$ d) $3^{2x+1} = 3^{x+2}$
e) $3^x = \frac{1}{81}$ f) $25^{x+1} = \frac{1}{5}$ g) $7^{x-2} = \sqrt{7}$ h) $3^{5x} = \sqrt[3]{3^2}$

4 Löse wie im Beispiel 2. Gib die Lösungen auf 3 Nachkommastellen genau an.

a) $4^x = 12$ b) $2{,}4^x = 3{,}9$ c) $1{,}14^y = 0{,}7$ d) $0{,}45^z = 1{,}9$
e) $3{,}7^{2x} = 5$ f) $1{,}46^{3x} = 0{,}8$ g) $8{,}2^{-x} = 4{,}9$ h) $5{,}6^{-2x} = 1{,}4$
i) $2 \cdot 3^x = 1{,}4$ k) $6 \cdot 1{,}5^y = 2{,}3$ l) $1{,}3 \cdot 5^{-x} = 2{,}8$ m) $0{,}9 \cdot 1{,}4^t = 3{,}2$

5

a) $10^{x-1} = 6$ b) $6^{x+1} = 108$ c) $5^{1-2x} = 17$ d) $10^{5x+1} = 2$
e) $3 \cdot 8^{-x-2} = 25$ f) $(7^{2x-1})^2 = 36$ g) $5 \cdot 2^{-3x+4} = 1$ h) $3 \cdot 4^{5-x} = 1$

6 Löse mit Hilfe einer Gleichung.

a) Ein Kapital K wird jährlich mit 5 % verzinst. Nach wie vielen Jahren hat sich das Kapital mit Zinsen und Zinseszinsen verdoppelt (verfünffacht)?

b) Ein Kapital von 7000 € wird jährlich mit 5,5 % verzinst. Nach wie vielen Jahren ist das Kapital mit Zinsen und Zinseszinsen auf ungefähr 12 000 € gewachsen?

7 Eine Braunalge verdoppelt jede Woche ihre Höhe. Zu Beginn der Beobachtung ist sie 1,20 m hoch. Das Wasser ist an dieser Stelle 30 m tief. Wie viele Wochen dauert es, bis die Braunalge an die Wasseroberfläche gelangt?

8 Die Intensität weicher Röntgenstrahlung nimmt beim Durchdringen von Aluminiumplatten von 1 mm Stärke um 75 % ab. Wie viele 1 mm starke Platten werden benötigt, um nur noch 1 % der Strahlung durchzulassen?

9 Die Temperatur eines Glases Tee beträgt 90 °C. Der Tee kühlt ab, die Temperaturdifferenz zur Raumtemperatur von 20 °C nimmt jede Minute um 10 % ab. Nach wie viel Minuten beträgt die Temperatur des Tees nur noch 50 °C?

10 Berechne die Halbwertszeit von
a) Phosphor 32. Jeden Tag zerfallen 4,7 % der vorhandenen Atome.
b) Cobalt 58. Jeden Tag zerfallen 1 % der vorhandenen Atome.
c) Polonium 218. Jede Minute zerfallen 20 % der vorhandenen Atome.
d) Radon 222. Jeden Tag zerfallen 16,5 % der vorhandenen Atome.
e) Plutonium 239. In 1000 Jahren zerfallen 2,8 % der vorhandenen Atome.

Jesaja, einer der großen Propheten des Alten Testaments, hat im 8. Jahrhundert v. Chr. gelebt. Kann das historische Exemplar des „Buchs des Jesaja" von ihm persönlich stammen?

Seit 1357 wird in Turin ein Leinentuch aufbewahrt, das das Grabtuch Christi sein soll. 1988 wurde es mit der C-14-Methode untersucht.

11 Pflanzliche und tierische Zellen nehmen neben normalem Kohlenstoff auch radioaktives C 14 auf. Wenn die Pflanze abgestorben ist, sinkt der C-14-Anteil durch Zerfall.
a) Die Halbwertszeit von C 14 beträgt 5730 Jahre. Um wie viel Prozent nimmt der C-14-Gehalt in 1000 Jahren ab?
b) 1 g Kohlenstoff strahlt anfangs 15,3 Teilchen pro min ab. Daher kann man aus dem Kohlenstoffgehalt und der Reststrahlung das Alter historischer Gegenstände bestimmen. Bestimme das Alter:

(1) Buch des Jesaja:	Strahlung von 12 Teilchen/min je g Kohlenstoff.
(2) Grabtuch von Turin:	Strahlung von 13,8 Teilchen/min je g Kohlenstoff.
(3) Ägyptischer Holzsarg:	Strahlung von 8 Teilchen/min je g Kohlenstoff.
(4) Holzkohle aus Stonehenge:	Strahlung von 9,5 Teilchen/min je g Kohlenstoff.
(5) Knochen eines Mammuts:	Strahlung von 1,9 Teilchen/min je g Kohlenstoff.

Weitere Exponentialgleichungen

12 Bestimme die Lösungsmenge.
a) $4^x = 2$ b) $4^x = -2$ c) $4^{x^2} = 2$ d) $2^{x^2} = 4$

13 Löse wie im Beispiel 4.
a) $2^x = 3^{x-1}$ b) $7^{x+1} = 2^{7x}$ c) $5^{2y} = 4^{1-y}$ d) $4^{2z+1} = 10^{3z}$
e) $3 \cdot 1{,}4^{3t} = 2^{t-1}$ f) $4 \cdot 5^{x-1} = 10^{x+1}$ g) $7 \cdot 6^{2x} = 11^{x+3}$ h) $\left(\frac{3}{4}\right)^{3x-2} = \left(\frac{2}{5}\right)^{2x-3}$

14 Schreibe als Exponentialgleichung und löse dann.
a) $\sqrt[3]{5^{7-x}} = 5^{x-2}$ b) $\sqrt[5]{2^x} = \sqrt[3]{\left(\frac{1}{2}\right)^7}$ c) $\sqrt[4]{3^{2x+5}} = \sqrt{27^x}$ d) $\sqrt{2^{3x}} \cdot \sqrt[3]{5^{2x}} = 1$

15 Welches ist der kleinste ganzzahlige Exponent x, für den
a) $\left(\frac{5}{4}\right)^x$, b) $\left(\frac{9}{8}\right)^x$, c) $\left(\frac{10}{9}\right)^x$, d) $\left(\frac{11}{10}\right)^x$ größer als 1 000 000 ist?

16 Welches ist der kleinste ganzzahlige Exponent x, für den
a) $\left(\frac{1}{3}\right)^x$, b) $\left(\frac{2}{5}\right)^x$, c) $\left(\frac{3}{5}\right)^x$, d) $\left(\frac{4}{5}\right)^x$ kleiner als 0,000 001 ist?

17 Löse durch eine geeignete Substitution wie im Beispiel 5.
a) $3^{2x} - 4 \cdot 3^x + 3 = 0$ b) $7^x + 4 = 21 \cdot 7^{-x}$ c) $4^x - 12 \cdot 2^x + 32 = 0$
d) $16^x - 6 \cdot 4^x + 8 = 0$ e) $9^x + 3^x = 6$ f) $9 \cdot 3^x + 9 \cdot 3^{-x} + 3 = 0$
g) $5 \cdot 5^x + 25 \cdot 5^{-x} - 126 = 0$ h) $2^{2x+5} - 3 \cdot 2^{x+2} + 1 = 0$ *i) $3^{5x+1} + 3^x + 1 = 0$

18 Fasse erst geschickt zusammen. Löse dann.
a) $3^{2x+1} - 5^{x+1} = 3^{2x} + 5^x$ b) $2^x + 2^{x+1} + 2^{x+2} = 3^x + 3^{x+1} + 3^{x+2}$

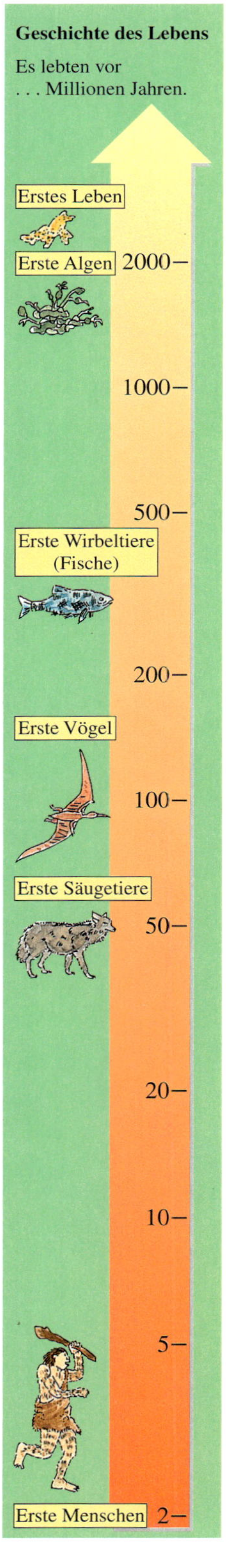

Fig. 1

8 Anwendungen: logarithmisches Papier

1 a) Bei einer Zahlengeraden sind die Abstände benachbarter ganzer Zahlen immer gleich groß. Warum hat man in Fig. 1 unterschiedliche Abstände gewählt?
b) Vergleiche die Abstände zwischen 10 und 100, 100 und 1000 (zwischen 10 und 20; 100 und 200; 1000 und 2000).

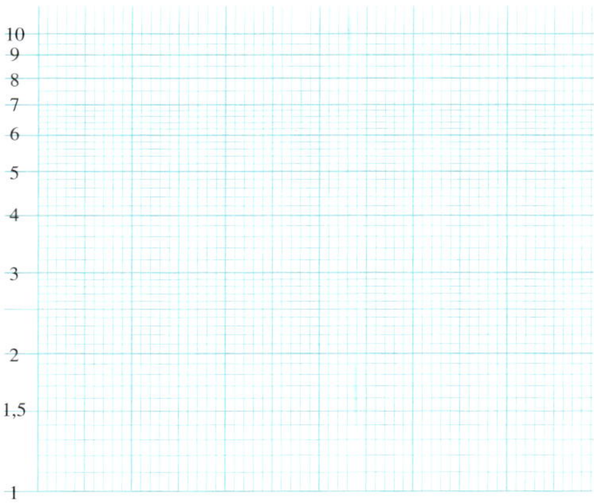

Fig. 2

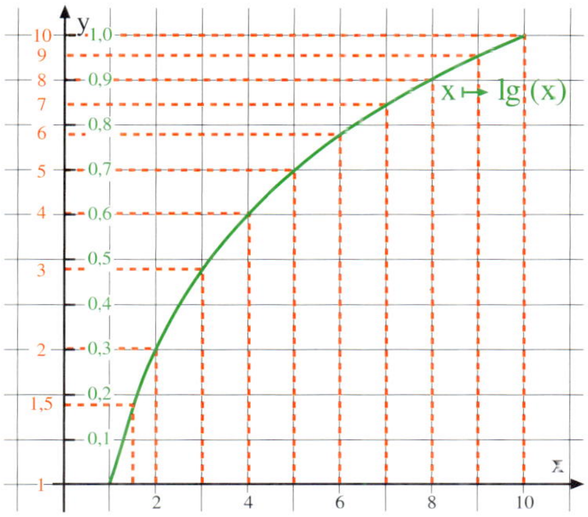

Fig. 3

Eine wichtige Anwendung des Logarithmus erfolgt bei der Verwendung von **logarithmischem Papier** (Fig. 2). Zeichnet man auf ihm ein Koordinatensystem, so ist die 1. Achse „linear" geteilt, die 2. Achse jedoch „logarithmisch". Wie eine solche **logarithmische Skala** entsteht, zeigt Fig. 3. Die rot gedruckten Zahlen sind entspechend ihrer Zehnerlogarithmen (grün dargestellt) angetragen.

Der Vorteil der logarithmischen Skala als 2. Achse zeigt sich bei der grafischen Darstellung von Exponentialfunktionen.
Liegt $P(x \mid y)$ auf dem Graphen von $x \mapsto b \cdot a^x$, so ist $y = b \cdot a^x$ und somit

$$\lg(y) = \lg(b) + x \cdot \lg(a).$$

Zwischen x und $\lg(y)$ besteht also ein linearer Zusammenhang:

$$x \mapsto \lg(a) \cdot x + \lg(b).$$

Da die 2. Achse logarithmisch geteilt ist, ist der Graph somit eine Gerade (Fig. 4).
Diese Überlegung gilt auch umgekehrt:

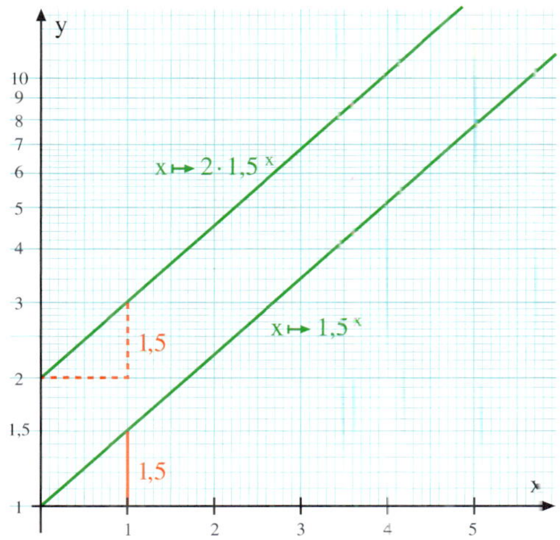

Fig. 4

Verwendet man ein Koordinatensystem mit einer linearen Skala als 1. Achse und einer logarithmischen Skala als 2. Achse und ist der Graph einer Funktion eine Gerade mit der Steigung a und dem Achsenabschnitt b, so handelt es sich um die Funktion $x \mapsto b \cdot a^x$.
Beachte: a und b sind dabei mit der logarithmischen Skala zu messen (vgl. Fig. 4).

Beispiel
Bei einer Messung ergaben sich die Werte:

x in min	0	1	2	3	4
y in cm	2	2,4	2,9	3,5	4,1

Trage diese Werte in ein Koordinatensystem auf logarithmischem Papier ein.
Versuche, die Punkte durch eine Gerade zu verbinden.
Wie lautet die dargestellte Funktion?

Lösung:

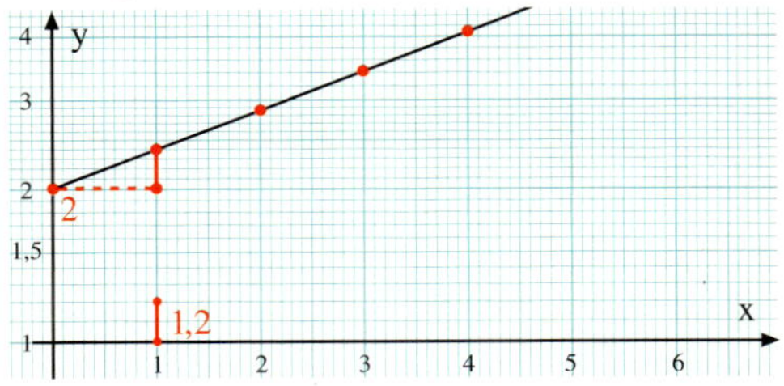

Funktion: $x \mapsto 2 \cdot 1{,}2^x$

Fig. 1

Aufgaben

Hast du kein logarithmisches Papier zur Verfügung, so zeichne im Heft ein Koordinatensystem mit einer normalen Skala als x-Achse und einer logarithmischen Skala als y-Achse. Fig. 3 der Seite vorher zeigt, wie du die logarithmische Skala erhalten kannst.

2 Zeichne die Graphen der folgenden Exponentialfunktionen in ein Koordinatensystem auf logarithmischem Papier. Lies jeweils ab, in welchen Abständen sich die Funktionswerte verdoppeln bzw. halbieren.
a) $x \mapsto 2^x$ b) $x \mapsto 0{,}5^x$
c) $x \mapsto 1{,}25^x$ d) $x \mapsto 0{,}8^x$
e) $x \mapsto 1{,}5 \cdot 1{,}4^x$ f) $x \mapsto 4 \cdot 0{,}5^x$

3 Fig. 2 zeigt die Graphen von drei Exponentialfunktionen $x \mapsto b \cdot a^x$.
a) Bestimme jeweils a und b.
b) Kontrolliere dein Ergebnis. Berechne dazu die Funktionswerte zu 0, 1, 2 und 3. Vergleiche mit Fig. 2.

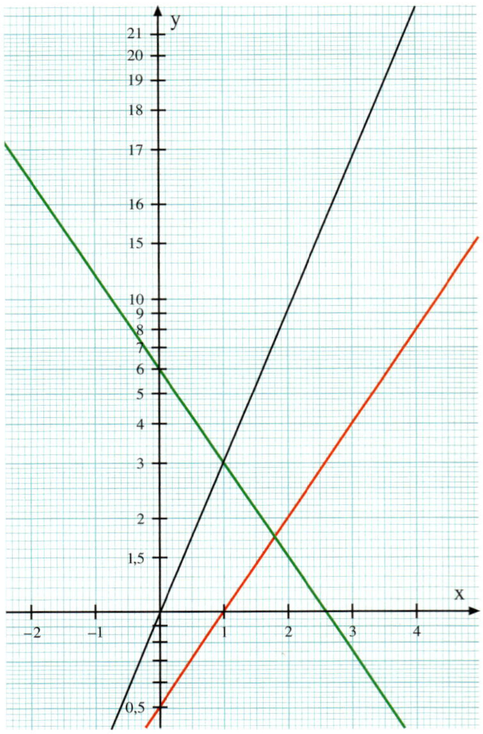

Fig. 2

4 Trage die Werte der Tabelle in ein Koordinatensystem auf logarithmischem Papier ein. Versuche, die Punkte durch eine Gerade zu verbinden.
Wie lautet die dargestellte Funktion?

a)

x	0	1	2	3	4
y	10	6	3,6	2,2	1,3

b)

x	0	1	2	3	4
y	2,5	3	3,6	4,3	5,2

Fig. 3 liegt „doppelt logarithmisches Papier“ zugrunde.

***5** Beim Koordinatensystem in Fig. 3 sind beide Achsen logarithmisch geteilt. Der Graph gehört zu der Funktion *Inhalt einer Seitenfläche → Volumen* eines Würfels.
a) Gib für diese Funktion eine Gleichung der Form $y = f(x)$ an. Wende auf diese Gleichung den Zehnerlogarithmus an.
b) Warum ist in Fig. 3 der Graph der Funktion eine Gerade?

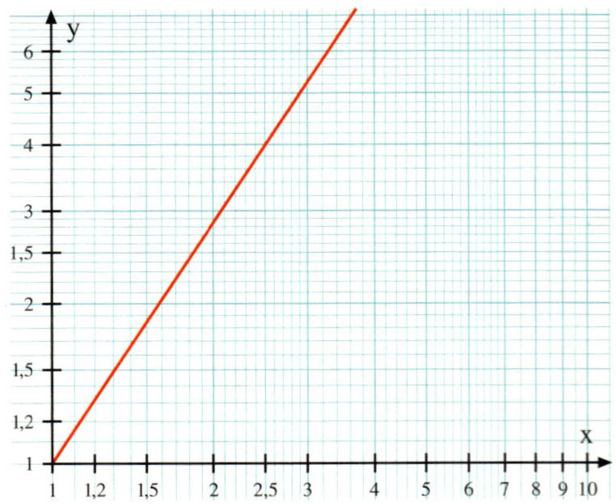

Fig. 3

9 Vermischte Aufgaben

1 Zeichne die Graphen der Exponentialfunktionen. Bestimme am Graphen die Schrittweite für die Verdopplung bzw. die Halbierung der Funktionswerte.

a) $x \mapsto 0{,}5 \cdot 1{,}6^x$ b) $x \mapsto 3 \cdot 0{,}7^x$ c) $x \mapsto 0{,}25 \cdot 2{,}5^x$ d) $x \mapsto 4 \cdot 0{,}85^x$

2 Von welchen der Funktionen liegen die Graphen jeweils achsensymmetrisch zueinander bezüglich der y-Achse?

f_1: $x \mapsto 3^x$ f_2: $x \mapsto 0{,}2^x$ f_3: $x \mapsto 5^x$ f_4: $x \mapsto 6{,}25^x$

f_5: $x \mapsto \left(\frac{1}{3}\right)^x$ f_6: $x \mapsto \left(\frac{4}{25}\right)^x$ f_7: $x \mapsto 0{,}3^x$ f_8: $x \mapsto \left(3\frac{1}{3}\right)^x$

3 Bestimme zu jeder Funktion diejenige Funktion, deren Graph symmetrisch bezüglich der y-Achse zum Graphen der ersten Funktion liegt. Gib dazu auch jeweils an, welche der Funktionen monoton wachsend, welche monoton fallend ist.

a) $x \mapsto 4^x$ b) $x \mapsto 0{,}7^x$ c) $x \mapsto 3{,}75^x$ d) $x \mapsto 2{,}7^x$

e) $x \mapsto \left(\frac{4}{5}\right)^x$ f) $x \mapsto \left(2\frac{2}{3}\right)^x$ g) $x \mapsto \left(\frac{17}{4}\right)^x$ h) $x \mapsto 0{,}1^x$

4 Wie kann man aus dem Graphen von $x \mapsto 2^x$ die Graphen erhalten von

a) $x \mapsto 2^{x+2}$, b) $x \mapsto 2^{x+1}$, c) $x \mapsto 2^x + 1$, d) $x \mapsto 2^{2x}$?

5 Zeichne den Graphen der Funktion. Zeichne den Graphen der Umkehrfunktion durch Spiegeln an der Geraden $y = x$. Gib die Funktionsvorschrift der Umkehrfunktion an.

a) $x \mapsto 4 \cdot 2^x$ b) $x \to 2 \cdot \left(\frac{1}{2}\right)^x$ c) $x \mapsto 5 \cdot \lg(x)$ d) $x \to 3 \cdot \log_4(x)$

6 Bestimme zu folgenden Funktionen jeweils die Umkehrfunktion.

a) $x \mapsto 5^x$ b) $x \mapsto 2 \cdot 3^x$ c) $x \mapsto 0{,}2 \cdot 4{,}5^x$ d) $x \mapsto 4 \cdot 2^{3x}$

e) $x \mapsto \log_{0,5}(x)$ f) $x \mapsto 3 \cdot \lg(x)$ g) $x \mapsto 4 \cdot \log_5(x)$ h) $x \mapsto 0{,}5 \cdot \lg(x^2)$

7 Löse die Exponentialgleichungen möglichst geschickt.

a) $3^x = \frac{1}{9}$ b) $5^x = 0{,}04$ c) $32^x = 8$ d) $8^x = 0{,}25$

e) $25^x = 0{,}2$ f) $16^x = \frac{1}{\sqrt{2}}$ g) $625^x = 125$ h) $243^x = \frac{1}{9}$

i) $0{,}5^x = 16$ k) $0{,}2^x = 125$ l) $0{,}25^x = 128$ m) $0{,}04^x = 125$

8 Bestimme y, a bzw. x.

a) $y = \log_7(49)$ b) $y = \log_5(0{,}008)$ c) $y = \log_{0,5}(8)$ d) $y = \log_{27}\left(\frac{1}{3}\right)$

e) $\log_a\left(\frac{1}{27}\right) = -3$ f) $\log_a\left(\frac{1}{9}\right) = -4$ g) $\log_{27}(x) = \frac{4}{3}$ h) $\log_{16}(x) = -\frac{5}{4}$

9 Gib die Lösungen der Exponentialgleichungen auf 2 Nachkommastellen genau an.

a) $2 \cdot 3^x = 0{,}8$ b) $5 \cdot \left(\frac{2}{3}\right)^x = \frac{2}{5}$ c) $\frac{2}{3} \cdot \left(\frac{7}{5}\right)^x = \sqrt{2}$ d) $4 + 3 \cdot 2^x = 6{,}9$

e) $3 \cdot 2^{x-4} = 7$ f) $2{,}8 \cdot 1{,}6^{1-x} = 3{,}2$ g) $4 \cdot 1{,}5^{2x-1} = 6{,}5$ h) $5 \cdot 2^{3x+2} = 11$

i) $\frac{4}{3} \cdot 3^{1-x} = 2$ k) $0{,}2 \cdot 0{,}3^{x+1} = 0{,}3$ l) $\sqrt{2} \cdot \left(\frac{7}{2}\right)^{2x+1} = \sqrt{8}$ m) $\frac{3}{5} \cdot \left(\frac{5}{3}\right)^{3x+5} = 35$

n) $5^{x+1} = 8^{2x}$ o) $2{,}8^{3x} \cdot 1{,}5^x = 10$ p) $0{,}4 \cdot 3{,}2^x = 2^{3x-1}$ q) $3^{4x} \cdot 4^x = 5^{x+2}$

10 Löse durch eine geeignete Substitution.

a) $8^{x+2} - 8^{2x} = 240$ b) $6^{2+x} + 6^{2-x} = 78$ c) $96 \cdot \left(\frac{1}{2}\right)^{3x+1} + 3 \cdot 2^{3x-2} = 15$

11 Bestimme die Lösungen.

a) $\lg(1-3x)=0{,}8$ b) $\lg(x^2-24)=3$ c) $\log_2(x-1)=2{,}5$ d) $\log_3(1-x)=-0{,}3$

12 Forme mit Hilfe der Logarithmenregeln um.

a) $\lg(2ux)$ b) $\lg(3x^2)$ c) $\log_2(5u^3)$ d) $\log_3(7u^2x^3)$

e) $\lg\left(\frac{ax}{b}\right)$ f) $\log_a\left(\frac{1}{x^2v}\right)$ g) $\log_a\left(\frac{1}{x^2a^3}\right)$ h) $\log_3\left(\frac{4}{9x^5}\right)$

i) $\lg[(x+y)^2]$ k) $\lg\left(\sqrt{1+a}\right)$ l) $\lg\left(\frac{1}{x\cdot\sqrt{1+x}}\right)$ m) $\log_a\left(\frac{1}{a\cdot\sqrt{1+a}}\right)$

13 Drücke durch einen einzigen Logarithmus aus.

a) $2\cdot\lg(x)+3\cdot\lg(y)-\lg(z)$ b) $\log_a(p)-\frac{1}{2}\cdot\log_a(q)+\frac{1}{4}\cdot\log_a(r)$

c) $3\cdot\log_a(b)+\frac{1}{2}\cdot\log_a(b+x)$ d) $-\lg(u)-2\cdot\lg(v)-\frac{1}{3}\cdot\lg(w)$

e) $2\cdot[\lg(x)-\lg(y)]$ f) $2\cdot\lg(a)-3\cdot[\lg(b)+\lg(a)]$

14 Löse die Gleichungen.

a) $\lg(x)+\lg(3)=\lg(1+x)$ b) $\lg(x)=2\cdot\lg(x)+\lg(1+x)$ c) $\log_2(x)+8=\log_2(7x-8)$

15 Vereinfache.

a) $10^{\lg(x+1)}$ b) $10^{2\cdot\lg(x)}$ c) $10^{-2\cdot\lg(x)}$ d) $10^{-\lg(\sqrt{x})}$ e) $10^{[\lg(x)]^2}$

16 Ein exponentielles Wachstum erfolgt täglich um 3 % (7 %; 40 %; 0,3 %; –11 %; –4 %). Berechne die Verdoppelungs- bzw. die Halbwertszeit.

Fig. 1

17 Berechne zu dem Angebot der Land-Sparkasse den jährlichen Wachstumsfaktor (Zinsfaktor) und daraus die durchschnittliche Zunahme des Kapitals. Vergleiche mit der Angabe der Sparkasse.

18 Direktor Knauf betrachtet die Umsatzsteigerung seiner Firma von 1980 bis 1995. Er meint, 75 % in 15 Jahren ist ja nicht viel, gerade 5 % pro Jahr. Nimm an, der Umsatz ist jedes Jahr um genau p % gestiegen. Berechne diese durchschnittliche Zunahme.

19 Die Entwicklung des Exports der Bundesrepublik Deutschland kann für den Zeitraum von 1960 bis 1970 durch eine Exponentialfunktion beschrieben werden.

a) Wähle $x=0$ für das Jahr 1960. Bestimme die Termdarstellung der Exponentialfunktion. Benutze dazu die Werte von 1960 und 1970.

b) Prüfe, inwieweit die übrigen Angaben der Grafik zu dieser Funktion passen.

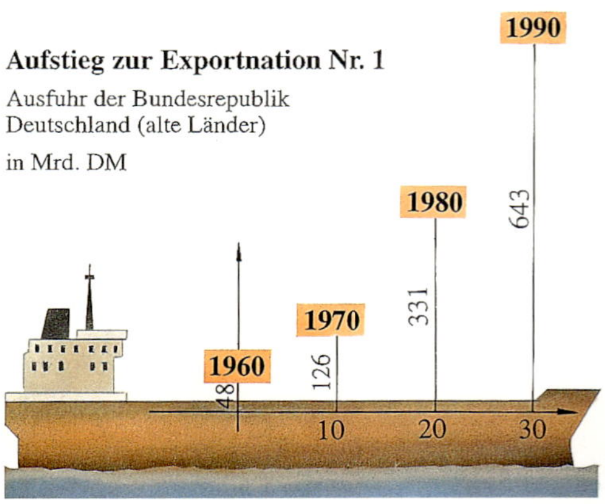

Fig. 2

20 Bei der Entladung eines Kondensators wird alle 5 Sekunden die Spannung gemessen.

Handelt es sich bei der Funktion $t\mapsto U$ um eine Exponentialfunktion? Wenn ja, gib ihre Termdarstellung an.

t (Zeit in s)	0	5	10	15	20
U (Spannung in V)	10	6,8	4,6	3,1	2,1

21 Eine unter Hochspannung stehende Ionisationskammer wird mit dem radioaktiven Edelgas Radon 220 gefüllt. Es wird die Stromstärke in Abhängigkeit von der Zeit gemessen.

t (Zeit in s)	0	20	40	60	80	100
I (Stromstärke in 10^{-11} A)	4	3,1	2,4	1,9	1,4	1,1

a) Trage die Messwerte in ein Koordinatensystem auf logarithmischem Papier ein.
b) Ermittle die Halbwertszeit.
c) Wie lautet die Termdarstellung der Funktion *Zeit* $\to$ *Stromstärke*?

22 Frische Milch ist ein guter Nährboden für Keime. 1 m*l* Milch enthielt eine halbe Stunde nach dem Melken 1300 Keime. Eine Stunde später waren es 7310 Keime.
a) Berechne die Anzahl der Keime unmittelbar nach dem Melken, wenn man exponentielles Wachstum der Keime annimmt.
b) Wie viel Keime enthielt 1 m*l* der Milch 1 Stunde nach dem Melken?

ASA	DIN
50	18
100	21
200	24
400	27
1000	31

23 Die Empfindlichkeit von Filmen wird sowohl in amerikanischen ASA-Werten als auch in deutschen DIN-Werten angegeben. Die Zuordnung ASA $\to$ DIN kann näherungsweise durch $\text{DIN} = 1 + k \cdot \lg(\text{ASA})$ beschrieben werden. Bestimme k.
Kontrolliere dein Ergebnis mit den übrigen Werten der Tabelle.

24 Der pH-Wert eines Stoffes ist der negative Zehnerlogarithmus der Wasserstoffionen-Konzentration (genauer: H_3O^+-Konzentration in mol/*l*). Ist z. B. der pH-Wert einer Seifenlösung 8,5, so beträgt die H^+-Konzentration $10^{-8,5}$ mol/*l*.
a) Welchen pH-Wert hat eine Lauge mit doppelt so hoher H^+-Konzentration?
b) Der Regen mit dem bisher höchsten Säuregehalt hatte den pH-Wert 2,4. Wievielmal größer als in reinem Wasser (pH-Wert 7) war die H^+-Konzentration?

25 Die Stärke von Erdbeben wird mit der sogenannten Richter-Skala gemessen. Dabei wird das Erdbeben mit einem schwachen, kaum wahrnehmbaren Beben verglichen. Ist das Beben k-mal so stark wie dieses, dann wird ihm die Stärke lg (k) zugeordnet.
a) Wievielmal stärker ist ein Erdbeben der Stärke 7 auf der Richter-Skala als ein Erdbeben der Stärke 6?
b) Das Erdbeben von 1906 in San Francisco, das große Teile der Stadt zerstörte, hatte eine Stärke von 8,3. Im Jahr 1978 ereignete sich auf der Schwäbischen Alb ein Beben der Stärke 5,8. Wievielmal stärker war das Beben in San Francisco?

26 Fig. 1 zeigt den Beginn einer Folge geometrischer Figuren. Das Konstruktionsprinzip ist bei jedem Schritt dasselbe:
Jede Strecke wird gedrittelt. Über dem mittleren Stück wird ein gleichseitiges Dreieck „aufgesetzt“.
a) Offensichtlich wird die Länge des Streckenzuges von Schritt zu Schritt größer. Um welche Art von Wachstum handelt es sich?
b) Berechne die Länge des Streckenzuges nach 4 (40; 400; 100 000) Schritten.

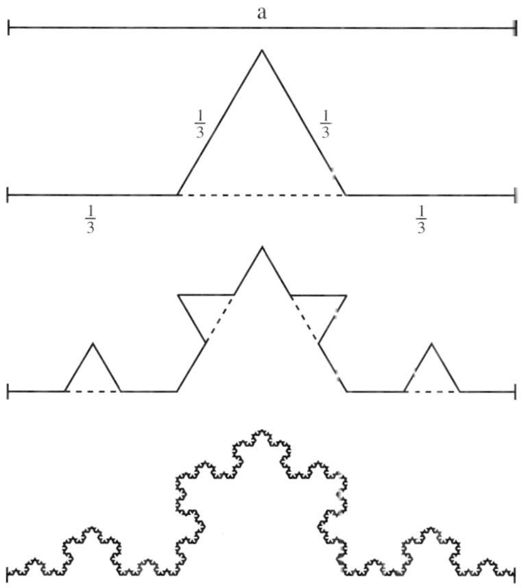

Fig. 1

THEMA:

Wachstum mit Grenzen

In den bisherigen Aufgaben wurde angenommen, dass sich Bakterien, Wasserlinsen, Algen u. Ä. exponentiell vermehren. Dies gilt nur unter „idealen" Bedingungen. In der Realität gibt es ***Grenzen****, da der Lebensraum beschränkt ist, z. B. auf eine Wasserprobe von wenigen ml oder auf einen Teich. So kommt es zu Nahrungsmangel, auch zu Vergiftungen durch eigene Ausscheidungen.*

Fig. 1

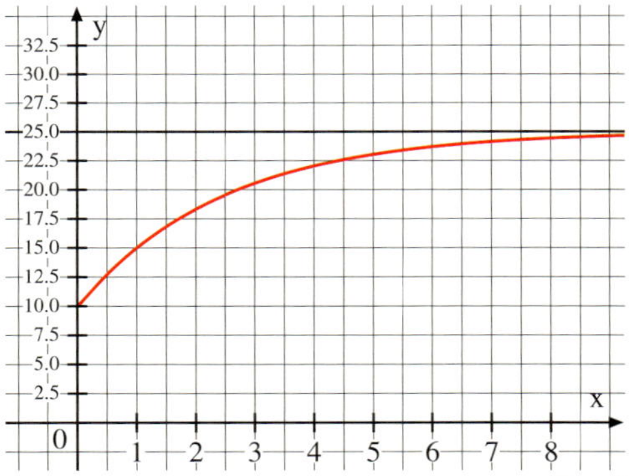

Fig. 2

An einem heißen Sommertag gießt sich Ronnie ein Glas Saft ein. Der Saft kommt aus dem Kühlschrank, er hat eine Temperatur von 10 °C, die Raumtemperatur beträgt 25 °C. Der Temperaturunterschied nimmt exponentiell ab (Fig. 1).

$x \mapsto 15 \cdot \left(\frac{2}{3}\right)^x$ ist die Termdarstellung der zugehörigen Funktion.

Statt den Temperaturunterschied kann man auch die Temperatur des Saftes selbst betrachten. Dies zeigt der Graph in Fig. 2. Die Termdarstellung dieser Funktion ist $x \mapsto 25 - 15 \cdot \left(\frac{2}{3}\right)^x$. 25 °C ist die Temperatur, der sich der Saft immer mehr nähert, 25 bildet die **Grenze des Wachstums**.

Zur Beschreibung des Luftwiderstandes von Autos wird in der Regel der c_W-Wert angegeben.

1 Fällt ein Körper im luftleeren Raum, so wächst seine Fallgeschwindigkeit linear mit der Fallzeit. Bei Fall im lufterfüllten Raum bremst der Luftwiderstand die Geschwindigkeitszunahme. Der Luftwiderstand hängt von der Masse, der Größe und dem c_W-Wert des fallenden Gegenstandes ab.

Die in Aufgabe 1 a) angegebene Funktion gilt für eine 90 kg schwere Person (einschließlich verpacktem Fallschirm).

a) Die Funktion *Zeit (in s) → Fallgeschwindigkeit (in m/s)* eines Fallschirmspringers vor dem Öffnen des Fallschirms wird durch $x \mapsto 54 - 54 \cdot 0{,}8^x$ beschrieben (Fig. 3). Wie groß ist die maximale Fallgeschwindigkeit?

b) Zeichne für andere Fallvorgänge die Graphen der Funktionen $x \mapsto c - c \cdot a^x$ für

(1) $a = 0{,}8;\ c = 20$ (2) $a = 0{,}5;\ c = 10$

(3) $a = 0{,}3;\ c = 10$ (4) $a = 0{,}8;\ c = 5$

c) Welche Bedeutung haben a und c für die Funktion (den Graphen)?

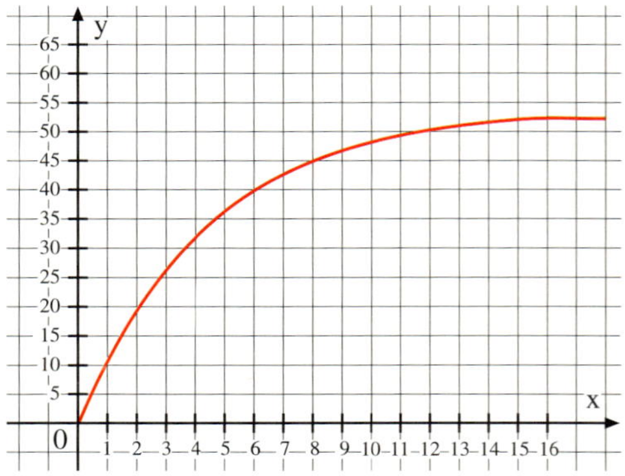

Fig. 3

2 a) Auf einer einsamen Insel bricht eine geheimnisvolle Krankheit aus. Zu Beginn der Beobachtung sind 160 Personen erkrankt. Nach einer Woche werden halb so viele Neuerkrankungen gezählt, in der nächsten Woche wieder halb so viele wie in der Woche zuvor usw. Zeichne den Graphen der Funktion *Zahl der Wochen → Anzahl aller Erkrankten.* Welchem Wert nähern sich die Funktionswerte immer mehr?

*b) Gib auch eine Termdarstellung der Funktion an.

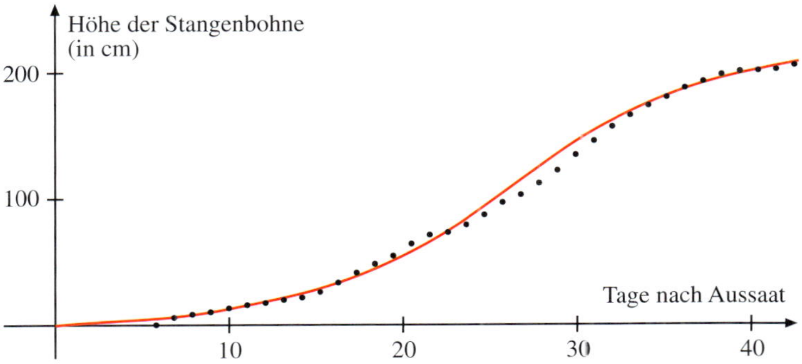

Fig. 1

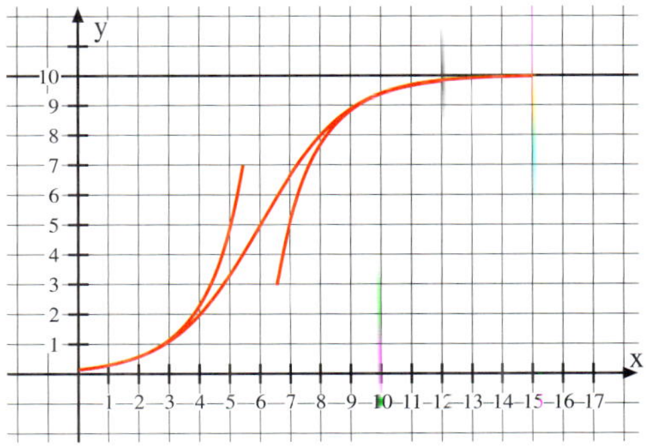

Fig. 2

Fig. 1 zeigt das Wachstum einer Stangenbohne. Am Anfang wächst die Stangenbohne exponentiell. Dann geht das Wachstum näherungsweise in ein lineares Wachstum über. Zum Schluss erfolgt eine exponentielle Annäherung an die Wachstumsgrenze.
Ein solches Wachstum nennt man **logistisches Wachstum**. Die zugehörige Funktion kann durch $x \mapsto c \cdot \frac{a^{x-m}}{1+a^{x-m}}$ beschrieben werden. Fig. 2 zeigt das Beispiel $x \mapsto 10 \cdot \frac{2^{x-6}}{1+2^{x-6}}$.
Der Graph ist punktsymmetrisch zu $M(6|5)$, allgemein zu $M\left(m\left|\frac{c}{2}\right.\right)$. Die Grenze des Wachstums ist 10, allgemein c.

3 Die folgende Tabelle beschreibt Durchschnittswerte für die Größe der Kopfdurchmesser eines ungeborenen Kindes in Abhängigkeit von der Schwangerschaftswoche.

Schwangerschaftswoche	14	18	22	26	30	34	38	42
Kopfdurchmesser in cm	2,9	4,1	5,2	6,7	7,9	8,9	9,5	9,8

a) Stelle die Funktion *Schwangerschaftswoche* → *Kopfdurchmesser* grafisch dar.
b) Um welche Art von Wachstum könnte es sich handeln? Vergleiche auch mit Fig. 2.

4 Die Entwicklung pro Stunde einer Bakterienkultur auf einem Nährboden wird durch $x \mapsto 10^6 \cdot \frac{4^{x-7}}{1+4^{x-7}}$ beschrieben. Stelle eine Wertetabelle von 0 bis 14 (Stunden) auf. Zeichne den Graphen der Funktion. Beschreibe ihn.

Ist ein Wachstum stärker als exponentiell wie z. B. das der Erdbevölkerung, vgl. Aufgabe 4 von Seite 50, so kann es schnell zu Rückgängen durch „Absterben" kommen:

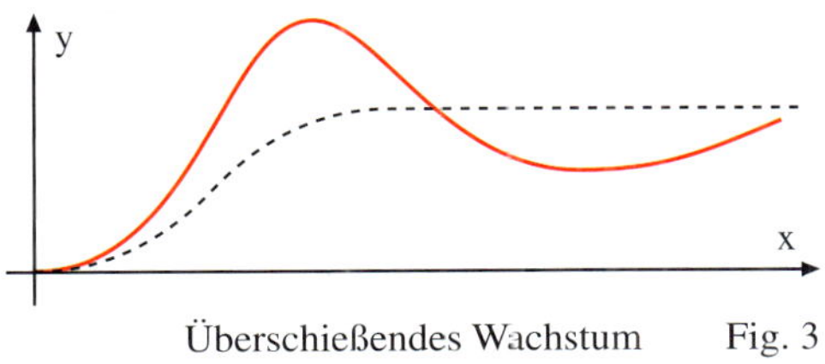

Überschießendes Wachstum Fig. 3

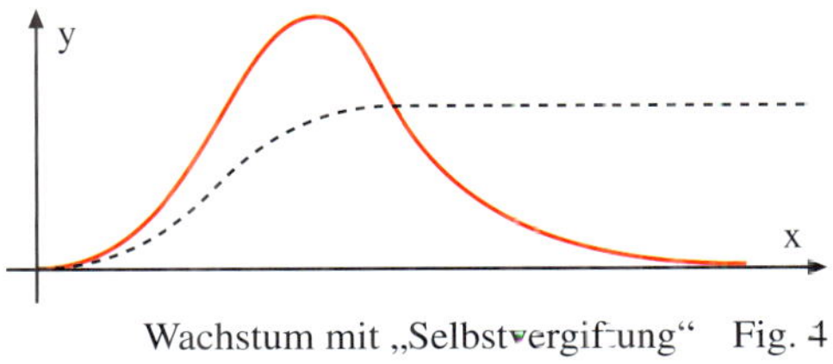

Wachstum mit „Selbstvergiftung" Fig. 4

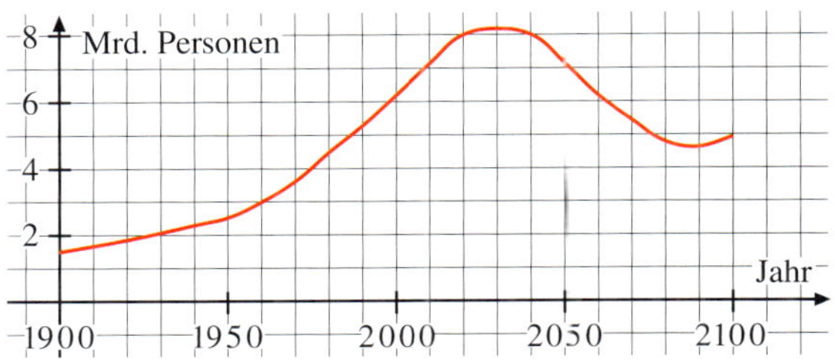

Fig. 5

Der „Club of Rome" geht in seinen Prognosen zum Wachstum der Erdbevölkerung von „überschießendem Wachstum" aus (Fig. 5). Rückgang der Energievorräte und der Nahrungsmittelproduktion aufgrund von Umweltschäden werden Hauptursachen eines Rückganges der Lebenserwartung und damit eines Rückganges der Erdbevölkerung sein.

Aus der Geschichte der Logarithmen

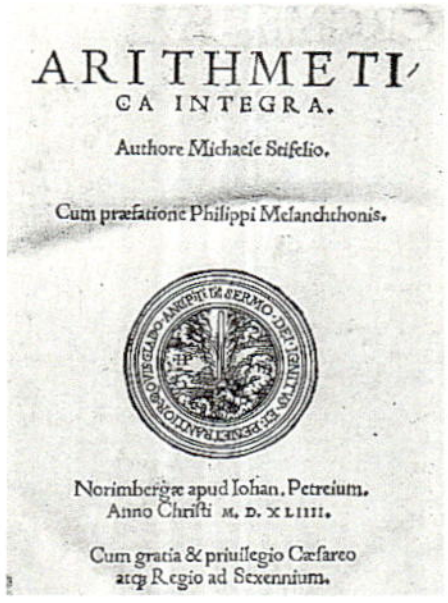
ARITHMETICA INTEGRA.
Authore Michaele Stifelio.
Cum præfatione Philippi Melanchthonis.
Norimbergæ apud Iohan. Petreium.
Anno Christi M. D. XLIIII.
Cum gratia & priuilegio Cæsareo atq; Regio ad Sexennium.

Von Michael Stifel (1487–1567) gingen wichtige Impulse zur Weiterentwicklung der Mathematik aus. So führte er die negativen Zahlen in der heutigen Form ein. Dabei untersuchte er in seiner „Arithmetica integra" auch die beiden Zahlenfolgen:

-3	-2	-1	0	1	2	3	4	5	6
$\frac{1}{8}$	$\frac{1}{4}$	$\frac{1}{2}$	1	2	4	8	16	32	64

Er schrieb dazu:
„$\frac{1}{8}$ multipliziert mit 64 ergibt 8. So auch -3 addiert zu 6 ergibt 3: Es ist aber -3 der Exponent von $\frac{1}{8}$, so auch 6 der Exponent der Zahl 64." Mit „Exponent" meinte Stifel den Zweier-Logarithmus, also kurz

$$\log_2\left(\frac{1}{8}\cdot 64\right) = \log_2(8) = 3 = (-3) + 6$$
$$= \log_2\left(\frac{1}{8}\right) + \log_2(64)$$

Die praktische Bedeutung dieser Entdeckung erkannte zuerst (vermutlich 1588) der Schweizer Uhrmacher und Erbauer astronomischer Instrumente Justus Bürgi (1552–1632). Er war Freund und Mitarbeiter des schwäbischen Astronomen und Mathematikers Johannes Kepler (1571–1630). Bürgi baute für Kepler nicht nur Instrumente, sondern half ihm auch bei seinen umfangreichen Berechnungen, die schließlich zur Entdeckung der drei nach Kepler benannten Gesetze über die Planetenbewegungen führten (vgl. Seite 45).

Justus Bürgi
1552 – 1632

John Napier
1550 – 1617

Ausschnitt aus einer Logarithmentafel, wie sie in der Schule benutzt wurde.
(Es werden nur die Nachkommastellen angegeben, hier von lg(2,000) bis lg(2,129)).

N	0	1	2	3	4	5	6	7	8	9
200	3010	3012	3015	3017	3019	3021	3023	3025	3028	3030
201	3032	3034	3036	3038	3041	3043	3045	3047	3049	3051
202	3054	3056	3058	3060	3062	3064	3066	3069	3071	3073
203	3075	3077	3079	3081	3084	3086	3088	3090	3092	3094
204	3096	3098	3101	3103	3105	3107	3109	3111	3113	3115
205	3118	3120	3122	3124	3126	3128	3130	3132	3134	3137
206	3139	3141	3143	3145	3147	3149	3151	3153	3156	3158
207	3160	3162	3164	3166	3168	3170	3172	3174	3176	3179
208	3181	3183	3185	3187	3189	3191	3193	3195	3197	3199
209	3201	3204	3206	3208	3210	3212	3214	3216	3218	3220
210	3222	3224	3226	3228	3230	3233	3235	3237	3239	3241
211	3243	3245	3247	3249	3251	3253	3255	3257	3259	3261
212	3263	3265	3267	3269	3272	3274	3276	3278	3280	3282

Bei diesen Berechnungen mussten häufig 8-stellige Zahlen multipliziert werden. Die Multiplikation zweier 8-stelliger Zahlen bedeutet aber 64-mal das kleine Einmaleins anwenden, Überträge beachten und schließlich 8 Teilprodukte addieren (du erinnerst dich hoffentlich noch daran, wie man schriftlich multipliziert!).
Die Logarithmen ermöglichen nun, die Multiplikation durch eine Addition zu ersetzen. Die Tabelle macht die Idee deutlich:

x		$\log_a(x)$	
u	⟶	$\log_a(u)$	+
v	⟶	$\log_a(v)$	
		$\log_a(u) + \log_a(v) =$	
$u \cdot v$	⟵	$\log_a(u \cdot v)$	

Für den praktischen Umgang benötigt man eine Tafel, die zu x den Wert von $\log_a(x)$ angibt. Eine solche **Logarithmentafel** wurde 1603–1611 von Bürgi berechnet. (Unabhängig von Bürgi brachte auch der schottische Lord John Napier eine Logarithmentafel heraus.)
Benutzt man nach einer Idee von Henry Briggs (1574–1660) Zehnerlogarithmen, so benötigt man nur Tafeln für Zahlen zwischen 1 und 10, denn z. B. gilt

$$\lg(207{,}8) = \lg(100\cdot 2{,}078)$$
$$= 2 + \lg(2{,}078)$$

Nun ein Beispiel zum praktischen Rechnen (vergleiche mit dem Ausschnitt aus der Logarithmentafel):

x	lg(x)	
2,105	0,3233	*lg(2,105) ablesen*
207,8	+ 2,3176	*lg(207,8) ablesen*
437,4	2,6409	*addieren und x zu lg(x) = 2,6409 bestimmen.*

Also $2{,}105 \cdot 207{,}8 \approx 437{,}4$.
Bis zur Verbreitung des Taschenrechners, also bis etwa 1980, benutzten alle Schüler ab Klasse 10 noch Logarithmentafeln für ihre Berechnungen.

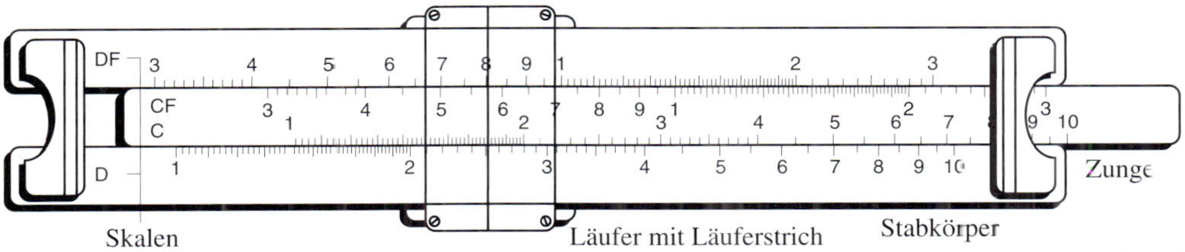

Fig. 1

Eine weitere geschichtlich wichtige Anwendung der Logarithmen stellt der **Rechenstab** (manchmal auch Rechenschieber genannt) dar. Fig. 1 zeigt eine einfache Ausführung. Bis vor 20 Jahren gehörte ein Rechenstab in der Brusttasche zum „Outfit“ eines jeden Technikers.

Beim Rechnen mit Logarithmen werden diese addiert, beim Rechenstab werden Strecken auf einer logarithmischen Skala aneinandergefügt. Die Idee zu dieser Skala hatte der englische Theologe und Astronom Edmund Gunter (1581–1626). Auf einem 24 Zoll langen Brett hatte er eine logarithmische Skala aufgetragen. Mit Hilfe eines Zirkels konnte man damit multiplizieren:
z. B.: $3{,}7 \cdot 2{,}4$ soll bestimmt werden.
In den Zirkel wurde der Abstand von 1 bis 2,4 genommen und nach 3,7 angetragen.
So erhielt man das Produkt,
$3{,}7 \cdot 2{,}4 \approx 8{,}9$ (Fig. 2).

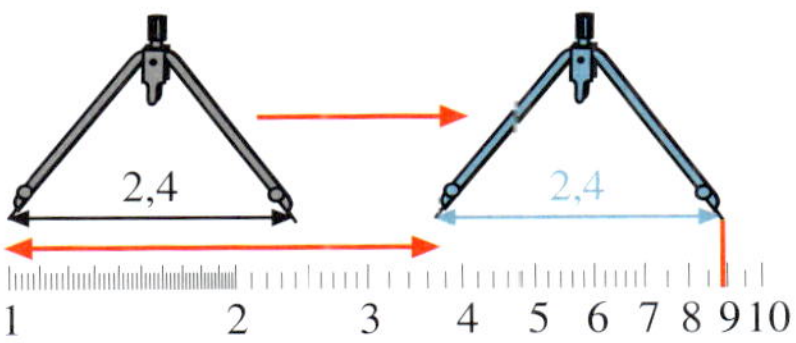

Fig. 2

Mathematisch gesehen wurden Strecken der Länge $\log_a(3{,}7)$ und $\log_a(2{,}4)$ aneinander gefügt. Die Summe ergibt
$\log_a(3{,}7) + \log_a(2{,}4) = \log_a(3{,}7 \cdot 2{,}4)$,
so dass man das Produkt an der Skala ablesen kann.
Nur drei Jahre später hatte Wingate die Idee, statt eines Zirkels eine zweite Skala zu nehmen.
Stellt man (wie in Fig. 1) jetzt z. B. die 1 der Skala C über 1,4 der Skala D und den Läuferstrich über 1,8 auf der Skala C, so kann man auf der Skala D das Produkt 2,52 ablesen. Man hat nämlich mittels der logarithmischen Skalen $\log_a(1{,}8)$ und $\log_a(1{,}4)$ addiert.
Entsprechend kann man auch dividieren. Man stellt die zu dividierenden Zahlen (z. B. 2,52 und 1,8) auf den Skalen D und C übereinander. Unter der 1 der Skala C kann man dann den Quotienten ablesen.

Eine Sonderform des Rechenstabes gibt es noch heute als „Benzin-Rechner“ zur Bestimmung des durchschnittlichen Benzinverbrauchs. Bei ihr ist die logarithmische Skala zu einem Kreis zusammengebogen. Der Zunge des Rechenstabes entspricht eine zweite, innere Scheibe.

1727 veröffentlichte Jacob Leupold sein Buch „THEATRUM ARITHMETICO-GEOMETRICUM“ mit dem deutschen Untertitel
Schauplatz der Rechen- und Messkunst.
Das XIII. Capitel handelt vom Rechenstab.

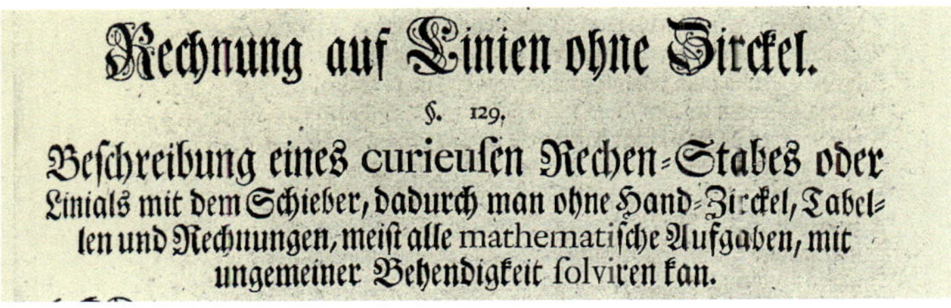

Rechnung auf Linien ohne Zirckel.

§. 129.

Beschreibung eines curieusen Rechen-Stabes oder Linials mit dem Schieber, dadurch man ohne Hand-Zirckel, Tabellen und Rechnungen, meist alle mathematische Aufgaben, mit ungemeiner Behendigkeit solviren kan.

Fig. 3

Fig. 4

Rückblick

Wachstumsvorgänge

Ändert sich bei einem Wachstum die 1. Größe um 1 (d. h. um eine Einheit) und

- nimmt die 2. Größe um einen **Summanden d** zu, so nennt man d die **Wachstumsrate**.
- nimmt die 2. Größe um einen **Faktor q** zu, so nennt man q den **Wachstumsfaktor**.

Zwischen einer Wachstumsrate, beschrieben als eine prozentuale Zunahme um p %, und dem Wachstumsfaktor q besteht der Zusammenhang $q = 1 + \frac{p}{100}$.

Lineares Wachstum:
Wachstumsrate 4

+1 +1 +1

x	0	1	2	3
y	3	7	11	15

+4 +4 +4

Lineares Wachstum:

Nimmt die 1. Größe um 1 zu, so wächst die 2. Größe jeweils um eine **feste Wachstumsrate**.

Exponentielles Wachstum:
Wachstumsfaktor 1,5

+1 +1 +1

x	0	1	2	3
y	4	6	9	13,5

·1,5 ·1,5 ·1,5

Exponentielles Wachstum:

Nimmt die 1. Größe um 1 zu, so wächst die 2. Größe jeweils um einen **festen Wachstumsfaktor**.

Exponentialfunktionen

Funktionen der Form $x \mapsto a^x$ für $a > 0$ und $a \neq 1$ (und auch der Form $x \mapsto b \cdot a^x$) nennt man Exponentialfunktionen.

Eigenschaften:

Ist $a > 1$, so ist die Funktion $x \mapsto a^x$ überall streng monoton wachsend;

ist $0 < a < 1$, so ist die Funktion $x \mapsto a^x$ überall streng monoton fallend.

Die Graphen von $x \mapsto a^x$ und $x \mapsto \left(\frac{1}{a}\right)^x$ liegen symmetrisch zur y-Achse.

Für $x \mapsto f(x) = a^x$ gilt: $f(u + v) = f(u) \cdot f(v)$.

Der Graph der Funktion $x \mapsto b \cdot a^x$ geht durch die Punkte $(0|b)$ und $(1|ab)$.

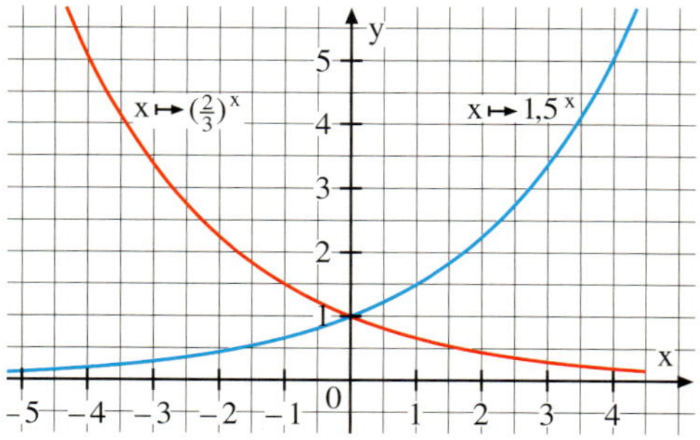

Logarithmusfunktionen

Die Logarithmusfunktion $x \mapsto \log_a(x)$ $(a > 0;\ a \neq 1)$ ist die Umkehrfunktion der Exponentialfunktion $x \mapsto a^x$. Sie ist nur für positive x-Werte definiert.

Es gilt: $\log_a(b) = x \Leftrightarrow a^x = b$.

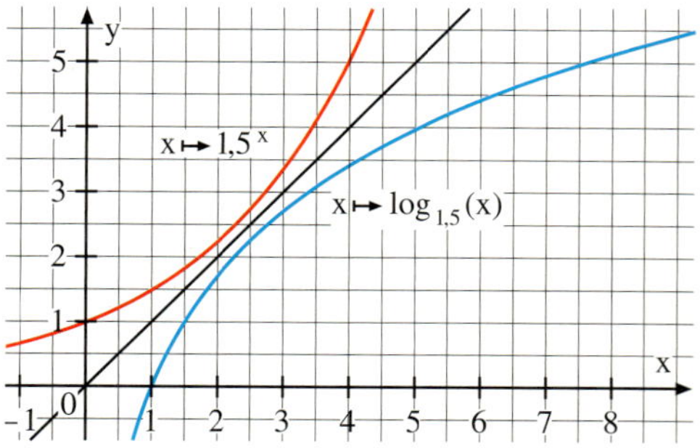

Regeln für das Rechnen mit Logarithmen

(für $u > 0;\ v > 0;\ a > 0;\ a \neq 1$):

1. $\log_a(u \cdot v) = \log_a(u) + \log_a(v)$
2. $\log_a(u : v) = \log_a(u) - \log_a(v)$
3. $\log_a(u^r) = r \cdot \log_a(u)$

Zur Bestimmung von Näherungswerten für $\log_a(x)$ mit dem Taschenrechner benutzt man $\log_a(x) = \frac{\lg(x)}{\lg(a)}$.

$\lg(5x) = \lg(5) + \lg(x)$
$\lg(5 : x) = \lg(5) - \lg(x)$
$\lg(2^{1000}) = 1000 \cdot \lg(2)$

Aufgaben zum Üben und Wiederholen

1 a) Zeichne die Graphen der Funktionen $x \mapsto \left(\frac{3}{4}\right)^x$ und $x \mapsto \left(\frac{4}{3}\right)^x$.
b) Welche Funktion ist monoton wachsend, welche monoton fallend?
c) Wie liegen die Graphen zueinander?

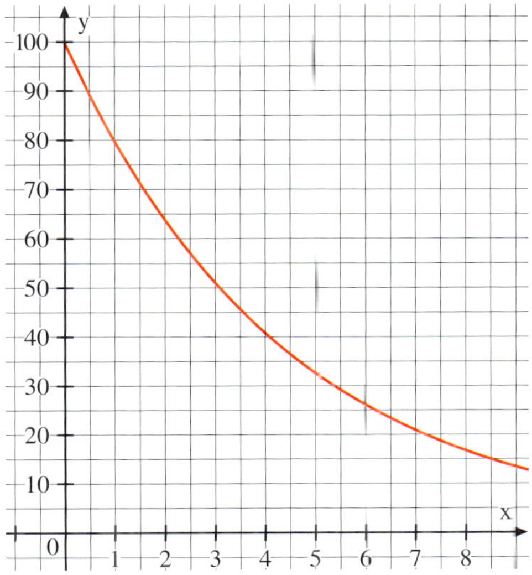

Fig. 1

2 a) Fig. 1 zeigt den Graphen einer Exponentialfunktion $x \mapsto b \cdot a^x$. Bestimme a und b.
b) Bestimme mit Hilfe des Graphen auch die Halbwertszeit.

3 Bestimme die Exponentialfunktion $x \mapsto b \cdot a^x$, deren Graph durch die Punkte P und Q geht.
a) P(0|6); Q(1|2) b) P(2|1); Q(5|27)
c) P(0|4); Q(2|1) d) P(–2|5); Q(2|20)

4 Ein 0,1 mm dickes Blatt Papier wird mehrmals hintereinander gefaltet. Es liegen dann nach 1-, 2-, 3-, . . . maligem Falten 2, 4, 8, . . . Papierschichten übereinander.
a) Wie dick ist das gefaltete Papier nach achtmaligem Falten?
b) Nimm an, man könnte das Falten beliebig oft wiederholen. Nach dem wievielten Falten wäre die Dicke erstmals größer als 1 m?

5 a) Unter normalen Bedingungen vermehren sich Cholera-Bakterien so stark, dass sich ihre Anzahl stündlich verachtfacht. Bestimme die Verdoppelungszeit.
b) Anfangs waren es 100 Bakterien. Nach wie viel Stunden werden es, exponentielles Wachstum vorausgesetzt, ungefähr 1 Million Bakterien sein?

Fig. 2

6 Verbindet man die Seitenmitten eines Quadrats, so erhält man wieder ein Quadrat. Setzt man dieses Verfahren fort, so erhält man eine Folge von Quadraten (Fig. 2).
Wie kann man den Umfang (den Flächeninhalt) des n-ten Quadrats aus dem Umfang (dem Flächeninhalt) des ersten Quadrats berechnen?

7 Bestimme ohne Taschenrechner.
a) $\log_6(216)$ b) $\log_2(256)$ c) $\log_2(0{,}125)$ d) $\log_{0,5}(8)$ e) $\lg(0{,}000\,001)$

8 Bestimme näherungsweise mit dem Taschenrechner.
a) $\lg(2{,}73)$ b) $\log_3(12)$ c) $\log_5(100)$ d) $\log_{0,8}(0{,}2)$ e) $\log_3\left(\frac{2}{3}\right)$

9 a) Gib die Termdarstellung der Umkehrfunktion zu $x \mapsto \left(\frac{5}{4}\right)^x$ an.
b) Zeichne den Graphen der Funktion und den Graphen der Umkehrfunktion.
c) Wie liegen beide Graphen zueinander?

10 Schreibe als Summe oder Produkt mit „einfachen“ Logarithmen.
a) $\lg(abc)$ b) $\log_2(x^3)$ c) $\log_a(a^2bc)$ d) $\lg\left(\frac{3a}{10b}\right)$ e) $\log_a\left(\sqrt[7]{u^3vw^5}\right)$

Die Lösungen zu den Aufgaben dieser Seite findest du auf Seite 210.

11 Löse die Gleichungen.
a) $3 \cdot \lg(x) = \lg(56) - \lg(7)$ b) $4^x = 0{,}125$ c) $0{,}5^{x-5} = 15$ d) $7^{3x+2} = 10^x$

1 Flächeninhalt von Kreisen

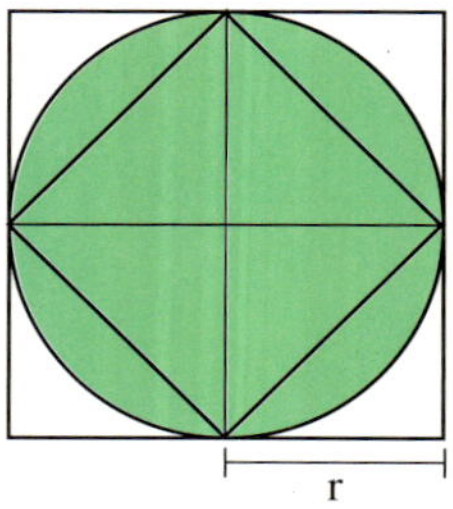

Fig. 1

1 Begründe an Fig. 1 für den Flächeninhalt A eines Kreises mit dem Radius r:

$$2r^2 < A < 4r^2.$$

2 Jeder rote Punkt in Fig. 2 ist die Mitte eines „cm-Quadrates". Daher gibt die Anzahl der Punkte im Inneren eines Kreises ungefähr seinen Flächeninhalt A in cm^2 an.
a) Zeichne auf Karopapier einen entsprechenden Kreis mit dem Radius $r = 8\,cm$. Zähle die Punkte in jedem Kreis aus und vervollständige die Tabelle im Heft.

r in cm	2	3	4	5	8
Punkte	*12*				

b) Ist A näherungsweise zu r proportional?
c) Prüfe, ob A näherungsweise zu r^2 proportional ist.

Zur Erinnerung:
Eine Funktion $x \mapsto y$ mit $y = mx$ nennt man proportionale Funktion. Man sagt dann dazu auch: „y ist zu x proportional".

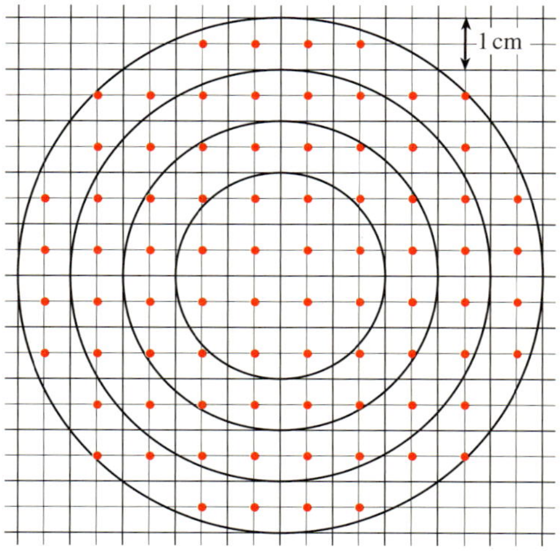

Fig. 2

Um den Flächeninhalt eines Kreises zu bestimmen, schachtelt man den Kreis durch eine Folge von einbeschriebenen und umbeschriebenen regelmäßigen n-Ecken ein (Fig. 3).

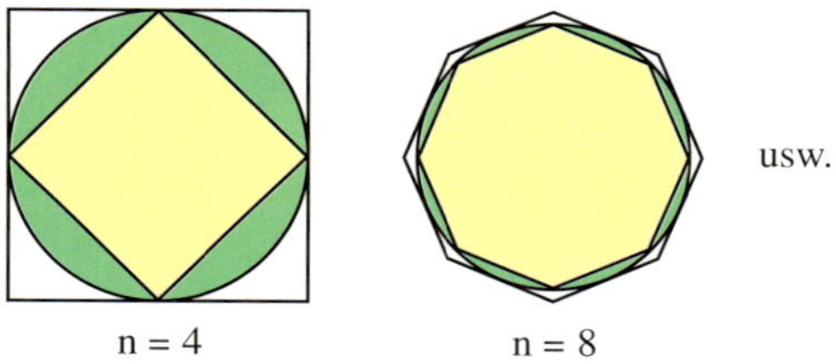

Fig. 3

Für den Flächeninhalt a_n des einbeschriebenen n-Ecks, den Flächeninhalt A des Kreises und den Flächeninhalt A_n des umbeschriebenen n-Ecks gilt: $a_n < A < A_n$.
Mit wachsendem n wird $A_n - a_n$ beliebig klein, die a_n und A_n bilden eine Intervallschachtelung für A (vgl. die Tabelle).

Vergleiche dazu auch Aufgabe 14.

Für n-Ecke in und um einen Kreis mit **r = 1** gilt:

n	a_n	A_n
4	2	4
8	2,8284271	3,3137084
16	3,0614674	3,1825978
32	3,1214451	3,1517249
64	3,1365484	3,1441183
128	3,1403310	3,1422235
256	3,1412772	3,1417503
512	3,1415137	3,1416320
1024	3,1415729	3,1416024
2048	3,1415877	3,1415951
4096	3,1415913	3,1415932
…	…	…

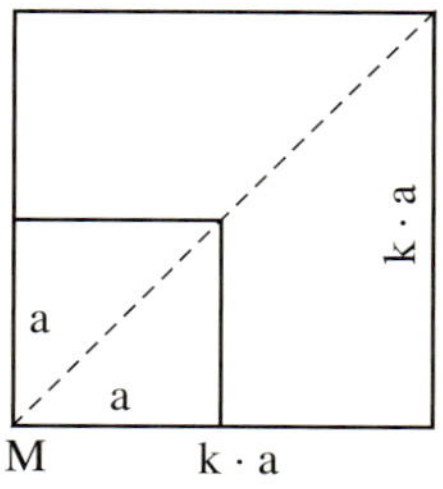

Bildet man ein Quadrat durch eine zentrische Streckung $Z_{M;\,k}$ ab, so ändert sich die Seitenlänge um den Faktor k, der Flächeninhalt um den Faktor k^2.
Entsprechendes gilt für einen Kreis und seine ein- und umbeschriebenen n-Ecke:
Die zentrische Streckung $Z_{M;\,k}$ bildet einen Kreis mit dem Radius 1 (genauer: 1 Längeneinheit) auf einen Kreis mit dem Radius r ab, wenn $k = \frac{r}{1}$. Die Flächeninhalte der n-Ecke (und damit der Flächeninhalt des Kreises) ändern sich um den Faktor $k^2 = \frac{r^2}{1^2}$.
Ist A(1) der Flächeninhalt des Kreises mit dem Radius 1 und A(r) der Flächeninhalt des Kreises mit dem Radius r, so gilt daher $A(r) = \frac{r^2}{1^2} \cdot A(1)$. Daraus ergibt sich:

$$A(r) : r^2 = A(1) : 1^2.$$

Der griechische Buchstabe π kommt von peripheria (griech.): Umfang. π wird sich als der Umfang eines Kreises mit dem Durchmesser 1 erweisen, vgl. Seite 90.

Dieser Quotient $A(r) : r^2$ bzw. $A(1) : 1^2$ wird **Kreiszahl π** (sprich pi) genannt, also $A(1) : 1^2 = \pi$. Daraus ergibt sich:

Formel für den **Flächeninhalt** A eines Kreises mit dem Radius r: $\mathbf{A = r^2 \cdot \pi}$

Die Kreiszahl π ist **irrational**. Sie lässt sich nicht als Bruch, sondern nur näherungsweise durch einen Bruch angeben.
Hat man den Näherungswert eines Taschenrechners nicht zur Verfügung, so benutzt man als **Näherung** $\pi \approx 3{,}14$ oder $\pi \approx 3\frac{1}{7}$.
Aus der Tabelle von der Seite gegenüber ergibt sich $\pi \approx 3{,}141\,59$.

Für π zeigt der Taschenrechner z. B. als Näherung an:

Fig. 1

Beispiel 1
Berechne den Flächeninhalt eines Kreises mit dem Durchmesser d = 7,20 m.
Lösung:

$A = r^2 \cdot \pi;\quad r = \frac{d}{2} = 3{,}60\,\text{m};$

$A = (3{,}6\,\text{m})^2 \cdot \pi = 12{,}96 \cdot \pi\,\text{m}^2 \approx 40{,}7\,\text{m}^2$

Beispiel 2
Berechne den Radius eines Kreises mit einem Flächeninhalt von 2,5 cm².
Lösung:

$A = r^2 \cdot \pi;\ r^2 = \frac{A}{\pi};\ r = \sqrt{\frac{A}{\pi}}$

$r = \sqrt{\frac{2{,}5}{\pi}}\,\text{cm} \approx 0{,}89\,\text{cm}$

Aufgaben

3 Berechne den Flächeninhalt des Kreises mit Radius r bzw. Durchmesser d. Runde die Ergebnisse sinnvoll.

a) r = 4,80 m b) d = 15 dm c) d = 3,7 dm d) r = 25 cm
e) $r = \frac{2}{3}$ m f) d = 1,3 cm g) r = 2,35 m h) d = 15 km

4 Berechne den Radius r und den Durchmesser d für einen Kreis mit dem Flächeninhalt A. Runde sinnvoll.

a) A = 1,00 m² b) A = 1,20 dm² c) A = 60 cm² d) A = 0,785 a
e) A = 121 π cm² f) A = 5,29 π m² g) $A = \frac{\pi}{4}$ km² h) A = 2 π cm²

Fig. 2

5 a) Das Verkehrsschild hat einen Durchmesser von 60 cm. Berechne seinen Flächeninhalt.
b) Ein Fernsehsender in Norddeutschland hat eine Reichweite von 45 km. Wie viel km² ist sein Empfangsgebiet groß?

6 Aus einem quadratischen Blech wird eine möglichst große Kreisscheibe herausgeschnitten. Das Blechstück hat eine Seitenlänge von 25 cm. Wie viel cm² Abfall muss in Kauf genommen werden?

7 a) Aus einer quadratischen Platte mit der Seitenlänge a wird eine Kreisscheibe wie in Fig. 3 herausgeschnitten. Wie viel Prozent beträgt der Abfall?
b) Aus einer quadratischen Platte werden wie in Fig. 4 vier (neun, n²) gleich große Kreisscheiben herausgeschnitten. Wie viel Prozent beträgt jeweils der Abfall? Was fällt auf?

Fig. 3

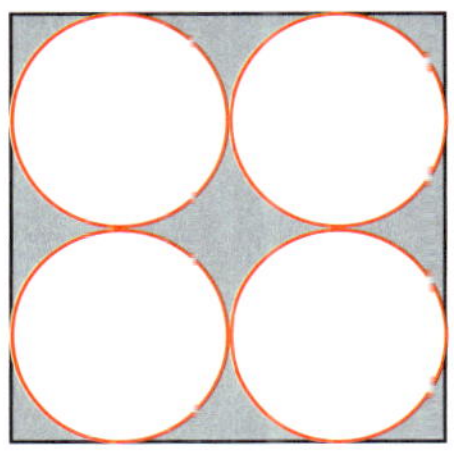

Fig. 4

8 Von einem 1,30 m breiten Stoffballen ist eine Tischdecke für einen runden Tisch aus einem Stück zuzuschneiden. Die Tischplatte hat einen Durchmesser von 90 cm, die Tischdecke soll rundum 15 cm überhängen. Wie groß ist der Abfall in m^2 (in Prozent)?

9 Aus einem Stamm mit kreisförmigem Querschnitt soll ein möglichst starker Balken mit quadratischem Querschnitt geschnitten werden. Wie viel Prozent Abfall entsteht?

10 Berechne den Flächeninhalt der gefärbten Flächen.

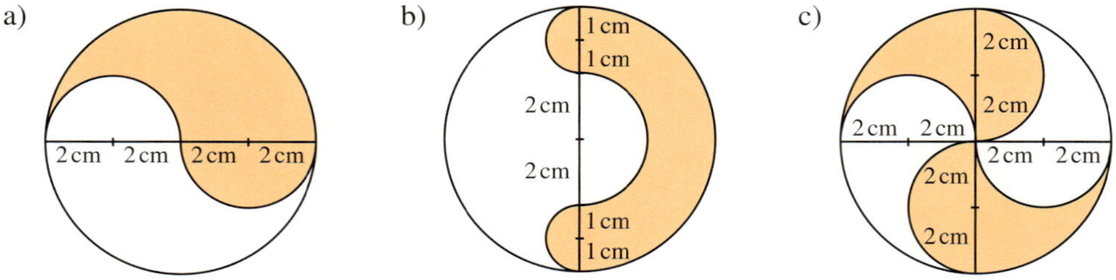

Fig. 1

11[€] In einer Pizzeria kostet eine kleine Pizza Margherita 4,00 € und eine große Pizza Margherita 6,00 €. Nimm einmal an, die Preise für die kreisförmigen Pizzas entsprechen ihren Flächeninhalten. Welchen Durchmesser muss dann die große Pizza haben, wenn die kleine Pizza einen Durchmesser von 22 cm hat?

12 Das Foto zeigt die 6 Spiegel eines großen Spiegelteleskops, die das Licht aus dem Weltall sammeln. Jeder Spiegel hat einen Durchmesser von 1,83 m.
Berechne den Durchmesser eines Spiegels, der ebenso viel Licht sammelt wie die sechs Spiegel zusammen.

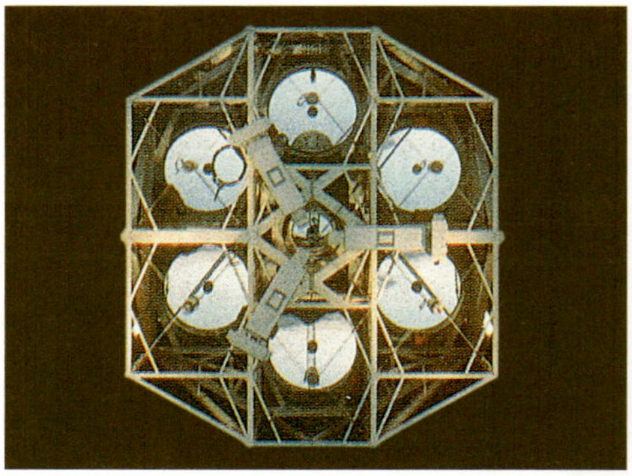

Fig. 2

13 Eine gegebene Kreisfläche soll wie in Fig. 3 in drei Teile mit jeweils gleichem Inhalt zerlegt werden. Welchen Radius muss der innere Kreis haben?

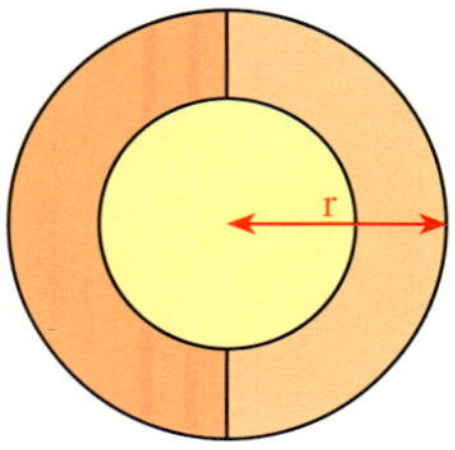

Fig. 3

***14** Einem Kreis mit dem Radius r ist ein regelmäßiges n-Eck mit dem Flächeninhalt a_n einbeschrieben und ein regelmäßiges n-Eck mit dem Flächeninhalt A_n umbeschrieben. Fig. 4 zeigt einen Teil der n-Ecke (gezeichnet für $n = 4$). s_n ist die Seitenlänge des Innen-n-Ecks. S_n ist die Seitenlänge des Außen-n-Ecks.

Ein Tipp zu (1): Vergleiche die Seiten in dem gefärbten Dreieck.

a) Begründe an Fig. 4 für $n \geqq 4$:

(1) $h < \frac{1}{2} s_n$.

(2) Für den Flächeninhalt T_n des Trapezes ABCD gilt: $T_n < S_n \cdot h < S_n \cdot \frac{1}{2} s_n$.

(3) Der Umfang des Außen-4-Ecks ist 8 r.

(4) Für alle $n \geqq 4$ gilt: $s_n < S_n \leqq \frac{8r}{n}$.

(5) $T_n < \frac{8r}{n} \cdot \frac{1}{2} \frac{8r}{n} = \frac{32r^2}{n^2}$

(6) $A_n - a_n = n \cdot T_n < \frac{32r^2}{n}$

b) Begründe mit (6), dass $A_n - a_n$ für genügend große n beliebig klein wird.

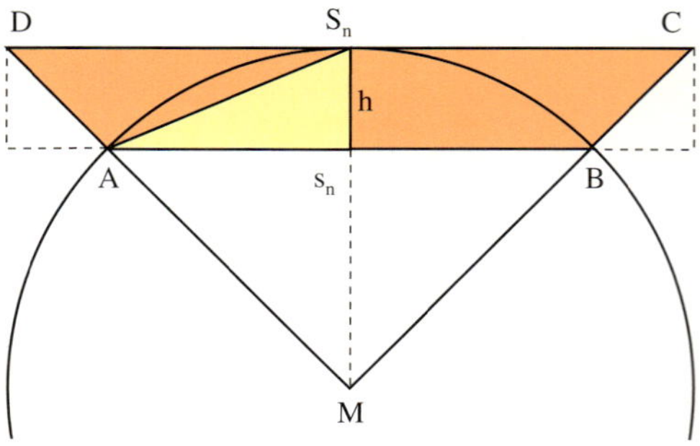

Fig. 4

2 Kreisumfang

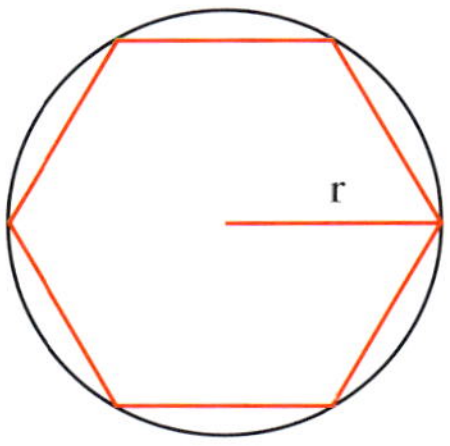

Fig. 1

1 Begründe an Fig. 1:
Für den Umfang U des Kreises mit dem Radius r gilt: $U > 6r$.

2 a) Miss Durchmesser d und Umfang U verschiedener kreisförmiger Gegenstände. Berechne jeweils $U : d$.
b) Was bedeutet das Ergebnis von a) für die Funktion *Durchmesser → Umfang*?

3 a) Hartmut kauft in der Konditorei 10 Tortenstücke. Wie packt der Verkäufer die Stücke auf eine rechteckige Platte?
b) Ein Kreis mit dem Radius r wird wie in Fig. 2 zerlegt und dann wie in Fig. 3 zusammengesetzt. Die neu zusammengesetzte Fläche ist ungefähr ein Parallelogramm. Wie lang ist die Grundseite, wie groß ist die Höhe? Drücke damit den Flächeninhalt aus.

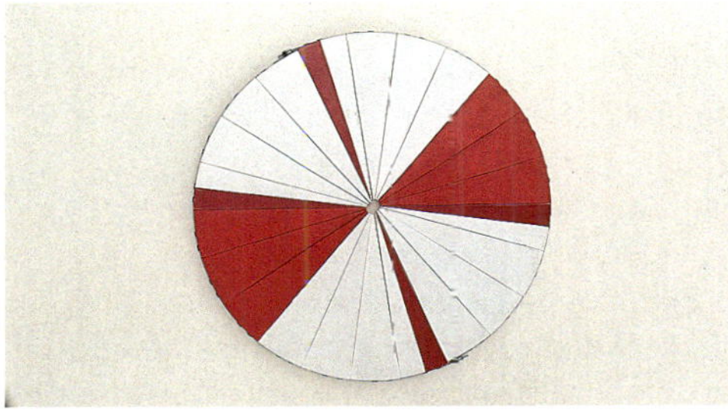

Fig. 2

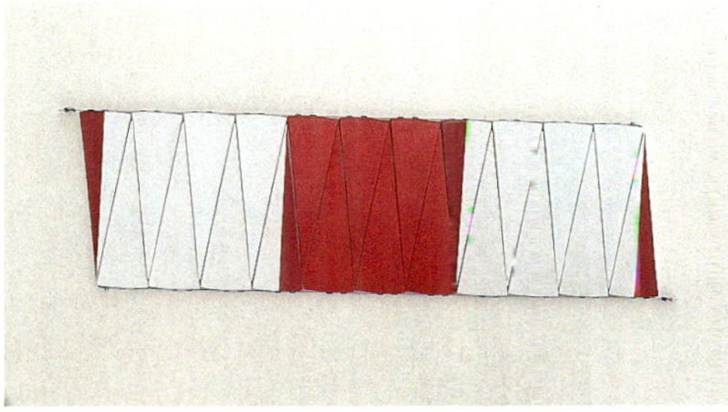

Fig. 3

c) Der Flächeninhalt des „Parallelogramms" ist gleich dem Flächeninhalt des Kreises. Setze beide Flächeninhalte gleich und bestimme daraus eine Formel für den Umfang des Kreises.

Fig. 4 verdeutlicht:
Das einbeschriebene n-Eck eines Kreises mit dem Radius r kann man zerlegen und dann zu einem Parallelogramm mit der Höhe h zusammensetzen. Dabei gilt für den Flächeninhalt A_n und den Umfang U_n des n-Ecks: $A_n = \frac{U_n}{2} \cdot h$.
Je größer n wird, desto mehr nähert sich A_n dem Flächeninhalt A des Kreises, U_n dem Umfang U des Kreises und h dem Radius r.
Also gilt: $A = \frac{U}{2} \cdot r$.
Setzt man $A = r^2 \cdot \pi$ in die Gleichung ein und löst sie nach U auf, so erhält man:

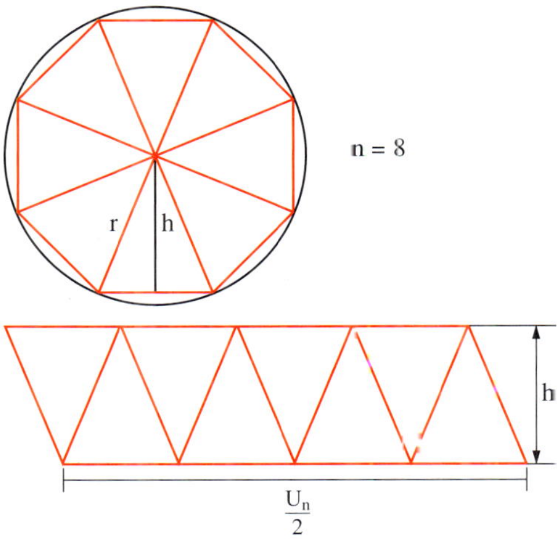

Fig. 4

Formel für den **Umfang** U eines Kreises mit dem Radius r bzw. dem Durchmesser d:

$$\mathbf{U = 2r \cdot \pi} \quad \text{bzw.} \quad \mathbf{U = d \cdot \pi}$$

Beispiel 1
Berechne den Umfang des Kreises mit dem Radius $r = 4{,}5\,\text{cm}$.
Lösung:
$U = 2r \cdot \pi$
$U = 2 \cdot 4{,}5\,\text{cm} \cdot \pi = 9 \cdot \pi\,\text{cm} \approx 28{,}3\,\text{cm}$

Beispiel 2
Berechne den Durchmesser eines Kreises mit dem Umfang $U = 3{,}75\,\text{m}$.
Lösung:
$U = d \cdot \pi;\ d = \frac{U}{\pi}$
$d = \frac{3{,}75}{\pi}\,\text{m} \approx 1{,}19\,\text{m}$

Aufgaben

4 Berechne den Umfang eines Kreises mit dem Durchmesser d bzw. dem Radius r. Runde die Ergebnisse sinnvoll.

a) $d = 12\,\text{cm}$ b) $r = 1{,}8\,\text{dm}$ c) $r = 0{,}75\,\text{m}$ d) $r = \frac{2}{3}\,\text{m}$
e) $d = 3{,}50\,\text{m}$ f) $r = 6{,}85\,\text{m}$ g) $d = 2{,}5\,\text{km}$ h) $r = 0{,}905\,\text{km}$

5 Welchen Radius hat ein Kreis mit dem Umfang U? Runde sinnvoll.

a) $U = 1{,}00\,\text{m}$ b) $U = 5{,}6\,\text{cm}$ c) $U = \frac{2}{3}\,\text{m}$ d) $U = \frac{4}{5}\,\text{m}$
e) $U = 6{,}35\,\text{m}$ f) $U = 498\,\text{km}$ g) $U = 3\pi\,\text{m}$ h) $U = 2{,}375\,\text{km}$

6 Berechne von den Größen r, d, A und U eines Kreises die fehlenden Größen.

a) $d = 20{,}3\,\text{cm}$ b) $A = 1{,}44\pi\,\text{km}^2$ c) $U = \frac{1}{4}\pi\,\text{m}$ d) $A = 200\,\text{m}^2$

7 Der Äquator hat eine Länge von etwa 40 000 km. Wie viel km beträgt der Erdradius?

8 a) Der Stamm einer Sequoia giganta (ein in der Sierra Nevada wachsender Mammutbaum) wird bis zu 10 m dick. Welchen Umfang hat ein 9,2 m dicker Stamm?
b) Wie viele Männer sind notwendig, um den Baum zu umfassen? Rechne mit einer Spannweite von ungefähr 1,80 m für jeden Mann.

9 Ein 6,5 cm langes Drahtstück wird so zu einem Ring gebogen, dass seine Enden zusammenstoßen. Berechne den Durchmesser des Ringes.

10 In vorgeschichtlicher Zeit schlug ein Meteorit im heutigen Arizona ein. Er hinterließ einen nahezu kreisförmigen Krater von rund 1,3 km Durchmesser.
a) Wie groß ist der Kraterumfang am oberen Rand? Wie lange dauert eine Rundwanderung auf dem Rand, wenn man 2 km in einer Stunde schafft?
b) Wie viel km^2 ist der Krater groß?

11 Die Räder des Fahrrades haben einen Durchmesser von 71 cm. Wie viele Umdrehungen macht jedes Rad pro km?

12 a) Ein Auto fährt mit einer Geschwindigkeit von $130\,\frac{\text{km}}{\text{h}}$. Wie oft dreht sich jedes Rad in einer Minute, wenn der Raddurchmesser 60 cm beträgt?
b) Die Treibräder einer Schnellzug-Dampflokomotive haben einen Durchmesser (gemessen an der Lauffläche) von 2,00 m. Wie oft drehen sie sich in einer Minute bei $130\,\frac{\text{km}}{\text{h}}$?
c) Die Räder der Wagen des ICE haben einen Durchmesser (gemessen an der Lauffläche) von 1,00 m. Wie oft drehen sich die Räder in einer Minute bei $280\,\frac{\text{km}}{\text{h}}$?

13 Berechne die Länge der Linie.

a) b)

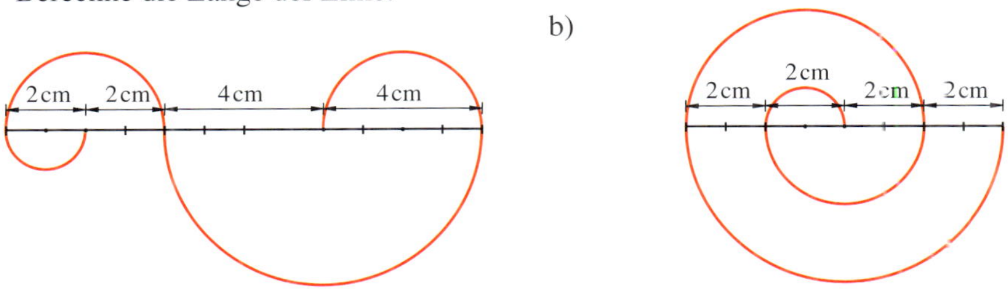

Fig. 1

Fig. 2

14 Die Raumfähre COLUMBIA umkreiste bei ihrem ersten Flug im Jahr 1981 die Erde mit einer Flughöhe von 275 km. Eine Umkreisung dauerte $1\frac{1}{2}$ Stunden. Berechne die Geschwindigkeit auf der Umlaufbahn. Rechne mit 6370 km für den Erdradius.

15 Der Fernsehsatellit ASTRA steht scheinbar am Himmel still, da er die Erde in genau 24 Stunden in Richtung der Erddrehung umkreist. Sein Abstand von der Erdoberfläche beträgt 35 900 km, der Erdradius 6370 km. Berechne die Geschwindigkeit des Satelliten auf seiner Bahn in $\frac{km}{h}$.

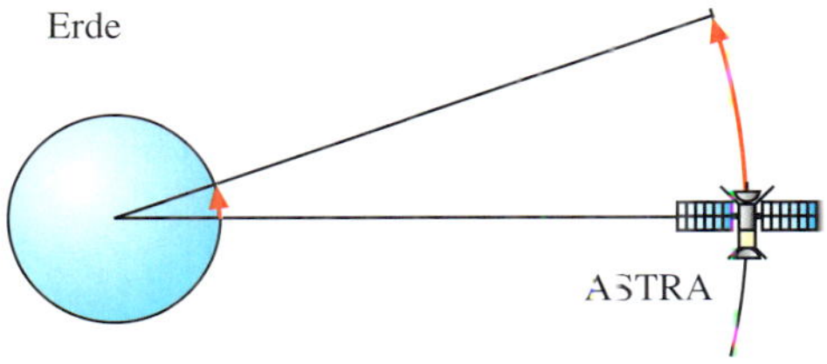

Fig. 3

16 Fig. 4 zeigt die Trommel eines Schlauchwagens.

a) Wie viel m Schlauch können in der unteren Lage ungefähr aufgerollt werden?

b) Wie viel m Schlauch können in der zweiten Lage ungefähr aufgerollt werden?

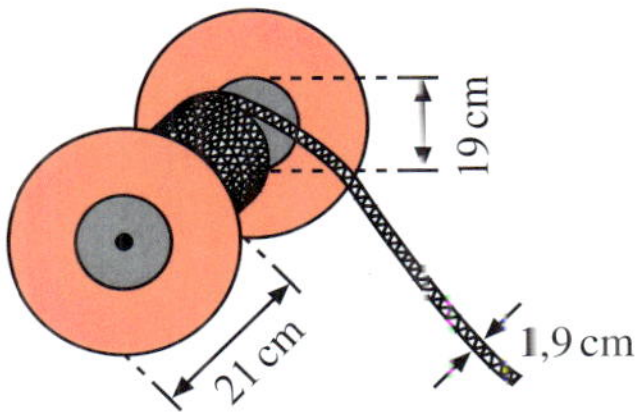

Fig. 4

17 Mit dem Gerät in Fig. 5 kann man Entfernungen auf Karten abmessen. Sein Messrädchen hat einen Durchmesser von 6,4 mm.

a) Wie viele Umdrehungen macht das Rädchen, wenn auf einer Karte 5,0 cm Weg abgefahren werden? Runde sinnvoll!

b) Nach 50,0 cm Weg hat der Zeiger eine halbe Umdrehung ausgeführt. Wie viele Umdrehungen des Messrädchens sind für eine volle Drehung des Zeigers nötig?

Fig. 5

18 a) Nimm an, ein Seil würde um den Äquator gelegt, um 2 m verlängert und dann gespannt (Fig. 6). Könnte eine Fliege, eine Maus oder gar ein Mensch darunter hindurchkriechen? Berechne die Differenz der Radien R und r in Fig. 6.

b) Rechne a) auch für einen Fußball (eine Erbse). Was ergibt sich für $r = 0$?

Wie hängt das Ergebnis vom Radius r ab?

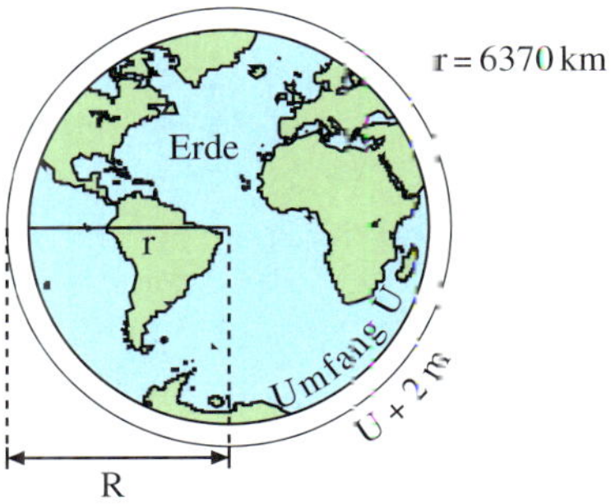

Fig. 6

3 Kreisteile

1 Wie viel cm legt die Spitze des 7 cm langen Minutenzeigers einer Uhr
a) in einer Stunde, b) in einer Viertelstunde,
c) in 10 Minuten, d) in 1 Minute zurück?

2 Frau Müller-Schwarz will in der Ecke ihres Winkelbungalows die Fläche von Fig. 1 pflastern. Wie viel m² Pflaster und wie viel m Randsteine muss sie besorgen?

Fig. 1

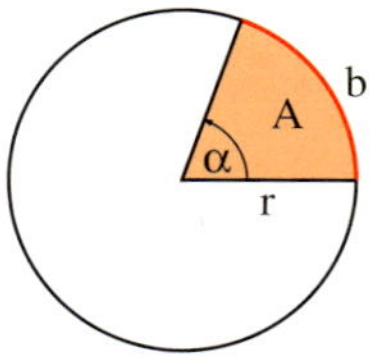

Fig. 2

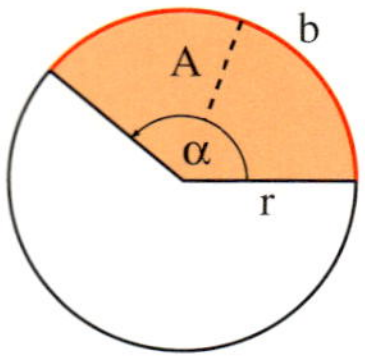

Fig. 3

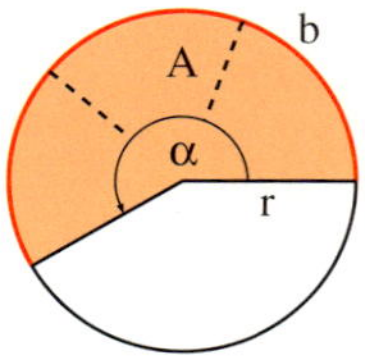

Fig. 4

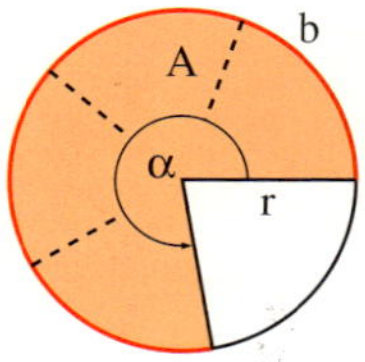

Fig. 5

In Fig. 2–5 nennt man die rot gefärbten Flächen **Kreisausschnitte** oder **Sektoren**, den Winkel α **Mittelpunktswinkel** und den zugehörigen Teil der Kreislinie **Kreisbogen**.
Fig. 2–5 zeigt: Der Flächeninhalt A des Kreisausschnitts und die Länge b des Bogens sind proportional zum Mittelpunktswinkel α.
Aus $360° \mapsto r^2 \cdot \pi$ folgt für den Inhalt A des Ausschnitts: $\alpha \mapsto \frac{\alpha}{360°} \cdot r^2 \cdot \pi = A$, und
aus $360° \mapsto 2r \cdot \pi$ folgt für die Länge b des Bogens: $\alpha \mapsto \frac{\alpha}{360°} \cdot 2r \cdot \pi = \frac{\alpha}{180°} \cdot r \cdot \pi = b$.
Durch Einsetzen der Formel für b in die für A ergibt sich:
$A = \frac{\alpha}{360°} \cdot r^2 \cdot \pi = \frac{1}{2} \cdot \frac{\alpha}{180°} \cdot r \cdot \pi \cdot r = \frac{1}{2} \cdot b \cdot r.$

Formeln für den **Kreisausschnitt** mit dem Mittelpunktswinkel α:
Flächeninhalt A des Kreisausschnitts: $\mathbf{A = \frac{\alpha}{360°} \cdot r^2 \cdot \pi}$ oder $\mathbf{A = \frac{1}{2} \cdot b \cdot r}$
Länge b des **Kreisbogens**: $\mathbf{b = \frac{\alpha}{180°} \cdot r \cdot \pi}$

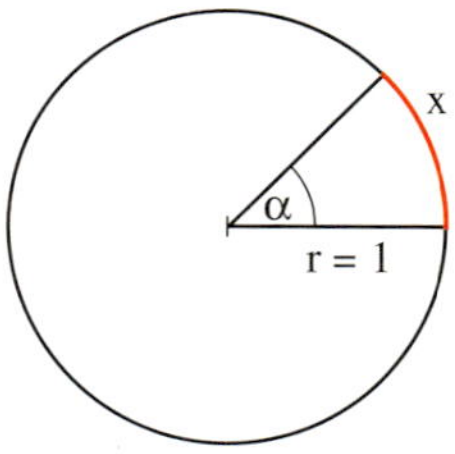

Ein Kreis mit dem Radius $r = 1$ (1 Längeneinheit) heißt **Einheitskreis**.
Statt Winkel in Grad zu messen, kann man auch die zugehörige Bogenlänge im Einheitskreis verwenden. Dieses Winkelmaß heißt **Bogenmaß**.

Beachte:
Das Bogenmaß wird als eine reelle Zahl ohne Maßeinheit angegeben. Man kann das Bogenmaß auch als Quotienten $\frac{b}{r}$ auffassen.

Ist α die Größe eines Winkels in Grad und x das entsprechende Bogenmaß, so gilt:
$\mathbf{x = \frac{\alpha}{180°} \cdot \pi}$ und $\mathbf{\alpha = \frac{x}{\pi} \cdot 180°}$

Wichtige Bogenmaße:

Gradmaß:	0°	30°	45°	60°	90°	180°	270°
Bogenmaß:	0	$\frac{\pi}{6} \approx 0{,}52$	$\frac{\pi}{4} \approx 0{,}78$	$\frac{\pi}{3} \approx 1{,}05$	$\frac{\pi}{2} \approx 1{,}57$	$\pi \approx 3{,}14$	$\frac{3\pi}{2} \approx 4{,}71$

Beispiel 1
Ein Kreis hat den Radius $r = 5{,}00\,m$. Berechne für einen Ausschnitt dieses Kreises mit dem Mittelpunktswinkel $\alpha = 54°$ a) die Länge des Bogens, b) den Flächeninhalt.
Lösung:
a) $b = \frac{\alpha}{180°} \cdot r \cdot \pi$; $b = \frac{54°}{180°} \cdot 5 \cdot \pi\,m = \frac{3}{2}\pi\,m \approx 4{,}71\,m$
b) *Da in a) bereits die Bogenlänge b berechnet wurde, benutzt man am besten die Formel:*
$A = \frac{1}{2} \cdot b \cdot r$; $A = \frac{1}{2} \cdot \frac{3}{2}\pi \cdot 5\,m^2 = \frac{15}{4}\pi\,m^2 \approx 11{,}8\,m^2$

Beispiel 2
Welcher Mittelpunktswinkel gehört zu einem Bogen mit $b = 12{,}0\,cm$ bei $r = 6{,}0\,cm$?
Lösung:
Aus $b = \frac{\alpha}{180°} \cdot r \cdot \pi$ folgt $\alpha = \frac{b \cdot 180°}{r \cdot \pi}$; $\alpha = \frac{12 \cdot 180°}{6 \cdot \pi} \approx 115°$

Beispiel 3
Die in Fig. 1 gefärbte Fläche nennt man **Kreisabschnitt**.
a) Begründe, dass für den Flächeninhalt des Kreisabschnitts gilt:
$A = \frac{1}{2} \cdot b \cdot r - \frac{1}{2} \cdot s \cdot (r - h)$.
b) Berechne den Flächeninhalt eines Kreisabschnitts mit $r = 5{,}0\,cm$, $s = 8{,}0\,cm$ und $b = 9{,}3\,cm$.

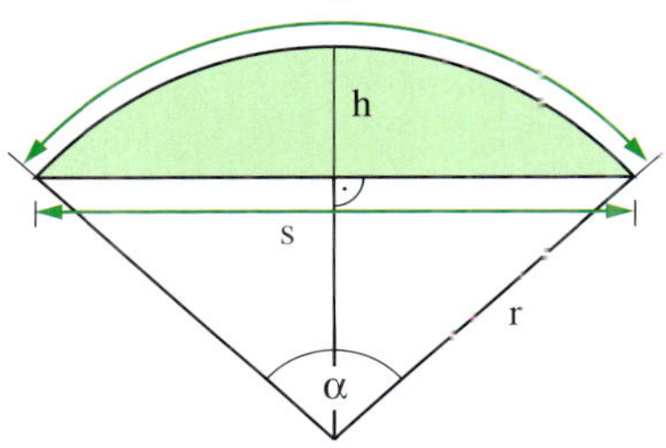

Fig. 1

Lösung:
a) $\frac{1}{2} \cdot b \cdot r$ ist der Flächeninhalt des Kreisausschnitts, $\frac{1}{2} \cdot s \cdot (r - h)$ ist der Flächeninhalt des Dreiecks in Fig. 1. Der Flächeninhalt des Kreisabschnitts ergibt sich als Differenz.
b) *Zunächst ist $r - h$ zu bestimmen.*
Nach dem Satz des Pythagoras gilt
$(r - h)^2 = r^2 - \left(\frac{s}{2}\right)^2$; $(r - h)^2 = (5\,cm)^2 - (4\,cm)^2 = 9\,cm^2$; $r - h = 3\,cm$
$A = \frac{1}{2} \cdot b \cdot r - \frac{1}{2} \cdot s \cdot (r - h)$; $A = \frac{1}{2} \cdot 9{,}3\,cm \cdot 5\,cm - \frac{1}{2} \cdot 8\,cm \cdot 3\,cm$; $A = 11{,}25\,cm^2 \approx 11\,cm^2$

Beispiel 4
Bestimme zu Fig. 2 den Inhalt der
a) braun, b) gelb gefärbten Fläche.

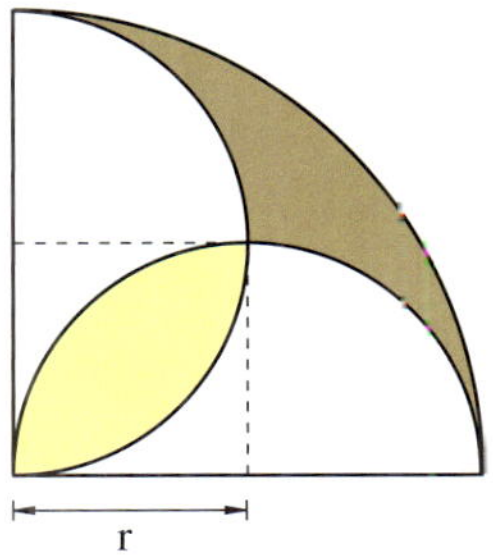

Fig. 2

Lösung:
a) *Den Flächeninhalt des braunen „Kreisdreiecks" erhält man so:*
Subtrahiere vom Inhalt des Viertelkreises mit dem Radius 2 r die Inhalte der zwei Viertelkreise mit dem Radius r und des Quadrats:
$A = \frac{1}{4} \cdot (2\,r)^2 \cdot \pi - 2 \cdot \frac{1}{4} \cdot r^2 \cdot \pi - r^2 = r^2\left(\frac{\pi}{2} - 1\right)$
b) *Den Flächeninhalt des gelben „Kreiszweiecks" erhält man so:*
Bestimme den Inhalt zweier Viertelkreise mit dem Radius r und subtrahiere davon den Inhalt des Quadrats: $A = 2 \cdot \frac{1}{4} \cdot r^2 \cdot \pi - r^2 = r^2\left(\frac{\pi}{2} - 1\right)$

Das „Kreiszweieck" und das „Kreisdreieck" in Fig. 2 haben also denselben Flächeninhalt.

Beispiel 5
Rechne um: a) 36° in das Bogenmaß, b) 0,8 in das Gradmaß.
Lösung:
a) $x = \frac{\alpha}{180°} \cdot \pi$; $x = \frac{36°}{180°} \cdot \pi = \frac{\pi}{5} \approx 0{,}63$ b) $\alpha = \frac{x}{\pi} \cdot 180°$; $\alpha = \frac{0{,}8}{\pi} \cdot 180° = \frac{144°}{\pi} \approx 46°$

Aufgaben

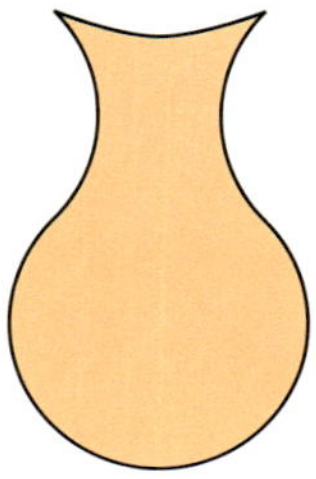

Fig. 1

Die Radien aller Kreisbögen dieser Figur sind gleich r. Wie kann man die Fläche mit zwei geradlinigen Schnitten so zerlegen, dass man die entstehenden Stücke zu einem Quadrat der Seitenlänge 2 r zusammensetzen kann?

Kreisausschnitt und Kreisbogen

3 Berechne für einen Kreis mit dem Radius r die Bogenlänge b und den Flächeninhalt A des Kreisausschnitts mit dem Mittelpunktswinkel α.
a) r = 9,0 cm; α = 30° b) r = 9,0 cm; α = 60° c) r = 18,0 cm; α = 60°
d) r = 18,0 cm; α = 18° e) r = 6,0 cm; α = 150° f) r = 12,0 cm; α = 113°
g) r = 2,40 m; α = 37° h) r = 0,80 m; α = 67,5° i) r = 3,2 cm; α = 275°

4 Berechne den Flächeninhalt eines Kreisausschnitts mit r = b = 1,00 m.

5 Berechne zu einem Kreis mit dem Radius r den Mittelpunktswinkel α des Bogens der Länge b.
a) r = 4,5 cm; b = 5,0 cm b) r = 1,40 m; b = 1,00 m c) r = 3,5 cm; b = 10,0 cm

6 Bestimme für einen Kreisausschnitt mit dem Flächeninhalt A und der Bogenlänge b den Kreisradius r und den Mittelpunktswinkel α.
a) A = 170 cm²; b = 20,0 cm b) A = 58,9 cm²; b = 11,8 cm c) A = 1,00 m²; b = 1,00 m

7 Berechne für einen Kreis mit dem Radius r und einen Kreisausschnitt mit dem Mittelpunktswinkel α, der Bogenlänge b und dem Flächeninhalt A die fehlenden Angaben.

	a)	b)	c)	d)	e)	f)	g)
r	2,00 m	4,80 m	5,00 dm	8,0 cm			
α	30°				40°	50°	
b		6,00 m	9,00 dm				3,00 m
A				80,0 cm²	15,0 cm²	4,00 m²	16,00 m²

*Unter einem **Erdmeridian** (oder Längenkreis) versteht man den von Pol zu Pol reichenden, senkrecht auf dem Äquator stehenden Halbkreis.*

8 Wenn zwei Punkte auf einem Erdmeridian genau $\frac{1}{60}$ Grad auseinander liegen, so haben sie den Abstand 1 Seemeile (1 sm) voneinander. Der Erdumfang beträgt 40 000 km. Berechne damit 1 sm in Meter und runde auf ganze Meter.

9 Eratosthenes (etwa 284–200 v. Chr.) bestimmte den Mittelpunktswinkel α des Bogens auf dem Erdmeridian von Syene (heute Assuan) bis Alexandria und berechnete aus der Entfernung beider Orte den Erdumfang (Fig. 2):
Am Tag des Sommeranfangs mittags schien in Syene die Sonne bis auf den Boden eines tiefen Brunnens. Zur gleichen Zeit warf ein lotrecht aufgestellter Stab in Alexandria einen Schatten. Aus der Schattenlänge wurde α bestimmt.
a) Für α ist der Wert 7,2° überliefert. Berechne den Erdumfang in Stadien.
b) Ein Stadion betrug etwa 157,5 m. Wie viel km entsprach daher der von Eratosthenes errechnete Wert?

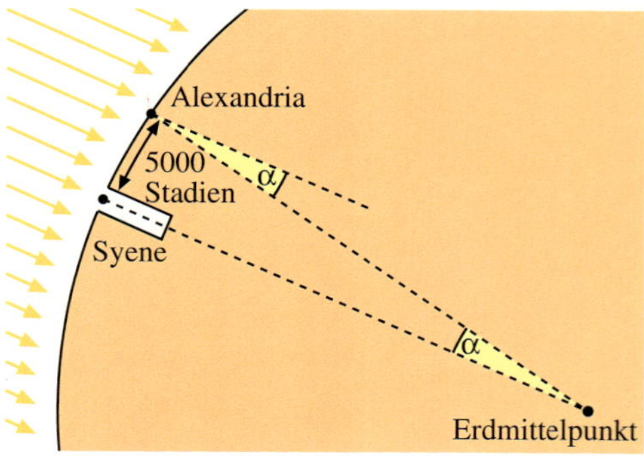

Fig. 2

Ein Tipp zu Aufgabe 10: Drücke den Flächeninhalt A des Kreisausschnitts durch U und r aus. Bestimme den Scheitel der Parabel zu der quadratischen Funktion $r \mapsto A$.

***10** Zeige: Von allen Kreisausschnitten eines Kreises mit gegebenem Umfang U = b + 2r hat derjenige den größten Flächeninhalt, dessen Bogen doppelt so lang ist wie der Radius.

Weitere Kreisteile

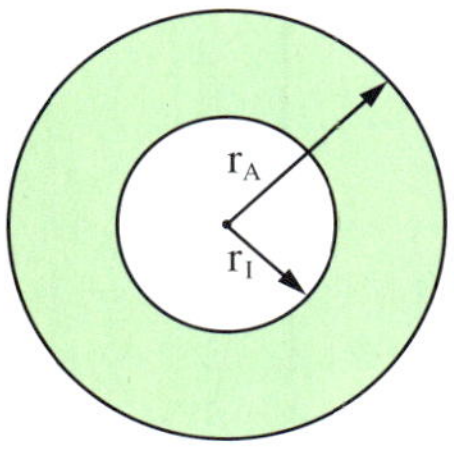

Fig. 1

11 a) Zeige an Fig. 1, dass für den Flächeninhalt des Kreisrings gilt: $A = (r_A^2 - r_I^2) \cdot \pi$.
b) Berechne den Flächeninhalt eines Kreisrings mit $r_A = 2{,}2\,cm$; $r_I = 2{,}0\,cm$
($r_A = 3{,}75\,m$; $r_I = 3{,}25\,m$, $r_A = 1{,}00\ m$; $r_I = 10\,cm$).
c) Ein Kreisring hat einen Flächeninhalt von $63\,cm^2$. Der Außenradius (Innenradius) beträgt 5,0 cm. Berechne den anderen Radius.

12 Zwei Metallplatten werden mit einer 5-mm-Schraube verbunden.
a) Berechne den Inhalt der Fläche, auf die sich der Druck des Schraubenkopfes in Fig. 2 verteilt.

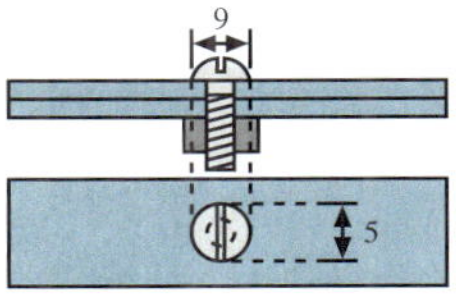

Fig. 2

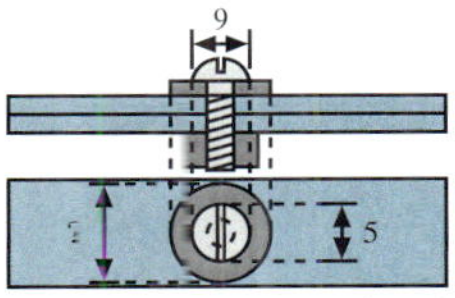

Fig. 3

b) Der Druck soll durch eine Unterlegscheibe auf eine viermal so große Fläche verteilt werden. Bestimme den Außendurchmesser der Unterlegscheibe mit 5-mm-Bohrung.

13 Berechne den Flächeninhalt eines Kreisabschnitts (vgl. Beispiel 3) für
a) $r = s = 6{,}0\,cm$. Bestimme zunächst α.
b) $\alpha = 90°$ und $r = 7{,}5\,cm$. Berechne zunächst s und $r - h$.

14 Berechne den Inhalt der Flächen von Fig. 4.
a) b) c)

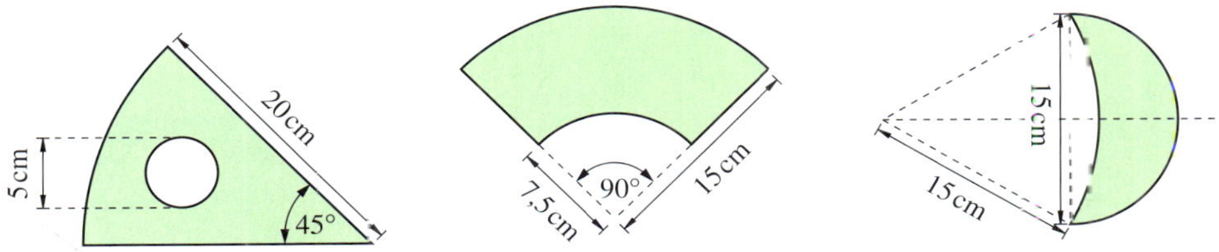

Fig. 4

Fig. 5

15 Der Spitzbogen eines gotischen Fensters besteht aus zwei Kreisbögen mit gleichem Radius $r = 1{,}60\ m$. Berechne zu Fig. 5 den Flächeninhalt des Fensters.

16 Zeichne zwei Kreise mit den Radien $r = 3\,cm$ so, dass die Kreislinie des einen jeweils durch den Mittelpunkt des anderen geht. Berechne den Inhalt des zu beiden Kreisen gehörenden Flächenstücks.

Winkel im Bogenmaß

17 Gib den im Gradmaß gegebenen Winkel als Vielfaches von π im Bogenmaß an.
a) 15° b) 75° c) 120° d) 135° e) 225° f) 315° g) 330° h) 345°

18 Rechne den im Bogenmaß gegebenen Winkel in das Gradmaß um.
a) $\frac{\pi}{10}$ b) $\frac{\pi}{5}$ c) $\frac{\pi}{8}$ d) $\frac{5\pi}{4}$ e) $\frac{2\pi}{3}$ f) $\frac{7\pi}{4}$ g) $\frac{5\pi}{6}$ h) $\frac{8\pi}{5}$
i) 1 k) 2 l) 2,5 m) 5 n) 0,82 o) 1,25 p) 2,83 q) 4,5

19 a) Begründe: Ist der Mittelpunktswinkel x eines Kreisausschnitts im Bogenmaß gegeben, so gilt für die Bogenlänge $b = x \cdot r$ und für den Flächeninhalt $A = \frac{1}{2} \cdot x \cdot r^2$.
b) Berechne die Bogenlänge und den Flächeninhalt für den Mittelpunktswinkel 0,5 im Bogenmaß und den Radius $r = 8{,}0\,cm$ ($r = 13{,}5\,cm$).

4 Näherungsverfahren zur Bestimmung von π

Näherungsverfahren von Archimedes

Die hier vorgestellten Näherungsverfahren sind geeignet, die Kreiszahl π auf beliebig viele Stellen genau zu berechnen. Dabei wird durchgehend auf die Angabe der Längeneinheit verzichtet. Du kannst dir als Längeneinheit z. B. stets cm oder dm vorstellen.

Um eine Näherung für π zu bestimmen, betrachtete Archimedes einen Einheitskreis, also einen Kreis mit $r = 1$, und darin eine Folge einbeschriebener regelmäßiger n-Ecke. Er beginnt mit einem Sechseck. Aus diesem Sechseck wird dann ein 12-Eck, ein 24-Eck, ein 48-Eck usw. konstruiert. Mit größer werdender Eckenzahl n erhält er aus den Umfängen dieser n-Ecke immer bessere Näherungen für den Kreisumfang $U = 2\pi$ des Einheitskreises und damit auch für π.

Das 6-Eck hat die Seitenlänge $s_6 = 1$.
Ist $\overline{AB} = s_n$ die Seitenlänge des regelmäßigen n-Ecks, so kann man mit Fig. 1 die Seitenlänge s_{2n} des 2n-Ecks bestimmen:

(1) $s_{2n}^2 = \overline{CD}^2 + \left(\frac{s_n}{2}\right)^2$

(2) $(1 - \overline{CD})^2 + \left(\frac{s_n}{2}\right)^2 = 1$

Die Begründung der einzelnen Schritte erfolgt mit Aufgabe 1.

Daraus ergibt sich durch Umformung:

(3) $\overline{CD} = 1 - \sqrt{1 - \left(\frac{s_n}{2}\right)^2}$.

Einsetzen in (1) und Termvereinfachung ergibt:

(4) $s_{2n}^2 = 2 - \sqrt{4 - s_n^2}$.

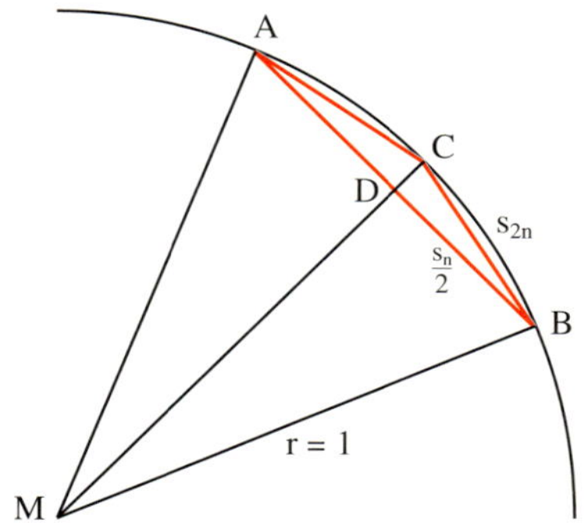

Fig. 1

Beginnt man nun mit $s_6 = 1$, so kann man mit (4) nacheinander $s_{12}, s_{24}, \ldots$, daraus die Umfänge der 12-, 24-, . . . Ecke und damit immer bessere Näherungen für π berechnen.

Aufgaben

1 a) Begründe an geeigneten Dreiecken die Gleichungen (1) und (2).
b) Rechne nach, dass sich aus (2) die Gleichung (3) ergibt.
c) Setze (3) in (1) ein und vereinfache. Ergibt sich (4)?

2 a) Rechne den in der Tabelle angegebenen Wert für s_{12} nach.
b) Fülle im Heft die Tabelle aus. Als Kontrolle für dich ist die Näherung für π bei n = 96 schon eingetragen.
c) Überprüfe, auf wie viele Nachkommastellen die Näherungen für π jeweils genau sind.

n	s_n	$n \cdot s_n = U_n$	$\frac{1}{2}U_n \approx \pi$
6	*1*	*6*	*3*
12	*0,5176381*		
24			
48			
96			*3,1410318*

Computer-Berechnung

***3** Will man s_{2n} mit dem Computer berechnen, so wird für kleine s_n (z. B. $s_n < 10^{-6}$):
$4 - s_n^2 = 4$ und damit $s_{2n} = \sqrt{2 - \sqrt{4 - s_n^2}} = 0$.
a) Zeige durch Erweiterung in (4), dass

(5) $s_{2n}^2 = \dfrac{s_n^2}{2 + \sqrt{4 - s_n^2}}$ gilt.

b) Erläutere die Programmstruktur. Berechne mit dem Computer weitere Näherungen für π.

Programmstruktur:

```
EINGABE k    (Zahl der Schritte)
SETZE q:=1   (q: Quadrat von s,
              Start mit 1)
WIEDERHOLE k-MAL
  SETZE q:=q/(2+sqrt(4-q))
SETZE p:=3*(2^k)*sqrt(q)
AUSGABE p
```

*Näherungsverfahren von Cusanus

Archimedes hat zur Bestimmung der Kreiszahl π einen Kreis mit dem Radius r = 1 vorgegeben und dazu Umfänge einbeschriebener n-Ecke bestimmt. Nikolaus von Kues (genannt Cusanus) ist einen „umgekehrten“ Weg gegangen:

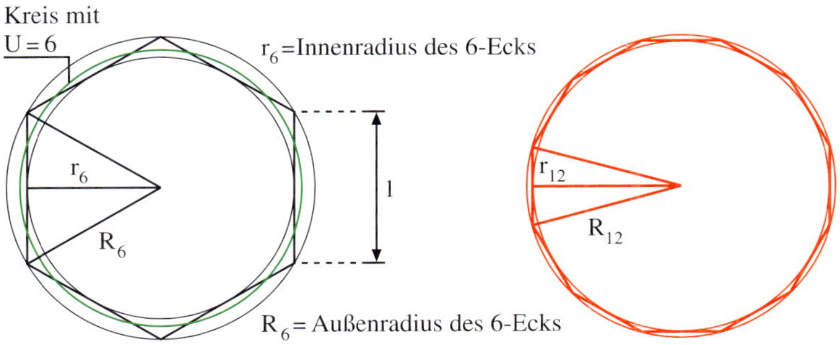

Fig. 1

Er betrachtet eine Folge von n-Ecken mit dem fest vorgegebenen Umfang U = 6. Dann berechnet er schrittweise den Innenradius r_n und den Außenradius R_n der n-Ecke mit diesem Umfang. Ihre Radien bilden eine Intervallschachtelung für den Radius des Kreises mit demselben Umfang U = 6. Wegen $\pi = \frac{U}{2r} = \frac{3}{r}$ bilden zugleich $\frac{3}{R_n}$ und $\frac{3}{r_n}$ eine Intervallschachtelung für π mit $\frac{3}{R_n} < \pi < \frac{3}{r_n}$.

Nikolaus von Kues (geb. 1401 in Kues an der Mosel, gest. 1464) war Philosoph und Theologe, er befasste sich auch mit mathematischen und physikalischen Fragen.

Die Begründung der einzelnen Schritte erfolgt mit Aufgabe 4.

Man beginnt mit einem Sechseck und verdoppelt jeweils die Eckenzahl:
Beim einem 6-Eck mit dem Umfang U = 6 hat jede Seite s_6 die Länge 1 und damit auch der Außenradius R_6, also $R_6 = 1$. Für den Innenradius r_6 gilt: $r_6^2 + \left(\frac{1}{2}s_6\right)^2 = R_6^2$, also $r_6^2 + \left(\frac{1}{2}\right)^2 = 1^2$, woraus sich $r_6 = \frac{1}{2}\sqrt{3}$ ergibt.
In Fig. 2 ist $\overline{AB}$ eine Seite des n-Ecks mit dem Umfang U = 6, also $\overline{AB} = \frac{6}{n}$. Damit ist

(1) $\overline{AM} = \overline{DM} = R_n$; $\overline{CM} = r_n$.

$\overline{A'B'}$ ist Mittelparallele im Dreieck ABD zur Seite $\overline{AB}$, somit

(2) $\overline{A'B'} = \frac{1}{2}\overline{AB} = \frac{6}{2n}$.

$\overline{A'B'}$ ist also Seite des 2n-Ecks mit dem Umfang U = 6. Damit ist

(3) $\overline{A'M} = R_{2n}$ und $\overline{C'M} = r_{2n}$.

Da $\overline{A'B'}$ Mittelparallele im Dreieck ABD ist, gilt $\overline{DC'} = \frac{1}{2}\overline{DC}$. Damit ist $R_n - r_{2n} = \frac{1}{2}(R_n - r_n)$, woraus folgt:

(4) $r_{2n} = \frac{r_n + R_n}{2}$.

Da A′ Mittelpunkt von $\overline{AD}$ ist, gilt:

(5) $\overline{A'M}$ ist senkrecht zu $\overline{AD}$.

Wegen (5) ist das Dreieck A′MD rechtwinklig bei A′, woraus folgt:

(6) $R_{2n}^2 = R_n \cdot r_{2n}$ bzw.

(7) $R_{2n} = \sqrt{R_n \cdot r_{2n}}$.

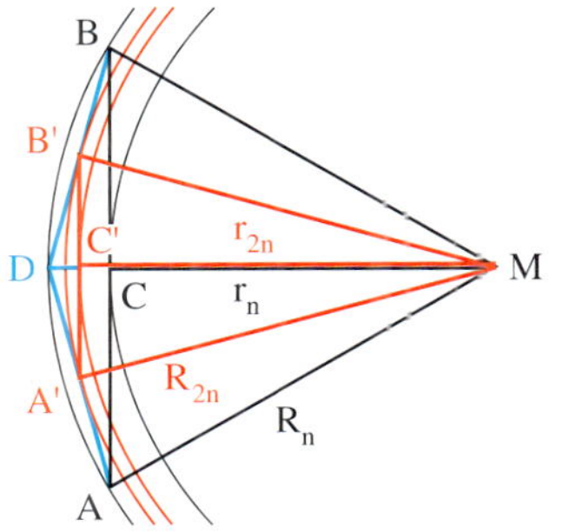

Fig. 2

Mit Hilfe von (4) und (7) lassen sich aus r_6 und R_6 die $r_{12}, r_{24}, \ldots$ und $R_{12}, R_{24}, \ldots$ und damit eine Intervallschachtelung für π bestimmen.

Aufgaben

***4** Begründe $r_6 = \frac{1}{2}\sqrt{3}$ und die Behauptungen (4) bis (7).

***5** a) Beginne mit $r_6 = \frac{1}{2}\sqrt{3} \approx 0{,}866025$ und $R_6 = 1$ und berechne damit die folgenden $r_{12}, R_{12}, r_{24}, R_{24}, \ldots$ bis R_{96}. Bestimme jeweils dazu $\frac{3}{R_n}$ und $\frac{3}{r_n}$.
b) Auf wie viele Stellen genau hast du auf diese Art die Kreiszahl π bestimmt?

Computer-Berechnung

***6** Schreibe ein Programm zum Näherungsverfahren von Cusanus. Berechne weitere Näherungen für π.

5 Vermischte Aufgaben

1 Bestimme den Flächeninhalt und den Umfang der Kreisbogenfiguren. Die markierten Punkte stellen jeweils einen Kreismittelpunkt dar.

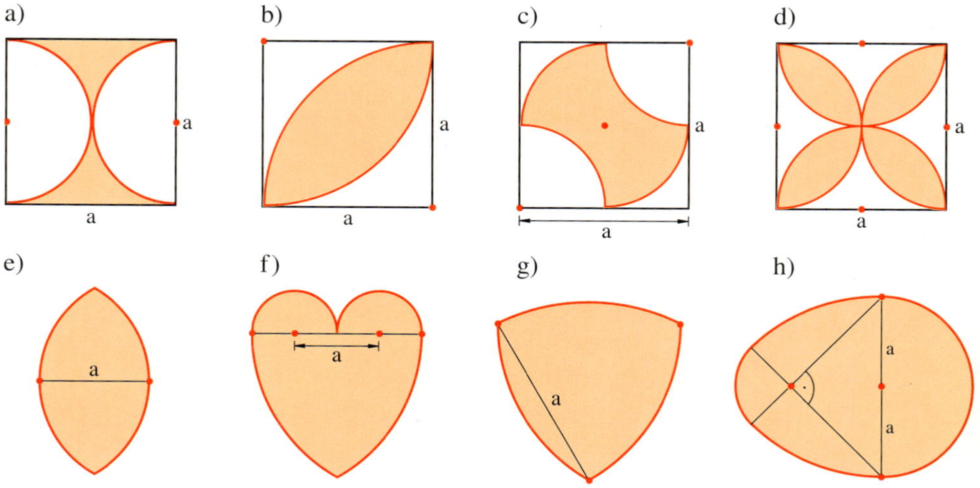

Fig. 1

2 a) Zeige: Zeichnet man über den Seiten eines rechtwinkligen Dreiecks Halbkreise, so sind die Flächeninhalte der Halbkreise über den Katheten zusammen ebenso groß wie der Flächeninhalt des Halbkreises über der Hypotenuse.
b) Vergleiche auch die Länge der Halbkreisbögen über den Katheten mit der Länge des Halbkreisbogens über der Hypotenuse.

3 a) Zeige, dass die in Fig. 2 gefärbte Fläche den gleichen Inhalt wie der Kreis hat.
b) Vergleiche die Flächeninhalte der vier Kreisteile in Fig. 3.

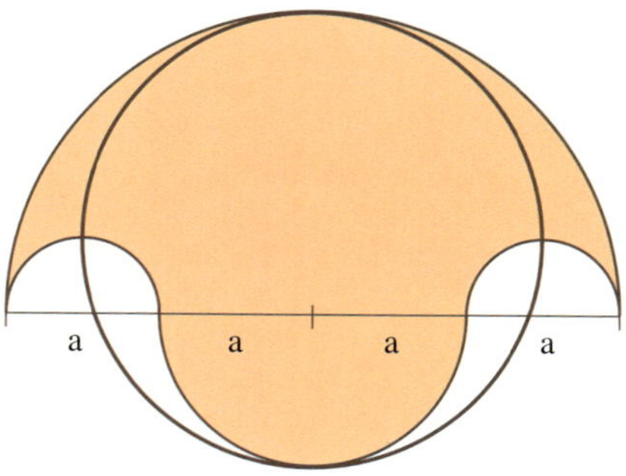

Fig. 2

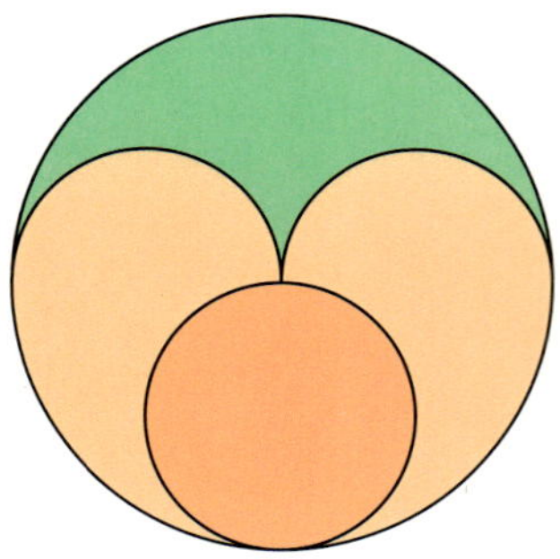

Fig. 3

4 Der Flächeninhalt eines Kreisringes soll einen dreimal so großen Flächeninhalt wie sein „Loch" haben. Der äußere Radius r ist gegeben. Bestimme daraus den inneren Radius.

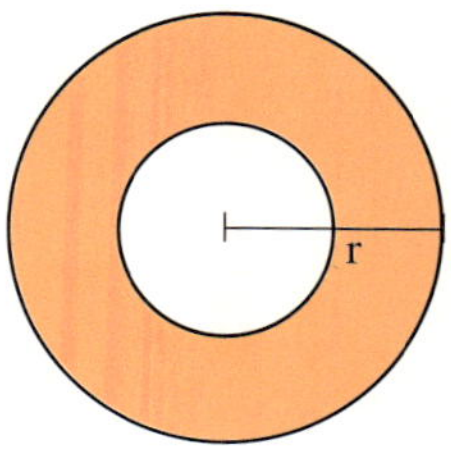

Fig. 4

5 a) Wie ändert sich der Flächeninhalt eines Kreises, wenn man seinen Durchmesser (seinen Umfang) verdoppelt?
b) Wie ändert sich der Flächeninhalt eines Kreisausschnitts, wenn man seinen Mittelpunktswinkel (den Radius) verdoppelt?

6 Das Pulvermaar in der Eifel ist ein fast kreisförmiger See vulkanischen Ursprungs. Sein Durchmesser beträgt ungefähr 700 m.
a) Wie groß ist der Umfang des Maars? Kannst du in einer Stunde um das Maar herumwandern?
b) Wie viel ha ist das Maar groß?

Fig. 1

7 Am 30. Juni 1908 schlug in Sibirien ein Riesenmeteorit ein. Die Druckwelle richtete bis 65 km Entfernung vom Einschlagzentrum Zerstörungen an. Wie viel km^2 war die betroffene Fläche groß?

Die Dicke des Seils kannst du vernachlässigen.

8 Um den Wassereimer aus dem alten Brunnen heraufzuholen, muss man die Winde 13-mal drehen. Dabei wickelt sich das Seil um die Trommel. Sie hat einen Durchmesser von 20 cm. Wie tief ist der Brunnen?

Fig. 2

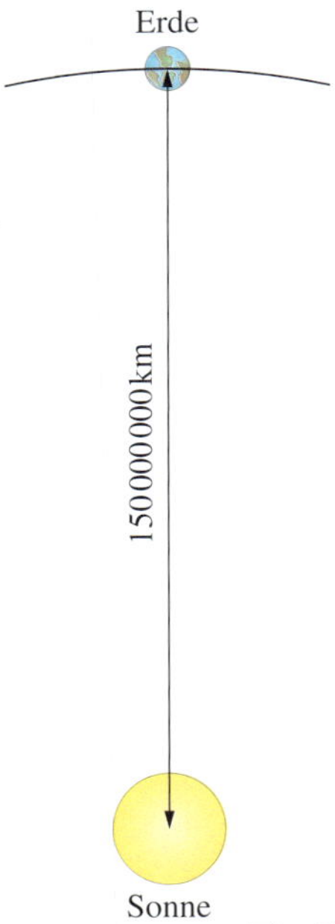

Fig. 5

9 Bei einem Ölbrenner hat die Düse eine Bohrung mit $0{,}5\,mm^2$ Querschnitt. Berechne den Durchmesser der Bohrung.

10 Welche Entfernung legt die Erde in einem Jahr (an einem Tag, in einer Stunde) auf ihrer Kreisbahn um die Sonne zurück?

11 Eine Unterlegscheibe soll einen Flächeninhalt von $200\,mm^2$ haben. Bestimme den Außenradius, wenn der Innendurchmesser 5 mm (8 mm, 10 mm) beträgt.

12 Die Innenfläche eines Stadions besteht aus einem Rechteck mit zwei angesetzten Halbkreisen mit einem Radius von $r = 36{,}90$ m. Die innere der herumführenden Laufbahnen hat innen eine Länge von 400 m.
a) Wie lang sind die geraden Stücke der Laufbahn?
b) Welche Kurvenvorgabe muss ein Läufer auf der zweiten Bahn von innen bekommen, wenn die Laufbahn 1,22 m breit ist?

Fig. 3

13 Ein Wagen, dessen Räder der Hinterachse einen Abstand von 1,60 m haben, fährt auf einer Kreisbahn. Dabei dreht sich das Außenrad $\frac{5}{4}$-mal so schnell wie das Innenrad. Welchen Umfang hat der Kreis, den das Außenrad beschreibt?

14 Ein Stück glattes Blech soll zu Wellblech verformt werden, dessen Querschnitt sich aus aufeinander folgenden Halbkreisen mit dem Radius r zusammensetzt.
a) Wie viel Meter glattes Blech braucht man für 1 m Wellblech?
b) Wie hängt der Materialverbrauch vom Radius r ab?

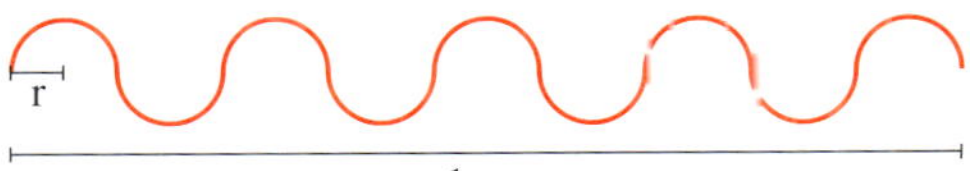

Fig. 4

Näherungen für π

15 Die Kraftfahrzeugsteuer wird bei Hubkolbenmotoren nach dem Hubraum berechnet. Dabei wird der Zylinderquerschnitt A nach der Formel $A = 0{,}78 \cdot d^2$ aus dem Zylinderdurchmesser d berechnet. Welche Näherung für π wird dabei verwendet?

16 Handwerker benutzten früher oft als „Formel" für den Kreisumfang: „Durchmesser mal 3 plus 5 %". Mit welcher Näherung für π wurde gerechnet?

Dürer kannte $3\frac{1}{7}$ als Näherung für π, er wusste auch, dass „die Gelehrten" noch keinen genaueren Wert für π gefunden hatten. Er wollte mit Fig. 1 eine bequeme Näherungskonstruktion angeben.

17 Albrecht Dürer (1471–1528) war nicht nur ein bedeutender Maler, er hat sich auch viel mit Geometrie beschäftigt.
In seinem Buch „Underwysung der messung" gibt er an, wie man zu einem Quadrat einen Kreis finden kann, der ungefähr denselben Inhalt wie das Quadrat hat:
Zeichne in das Quadrat die Diagonale und zerlege sie in 10 gleiche Teile. Nimm 8 Teile als Durchmesser des Kreises. Welchem Wert von π entspricht diese Näherung?

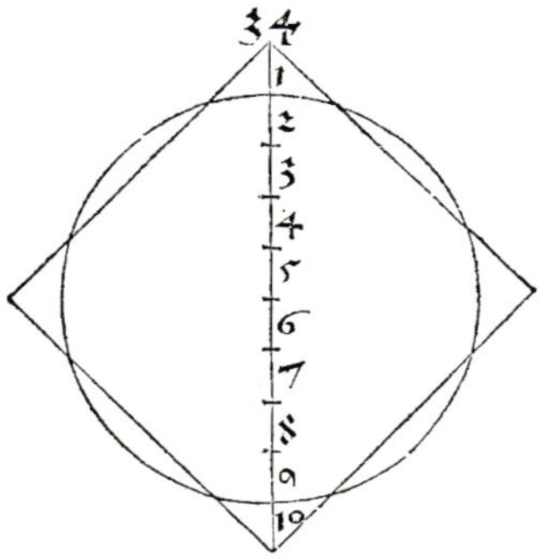

Fig. 1

18 a) Vor etwa 2000 Jahren wurde der Flächeninhalt des Kreisabschnitts näherungsweise als ein Trapez berechnet, wobei die kleinere der zueinander parallelen Seiten so lang wie die Höhe h des Abschnitts gewählt wurde: $A = \frac{s+h}{2} \cdot h$.
Berechne für den Fall $s = r$ den Flächeninhalt des Kreisabschnitts mit der Formel von Seite 99 und mit der alten Näherungsformel. Wie viel Prozent beträgt die Abweichung?

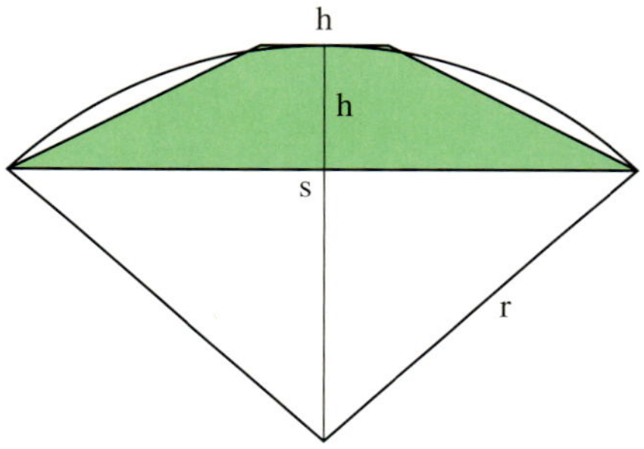

Fig. 2

b) Welche Formel ergibt sich aus $A = \frac{s+h}{2} \cdot h$ für den Sonderfall des Halbkreises?

Auf Heron von Alexandria (1. Jh. n. Chr.) geht auch der Heron-Algorithmus zur näherungsweisen Bestimmung von Quadratwurzeln zurück.

c) Heron von Alexandria gibt als verbesserte Formel für den Kreisabschnitt an:
$A = \frac{s+h}{2} \cdot h + \frac{\left(\frac{s}{2}\right)^2}{14}$. Schreibe diese Formel für den Sonderfall des Halbkreises auf und vereinfache sie. Welche Näherung für π ergibt sich?

Die Näherung für π in Aufgabe 19 hat Vieta gefunden (vgl. den Lesetext auf Seite 96/97). Die hier beschriebene Konstruktion stammt von Theophil Lambacher (1936), dem Mitbegründer und Namensgeber dieses Mathe-Buches.

***19** In Fig. 3 ist für $r = 1$ der Umfang des Dreiecks ABC eine Näherung für π.
a) Begründe
(1) $\overline{BD} = \sqrt{5}$
(2) $\overline{BC} \cdot \sqrt{5} = 1 \cdot 3$, also $\overline{BC} = \frac{3}{\sqrt{5}} = \sqrt{1{,}8}$
(3) $\overline{AB} : 2 = \frac{3}{\sqrt{5}} : \sqrt{5}$, also $\overline{AB} = 1{,}2$
(4) $\overline{AC} : 1 = \frac{3}{\sqrt{5}} : \sqrt{5}$, also $\overline{AC} = 0{,}6$

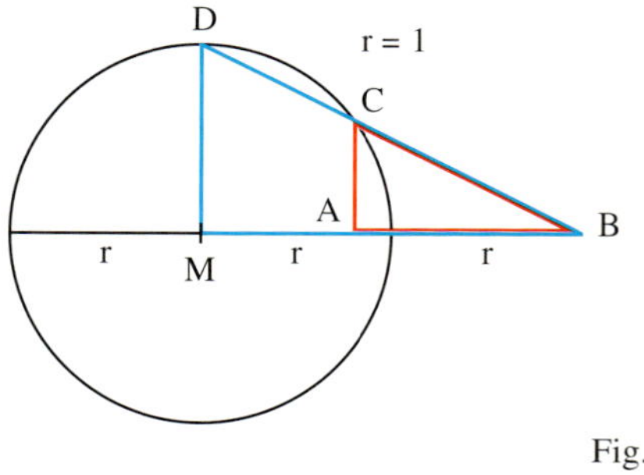

Fig. 3

b) Bestimme mit (2)–(4) den Umfang des Dreiecks ABC und damit eine Näherung für π. Auf wie viele Nachkommastellen ist sie genau?

THEMA:

Quadraturen

Unter der **Quadratur** einer Fläche versteht man die Konstruktion eines inhaltsgleichen Quadrats.

1 Welche Quadraturen sind in Fig. 1 dargestellt? Begründe, dass jeweils die gelbe Fläche den gleichen Flächeninhalt hat wie das grüne Quadrat.

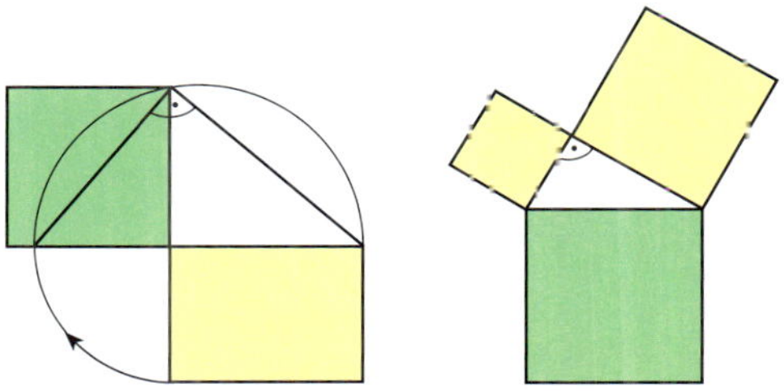

Fig. 1

2 Zeige, dass die gelbe Fläche den gleichen Inhalt wie die grüne hat. Gib auch die Seitenlänge eines Quadrats mit gleichem Inhalt an.

Die gelben Flächen in a) bis c) heißen auch „Möndchen des Hippokrates“ nach Hippokrates von Chios, um 440 v. Chr.

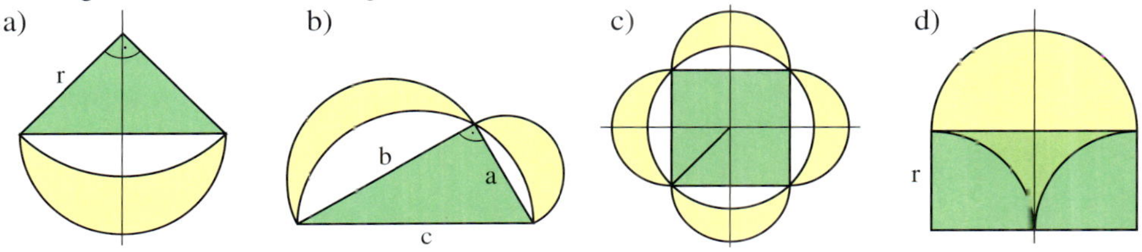

Fig. 2

3 Zeige, dass in Fig. 3 der Kreis und die „Sichel“ den gleichen Flächeninhalt haben.

4 Welche Seitenlänge hat ein Quadrat, das den gleichen Flächeninhalt hat wie ein Kreis mit dem Radius $r = 1$?

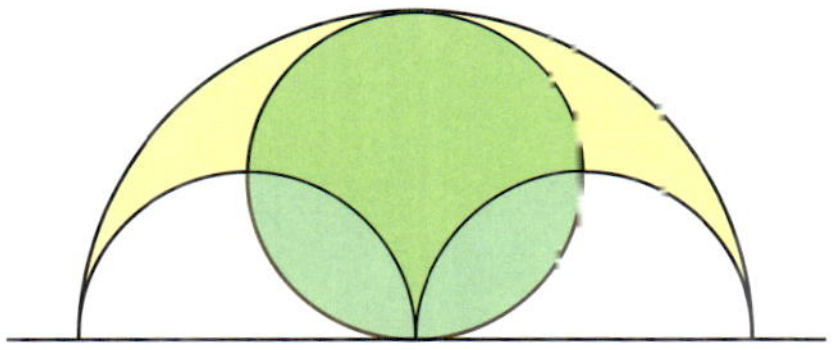

Fig. 3

Wenn etwas als unmöglich gilt, vergleicht man dies häufig mit der Quadratur des Kreises.

Zu den berühmtesten geometrischen Problemen der Antike gehört die **Quadratur des Kreises** mit Zirkel und Lineal. Besondere Teile des Kreises wie in Fig. 2 kann man so in ein inhaltsgleiches Quadrat verwandeln. Für den ganzen Kreis ist dies nicht möglich, wie erst 1882 der deutsche Mathematiker Carl Lindemann beweisen konnte. Er zeigte, dass man π (und damit auch $\sqrt{\pi}$) nicht mit Zirkel und Lineal konstruieren kann.

Führt man die Konstruktion von Aufgabe 17 der Seite gegenüber „andersherum“ aus, so erhält man eine sehr „grobe“ Quadratur des Kreises.

5 Eine besonders gute Näherungskonstruktion für π stammt von A. Kochanski (1685):

(1) Zeichne einen Kreis um M mit dem Durchmesser $\overline{AA'}$ und die Tangente in A.

(2) Konstruiere mit Hilfe eines gleichseitigen Dreiecks einen Winkel von 30° an $\overline{MA}$. Nenne den Schnittpunkt des zweiten Schenkels mit der Tangente C.

(3) Trage auf der Tangente von C aus dreimal den Radius r ab. Nenne den Endpunkt D. Dann gilt $\overline{A'D} \approx r \cdot \pi$.

a) Führe die Konstruktion für einen Kreis mit $r = 5\,\text{cm}$ aus. Miss die Länge von $\overline{A'D}$ und bestimme damit eine Näherung für π.

*b) Begründe an den Dreiecken CAM und A′AD: $\overline{A'D} = r \cdot \sqrt{13\tfrac{1}{3} - 2\sqrt{3}}$.
Wie genau ist die Näherung $\pi \approx \sqrt{13\tfrac{1}{3} - 2\sqrt{3}}$?

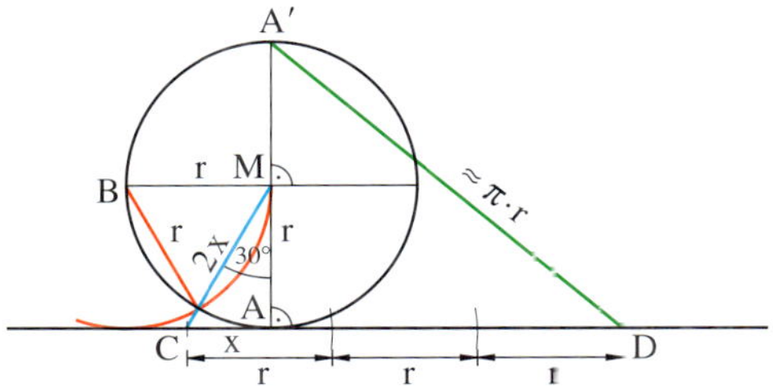

Fig. 4

Die Geschichte der Zahl π

Eine historische Quelle zur Geschichte der Kreiszahl π ist auch die Bibel. Im Alten Testament werden im Bericht über Salomons Tempelbau (um 950 v. Chr.) verschiedene Tempelgeräte beschrieben, darunter auch ein riesiges Gefäß, das für Waschungen der Priester gedacht war.

Fig. 1

In der Einheitsübersetzung von 1978 heißt es (1. Könige 7,23):

> *Dann machte er das „Meer". Es wurde aus Bronze gegossen und maß zehn Ellen von einem Rand zum anderen; es war völlig rund und fünf Ellen hoch. Eine Schnur von dreißig Ellen konnte es rings umspannen.*

Mit „völlig rund" ist sichtlich kreisförmig gemeint, also ist nach der Bibel $\pi = \frac{U}{d} = \frac{30}{10} = 3.$

Die Näherung $\pi \approx 3$ entspricht dem altbabylonischen Wert für π; es gibt aber ältere und wesentlich bessere Näherungen.

Die Ägypter kannten schon etwa 2000 Jahre vor Christus eine sehr genaue Berechnung des Flächeninhalts des Kreises. Im Papyrus Rhind (um 1700 v. Chr.), den du von früheren Lesetexten schon kennst, findet sich eine Darstellung dazu.

Um den Kreis wurde ein Quadrat gezeichnet, dessen Seitenlänge gleich dem Kreisdurchmesser d ist. Dann zerlegte man das Quadrat in 9 gleich große Teilquadrate. Als Näherung für den Flächeninhalt des Kreises wurde der Flächeninhalt des Achtecks in Fig. 2 genommen, also 7 der 9 Teilquadrate des Durchmesser-Quadrats:

$$A \approx \frac{7}{9} d^2.$$

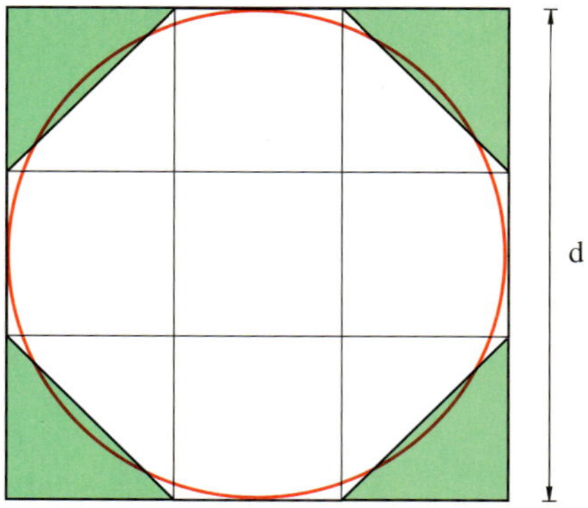

Fig. 2

Da man aber den Flächeninhalt als Quadrat einer Länge haben wollte (was schon der Idee der Quadratur entspricht), wurde weitergerechnet:

$$A \approx \frac{7}{9} d^2 = \frac{63}{81} d^2 \approx \frac{64}{81} d^2 = \left(\frac{8}{9} d\right)^2$$

Setzt man nun $d = 2r$, so ergibt sich

$$A \approx \left(\frac{8}{9} \cdot 2r\right)^2 = \left(\frac{16}{9}\right)^2 \cdot r^2.$$

Mit $\pi \approx \left(\frac{16}{9}\right)^2 = 3{,}16049\ldots \approx 3{,}16$

wurde vor 4000 Jahren eine Näherung für π gefunden, die sich um weniger als 1 % vom richtigen Wert unterscheidet.

Im Laufe der Zeit wurden immer bessere Näherungen für π bestimmt. Der heute übliche Wert stammt von Archimedes (287–212 v. Chr.). Er hat den Umfang des Kreises durch Annäherung durch ein 96-Eck bestimmt und dabei gefunden:

$$3\tfrac{10}{71} < \pi < 3\tfrac{1}{7},$$

wobei für die mathematische Praxis $\pi \approx 3\frac{1}{7}$ benutzt wurde, was in heutiger dezimaler Schreibweise $\pi \approx 3\frac{1}{7} \approx 3{,}14$ entspricht. Das Näherungsverfahren des Archimedes ist auf Seite 90 beschrieben.

Aus der Schachtelung des Archimedes bestimmte Ptolemäus (85–165 n. Chr.) durch „angenäherte Mittelbildung" $\pi \approx 3\frac{17}{120}$. Er rechnete dabei wie in der babylonischen Mathematik mit 60er-Brüchen:

$$3\tfrac{1}{7} \approx 3\tfrac{8}{60} + \tfrac{27}{3600}; \quad 3\tfrac{10}{71} \approx 3\tfrac{8}{60} + \tfrac{34}{3600},$$

woraus er als Mittelwert $3\frac{8}{60} + \frac{30}{3600} = 3\frac{17}{120}$ bildete.

$\pi = 3{,}1415926535897932384626433832795028841971693993751058209749445923078164062862089986280348253421170679821480865132823066470938446095505822317253594081284811174502841\,02\ldots$

In der chinesischen Mathematik wurde anfangs mit $\pi = 3$ gerechnet. Liu Hui (um 250 n. Chr.) bestimmte mit Hilfe eines 192-Ecks eine Schachtelung für π, später berechnete er an einem 3072-Eck

$$\pi \approx \frac{3927}{1250} = 3{,}1416.$$

Im 5. Jahrhundert n. Chr. findet sich bei Tsu Chung-chih $\pi \approx \frac{355}{113}$. Dies ist, wie man mit Hilfe von Kettenbrüchen zeigen kann (vgl. die Themenseite über Kettenbrüche im Band 9), die bestmögliche Näherung für π durch einen gewöhnlichen Bruch, dessen Nenner kleiner als 1000 ist. Eine Vorstellung über die Genauigkeit dieser Näherung erhält man, wenn man sie als Dezimalbruch schreibt. Es ergibt sich

$$\pi \approx \frac{355}{113} = 3{,}141\,592\,92\ldots$$

Dieser Wert ist auf 6 Dezimalen genau.

Ludolph van Ceulen (1540–1610) berechnete schließlich nach der Idee von Archimedes am 2^{62}-Eck (2^{62} ist im Zehnersystem geschrieben eine Zahl mit 19 Ziffern!) die Zahl π auf 35 Dezimalen genau. Er war auf diese Leistung so stolz, dass er in seinem Testament festlegte, dass diese Zahl auf seinem Grabstein eingemeißelt werden soll. Bis zum Ende des 19. Jahrhunderts nannte man ihm zu Ehren π die Ludolphsche Zahl.

Neben Näherungswerten in Form von Brüchen, also rationalen Zahlen, hat man auch versucht, Näherungen durch Quadratwurzeln anzugeben. Bei Brahmagupta (598–etwa 665 n. Chr.), einem indischen Mathematiker, findet man mit $\pi \approx \sqrt{10}$ einen relativ ungenauen Wert. Dagegen ist die von dem französischen Juristen und Mathematiker Jean François Viète (1540–1603), auch Vieta genannt (vgl. den Satz von Vieta für quadratische Gleichungen), gefundene Näherung $\pi \approx 1{,}8 + \sqrt{1{,}8}$ auf drei Dezimalen genau.
Hierher gehört auch die von Kochanski 1685 angegebene Näherung

$$\pi \approx \sqrt{13\tfrac{1}{3} - 2\sqrt{3}}\,,\ \text{vgl.}$$

Aufgabe 5 zwei Seiten zuvor.

6,28,
two π
or not two π
that is the question

Hamlet as mathematician?

Leider wird im Englischen jedoch π als „pai" ausgesprochen

Wesentliche Fortschritte zur Bestimmung von π brachten neue Ideen zu Näherungsverfahren wie z. B. das von Nikolaus von Kues (vgl. Seite 91). Auf der anderen Seite versuchte man, π durch unendliche Produkte oder Summen zu beschreiben. Die bekannteste Darstellung stammt von Gottfried Leibniz (1646–1716):

$$\frac{\pi}{4} = 1 - \frac{1}{3} + \frac{1}{5} - \frac{1}{7} + \frac{1}{9} - \frac{1}{11} + - \ldots$$

Für eine praktische Berechnung der Zahl π ist diese Darstellung aber ungeeignet. Um z. B. π auf nur zwei Dezimalen genau zu erhalten, muss man etwa 300 Schritte rechnen. Besser geeignet ist z. B.

$$\pi = 2 \cdot \sqrt{3} \cdot \left(1 - \frac{1}{3 \cdot 3} + \frac{1}{3^2 \cdot 5} - \frac{1}{3^3 \cdot 7} + \frac{1}{3^4 \cdot 9} - + \ldots\right),$$

womit der englische Astronom Abraham Sharp (1651–1742) die Zahl π auf 72 Dezimalen genau berechnete. Heute hat man π mit Hilfe von Computern auf über eine Milliarde Dezimalen genau berechnet.

Zum Schluss ein „literarischer" Spaß:
Weinmeister hat 1878 einen Merkvers für die Zahl π gedichtet. Notiert man zu jedem Wort die Anzahl der Buchstaben, so erhält man π auf 23 Dezimalen:

3 , 1 4 1 . . .
Wie, o dies π
macht ernstlich so vielen viele Müh!
Lernt immerhin, Jünglinge, leichte Verselein,
wie so zum Beispiel dies dürfte zu merken sein.

„Jünglinge" lässt sich hierbei auch durch „Mägdelein" ersetzen, ohne dass sich die beschriebene Näherung für π ändert.

Rückblick

Umfang und Flächeninhalt eines Kreises

Ein Kreis mit dem Radius r hat
den Umfang: $U = 2 \cdot r \cdot \pi$;
den Flächeninhalt: $A = r^2 \cdot \pi$.

Dabei gilt für die Kreiszahl π:
$\pi \approx 3{,}14$ bzw. $\pi \approx \frac{22}{7}$.

π ist eine irrationale Zahl.

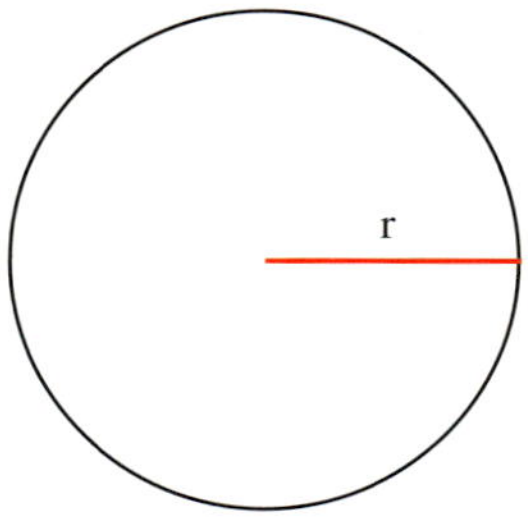

Ein Kreis hat den Durchmesser $d = 5{,}4\,m$.
Der Radius beträgt dann $r = 2{,}7\,m$.
Flächeninhalt:
$A = r^2 \cdot \pi$
$A = (2{,}7\,m)^2 \cdot \pi$
$= 7{,}29 \cdot \pi\ m^2 \approx 22{,}9\,m^2$
Umfang:
$U = 2r \cdot \pi = d \cdot \pi$
$U = 5{,}4\,m \cdot \pi$
$= 5{,}4 \cdot \pi\ m \approx 17{,}0\,m$

Kreisteile

Flächeninhalt A des **Kreisausschnitts** mit dem Mittelpunktswinkel α:
$A = \frac{\alpha}{360°} \cdot r^2 \cdot \pi$
Länge b des **Kreisbogens**:
$b = \frac{\alpha}{180°} \cdot r \cdot \pi$

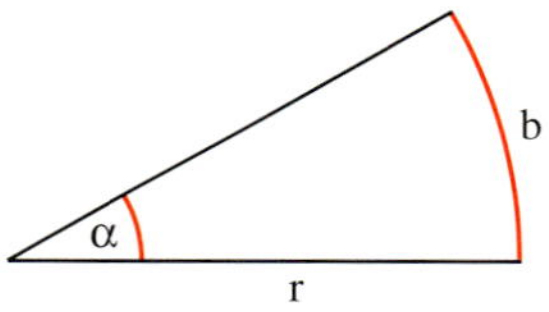

Zusammenhang zwischen Flächeninhalt A des Kreisausschnitts und Länge b des Kreisbogens: $A = \frac{1}{2} \cdot b \cdot r$

Ein Kreisausschnitt hat den Mittelpunktswinkel $\alpha = 75°$ und den Radius $r = 6{,}0\,cm$.
Länge des Bogens:
$b = \frac{\alpha}{180°} \cdot r \cdot \pi$
$b = \frac{75°}{180°} \cdot 6\,cm \cdot \pi$
$= 2{,}5 \cdot \pi\ cm \approx 7{,}85\,cm$
Flächeninhalt des Kreisausschnitts:
$A = \frac{1}{2} \cdot b \cdot r$
$A = \frac{1}{2} \cdot 2{,}5 \cdot \pi\ cm \cdot 6\,cm$
$= 7{,}5 \cdot \pi\ cm^2 \approx 23{,}6\,cm^2$

Bogenmaß

Ist α die Größe eines Winkels in Grad und x das entsprechende Bogenmaß, so gilt:
$x = \frac{\alpha}{180°} \cdot \pi$ und $\alpha = \frac{x}{\pi} \cdot 180°$

Beachte: Das Bogenmaß wird als eine reelle Zahl ohne Maßeinheit angegeben.

Umrechnung vom Gradmaß in das Bogenmaß: $\alpha = 30°$
$x = \frac{30°}{180°} \cdot \pi = \frac{\pi}{6} \approx 0{,}52$

Umrechnung vom Bogenmaß in das Gradmaß: $x = 0{,}7$
$\alpha = \frac{0{,}7}{\pi} \cdot 180° = \frac{126°}{\pi} \approx 40{,}1°$

Aufgaben zum Üben und Wiederholen

1 Berechne für einen Kreis mit dem Radius r, dem Durchmesser d, dem Umfang U und dem Flächeninhalt A die jeweils fehlenden Größen.
a) $r = 3{,}58\,m$ b) $U = 77\,cm$ c) $A = 5{,}0\,cm^2$
d) $d = 1{,}00\,m$ e) $U = 14\pi\,cm$ f) $A = 5{,}29\pi\,m^2$

2 Ein Ausschnitt eines Kreises mit dem Radius r hat den Mittelpunktswinkel α, die Bogenlänge b und den Flächeninhalt A. Berechne die fehlenden Größen.
a) $r = 9{,}5\,cm$; $\alpha = 35°$ b) $b = 7{,}5\,cm$; $r = 2{,}5\,cm$
c) $b = 12\,cm$; $\alpha = 60°$ d) $A = 17{,}6\,cm^2$; $r = 4\,cm$

3 Ein Rohr hat einen Innendurchmesser von 70 mm. Berechne den Flächeninhalt seines Querschnitts in cm^2.

4 Ein Kupferkabel soll einen Querschnitt von mindestens $2{,}5\,mm^2$ haben. Berechne den benötigten Durchmesser des Kabels.

5 Ein Baumstamm hat einen Umfang von 1,62 m. Berechne den Flächeninhalt seines Querschnitts.

6 Ein rundes Beet in der Form von Fig. 1 soll mit Tulpenzwiebeln bepflanzt werden, im inneren Teil sollen rote Tulpen blühen, im äußeren Teil gelbe. Man rechnet mit 80 Zwiebeln je m^2. Wie viele „rote" und wie viele „gelbe" Zwiebeln werden benötigt?

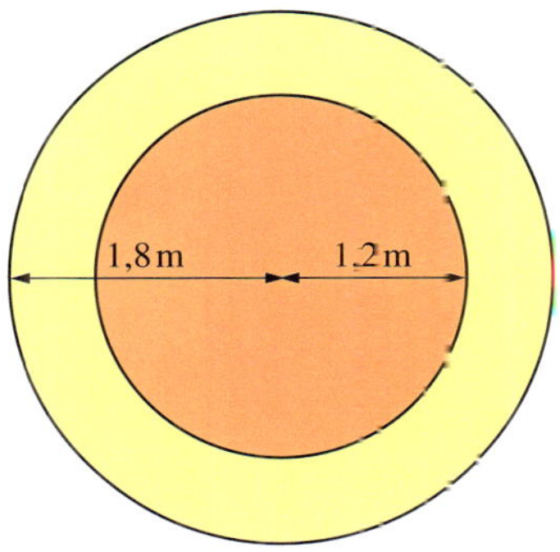

Fig. 1

7 Ein $10\,m^2$ großes kreisförmiges Blumenbeet soll ringförmig mit einer ebenfalls $10\,m^2$ großen Rasenfläche umgeben werden. Wie breit wird diese?

8 Die Sonne ist etwa 150 Millionen km von der Erde entfernt. Man sieht sie von der Erde aus unter einem Winkel α von 0,53° (Fig. 2). Berechne die Länge des Bogens b als Näherung für den Sonnendurchmesser d.

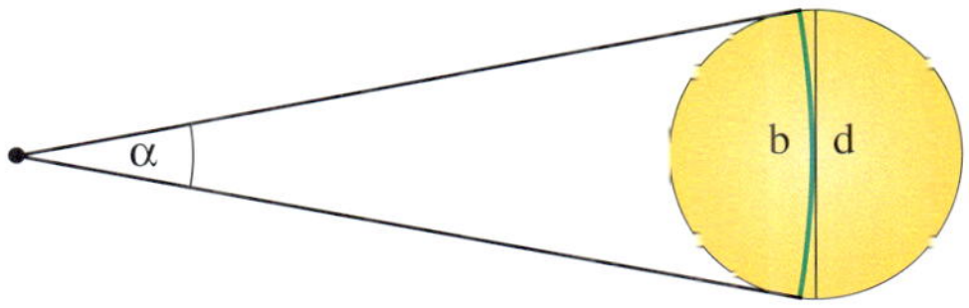

Fig. 2

9 In Fig. 3 ist ein Kreis durch Halbkreise in vier Teile geteilt; der eingezeichnete Durchmesser wird dabei geviertelt. Untersuche, ob die Flächeninhalte (die Umfänge) der vier Kreisteile gleich sind.

10€ Drei Münzen mit einem Durchmesser von je 21,25 mm liegen so auf einem Tisch, dass sie sich paarweise berühren. Berechne den Umfang und den Flächeninhalt der zwischen den Münzen eingeschlossenen Fläche.

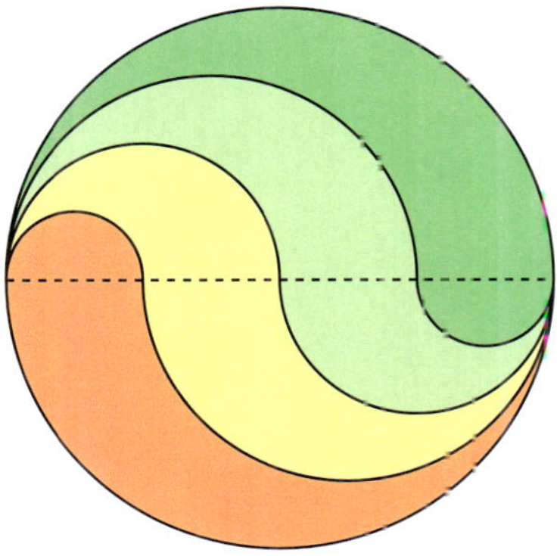
Fig. 3

Die Lösungen zu den Aufgaben dieser Seite findest du auf Seite 210.

1 Projektionen

Fig. 1

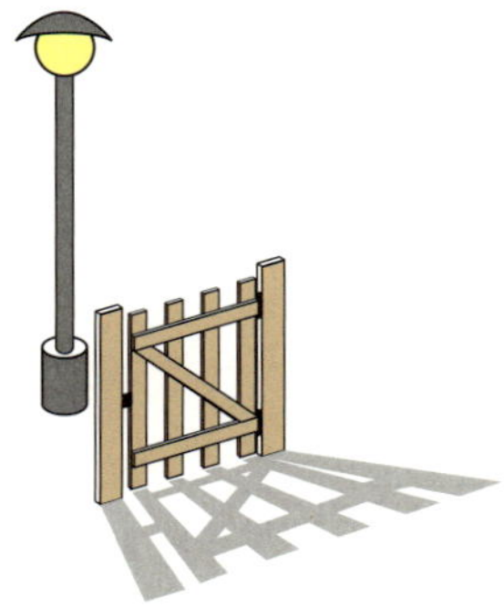

Fig. 2

1 Vergleiche jeweils den Schatten des Gartentors bei Sonnenlicht (Fig. 1) und seinen Schatten nachts durch das Licht der danebenstehenden Laterne (Fig. 2) mit dem Gartentor selbst. Achte auf die Form von Vierecken, auf Längen, auf Richtungen.

Fig. 3

2 Nimm eine Postkarte und einen Zeichenblock. Untersuche, welche möglichen Formen der Schatten der Postkarte auf dem Zeichenblock haben kann
a) bei Sonnenlicht,
b) bei dem Licht einer Glühlampe.
Beschreibe dazu auch jeweils die Lage der Postkarte und des Zeichenblocks zueinander und zur Lichtquelle.

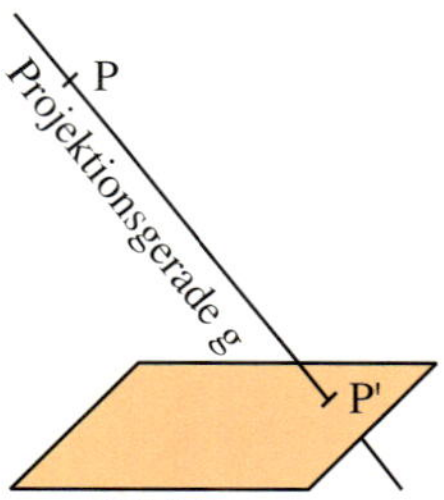

Fig. 4

Unter einer **Projektion** versteht man eine Abbildung des Raumes auf eine Ebene (die so genannte Bildebene) mit Hilfe von Geraden, den **Projektionsgeraden**.
Zu einem Punkt P des Raumes betrachtet man die durch P gehende Projektionsgerade g. Allen Punkten auf g wird der Schnittpunkt P′ von g mit der Bildebene zugeordnet (Fig. 4).
Sind die Projektionsgeraden zueinander parallel, so spricht man von einer **Parallelprojektion**; gehen die Projektionsgeraden alle durch einen festen Punkt des Raumes, so spricht man von einer **Zentralprojektion**.

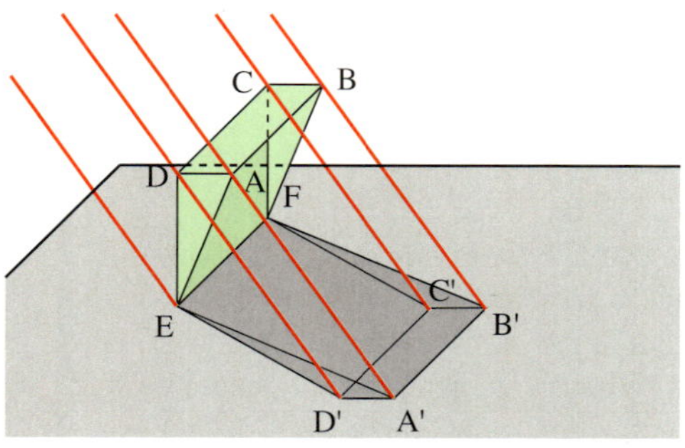

Parallelprojektion

Fig. 5

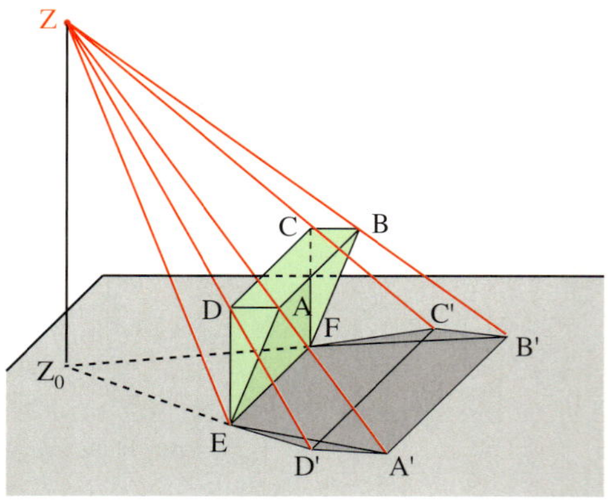

Zentralprojektion

Fig. 6

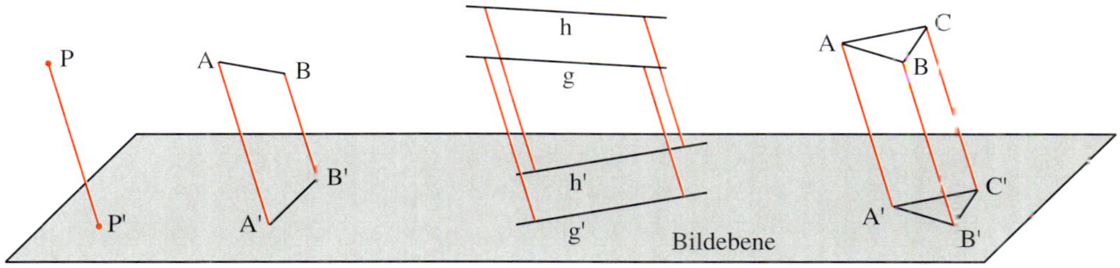

Fig. 1

Fig. 1 veranschaulicht die folgenden Eigenschaften der Parallelprojektion.

Die Eigenschaften (1) und (2) gelten nur für Geraden und Strecken, die nicht parallel zu den Projektionsgeraden liegen.

Eigenschaften der Parallelprojektion:
(1) Geraden werden auf Geraden, Strecken auf Strecken abgebildet.
(2) Zueinander parallele Geraden werden auf zueinander parallele Geraden abgebildet.
(3) Zur Bildebene parallele Figuren werden auf kongruente Figuren abgebildet.

Beispiel
Beschreibe das Bild eines Rechtecks bei Parallelprojektion. Denke auch an Sonderfälle.
Lösung:

Vergleiche auch mit den Ergebnissen von Aufgabe 2a.

Im Allgemeinen gilt: Das Bild ist ein Parallelogramm (wegen Eigenschaft (1) und (2)).
Sonderfälle: Liegt das Rechteck parallel zur Bildebene, so ist das Bild wieder ein Rechteck (Eigenschaft (3)). Ist ein Seitenpaar des Rechtecks parallel zu den Projektionsgeraden, so ist das Bild eine Strecke.

Aufgaben

Überprüfe deine Ergebnisse von Aufgabe 3 und 4 durch Ausprobieren.

3 Welche der im Kasten aufgeführten Eigenschaften der Parallelprojektion gelten auch für die Zentralprojektion?

4 Beschreibe für eine Parallelprojektion die möglichen Bilder
a) eines Parallelogramms, b) einer Raute, c) eines Quadrats,
d) eines gleichschenkligen Trapezes, e) eines gleichseitigen Dreiecks.

5 Zeige an einem Beispiel, dass bei einer Parallelprojektion rechte Winkel im Allgemeinen keine rechten Winkel als Bilder haben.

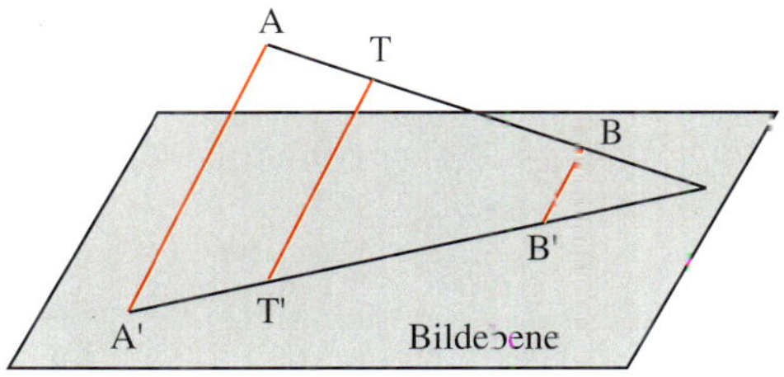

Fig. 2

6 a) Begründe mit Hilfe eines Strahlensatzes an Fig. 2: Das Verhältnis, in dem ein Punkt T eine Strecke $\overline{AB}$ teilt, bleibt bei einer Parallelprojektion unverändert:
$\frac{\overline{AT}}{\overline{TB}} = \frac{\overline{A'T'}}{\overline{T'B'}}$.
b) Auf was für eine Strecke wird bei einer Parallelprojektion die Mittellinie (die Seitenhalbierende, der Schwerpunkt) eines Dreiecks abgebildet?

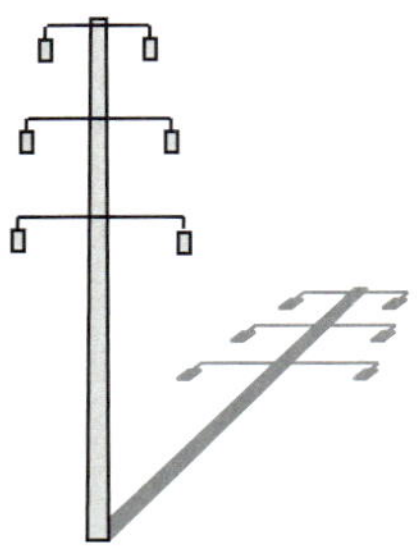

7 Ist es möglich, dass bei einer Parallelprojektion die Länge einer Bildstrecke größer als die Originalstrecke ist? Betrachte zwei Fälle: die Projektionsgeraden sind
a) senkrecht zur Bildebene, b) nicht senkrecht zur Bildebene.

2 Senkrechte Parallelprojektion

1 Bei der in Fig. 1 dargestellten Parallelprojektion verlaufen die Projektionsgeraden senkrecht zur Bildebene.
a) Beschreibe hierzu alle möglichen Bilder eines Würfels, wenn vier seiner Kanten zur Bildebene parallel sind.
b) In welchen Fällen ist das Bild einer Kante des Würfels ebenso lang wie die Kante selbst?

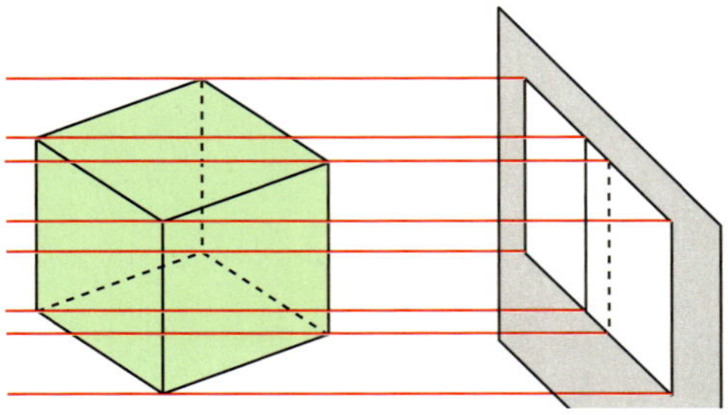

Fig. 1

2 Fig. 2 zeigt Bilder von geometrischen Körpern bei einer Parallelprojektion, deren Projektionsgeraden senkrecht zur Bildebene verlaufen. Von welchen Körpern können sie stammen? Gib jedes Mal mindestens drei Möglichkeiten an.

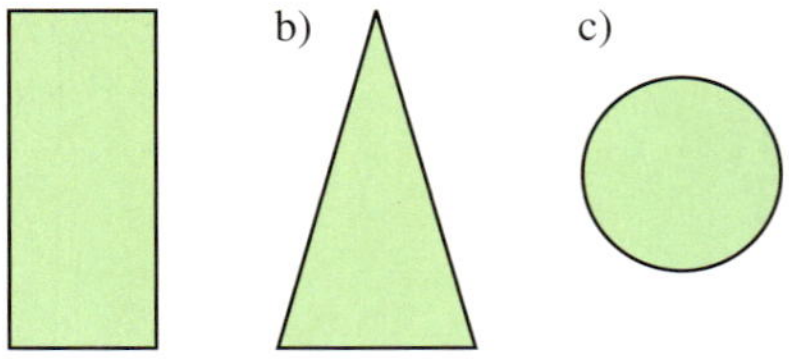

Fig. 2

Sind bei einer Parallelprojektion die Projektionsgeraden senkrecht zur Bildebene, so spricht man von **senkrechter Parallelprojektion**.

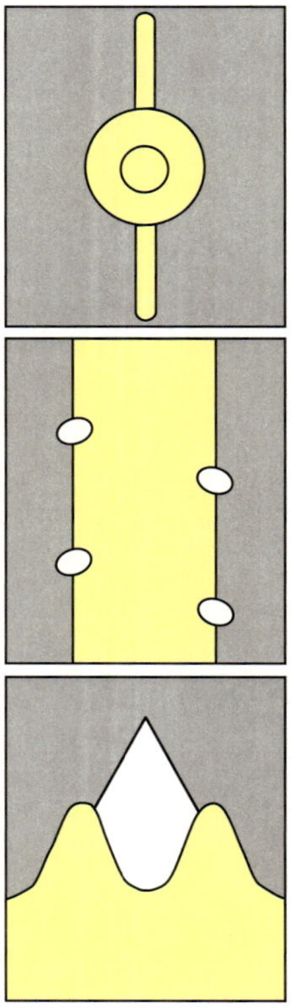

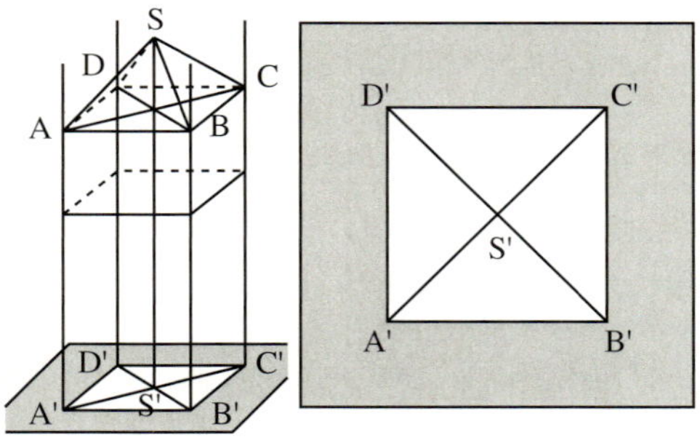

Fig. 3

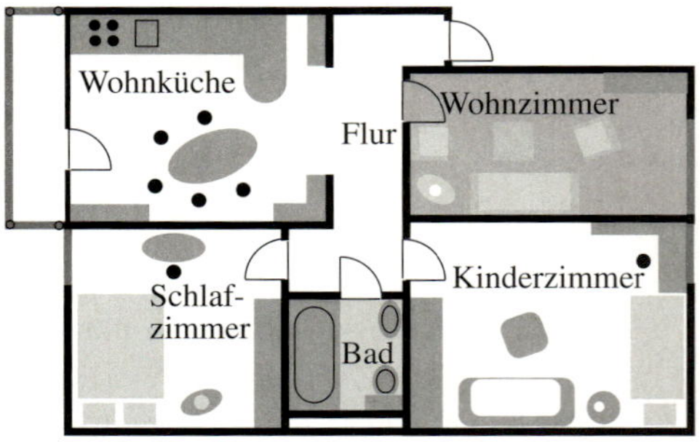

Fig. 4

Was könnte das wohl sein?

Das Projektionsbild bei waagerechter Bildebene heißt **Grundriss**. Im Grundriss erscheinen alle horizontalen Strecken in wahrer Länge.
Grundrisse findet man häufig auch im Alltag, z. B. Grundrisse von Wohnungen.

Beispiel
Zeichne den Grundriss dieses Werkstücks.
Maße in mm

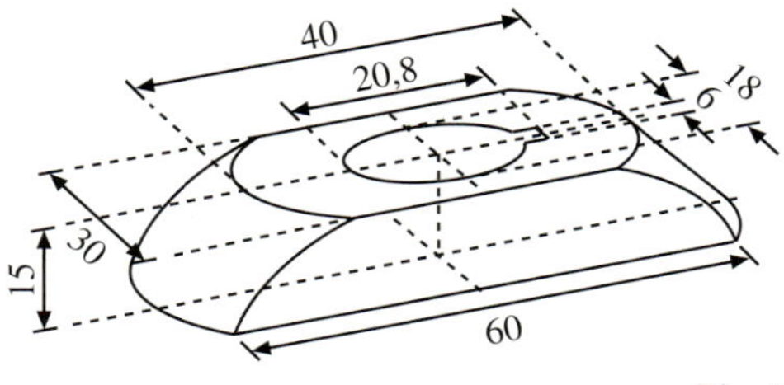

Fig. 5

Lösung:

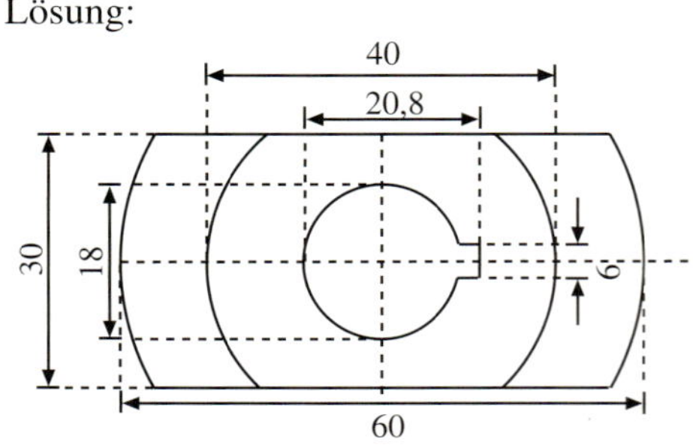

Fig. 6

Aufgaben

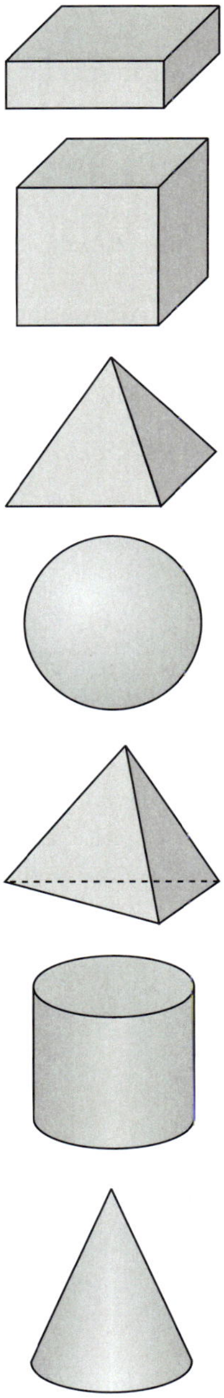

3 Welche der Vierecke sind als „Schatten“ einer Postkarte bei einer senkrechten Parallelprojektion möglich? Wie muss man in diesen Fällen Postkarte und Bildebene halten?

a) b) c) d) e) f)

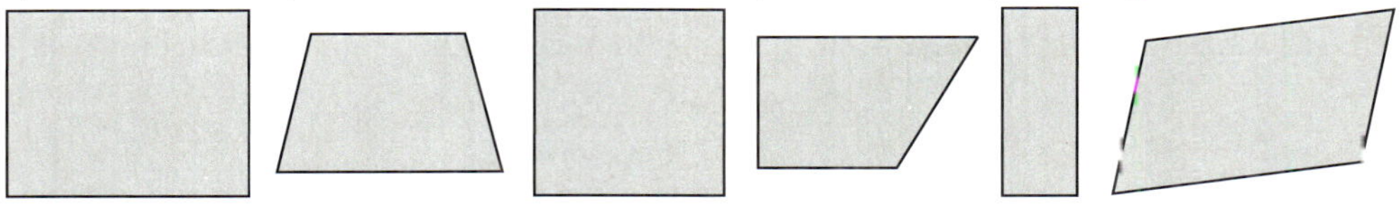

Fig. 1

4 Von welchen geometrischen Körpern auf dem Rand können dies die Grundrisse sein?

a) b) c) d) e)

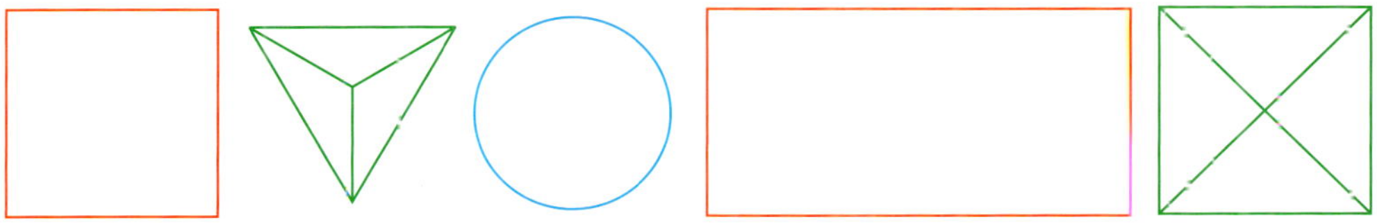

Fig. 2

5 Zeichne den Grundriss zu den Werkstücken. Färbe in deinen Zeichnungen die Kanten, die durch die Parallelprojektion verkürzt wurden.

Maße in mm

a) b) c)

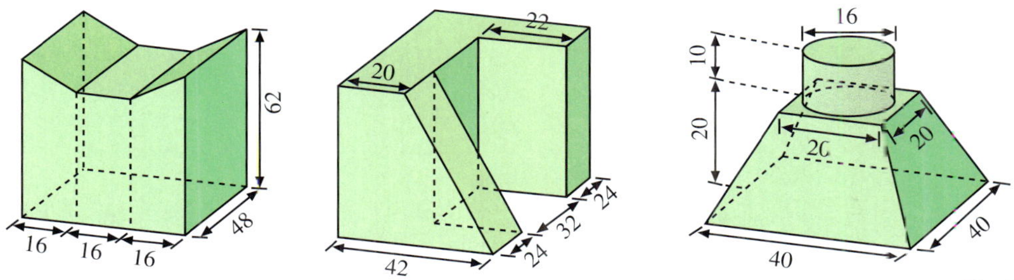

Fig. 3

6 Zwei Kanten eines Körpers bilden einen rechten Winkel, ein Schenkel dieses Winkels liegt parallel zur Bildebene. Erläutere an einem Beispiel, dass bei senkrechter Parallelprojektion das Bild dieses rechten Winkels wieder ein rechter Winkel ist.

***7** Landkarten stellen verkleinerte Grundrisse eines Ausschnitts der Erdoberfläche dar. In Landkarten werden Punkte gleicher Höhe oft durch **Höhenlinien** verbunden. Bei der Karte in Fig. 5 (Maßstab 1 : 25 000) beträgt der Höhenunterschied zwischen benachbarten Höhenlinien 20 m. Fig. 4 zeigt einen **Geländequerschnitt** von A nach B.

a) Zeichne einen Geländequerschnitt, der durch C und D geht.

b) Zwei Skiabfahrten sind eingezeichnet. Welche ist die steilere?

Fig. 4

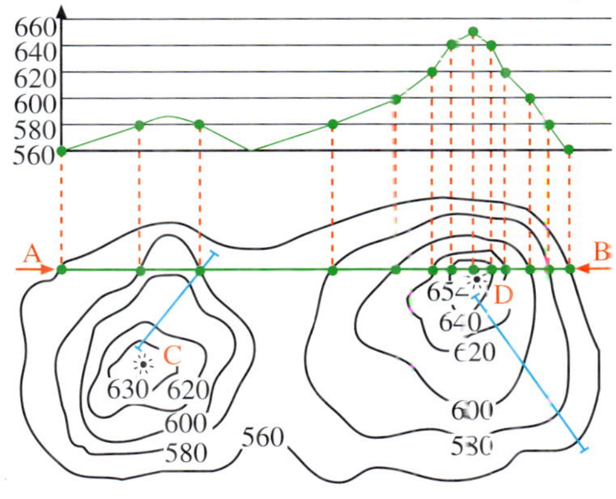

Fig. 5

3 Mehrtafelprojektion

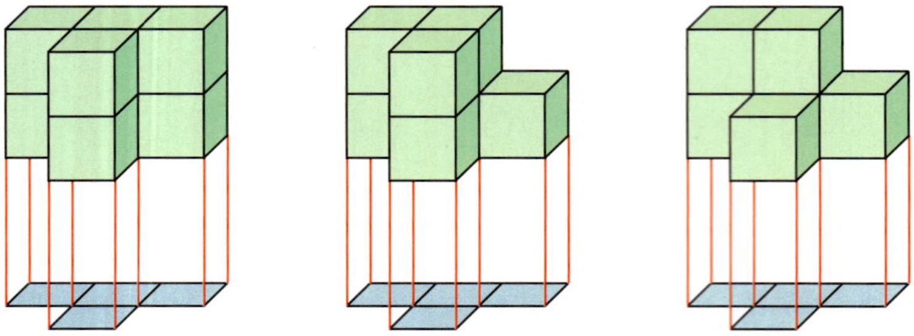

Fig. 1

1 Die drei Körper in Fig. 1 sind verschieden, haben jedoch gleiche Grundrisse.
a) Skizziere für jeden Körper ein Bild einer senkrechten Parallelprojektion als Ansicht von vorn.
Haben hier verschiedene Körper auch verschiedene Ansichten?
b) Skizziere wie in a) für jeden Körper auch eine Seitenansicht. Vergleiche.

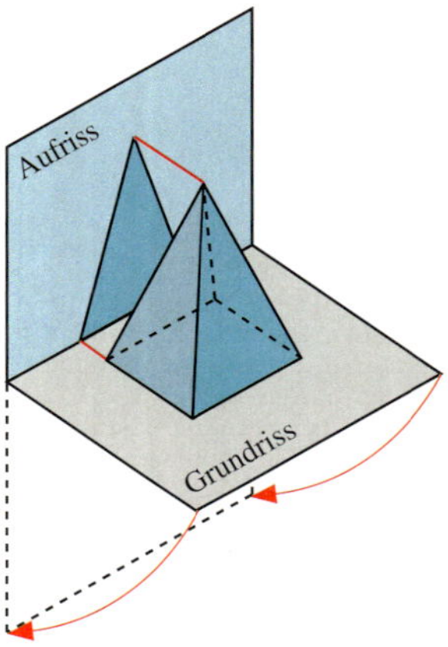

Fig. 2

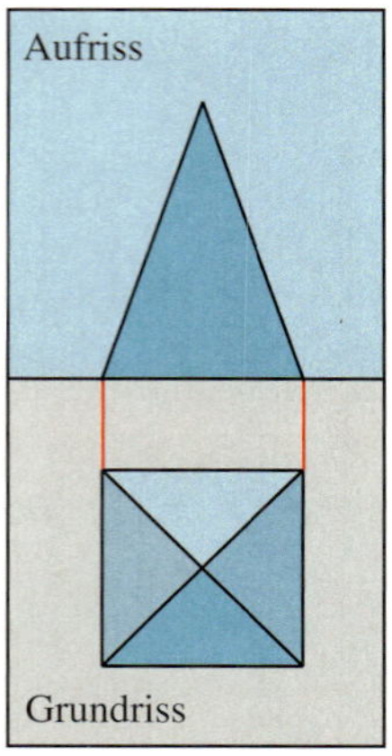

Fig. 3

2 a) Knicke einen Bogen Schreibmaschinenpapier rechtwinklig ab und stelle auf die untere Hälfte einen einfachen Gegenstand (Fig. 2).
Zeichne die Vorderansicht als „Aufriss" auf die hintere Blatthälfte und die Draufsicht als Grundriss auf die untere.
Falte den Bogen auseinander und verbinde wie in Fig. 3 zusammengehörende Eckpunkte.
b) Bewege deinen Gegenstand nach rechts, nach vorn, nach oben.
Wie ändert sich dabei der Grundriss, wie der Aufriss?

Eine Ansicht eines Gegenstandes genügt meistens nicht, um sich den Gegenstand vorstellen zu können. Auch sind wichtige Abmessungen oft nicht erkennbar. Man betrachtet daher Ansichten des Gegenstandes aus verschiedenen Richtungen, also die Bilder mehrerer senkrechter Parallelprojektionen. Entsprechend der Lage der Bildebenen nennt man diese Bilder **Grundriss**, **Aufriss** und **Seitenriss**.
Diese Risse werden wie in Fig. 4 in die Zeichenebene gelegt. Die Bilder P′, P″ und P‴ eines Punktes P werden durch **Ordnungslinien** verbunden (Fig. 5).

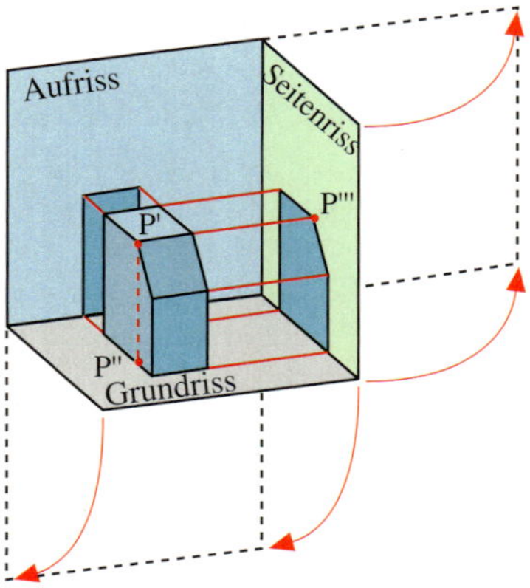

Fig. 4

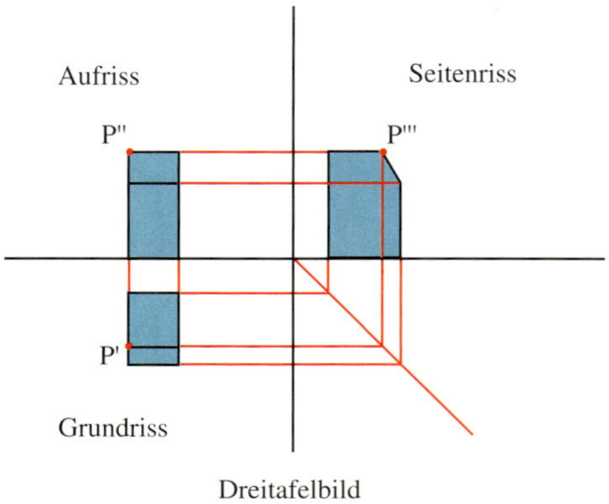

Fig. 5

Beispiel 1
Zeichne Grund- und Aufriss des Körpers in Fig. 1.
Maße in mm

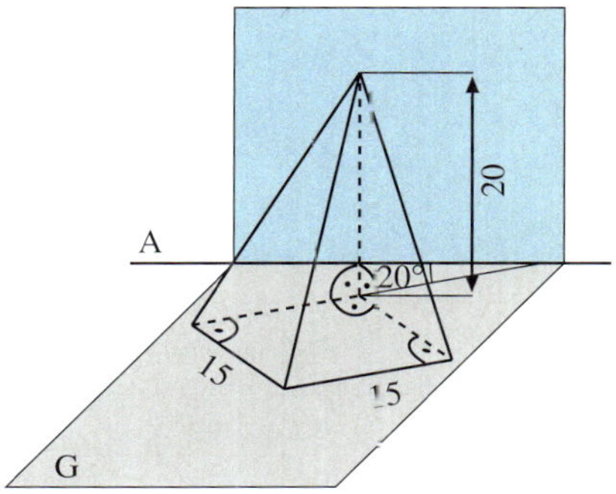

Fig. 1

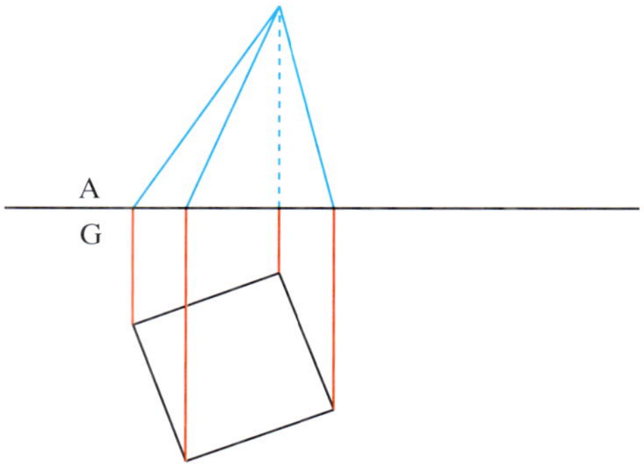

Fig. 2

Lösung (vgl. Fig. 2):
1. Zeichne die Rissachse und dann den Grundriss in wahrer Größe. Beachte seine Lage zur Rissachse.
2. Zeichne durch die Bilder der Eckpunkte die Ordnungslinien senkrecht zur Rissachse.
3. Bestimme auf den Ordnungslinien die Bildpunkte der Ecken. Ergänze zum Aufriss. Zeichne nicht sichtbare Linien gestrichelt.

Beispiel 2
Fig. 3 zeigt Grund- und Aufriss einer „Kirche". Konstruiere den Seitenriss.

Nicht sichtbare Linien zeichnet man gestrichelt.

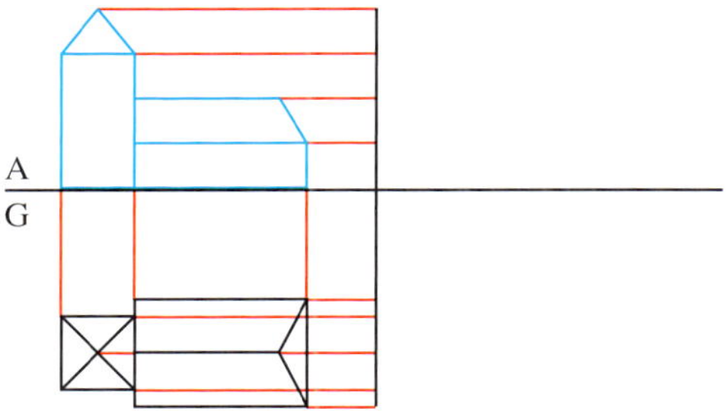

Fig. 3

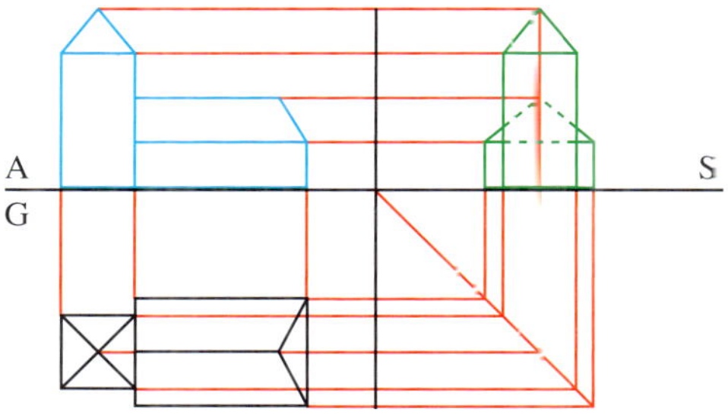

Fig. 4

Lösung (vgl. Fig. 4):
1. Verlängere die Rissachse. Zeichne die zum Seitenriss führenden Ordnungslinien.
2. Markiere die Schnittpunkte zusammengehörender Ordnungslinien. Verbinde zum Seitenriss.

Aufgaben

3 Zeichne Grund- und Aufriss der Körper in Fig. 5.

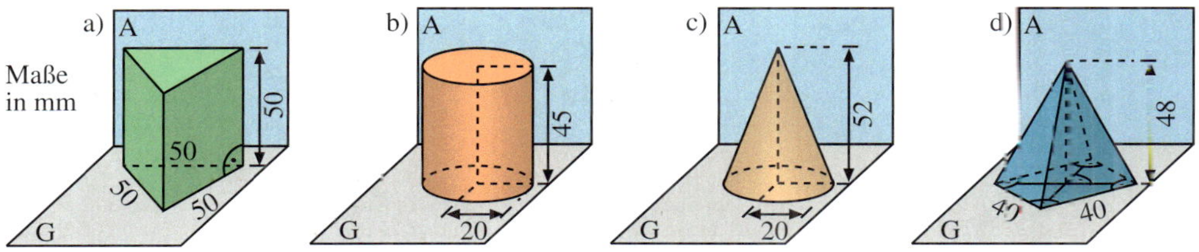

Fig. 5

4 Zeichne Grund- und Aufriss (Grund-, Auf- und Seitenriss) der Körper.

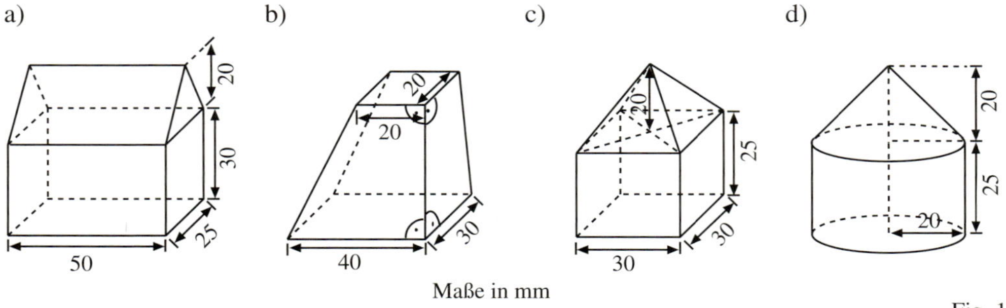

Fig. 1

5 Zeichne Grundriss, Aufriss und Seitenriss der Werkstücke. (Maße in mm)

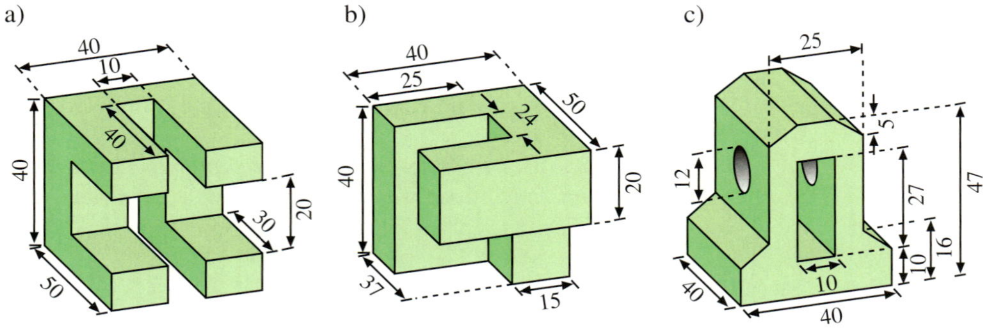

Fig. 2

6 a) Zeichne Grund- und Aufriss einer Pyramide mit einer Höhe von 3,5 cm und einer quadratischen Grundfläche mit der Seitenlänge 2,2 cm.
b) Von der Pyramide soll in einer Höhe von 2,5 cm durch einen Schnitt parallel zur Grundfläche die „Spitze" abgetrennt werden. Trage den Schnitt in den Aufriss ein. Konstruiere daraus den Grundriss der Schnittfläche.

7 a) Zeichne Grund- und Aufriss einer Halbkugel mit dem Radius 2,5 cm.
b) Die Halbkugel wird parallel zur Grundrissebene von Ebenen in Abständen von 0,5 cm geschnitten. Trage die Schnittlinien in Grund- und Aufriss ein.

8 Zeichne Grund- und Aufriss einer Pyramide mit einer Höhe von 5 cm und einem regelmäßigen Sechseck mit einer Seitenlänge von 2,5 cm als Grundfläche. Lege dazu zwei Seiten des Sechsecks parallel (senkrecht) zur Rissachse.

9 Versuche, dir die „Werkstücke" vorzustellen. Übertrage die Zeichnungen in dein Heft. Ergänze jeweils den fehlenden Riss.

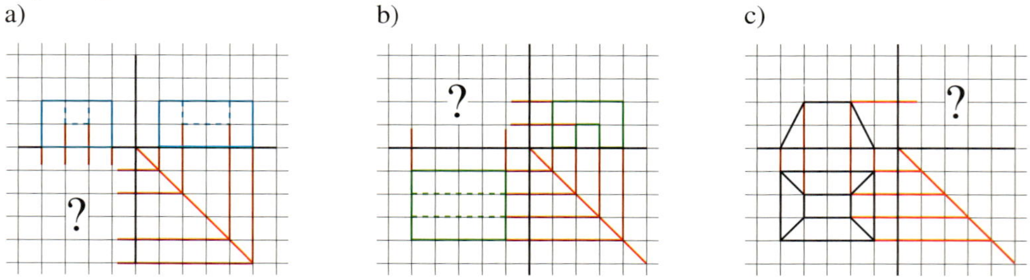

Fig. 3

4 Schrägbilder

1

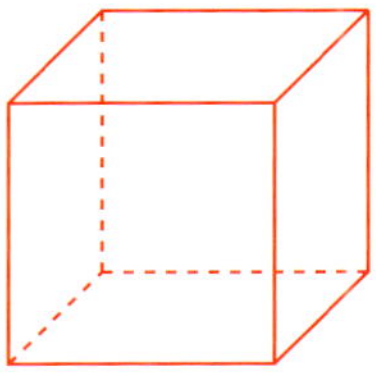

Fig. 1

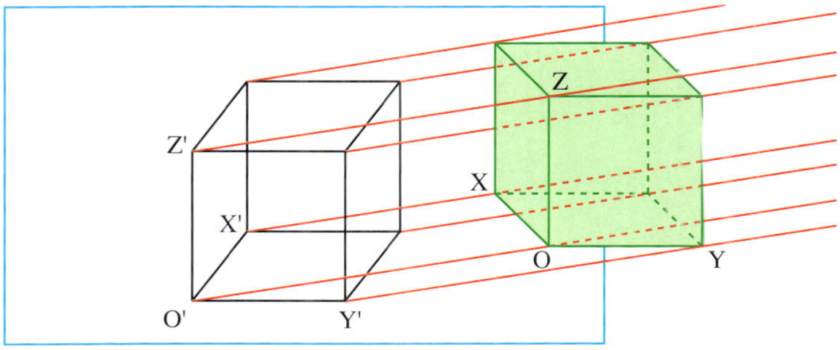

Fig. 2

a) Erkläre mit Fig. 2, wie das Schrägbild des Würfels in Fig. 1 entsteht. Beschreibe die zugehörige Abbildung.
b) Welche Lage haben in Fig. 2 die Vorder- und Hinterfläche des Würfels zur Bildebene? Wie werden diese Flächen abgebildet?
c) In Fig. 2 liegen die Würfelkante $\overline{OX}$ und die zu ihr parallelen Kanten senkrecht zur Bildebene. Beschreibe die Lage ihrer Bilder, vergleiche ihre Länge mit der von $\overline{O'Y'}$.

Grund- und Aufriss entstehen durch senkrechte Parallelprojektionen; ihnen kann man wichtige Maße in wahrer Größe entnehmen. Eine bessere räumliche Vorstellung von einem abgebildeten Gegenstand erhält man jedoch von einem Bild, das durch **schräge Parallelprojektion** in der Aufrissebene entsteht: dem **Schrägbild**.
Für die schräge Parallelprojektion gilt:
(1) Strecken parallel zur Bildebene werden auf Strecken gleicher Länge und gleicher Richtung abgebildet.
(2) Strecken senkrecht zur Bildebene werden mit dem gleichen **Verzerrungswinkel α** gegen die Waagerechte geneigt und mit dem **Verzerrungsfaktor k** verkürzt bzw. verlängert.

Richtung der zur Bildebene senkrechten Strecken

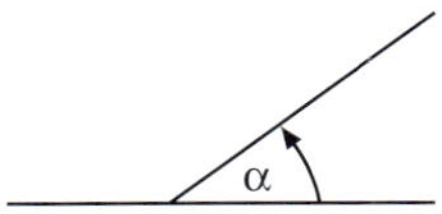

Konstruktionsvorschrift für das Schrägbild:
(1) Zeichne eine Fläche parallel zur Bildebene (z. B. die Vorderfläche des Körpers) in wahrer Länge und Richtung.
(2) Zeichne die senkrecht zur Bildebene verlaufenden Strecken so zur Waagerechten geneigt, wie es der Verzerrungswinkel α angibt. Beachte bei ihrer Länge den Verzerrungsfaktor.
(3) Vervollständige das Bild.

Bilder eines Würfels mit unterschiedlichen Verzerrungswinkeln und -faktoren:

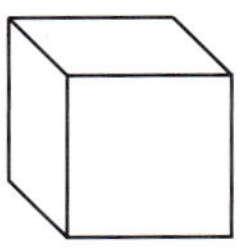

$\alpha = 135°$; $k = \frac{1}{2}$

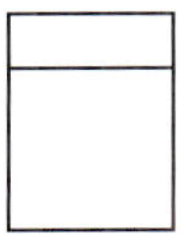

$\alpha = 90°$; $k = \frac{1}{3}$

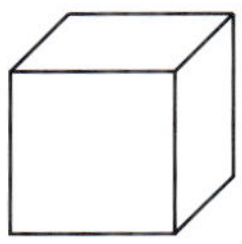

$\alpha = 45°$; $k = \frac{1}{2}$

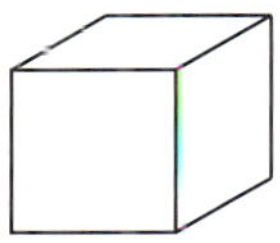

$\alpha = 30°$; $k = \frac{2}{3}$

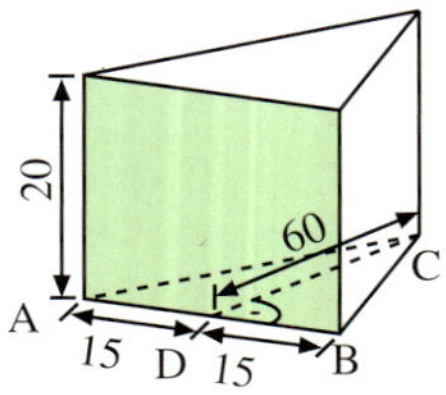

Maße in mm

Fig. 1

Beispiel 1
Zeichne für das Prisma in Fig. 1 ein Schrägbild mit dem Verzerrungswinkel $\alpha = 45°$ und dem Verzerrungsfaktor $k = \frac{1}{2}$.
Lösung (vgl. Fig. 2):
1. Zeichne die grüne Fläche als Vorderfläche mit den angegebenen Maßen.
2. Zeichne als nächstes die Höhe $\overline{CD}$ der Grundfläche *(sie ist die einzige Strecke, die senkrecht zur Vorderfläche ist).*
3. Vervollständige das Schrägbild.

Lösungen in Originalgröße

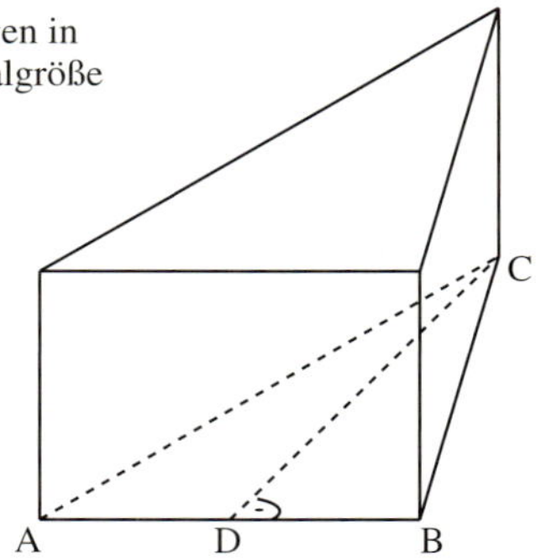

Fig. 2

Beispiel 2
Eine Pyramide mit der Höhe 3,0 cm hat ein regelmäßiges Sechseck mit einer Seitenlänge von 1,5 cm als Grundfläche.
Zeichne ihr Schrägbild mit $\alpha = 60°$ und $k = \frac{1}{2}$.
Lösung (vgl. Fig. 3 und 4):
1. Zeichne den lotrechten Schnitt durch die Pyramide in wahrer Größe.
2. Konstruiere als Hilfsfigur die Grundfläche (Fig. 4). Entnimm ihr Lage und Länge der nach hinten verlaufenden Sehnen.
3. Trage die nach hinten verlaufenden Sehnen in das Schrägbild ein.
Vervollständige es (Fig. 3).

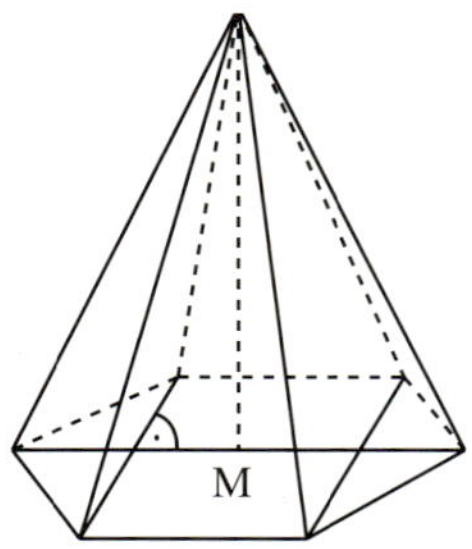

Fig. 3

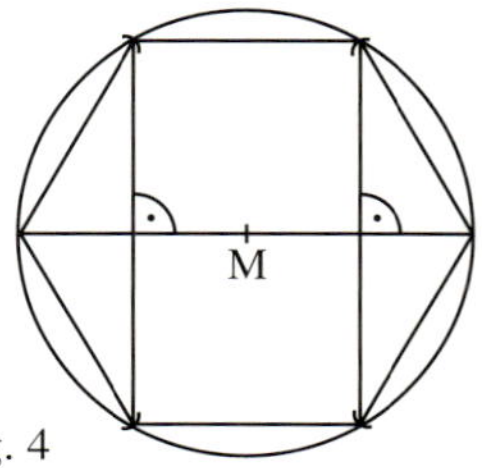

Fig. 4

Beispiel 3
Zeichne das Schrägbild eines Kegels der Höhe h = 2,4 cm und dem Grundkreisradius r = 1,5 cm mit $\alpha = 90°$ und $k = \frac{1}{3}$.
Lösung (vgl. Fig. 5 und 6):
1. Zeichne zuerst den Grundkreis, trage „nach hinten verlaufende“ Sehnen ein.
Verkürze um $k = \frac{1}{3}$ (Fig. 5).
Die entstehende **Ellipse** ist das Schrägbild des Grundkreises.
2. Trage die Höhe h in wahrer Länge ein.
3. Vervollständige das Schrägbild.
Zeichne dazu von der Kegelspitze aus Tangenten an die Ellipse (Fig. 6).

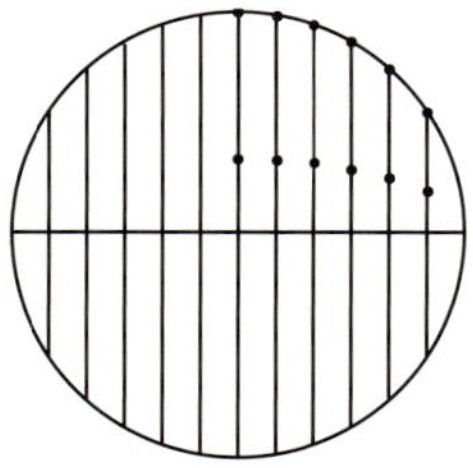

Fig. 5

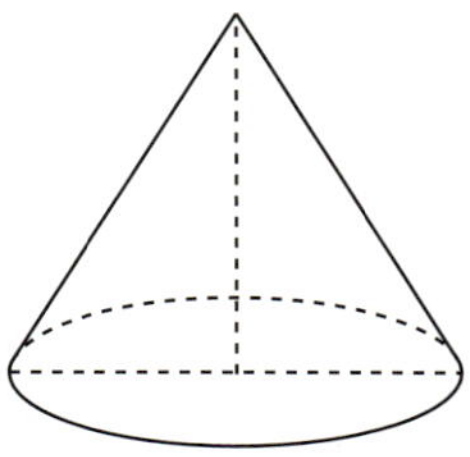

Fig. 6

Aufgaben

2 Zeichne das Schrägbild eines Würfels mit einer Kantenlänge von 4,0 cm.
a) Nimm eine Fläche des Würfels als Vorderseite. Zeichne mit $\alpha = 60°$ und $k = \frac{1}{3}$ ($\alpha = 150°$ und $k = \frac{2}{3}$).
b) Lege eine Diagonale der Grundfläche des Würfels parallel zur Bildebene. Zeichne mit $\alpha = 45°$ und $k = \frac{1}{2}$.

3 Übertrage Grund- und Aufriss des Werkstücks in dein Heft. Zeichne dazu ein Schrägbild des Werkstücks mit $\alpha = 45°$ und $k = \frac{1}{2}$ (mit $\alpha = 60°$ und $k = \frac{1}{3}$).

a) b) c) d)

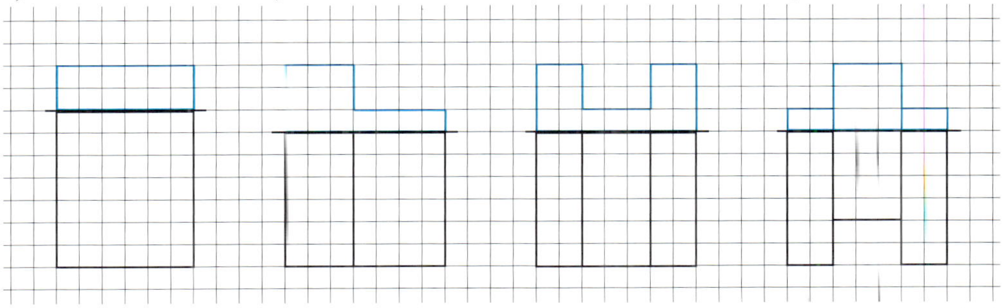

Fig. 1

Ein Tipp zu Aufgabe 4: Wähle die Bildebene parallel zu einer Symmetrieebene der Pyramide.

4 Zeichne mit $\alpha = 30°$ und $k = \frac{2}{3}$ das Schrägbild einer Pyramide mit der Höhe $h = 6\,cm$, deren Grundfläche

a) ein Quadrat mit der Seitenlänge $a = 4{,}5\,cm$,

b) ein regelmäßiges Sechseck mit der Seitenlänge $a = 3{,}0\,cm$,

c) ein gleichseitiges Dreieck mit der Seitenlänge $a = 5{,}4\,cm$ ist.

5 Zeichne mit $\alpha = 45°$ und $k = \frac{1}{2}$ das Schrägbild eines Würfels mit der Kantenlänge $a = 6\,cm$. Bestimme die Mitten der sechs Oberflächenquadrate; verbinde benachbarte Mitten. Was für einen Körper stellt das entstehende Schrägbild dar?

6 Zeichne Schrägbilder der Körper mit den angegebenen Verzerrungswinkeln und Verkürzungsfaktoren. Lege die Bildebene parallel zur Vorderfläche (zu einer Seitenfläche).

a) $\alpha = 30°$; $k = \frac{2}{3}$ b) $\alpha = 60°$; $k = \frac{1}{2}$ c) $\alpha = 45°$; $k = \frac{1}{3}$

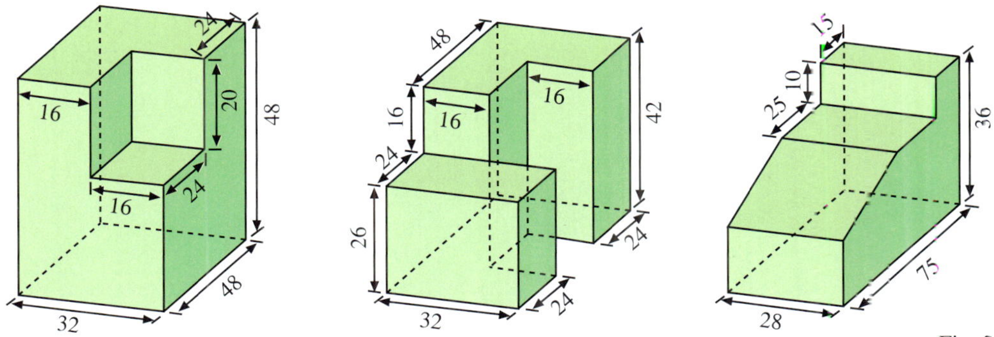

Fig. 2

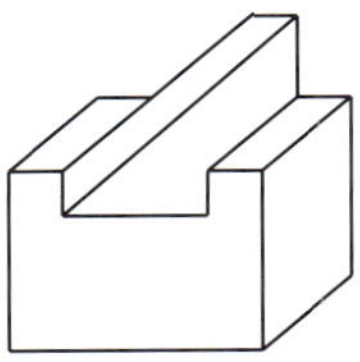

Fig. 3

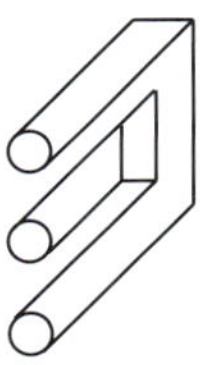

Fig. 4

7 Zeichne mit $\alpha = 90°$ und $k = \frac{1}{3}$ das Schrägbild

a) eines Zylinders (Kegels) mit dem Grundkreisradius $r = 2{,}5\,cm$ und der Höhe $h = 4{,}0\,cm$.

b) eines Zylinders mit aufgesetztem Kegel; beide haben einen Grundkreisradius von $r = 3{,}0\,cm$ und eine Höhe von $h = 3{,}5\,cm$.

8 a) Was ist in Fig. 3 (in Fig. 4) falsch gezeichnet?

b) Verdecke mit einem Blatt Papier einen Teil der Figur so, dass der Rest dann richtig aussieht. Es gibt dazu zwei Möglichkeiten. Vervollständige die Zeichnung richtig auf einem Blatt Papier.

5 Vermischte Aufgaben

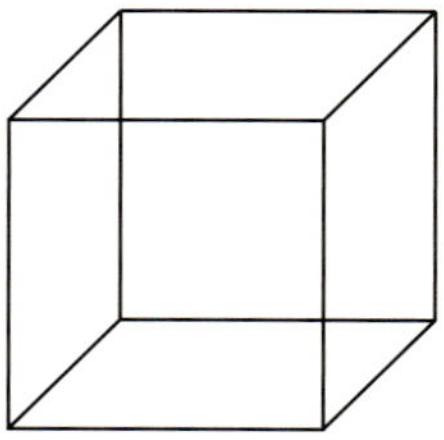

Fig. 1

1 Können die folgenden Figuren „Schatten" des Kantenmodells eines Würfels bei einer Parallelprojektion sein? Wenn ja, wie liegen dann Würfel, Bildebene und Projektionsgeraden zueinander? Wenn nein, begründe deine Antwort.

a) b) c) d)

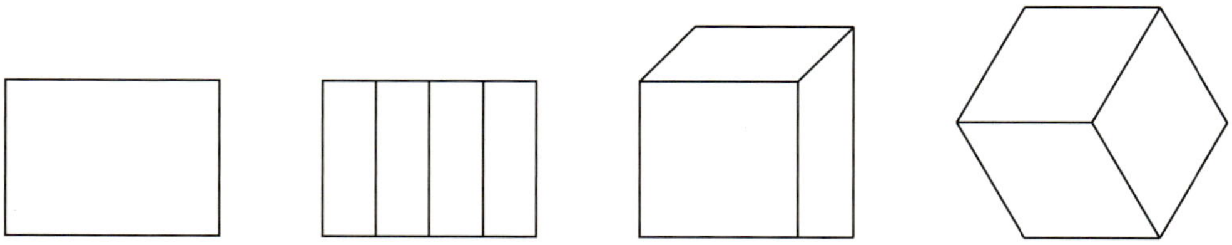

Fig. 2

2 Beschreibe die mögliche Form eines Körpers mit dem gegebenen Grund- und Aufriss.

a) b) c) d)

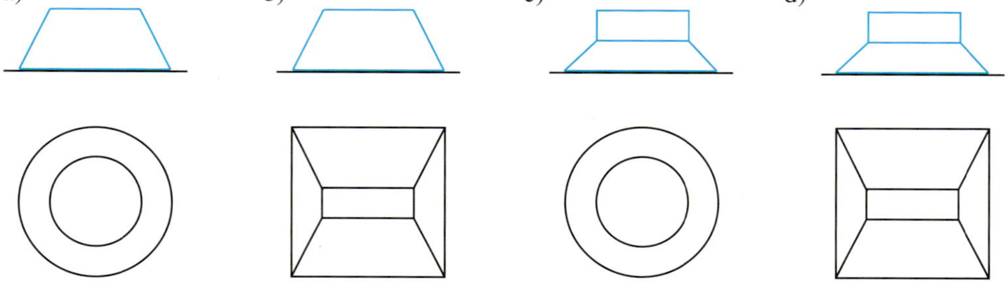

Fig. 3

3 Fig. 4 zeigt drei technische Körper in Grund- und Aufriss.

a) Übertrage jeweils die Risse in dein Heft, ergänze einen passenden Seitenriss.

b) Zeichne jeweils ein passendes Schrägbild mit $\alpha = 45°$ und $k = \frac{1}{2}$.

(1) (2) (3)

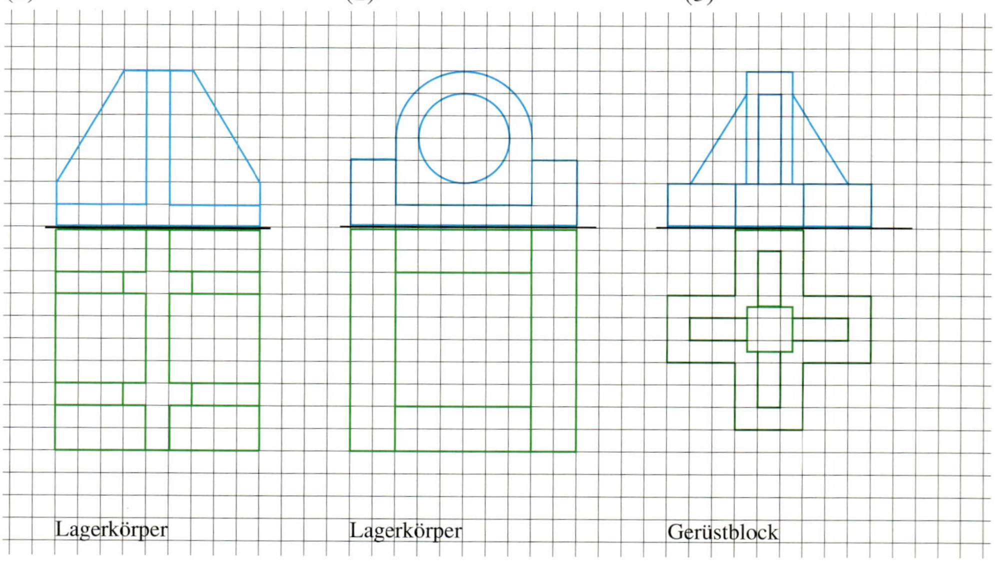

Fig. 4

4 Zeichne zu den im Schrägbild dargestellten Körpern Grund-, Auf- und Seitenriss. Achte auf die in mm angegebenen Maße.

a) b) c)

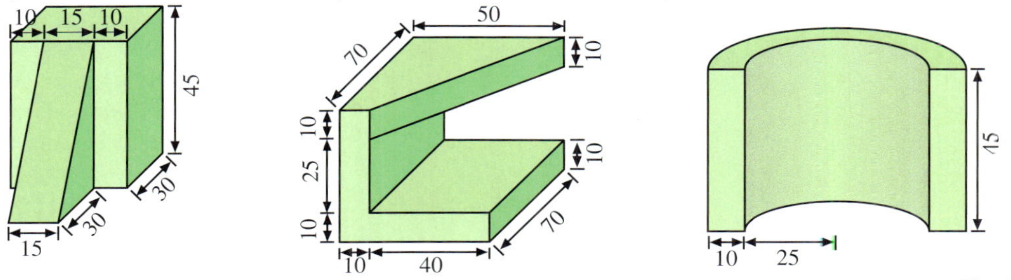

Fig. 1

5 Drehe in Gedanken die Körper in Fig. 1 um eine waagerechte Achse um 90°. Zeichne ein Schrägbild des gedrehten Körpers mit $\alpha = 45°$ und $k = \frac{1}{2}$.

6 Zeichne ein Schrägbild der Werkstücke mit $\alpha = 90°$ und $k = \frac{1}{3}$.

a) b) c)

Maße in mm

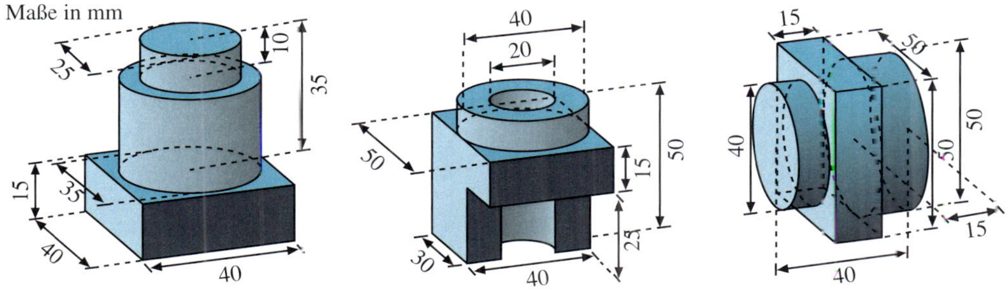

Fig. 2

7 Schleift man einem Würfel die Kanten und die Ecken ab, so erhält man einen Körper wie in Fig. 3 dargestellt.

a) Zeichne das Schrägbild eines Würfels der Kantenlänge 6 cm mit $\alpha = 45°$ und $k = \frac{1}{2}$. Ergänze die Hilfslinien wie in Fig. 3 und zeichne dann das Schrägbild des Restkörpers.

b) Beschreibe die Form und Größe der Flächen des Körpers. Gib auch ihre jeweilige Anzahl an.

8 a) Zeichne das Schrägbild eines Würfels der Kantenlänge 5 cm mit $\alpha = 45°$ und $k = \frac{1}{2}$. Zeichne darin den Körper von Fig. 4.

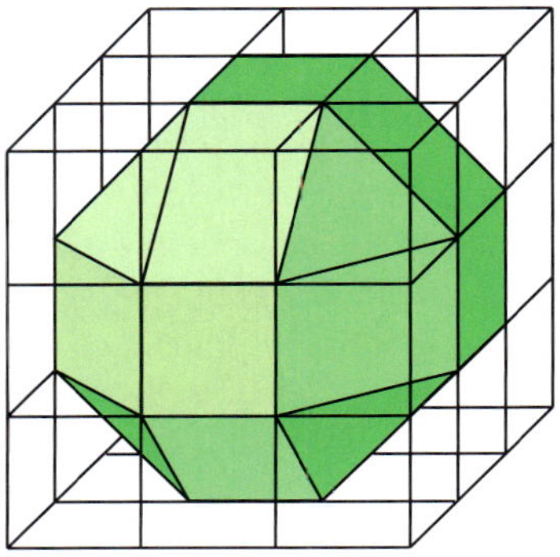

Fig. 3

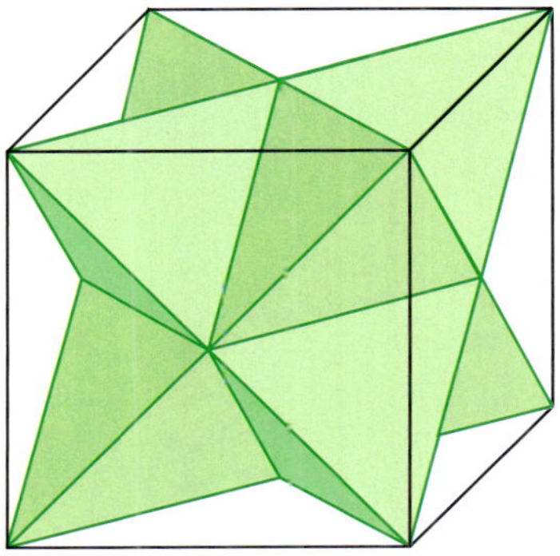

Fig. 4

b) Aus wie vielen Dreiecken besteht die Oberfläche des Körpers? Sind die Dreiecke gleichseitig? Begründe deine Antwort.

c) Man kann sich den Körper als zwei sich gegenseitig durchdringende Tetraeder vorstellen. Um was für einen Körper handelt es sich bei dem Teil des Raumes, der zu beiden Tetraedern gehört? Zeichne ein Schrägbild dieses Körpers. Beginne wieder mit einem Schrägbild des Würfels.

Perspektive in der Kunst

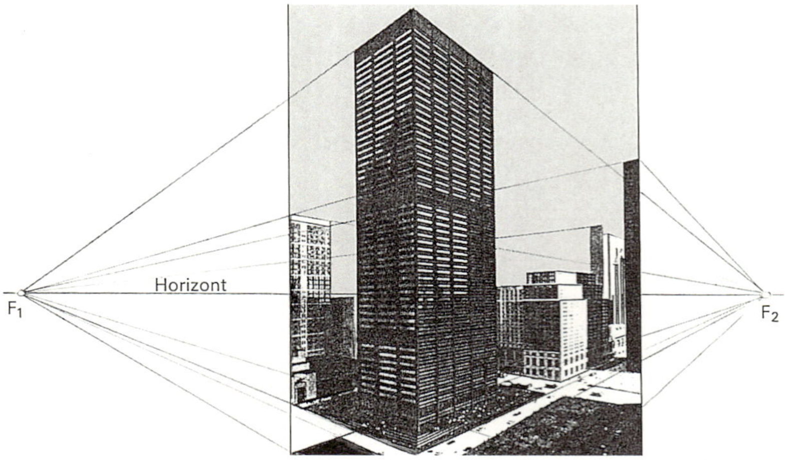

Fig. 1

Ein Schrägbild entsteht durch eine schräge Parallelprojektion. Die Zentralprojektion ergibt ein **perspektivisches Bild**, ein Bild, das bei geeigneter Lage von Bildebene und Zentrum einem Foto entspricht.
An Fig. 1 wird deutlich, dass sich waagerechte Geraden des Raumes, die zueinander parallel sind, z. B. parallele Kanten der Hochhäuser, jeweils in einem **Fluchtpunkt** (in Fig. 1 die Punkte F_1 und F_2) treffen.
Alle Fluchtpunkte liegen auf dem **Horizont**.

Ein besonders einfaches perspektivisches Bild eines Quaders erhält man, wenn eine Fläche des Quaders parallel zur Bildebene liegt. Fig. 2 veranschaulicht für diesen Fall den Zusammenhang mit der Zentralprojektion. F ist dabei der Fluchtpunkt der Bilder der Kanten des Quaders, die senkrecht zur Bildebene sind.

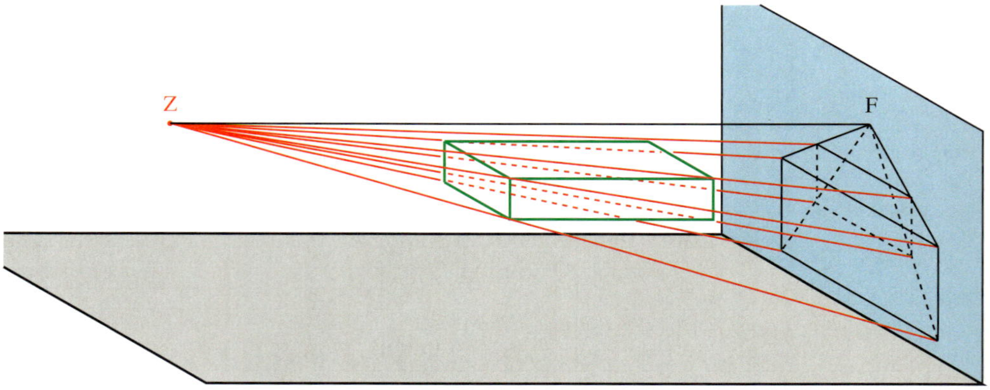

Fig. 2

Die Renaissance (frz.: Wiedergeburt) ist geprägt durch eine starke Orientierung am klassischen Altertum, was zu einer hohen Blüte der Künste führte. Ausgangspunkt war Italien, wo die mittelalterliche kirchliche Ordnung von einer von Adel und Bürgertum getragenen weltlichen Ordnung abgelöst wurde.

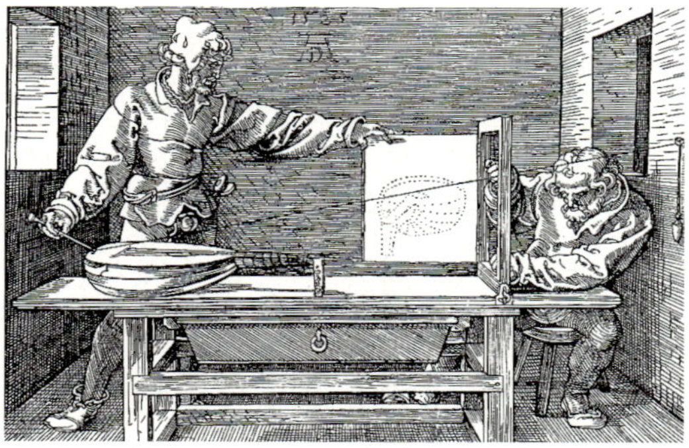

Fig. 3

Schon lange vor Erfindung der Fotografie haben Maler versucht, gute perspektivische Bilder zu schaffen. Vor allem in der Renaissance (etwa 1350–1550) bemühte man sich um besonders wirklichkeitstreue Bilder. Albrecht Dürer (1471–1528) zeigt mit seinem Holzschnitt „Der Zeichner der Laute“, wie man sich dabei geholfen hat. Dürer gilt heute auch als einer der bedeutendsten Mathematiker seiner Zeit.

In der Renaissance wurden häufig Themen aus der Antike dargestellt. Als ein besonders typisches Bild gilt Raffaels „Die Schule von Athen“ (1509–1511). Der Fluchtpunkt, auf den alle nach hinten gehenden Geraden zulaufen, liegt genau in der Bildmitte und betont damit zugleich die dort dargestellten Personen Platon und Aristoteles. Im Vordergrund links sitzt schreibend Pythagoras.

Aber nicht allen alten Meistern gelang es, die Perspektive einwandfrei darzustellen. So sind bei der Darstellung eines Festmahls auf einem Truhenbild aus dem frühen 15. Jahrhundert die Personen an der hinteren Tafel viel zu groß geraten. Die Kanten der Tische verlaufen zu einem ganz anderen Fluchtpunkt als die Kanten des Raums und der Fenster rechts. Die Fensterbänke links zeigen wieder woanders hin.

Gelegentlich wird versucht, durch beabsichtigte Fehler in der Perspektive besondere Effekte zu erzielen. Ein schönes Beispiel ist die „Begegnung auf einer Treppe“ von Clusellas.

Aber schon 1754 hat William Hogarth eine Zeichnung mit dem Titel „Falsche Perspektive“ geschaffen.

Der niederländische Grafiker M. C. Escher (1898–1972) ist u. a. durch seine „unmöglichen Figuren“ berühmt geworden. Grundidee des „Wasserfalls“ von 1961 ist das „unmögliche Dreibein“.

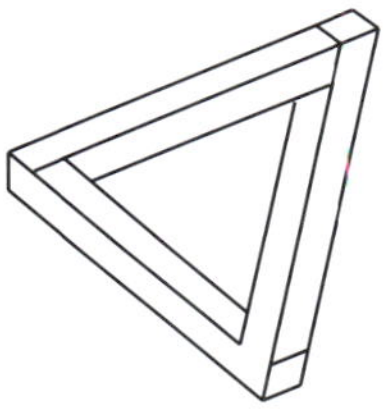

Rückblick

Bei einer **Projektion** wird jedem Punkt P des Raumes der Schnittpunkt P′ der durch P gehenden Projektionsgeraden mit der Bildebene zugeordnet.
Sind die Projektionsgeraden zueinander parallel, so spricht man von einer **Parallelprojektion**; gehen sie durch einen festen Punkt des Raumes, so spricht man von einer **Zentralprojektion**.

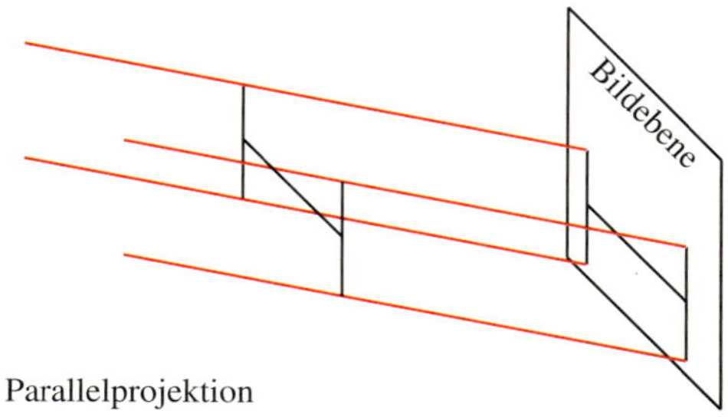

Fig. 1

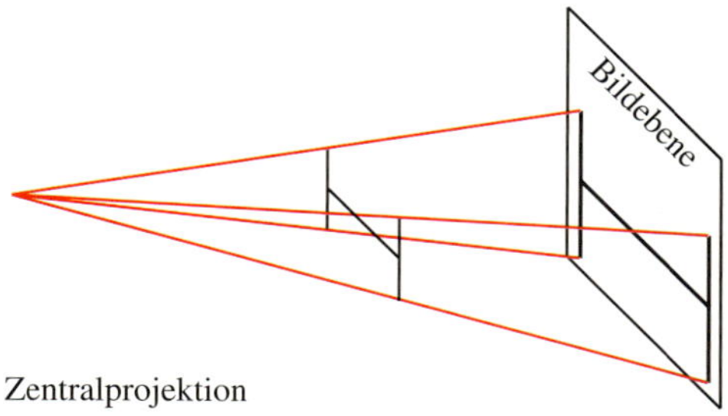

Fig. 2

Eigenschaften der Parallelprojektion:
(1) Geraden werden auf Geraden, Strecken werden auf Strecken abgebildet.
(2) Zueinander parallele Geraden werden auf zueinander parallele Geraden abgebildet.
(3) Zur Bildebene parallele Figuren werden auf kongruente Figuren abgebildet.

Sind bei einer Parallelprojektion die Projektionsgeraden senkrecht zur Bildebene, so spricht man von **senkrechter Parallelprojektion**. Das Projektionsbild bei waagerechter Bildebene heißt **Grundriss**. Im Grundriss erscheinen alle horizontalen Strecken in wahrer Länge.

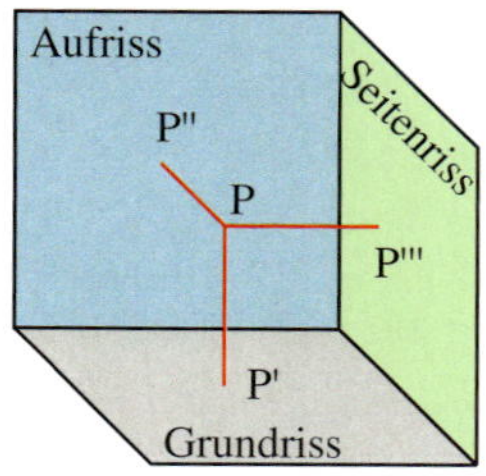

Fig. 3

Bei der Mehrtafelprojektion betrachtet man „Ansichten" des Gegenstands aus verschiedenen Richtungen, also die Bilder mehrerer senkrechter Parallelprojektionen. Entsprechend der Lage der Bildebenen nennt man diese Bilder **Grundriss**, **Aufriss** und **Seitenriss**. Diese Risse werden in die Zeichenebene gelegt. Die Bilder P′, P″ und P‴ eines Punktes P werden durch **Ordnungslinien** verbunden.

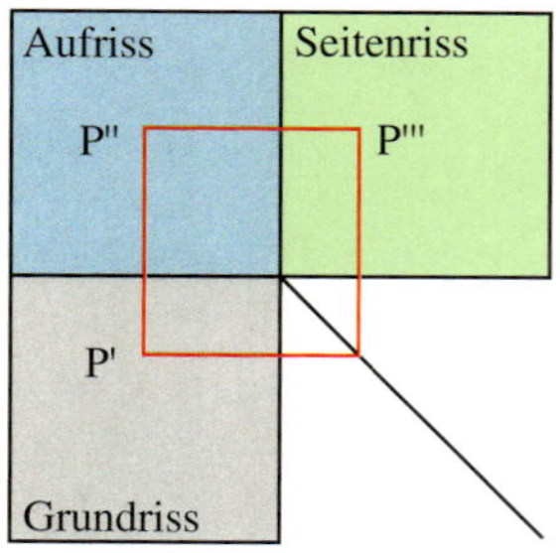

Fig. 4

Das Bild eines Gegenstandes bei **schräger Parallelprojektion** in die Aufrissebene nennt man **Schrägbild**.

Konstruktionsvorschrift für das Schrägbild:
(1) Zeichne eine Fläche parallel zur Bildebene (z. B. die Vorderfläche des Körpers) in wahrer Länge und Richtung.
(2) Zeichne die senkrecht zur Bildebene verlaufenden Strecken um den **Verzerrungswinkel α** gegen die Waagerechte geneigt. Verkürze bzw. verlängere ihre Länge um den **Verzerrungsfaktor k**.
(3) Vervollständige das Bild.
Nicht sichtbare Kanten eines Körpers werden gestrichelt gezeichnet.

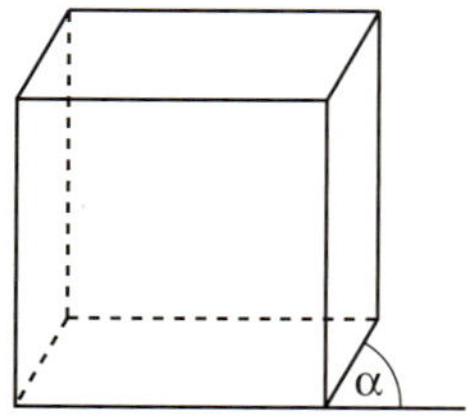

Fig. 5

Schrägbild eines Würfels mit $\alpha = 60°$ und $k = \frac{1}{3}$

Übliche Werte für α und k:
$\alpha = 45°$ und $k = \frac{1}{2}$
$\alpha = 30°$ und $k = \frac{2}{3}$
$\alpha = 60°$ und $k = \frac{1}{3}$
$\alpha = 90°$ und $k = \frac{1}{3}$ (bei Zylindern und Kegeln)

Aufgaben zum Üben und Wiederholen

1 Fig. 1 zeigt den Grundriss und den Aufriss eines Hauses.
a) Übertrage Fig. 1 in dein Heft und ergänze einen passenden Seitenriss.
b) Zeichne ein passendes Schrägbild des Hauses mit $\alpha = 45°$ und $k = \frac{1}{2}$ (mit $\alpha = 30°$ und $k = \frac{2}{3}$).

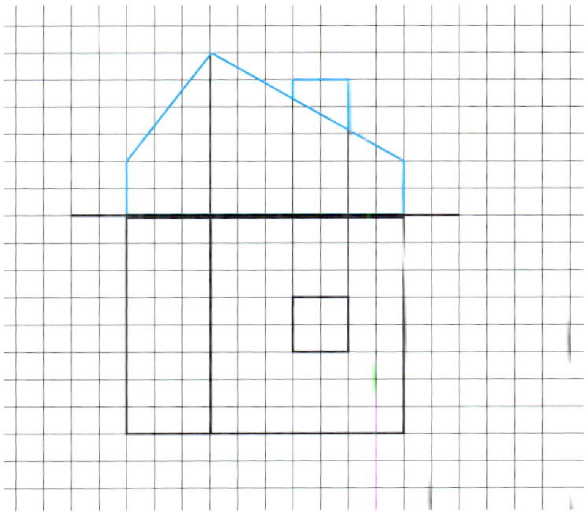
Fig. 1

2 Fig. 2 zeigt den Aufriss und Seitenriss eines einfachen Werkstücks.
Zeichne Fig. 2 vergrößert in dein Heft. Ergänze einen passenden Grundriss.

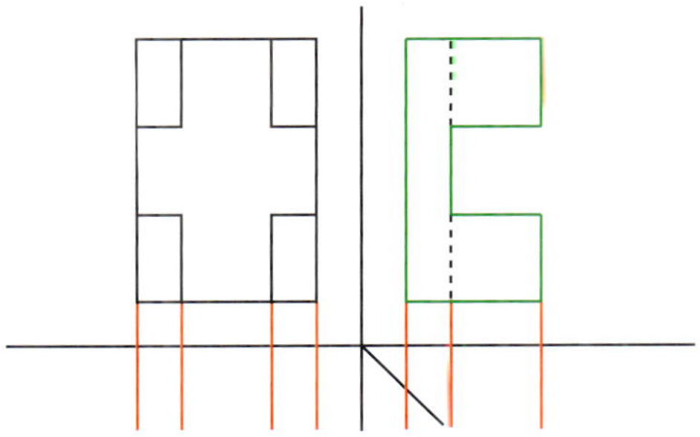
Fig. 2

3 Zeichne zu Fig. 3 zwei Schrägbilder aus verschiedenen Richtungen.
Wähle für das Werkstück passende Maße sowie $\alpha = 45°$ und $k = \frac{1}{2}$.

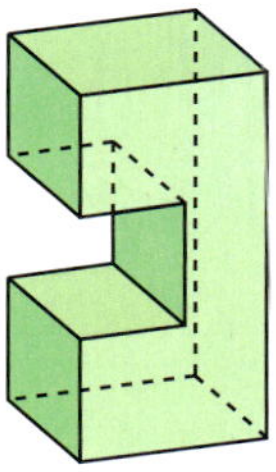
Fig. 3

4 Zeichne mit $\alpha = 60°$ und $k = \frac{1}{3}$ das Schrägbild einer Pyramide mit quadratischer Grundfläche. Wähle als Seitenlänge der Grundfläche $a = 5{,}0\,\text{cm}$, als Höhe der Pyramide $h = 3{,}5\,\text{cm}$.

5 Zeichne mit $\alpha = 90°$ und $k = \frac{1}{3}$ das Schrägbild eines Kegels mit dem Radius $r = 3\,\text{cm}$ und der Höhe $h = 6\,\text{cm}$.

6 Fig. 4 zeigt das Schrägbild einer Balkenverbindung.
Zeichne dazu Grund-, Auf- und Seitenriss. Bestimme alle benötigten Maße durch Abmessen in Fig. 4. Beachte dabei den angegebenen Verzerrungsfaktor k.

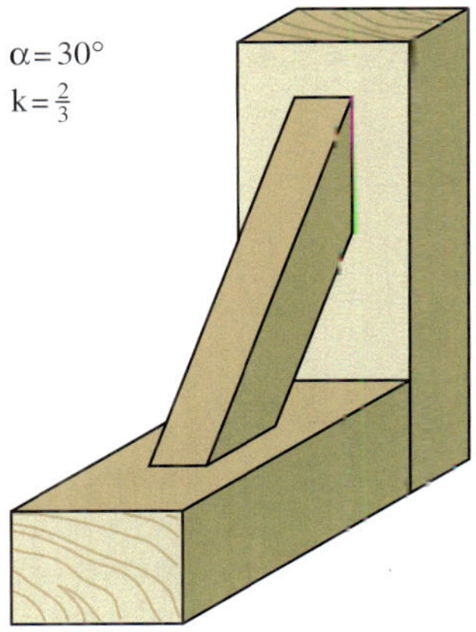

Fig. 4

7 Zeichne Grund-, Auf- und Seitenriss einer Streichholzschachtel mit den Maßen $a = 5{,}3\,\text{cm}$, $b = 3{,}7\,\text{cm}$ und $c = 1{,}7\,\text{cm}$ so, dass die längste Kante mit der Rissachse einen Winkel von 30° bildet. Beginne mit dem Grundriss.

8 a) Zeichne Fig. 5 in dein Heft. Wähle als Kantenlänge 4 cm. Zeichne Verbindungsstrecken zwischen allen rot markierten Ecken des Würfels.
b) Begründe, dass die entstehenden Dreiecke gleichseitig sind.
c) Beschreibe den durch diese Dreiecke begrenzten Körper.

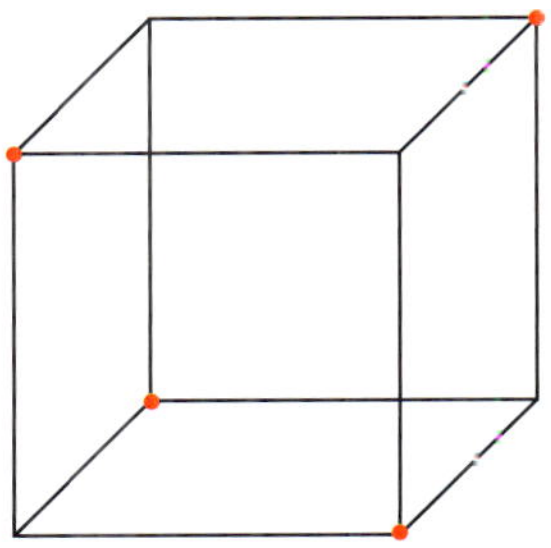
Fig. 5

Die Lösungen zu den Aufgaben dieser Seite findest du auf den Seiten 210 und 211.

1 Prisma

1 Das Teegeschäft Jansen bietet eine 100-g-Packung seines Darjeelings in zwei verschiedenen Metalldosen an:
in der Standarddose (Fig. 1) und in der Geschenkverpackung mit einem regelmäßigen Sechseck als Grundfläche (Fig. 2).
a) 100 g Darjeeling nehmen ein Volumen von $250\,cm^3$ ein. Bis zu welcher Höhe steht jeweils der Tee in den Dosen?
b) Beide Dosen sollen auf der Außenwand ein ansprechendes Dekor bekommen. Wie groß ist die zur Verfügung stehende Fläche?

Fig. 1

Fig. 2

Zur Erinnerung:
Ein Körper mit zwei zueinander parallelen und kongruenten Vielecken, den Grundflächen, dessen andere Flächen Rechtecke sind, heißt Prisma. Der Abstand der Grundflächen heißt Höhe.

Den Oberflächeninhalt eines Prismas kann man mit Hilfe einer Abwicklung bestimmen. Sie besteht aus den Grundflächen und der Mantelfläche.
Die beiden Grundflächen sind Vielecke (Dreiecke (Fig. 3), Vierecke usw.). Die Mantelfläche setzt sich aus Rechtecken zusammen. Eine Rechteckseite der Mantelfläche ist die Höhe des Prismas.

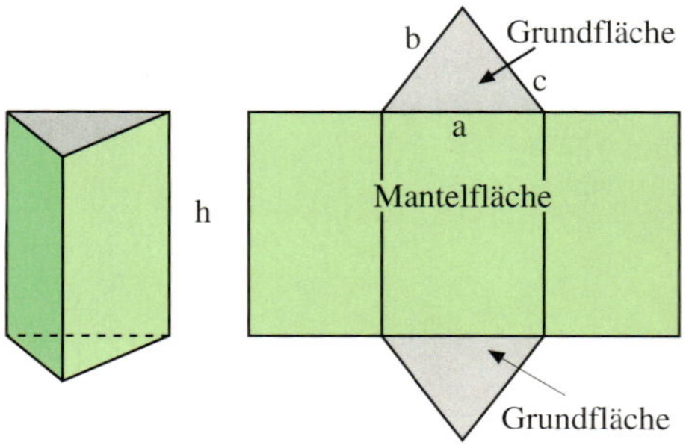

Fig. 3

Formeln für ein **Prisma** mit Grundfläche G, Mantelfläche M und Höhe h:
Volumen V: $\mathbf{V = G \cdot h}$
Oberflächeninhalt O: $\mathbf{O = 2 \cdot G + M}$

Überlege zunächst, welches die Grundfläche ist bzw. welches die Seitenflächen des Prismas sind.

Beispiel
Berechne für das Prisma in Fig. 4
a) das Volumen, b) den Oberflächeninhalt.
Lösung:
Die Grundfläche liegt vorne. Sie ist ein symmetrisches Trapez. Um ihren Inhalt zu berechnen, benötigt man die Höhe h_T des Trapezes.

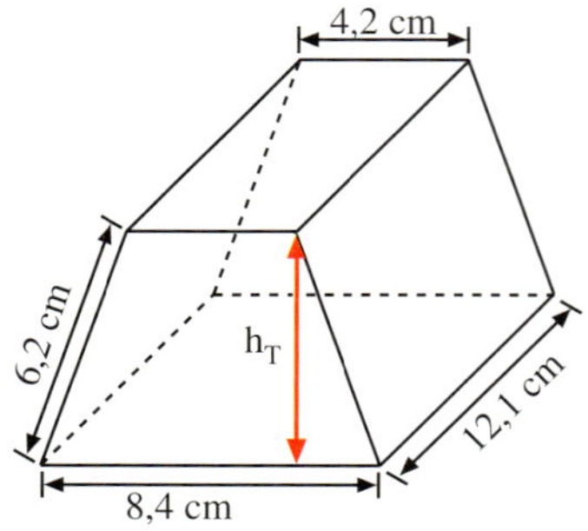

Fig. 4

Ein Trapez hat den Flächeninhalt
$A = \frac{1}{2}(a + c) \cdot h$

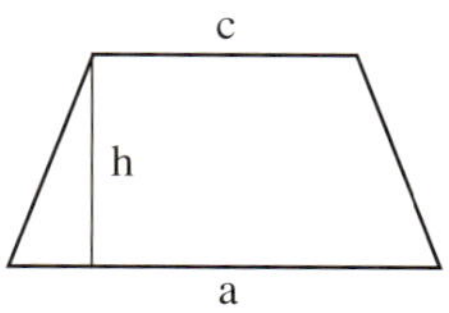

a) *Nach dem Satz des Pythagoras gilt:*
$(6{,}2\,cm)^2 = h_T^2 + \left(\frac{8{,}4\,cm - 4{,}2\,cm}{2}\right)^2$
$h_T^2 = (6{,}2\,cm)^2 - (2{,}1\,cm)^2 = 34{,}03\,cm^2$ $\qquad h_T \approx 5{,}8\,cm$
$G = \frac{1}{2}(a + c) \cdot h_T$ $\qquad G \approx \frac{8{,}4\,cm + 4{,}2\,cm}{2} \cdot 5{,}8\,cm \approx 36{,}5\,cm^2$
$V = G \cdot h$ $\qquad V \approx 36{,}5\,cm^2 \cdot 12{,}1\,cm \approx 442\,cm^3$
b) $O = 2 \cdot G + M$
$M = 2 \cdot 6{,}2\,cm \cdot 12{,}1\,cm + 4{,}2\,cm \cdot 12{,}1\,cm + 8{,}4\,cm \cdot 12{,}1\,cm \approx 302{,}5\,cm^2$
$O \approx 2 \cdot 36{,}5\,cm^2 + 302{,}5\,cm^2 = 375{,}5\,cm^2$

Aufgaben

Spricht man von „Grundfläche“ und „Mantelfläche“, so ist damit häufig auch der Inhalt der Grundfläche bzw. der Mantelfläche gemeint.

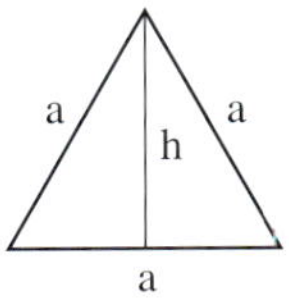

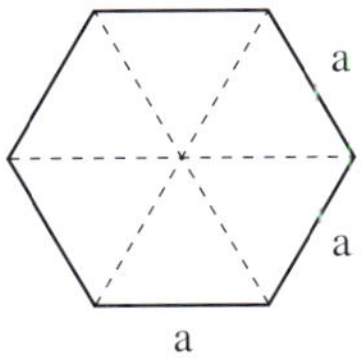

2 Berechne das Volumen V eines Prismas mit der Grundfläche G und der Höhe h.
a) $G = 2{,}4\,dm^2$; $h = 6\,cm$ b) $G = 0{,}75\,m^2$; $h = 60\,cm$ c) $G = 1{,}8\,cm^2$; $h = 4\,mm$

3 Ein Prisma mit der Höhe h hat als Grundfläche ein Dreieck mit den Seiten a, b, c. Berechne sein Volumen V und seinen Oberflächeninhalt O, wenn
a) $h = 2{,}4\,cm$; $a = 3\,cm$; $b = 4\,cm$ und der Winkel zwischen a und b ein rechter ist,
b) $h = 4{,}5\,cm$; $a = b = 5\,cm$; $c = 7\,cm$, c) $h = 8{,}2\,cm$; $a = b = c = 5{,}5\,cm$.

4 Ein Prisma mit der Höhe h hat als Grundfläche ein symmetrisches Trapez mit den zueinander parallelen Seiten a und c und der Höhe h_T. Berechne das Volumen V und den Oberflächeninhalt O des Prismas, wenn
a) $h = 3{,}2\,cm$; $a = 4\,cm$; $c = 7\,cm$; $h_T = 4{,}3\,cm$,
b) $h = 50\,cm$; $a = 28\,cm$; $c = 17\,cm$; $h_T = 9\,cm$.

5 Ein Prisma hat als Grundfläche ein regelmäßiges Sechseck mit der Seite a.
a) Gib eine Formel für das Volumen V dieses Prismas an.
b) Berechne das Volumen und den Oberflächeninhalt des Prismas mit der Höhe $h = 5{,}2\,cm$ und der Grundkante $a = 2{,}5\,cm$.

6 Ein Prisma mit quadratischer Grundfläche hat den Oberflächeninhalt $O = 665{,}5\,cm^2$. Seine Höhe ist fünfmal so groß wie seine Grundkante a.
a) Wie lang ist die Grundkante a? b) Berechne das Volumen des Prismas.

7 Wie viel kg wiegt ein Aluminiumprofil von 1,80 m Länge, wenn es den in Fig. 1–3 angegebenen Querschnitt hat? $1\,cm^3$ Aluminium wiegt 2,7 g.

a)

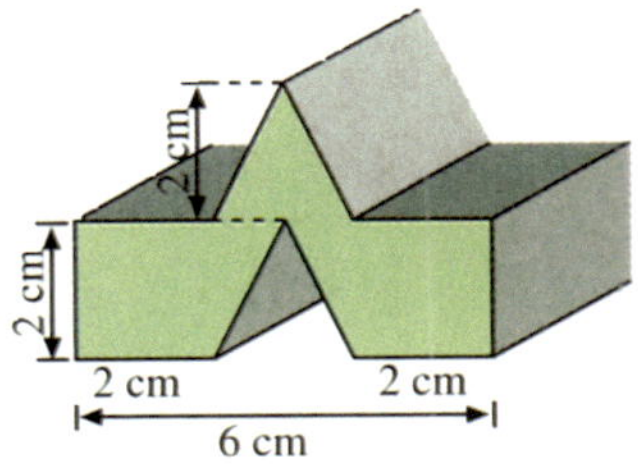

Fig. 1

b)

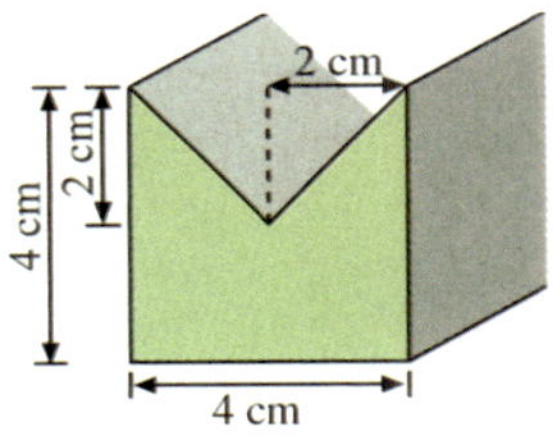

Fig. 2

c)

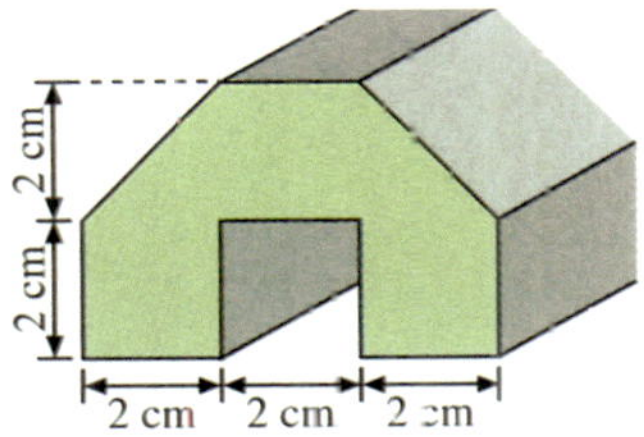

Fig. 3

8 Die Firma Crossynuts möchte eine neue 500-g-Packung ihrer Schokomandeln herstellen lassen, die sie bislang in quaderförmigen Schachteln verkauft hat (Fig. 4).
250 g Schokomandeln benötigen ein Volumen von $445\,cm^3$. Die Werbeabteilung stellt die in Fig. 5 und 6 abgebildeten Formen als neue Verpackung vor.
Berechne jeweils die fehlenden Maße in Fig. 4 – 6.

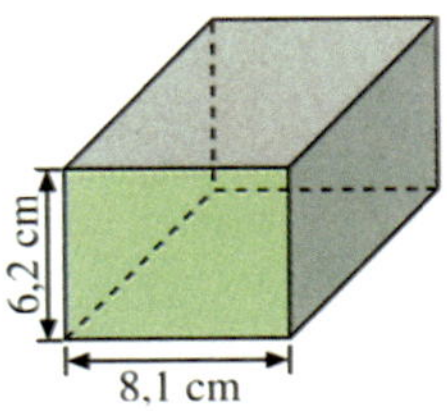

Fig. 4

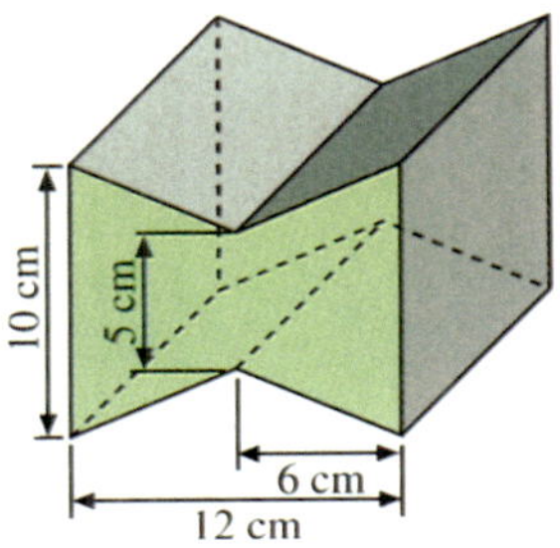

Fig. 5

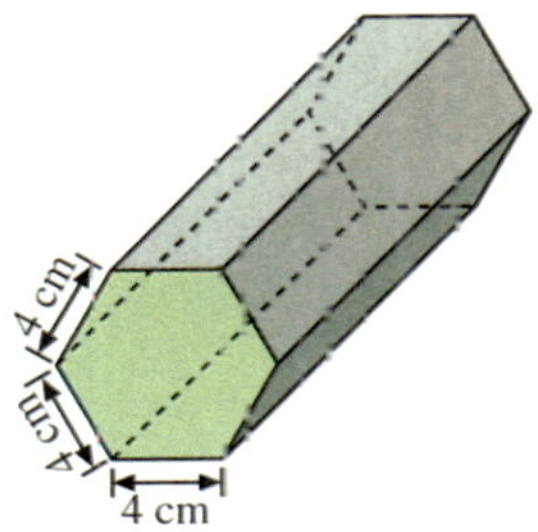

Fig. 6

2 Zylinder

1 In einem Baumarkt werden zwei Gartenschwimmbecken zum Selbstaufbau angeboten (Fig. 1 und 2). Beide Becken haben die gleiche Wassertiefe von 1,25 m.
a) Wie viel m^3 Wasser enthält das sechseckige Wasserbecken?
b) Schätze, wie viel m^3 Wasser das runde Wasserbecken enthält.

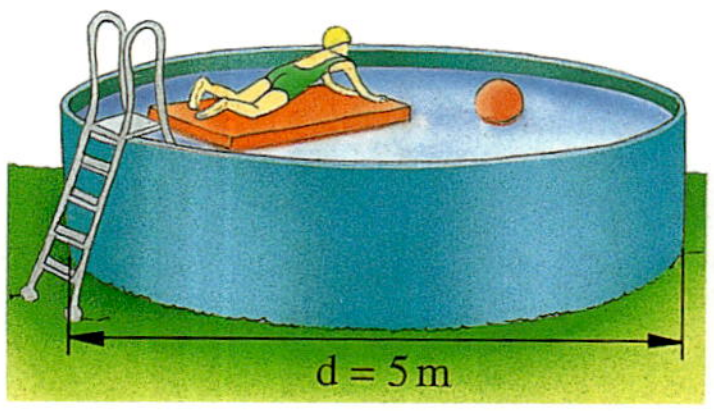

Fig. 1

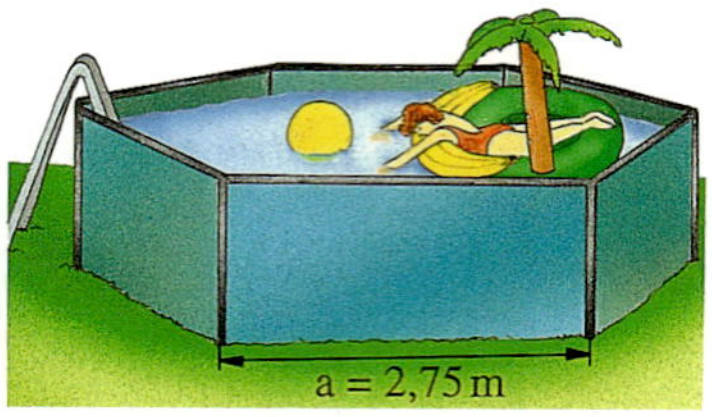

Fig. 2

Bei der Bestimmung des Flächeninhalts A des Kreises wurde der Kreis durch regelmäßige um- und einbeschriebene n-Ecke eingeschachtelt, wobei $a_n < A < A_n$ (a_n: Flächeninhalt des einbeschriebenen n-Ecks, A_n: Flächeninhalt des umbeschriebenen n-Ecks).
Einen Zylinder kann man entsprechend mit regelmäßigen n-eckigen Prismen einschachteln. Man erhält eine Intervallschachtelung für das Zylindervolumen:

$a_n \cdot h < V_Z < A_n \cdot h$ (Fig. 3).

Mit steigender Eckenzahl nähern sich die a_n und die A_n immer mehr dem Inhalt $A = r^2 \cdot \pi$ der Kreisfläche an. Es gilt also für das Zylindervolumen: $V = r^2 \cdot \pi \cdot h$.

Fig. 3

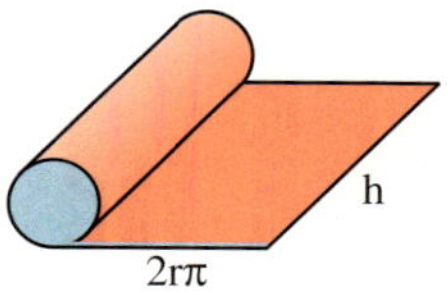

Die Abwicklung eines Zylinders (Fig. 4) besteht aus zwei Kreisen und einem Rechteck mit den Seitenlängen h und $2r\pi$.
Also gilt für die Mantelfläche $M = 2r\pi \cdot h$.

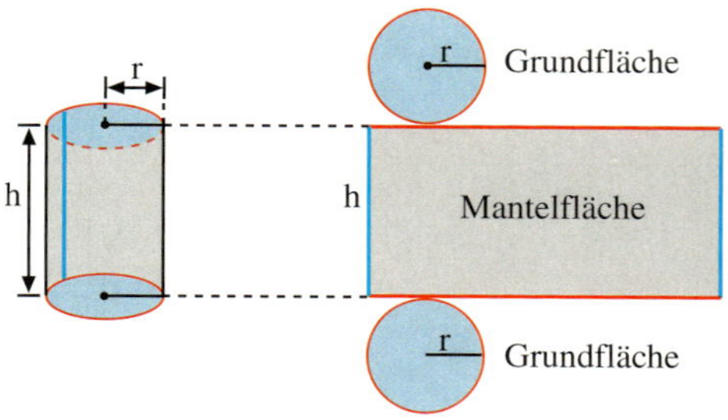

Fig. 4

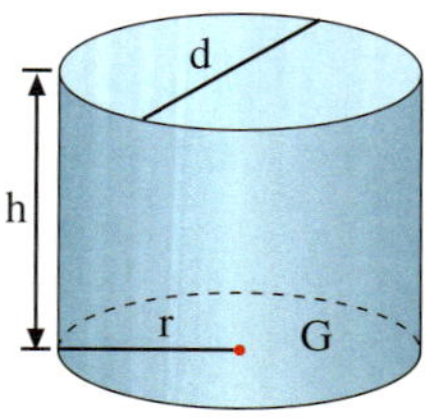

Formeln für einen **Zylinder** mit Radius r, Grundfläche G und Höhe h:

Volumen V:	$\mathbf{V = G \cdot h = r^2 \cdot \pi \cdot h}$
Inhalt der Mantelfläche M:	$\mathbf{M = 2r \cdot \pi \cdot h}$
Oberflächeninhalt O:	$\mathbf{O = 2G + M = 2r\pi(r + h)}$

Beispiel
a) Berechne Volumen und Inhalt der Mantelfläche einer zylindrischen Dose mit dem Durchmesser $d = 5{,}0\,cm$ und der Höhe $h = 7{,}5\,cm$.
b) Welchen Radius r_2 hat eine Dose mit gleicher Höhe und $V = 480 \cdot \pi\,cm^3$?
Lösung:
a) $V = r^2 \cdot \pi \cdot h$ $\quad V = (2{,}5\,cm)^2 \cdot 7{,}5\,cm \cdot \pi = 46{,}875\,\pi\,cm^3 \approx 147\,cm^3$
$M = 2r \cdot \pi \cdot h$ $\quad M = 2 \cdot 2{,}5\,cm \cdot \pi \cdot 7{,}5\,cm = 37{,}5\,\pi\,cm^2 \approx 118\,cm^2$
b) $V = r_2^2 \cdot \pi \cdot h$ $\quad 480 \cdot \pi\,cm^3 = r_2^2 \cdot \pi \cdot 7{,}5\,cm$
$r_2^2 = 64\,cm^2$
$r_2 = 8\,cm$

Aufgaben

2 Berechne das Volumen, die Mantelfläche und den Oberflächeninhalt eines Zylinders mit den Angaben:
a) $r = 3{,}7\,cm$; $h = 12{,}3\,cm$ b) $r = 2{,}5\,cm$; $h = 0{,}40\,m$ c) $d = 32{,}2\,cm$; $h = 0{,}75\,m$
d) $r = 6{,}5\,cm$; $h = 15\,cm$ e) $r = 1{,}2\,m$; $h = 4{,}8\,cm$ f) $d = 5{,}26\,m$; $h = 7{,}00\,m$

Litfaßsäulen sind nach ihrem Erfinder, dem Drucker Ernst Litfaß (1816 – 1874) benannt, der diese Säulen erstmals als Anschlagsäulen 1855 in Berlin aufstellte.

3 Der 35 km lange Eisenbahntunnel zwischen England und Frankreich besteht aus zwei Röhren von je 8 m Durchmesser für die Züge und einem Versorgungstunnel von 5 m Durchmesser.
a) Wie viel m^3 Abraum sind mindestens beim Bohren dieser drei Röhren angefallen?
b) Wie viele Lkw-Ladungen zu $12\,m^3$ sind das?

4 Bei einem Zylinder sind von den fünf Größen r, h, M, O, V jeweils zwei gegeben. Berechne die drei fehlenden Größen.
a) $r = 6{,}0\,cm$; $M = 4{,}50\,cm^2$ b) $h = 35\,cm$; $M = 0{,}30\,m^2$ c) $r = 7{,}6\,cm$; $V = 2{,}0\,l$
d) $h = 4{,}6\,m$; $V = \pi\,m^3$ e) $r = 25\,mm$; $O = 175\pi\,m^2$ f) $M = 140\,cm^2$; $V = 385\,cm^3$

5 Eine zylindrische Regentonne hat den inneren Durchmesser $d = 60\,cm$ und die Höhe $h = 85\,cm$.
a) Wie viel Liter Wasser fasst die Tonne? b) Wie hoch stehen $150\,l$ Wasser in ihr?

6 Eine zylindrische Litfaßsäule ist 2,60 m hoch. Sie hat einen Außendurchmesser von 1,20 m, ihre Wandstärke beträgt 5 cm.
a) Wie viel m^2 Fläche kann zu Werbezwecken beklebt werden?
b) Passt in die Säule ein Verkehrscomputer, der wegen seiner Lüftung einen Raum von mindestens $2{,}5\,m^3$ benötigt?

7 Ein Standzylinder mit dem inneren Durchmesser von $d = 32\,mm$ soll als Messzylinder geeicht werden. In welchen Abständen sind die Teilstriche für je $5\,cm^3$ anzubringen?

8 Wie viel cm^2 Blech benötigt man zur Herstellung einer Konservendose mit dem Durchmesser d und dem Volumen V, wenn für Falze und Verschnitt 15 % Blech hinzuzurechnen ist?
a) $d = 10\,cm$; $V = 1\,l$ b) $d = 8\,cm$; $V = 0{,}5\,l$ c) $d = 25\,cm$; $V = 2\,l$

9 Die Trans-Alaska-Pipeline hat einen Innendurchmesser von 1,2 m, sie ist 1280 km lang. Nimm an, dass das Rohr vollständig gefüllt ist.
a) Wie viel m^3 Öl befinden sich im Rohr?
*b) Die Pipeline transportiert täglich $260\,000\,m^3$ Öl. Wie schnell fließt das Öl?

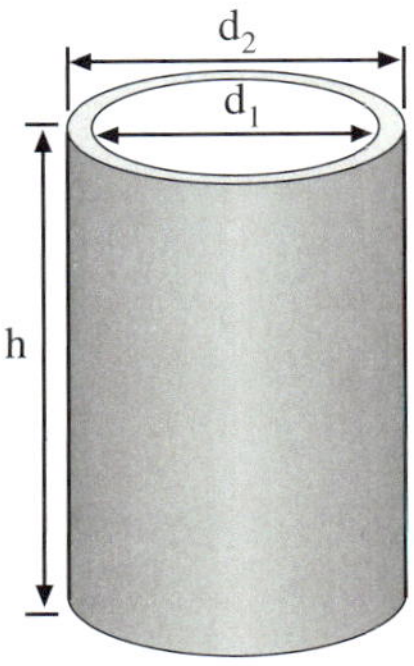

10 Ein rechteckiges Blatt Papier mit den Seiten a und b kann auf zwei Arten zu einem Zylindermantel gebogen werden.
a) Bestimme das Volumen V_1 und V_2 der beiden möglichen Zylinder.
b) Bestimme das Verhältnis von V_1 zu V_2.

11 Leitungsrohre aus Grauguss werden in verschiedenen Größen angeboten. Berechne ihr Volumen und ihr Gewicht, wenn $1\,cm^3$ Grauguss 7,25 g wiegt.
a) $d_1 = 5{,}32\,cm$; $d_2 = 6{,}00\,cm$; $h = 1{,}00\,m$
b) $d_1 = 7{,}32\,cm$; $d_2 = 8{,}00\,cm$; $h = 1{,}25\,m$
c) $d_1 = 12{,}98\,cm$; $d_2 = 13{,}70\,cm$; $h = 1{,}75\,m$
d) $d_1 = 15{,}44\,cm$; $d_2 = 16{,}20\,cm$; $h = 2{,}00\,m$

3 Der Satz des Cavalieri

Fig. 1

Fig. 2

1 Der Papierstapel in Fig. 1 besteht aus DIN-A4-Blättern. Er ist 20 cm hoch. Der Flächeninhalt eines Blattes ist 625 cm^2.
a) Berechne das Volumen des Papierstapels.
b) Ändert sich das Volumen, wenn man den Papierstapel wie in Fig. 2 verformt?
c) Vergleiche die Grundflächen, zur Grundfläche parallele Querschnittsflächen, die Höhen und die Volumen der Papierstapel.

Diese Erkenntnisse hat Bonaventura Cavalieri (1598–1647), ein italienischer Mathematiker, als Satz formuliert, der als der Satz zur Volumenberechnung von Körpern bezeichnet wird.

Ändern sich beim Verformen eines Körpers weder die Grundfläche noch die zu der Grundfläche parallelen Querschnittsflächen noch seine Höhe, dann ändert sich auch sein Volumen nicht. Dies ist ein Sonderfall des Satzes von Cavalieri:

Satz des Cavalieri:
Wenn für zwei Körper gilt:
(1) Die Flächeninhalte der Grundflächen sind gleich: $G_1 = G_2$;
(2) sie haben gleiche Höhen;
(3) Schnittflächen im gleichen Abstand parallel zur Grundfläche haben den gleichen Flächeninhalt: $S_1 = S_2$,
dann haben beide Körper das gleiche Volumen.

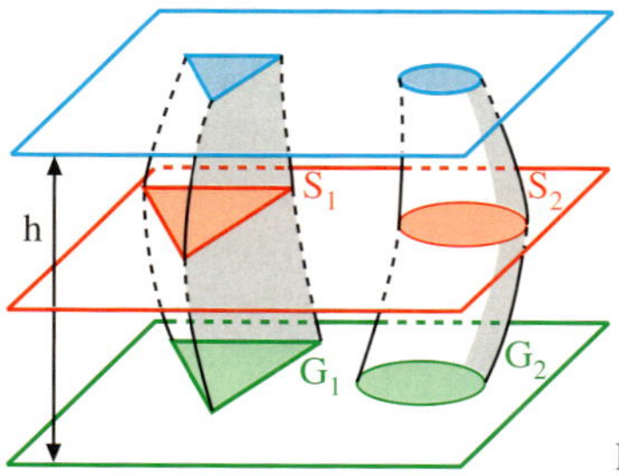

Fig. 3

Begründung des Satzes von Cavalieri für den Sonderfall von Fig. 4 und 5:

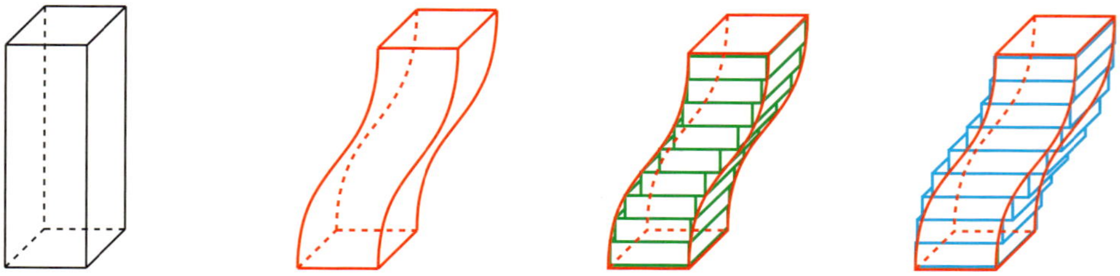

Fig. 4 Fig. 5 Fig. 6 Fig. 7

Die beiden Körper in Fig. 4 und 5 haben gleiche Grundflächen. Alle dazu parallelen Querschnittsflächen sind zur Grundfläche kongruent.

1. Denke dir den Körper von Fig. 5 durch Schnitte parallel in n Scheiben der Dicke $d = \frac{h}{n}$ zerlegt.
2. Hat ein einbeschriebenes Prisma die Grundfläche g_i (Fig. 6) und das umbeschriebene Prisma die Grundfläche G_i (Fig. 7), so gilt für das Volumen V_i jeder Scheibe:
$g_i \cdot d < V_i < G_i \cdot d.$

3. Addiere die Volumen V_i aller Scheiben, um das Gesamtvolumen des Körpers zu erhalten: $(g_1 + g_2 + g_3 + \ldots + g_n)d < V < (G_1 + G_2 + G_3 + \ldots + G_n)d$.

4. Da $d = \frac{h}{n}$ ist, gilt: $(g_1 + g_2 + g_3 + \ldots + g_n)\frac{h}{n} < V < (G_1 + G_2 + G_3 + \ldots + G_n)\frac{h}{n}$.

5. Mit wachsender Anzahl der Scheiben nähern sich die g_i und die G_i immer mehr dem Flächeninhalt G der Grundfläche. Also gilt: $V = n \cdot G \cdot \frac{h}{n} = G \cdot h$.

Das Volumen des Körpers ist also gleich dem Volumen des Prismas mit der Grundfläche G und der Höhe h.

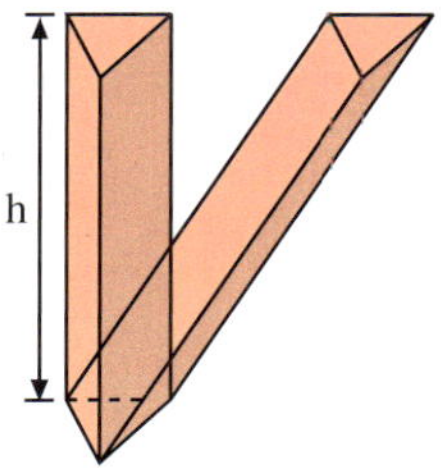

Fig. 1

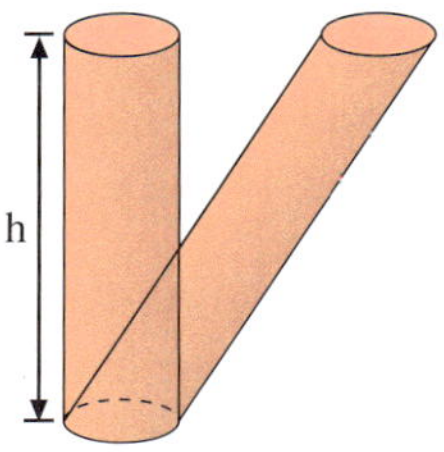

Fig. 2

Fig. 1 zeigt ein „schiefes" Prisma und Fig. 2 einen „schiefen" Zylinder. Nach dem Satz des Cavalieri haben sie das gleiche Volumen wie die entsprechenden „geraden" Körper mit gleicher Grundfläche und gleicher Höhe, nämlich: $V = G \cdot h$ bzw. $V = r^2 \cdot \pi \cdot h$.

Beispiel

Berechne das Volumen der Körper in Fig. 3.

Lösung:

Die Grundfläche des schiefen Prismas ist ein Dreieck, also $G = \frac{1}{2} \cdot g \cdot h$;

$G = \frac{1}{2} \cdot 6\,\text{cm} \cdot 4\,\text{cm} = 12\,\text{cm}^2$

$V_{Prisma} = G \cdot h$

$V = 12\,\text{cm}^2 \cdot 10\,\text{cm} = 120\,\text{cm}^3$

$V_{Zylinder} = r^2 \cdot \pi \cdot h$

$V = (2\,\text{cm})^2 \cdot \pi \cdot 10\,\text{cm}$

$V = 40 \cdot \pi\,\text{cm}^3 \approx 126\,\text{cm}^3$

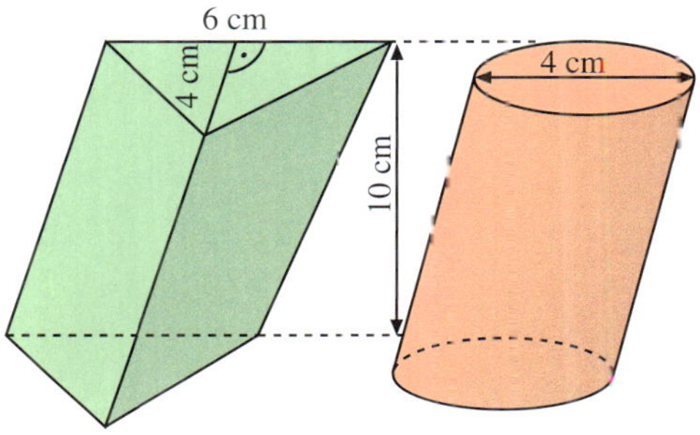

Fig. 3

Aufgaben

2 Skizziere drei verschiedene Körper, deren Grundflächen gleich groß sind und die die gleiche Höhe haben, die aber nicht volumengleich sind.

3 Aus Quadern wurden verschiedene Körper herausgesägt (Fig. 4).

a) Bestimme jeweils das Volumen der Körper.

b) Wie viel Prozent des Gesamtvolumens ist das Restvolumen?

Bei Fig. 4 kannst du annehmen, dass jeder Körper in jeder Höhe flächeninhaltsgleiche Querschnittsflächen hat.

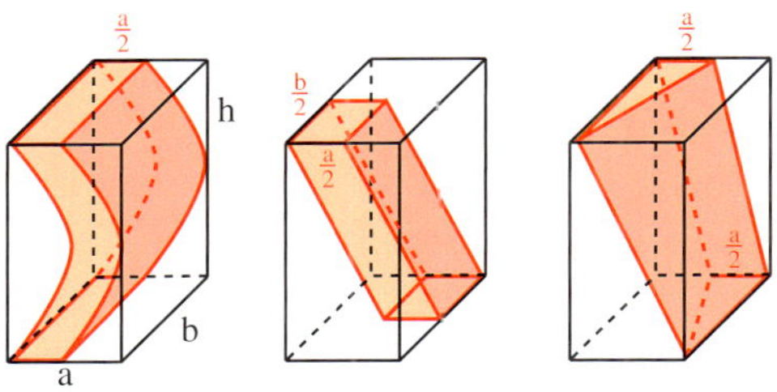

Fig. 4

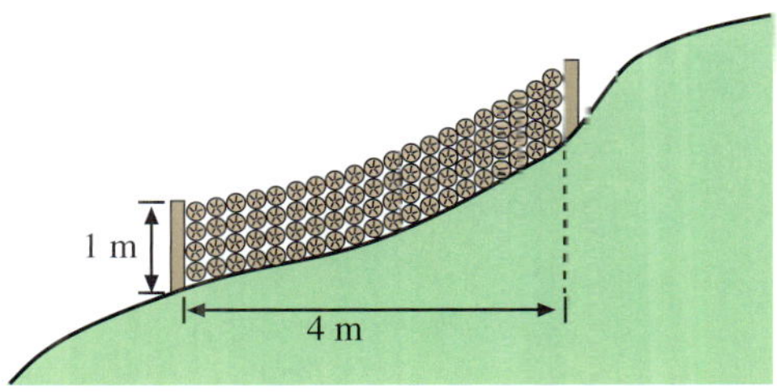

Fig. 5

Raummeter, auch Ster genannt, ist eine Bezeichnung aus der Forstwirtschaft für 1 m³ geschichtetes Holz mit Zwischenräumen.

4 An einem Berghang ist ein Stapel mit 1 m langen Holzstämmen aufgestellt (Fig. 5). Wie viel Raummeter Holz enthält er?

5 Berechne das Volumen des schiefen Zylinders in Fig. 6.

a) $r = 15\,\text{cm}$; $h = 4{,}2\,\text{cm}$

b) $s = 10\,\text{cm}$; $r = 4{,}2\,\text{cm}$; $\alpha = 45°$

*c) $s = 8\,\text{cm}$; $r = 12\,\text{cm}$; $\alpha = 60°$

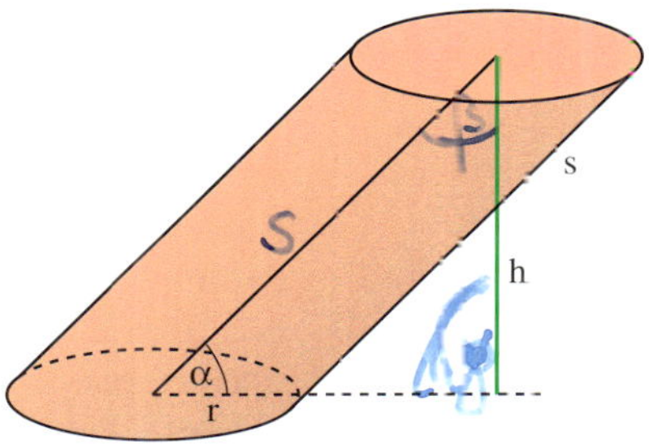

Fig. 6

4 Pyramide

1 Aus einem quaderförmigen Holzblock kann in zwei Schritten eine quadratische Pyramide hergestellt werden (Fig. 1).
a) Versuche, das Volumen der Pyramide abzuschätzen.
b) Begründe: Das Volumen der Pyramide ist kleiner als $\frac{1}{2} \cdot G \cdot h$.

Fig. 1

Bezeichnungen bei Pyramiden:

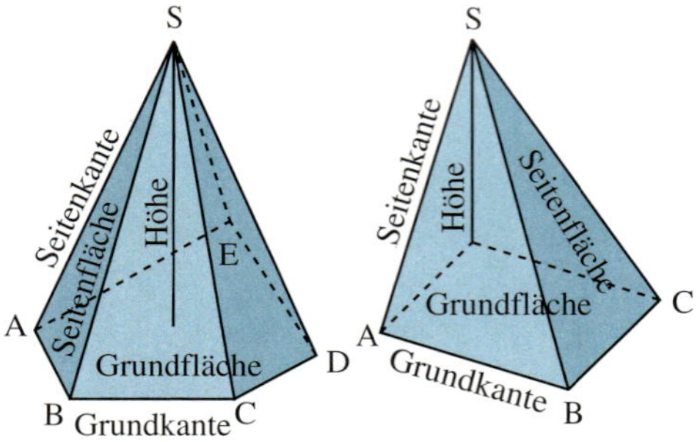

Fig. 2

Die Oberfläche einer Pyramide besteht aus der **Grundfläche** und den **Seitenflächen**. Die Seitenflächen bilden zusammen die **Mantelfläche**.
Hat eine Pyramide z. B. fünf Seitenflächen (4 Seitenflächen), so spricht man von einer **fünfseitigen (vierseitigen) Pyramide**.
Sind die Seitenflächen zueinander kongruente Dreiecke, so heißt die Pyramide **regelmäßig**. Regelmäßige vierseitige Pyramiden nennt man auch kurz quadratische Pyramiden.

Der Abstand der Spitze der Pyramide von der Ebene, in der die Grundfläche liegt, heißt **Höhe** der Pyramide. Die Kanten an der Grundfläche nennt man Grundkanten, die Kanten zwischen den Seitenflächen heißen Seitenkanten.

Der Satz setzt nicht voraus, dass die Grundflächen von Pyramide und Prisma die gleiche Form haben, sie müssen nur den gleichen Flächeninhalt G haben.

Satz: Pyramiden mit gleicher Höhe h und gleichem Inhalt der Grundflächen haben das gleiche Volumen.

Begründung:
1. Die räumliche zentrische Streckung mit dem Zentrum S und dem Streckfaktor $\frac{x}{h}$ bildet in Fig. 2 jeweils die Grundfläche G auf G′ ab.
2. Für den Flächeninhalt G′ gilt dann:
$G' = \left(\frac{x}{h}\right)^2 \cdot G$.
3. Für alle Pyramiden haben die Schnittflächen G′ wegen (2) den gleichen Flächeninhalt.
4. Nach dem Satz des Cavalieri haben dann alle Pyramiden das gleiche Volumen.

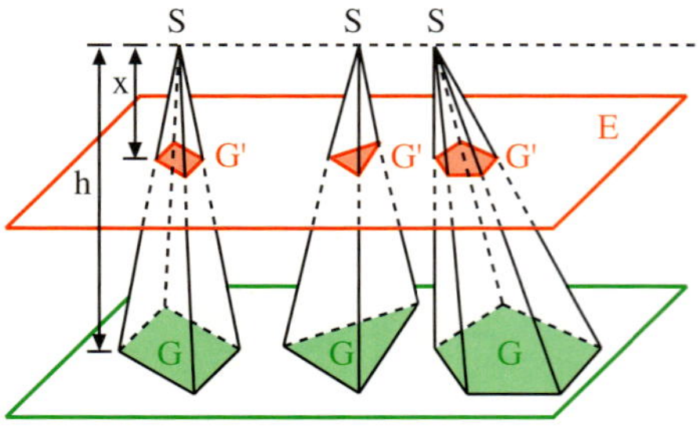

Fig. 3

Um nun die Formel für das Volumen einer Pyramide zu finden, wird zuerst der Sonderfall einer dreiseitigen Pyramide betrachtet, bei der eine Seitenkante senkrecht auf der Grundfläche steht (Fig. 4).

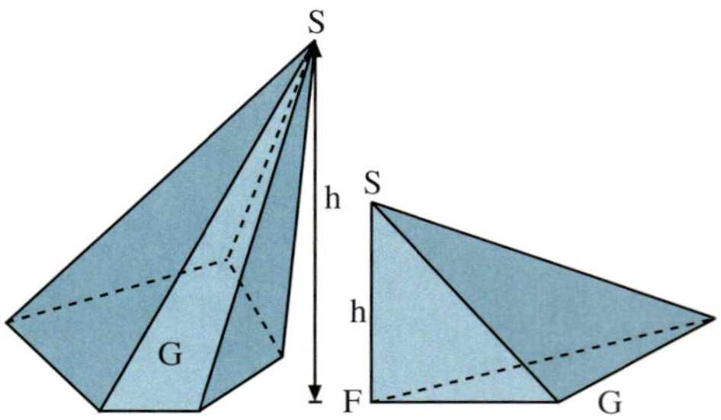

Fig. 4

Diese spezielle dreiseitige Pyramide lässt sich zu einem Prisma mit gleicher Grundfläche G und gleicher Höhe h ergänzen. Dazu fügt man Pyramiden P_2 und P_3 an (Fig. 1).

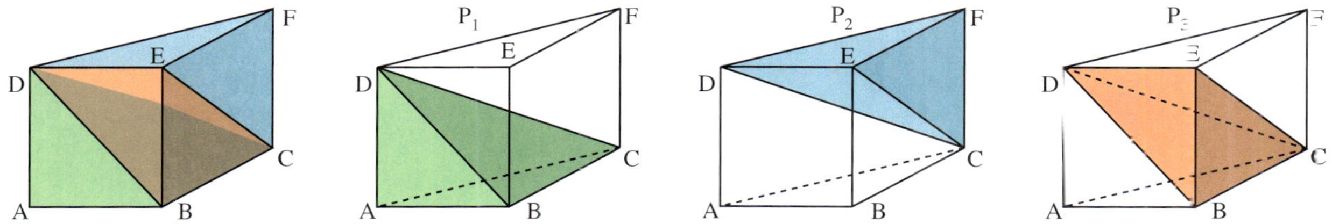

Fig. 1

Alle drei Pyramiden P_1, P_2 und P_3 haben das gleiche Volumen. Dieses ist somit ein Drittel des Volumens des Prismas; also $V = \frac{1}{3} \cdot G \cdot h$.

Begründung: Mit dem Satz von der Seite gegenüber ergibt sich:

1. Die Pyramiden P_1 und P_2 haben das gleiche Volumen, denn P_1 und P_2 haben kongruente und damit inhaltsgleiche Grundflächen ABC und DEF sowie gleiche Höhen $\overline{DA} = \overline{CF}$.
2. Die Pyramiden P_2 und P_3 haben das gleiche Volumen, denn P_2 und P_3 haben kongruente und damit inhaltsgleiche Grundflächen CFE und EBC sowie die gemeinsame Höhe $\overline{DE}$.

Hat man irgendeine Pyramide mit Grundfläche G und Höhe h, so betrachtet man eine spezielle dreiseitige Pyramide wie P_1 mit einer Grundfläche desselben Inhalts G und der Höhe h. Nach dem Satz von der Seite gegenüber haben beide Pyramiden das gleiche Volumen; also: $V = \frac{1}{3} \cdot G \cdot h$.

Formel für eine **Pyramide** mit der Grundfläche G und der Höhe h:
Volumen V: $\mathbf{V = \frac{1}{3} \cdot G \cdot h}$

Beispiel

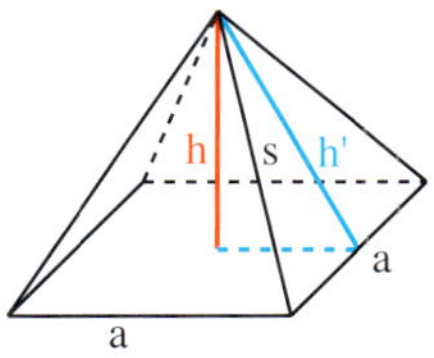

Eine quadratische Pyramide hat die Grundkante $a = 4{,}0\,\text{cm}$ und die Höhe $h = 3{,}0\,\text{cm}$.

a) Berechne ihr Volumen. b) Berechne ihren Oberflächeninhalt.

Lösung:

a) Grundfläche $G = a^2$; $V = \frac{1}{3} \cdot G \cdot h = \frac{1}{3} \cdot a^2 \cdot h$; $V = \frac{1}{3} \cdot (4\,\text{cm})^2 \cdot 3\,\text{cm} = 16\,\text{cm}^3$.

b) *Zur Berechnung der Flächeninhalte der Seitendreiecke muss zuerst deren Höhe h′ nach dem Satz des Pythagoras bestimmt werden.*

$h'^2 = h^2 + \left(\frac{a}{2}\right)^2$; $h' = \sqrt{h^2 + \left(\frac{a}{2}\right)^2}$; $h' = \sqrt{(3\,\text{cm})^2 + (2\,\text{cm})^2} = \sqrt{13}\,\text{cm}$

$O = G + 4 \cdot \frac{1}{2} \cdot a \cdot h' = G + 2ah'$

$O = 16\,\text{cm}^2 + 2 \cdot 4\,\text{cm} \cdot \sqrt{13}\,\text{cm} = 8 \cdot \left(2 + \sqrt{13}\right)\text{cm}^2 \approx 44{,}8\,\text{cm}^2$

Aufgaben

2 Berechne das Volumen einer Pyramide mit der Grundfläche G und der Höhe h.

a) $G = 400\,\text{cm}^2$ und $h = 85\,\text{cm}$ b) $G = 1{,}2\,\text{m}^2$ und $h = 2{,}5\,\text{m}$

3 Eine quadratische Pyramide hat die Grundkante a, die Höhe h und die Höhe h′ der Seitenflächen. Berechne das Volumen der Pyramide, den Flächeninhalt einer Seitenfläche und den Oberflächeninhalt der Pyramide.

a) $h = 7\,\text{cm}$; $h' = 7{,}4\,\text{cm}$ b) $a = 43{,}2\,\text{cm}$; $h = 63\,\text{cm}$ c) $a = 5{,}52\,\text{m}$; $h = 8\,\text{m}$
d) $a = 126\,\text{cm}$; $h' = 87\,\text{cm}$ e) $a = 8{,}5\,\text{m}$; $h = 7{,}7\,\text{m}$ f) $h' = 6{,}5\,\text{m}$; $h = 5{,}6\,\text{m}$

4 a) Zeichne eine Abwicklung einer quadratischen Pyramide mit der Grundkante $a = 3\,cm$ und der Seitenkante $s = 3{,}9\,cm$ (mit $a = 8\,cm$ und $s = 8{,}5\,cm$).
b) Berechne die Höhe h′ einer Seitenfläche, die Mantelfläche M und den Oberflächeninhalt O.
c) Berechne die Pyramidenhöhe h und das Volumen V der Pyramide.

5 Bestimme das Volumen V und den Oberflächeninhalt O einer Pyramide mit rechteckiger Grundfläche mit den Grundkanten a und b, wobei die Spitze der Pyramide senkrecht über dem Diagonalenschnittpunkt liegt.
a) $a = 8\,cm$; $b = 15\,cm$; Höhe $h = 10\,cm$ b) $a = 7{,}2\,cm$; $b = 3{,}6\,cm$; $h = 10{,}5\,cm$

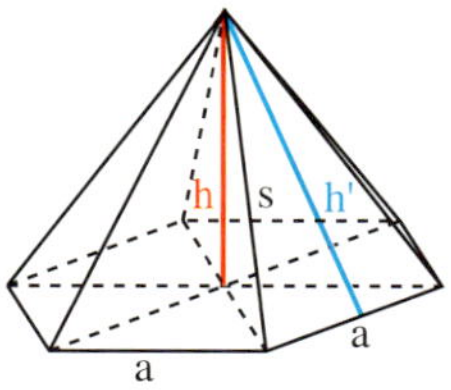

6 Berechne das Volumen V und den Oberflächeninhalt O einer regelmäßigen sechsseitigen Pyramide mit der Grundkante a, der Höhe h und der Seitenkante s.
a) $a = 3\,m$; $h = 4\,m$ b) $a = 6{,}25\,m$; $s = 16{,}25\,m$
c) $s = 8{,}5\,m$; $h = 7{,}5\,m$ d) $a = 12\,cm$; $s = 37\,cm$

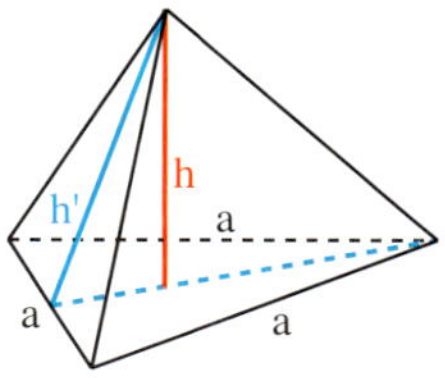

7 Eine regelmäßige dreiseitige Pyramide hat die Grundkante a, die Höhe h, die Seitenkante s und die Höhe h′ der Seitenfläche. Der Fußpunkt der Pyramidenhöhe teilt die Höhen der Grundfläche im Verhältnis 2 : 1. Berechne das Volumen V und den Oberflächeninhalt O der Pyramide.
a) $a = 15\,cm$; $h = 25\,cm$ b) $a = 17{,}6\,cm$; $s = 18{,}7\,cm$
c) $a = 7{,}5\,cm$; $s = 9{,}75\,cm$ d) $a = 20\,cm$; $h' = 25\,cm$

8 Die größte ägyptische Pyramide, die Cheopspyramide (erbaut um 2600 v. Chr.), ist eine Pyramide mit quadratischer Grundfläche. Ihre Grundkanten waren 233 m lang, ihre Seitenkanten 221 m.
a) Wie hoch war die Pyramide ursprünglich?
b) Das verwendete Gestein wiegt 2,75 t pro m^3. Wie viel t Gestein wurden benötigt, wenn man von den Gängen und Kammern im Innern der Pyramide absieht?
c) Heute hat die Cheopspyramide aufgrund der Verwitterung nur noch eine Grundkantenlänge von 227 m und eine Höhe von 137 m. Wie viel Prozent des ursprünglichen Volumens sind inzwischen verwittert?
d) Angenommen, Christo und Jeanne-Claude möchten die Cheopspyramide verhüllen. Wie viel m^2 Gewebe benötigen sie dazu mindestens?

Christo und Jeanne-Claude verhüllten im Juni 1995 den Reichstag in Berlin.

9 Eine regelmäßige vierseitige (dreiseitige) Pyramide hat die Grundkante a.
a) Wie muss die Höhe h geändert werden, damit sich das Volumen V der Pyramide
(1) verdoppelt, (2) halbiert, (3) drittelt, (4) ver-n-facht?
b) Wie muss die Grundkante a geändert werden, damit sich das Volumen V der Pyramide
(1) verdoppelt, (2) halbiert, (3) drittelt, (4) ver-n-facht?

10 Eine Pyramide hat als Grundfläche ein regelmäßiges Sechseck, ihre Höhe h ist doppelt so groß (n-mal so groß) wie die Grundkante a.
Drücke das Volumen V und den Oberflächeninhalt O in Abhängigkeit von a aus.

11 Berechne die Grundkantenlänge a und den Oberflächeninhalt O einer regelmäßigen Pyramide mit der Höhe h, wenn
a) die Pyramide vierseitig ist mit $V = 6375\,cm^3$, $h = 85\,cm$,
b) die Pyramide sechsseitig ist mit $V = 72\,000\,m^3$, $h = 51{,}96\,m$,
c) die Pyramide dreiseitig ist mit $V = 1440\,cm^3$, $h = 69{,}3\,cm$.

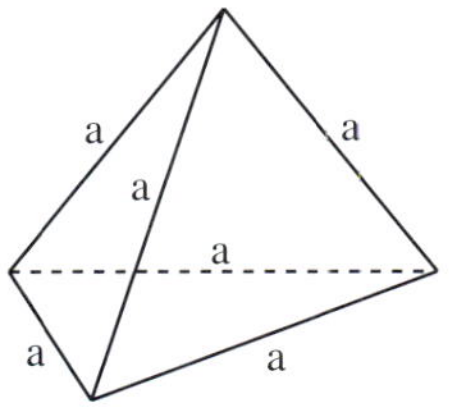

Fig. 1

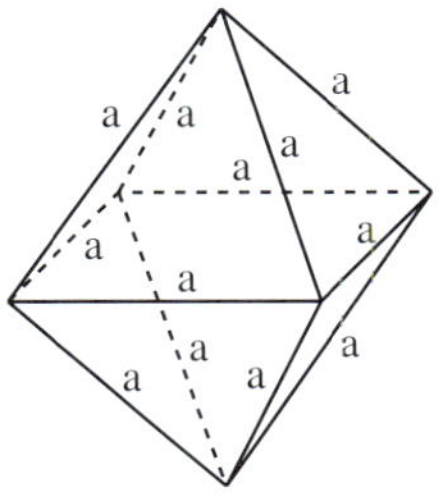

Fig. 2

Das Volumen eines Gebäudeteils nennt man umbauten Raum.

12 Eine quadratische Pyramide hat das Volumen $V = 2880\,m^3$. Die Höhe h ist fünfmal so groß wie ihre Grundkante a.
a) Berechne a und h.
b) Berechne den Inhalt der Mantelfläche der Pyramide.

13 Stelle eine Formel für das Volumen V und den Oberflächeninhalt O eines Tetraeders mit der Kantenlänge a auf.
Zur Erinnerung: Ein Tetraeder ist eine dreiseitige Pyramide, bei der die Seitenkante s genauso lang ist wie die Grundkante a (Fig. 1).

14 Stelle eine Formel für das Volumen V und den Oberflächeninhalt O eines Oktaeders mit der Kantenlänge a auf.
Zur Erinnerung: Ein Oktaeder ist eine quadratische Doppelpyramide, bei der die Seitenkante s genauso lang ist wie die Grundkante a (Fig. 2).

15 Fig. 3 zeigt das Dach eines Gebäudes. Berechne den umbauten Dachraum.

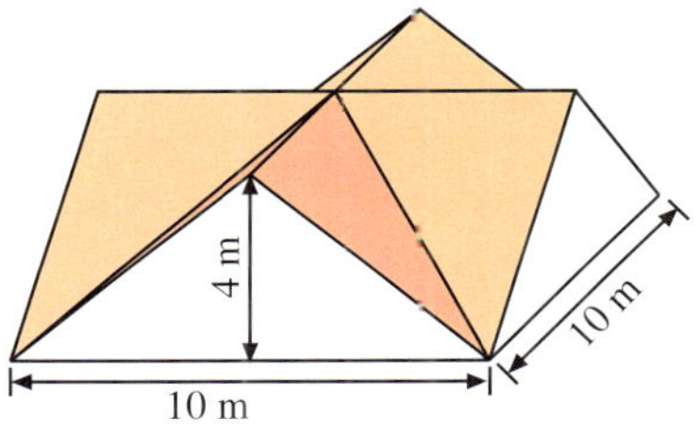

Fig. 3

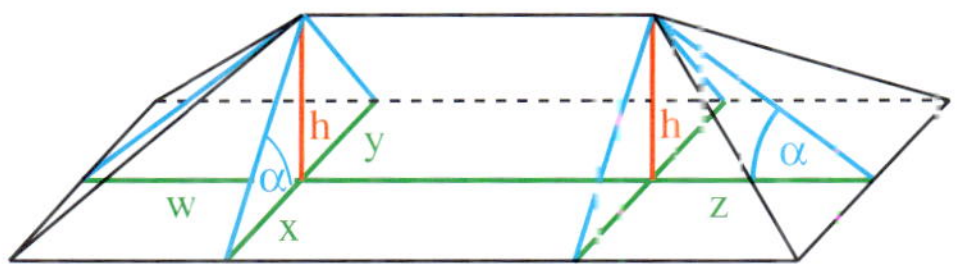

Fig. 4

16 Der umbaute Raum eines Walmdaches soll bestimmt werden (Fig. 4). Der Neigungswinkel α des Daches beträgt an allen Seiten 45°. Die Höhe h ist 4,60 m, und die Firstlänge c ist 7,25 m. Bestimme zunächst die Längen w, x, y und z.

17 Das gesamte Dach aus Fig. 4 soll mit Schieferplatten gedeckt werden.
a) Wie viel m^2 Schiefer benötigt man mindestens?
b) $1\,m^2$ Schieferdeckung wiegt 38 kg. Wie viel kg Schieferdeckung werden benötigt?

18 Der Körper in Fig. 5 besteht aus einem Würfel mit der Kantenlänge a und einer aufgesetzten Pyramide mit der Höhe h.
a) Drücke die Höhe h, das Volumen V und den Oberflächeninhalt O des zusammengesetzten Körpers in Abhängigkeit von der Kantenlänge a aus.
b) Gib eine Formel für das Volumen V und den Oberflächeninhalt O einer Pyramide mit der Grundfläche ABCD und der Spitze S an.
c) Um wie viel Prozent unterscheiden sich die Volumen und Oberflächeninhalte des zusammengesetzten Körpers und der Pyramide mit den Ecken A, B, C, D, S?

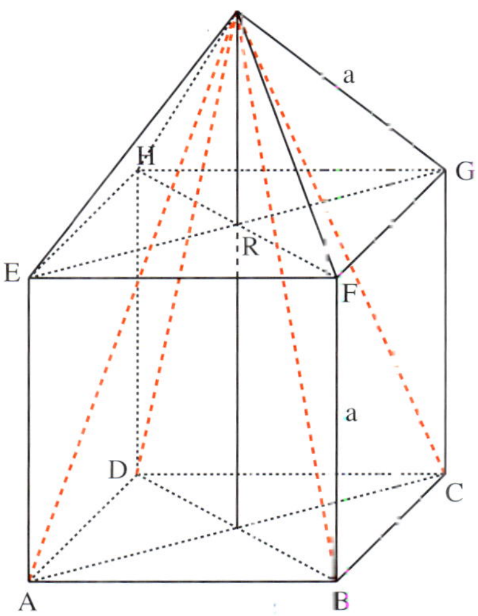

Fig. 5

5 Kegel

Fig. 1

1 Wie oft lässt sich das Sektglas mit dem Doseninhalt füllen (Fig. 1)?

2 Tibor bastelt für den ersten Schultag seiner Schwester eine Schultüte aus Pappe. Fig. 2 zeigt zwei Abwicklungen von solchen Schultüten.
a) Berechne jeweils den Flächeninhalt.
b) Berechne für beide Abwicklungen den Radius des Grundkreises des Kegels.

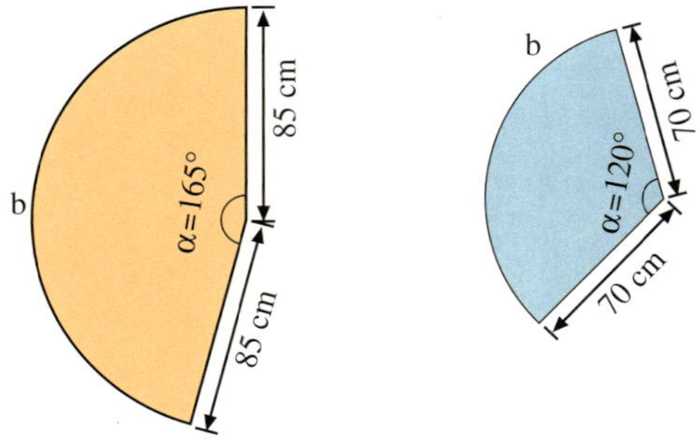

Fig. 2

Bezeichnungen am Kegel:

*Befindet sich bei einem Kegel seine Spitze senkrecht über dem Mittelpunkt des Grundkreises, so nennt man den Kegel einen **geraden Kegel**. Wenn nichts anderes erwähnt wird, werden im Weiteren stets gerade Kegel betrachtet.*

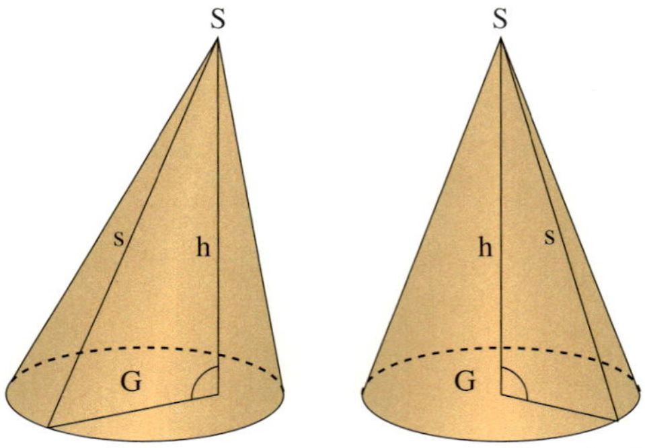

Fig. 3

Die Oberfläche eines Kegels besteht aus der **Grundfläche** (dem Grundkreis) und der **Mantelfläche**.
Der Abstand der Spitze des Kegels von der Ebene, in der die Grundfläche liegt, heißt **Höhe** des Kegels.
Ist A ein Punkt auf dem Rand des Grundkreises und S die Spitze, so nennt man die Strecke $\overline{AS}$ eine **Mantellinie**.
Bei einem geraden Kegel sind alle Mantellinien gleich lang.

Beim Beweis dieses Satzes wurde nur benutzt, dass bei einer zentrischen Streckung mit einem Streckfaktor k die Grundfläche G mit dem Faktor k^2 multipliziert wird:
$G' = k^2 \cdot G$.
Dies gilt auch für Kreise, vgl. Seite 80.

Pyramiden mit gleicher Höhe h und gleich großen Grundflächen G haben das gleiche Volumen. Dieser Satz gilt für alle Pyramiden, unabhängig von der Form der Grundfläche, also auch für eine Pyramide mit einem Kreis als Grundfläche, den Kegel.
Daher gilt für das Volumen des Kegels $V = \frac{1}{3} \cdot G \cdot h = \frac{1}{3} r^2 \cdot \pi \cdot h$.

Die Abwicklung des Kegelmantels ist ein Kreisausschnitt. Sein Radius ist die Länge s der Mantellinien, sein Bogen ist gleich dem Umfang des Grundkreises:

$b = 2 r \cdot \pi$.

Für den Flächeninhalt dieses Kreisausschnittes gilt daher:

$A = \frac{1}{2} \cdot b \cdot s = r \cdot \pi \cdot s$.

Vergleiche hierzu auch Seite 86.

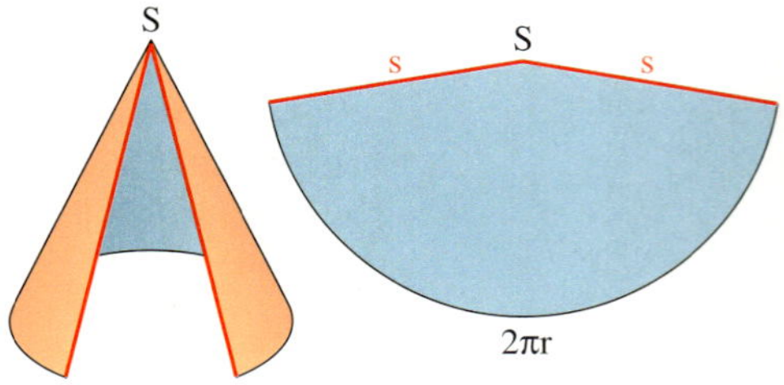

Fig. 4

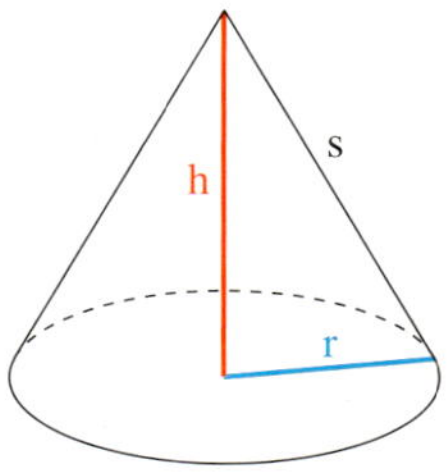

Formeln für einen (geraden) **Kegel** mit dem Grundkreisradius r, der Grundfläche G, der Mantellinie s und der Höhe h:

Volumen V:	$\mathbf{V = \frac{1}{3} \cdot G \cdot h = \frac{1}{3} r^2 \cdot \pi \cdot h}$
Inhalt M der Mantelfläche:	$\mathbf{M = r \cdot s \cdot \pi}$
Oberflächeninhalt O:	$\mathbf{O = G + M = r^2 \cdot \pi + r \cdot s \cdot \pi = r(r + s) \cdot \pi}$

Beispiel
Berechne das Volumen und den Oberflächeninhalt eines Kegels mit dem Radius $r = 8\,\text{cm}$ und der Höhe $h = 6\,\text{cm}$.
Lösung:
$V = \frac{1}{3} \cdot r^2 \cdot \pi \cdot h$ $\quad V = \frac{1}{3} \cdot (8\,\text{cm})^2 \cdot \pi \cdot 6\,\text{cm} = 128\,\pi\,\text{cm}^3 \approx 402\,\text{cm}^3$
Die Mantellinie s lässt sich mit Hilfe des Satzes von Pythagoras bestimmen:
$s^2 = r^2 + h^2$
$s = \sqrt{r^2 + h^2}$ $\quad s = \sqrt{(8\,\text{cm})^2 + (6\,\text{cm})^2} = 10\,\text{cm}$
$O = r(r + s) \cdot \pi$ $\quad O = 8\,\text{cm}(8\,\text{cm} + 10\,\text{cm}) \cdot \pi = 144 \cdot \pi\,\text{cm}^2 \approx 452\,\text{cm}^2$

Aufgaben

3 Berechne für einen Kegel mit Radius r und Höhe h das Volumen V, den Inhalt des Mantels M und den Oberflächeninhalt O.
a) $r = 1{,}6\,\text{m}$; $h = 45\,\text{cm}$ b) $r = 3\,\text{cm}$; $h = 6\,\text{cm}$
c) $r = 9\,\text{cm}$; $h = 4\,\text{cm}$ d) $r = 12\,\text{cm}$; $h = 14\,\text{cm}$
e) $r = 16\,\text{cm}$; $h = 10{,}5\,\text{cm}$ f) $r = 8\,\text{mm}$; $h = 7{,}5\,\text{cm}$

Auch das Lübecker Stadttor hat Turmdächer in Form von Kegeln.

4 Bei einem Kegel mit Radius r, Höhe h, Mantellinie s, Volumen V, Mantelfläche M und Oberflächeninhalt O sind zwei der sechs Größen gegeben.
Berechne die fehlenden vier Größen.
a) $s = 41\,\text{cm}$; $h = 40\,\text{cm}$ b) $r = 26\,\text{cm}$; $s = 38{,}8\,\text{cm}$
c) $r = 8\,\text{cm}$; $V = 192\,\pi\,\text{cm}^3$ d) $h = 12\,\text{cm}$; $s = 13\,\text{cm}$
e) $s = 7{,}5\,\text{cm}$; $M = 117{,}8\,\text{cm}^2$ f) $s = 6{,}4\,\text{cm}$; $M = 36\,\pi\,\text{cm}^2$
g) $h = 20\,\text{cm}$; $V = 2{,}5\,l$ *h) $M = 128\,\text{cm}^2$; $O = 223\,\text{cm}^2$

5 Ein Turmdach hat die Form eines Kegels mit dem Grundkreisdurchmesser $d = 4{,}8\,\text{m}$ und der Höhe $h = 6\,\text{m}$.
a) Berechne den umbauten Raum.
b) Wie teuer ist die Belegung mit Dachplatten, wenn für $1\,\text{m}^2$ Dachbelegung 285 € berechnet werden?

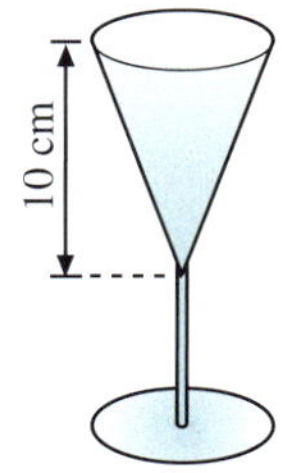

Fig. 1

6 a) Ein kegelförmiges Sektglas soll bis zur Hälfte seines Volumens mit Sekt gefüllt werden. Wie hoch muss dazu der Sekt eingefüllt werden?
b) Die Eichmarke des Sektglases ist 10 cm hoch. Ein Barkeeper füllt jedoch immer nur bis 1 cm unter diese Marke. Wie viel Prozent des Sektes „spart" er dabei?

7 Ein Kreisausschnitt mit dem Mittelpunktswinkel 90° (120°, 180°, 270°) und dem Radius 8 cm wird zu einem Kegel zusammengebogen. Berechne
a) seine Mantelfläche M, b) sein Volumen V.

8 Die Mantelfläche M eines Kegels ist fünfmal so groß wie seine Grundfläche. Gib die Mantellinie s und das Kegelvolumen V in Abhängigkeit vom Radius r an.

9 Ein gleichschenklig-rechtwinkliges Dreieck mit der Hypotenuse c wird um eine Kathete (um die Hypotenuse) gedreht. Drücke das Volumen V und den Oberflächeninhalt O des entstandenen Körpers durch c aus.

***10** Ein rechtwinkliges Dreieck mit der Hypotenuse c und $\alpha = 30°$ wird um die kleine Kathete (die große Kathete, die Hypotenuse) gedreht. Drücke das Volumen V und den Oberflächeninhalt O des entstandenen Körpers durch c aus.

6 Pyramiden- und Kegelstumpf

1 Thorsten hat auf dem Weihnachtsmarkt eine kegelförmige Kerze gekauft (Fig. 1). Nachdem er die Kerze 2 Stunden brennen ließ, war sie nur noch 6 cm hoch.
a) Schätze, wie viel Prozent des Volumens verbrannt ist.
b) Berechne das Volumen des verbrannten Teils der Kerze und das Volumen des Kerzenrestes.
Vergleiche auch mit a).

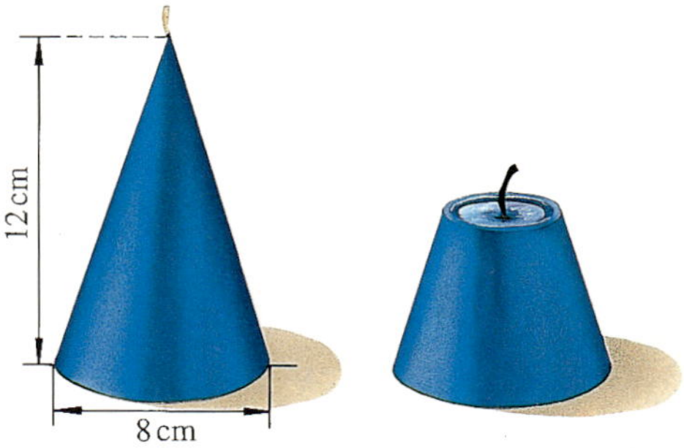

Fig. 1

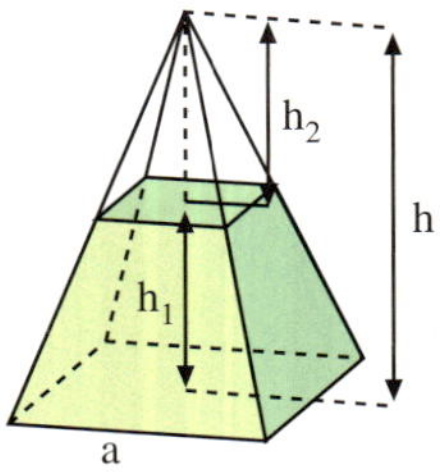

Fig. 2

2 Eine quadratische Pyramide mit der Grundkante a = 10 cm und der Höhe h = 15 cm wird bei $h_1 = \frac{h}{2}$ mit einem Schnitt parallel zur Grundfläche in zwei Körper zerlegt (Fig. 2).
a) Vergleiche den Flächeninhalt der Schnittfläche mit der Grundfläche.
b) Vergleiche das Volumen der abgeschnittenen Pyramide mit dem Volumen der ursprünglichen Pyramide. Berechne dann das Volumen des Restkörpers.
c) Verfahre entsprechend, wenn der Schnitt bei $h_1 = \frac{3}{4} \cdot h$ erfolgt.

Legt man eine Schnittebene parallel zur Grundfläche einer Pyramide (eines Kegels), so erhält man zwei Körper, eine kleinere Pyramide (einen kleineren Kegel) und einen **Pyramidenstumpf** (einen **Kegelstumpf**).

Formeln für einen **Pyramidenstumpf** mit den Grundflächen G_1 und G_2 und einen **Kegelstumpf** mit den Radien r_1 und r_2 und jeweils der Höhe h:
Volumen des Pyramidenstumpfes:
$\mathbf{V = \frac{1}{3} \cdot h \cdot \left(G_1 + \sqrt{G_1 G_2} + G_2\right)}$
Volumen eines Kegelstumpfes:
$\mathbf{V = \frac{1}{3} \cdot h \cdot \left(r_1^2 + r_1 r_2 + r_2^2\right) \cdot \pi}$
Mantelfläche des Kegelstumpfes:
$\mathbf{M = s(r_1 + r_2) \cdot \pi}$

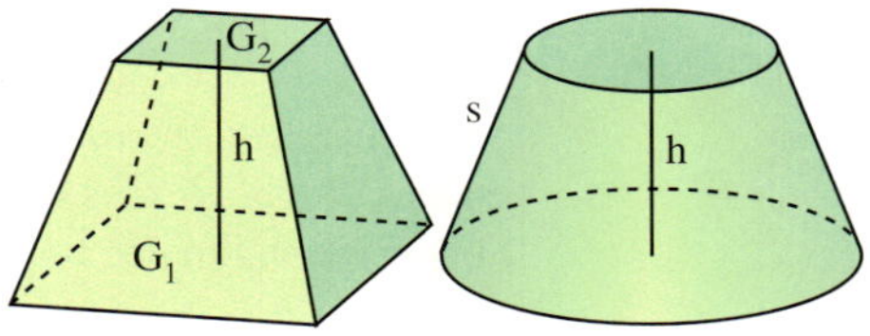

Fig. 3

Die Herleitung der übrigen Formeln erfolgt in Aufgabe 11.

So erhält man die Formel für das Volumen eines Kegelstumpfes:
1. Das Volumen V des Kegelstumpfes ist gleich der Differenz aus dem Volumen des ganzen Kegels und dem Volumen des „abgeschnittenen" Kegels:
$$V = \frac{1}{3} \cdot r_1^2 \cdot \pi \cdot (h + x) - \frac{1}{3} \cdot r_2^2 \cdot \pi \cdot x = \frac{1}{3} \cdot \pi \left[r_1^2 (h + x) - r_2^2 \cdot x\right]$$
2. Nach dem 2. Strahlensatz gilt: $\frac{x + h}{x} = \frac{r_1}{r_2}$. Aufgelöst nach x ergibt sich: $x = \frac{h \cdot r_2}{r_1 - r_2}$.
3. Eingesetzt in die Volumenformel aus (1) erhält man:
$$V = \frac{1}{3} \cdot \pi \left[r_1^2 \cdot h + (r_1^2 - r_2^2) \cdot \frac{h \cdot r_2}{r_1 - r_2}\right]$$
4. Anwenden der 3. binomischen Formel und Kürzen ergibt:
$$V = \frac{1}{3} \cdot \pi \left[r_1^2 \cdot h + (r_1 + r_2) \cdot (r_1 - r_2) \cdot \frac{h \cdot r_2}{r_1 - r_2}\right]$$
$$V = \frac{1}{3} \cdot \pi \left[r_1^2 \cdot h + (r_1 + r_2) \cdot h \cdot r_2\right]$$
$$V = \frac{1}{3} \cdot \pi \cdot h \left(r_1^2 + r_1 \cdot r_2 + r_2^2\right)$$

Beispiel
Berechne das Volumen des quadratischen Pyramidenstumpfes in Fig. 1.
Lösung:
$G_1 = a_1^2;\ G_2 = a_2^2$
$V = \frac{1}{3} \cdot h \cdot \left(a_1^2 + a_1 a_2 + a_2^2\right)$
$V = \frac{1}{3} \cdot 12\,\text{cm} \cdot (49\,\text{cm}^2 + 7\,\text{cm} \cdot 4\,\text{cm} + 16\,\text{cm}^2)$
$V = 372\,\text{cm}^3$

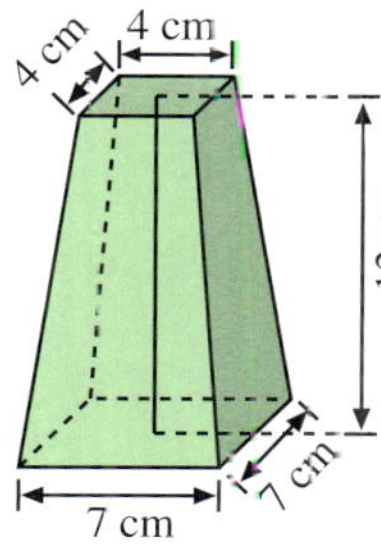

Fig. 1

Aufgaben

3 Berechne das Volumen der Kegel- bzw. Pyramidenstümpfe in Fig. 2.
a) Maße in cm b) c) d)

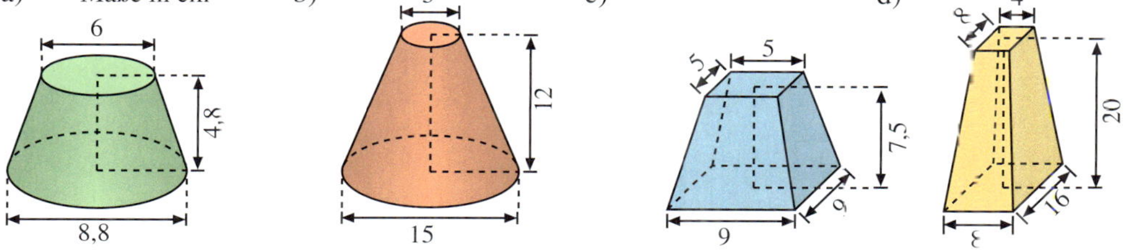

Fig. 2

4 Berechne den Inhalt der Mantel- und Oberfläche eines Kegelstumpfes mit $r_1 = 5\,\text{cm};\ r_2 = 2\,\text{cm};\ h = 4\,\text{cm}$. Bestimme zunächst die Mantellinie s.

5 Berechne den Oberflächeninhalt des quadratischen Pyramidenstumpfes für $a_1 = 11\,\text{cm},\ a_2 = 6\,\text{cm}$ und $h = 6\,\text{cm}$ (Fig. 3).

6 Berechne die Oberflächeninhalte der Körper aus Aufgabe 3.

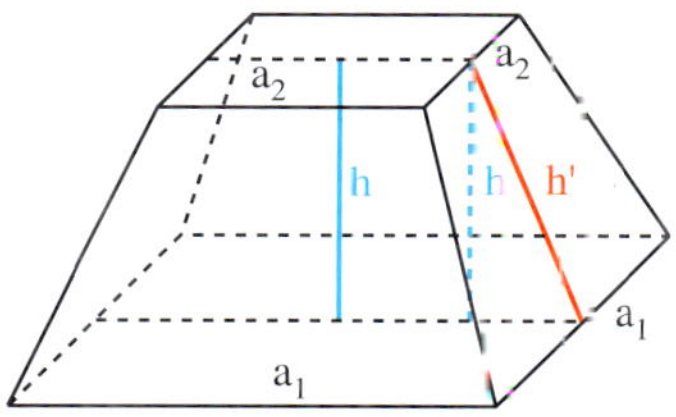

Fig. 3

7 Ein Betonsockel in Form eines Pyramidenstumpfes mit $a_1 = 1{,}50\,\text{m}$ und $a_2 = 1{,}00\,\text{m}$ soll nicht mehr als 3,5 t wiegen (Fig. 3). Wie hoch darf er höchstens werden? $1\,\text{m}^3$ Beton wiegt 2,3 t.

8 Ein Stumpf einer quadratischen Pyramide hat ein Volumen vom $7291{,}2\,\text{cm}^3$. Bestimme zu $h = 15{,}0\,\text{cm}$ und $a_1 = 7\,\text{cm}$ die Länge a_2 der obere Kante (Fig. 3).

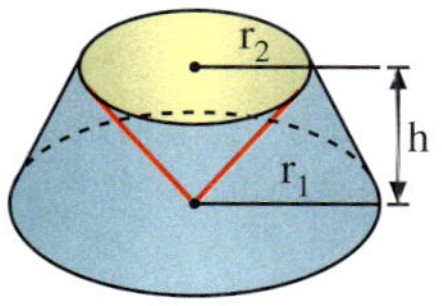

Fig. 4

9 In einem Kegelstumpf wird wie in Fig. 4 ein kegelförmiger „Krater" gebohrt.
a) Drücke das Volumen V und den Oberflächeninhalt O des Restkörpers in Abhängigkeit von h, r_1 und r_2 aus. Berechne dann V und O für $r_1 = 8\,\text{cm};\ r_2 = 5\,\text{cm}$ und $h = 6\,\text{cm}$.
b) Welche Formel erhält man für das Volumen des Restkörpers, wenn $r_1 = \frac{1}{3} r_2 = h$ ist?

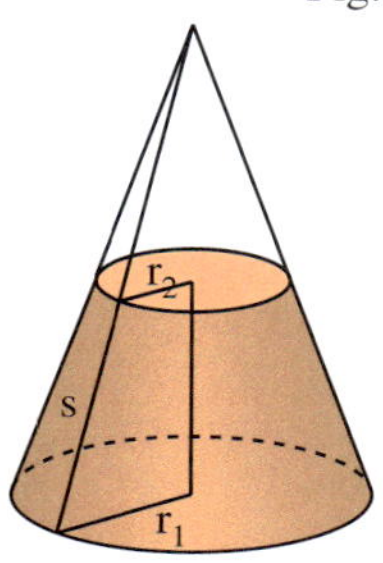

Fig. 5

10 a) Die Radien eines Kegelstumpfes r_1 und r_2 sind viermal bzw. dreimal so groß wie die Höhe h des Stumpfes. Bestimme das Volumen V in Abhängigkeit von h.
b) Das Volumen des Kegelstumpfes soll $V = 333 \cdot \pi\,\text{cm}^3$ betragen. Für welche Höhe h ist dies der Fall?

11 Leite mit Hilfe von Fig. 5 die Formel $M = s(r_1 + r_2) \cdot \pi$ für den Inhalt der Mantelfläche eines Kegelstumpfes her.

7 Kugel

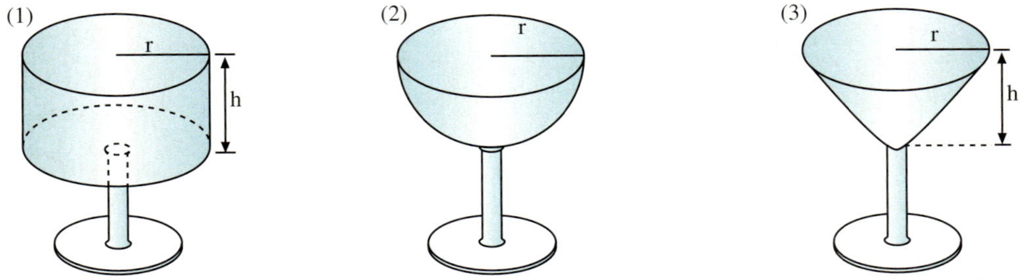

Fig. 1

1 Tobias und Myriam finden im Kühlschrank noch drei Gläser mit Vanillecreme (Fig. 1). Da Tobias sofort zu Glas 1 greift, ist Myriam wütend. „Dann nimmst du die beiden anderen Gläser, dann hast du genauso viel", sagt die Mutter. Die Gläser haben alle denselben Radius r und dieselbe Höhe $h = r$. Gib eine Formel für das Volumen des Glases (2) an. Verwende dabei die Information der Mutter.

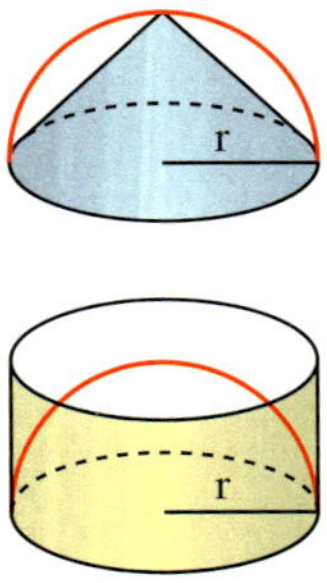

Fig. 2

Vergleicht man das Volumen einer Halbkugel mit dem Volumen eines Zylinders und dem Volumen eines Kegels, die alle den gleichen Radius r und die Höhe $h = r$ haben, so ergibt sich (Fig. 2):
Das Volumen des Kegels ist kleiner, das des Zylinders größer als das der Halbkugel, also

$$\tfrac{1}{3}\cdot r^2\cdot\pi\cdot r < V_{\text{Halbkugel}} < r^2\cdot\pi\cdot r.$$

Bildet man den Mittelwert beider Grenzen, so erhält man den Näherungswert

$$V_{\text{Halbkugel}} \approx \tfrac{2}{3}\cdot r^3\cdot\pi.$$

$\frac{2}{3}\cdot r^3\cdot\pi$ ist zugleich das Volumen des Restkörpers, der durch das Herausbohren eines Kegels aus einem Zylinder mit gleicher Höhe und Grundfläche entsteht (Fig. 2).
Dies legt nahe, die Halbkugel und den Restkörper genauer miteinander zu vergleichen:

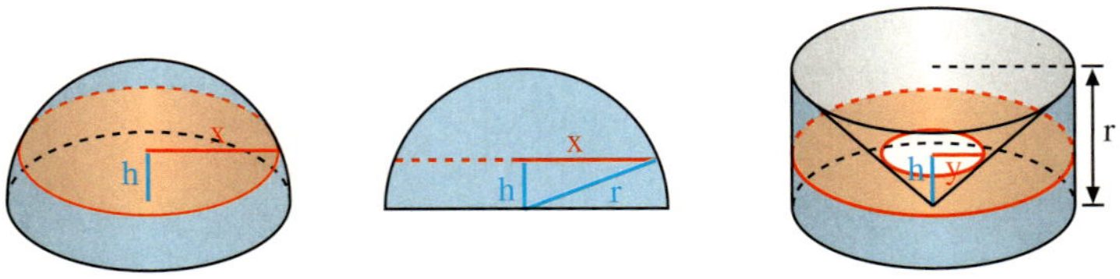

Fig. 3

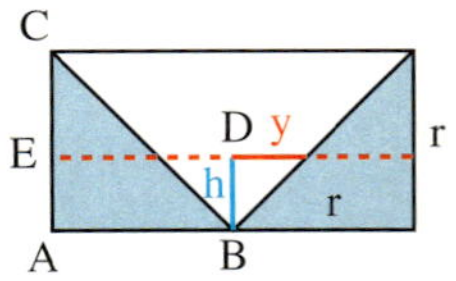

Fig. 4

1. In der Höhe h wird durch beide Körper eine Schnittfläche parallel zur Grundfläche gelegt. Vergleicht man die Schnittflächen, so ergibt sich für die Flächeninhalte:

Halbkugel	**Restkörper**
$A_H = x^2\cdot\pi$	$A_R = (r^2 - y^2)\cdot\pi$
2. Mit dem Satz des Pythagoras gilt: $r^2 = h^2 + x^2$; $r^2 - h^2 = x^2$.	Da das Dreieck ABC und damit das Dreieck DEB gleichschenklig ist, gilt: $h = y$.
3. Einsetzen in (2) ergibt: $A_H = (r^2 - h^2)\cdot\pi$	$A_R = (r^2 - h^2)\cdot\pi$

4. Da $A_H = A_R$, haben die Halbkugel und der Restkörper für jede Schnitthöhe eine inhaltsgleiche Querschnittsfläche. Da die Halbkugel und der Restkörper auch gleich hoch sind, gilt mit dem Satz des Cavalieri, dass sie auch volumengleich sind.
Also gilt: $V_H = V_R = V_{\text{Zylinder}} - V_{\text{Kegel}} = r^2\cdot r\cdot\pi - \frac{1}{3}\cdot r^2\cdot\pi\cdot r = \frac{2}{3}\cdot r^3\cdot\pi$.

Um eine Formel für den Oberflächeninhalt einer Kugel zu finden, kann man sich die Kugel in sehr viele kleine Körper zerlegt denken.
Diese haben ungefähr Pyramidenform, deren Spitzen sich im Kugelmittelpunkt treffen (Fig. 1). Damit haben alle Pyramiden als Höhe den Radius r. Die Wölbung der Grundfläche lässt sich bei sehr kleinen Grundflächen vernachlässigen, so dass man die Volumenformel für Pyramiden mit ebener Grundfläche anwenden kann.

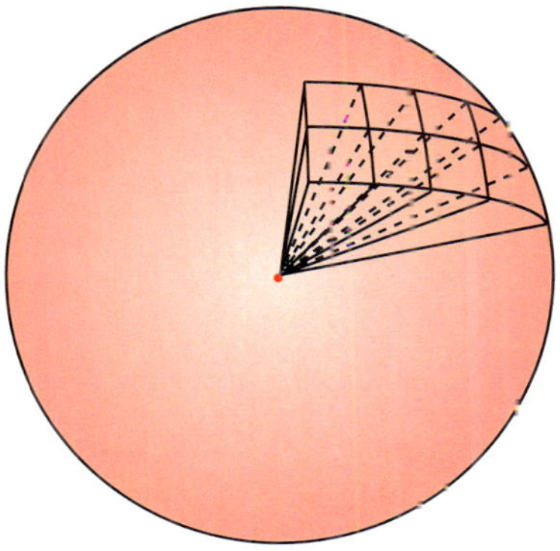

Fig. 1

1. Volumenformel einer kleinen Pyramide P_i: $V_{P_i} = \frac{1}{3} G_i \cdot r$
2. Also gilt für das Volumen der Kugel: $V_K = \frac{1}{3}(G_1 + G_2 + G_3 + \ldots + G_n) \cdot r$
3. Die Summe aller Grundflächeninhalte G_i bildet den Oberflächeninhalt O: $O = G_1 + G_2 + G_3 + \ldots + G_n$
4. Einsetzen von (3) in (2): $V_K = \frac{1}{3} O \cdot r$
5. Aufgelöst nach O ergibt sich: $O = 3 \cdot \frac{V_K}{r}$
6. Einsetzen der Volumenformel für die Kugel in (5) und Kürzen ergibt: $O = 4 r^2 \cdot \pi$

Formeln für eine **Kugel** mit Radius r:
Volumen V: $\mathbf{V = \frac{4}{3} \cdot r^3 \cdot \pi}$
Oberflächeninhalt O: $\mathbf{O = 4 r^2 \cdot \pi}$

Beispiel 1
Berechne für eine Kugel mit $r = 10\,cm$
a) das Volumen V
b) den Oberflächeninhalt O
Lösung:
a) $V = \frac{4}{3} \cdot r^3 \cdot \pi$
$V = \frac{4}{3} \cdot (10\,cm)^3 \cdot \pi \approx 4189\,cm^3$
b) $O = 4 r^2 \cdot \pi$
$O = 4 \cdot (10\,cm)^2 \cdot \pi \approx 1257\,cm^2$

Beispiel 2
Berechne den Radius einer Kugel mit dem Volumen $V = 36 \cdot \pi\,cm^3$.
Lösung:
$V = \frac{4}{3} \cdot \pi \cdot r^3 = 36 \cdot \pi\,cm^3$ $r^3 = 27\,cm^3$ $r = \sqrt[3]{27\,cm^3} = 3\,cm$

Aufgaben

2 Bei einer Kugel ist von den drei Größen r, V und O eine gegeben. Berechne die beiden fehlenden.
a) $r = 7{,}5\,cm$ b) $O = 2826\,cm^2$ c) $r = 1{,}12\,m$ d) $V = 113\,m^3$
e) $r = 12{,}5\,cm$ f) $O = 2\,m^2$ g) $V = 27\,m^3$ h) $V = 1\,l$

3 Ein kugelförmiger Gaskessel mit dem Außendurchmesser $d = 36\,m$ erhält einen neuen Anstrich. Wie viel m^2 sind zu streichen?

4 Bestimme den Durchmesser und den Oberflächeninhalt eines kugelförmigen Freiluftballons, der ein Volumen von $1500\,cm^3$ hat.

5 Wie viel kg wiegt eine Kugel mit dem Durchmesser $d = 10\,cm$
a) aus Granit, wenn $1\,cm^3$ 2,9 g wiegt,
b) aus Gold, wenn $1\,cm^3$ 19,3 g wiegt,
c) aus Holz, wenn $1\,cm^3$ 0,5 g wiegt,
d) aus Styropor, wenn $1\,cm^3$ 0,040 g wiegt?

6 1000 gleich große Bleikugeln mit dem Durchmesser d werden zu einer einzigen Kugel zusammengeschmolzen.
a) Welchen Durchmesser hat diese Kugel?
b) Vergleiche ihre Oberfläche mit der Gesamtoberfläche der 1000 kleinen Kugeln.

7 Ein Wasserhahn tropft. Die nahezu kugelförmigen Tropfen haben einen Durchmesser von 5 mm; alle 2 Sekunden fällt ein Wassertropfen. Wie viel Liter Wasser gehen dadurch im Laufe einer Woche verloren?

8 Die Kugel auf einer Kirchturmspitze hat einen Durchmesser von 38 cm. Sie wird mit 10 g Gold vergoldet. $1\,cm^3$ Gold wiegt 19,3 g. Wie dick ist die Goldschicht?

9 Eine Kugel, ein Zylinder und ein Kegel haben denselben Radius r. Bestimme die Höhe des Zylinders und des Kegels so, dass alle drei Körper
a) das gleiche Volumen,
b) den gleichen Oberflächeninhalt haben.

10 Ein Öltropfen hat einen Durchmesser von 0,5 cm. Er verteilt sich als kreisförmiger Ölfleck von 1 m Durchmesser auf einer Wasseroberfläche. Berechne die Dicke des Ölflecks.

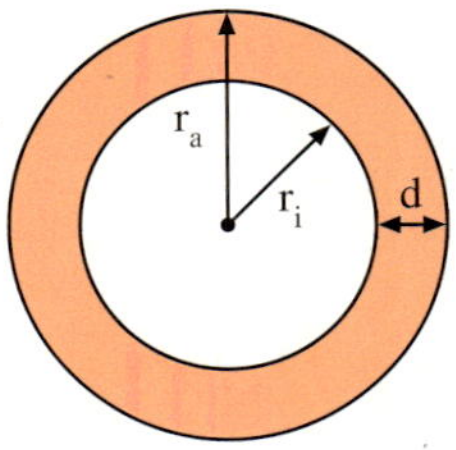

Fig. 1

11 Fig. 1 zeigt den Querschnitt einer Hohlkugel.
a) Zeige: Für eine Hohlkugel gilt die Volumenformel $V = \frac{4}{3} \cdot (r_a^3 - r_i^3) \cdot \pi$.
b) Drücke das Volumen V_H einer Hohlkugel durch den Außenradius r_a und die Dicke d der Hohlkugel aus. Vereinfache die Formel so weit wie möglich.
c) Ist der Wert von d sehr viel kleiner als der von r_a, so gilt näherungsweise $V \approx O \cdot d = 4 r_a^2 \pi \cdot d$. Begründe diese Näherung.
d) Vergleiche für $r_a = 10\,cm$, $d = 0{,}5\,cm$ den Näherungswert mit dem genauen Volumen.

12 Wie dick ist die Wand einer Seifenblase von 80 mm Durchmesser, die aus einem 4 mm dicken Tropfen entstanden ist?

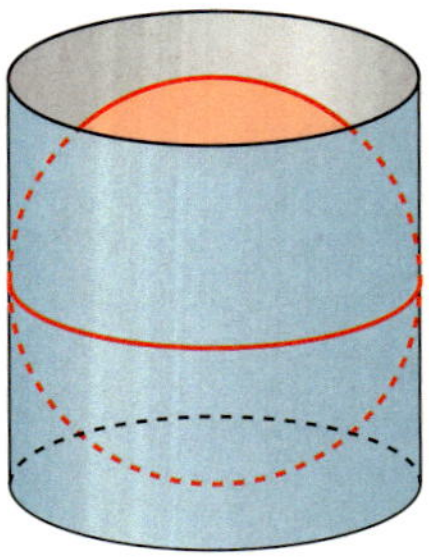
Fig. 2

13 a) Wie viel Prozent des zur Verfügung stehenden Raumes bleibt leer, wenn man eine Kugel in einen möglichst kleinen zylinderförmigen Körper verpackt (Fig. 2)?
b) Vergleiche die Kugeloberfläche mit dem Mantelinhalt des verwendeten Zylinders.

***14** In eine Kugel ist ein Quader mit den Kanten $a = 12{,}5\,cm$, $b = 10{,}1\,cm$ und $c = 5{,}2\,cm$ einbeschrieben, so dass alle seine Ecken Punkte der Kugeloberfläche sind (Fig. 3). Berechne den Oberflächeninhalt und das Volumen der Kugel.

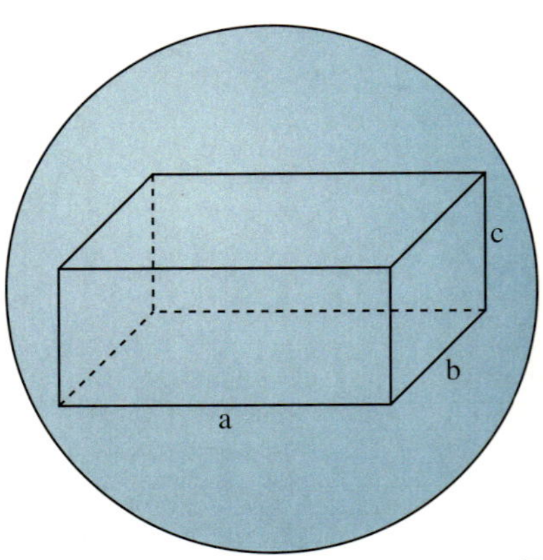

Fig. 3

8 Vermischte Aufgaben

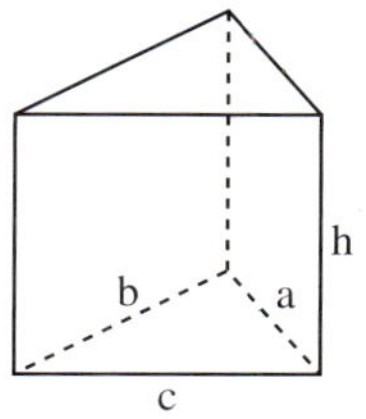

Fig. 1

1 Ein Prisma (Fig. 1) mit der Höhe h hat als Grundfläche ein Dreieck mit den Seiten a, b, c. Berechne sein Volumen V und seinen Oberflächeninhalt O, wenn
a) $h = 4\,m$; $a = 3\,m$; $b = c = 2\,m$, b) $h = 2{,}3\,m$; $a = b = c = 4\,m$.

2 Berechne das Volumen V, die Mantelfläche M und den Oberflächeninhalt O eines Zylinders mit dem Radius r und der Höhe h.
a) $r = 13{,}2\,cm$; $h = 24{,}3\,cm$ b) $r = 21{,}3\,cm$; $h = 5{,}40\,m$

3 Berechne das Volumen V und den Oberflächeninhalt O einer regelmäßigen sechsseitigen Pyramide mit der Grundkante a, der Höhe h und der Seitenkante s.
a) $s = 5\,cm$; $a = 4\,cm$ b) $a = 33\,cm$; $h = 56\,cm$ c) $h = 20\,m$; $s = 25\,m$

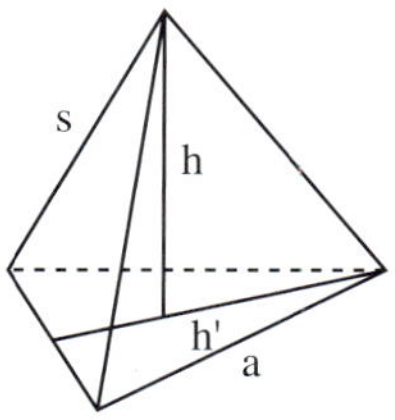

Fig. 2

Beachte, dass der Fußpunkt der Pyramidenhöhe die Höhen der Grundfläche im Verhältnis 2 : 1 teilt.

4 Berechne das Volumen V und den Oberflächeninhalt O einer regelmäßigen dreiseitigen Pyramide mit der Grundkante a, der Höhe h, der Seitenkante s und der Höhe h′ der Seitenfläche (Fig. 2).
a) $h = 4\,cm$; $a = 6\,cm$ b) $s = 73\,cm$; $h' = 48\,cm$ c) $h = 17\,cm$; $a = 30\,cm$

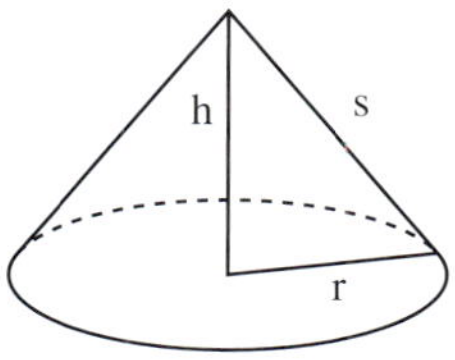

Fig. 3

5 Berechne für einen Kegel (Fig. 3) mit Radius r und Höhe h das Volumen V, den Inhalt des Mantels M und den Oberflächeninhalt O.
a) $r = 12\,cm$; $s = 13\,cm$ b) $h = 6\,cm$; $s = 8\,cm$ c) $r = 3\,m$; $s = 5\,m$

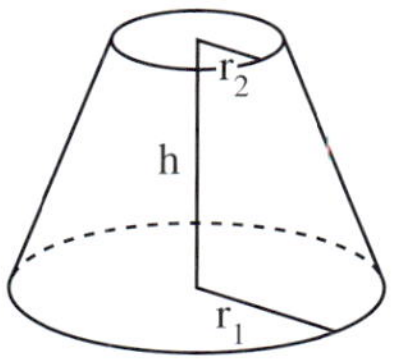

Fig. 4

6 Berechne das Volumen, den Mantel- und Oberflächeninhalt eines Kegelstumpfes (Fig. 4) mit $r_1 = 10{,}5\,cm$, $r_2 = 4{,}8\,cm$, $h = 7\,cm$. Bestimme zunächst die Mantellinie s.

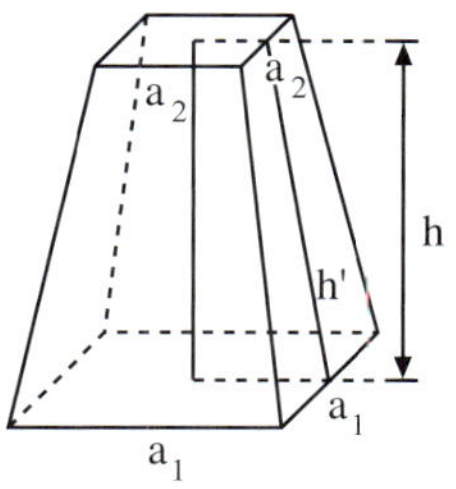

Fig. 5

7 Berechne das Volumen V und den Oberflächeninhalt O des quadratischen Pyramidenstumpfes (Fig. 5) mit $a_1 = 15\,cm$, $a_2 = 8\,cm$ und $h = 7\,cm$. Bestimme zunächst h′.

8 Bei einer Kugel ist von den drei Größen r, V und O eine gegeben. Berechne die beiden fehlenden.
a) $r = 5{,}15\,m$ b) $O = 14\,cm^2$ c) $V = 343\,m^3$ d) $O = 4{,}2\,m^2$ e) $V = 15{,}625\,l$

9

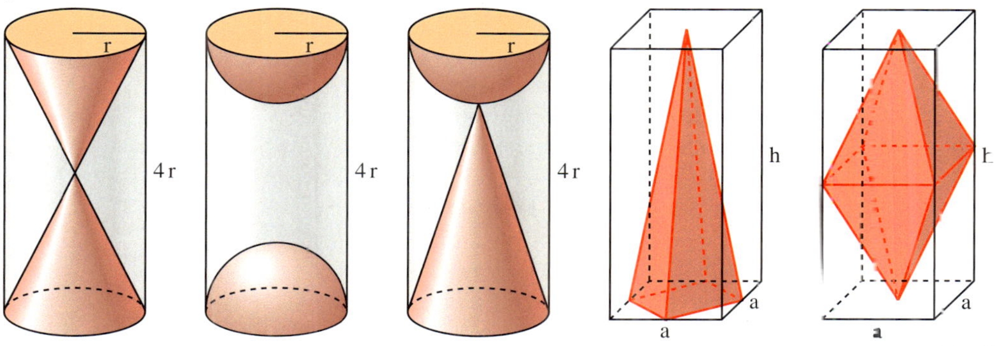

Fig. 6

Berechne das Volumen V der in Fig. 6 abgebildeten einbeschriebenen Körper und das des Restkörpers.

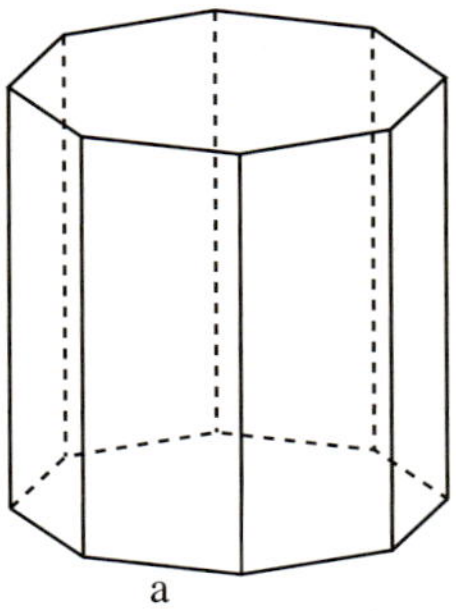

Fig. 1

10 Eine Marmorsäule hat ein regelmäßiges Sechseck mit $a = 75\,cm$ (regelmäßiges Achteck mit $a = 60\,cm$) als Grundfläche.
a) Berechne das Säulenvolumen, wenn die Säule 4,20 m hoch ist.
b) $1\,dm^3$ Marmor wiegt 2,8 kg. Berechne, wie viel Tonnen die Marmorsäule wiegt.

11 Ein Zelt hat die Gestalt eines regelmäßigen sechsseitigen Pyramidenstumpfes mit den Grundkanten $a_1 = 4{,}8\,m$ und $a_2 = 3{,}8\,m$ und der Seitenkante $s = 2{,}6\,m$.
a) Welches Volumen umschließt das Zelt?
b) Wie viel m^2 Zeltstoff ist zur Herstellung nötig?

12 Ein Körper mit der Höhe $h = 12\,cm$ hat ein Volumen $V = 300\,cm^3$. Berechne die übrigen Maße, wenn der Körper
a) ein gerades Prisma mit einem gleichseitigen Dreieck als Grundfläche ist,
b) eine quadratische Pyramide ist,
c) ein Zylinder ist,
d) ein Kegel ist.

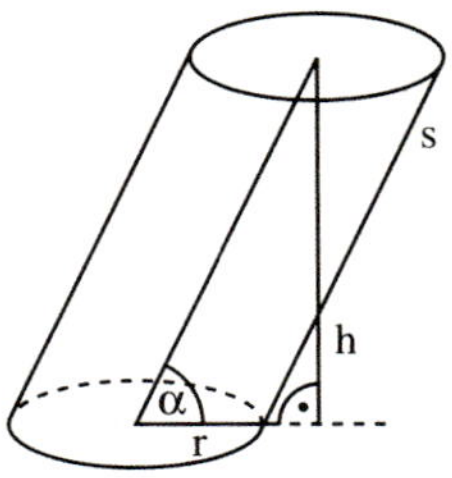

Fig. 2

13 Berechne das Volumen eines schiefen Zylinders (Fig. 2) mit
a) $r = 20\,cm$; $h = 11\,cm$,
b) $r = 18\,cm$; $s = 1{,}20\,m$; $\alpha = 45°$.

14 Ein Würfel und eine Kugel haben jeweils das Volumen von $V = 1\,m^3$. Vergleiche ihre Oberflächeninhalte.

15 Eine Kugel, ein Zylinder und ein Kegel haben denselben Radius. Bestimme die Höhe des Zylinders und des Kegels so, dass alle drei Körper
a) das gleiche Volumen,
b) den gleichen Oberflächeninhalt
haben.

Kegelrobben (Halichoerus grypus) haben nicht nur eine kegelförmige Schnauze, auch ihre Backenzähne haben eine kegelförmige Spitze.

16 Wenn ein Körper im Wasser schwimmt, so ist seine Masse gleich groß der Masse des von ihm verdrängten Wassers.
a) Schwimmt eine Hohlkugel aus Eisen mit dem äußeren Durchmesser $d = 10\,cm$ und der Wandstärke 4 mm in Wasser, wenn $1\,cm^3$ Eisen 7,9 g wiegt?
b) Eine eiserne Hohlkugel mit dem äußeren Durchmesser $d = 12\,cm$ sinkt bis zur Hälfte in Wasser ein. Wie dick ist ihre Wand?

17 a) Einem Zylinder mit dem Radius r und der Höhe h wurde eine quadratische Pyramide wie in Fig. 3 einbeschrieben. Bestimme ihr Volumen.
b) Bestimme auch das Volumen der einbeschriebenen rechteckigen Pyramide in Fig. 4.
Vergleiche mit der Pyramide aus a).

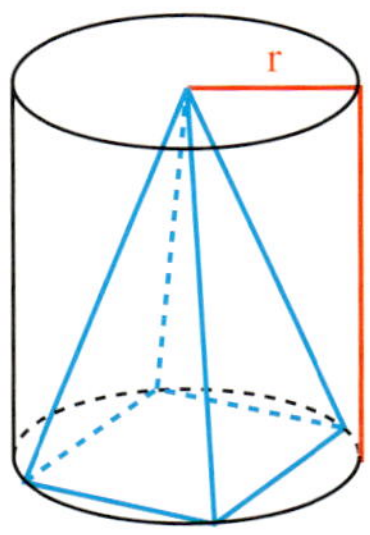

Fig. 3

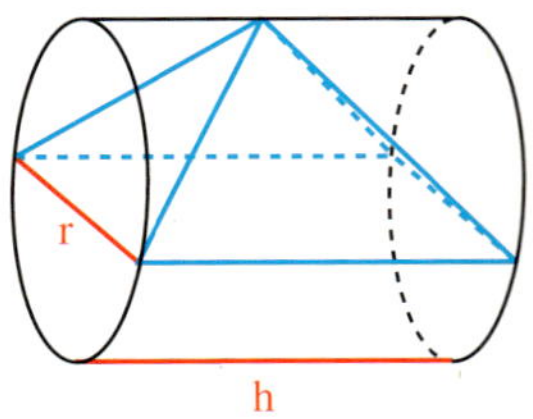

Fig. 4

18 Das Volumen des einbeschriebenen Kegels von Fig. 5 soll bestimmt werden. Fig. 6 zeigt dazu den Querschnitt durch eine Symmetrieebene.
Bestimme zuerst k aus a und daraus h. Gib das Volumen in Abhängigkeit von a an.

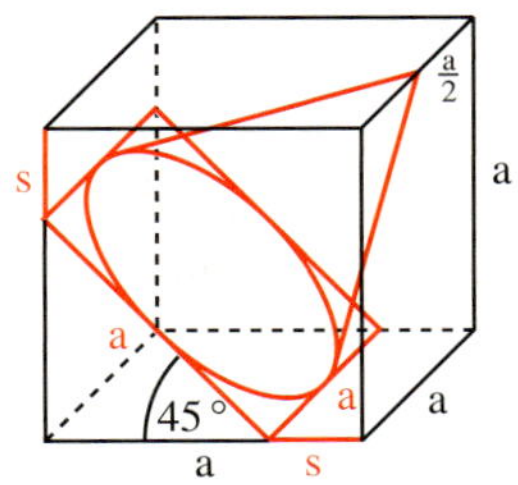

Fig. 5

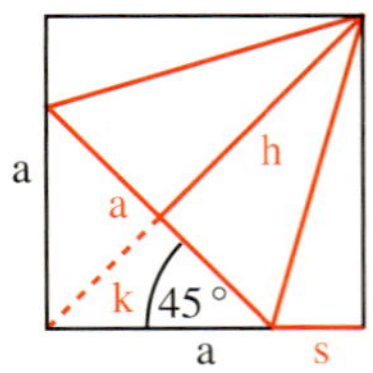

Fig. 6

19 Berechne das Volumen und den Oberflächeninhalt der Körper.

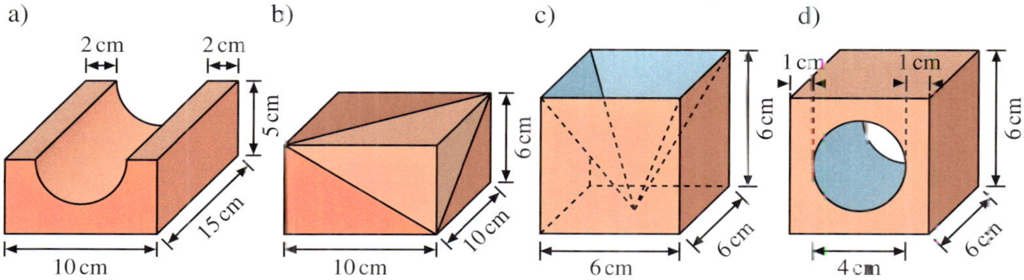

Fig. 1

20 Im Hof des Pascal-Gymnasiums steht ein Denkmal für Blaise Pascal (Fig. 2). Es besteht aus Granit und hat eine Gesamthöhe von 2,50 m. Die Grundfläche ist ein gleichseitiges Dreieck mit einer Seitenlänge von 30 cm. Die Pyramide ist 40 cm hoch. 1 dm^3 Granit wiegt 3,5 kg. Wie schwer ist das Denkmal?

Fig. 2

21 Eine Teekanne hat die in Fig. 3 dargestellte symmetrische Form mit den angegebenen Innenmaßen.
a) Wie viel Liter Tee passen in die Kanne, ohne Berücksichtigung des Ausgusses?
b) In der Kanne steht der Tee nur noch bis zur Höhe von 3 cm. Wie viel Liter sind das?

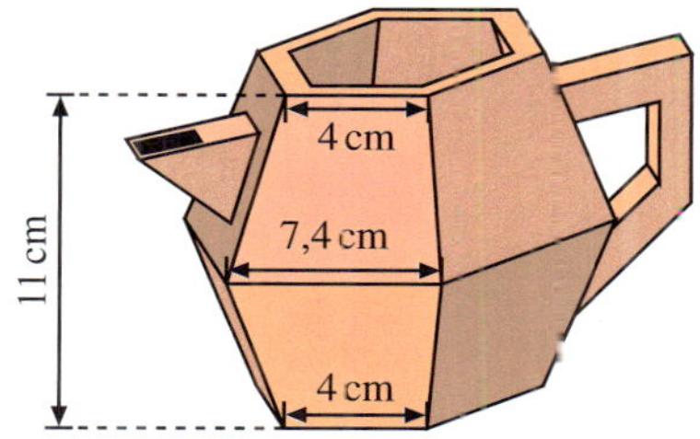

Fig. 3

22 Zwei Pyramiden mit gleicher Grundfläche werden zu einer Doppelpyramide (Fig. 4) zusammengesetzt. Gib eine Formel für ihr Volumen an. Zeige damit, dass ihr Volumen nur von der Grundfläche G und der Gesamthöhe $h = h_1 + h_2$ abhängt.

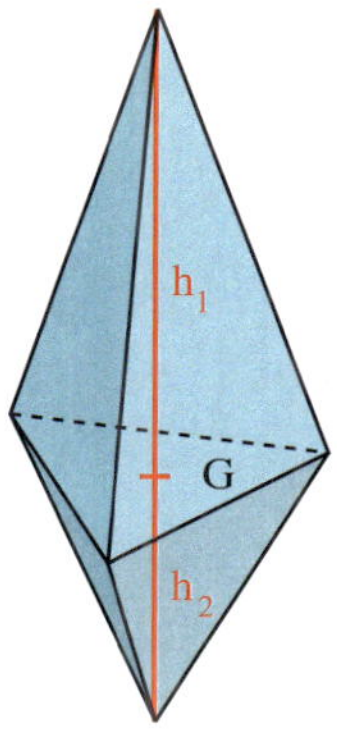

Fig. 4

23 a) Gib eine Formel für das Volumen und den Oberflächeninhalt des Körpers in Fig. 5 an.
b) Bestimme den Wert für a, für den sich $V = 62{,}5\,\pi\,cm^3$ ergibt.

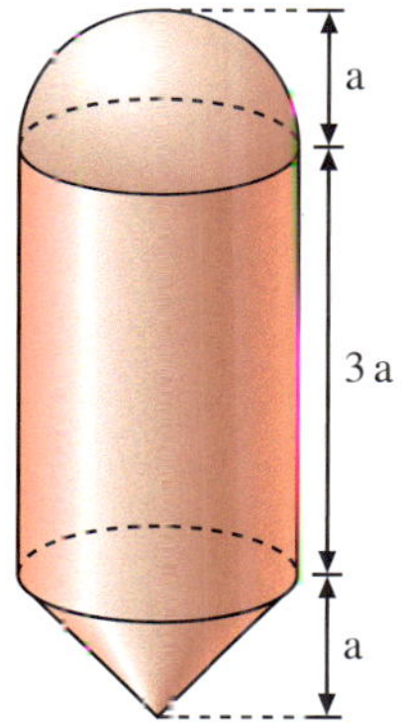

Fig. 5

24 Die Flächen in Fig. 6 rotieren um die Achse a. Beschreibe die Drehkörper. Stelle jeweils eine Formel für das Volumen und den Oberflächeninhalt auf.

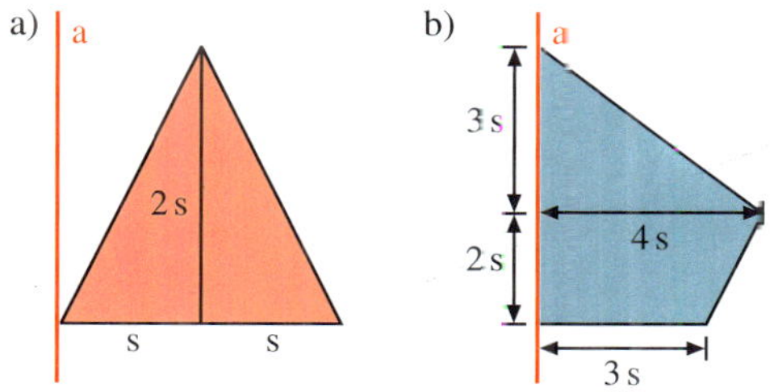

Fig. 6

25 Ein Würfel der Kantenlänge a ist mit n^3 Kugeln vom Durchmesser $\frac{a}{n}$ gefüllt.
a) Vergleiche Volumen und Oberflächeninhalt aller Kugeln und des Würfels.
b) Wie hängt das Volumen des Restkörpers, also der „Luft“, von n ab?

26 Zwei Leitungsrohre mit einem Außendurchmesser von 4 cm werden wie in Fig. 7 verschweißt. Berechne das Gesamtvolumen des Körpers und den Inhalt der Außenfläche.

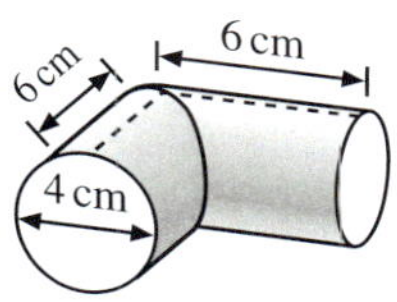

Fig. 7

THEMA:

Zerlegen regelmäßiger Körper

Fig. 1

Im Hof des Mathematischen Instituts der Universität (TH) Karlsruhe stehen diese „Halbkugeln". Schau genau hin, es sind wirklich halbe Kugeln.

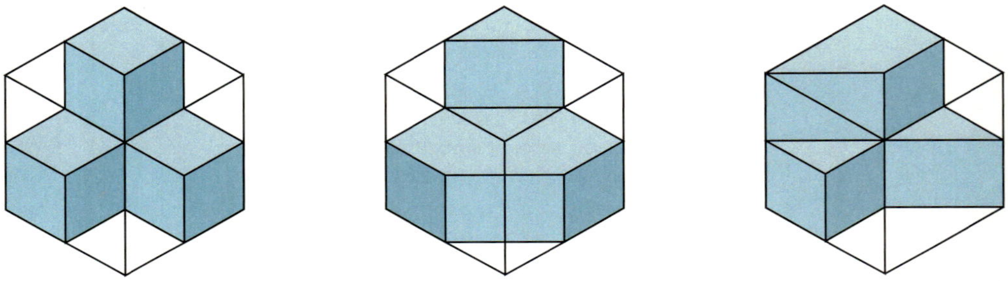

Fig. 2

1 Fig. 2 zeigt Zerlegungen des Würfels in zwei gleiche Teile. Versuche, weitere solche Zerlegungen zu finden. Zeichne.

2 Ein Würfel soll mit einem Schnitt in zwei gleiche Teile zerlegt werden.
a) Welche Schnitte senkrecht zu einer Fläche halbieren den Würfel?
b) Gibt es auch „schräg" liegende Schnitte, die den Würfel halbieren? Welche Formen können dabei die Schnittflächen haben? Durch welchen Punkt müssen die Schnitte immer gelegt werden?

"No, I can't play with you now. I'm busy truncating a cube."

3 a) In dem Cartoon will der Hase die Ecken des Würfels absägen (to truncate: abstumpfen). Beschreibe die Form des entstehenden Körpers.
b) Nenne die Kantenlänge des Würfels a. Drücke alle Kantenlängen des neuen Körpers durch a aus.
c) Bestimme das Volumen des neuen Körpers. Gib es auch als Anteil des Würfelvolumens an.
d) In dem Cartoon steckt ein mathematischer Fehler. Wo?

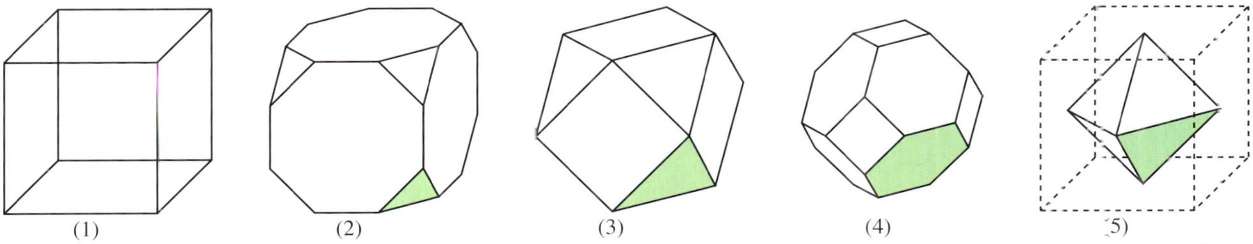

Fig. 1

4 Fig. 1 zeigt verschiedene Abstumpfungen des Würfels (1) der Kantenlänge a. Alle Kanten der neuen Körper sind jeweils gleich lang.

a) Wie nennt man den entstandenen Körper in (5)? Drücke seine Kantenlänge durch die Kantenlänge a des Würfels aus. Bestimme sein Volumen.

b) Bestimme die Kantenlänge des „Würfelstumpfes“ (2). Bestimme auch sein Volumen.

c) Der Körper (4) heißt Oktaederstumpf. Erläutere diese Begriffsbildung.

*d) Welche Form hat ein waagerechter Schnitt durch den Mittelpunkt des Oktaederstumpfs? Zeichne ihn. Bestimme mit Hilfe dieser Zeichnung die Kantenlänge des Oktaederstumpfs.

Im 7. Schuljahr hast du die fünf platonischen Körper kennengelernt. Es sind Tetraeder, Hexaeder (Würfel), Oktaeder,

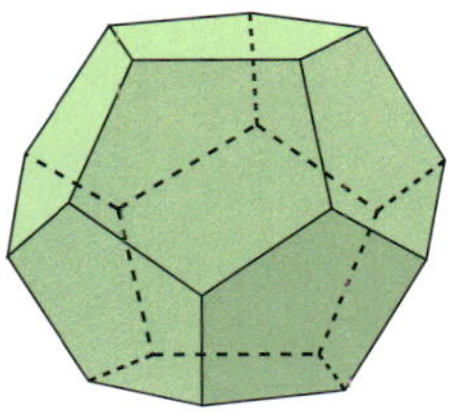

Dodekaeder

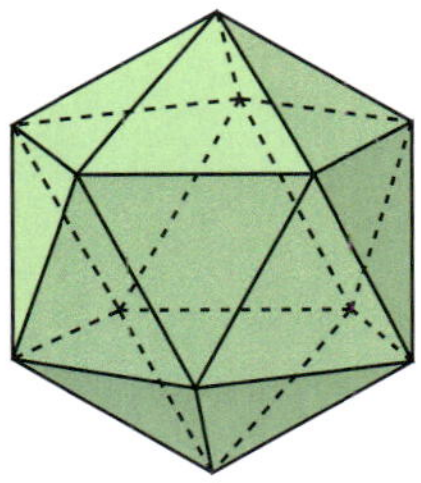

und Ikosaeder.

5 a) In Fig. 2 wurden dem Tetraeder die vier Ecken „abgesägt“. Beschreibe die Form der „abgesägten“ Teile und des Restkörpers.

b) Nenne die Kantenlänge des großen Tetraeders a. Bestimme die Kantenlängen des Restkörpers und sein Volumen.

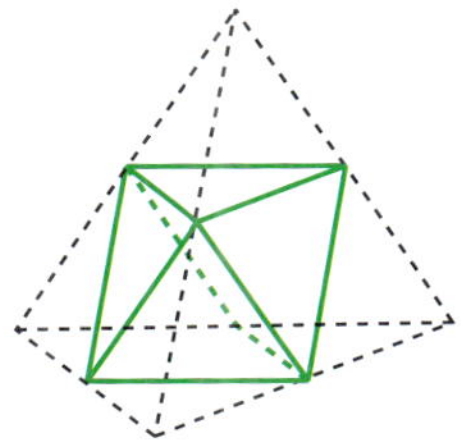

Fig. 2

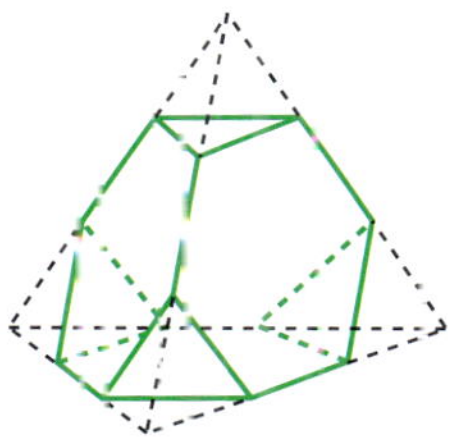

Fig. 3

***6** Die Kanten des „Tetraederstumpfs“ in Fig. 3 haben alle die gleiche Länge x. Drücke sein Volumen durch x aus.

Tipp: Zeichne eine sechseckige Fläche des Tetraederstumpfs und ergänze sie zur Seitenfläche des ursprünglichen Tetraeders.

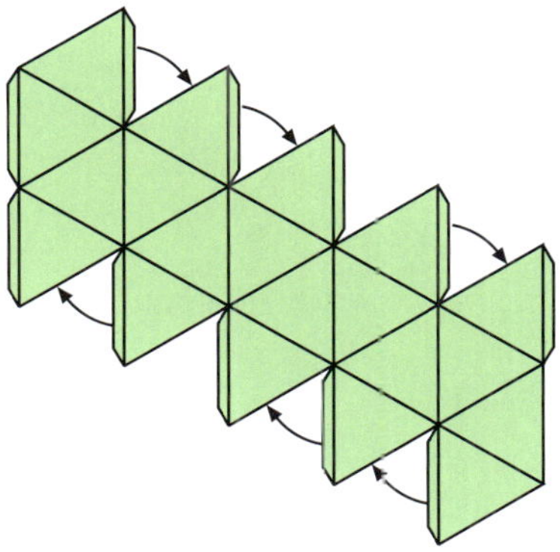

Fig. 4

7 a) Fig. 4 zeigt die Abwicklung eines Ikosaeders. Zeichne sie vergrößert auf einen dünnen Karton, wähle als Kantenlänge 3 cm. Schneide die Abwicklung aus, klebe sie zu einem Ikosaeder zusammen.

b) Jetzt sollen die 12 Ecken des Ikosaeders „abgestumpft“ werden. Markiere die dazu notwendigen Schnitte an deinem Ikosaeder. Beschreibe die Form der Schnittflächen. Welche Form haben die „Reste“ der Seitenflächen des Ikosaeders?

Wölbt man die Flächen des Ikosaederstumpfs ein wenig nach außen, erhält man etwas fast Kugelförmiges, das ihr sicher alle kennt.

Rückblick

Satz des Cavalieri (Fig. 1)
Wenn für zwei Körper gilt:
1. Die Flächeninhalte der Grundflächen sind gleich: $G_1 = G_2$;
2. sie haben gleiche Höhen;
3. Schnittflächen in gleicher Höhe parallel zur Grundfläche haben den gleichen Flächeninhalt: $S_1 = S_2$,

dann haben beide Körper das gleiche Volumen.

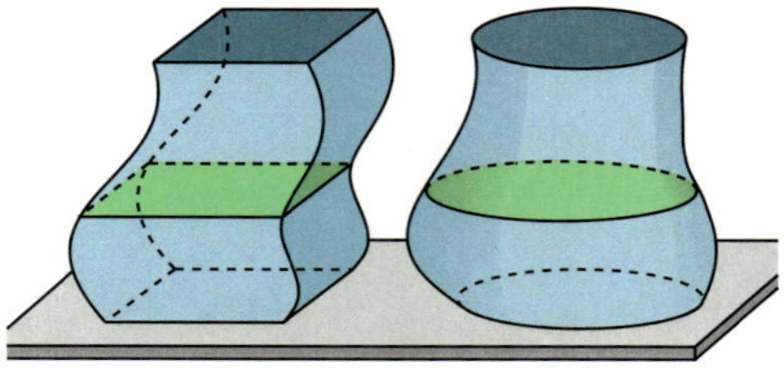
Fig. 1

Körper mit 2 kongruenten Grundflächen
Für ein **Prisma** (Fig. 2) und einen **Zylinder** (Fig. 3) mit der Grundfläche G, der Mantelfläche M und der Höhe h gilt:

Volumen V:	$V = G \cdot h$
Oberflächeninhalt O:	$O = 2 \cdot G + M$

Speziell für einen **Zylinder** mit Radius r gilt:

Volumen V:	$V = r^2 \cdot \pi \cdot h$
Inhalt der Mantelfläche M:	$M = 2 \cdot r \cdot \pi \cdot h$
Oberflächeninhalt O:	$O = 2r\pi \cdot (r + h)$

Prisma

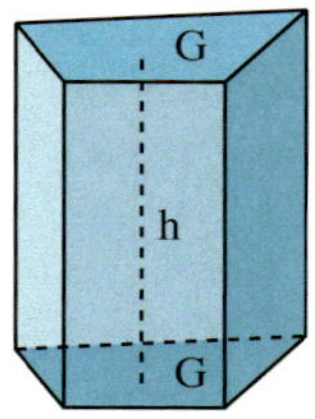

Fig. 2

Zylinder

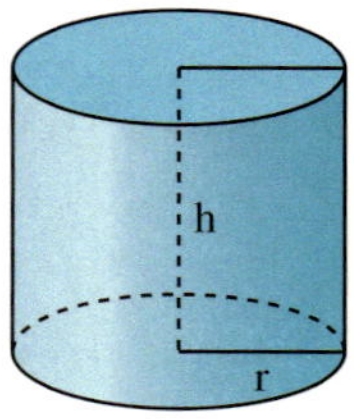

Fig. 3

Körper mit einer Grundfläche und einer Spitze
Für eine **Pyramide** (Fig. 4) und einen **Kegel** (Fig. 5) mit der Grundfläche G und der Höhe h gilt:

Volumen V:	$V = \frac{1}{3} \cdot G \cdot h$
Oberflächeninhalt O:	$O = M + G$

Speziell für einen **Kegel** mit Grundkreisradius r, Mantellinie s und Höhe h gilt:

Volumen V:	$V = \frac{1}{3} \cdot r^2 \cdot \pi \cdot h$
Inhalt der Mantelfläche M:	$M = r \cdot s \cdot \pi$
Oberflächeninhalt O:	$O = r \cdot (r + s) \cdot \pi$

Pyramide

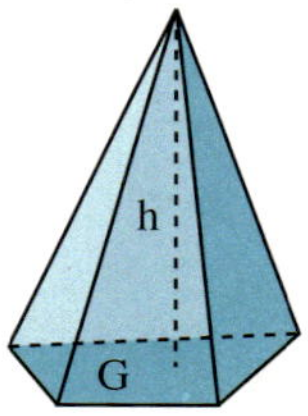

Fig. 4

Kegel

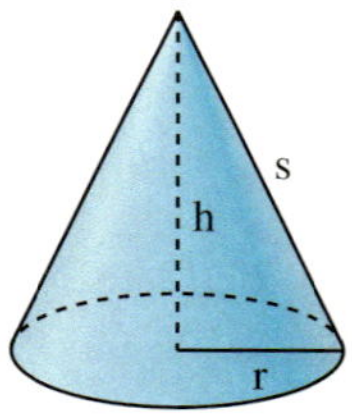

Fig. 5

Stümpfe
Für einen **Pyramiden- oder Kegelstumpf** mit den Grundflächen G_1 und G_2 und der Höhe h gilt:
Volumen des **Pyramidenstumpfes** (Fig. 6):

$$V = \frac{1}{3} \cdot h \cdot \left(G_1 + \sqrt{G_1 G_2} + G_2\right)$$

Volumen eines **Kegelstumpfes** (Fig. 7):

$$V = \frac{1}{3} \cdot h \cdot (r_1^2 + r_1 \cdot r_2 + r_2^2) \cdot \pi$$

Pyramidenstumpf

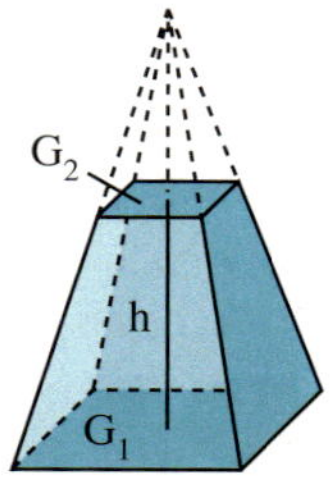

Fig. 6

Kegelstumpf

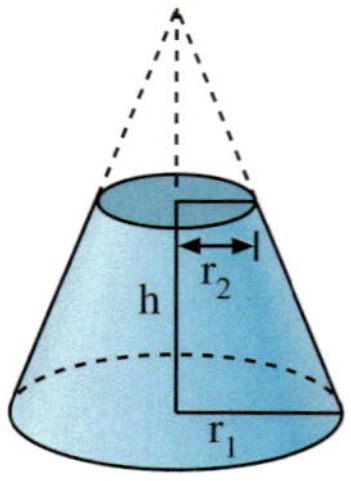

Fig. 7

Kugel
Für eine **Kugel** (Fig. 8) mit Radius r gilt:

Volumen V:	$V = \frac{4}{3} \cdot r^3 \cdot \pi$
Oberflächeninhalt O:	$O = 4r^2 \cdot \pi$

Kugel

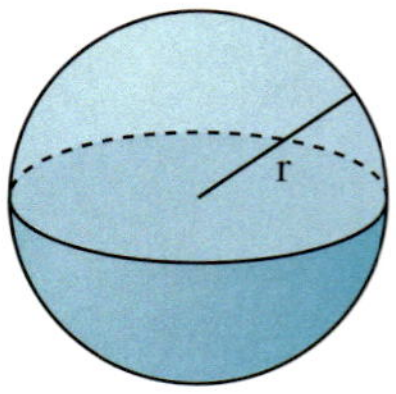

Fig. 8

Aufgaben zum Üben und Wiederholen

1 Ein Prisma mit der Höhe h hat als Grundfläche ein Dreieck mit den Seiten a, b, c. Berechne sein Volumen V und seinen Oberflächeninhalt O, wenn
a) $h = 5{,}5\,m$; $b = 4{,}2\,m$; $a = c = 6{,}2\,m$, b) $h = 3{,}2\,m$; $a = b = c = 5{,}1\,m$.

2 Berechne das Volumen V, die Mantelfläche M und den Oberflächeninhalt O eines Zylinders, wenn $r = 24{,}2\,cm$; $h = 55{,}3\,cm$.

3 Berechne das Volumen V und den Oberflächeninhalt O einer quadratischen Pyramide mit der Grundkante a, der Höhe h und der Seitenkante s.
a) $h = 10\,cm$; $a = 3{,}5\,cm$ b) $s = 116{,}4\,cm$; $h = 86{,}4\,cm$

4 Berechne für einen Kegel mit Radius r, Höhe h und der Mantellinie s das Volumen V, den Inhalt des Mantels M und den Oberflächeninhalt O.
a) $r = 9\,cm$; $s = 40\,cm$ b) $h = 33\,cm$; $s = 65\,cm$ c) $r = 13{,}75\,m$; $s = 18{,}25\,m$

5 Bei einer Kugel ist von den drei Größen r, V und O eine gegeben. Berechne die beiden fehlenden.
a) $r = 4{,}23\,m$ b) $O = 1809{,}6\,cm^2$ c) $V = 26\,244\,\pi\,l$

6 Berechne das Volumen der Werkstücke in Fig. 1. Die Maße sind in mm angegeben.
a) b)

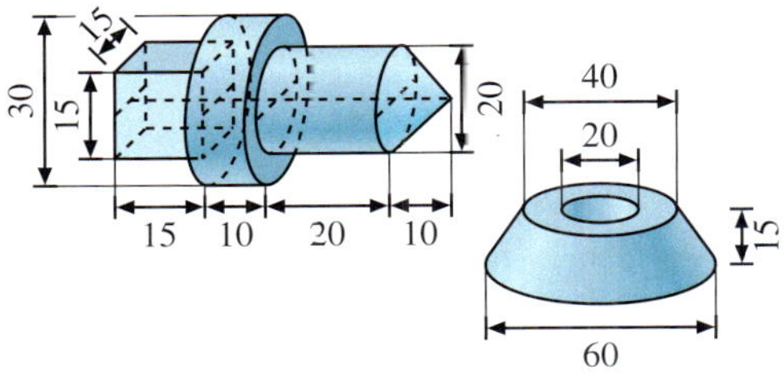

Fig. 1

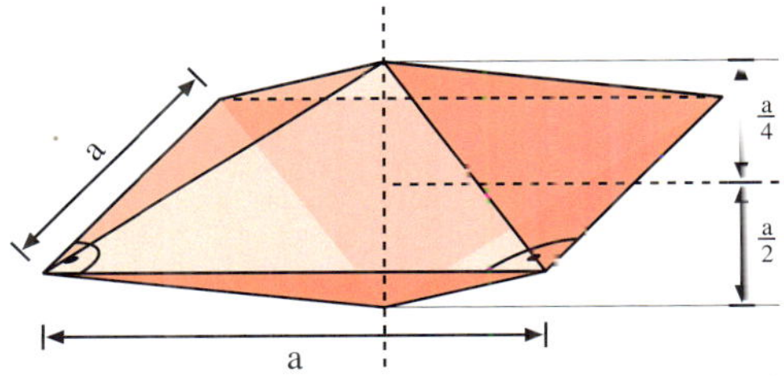

Fig. 2

7 a) In Fig. 2 ist ein geschliffener Schmuckstein dargestellt. Gib eine Formel für sein Volumen an. Berechne das Volumen für $a = 4\,mm$.
b) Wie viel Karat wiegt der Stein? 1 Karat entspricht 200 mg; $1\,cm^3$ wiegt 3,5 g.

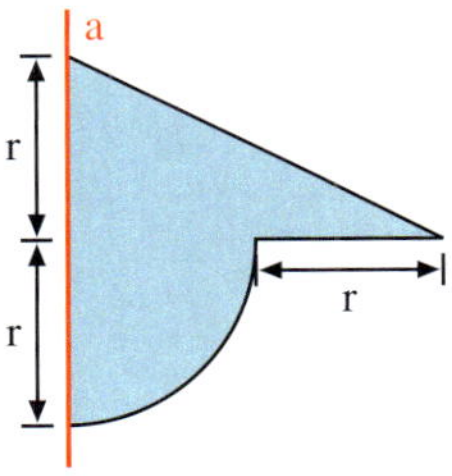

Fig. 3

8 a) Die Fläche in Fig. 3 rotiert um die Achse a. Beschreibe den Drehkörper.
b) Stelle eine Formel für das Volumen und den Oberflächeninhalt des Drehkörpers auf.
c) Bestimme r so, dass $V = 85{,}75\,\pi\,cm^3$ ist.

Die Lösungen zu den Aufgaben dieser Seite findest du auf den Seiten 211 und 212.

9 Auf jede Seitenfläche eines Würfels mit der Kantenlänge a wird eine quadratische Pyramide mit der gleichen Höhe h aufgesetzt (Fig. 4).
a) Stelle eine Formel für das Volumen V des zusammengesetzten Körpers auf.
b) Berechne das Volumen für $a = 6\,cm$ und $h = 4\,cm$.
c) Nimm an, das Volumen des ganzen Körpers soll doppelt so groß sein wie das Volumen des Würfels. Wie ist dazu h zu wählen?

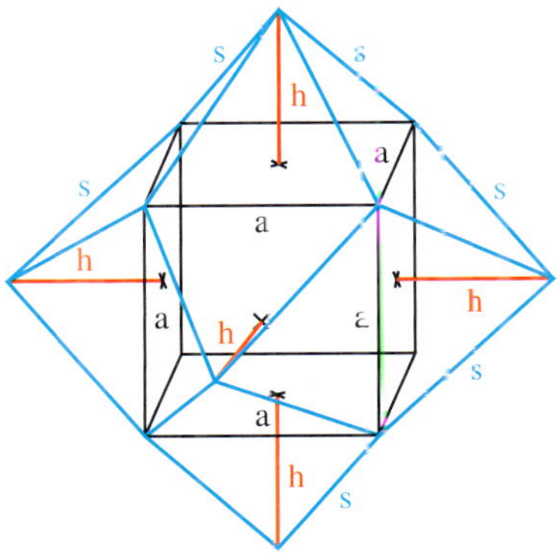

Fig. 4

VII Einführung in die Trigonometrie

1 Seitenverhältnisse in rechtwinkligen Dreiecken

Fig. 1

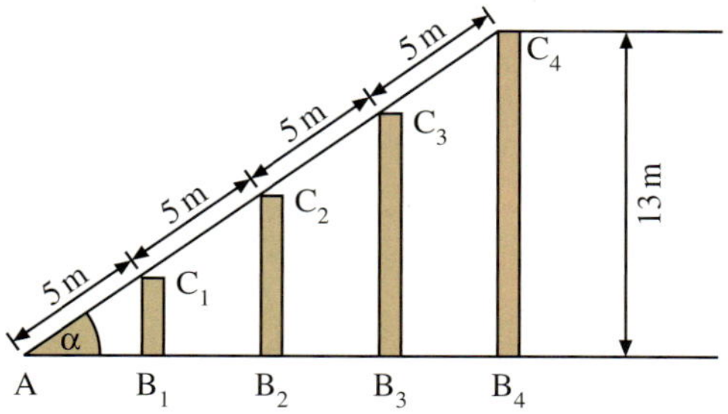

Fig. 2

1 Eine 20 m lange Rampe soll, wie in Fig. 2 angegeben, durch zueinander parallele Pfeiler abgestützt werden.
a) Warum stimmen die Dreiecke AB_1C_1, AB_2C_2, AB_3C_3 und AB_4C_4 in ihren Seitenverhältnissen überein? Berechne die Längen der Pfeiler B_1C_1, B_2C_2 und B_3C_3.
b) Miss in Fig. 2 den Steigungswinkel α der Rampe. Zeichne ein rechtwinkliges Dreieck ABC mit diesem Winkel α. Bestimme seine Seitenverhältnisse und vergleiche mit a).

Zur Erinnerung:
Dreiecke sind zueinander ähnlich, wenn sie in zwei (und damit in drei) Winkeln übereinstimmen.

Aufgrund der Ähnlichkeitssätze weiß man: Rechtwinklige Dreiecke stimmen in ihren Seitenverhältnissen überein, wenn sie außer im rechten Winkel in einem weiteren Winkel übereinstimmen (Satz 1).
Die umgekehrte Fragestellung beantwortet Satz 2:

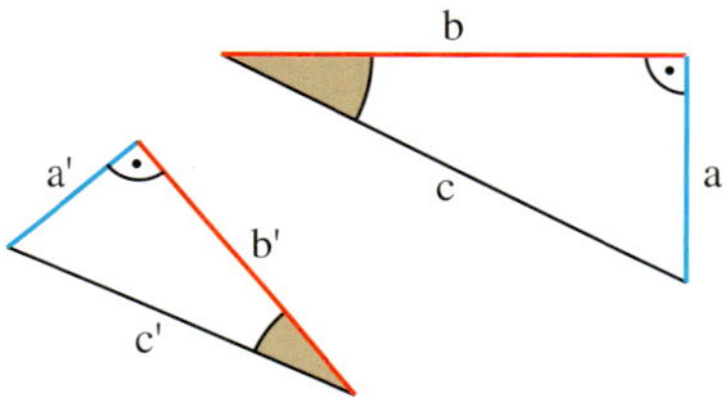

$\frac{a}{b} = \frac{a'}{b'}$

$\frac{b}{c} = \frac{b'}{c'}$

$\frac{c}{a} = \frac{c'}{a'}$

Fig. 3

Satz:
(1) Stimmen rechtwinklige Dreiecke in ihren Winkeln überein, so sind entsprechende Seitenverhältnisse gleich groß (Fig. 3).
(2) Stimmen rechtwinklige Dreiecke in **einem** entsprechenden Seitenverhältnis überein, so sind sich entsprechende Winkel gleich groß.

Hier wird das Seitenverhältnis $\frac{a}{c}$ verwendet. Für andere Seitenverhältnisse verläuft der Beweis entsprechend.
Beachte: c ist die größte Seite, also $v < 1$.

Beweis von Satz 2:
1. Sind für rechtwinklige Dreiecke ABC und A′B′C′ mit den Hypotenusen c und c′ z. B. die Seitenverhältnisse $\frac{a'}{c'}$ und $\frac{a}{c}$ gleich, also $\frac{a'}{c'} = \frac{a}{c} = v$, so gilt $a' = c' \cdot v$ und $a = c \cdot v$.
2. Weil die Dreiecke rechtwinklig sind, gilt nach dem Satz des Pythagoras:
$b'^2 = c'^2 - a'^2 = c'^2 - c'^2 v^2 = c'^2 (1 - v^2)$; also: $b' = c'\sqrt{1 - v^2}$.
$b^2 = c^2 - a^2 = c^2 - c^2 v^2 = c^2 (1 - v^2)$; also: $b = c\sqrt{1 - v^2}$.
Daraus folgt $\frac{b'}{c'} = \frac{b}{c} = \sqrt{1 - v^2}$.
3. Es gilt ferner: $\frac{a'}{b'} = \frac{c' \cdot v}{c'\sqrt{1 - v^2}} = \frac{v}{\sqrt{1 - v^2}}$ und $\frac{a}{b} = \frac{c \cdot v}{c\sqrt{1 - v^2}} = \frac{v}{\sqrt{1 - v^2}}$.

Damit sind auch die Seitenverhältnisse $\frac{a'}{b'}$ und $\frac{a}{b}$ gleich.
4. Aus den Ähnlichkeitssätzen folgt, dass die Dreiecke ABC und A′B′C′ zueinander ähnlich sind. Sie stimmen daher in ihren Winkeln überein.

Beispiel 1
Prüfe durch den Vergleich von Seitenverhältnissen, welche der Winkel α, β, δ, ε, φ, ρ in Fig. 1 gleich groß sind.
Lösung:
1. $\frac{a}{b} = \frac{6}{4} = \frac{3}{2}$ und $\frac{d}{e} = \frac{9}{6} = \frac{3}{2}$;
also $\frac{a}{b} = \frac{d}{e}$ und daher $\alpha = \delta$ und $\beta = \varepsilon$.
2. *Das $\frac{a}{b}$ entsprechende Seitenverhältnis im Dreieck mit den Winkeln φ und ρ ist $\frac{r}{f}$.*
$\frac{r}{f} = \frac{11}{5} \neq \frac{a}{b}$; also stimmen weder φ noch ρ mit α oder β überein.

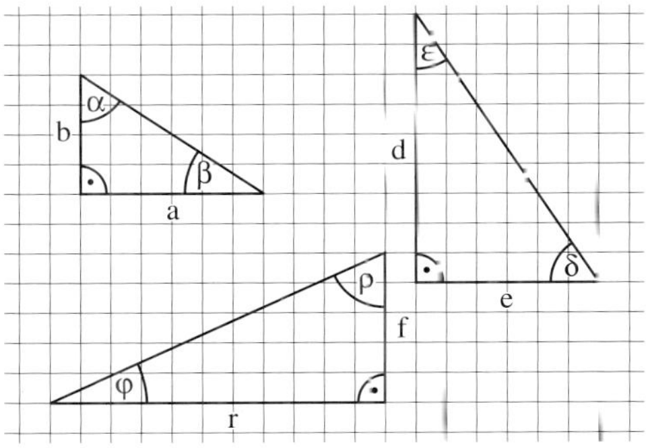

Fig. 1

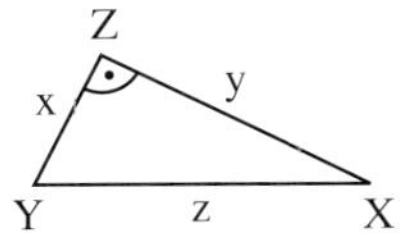

Fig. 2

Beispiel 2
In einem rechtwinkligen Dreieck mit den Katheten x und y und der Hypotenuse z gilt $\frac{x}{y} = \frac{2}{3}$. Bestimme die beiden Seitenverhältnisse $\frac{x}{z}$ und $\frac{y}{z}$.
Lösung:
Da das Dreieck rechtwinklig ist, gilt nach dem Satz des Pythagoras:
1. $z^2 = x^2 + y^2 = \left(\frac{2}{3}y\right)^2 + y^2 = \frac{4}{9}y^2 + y^2 = \frac{13}{9}y^2$; also: $z = \frac{1}{3}\sqrt{13}\,y$.
2. $\frac{x}{z} = \frac{\frac{2}{3}y}{\frac{1}{3}\sqrt{13}\,y} = \frac{2}{\sqrt{13}} = \frac{2}{13}\sqrt{13}$ und $\frac{y}{z} = \frac{y}{\frac{1}{3}\sqrt{13}\,y} = \frac{3}{\sqrt{13}} = \frac{3}{13}\sqrt{13}$

Aufgaben

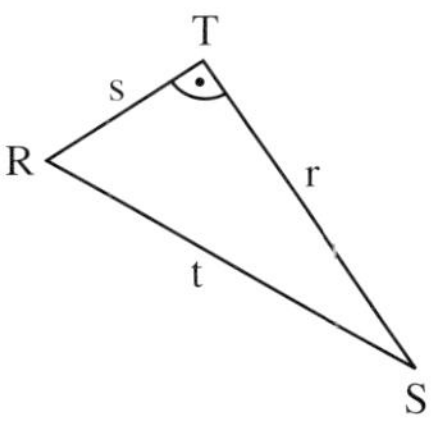

Fig. 3

2 a) Zeichne ein Dreieck RST mit rechtem Winkel bei T, bei dem sich die Katheten r und s wie 5 : 2 verhalten (Fig. 3). Miss die Winkel bei R und S.
b) Verlängere die Kathete s um die Hälfte und zeichne das Dreieck R′ST. Wie verhält sich jetzt $\overline{TS}$ zu $\overline{TR}$? Wie groß sind die Winkel bei R′ und S?

3 Prüfe durch den Vergleich von Seitenverhältnissen, welche der Winkel α, β, δ, ε, φ, ρ in Fig. 4 gleich groß sind.

4 Prüfe, ob ein rechtwinkliges Dreieck mit den Katheten a = 5 cm und b = 12 cm die gleichen Winkel wie ein rechtwinkliges Dreieck hat, das
a) eine 6,5 cm lange Hypotenuse und eine 6 cm lange Kathete besitzt,
b) eine 10 cm lange Hypotenuse und eine 8 cm lange Kathete besitzt.

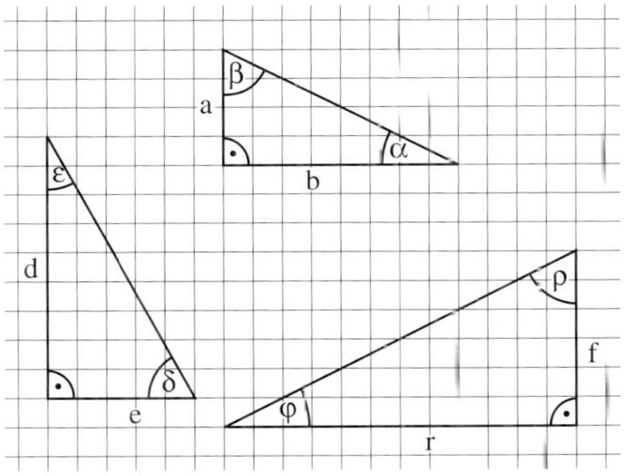

Fig. 4

5 In einem rechtwinkligen Dreieck mit den Katheten a und b und der Hypotenuse c ist ein Seitenverhältnis gegeben. Berechne die beiden anderen Seitenverhältnisse.
a) $\frac{a}{b} = \frac{3}{4}$ b) $\frac{b}{c} = \frac{5}{9}$ c) $\frac{a}{c} = \frac{2}{7}$

6 Bestimme die Seitenverhältnisse eines rechtwinklig-gleichschenkligen Dreiecks.

Anleitung zu Aufgabe 7: Zeichne erst ein dazu ähnliches Dreieck und bringe es dann auf die richtige Größe.

***7** Konstruiere ein rechtwinkliges Dreieck ABC mit der Hypotenuse c = 6 cm, bei dem sich die Katheten a und b wie 2 : 3 verhalten.

2 Sinus, Kosinus und Tangens

1 Die Steigung einer Straße ist wie in Fig. 1 festgelegt.
a) Um wie viel m steigt eine Straße nach dem Schild in Fig. 2 an?
b) Durch welche Längenverhältnisse könnte man den Steigungswinkel α auch festlegen?

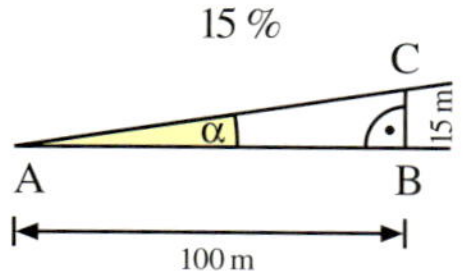

Fig. 1

Fig. 2

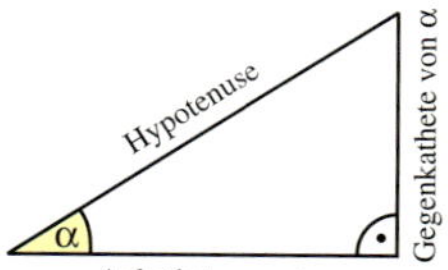

Fig. 3

Im rechtwinkligen Dreieck heißt die einem spitzen Winkel gegenüberliegende Kathete seine **Gegenkathete**, die andere seine **Ankathete** (Fig. 3). Da schon ein Seitenverhältnis in einem solchen Dreieck alle Winkel festlegt, vereinbart man für die Seitenverhältnisse besondere Namen:

Zur Entstehung der Bezeichnung sinus vgl. den Lesetext zur Geschichte der Trigonometrie auf Seite 158.

Definition: Ist α ein spitzer Winkel im rechtwinkligen Dreieck, so setzt man:

$\sin(\alpha) = \frac{\text{Gegenkathete von } \alpha}{\text{Hypotenuse}}$ (lies: Sinus von α)

$\cos(\alpha) = \frac{\text{Ankathete von } \alpha}{\text{Hypotenuse}}$ (lies: Kosinus von α)

$\tan(\alpha) = \frac{\text{Gegenkathete von } \alpha}{\text{Ankathete von } \alpha}$ (lies: Tangens von α)

Wir verwenden für sin(α), cos(α) und tan(α) die Schreibweise mit Klammern, da sich die Zuordnungen
$\alpha \mapsto \sin(\alpha)$, $\alpha \mapsto \cos(\alpha)$ und $\alpha \mapsto \tan(\alpha)$
als Funktionen erweisen werden.
In manchen Büchern und Formelsammlungen werden auch Schreibweisen wie sin 50°, cos 30° oder tan 20° verwendet.

Wählt man im rechtwinkligen Dreieck die Länge der Hypotenuse als Längeneinheit, so lassen sich sin(α), cos(α) und tan(α) wie in Fig. 4 als Streckenlängen am **Einheitskreis** auffassen.
Man erkennt am Einheitskreis: Nähert sich α immer mehr 0°, so nähern sich sin(α) und tan(α) immer mehr 0. Wenn sich α immer mehr 90° nähert, so unterscheidet sich der Sinuswert immer weniger von 1 und der Kosinuswert immer weniger von 0.
Die Tangenswerte werden dagegen beliebig groß.

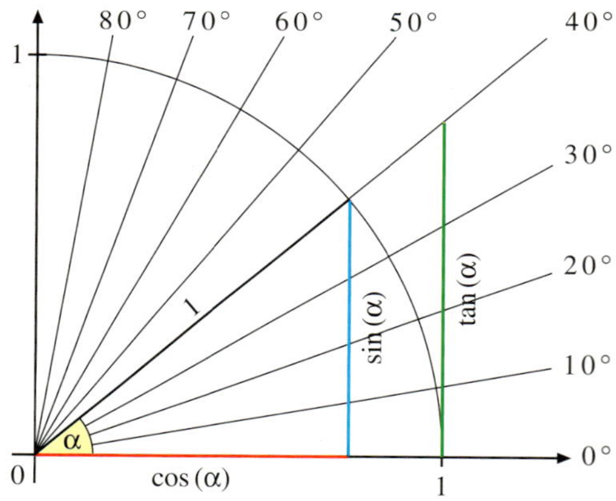

Fig. 4

Für den Winkel 90° gibt es keinen Tangenswert!

Man setzt daher für die Grenzfälle fest:
$\sin(0°) = \cos(90°) = 0$, $\sin(90°) = \cos(0°) = 1$, $\tan(0°) = 0$.

Beispiel 1
Ein rechtwinkliges Dreieck ABC hat die Katheten $a = 18\,\text{cm}$ und $b = 7{,}5\,\text{cm}$. Bestimme die Hypotenuse c, sin(α), cos(α), sin(β) und cos(β).
Lösung:
$c^2 = a^2 + b^2$; $c^2 = (18\,\text{cm})^2 + (7{,}5\,\text{cm})^2 = 380{,}25\,\text{cm}^2$, also $c = 19{,}5\,\text{cm}$.
$\sin(\alpha) = \frac{a}{c} = \frac{18\,\text{cm}}{19{,}5\,\text{cm}} \approx 0{,}9231$ und $\cos(\alpha) = \frac{b}{c} = \frac{7{,}5\,\text{cm}}{19{,}5\,\text{cm}} \approx 0{,}3846$
$\sin(\beta) = \frac{b}{c} = \cos(\alpha) \approx 0{,}3846$ und $\cos(\beta) = \frac{a}{c} = \sin(\alpha) \approx 0{,}9231$

Beispiel 2

Ein rechtwinkliges Dreieck ABC hat die Hypotenuse $c = 31{,}2\,\text{cm}$ und die Kathete $b = 28{,}8\,\text{cm}$. Bestimme die Kathete a, $\tan(\alpha)$ und $\tan(\beta)$. Runde gegebenenfalls auf 4 Dezimalstellen.

Lösung:

$a^2 + b^2 = c^2;\ a^2 = c^2 - b^2;$

also $a^2 = (31{,}2\,\text{cm})^2 - (18{,}8\,\text{cm})^2 = 144{,}0\,\text{cm}^2$ und damit $a = 12{,}0\,\text{cm}$.

$\tan(\alpha) = \frac{a}{b};\ \tan(\alpha) = \frac{12{,}0\,\text{cm}}{28{,}8\,\text{cm}} \approx 0{,}4167$ $\quad \tan(\beta) = \frac{b}{a};\ \tan(\beta) = \frac{28{,}8\,\text{cm}}{12{,}0\,\text{cm}} = 2{,}4$

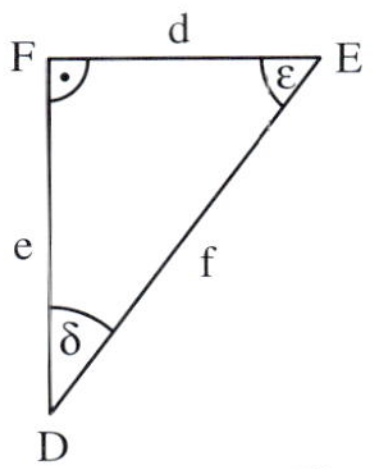

Fig. 1

Beispiel 3

In einem rechtwinkligen Dreieck DEF mit den Katheten d und e und der Hypotenuse f liegt d der Winkel δ mit $\tan(\delta) = \frac{3}{4}$ gegenüber (Fig. 1). Berechne e und f für $d = 6\,\text{cm}$.

Lösung:

$\tan(\delta) = \frac{d}{e};\ e = \frac{d}{\tan(\delta)};$ also $e = 6\,\text{cm} : \frac{3}{4} = 6\,\text{cm} \cdot \frac{4}{3} = 8\,\text{cm}.$

$f^2 = d^2 + e^2;\ f^2 = (6\,\text{cm})^2 + (8\,\text{cm})^2 = 100\,\text{cm}^2;$

also $f = 10\,\text{cm}$.

Beispiel 4

Bestimme an dem gleichseitigen Dreieck in Fig. 2 $\sin(30°)$ und $\sin(60°)$.

Lösung:

$\sin(30°) = \frac{\frac{a}{2}}{a} = \frac{1}{2};\ \sin(60°) = \frac{\frac{1}{2}\sqrt{3}\,a}{a} = \frac{1}{2}\sqrt{3}$

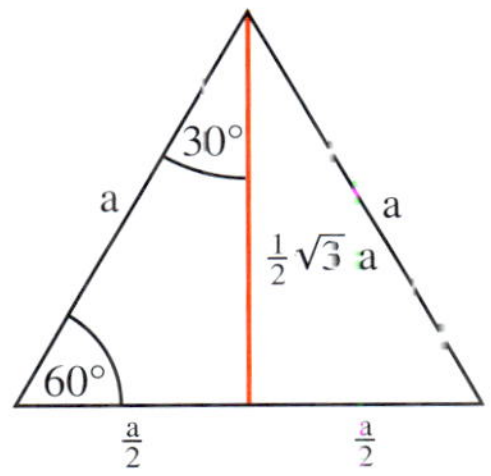

Fig. 2

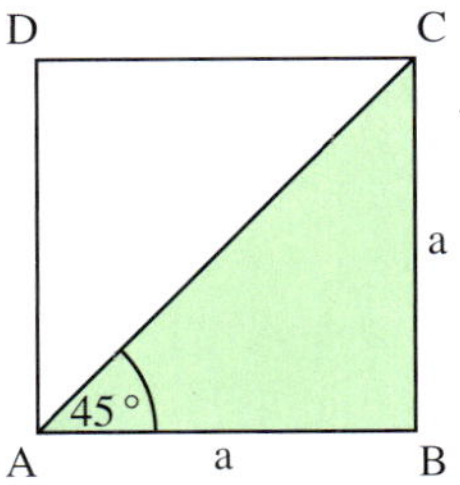

Fig. 3

Beispiel 5

a) Begründe an dem Quadrat ABCD in Fig. 3, dass $\tan(45°) = 1$ gilt.

b) Bestimme für das Rechteck APBQ in Fig. 4 $\tan(\alpha)$ und $\tan(\beta)$.

Lösung:

a) $\tan(45°) = \frac{a}{a} = 1$

b) $\tan(\alpha) = \frac{a}{2a} = \frac{1}{2};\ \tan(\beta) = \frac{2a}{a} = 2$

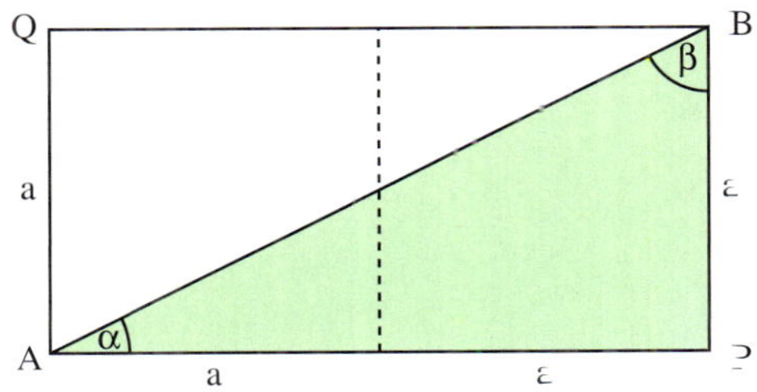

Fig. 4

Aufgaben

2 a) Vervollständige die Tabelle für das Dreieck ABC in Fig. 5 und seine Teildreiecke im Heft.

b) Gib $\sin(\alpha)$, $\sin(\beta)$, $\tan(\alpha)$ und $\tan(\beta)$ jeweils durch zwei Seitenverhältnisse an.

3 Bestimme für ein rechtwinkliges Dreieck ABC mit den Katheten a und b die Hypotenuse c, $\sin(\alpha)$, $\cos(\alpha)$, $\sin(\beta)$ und $\cos(\beta)$. Runde gegebenenfalls deine Ergebnisse auf 4 Dezimalstellen.

a) $a = 3{,}3\,\text{cm}$ und $b = 6{,}5\,\text{cm}$

b) $a = 7{,}2\,\text{cm}$ und $b = 2{,}1\,\text{cm}$

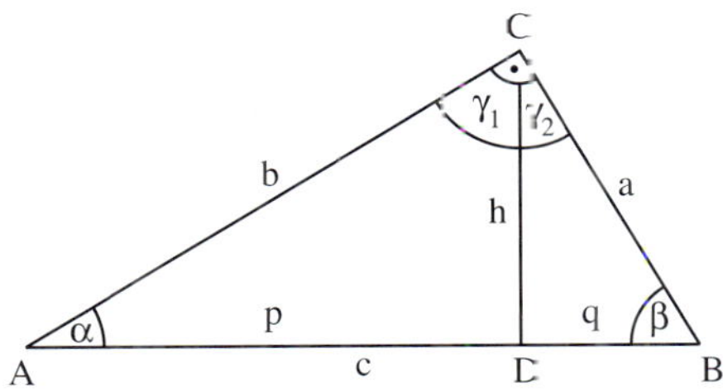

Dreieck	ABC		ADC		BCD	
Winkel	α	β	α	γ_1	β	γ_2
Gegenkathete						
Ankathete						

Fig. 5

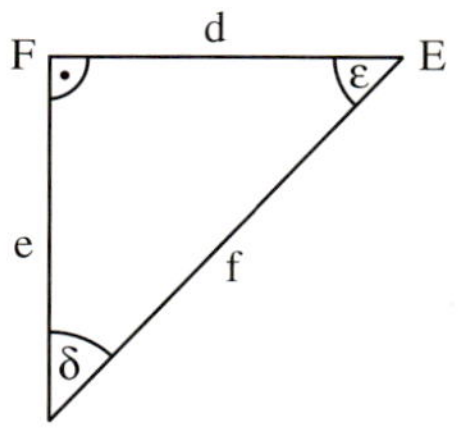

Fig. 1

So kann man sich Werte für den Sinus und den Kosinus merken:

sin (0°)	$\frac{1}{2}\sqrt{0}$	cos (90°)
sin (30°)	$\frac{1}{2}\sqrt{1}$	cos (60°)
sin (45°)	$\frac{1}{2}\sqrt{2}$	cos (45°)
sin (60°)	$\frac{1}{2}\sqrt{3}$	cos (30°)
sin (90°)	$\frac{1}{2}\sqrt{4}$	cos (0°)

Fig. 2

4 Ein rechtwinkliges Dreieck ABC hat die Hypotenuse $c = 6{,}5\,cm$ und die Kathete $a = 3{,}3\,cm$. Bestimme die Kathete b, $\tan(\alpha)$ und $\tan(\beta)$. Runde gegebenenfalls deine Ergebnisse auf 4 Dezimalstellen.

5 In einem rechtwinkligen Dreieck mit der Hypotenuse f und den Katheten d und e sind die Winkel wie in Fig. 1 bezeichnet. Berechne die fehlenden Seiten. Runde deine Ergebnisse auf mm.
a) $d = 4{,}0\,cm$; $\tan(\delta) = \frac{1}{3}\sqrt{3}$ b) $e = 3{,}6\,cm$; $\tan(\varepsilon) = \frac{3}{2}\sqrt{2}$

6 In der Tabelle sind die bisher bekannten Werte für den Sinus und den Kosinus eines Winkels hervorgehoben:

	0°	30°	45°	60°	90°
sin	**0**	$\mathbf{\frac{1}{2}}$	$\frac{1}{2}\sqrt{2}$	$\mathbf{\frac{1}{2}\sqrt{3}}$	**1**
cos	**1**	$\frac{1}{2}\sqrt{3}$	$\frac{1}{2}\sqrt{2}$	$\frac{1}{2}$	**0**

Begründe die restlichen Werte der Tabelle an dem gleichseitigen Dreieck in Beispiel 4 und an dem Quadrat in Beispiel 5.

7 Bestimme am gleichseitigen Dreieck (Fig. 2 in Beispiel 4) genaue Werte für tan (30°) und tan (60°).

8 Ein rechtwinkliges Dreieck ABC hat die Hypotenuse $c = 10\,cm$ und die Kathete $b = 3\,cm$. Bestimme die Kathete a, $\sin(\alpha)$, $\cos(\alpha)$, $\sin(\beta)$, $\cos(\beta)$, $\tan(\alpha)$ und $\tan(\beta)$. Runde gegebenenfalls auf 4 Dezimalstellen.

9 a) In einem rechtwinkligen Dreieck ABC mit der Hypotenuse c ist $\cos(\beta) = \frac{8}{15}$ und $a = 4\,cm$. Berechne die beiden Seitenlängen c und b.
b) Bei einem rechtwinkligen Dreieck DEF wie in Fig. 1 ist $\sin(\delta) = \frac{5}{13}$ und $f = 5\,cm$. Berechne die Seitenlängen d und e.

10 Bestimme $\sin(\alpha)$, $\cos(\alpha)$, $\tan(\alpha)$, $\sin(\beta)$, $\cos(\beta)$ und $\tan(\beta)$ in einem rechtwinkligen Dreieck ABC mit den Katheten a und b, bei dem die Kathete a
a) dreimal so lang ist wie b, b) viermal so lang ist wie b, c) halb so lang ist wie b.

11 Die rechtwinkligen Dreiecke ABC und ABC′ in Fig. 3 haben dieselbe Hypotenuse c. Die Kathete a′ ist jedoch doppelt so lang wie a.
a) Wie verhält sich $\sin(\alpha)$ zu $\sin(\alpha')$?
b) Miss die Winkel α und α′. Ist α′ doppelt so groß wie α?

12 Zeichne ein rechtwinkliges Dreieck ABC mit $a = 4{,}5\,cm$ und
a) $\tan(\alpha) = 0{,}8$; b) $\tan(\alpha) = 1{,}4$;
c) $\tan(\beta) = 0{,}6$; d) $\tan(\beta) = 1{,}5$.

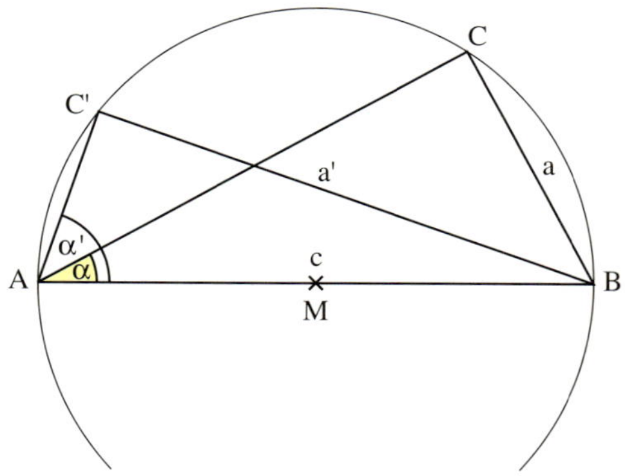

Fig. 3

***13** In einem gleichschenkligen Dreieck ABC mit $a = b = 5\,cm$ ist $\tan(\alpha) = 0{,}8$. Berechne die Höhe h_c und die Grundseite c.

3 Näherungswerte

1 a) Bestimme an Fig. 1 Näherungswerte für $\sin(\alpha)$ und $\cos(\alpha)$, wenn $\alpha = 10°, 20°, \ldots, 80°$ ist. Lege dazu eine Tabelle an.
b) Lies an Fig. 1 auch Näherungswerte für $\tan(\alpha)$ ab, wenn $\alpha = 10°, 20°, 30°, 40°$ ist.

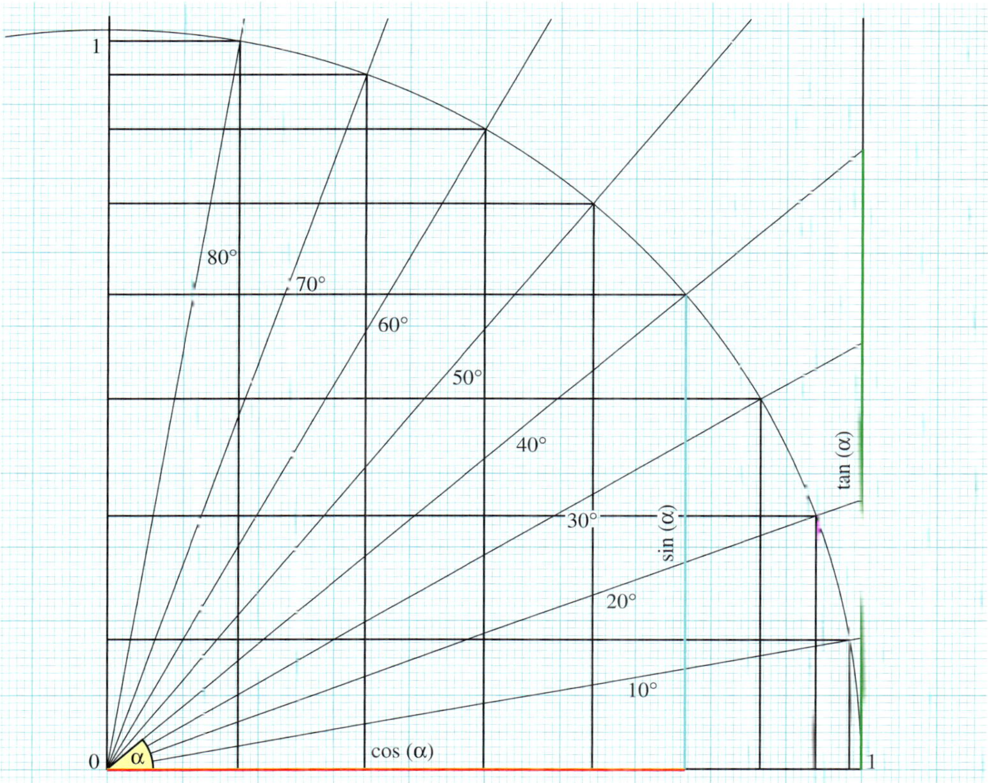

Fig. 1

Lies in der Bedienungsanleitung deines Taschenrechners nach, wie man Sinus-, Kosinus- und Tangenswerte von Winkeln bestimmt und umgekehrt Winkel zu vorgegebenen Werten ermittelt. Achte darauf, dass der Taschenrechner auf das ***Gradmaß*** *eingestellt ist (Anzeige DEG von degree [engl.] = Grad).*
Schalte ihn gegebenenfalls um.

Zu jedem Winkel α $(0° \leqq \alpha \leqq 90°)$ gibt es jeweils genau einen Wert $\sin(\alpha)$, $\cos(\alpha)$ und für $\alpha \neq 90°$ auch genau einen Wert $\tan(\alpha)$. Umgekehrt gibt es zu jeder Zahl y mit $0 \leqq y \leqq 1$ jeweils genau einen Winkel α mit $0° \leqq \alpha \leqq 90°$, für den y der Sinuswert bzw. der Kosinuswert ist. Zu jedem $y \geqq 0$ gibt es entsprechend genau einen Winkel α mit $0° \leqq \alpha < 90°$, für den y der Tangenswert ist.
Genauere Näherungswerte, als man sie in Fig. 1 ablesen kann, liefert der Taschenrechner (je nach Taschenrechner auf 8 oder 10 Nachkommastellen genau).
Die folgende Beispielrechnung zeigt, dass der Taschenrechner auch bei der Winkelbestimmung sehr genau ist. So beträgt zum Beispiel die Summe der mit dem Taschenrechner bestimmten und auf 0,1° oder 0,01° gerundeten spitzen Winkel eines rechtwinkligen Dreiecks immer 90°:

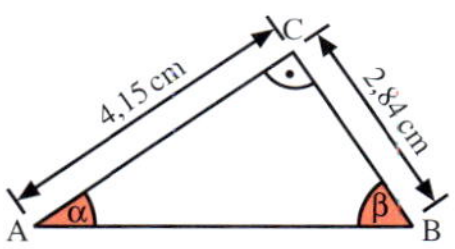

Fig. 2

1. Für das rechtwinklige Dreieck ABC in Fig. 2 liefert ein 8-stelliger Taschenrechner:
$\tan(\alpha) = \frac{2{,}84\,\text{cm}}{4{,}15\,\text{cm}} \approx 0{,}684\,337\,35$; $\tan(\beta) = \frac{4{,}15\,\text{cm}}{2{,}84\,\text{cm}} \approx 1{,}461\,267\,61$.

Gerundete Winkel: $\alpha \approx 34{,}4°$; $\beta \approx 55{,}6°$; Summe: 90°.

Wenn also im rechtwinkligen Dreieck ein spitzer Winkel, z. B. α, mit dem Taschenrechner bestimmt ist, so darf der andere mit dem gerundeten Wert für α in der Form $\beta = 90° - \alpha$ berechnet werden.

2. Rundet man die Seitenlängen auf eine Stelle nach dem Komma, so ergibt sich:

$\tan(\alpha) \approx \frac{2{,}8\,\text{cm}}{4{,}2\,\text{cm}} \approx 0{,}666\,666\,67$; $\tan(\beta) \approx \frac{4{,}2\,\text{cm}}{2{,}8\,\text{cm}} = 1{,}5$.

Gerundete Winkel: $\alpha \approx 33{,}7°$; $\beta = 56{,}3°$. Summe: 90°.

Da sich beide Ergebnisse trotz der gleich gebliebenen Summe um 0,7° geändert haben, sollte man berechnete Winkel auf volle Grad (allenfalls auf Zehntelgrad) runden, wenn die Seitenlängen eines Dreiecks mit einem Lineal gemessen wurden.

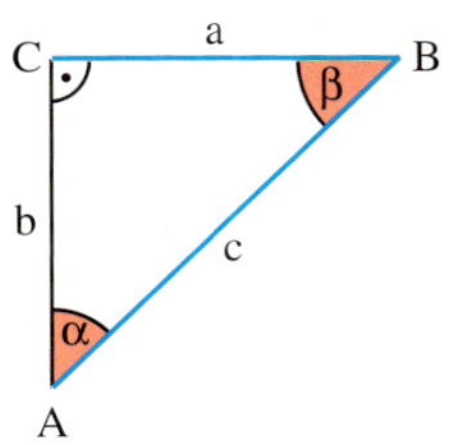

Fig. 1

Beispiel

Das rechtwinklige Dreieck ABC in Fig. 1 hat die Kathete $a = 2{,}3\,\text{cm}$ und die Hypotenuse $c = 3{,}3\,\text{cm}$.

a) Bestimme $\sin(\alpha)$ und $\cos(\beta)$ mit Taschenrechnergenauigkeit. Berechne daraus mit dem Taschenrechner beide Winkel. Runde auf Zehntelgrad. Beträgt die Summe beider Werte hier auch 90°?

b) Berechne zuerst die Kathete b und runde dann auf volle mm. Welche Winkel erhältst du, wenn du α und β über den Tangens berechnest? Vergleiche mit a).

Lösung:

a) $\sin(\alpha) = \frac{a}{c} = \frac{2{,}3\,\text{cm}}{3{,}3\,\text{cm}} \approx 0{,}696\,969\,70$ und $\cos(\beta) = \frac{a}{c} = \frac{2{,}3\,\text{cm}}{3{,}3\,\text{cm}} \approx 0{,}696\,969\,70$.

Also: $\alpha \approx 44{,}2°$ und $\beta \approx 45{,}8°$. Die Summe beträgt 90°.

b) *Berechnung von b:* $a^2 + b^2 = c^2$; $b^2 = c^2 - a^2$.

Also $b^2 = (3{,}3\,\text{cm})^2 - (2{,}3\,\text{cm})^2 = 5{,}6\,\text{cm}^2$ und damit $b \approx 2{,}4\,\text{cm}$.

Berechnung der Winkel: $\tan(\alpha) = \frac{a}{b} = \frac{2{,}3\,\text{cm}}{2{,}4\,\text{cm}} \approx 0{,}958\,333\,33$ und

$\tan(\beta) = \frac{b}{a} = \frac{2{,}4\,\text{cm}}{2{,}3\,\text{cm}} \approx 1{,}043\,478\,26$.

Also: $\alpha \approx 43{,}8°$ und $\beta \approx 46{,}2°$. Die Winkel weichen etwa um 0,4° ab.

***Merke:** Mit gerundeten Zwischenwerten sollte nie weitergerechnet werden. Entweder darf man erst ganz am Schluss runden, oder man verwendet nur gegebene Größen!*

Aufgaben

2 Bestimme an Fig. 1 auf der vorherigen Seite die Funktionswerte.

a) sin (15°)	b) sin (35°)	c) sin (55°)	d) sin (75°)
e) cos (15°)	f) cos (35°)	g) cos (55°)	h) cos (75°)
i) tan (5°)	k) tan (15°)	l) tan (25°)	m) tan (35°)

3 Lies in Fig. 1 auf der vorherigen Seite zu den folgenden Funktionswerten die Winkel ab, schätze dabei auf volle Grad.

a) $\sin(\alpha) = 0{,}7$	b) $\cos(\alpha) = 0{,}5$	c) $\tan(\alpha) = 0{,}9$	d) $\sin(\alpha) = 0{,}1$
e) $\cos(\alpha) = 0{,}1$	f) $\tan(\alpha) = 0{,}4$	g) $\sin(\alpha) = 0{,}5$	h) $\tan(\alpha) = 0{,}2$
i) $\tan(\alpha) = 0{,}85$	k) $\sin(\alpha) = 0{,}37$	l) $\cos(\alpha) = 0{,}34$	m) $\cos(\alpha) = 0{,}95$

4 Bestimme mit dem Taschenrechner. Runde auf 4 geltende Ziffern.

a) sin (15°)	b) cos (15°)	c) tan (8°)	d) cos (12°)
e) sin (43°)	f) cos (74°)	g) tan (58°)	h) sin (27°)
i) tan (85°)	k) sin (77°)	l) tan (2°)	m) cos (53°)

5

a) sin (6°)	b) cos (84°)	c) tan (6°)	d) sin (32°)
e) cos (89,5°)	f) tan (7,8°)	g) sin (17,1°)	h) cos (68,5°)
i) tan (69,41°)	k) sin (27,85°)	l) tan (77,89°)	m) cos (0,64°)

6 Bestimme mit dem Taschenrechner den Winkel α zu den folgenden Funktionswerten. Runde auf Zehntelgrad.

a) $\sin(\alpha) = 0{,}042$ b) $\cos(\alpha) = 0{,}345$ c) $\tan(\alpha) = 0{,}768$ d) $\cos(\alpha) = 0{,}818$
e) $\sin(\alpha) = 0{,}326$ f) $\cos(\alpha) = 0{,}100$ g) $\tan(\alpha) = 1{,}250$ h) $\sin(\alpha) = 0{,}202$
i) $\sin(\alpha) = 0{,}303$ k) $\cos(\alpha) = 0{,}866$ l) $\tan(\alpha) = 1{,}732$ m) $\tan(\alpha) = 0{,}750$

7

a) $\sin(\alpha) = 0{,}444$ b) $\cos(\alpha) = 0{,}777$ c) $\tan(\alpha) = 0{,}987$ d) $\tan(\alpha) = 12{,}5$
e) $\cos(\alpha) = 0{,}444$ f) $\sin(\alpha) = 0{,}888$ g) $\tan(\alpha) = 1{,}121$ h) $\tan(\alpha) = 10{,}5$
i) $\tan(\alpha) = 0{,}087$ k) $\tan(\alpha) = 1000$ l) $\sin(\alpha) = 0{,}043$ m) $\cos(\alpha) = 0{,}501$

8 a) Miss die Seitenlängen in den Dreiecken von Fig. 1. Berechne damit die folgenden Werte als Quotienten:
$\sin(\alpha)$; $\cos(\alpha)$; $\tan(\alpha)$; $\tan(\beta)$;
$\sin(\delta)$; $\cos(\varepsilon)$; $\tan(\delta)$; $\tan(\varepsilon)$.
b) Bestimme mit dem Taschenrechner zu den angegebenen Winkeln die Funktionswerte aus a) und prüfe, wie genau du gemessen hast.

9 In einem rechtwinkligen Dreieck ABC ist $\tan(\alpha) = 1{,}2$.
a) Zeichne ein solches Dreieck mit $a = 12\,\text{cm}$ und miss den Winkel α.
b) Bestimme α mit dem Taschenrechner und prüfe damit deine Mess- und Zeichengenauigkeit.

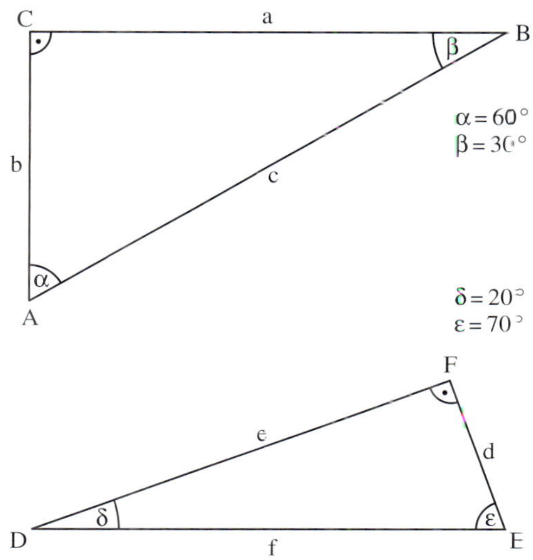

Fig. 1

10 Ein rechtwinkliges Dreieck ABC hat die Katheten a, b und die Hypotenuse c. Berechne mit dem Taschenrechner die Winkel α und β. Runde deine Ergebnisse auf Zehntelgrad.
a) $a = 4{,}6\,\text{cm}$; $b = 8{,}4\,\text{cm}$ b) $a = 15{,}8\,\text{cm}$; $b = 10{,}5\,\text{cm}$ c) $b = 10{,}7\,\text{cm}$; $c = 22{,}4\,\text{cm}$
d) $a = 5{,}8\,\text{cm}$; $c = 9{,}9\,\text{cm}$

11 a) Bestimme mit Hilfe der Tangensfunktion die spitzen Winkel α und β des rechtwinkligen Dreiecks ABC in Fig. 2. Verwende dazu den Taschenrechner und runde auf Zehntelgrad.
b) Berechne erst c, runde auf volle mm. Bestimme danach α und β mit Hilfe von Sinuswerten und vergleiche die Ergebnisse mit a).

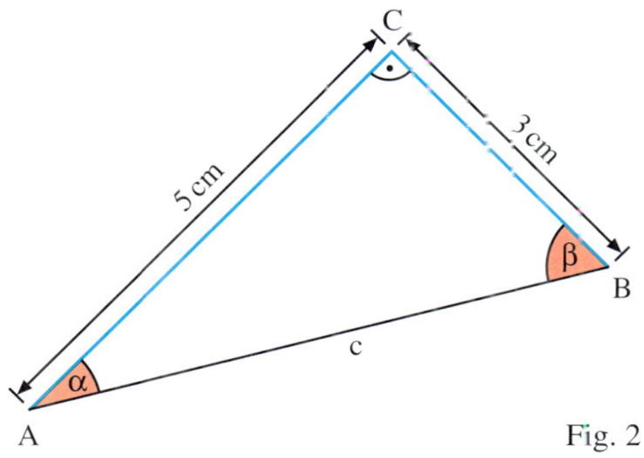

Fig. 2

12 Eine 500 m lange Straße ist sehr steil und steigt gleichmäßig. Ihr Endpunkt liegt 150 m höher als der Anfangspunkt (Fig. 3).
a) Gib die Steigung in Prozent an (sie beträgt *nicht* 30 %!).
b) Bestimme den Steigungswinkel α mit dem Taschenrechner.

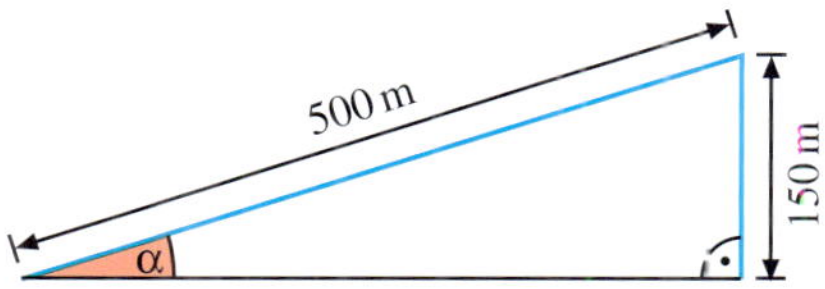

Fig. 3

4 Berechnungen an rechtwinkligen Dreiecken

1 a) Wie kann man bei einem rechtwinkligen Dreieck (Fig. 1) mit den Katheten $a = 3\,\text{cm}$ und $b = 5\,\text{cm}$ aus a und b den Winkel α berechnen? Bestimme α mit dem Taschenrechner.
b) Gib verschiedene Berechnungsmöglichkeiten für die Hypotenuse c an.

2 Welche Stücke müssen bei einem Dreieck gegeben sein, damit die übrigen nach den Kongruenzsätzen eindeutig bestimmt sind?

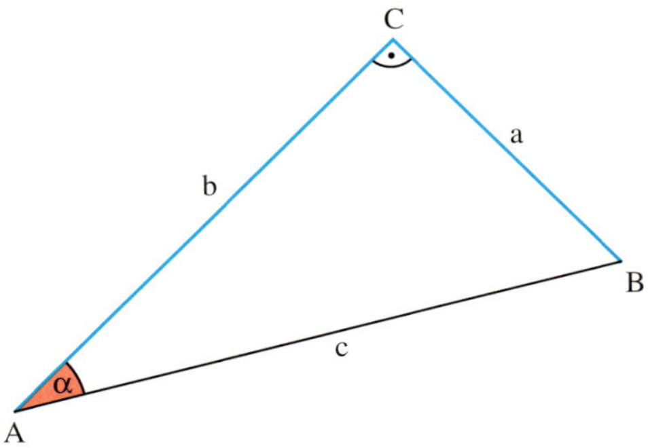

Fig. 1

Kennt man bei einem rechtwinkligen Dreieck außer dem rechten Winkel eine Seite und ein weiteres Bestimmungsstück, so kann man alle übrigen Stücke des Dreiecks berechnen. Dabei muss nur unterschieden werden, ob zwei Seiten oder eine Seite und ein Winkel gegeben sind.
Sind zwei Seiten gegeben, so kann man die dritte mit dem Satz des Pythagoras berechnen. Wenn nur eine Seite, der rechte Winkel und ein weiterer Winkel gegeben sind, so erhält man den dritten Winkel aus dem Winkelsummensatz. Aufgrund des Kongruenzsatzes **sss** bzw. **wsw** sind daher alle gesuchten Größen eindeutig bestimmt.

Beispiel 1
2 Seiten gegeben (Fig. 2):
Gegeben: Kathete $a = 2{,}2\,\text{cm}$ und Hypotenuse $c = 4{,}3\,\text{cm}$
Gesucht: Kathete b, Winkel α, Winkel β

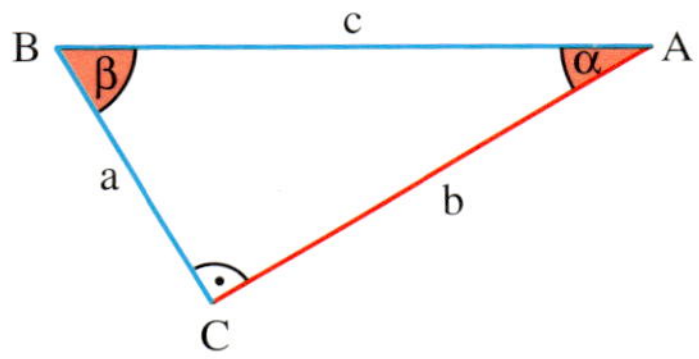

Fig. 2

Zur Erinnerung: *Verwende bei der Bestimmung des ersten Winkels nur gegebene Stücke!*

Lösung:

Formel:	*umgeformt:*	*Rechnung:*	*Ergebnis (gerundet):*
$a^2 + b^2 = c^2$	$b = \sqrt{c^2 - a^2}$	$b = \sqrt{(4{,}3\,\text{cm})^2 - (2{,}2\,\text{cm})^2}$	$b \approx 3{,}7\,\text{cm}$
$\sin(\alpha) = \frac{a}{c}$		$\sin(\alpha) = \frac{2{,}2\,\text{cm}}{4{,}3\,\text{cm}} \approx 0{,}511\,627\,91$	$\alpha \approx 30{,}8°$
$\alpha + \beta = 90°$	$\beta = 90° - \alpha$	$\beta \approx 90° - 30{,}8°$	$\beta \approx 59{,}2°$

Beispiel 2
1 Winkel, 1 Seite gegeben (Fig. 3):
Gegeben: Winkel $\delta = 23{,}8°$ und Kathete $e = 4{,}3\,\text{cm}$
Gesucht: Winkel ε, Kathete d, Hypotenuse f

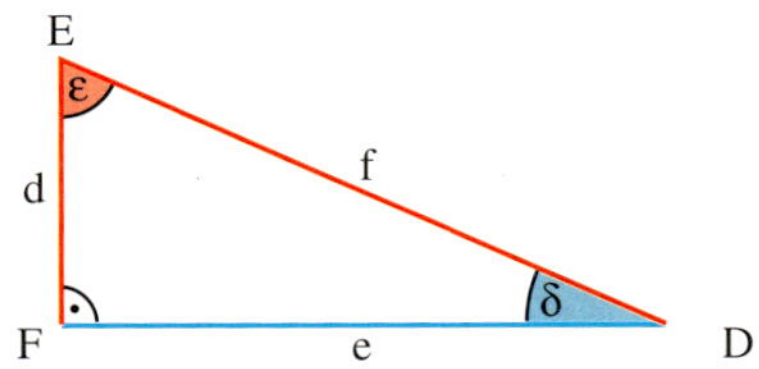

Fig. 3

Die zweite Kathete wird hier mit dem Tangens bestimmt, da nur gegebene Stücke verwendet werden sollten. Die Berechnung mit dem Lehrsatz des Pythagoras wäre aufwendiger und dürfte nur mit dem nicht gerundeten Wert von f durchgeführt werden.

Lösung:

Formel:	*umgeformt:*	*Rechnung:*	*Ergebnis (gerundet):*
$\delta + \varepsilon = 90°$	$\varepsilon = 90° - \delta$	$\varepsilon = 90° - 23{,}8°$	$\varepsilon = 66{,}2°$
$\cos(\delta) = \frac{e}{f}$	$f = \frac{e}{\cos(\delta)}$	$f = \frac{4{,}3\,\text{cm}}{\cos(23{,}8°)}$	$f \approx 4{,}7\,\text{cm}$
$\tan(\delta) = \frac{d}{e}$	$d = e \cdot \tan(\delta)$	$d = 4{,}3\,\text{cm} \cdot \tan(23{,}8°)$	$d \approx 1{,}9\,\text{cm}$

Beispiel 3

a) Begründe an Fig. 1: Für den Flächeninhalt A eines Dreiecks ABC mit den Seiten a, b und einem eingeschlossenen *spitzen* Winkel γ gilt

$A = \frac{1}{2} a \cdot b \cdot \sin(\gamma)$.

b) Berechne den Flächeninhalt A eines Dreiecks ABC mit $b = 3{,}5\,cm$; $c = 7{,}2\,cm$; $\alpha = 33{,}4°$. Runde sinnvoll.

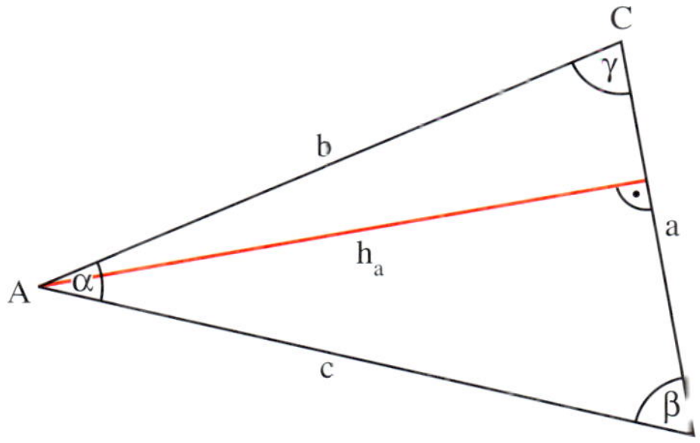

Fig. 1

Lösung:

a) *Das Dreieck AFC ist rechtwinklig:* Aus $\sin(\gamma) = \frac{h_a}{b}$ folgt $h_a = b \cdot \sin(\gamma)$.

Also: $A = \frac{1}{2} a \cdot h_a = \frac{1}{2} a \cdot b \cdot \sin(\gamma)$

b) $A = \frac{1}{2} b \cdot c \cdot \sin(\alpha) = \frac{1}{2} \cdot 3{,}5\,cm \cdot 7{,}2\,cm \cdot \sin(33{,}4°)$

Gerundetes Ergebnis: $A \approx 6{,}9\,cm^2$

Aufgaben

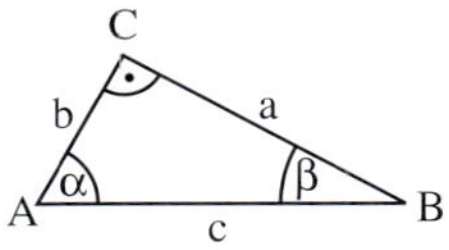

Fig. 2

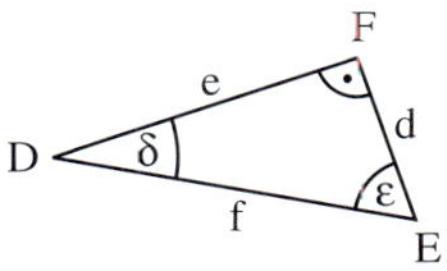

Fig. 3

3 In einem rechtwinkligen Dreieck ABC wie in Fig. 2 sind die Hypotenuse und eine Kathete gegeben. Berechne die Winkel und die fehlende Kathete. Runde sinnvoll.

a) $a = 2{,}3\,cm$; $c = 5{,}4\,cm$ b) $b = 3{,}5\,cm$; $c = 35{,}2\,cm$ c) $a = 1{,}5\,km$; $c = 8{,}2\,km$
d) $b = 8{,}15\,m$; $c = 21{,}25\,m$ e) $a = 76\,m$; $c = 155\,m$ f) $b = 19{,}6\,km$; $c = 28{,}2\,km$
g) $a = 0{,}15\,m$; $c = 1{,}54\,m$ h) $b = 0{,}181\,m$; $c = 1{,}41\,m$ i) $a = 0{,}896\,m$; $c = 2{,}821\,m$

4 In einem rechtwinkligen Dreieck DEF wie in Fig. 3 sind zwei Seiten gegeben. Berechne die fehlende Seite und die Winkel. Runde sinnvoll.

a) $d = 22{,}5\,cm$; $e = 15{,}0\,cm$ b) $e = 240\,m$; $f = 320\,m$ c) $d = 3{,}25\,km$; $f = 6{,}05\,km$
d) $d = 17{,}25\,m$; $f = 31{,}54\,m$ e) $d = 34\,m$; $e = 74{,}5\,m$ f) $e = 14{,}6\,km$; $f = 63{,}5\,km$
g) $d = 175\,m$; $f = 184{,}5\,m$ h) $d = 137\,m$; $e = 101{,}3\,m$ i) $e = 1{,}06\,km$; $f = 3{,}01\,km$

5 In einem rechtwinkligen Dreieck DEF wie in Fig. 3 sind eine Kathete und ein Winkel gegeben. Berechne die fehlenden Seiten und Winkel. Runde sinnvoll.

a) $d = 5{,}2\,cm$; $\delta = 66{,}5°$ b) $e = 24{,}7\,m$; $\varepsilon = 72{,}4°$ c) $d = 4{,}25\,km$; $\varepsilon = 59{,}6°$
d) $e = 18{,}3\,cm$; $\varepsilon = 72{,}0°$ e) $d = 36{,}2\,m$; $\delta = 12{,}3°$ f) $e = 22{,}6\,km$; $\delta = 15{,}0°$
g) $d = 15{,}1\,cm$; $\varepsilon = 69{,}2°$ h) $e = 30{,}2\,m$; $\delta = 42{,}5°$ i) $d = 2{,}06\,km$; $\delta = 2{,}1°$

6 In einem rechtwinkligen Dreieck ABC wie in Fig. 2 sind eine Seite und ein Winkel gegeben. Berechne die fehlenden Seiten und den fehlenden Winkel. Runde sinnvoll.

a) $c = 5{,}3\,cm$; $\beta = 55{,}3°$ b) $a = 21{,}2\,cm$; $\alpha = 2{,}7°$
c) $c = 1{,}25\,km$; $\beta = 13{,}3°$ d) $b = 17{,}4\,m$; $\alpha = 88{,}1°$
e) $a = 6{,}8\,mm$; $\beta = 89{,}5°$ f) $b = 1{,}06\,km$; $\alpha = 0{,}7°$

7 Berechne für ein Dreieck ABC mit der Formel aus Beispiel 3 den Flächeninhalt A.

a) $a = 16\,cm$; $b = 35\,cm$; $\gamma = 78°$ b) $b = 17\,m$; $c = 46\,m$; $\alpha = 67{,}8°$
c) $b = 43\,cm$; $c = 35\,cm$; $\alpha = 85°$ d) $a = 217\,m$; $c = 168\,m$; $\beta = 37°$

8 Berechne für ein rechtwinkliges Dreieck ABC wie in Fig. 2 die fehlenden Seiten und Winkel. Runde sinnvoll.

a) $a = 5{,}9\,cm$; $\alpha = 16{,}9°$ b) $c = 115\,m$; $\beta = 62{,}5°$ c) $b = 436\,mm$; $\beta = 9{,}6°$
d) $c = 8\,cm$; $\beta = 70{,}5°$ e) $a = 48{,}2\,m$; $\alpha = 32°$ f) $b = 126\,m$; $\alpha = 32{,}3°$
g) $c = 7{,}8\,cm$; $\alpha = 26{,}8°$ h) $c = 215\,mm$; $\beta = 72{,}3°$ i) $c = 1{,}36\,m$; $\beta = 8{,}8°$

9 Berechne für ein rechtwinkliges Dreieck ABC mit den Katheten a, b und der Hypotenuse c die fehlenden Seiten und Winkel. Markiere sie zunächst in einer Skizze.

a) $c = 6\,cm;\ \alpha = 50°$	b) $b = 24{,}5\,cm;\ \beta = 27{,}5°$	c) $b = 5{,}4\,cm;\ c = 7{,}2\,cm$
d) $a = 8\,cm;\ \beta = 70{,}5°$	e) $b = 47\,m;\ \alpha = 38°$	f) $a = 3{,}0\,cm;\ c = 15{,}1\,cm$
g) $a = 6{,}0\,m;\ \alpha = 32{,}7°$	h) $a = 25{,}1\,m;\ b = 12{,}4\,m$	i) $c = 101\,m;\ \beta = 2{,}2°$
k) $a = 320\,m;\ b = 251\,m$	l) $b = 12{,}4\,km;\ \beta = 25{,}3°$	m) $a = 320\,m;\ \alpha = 10{,}1°$

10 Berechne p, q und h in Fig. 1.

a) $a = 6\,cm;\ c = 10\,cm$
b) $b = 4{,}5\,m;\ \alpha = 43{,}5°$
c) $a = 8\,m;\ \alpha = 28°$
d) $c = 12\,cm;\ \alpha = 72°$
e) $c = 14{,}5\,m;\ \beta = 48{,}5°$
f) $a = 14\,cm;\ b = 25{,}8\,cm$

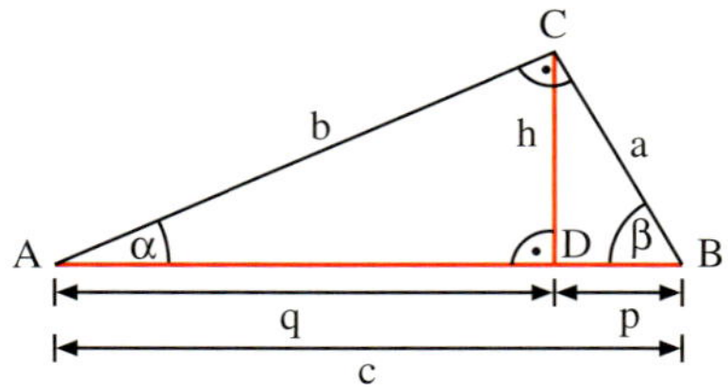

Fig. 1

***11** Berechne die Winkel des rechtwinkligen Dreiecks ABC in Fig. 1, wenn gilt

a) $a : p = 2 : 1$ b) $b : q = 3 : 1$
c) $h : q = 2 : 3$ d) $p : q = 4 : 1$

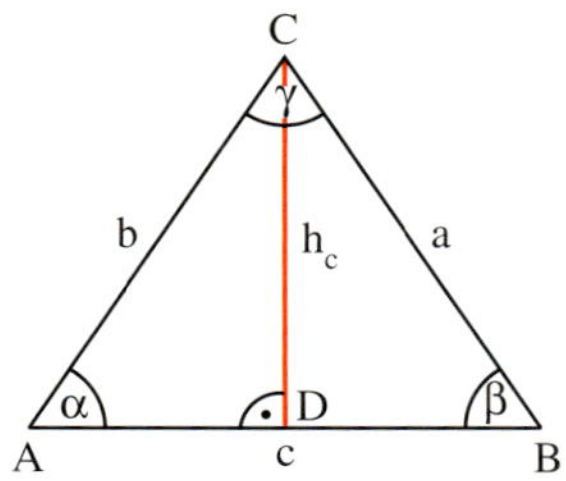

Fig. 2

12 Berechne die übrigen Seiten und Winkel eines gleichschenkligen Dreiecks ABC wie in Fig. 2. Markiere in einer Skizze die gegebenen Stücke.

a) $h_c = 6{,}0\,cm;\ c = 4{,}4\,cm$
b) $c = 6{,}8\,cm;\ a = 9{,}4\,cm$
c) $h_c = 5{,}5\,cm;\ \alpha = 68°$
d) $a = 5{,}1\,cm;\ h_c = 2{,}3\,cm$

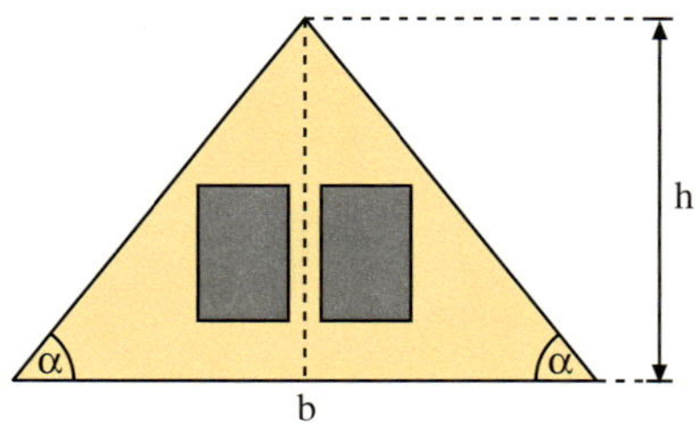

Fig. 3

13 Der Giebel eines Daches hat die Breite $b = 8{,}4\,m$ und die Höhe $h = 5{,}4\,m$. Berechne die Dachneigung α (Fig. 3). Runde dein Ergebnis auf Zehntelgrad.

14 Eine 7,5 m lange Leiter lehnt an der Wand. Ihr oberes Ende berührt die Wand in h Meter Höhe (Fig. 4). Berechne den Neigungswinkel α der Leiter. Runde auf Zehntelgrad.

a) $h = 6{,}5\,m$ b) $h = 6\,m$

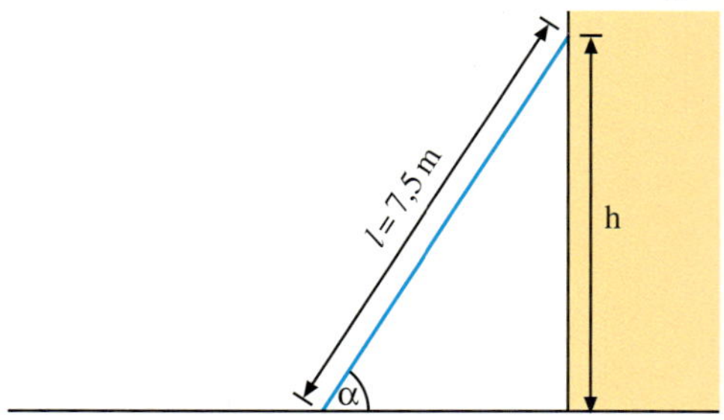

Fig. 4

***15** a) Begründe an Fig. 5: Für den Flächeninhalt A eines Dreiecks ABC mit den Seiten a, b und einem eingeschlossenen *stumpfen* Winkel γ gilt

$$A = \frac{1}{2} a \cdot b \cdot \sin(180° - \gamma).$$

b) Berechne mit Hilfe der Beziehung in a) den Flächeninhalt A eines Dreiecks mit $c = 5\,cm;\ b = 8\,cm$ und $\alpha = 130°$.

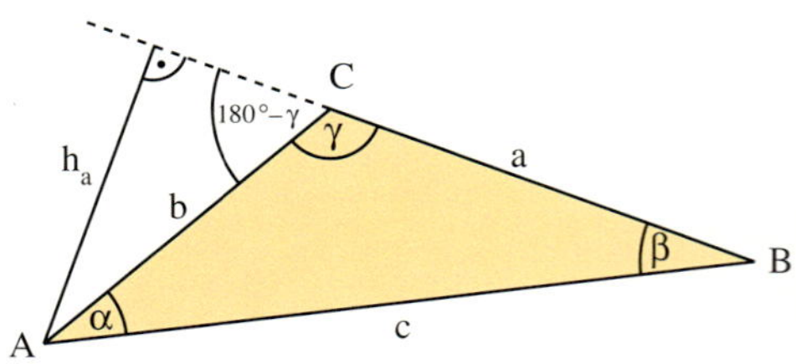

Fig. 5

5 Anwendungen

Beispiel

Von einem Parallelogramm (Fig. 1) sind die Seiten $a = 6{,}5\,cm$; $b = 3{,}5\,cm$ und der Winkel $\alpha = 32°$ gegeben. Berechne die Höhe h und damit den Flächeninhalt des Parallelogramms.

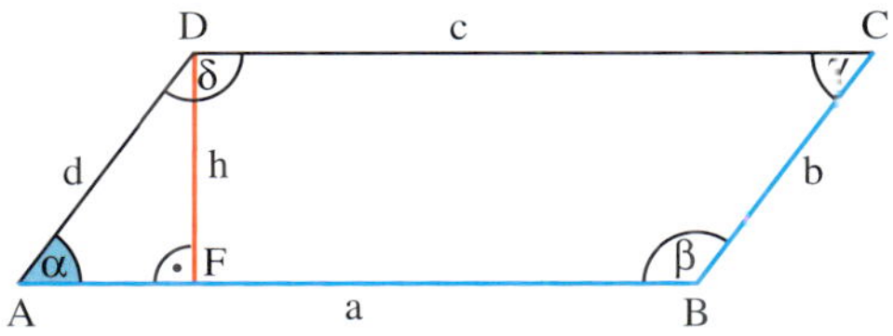

Fig. 1

Lösung:

Schritt 1: *Höhe h berechnen.* *Das Dreieck AFD ist rechtwinklig:*

Formeln: $\sin(\alpha) = \frac{h}{d}$; also: $h = d \cdot \sin(\alpha)$

Rechnung: $h = 3{,}5\,cm \cdot \sin(32°) \approx 1{,}854\,717\,42\,cm \approx 1{,}9\,cm$

Schritt 2: *Inhalt A berechnen.* *Formel:* $A = a \cdot h = a \cdot d \cdot \sin(\alpha)$

Rechnung: $A \approx 6{,}5\,cm \cdot 1{,}854\,717\,42\,cm \approx 12{,}055\,663\,2\,cm^2$

Gerundet: $A \approx 12{,}1\,cm^2$

Rechnet man mit dem gerundeten Zwischenwert für h weiter, so erhält man mit $A \approx 6{,}5 \cdot 1{,}9\,cm^2$ *das ungenauere Ergebnis* $A \approx 12{,}4\,cm^2$.

Aufgaben

Aus der Geometrie

1 Berechne alle Winkel, Seiten und Diagonalen in einer Raute (Fig. 2) mit
a) $a = 4{,}4\,cm$; $\alpha = 62°$,
b) $e = 9{,}2\,cm$; $d = 5{,}5\,cm$,
c) $f = 4{,}8\,cm$; $\beta = 136°$,
d) $e = 5{,}7\,cm$; $\alpha = 55{,}2°$,
e) $a = 3{,}7\,cm$; $f = 2{,}8\,cm$.

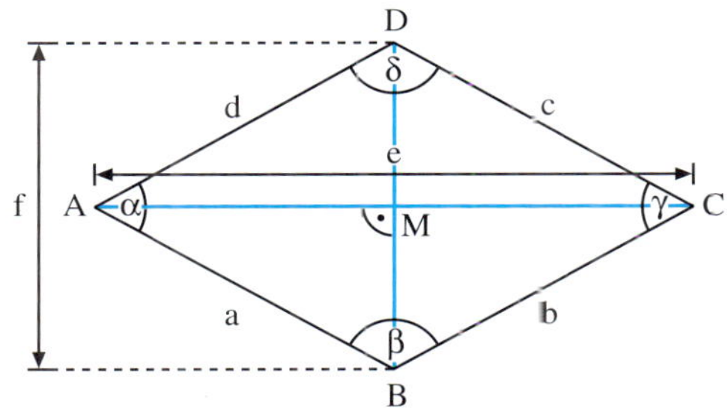

Fig. 2

2 Berechne für ein symmetrisches Trapez (Fig. 3) die fehlenden Stücke und den Flächeninhalt A.
a) $a = 9{,}2\,cm$; $b = 4{,}0\,cm$; $\alpha = 40°$
b) $a = 5{,}1\,cm$; $h = 3{,}2\,cm$; $\beta = 72°$
c) $b = 7{,}5\,cm$; $h = 5{,}0\,cm$; $c = 3{,}4\,cm$

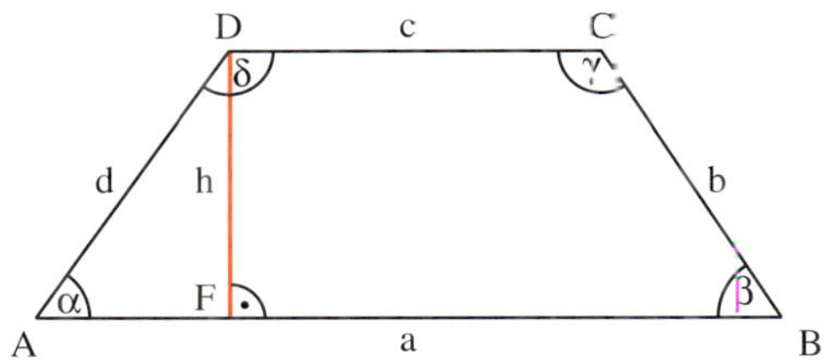

Fig. 3

3 Die Diagonalen eines Rechtecks schneiden sich unter dem Winkel $\varepsilon = 40°$ (Fig. 4). Berechne die Rechteckseiten und den Flächeninhalt A des Rechtecks,
a) wenn die Diagonale 25 cm lang ist,
b) wenn die Diagonale 30 cm lang ist.

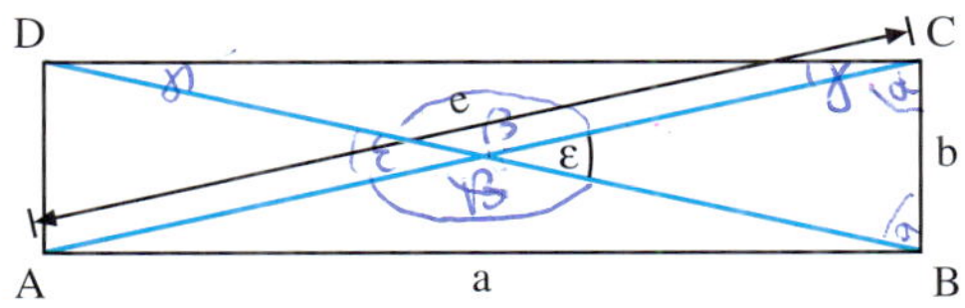

Fig. 4

4 Bei einem symmetrischen Drachen teilt die Diagonale f die Diagonale e im Verhältnis 1 : 2 (Fig. 5). Berechne
a) die Diagonale e,
b) den Flächeninhalt A,
c) die fehlenden Winkel.

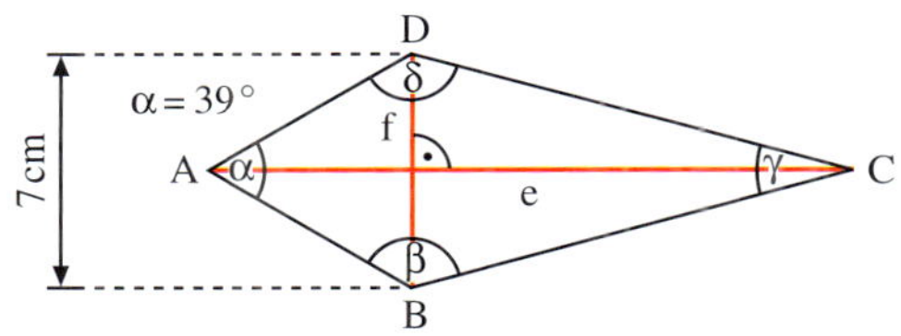

Fig. 5

5 a) In einen Kreis mit dem Radius $r = 5\,cm$ ist eine Sehne der Länge $s = 5{,}9\,cm$ eingezeichnet worden (Fig. 1). Wie groß ist der Mittelpunktswinkel α?
b) Wie groß ist α für eine 2 cm kürzere (eine 2 cm längere) Sehne?

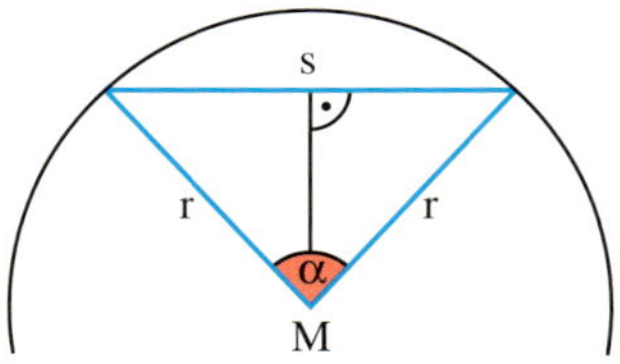

Fig. 1

6 In einem Kreis mit dem Radius r gehören zum Mittelpunktswinkel α die Sehne s und der Bogen b (Fig. 2). Berechne die fehlenden Stücke für
a) $r = 3{,}2\,cm$; $\alpha = 112°$,
b) $b = 6{,}3\,cm$; $\alpha = 137°$,
c) $r = 74\,m$; $b = 185\,m$.

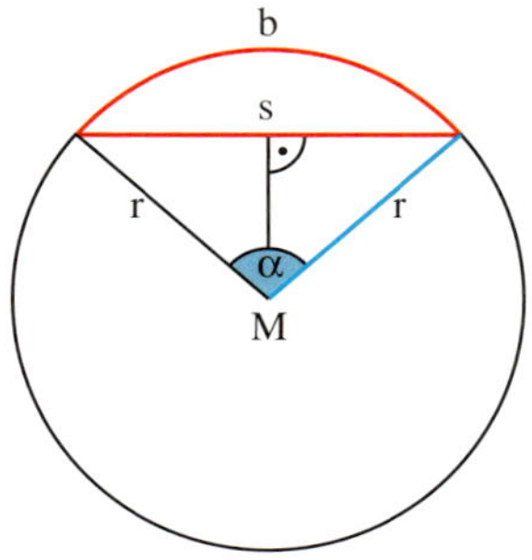

Fig. 2

7 In einen Kreis wird ein regelmäßiges 10-Eck eingezeichnet (Fig. 3). Wie groß ist dann der Mittelpunktswinkel α? Berechne die Seitenlänge s des 10-Ecks für den Kreisradius $r = 5\,cm$.

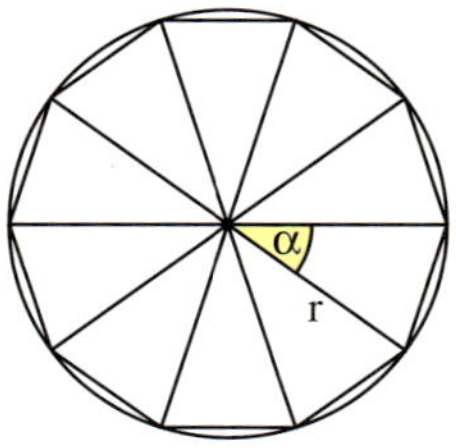

Fig. 3

8 Ein Würfel hat die Kantenlänge a. Die Raumdiagonale ist mit e bezeichnet (Fig. 4).
a) Wie groß ist der Winkel β zwischen der Raumdiagonale und der Grundfläche?
b) Berechne den Winkel α zwischen der Raumdiagonale und einer Würfelkante.

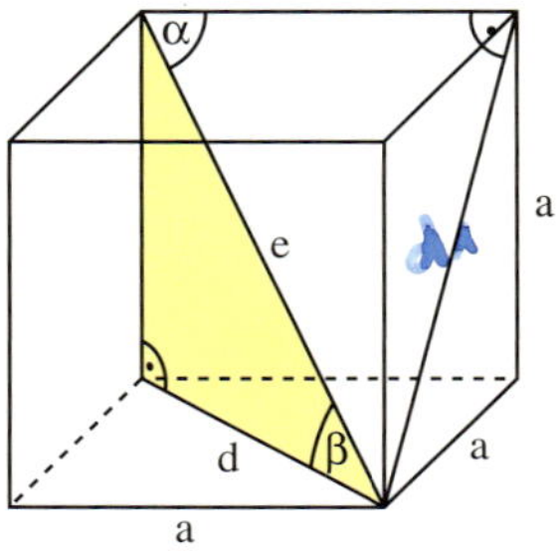

Fig. 4

9 Ein Quader hat die Kantenlängen $a = 5\,cm$; $b = 4\,cm$; $c = 3\,cm$. Berechne die Winkel α, β, γ, welche seine Raumdiagonale mit den Kanten a, b, c bildet.

10 Eine quadratische Pyramide (Fig. 5) hat eine Grundkante $a = 18\,cm$ und die Höhe $h = 24\,cm$.
a) Bestimme die Länge s einer Seitenkante.
b) Berechne den Neigungswinkel α einer Seitenkante gegen die Grundfläche.
c) Berechne den Neigungswinkel β einer Seitenfläche gegen die Grundfläche.

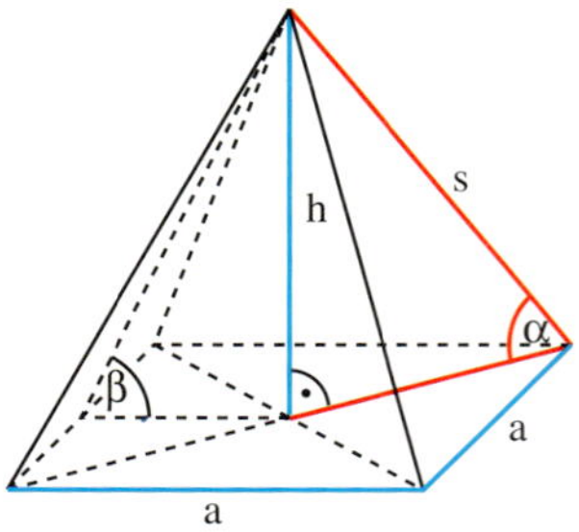

Fig. 5

11 Fig. 6 zeigt ein Oktaeder mit der Kantenlänge a. Bestimme den Winkel β zwischen zwei Seitenflächen.

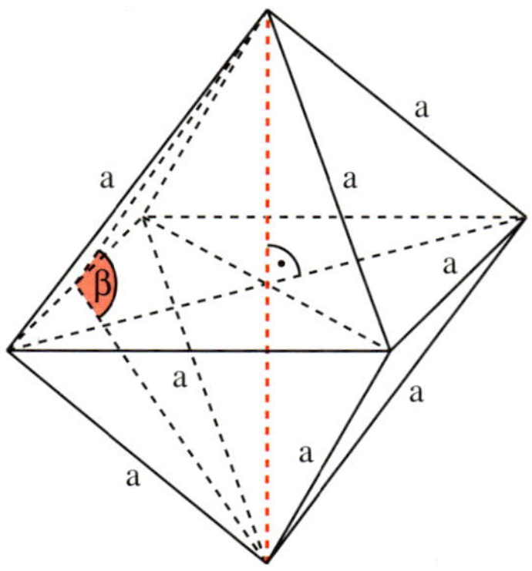

Fig. 6

12 Ein Kegel (Fig. 7) hat den Durchmesser $d = 8{,}6\,cm$ und den „Böschungswinkel" $\alpha = 33°$. Berechne die Höhe h und das Volumen V des Kegels.

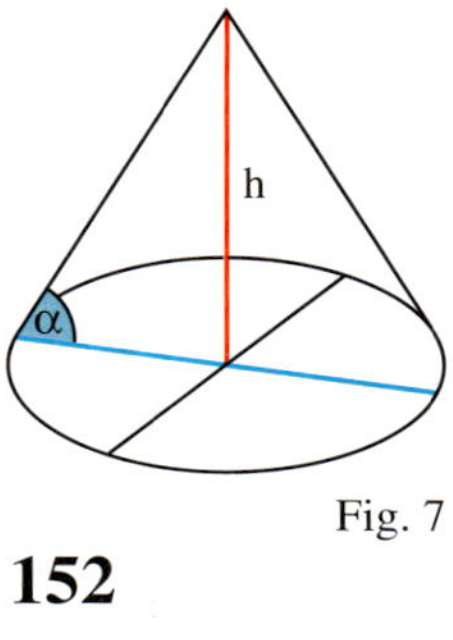

Fig. 7

Aus Umwelt und Technik

13 Ein Baum wirft einen Schatten der Länge s, wenn die Sonnenstrahlen unter dem Winkel α einfallen (Fig. 1). Berechne die Höhe h des Baums für
a) $s = 19{,}4\,\text{m}$ und $\alpha = 42°$;
b) $s = 25{,}0\,\text{m}$ und $\alpha = 32°$.

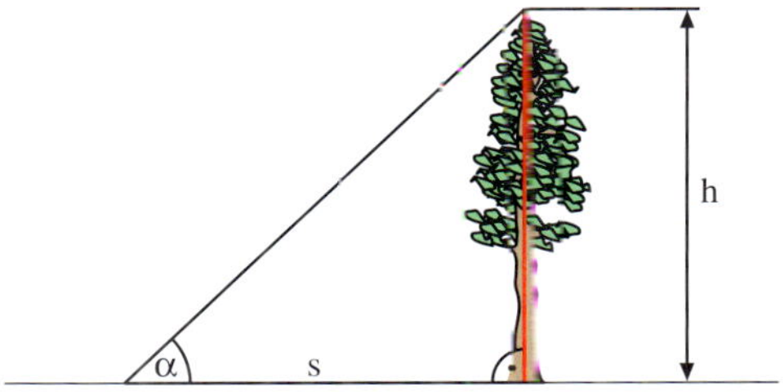

Fig. 1

14 Ein Freiballon mit dem Durchmesser $d = 20\,\text{m}$ wird unter einem Sehwinkel von $\alpha = 0{,}4°$ beobachtet (Fig. 2). Berechne die Entfernung e des Ballons vom Beobachter.

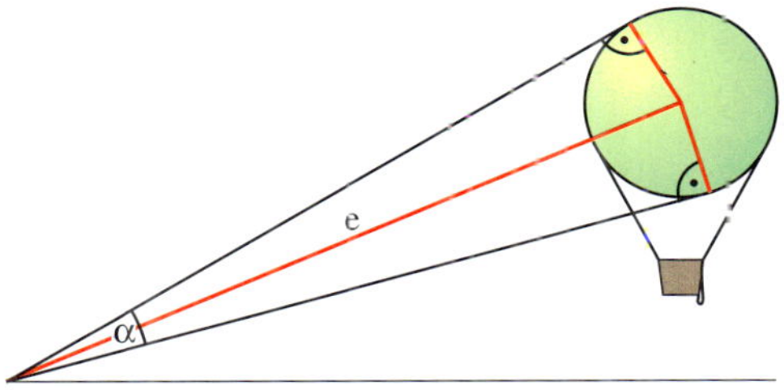

Fig. 2

15 Bei den folgenden Fahrzeugen ist die maximale Steigfähigkeit angegeben. Berechne den zugehörigen Steigungswinkel der Straße.
a) Wohnwagengespann ca. 12 %
b) Pkw mit Frontantrieb ca. 35 %
c) Planierraupe ca. 100 %

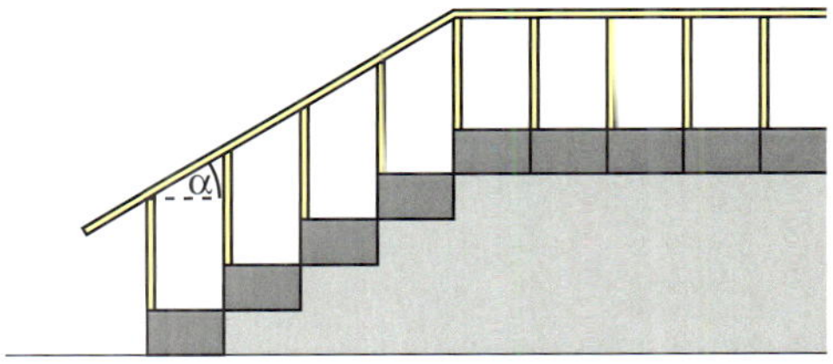

Fig. 3

16 Auf einer Wanderkarte im Maßstab 1 : 25 000 haben zwei benachbarte 20-m-Höhenlinien einen Abstand von 6 mm. Unter welchem Winkel steigt das Gelände an dieser Stelle an?

17 Eine Treppe wird so aus Steinquadern gebaut, dass die Stufen 15 cm hoch und 25 cm tief sind (Fig. 3). Wie groß ist der Neigungswinkel α des Treppengeländers?

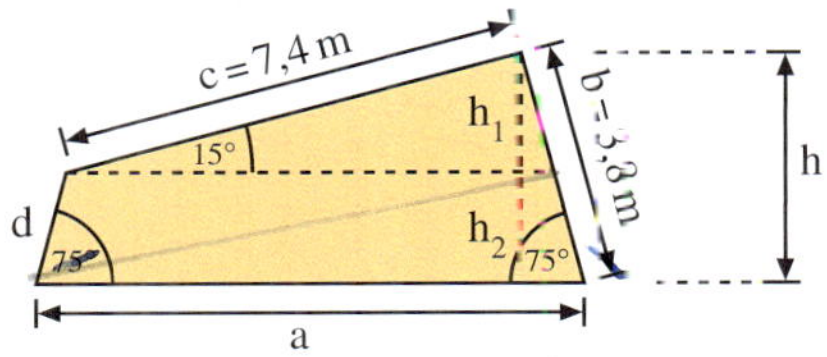

Fig. 4

18 Bei einem Pultdach hat der Giebel die Abmessungen in Fig. 4.
a) Berechne die fehlenden Längen.
b) Berechne den Flächeninhalt des Giebels.

Anleitung: Berechne erst den Winkel α im Dreieck STA. Bestimme dann die Breite b des Kanals mit Hilfe des Dreiecks STB.

19 Ein 25 m hoher Aussichtsturm ist 7,5 m von einem Kanal entfernt. Von der Plattform aus erscheinen die Kanalufer unter einem Sehwinkel von $\gamma = 35{,}5°$ (Fig. 5). Wie breit ist der Kanal?

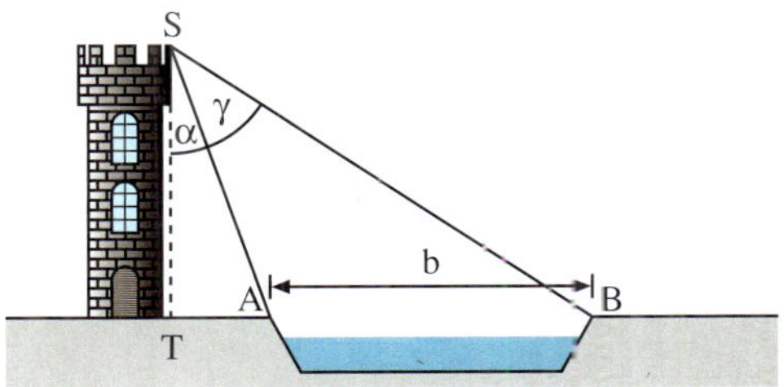

Fig. 5

Runde den Winkel α nicht, da er bei der Berechnung von h verwendet wird!

***20** Der Bodensee ist $b = 63{,}5\,\text{km}$ lang. Wie viel m steht das Wasser in der Mitte des Sees höher als an den Enden? In Fig. 6 ist übertrieben dargestellt, warum die Seemitte höher liegt. Berechne daran zunächst den Winkel α und damit die Höhe h.

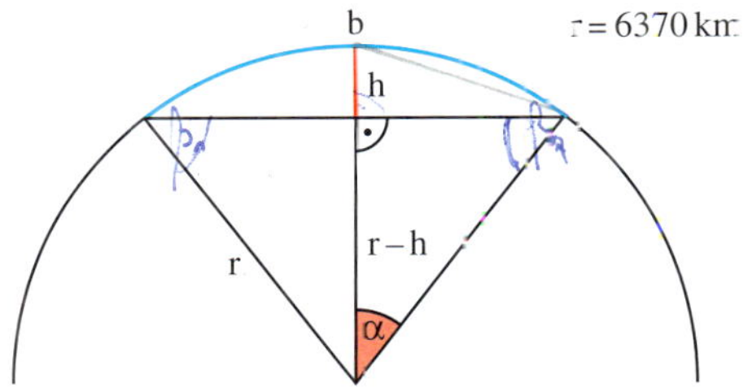

Fig. 6

6 Beziehungen zwischen Sinus, Kosinus und Tangens

1 a) Berechne $\sin(\alpha)$ und $\cos(90° - \alpha)$ für $\alpha = 0°, 10°, \ldots, 90°$. Was stellst du fest?
b) Verfahre ebenso mit $\cos(\alpha)$ und $\sin(90° - \alpha)$. Welche Beziehung findest du hier?

2 Berechne $\frac{1}{\tan(\alpha)}$ und $\tan(90° - \alpha)$ für $\alpha = 10°, 20°, \ldots, 80°$ und vergleiche jeweils beide Werte miteinander.

Im Dreieck OQP in Fig. 1 ist $\beta = 90° - \alpha$.
Damit gilt:
$\sin(\alpha) = \overline{PQ} = \cos(\beta) = \cos(90° - \alpha)$;
$\cos(\alpha) = \overline{OQ} = \sin(\beta) = \sin(90° - \alpha)$.

Man schreibt für $(\sin(\alpha))^2$ auch $\sin^2(\alpha)$ (lies: Sinus Quadrat α). Beim Kosinus und Tangens verfährt man ebenso.

Aus dem Satz des Pythagoras folgt für das Dreieck OQP: $(\sin(\alpha))^2 + (\cos(\alpha))^2 = 1$.

Außerdem gilt: $\tan(\alpha) = \frac{\overline{PQ}}{\overline{OQ}} = \frac{\sin(\alpha)}{\cos(\alpha)}$
und
$\tan(90° - \alpha) = \tan(\beta) = \frac{\overline{OQ}}{\overline{PQ}} = \frac{1}{\tan(\alpha)}$.

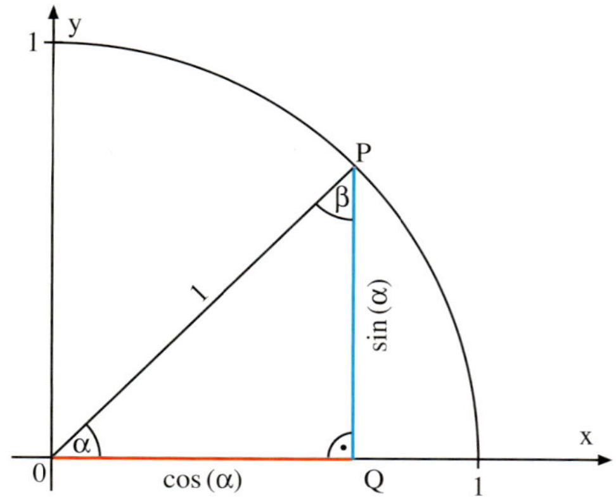

Fig. 1

Satz: Für alle Winkel α mit $0° \leqq \alpha \leqq 90°$ gilt:
(1) $\sin(\alpha) = \cos(90° - \alpha)$ und $\cos(\alpha) = \sin(90° - \alpha)$
(2) $\sin^2(\alpha) + \cos^2(\alpha) = 1$
(3) $\tan(\alpha) = \frac{\sin(\alpha)}{\cos(\alpha)}$ und $\tan(90° - \alpha) = \frac{1}{\tan(\alpha)}$ $\quad (\alpha \neq 0°,\ \alpha \neq 90°)$

Beispiel 1
Gegeben ist $\sin(\alpha) = \frac{3}{5}$. Berechne genaue Werte für a) $\cos(\alpha)$, b) $\tan(\alpha)$.
Lösung:
a) $\sin^2(\alpha) + \cos^2(\alpha) = 1$. Also: $\cos^2(\alpha) = 1 - \sin^2(\alpha) = 1 - \left(\frac{3}{5}\right)^2 = \frac{16}{25}$
$\cos(\alpha) = \sqrt{\frac{16}{25}} = \frac{4}{5}$, da $\cos(\alpha) > 0$.
b) $\tan(\alpha) = \frac{\sin(\alpha)}{\cos(\alpha)} = \frac{\frac{3}{5}}{\frac{4}{5}} = \frac{3}{4}$

Beispiel 2
a) Vereinfache den Term $\frac{\tan^2(\alpha)}{1 + \tan^2(\alpha)}$.
b) Drücke $\sin(\alpha)$ durch $\cos(\alpha)$ aus.
Lösung:
a) $\frac{\tan^2(\alpha)}{1 + \tan^2(\alpha)} = \frac{\frac{\sin^2(\alpha)}{\cos^2(\alpha)}}{1 + \frac{\sin^2(\alpha)}{\cos^2(\alpha)}} = \frac{\sin^2(\alpha)}{\cos^2(\alpha) + \sin^2(\alpha)} = \frac{\sin^2(\alpha)}{1} = \sin^2(\alpha)$
b) $\sin^2(\alpha) = 1 - \cos^2(\alpha)$. Also: $\sin(\alpha) = \sqrt{1 - \cos^2(\alpha)}$, da $\sin(\alpha) \geqq 0$.

Aufgaben

3 Bestimme $\cos(\alpha)$ ohne Taschenrechner für einen Winkel α mit
a) $\sin(\alpha) = \frac{4}{5}$; b) $\sin(\alpha) = \frac{5}{13}$; c) $\sin(\alpha) = \frac{2}{3}$; d) $\sin(\alpha) = 0{,}3$; e) $\sin(\alpha) = \frac{1}{3}\sqrt{5}$.

4 Bestimme $\sin(\alpha)$ ohne Taschenrechner für einen Winkel α mit
a) $\cos(\alpha) = 0{,}6$; b) $\cos(\alpha) = \frac{1}{4}\sqrt{7}$; c) $\cos(\alpha) = \frac{2}{7}\sqrt{7}$; d) $\cos(\alpha) = 0{,}2$; e) $\cos(\alpha) = \frac{5}{6}$.

5 Gegeben ist $\sin(\alpha) = \frac{2}{7}\sqrt{6}$. Bestimme ohne Taschenrechner
a) $\cos(\alpha)$, b) $\tan(\alpha)$, c) $\sin(90° - \alpha)$, d) $\tan(90° - \alpha)$.

6 Vereinfache:
a) $\tan(\alpha) \cdot \cos(\alpha)$ b) $\frac{\sin(\alpha)}{\tan(\alpha)}$ c) $\sin^3(\alpha) + \sin(\alpha) \cdot \cos^2(\alpha)$
d) $\frac{1}{\tan(\alpha) \cdot \cos(\alpha)}$ e) $\sqrt{1 + \cos(\alpha)}\,\sqrt{1 - \cos(\alpha)}$ f) $\sin(\alpha) + \frac{\cos(\alpha)}{\tan(\alpha)}$
g) $\sin^4(\alpha) - \cos^4(\alpha)$ h) $\frac{\tan(\alpha)}{\sin(\alpha)} - \tan(\alpha) \cdot \sin(\alpha)$ i) $\frac{\cos(\alpha)}{1 - \sin(\alpha)} - \frac{1}{\cos(\alpha)}$

7 a) Drücke $\tan(\alpha)$ aus durch $\sin(\alpha)$ (durch $\cos(\alpha)$).
b) Berechne $\tan(\alpha)$ mit der passenden Formel aus a), wenn $\sin(\alpha) = \frac{12}{13}$ ist (wenn $\cos(\alpha) = \frac{1}{3}\sqrt{5}$ ist).

8 a) Nimm Fig. 1 zu Hilfe und drücke sowohl $\sin(\alpha)$ als auch $\cos(\alpha)$ durch $\tan(\alpha)$ aus.
b) Berechne $\sin(\alpha)$, wenn $\tan(\alpha) = 2\frac{1}{5}$ ist.
c) Berechne $\cos(\alpha)$, wenn $\tan(\alpha) = \frac{1}{6}\sqrt{3}$ ist.

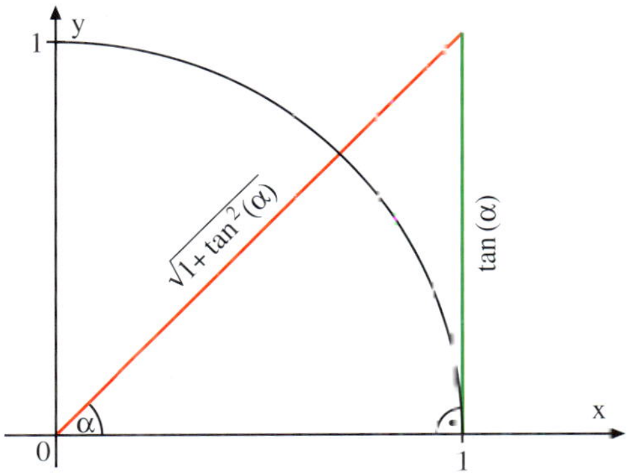

Fig. 1

9 Von den Funktionswerten $\sin(\alpha)$, $\cos(\alpha)$ und $\tan(\alpha)$ ist jeweils nur einer gegeben. Berechne die beiden anderen.

Tipp zu Aufgabe 9: Benutze in d) und h) Fig. 1.

a) $\sin(\alpha) = \frac{1}{4}$ b) $\cos(\alpha) = 0{,}7$ c) $\sin(\alpha) = \frac{3}{4}$ d) $\tan(\alpha) = \frac{3}{4}$
e) $\cos(\alpha) = 0{,}1$ f) $\sin(\alpha) = \frac{1}{5}\sqrt{3}$ g) $\cos(\alpha) = \frac{1}{3}\sqrt{6}$ h) $\tan(\alpha) = \frac{1}{2}\sqrt{5}$

10 Welche Formel für die Winkelfunktionen erhält man, wenn man die Beziehung $a^2 + b^2 = c^2$ im rechtwinkligen Dreieck mit $\gamma = 90°$ durch a^2 (durch b^2; durch c^2) dividiert?

11 Welche Beziehungen zwischen den Winkelfunktionen ergeben sich, wenn man in Fig. 2 den 1. Strahlensatz (den 2. Strahlensatz) anwendet?

12 Beweise folgende Formeln:
a) $\frac{1}{\cos^2(\alpha)} = 1 + \tan^2(\alpha)$
b) $\frac{1}{\sin^2(\alpha)} = 1 + \tan^2(90° - \alpha)$

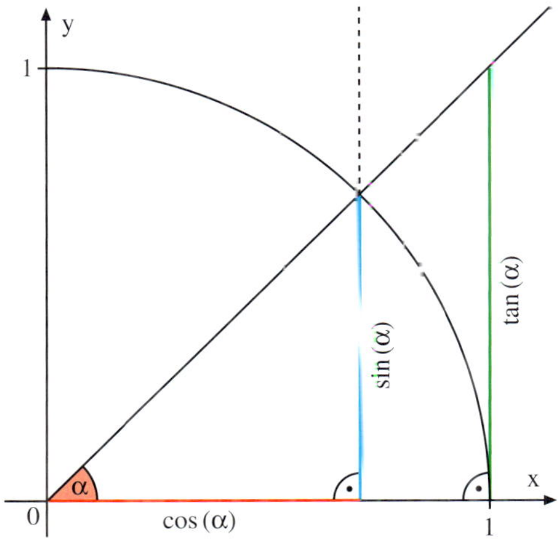

Fig. 2

7 Vermischte Aufgaben

Dreiecke und Vierecke

1 Berechne die fehlenden Seiten und Winkel eines rechtwinkligen Dreiecks ABC mit den Katheten a und b und der Hypotenuse c.

a) $b = 3{,}2\,\text{cm}$; $\alpha = 32°$ b) $c = 7{,}5\,\text{cm}$; $\beta = 12°$ c) $a = 1{,}8\,\text{cm}$; $\alpha = 15{,}2°$
d) $a = 4{,}1\,\text{cm}$; $\beta = 50{,}5°$ e) $b = 2{,}8\,\text{cm}$; $c = 5{,}5\,\text{cm}$ f) $a = 4{,}3\,\text{cm}$; $c = 9{,}7\,\text{cm}$

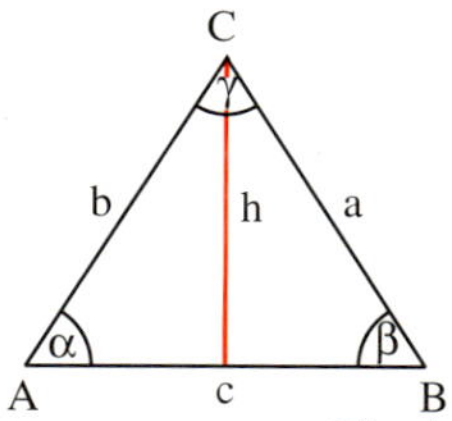

Fig. 1

2 Berechne für ein gleichschenkliges Dreieck ABC mit der Grundseite c (Fig. 1) die fehlenden Seiten, Winkel und den Flächeninhalt A.

a) $c = 4{,}8\,\text{cm}$; $\alpha = 75°$ b) $a = 7{,}3\,\text{cm}$; $\beta = 68°$ c) $h = 6{,}9\,\text{cm}$; $b = 10{,}4\,\text{cm}$

3 Berechne die Seitenlänge und den Flächeninhalt einer Raute ABCD mit den Diagonalen e und f (Fig. 2).

a) $\alpha = 40{,}6°$; $e = 5{,}4\,\text{cm}$
b) $\beta = 128{,}2°$; $e = 10{,}6\,\text{cm}$
c) $\alpha = 55{,}3°$; $f = 7{,}9\,\text{cm}$

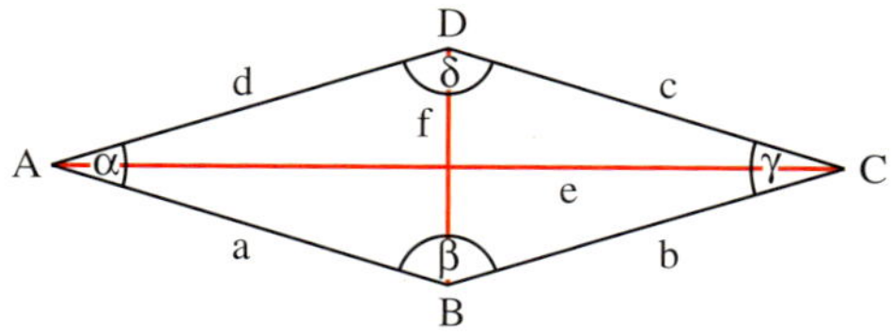

Fig. 2

4 Bestimme die fehlenden Seiten und Winkel und den Flächeninhalt A eines symmetrischen Trapezes (Fig. 3).

a) $c = 3{,}5\,\text{cm}$; $h = 5{,}1\,\text{cm}$; $\beta = 65°$
b) $a = 5{,}2\,\text{cm}$; $e = 8{,}4\,\text{cm}$; $\alpha_1 = 40°$

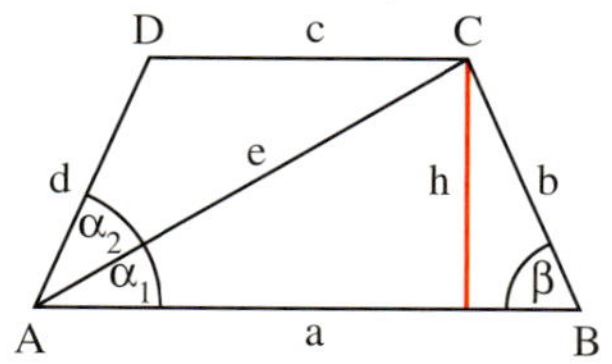

Fig. 3

5 Bei einem symmetrischen Drachen teilt die Diagonale e die Diagonale f im Verhältnis 5 : 2 (Fig. 4). Bekannt sind $e = 5{,}2\,\text{cm}$ und die Seitenlänge $b = 4{,}0\,\text{cm}$. Berechne die Winkel und die fehlende Seitenlänge des Drachens.

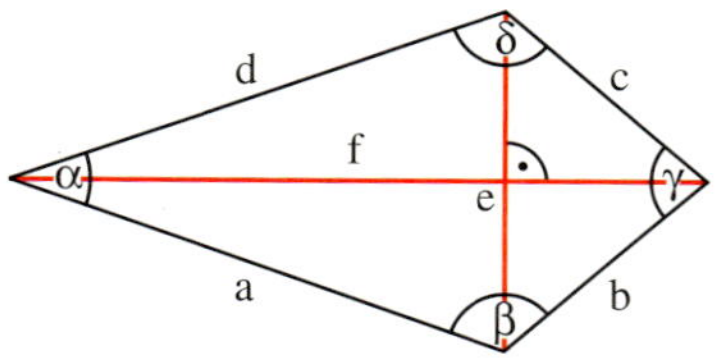

Fig. 4

Berechnungen am Kreis

6 In einem Kreis mit Radius r liegen dem Mittelpunktswinkel α die Sehne s und der Bogen b gegenüber. Berechne die fehlenden Stücke für

a) $r = 12\,\text{cm}$; $\alpha = 120°$ b) $b = 35{,}5\,\text{cm}$; $\alpha = 75°$ c) $r = 66{,}5\,\text{cm}$; $b = 71{,}0\,\text{cm}$
d) $r = 7{,}3\,\text{cm}$; $\alpha = 99{,}5°$ e) $b = 25{,}4\,\text{cm}$; $\alpha = 165{,}3°$ f) $r = 11{,}3\,\text{cm}$; $b = 28{,}1\,\text{cm}$

7 a) Zwei Kreise haben die gemeinsame Sehne $s = 306\,\text{mm}$ (Fig. 5). Die zugehörigen Mittelpunktswinkel sind $\alpha_1 = 89{,}4°$ und $\alpha_2 = 118{,}0°$. Berechne r_1 und r_2.
b) Berechne den Flächeninhalt A des Vierecks M_1AM_2B.
c) Wie groß ist das beiden Kreisen gemeinsame Flächenstück?

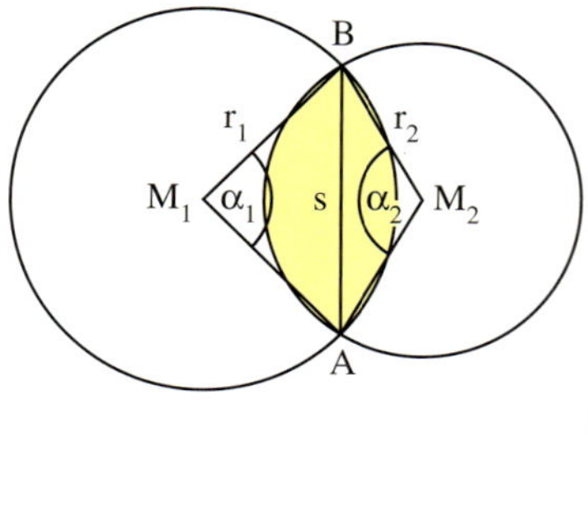

Fig. 5

Aus der Raumgeometrie

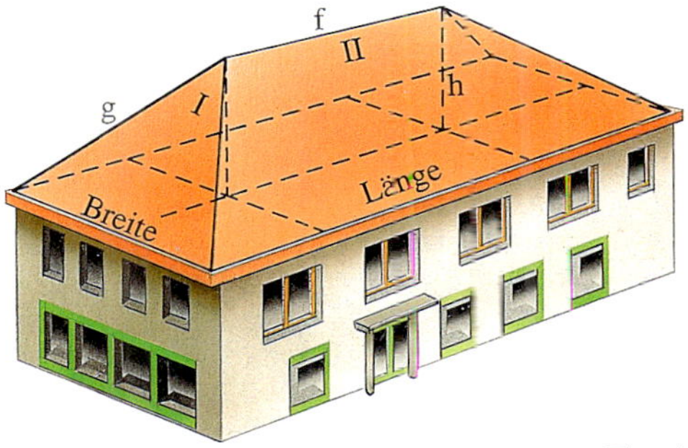

Fig. 1

8 Ein Haus mit rechteckigem Grundriss (Breite: 9,8 m; Länge: 13,2 m) soll ein symmetrisches Walmdach erhalten (Fig. 1). Der Dachfirst f ist 8 m lang und hat vom Dachboden den Abstand $h = 3{,}1$ m.
a) Berechne die Neigungswinkel der Dachflächen I und II.
b) Berechne die Länge der Kante g.

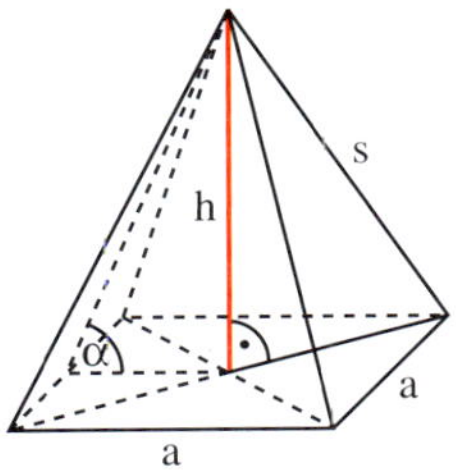

Fig. 2

9 Bei einer regelmäßigen Pyramide mit quadratischer Grundfläche (Fig. 2) ist a die Grundkantenlänge. Die Seitenflächen sind unter einem Winkel $\alpha = 60°$ gegen die Grundfläche geneigt. Drücke die Höhe h der Pyramide und die Länge s der Seitenkanten durch a aus.

***10** Bei einem Quader ist die Kante b halb so lang wie die Kante a und die Kante c halb so lang wie b. Berechne die Winkel α, β, γ, welche die Raumdiagonale mit den Kanten a, b, c des Quaders bildet.

Aus Umwelt und Technik

Die Hunsrückbahn ist die steilste Strecke der Deutschen Bahn. Zwischen Boppard und Buchholz überwindet sie 340 Höhenmeter. Sie ist zugleich die steilste normalspurige Bahnstrecke in Europa ohne Zahnstange.
Die Pilatusbahn bei Luzern in der Schweiz ist die weltweit steilste Zahnradbahn für Personenverkehr.

11 Bei den folgenden Bahnstrecken ist die größte Steigung in Prozent angegeben. Berechne den zugehörigen Neigungswinkel des Gleises.
a) Brenner 2,5 % b) Hunsrückbahn 7 %
c) Pilatusbahn (Schweiz) 48 %

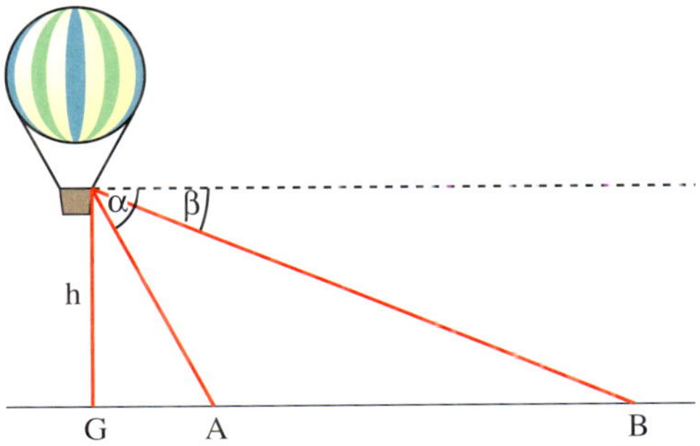

Fig. 3

12 Ein Freiballon befindet sich über einem Punkt G, der an einer geraden Straße in ebenem Gelände liegt. Zwei Orte A und B, die ebenfalls an dieser Straße liegen, werden unter den Tiefenwinkeln $\alpha = 69°$ und $\beta = 33°$ angepeilt (Fig. 3). Wie hoch schwebt der Ballon über dem Punkt G, wenn $\overline{AB} = 1300$ m beträgt?

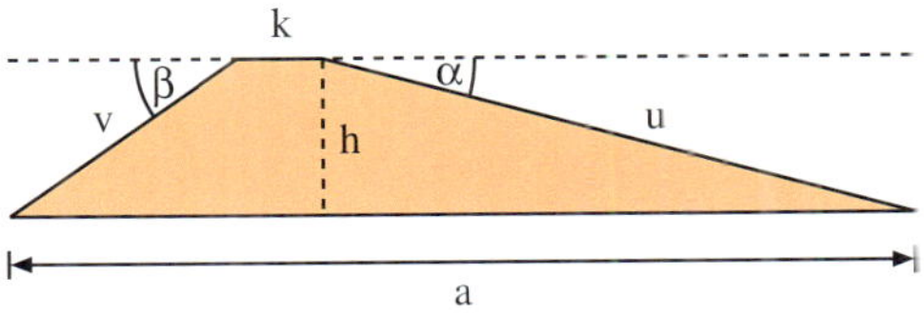

Fig. 4

13 Ein 2,55 m hoher Damm mit symmetrischem Querschnitt soll aufgeschüttet werden. Das Schüttmaterial lässt als maximalen Böschungswinkel (Neigung der Böschung) $\alpha = 29°$ zu. Um wie viel m muss der Damm unten mindestens breiter als oben werden?

14 Vom Querschnitt eines Deichs (Fig. 4) sind die folgenden Abmessungen bekannt: $k = 2{,}80$ m; $u = 20{,}00$ m; $\alpha = 15°$; $\beta = 35°$.
Berechne die Höhe h des Deichs und die Breite a der Deichsohle.

15 Ein $h = 32{,}0$ m hoher Turm ist $a = 64{,}0$ m vom Ufer eines Flusses entfernt. Von der Turmspitze aus erscheint die Flussbreite unter dem Sehwinkel 4,8°. Berechne die Breite des Flusses an dieser Stelle.

Anfänge der Trigonometrie

Wie die Ägypter Winkel festlegten

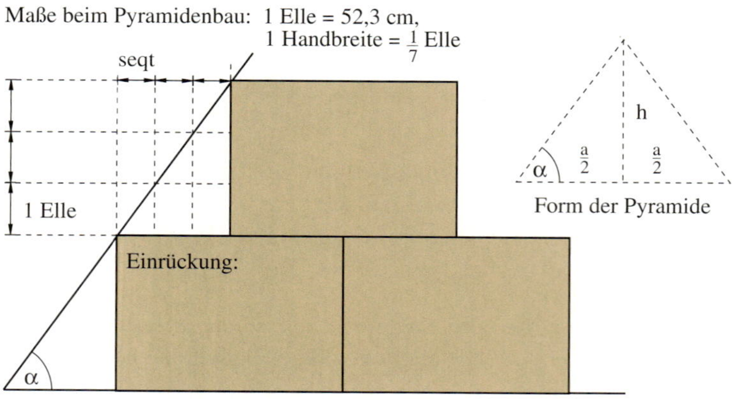

Fig. 1

Die ägyptischen Pyramiden wurden schichtweise aus großen Kalksteinquadern gebaut und dann nach außen mit Kalksteinplatten verkleidet. Der Neigungswinkel α aller vier Seiten ist immer genau gleich und liegt meistens wie bei der um 2500 v. Chr. erbauten Cheopspyramide zwischen 52° und 54°. Die Pyramidenbauer kannten kein Winkelmaß. Wie schafften sie es trotzdem, bei einem riesigen Bauwerk Winkel so genau einzuhalten?
Die Ägypter legten die Neigung der Seiten fest, indem sie vorschrieben, wie weit je Elle Höhe jeweils die nächste Schicht zurückgesetzt werden musste (Fig. 1). Dieses Maß hieß seqt (= Rücksprung, sprich: seket) und war nach heutiger Sprechweise gleich $\frac{1}{\tan(\alpha)}$ des Seitenneigungswinkels α.
Die Beispiele in altägyptischen Rechenbüchern zeigen, dass der seqt tatsächlich als Seitenverhältnis im rechtwinkligen Dreieck berechnet wurde. So wird z. B. in Fig. 2 der seqt als Quotient 180 : 250 berechnet, also halbe Grundkante : Pyramidenhöhe.

Aufgabe 56 aus einem Papyrus des Schreibers Ahmes (aus der Zeit um 1700 v. Chr.):

Beispiel der Berechnung einer Pyramide, 360 Ellen in der Länge, 250 Ellen in der Höhe. Lass mich wissen ihren seqt.
Nimm $\frac{1}{2}$ von 360, es ist 180.
Rechne mit 250, um 180 zu erhalten. Es ist $\overline{2}\,\overline{5}\,\overline{50}$ Elle.
Eine Elle hat 7 Handbreiten. Nimm mal 7.

1	*7*
$\overline{2}$	$3\overline{2}$
$\overline{5}$	$1\overline{3}\,\overline{15}$
$\overline{50}$	$\overline{10}\,\overline{25}$

Der seqt ist $5\overline{25}$ Handbreiten.

Fig. 2

Als Ergebnis wird der Bruch $\overline{2}\,\overline{5}\,\overline{50}$ Ellen angegeben, in der heutigen Schreibweise
$\frac{1}{2} + \frac{1}{5} + \frac{1}{50}$ Ellen,
also $\frac{18}{25}$ Ellen. Dann wird der seqt noch in Handbreiten umgerechnet.
$\frac{18}{25} = \frac{1}{\tan(\alpha)}$ ergibt $\alpha \approx 54°$.

Von der Astrologie zur Astronomie

Dass die Babylonier ursprünglich Winkel durch Seitenverhältnisse von rechtwinkligen Dreiecken festlegten, schließt man aus gefundenen Tontafeln:

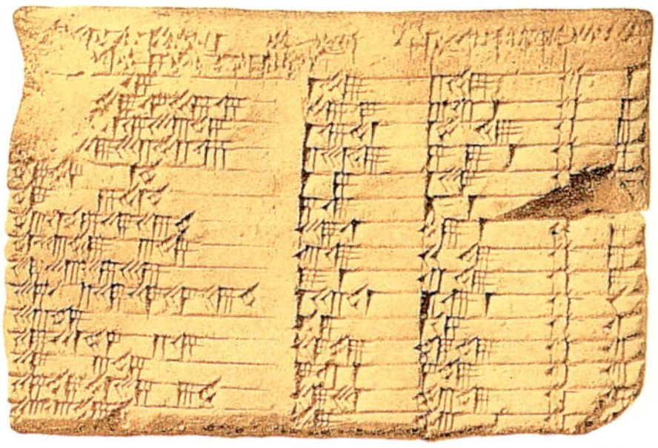
Fig. 3

Die Tafel in Fig. 3 stammt aus dem 18. Jahrhundert v. Chr. Von rechts gezählt geben die erste und zweite Spalte die Katheten a und b eines rechtwinkligen Dreiecks an, in der letzten Spalte (ganz links) findet sich $\left(\frac{b}{a}\right)^2$, also $\tan^2(\beta)$.
Da die Babylonier an einen Einfluss der Stellung von Sonne, Mond und Planeten auf das menschliche Schicksal glaubten, beobachteten sie den Himmel sehr genau. So entwickelte sich aus Aufzeichnungen über den Weg der Sonne durch die Tierkreissternbilder langsam ein Winkelmaß, das auf der Unterteilung des Vollkreises beruhte.
Babylonische, später auch ägyptische Kenntnisse wurden von griechischen Mathematikern übernommen und ausgebaut.

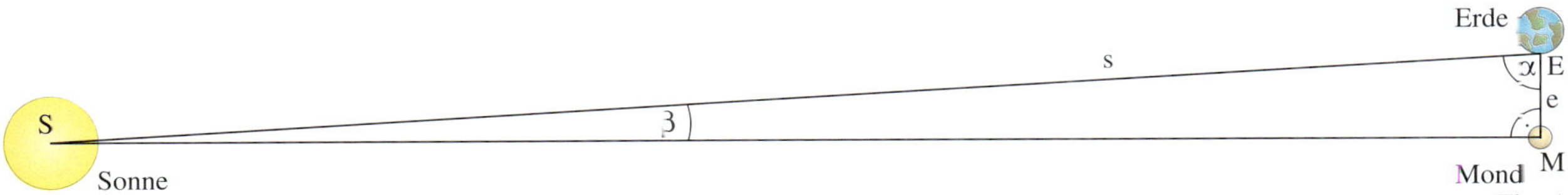

Fig. 1

Aristarch von Samos (310–230 v. Chr.) verwendete in seiner Schrift „Über die Größen und Abstände von Sonne und Mond" den Sinus, ohne ihn so zu nennen. Er bestimmte unter anderem das Verhältnis der Sonnenentfernung s zur Mondentfernung e, also $\frac{s}{e} = \frac{1}{\sin(\beta)}$ in Fig. 1.
Wenn der Mond für einen Beobachter auf der Erde genau halb voll ist, hat das Dreieck ESM bei M einen rechten Winkel. Zu diesem Zeitpunkt bestimmte Aristarch den Winkel α zwischen den Richtungen zur Sonne und zum Mond. Er fand $\frac{29}{30}$ eines rechten Winkels, also $\alpha = 87°$. Damit ist $\beta = 3°$.
Durch den Vergleich mit einem rechtwinkligen Dreieck mit $\beta = 30°$ fand Aristarch $18 < \frac{s}{e} < 20$, die Sonnenentfernung ist also 18- bis 20-mal größer als die Mondentfernung. Der Sinuswert ist rechnerisch recht genau, denn $\sin(3°) \approx 0{,}052\,336 \approx \frac{1}{19}$. Allerdings beträgt der Winkel α nach heutiger Messung 89,85°, woraus sich $\sin(\beta) = \sin(0{,}15°) \approx 0{,}002\,618 \approx \frac{1}{380}$ ergibt.

Griechische Sehnenrechnung

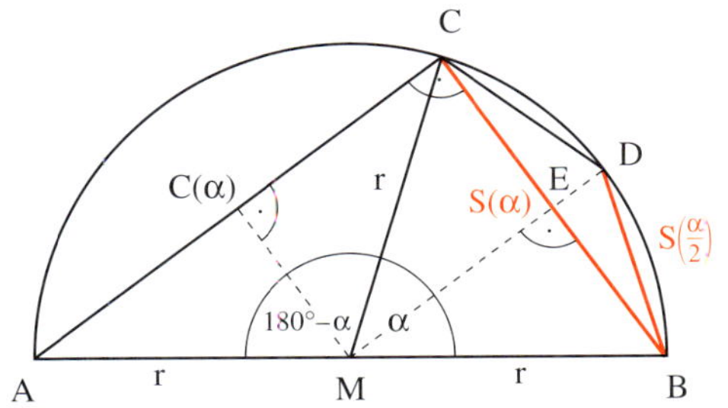

Fig. 2

Mit den Bezeichnungen in Fig. 2 gilt:

$C^2(\alpha) + S^2(\alpha) = 4r^2$ *und*

$S^2\left(\frac{\alpha}{2}\right) = \frac{1}{4}S^2(\alpha) + (r - \overline{ME})^2.$

Mit $\overline{ME} = \frac{1}{2}C(\alpha)$ *folgt daraus:*

$C^2(\alpha) = 4r^2 - S^2(\alpha)$

$S^2\left(\frac{\alpha}{2}\right) = \frac{1}{4}S^2(\alpha) - (r - \frac{1}{2}C(\alpha))^2$

$= 2r^2 - r \cdot C(\alpha)$

Fig. 3

Ein Problem für Aristarch war, dass er keine Tafeln mit Sinuswerten zur Verfügung hatte. Als erster soll angeblich der griechische Mathematiker und Astronom **Hipparch von Nicäa** (um 150 v. Chr.) eine „Sehnentafel" aufgestellt haben. Sie ist nicht überliefert, hatte jedoch wahrscheinlich eine Schrittweite von $7\frac{1}{2}°$ für den Mittelpunktswinkel und gab die Länge S(α) der Sehne in Abhängigkeit von α an. Wegen der Beziehung $S(\alpha) = 2 \cdot \sin\left(\frac{\alpha}{2}\right)$ gibt eine solche Tafel indirekt auch Sinuswerte an.

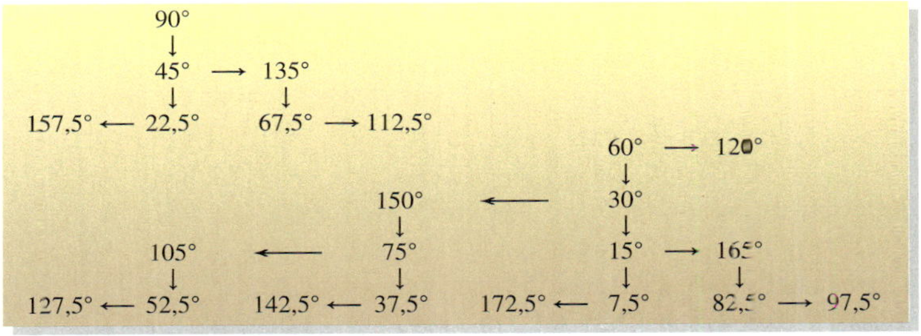

Fig. 4

Die Tabelle in Fig. 4 zeigt, in welcher Reihenfolge sich mit den Formeln aus Fig. 3 eine solche Tafel aufstellen lässt, wenn man von den Winkeln 90° und 60° ausgeht. Ein horizontaler Pfeil bedeutet den Übergang vom Winkel α zu 180° – α, ein vertikaler Pfeil die Halbierung von α.
Claudius Ptolemäus (um 85–165 n. Chr.) bewies Additionssätze (vgl. nächstes Kapitel), mit deren Hilfe er die Sehnenlänge S(1°) bestimmte und dann eine Sehnentabelle mit einer Winkelschrittweite von nur $\frac{1}{2}°$ berechnen konnte. Heute noch existiert eine arabische Übersetzung dieser Tafel.

Wie der Sinus zu seinem Namen kam

Die Mathematik der nächsten Jahrhunderte wurde durch Inder und Araber geprägt. In Indien wurde im 5. Jahrhundert die Sehnenrechnung durch eine „Halbsehnenrechnung" ersetzt und damit der Sinus und Kosinus eingeführt. Die Araber führten um 830 zu dem bereits bekannten Sinus und Kosinus zusätzlich den Tangens und dessen Kehrwert ein. Vermutlich wurde aus dem indischen Wort jîva (für Sehne) im Arabischen „dschiba". Da in der arabischen Schrift nur Konsonanten notiert werden, wird es ebenso geschrieben wie „dschaib" (= Busen, Brustbeutel, Bucht). **Gerhard von Cremona** (1114–1187) übersetzte daher bei der späteren Übertragung mathematischer arabischer Texte ins Lateinische dieses Wort mit sinus (= Krümmung, Bucht, Geldtasche).

Rückblick

Sinus, Kosinus und Tangens
Im rechtwinkligen Dreieck heißt die einem spitzen Winkel α gegenüberliegende Kathete seine Gegenkathete, die andere seine Ankathete. Man kann α durch jedes der folgenden Seitenverhältnisse festlegen:

$\sin(\alpha) = \frac{\text{Gegenkathete von } \alpha}{\text{Hypotenuse}}$ (Sinus von α)

$\cos(\alpha) = \frac{\text{Ankathete von } \alpha}{\text{Hypotenuse}}$ (Kosinus von α)

$\tan(\alpha) = \frac{\text{Gegenkathete von } \alpha}{\text{Ankathete von } \alpha}$ (Tangens von α)

Sinus, Kosinus und Tangens lassen sich am Einheitskreis als Streckenlängen auffassen.

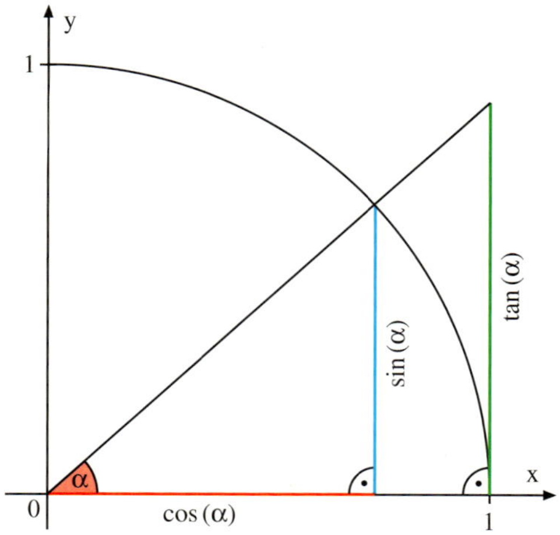

Fig. 1

Berechnungen an rechtwinkligen Dreiecken
Ein rechtwinkliges Dreieck lässt sich berechnen, wenn
- **zwei Seiten** gegeben sind,
- **eine Seite** und **ein Winkel** gegeben sind.

2 Seiten gegeben:
Gegeben: Kathete $a = 2{,}0\,\text{cm}$ und Kathete $b = 4{,}1\,\text{cm}$
Gesucht: Hypotenuse c, Winkel α, Winkel β
Formeln: $c = \sqrt{a^2 + b^2}$, $\tan(\alpha) = \frac{a}{b}$, $\beta = 90° - \alpha$
Rechnung:
$c = \sqrt{(2\,\text{cm})^2 + (4{,}1\,\text{cm})^2} \approx 4{,}6\,\text{cm}$,
$\tan(\alpha) = \frac{2{,}0}{4{,}1}$, $\alpha \approx 26{,}0°$
$\beta \approx 90° - 26{,}0° = 64{,}0°$

1 Seite, 1 Winkel gegeben:
Gegeben: Hypotenuse $c = 7{,}1\,\text{cm}$ und Winkel $\alpha = 30{,}5°$
Gesucht: Winkel β, Kathete a und Kathete b
Formeln: $\beta = 180° - \alpha$, $a = c \cdot \sin(\alpha)$, $b = c \cdot \cos(\alpha)$
Rechnung:
$\beta = 90° - 30{,}5° = 59{,}5°$
$a = 7{,}1\,\text{cm} \cdot \sin(30{,}5°) \approx 3{,}6\,\text{cm}$,
$b = 7{,}1\,\text{cm} \cdot \cos(30{,}5°) \approx 6{,}1\,\text{cm}$.

Beziehungen zwischen Sinus, Kosinus und Tangens
Für alle Winkel α mit $0° \leqq \alpha \leqq 90°$ gilt:

(1) $\mathbf{\sin(\alpha) = \cos(90° - \alpha)}$ und $\mathbf{\cos(\alpha) = \sin(90° - \alpha)}$

(2) $\mathbf{\sin^2(\alpha) + \cos^2(\alpha) = 1}$

(3) $\mathbf{\tan(\alpha) = \frac{\sin(\alpha)}{\cos(\alpha)}}$ und $\mathbf{\tan(90° - \alpha) = \frac{1}{\tan(\alpha)}}$
$(\alpha \neq 0°,\ \alpha \neq 90°)$

Berechnung von cos(α) und tan(α) aus sin(α) = 0,25, ohne α zu bestimmen:
$\cos(\alpha) = \sqrt{1 - 0{,}25^2} \approx 0{,}968\,245\,84$,
$\tan(\alpha) = 0{,}25 : \sqrt{1 - 0{,}25^2} \approx 0{,}258\,198\,89$.

Aufgaben zum Üben und Wiederholen

1 Berechne die fehlenden Seiten und Winkel eines rechtwinkligen Dreiecks ABC mit der Hypotenuse c und den Katheten a und b.
a) $b = 4{,}8\,cm$; $\beta = 42°$ b) $c = 7{,}3\,cm$; $\alpha = 72°$ c) $a = 3{,}7\,cm$; $\beta = 28{,}2°$
d) $a = 12{,}1\,cm$; $\beta = 20{,}5°$ e) $b = 1{,}9\,cm$; $c = 3{,}5\,cm$ f) $c = 3{,}3\,cm$; $\alpha = 5{,}7°$

2 Bei einem symmetrischen Trapez (Fig. 1) gilt $h : b = 2 : 3$ für die Höhe h und die Seite b. Berechne die fehlenden Seiten und den Flächeninhalt A des Trapezes, wenn gegeben sind:
a) $a = 8{,}2\,cm$; $b = 3{,}1\,cm$,
b) $h = 5{,}0\,cm$; $c = 4{,}5\,cm$.

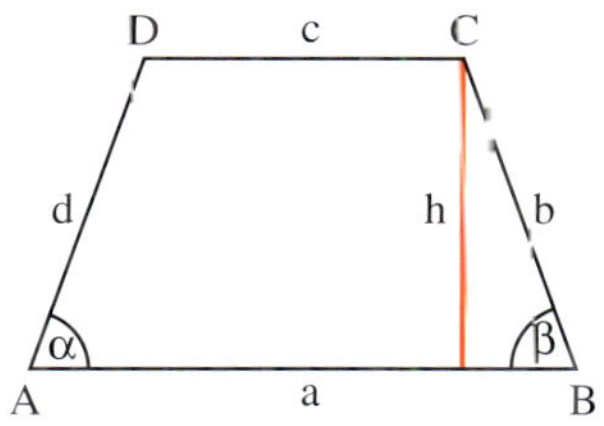

Fig. 1

3 a) Stelle für das einbeschriebene regelmäßige Vieleck in Fig. 2 eine Formel für den Flächeninhalt A auf. Drücke dazu den Flächeninhalt eines Teildreiecks durch den Kreisradius r und die Eckenzahl n aus.
b) Berechne den Flächeninhalt A für ein regelmäßiges Vieleck mit $r = 5\,cm$ und $n = 10,\ 16,\ 256$. Wie viel Prozent des Kreisflächeninhalts beträgt A jeweils?

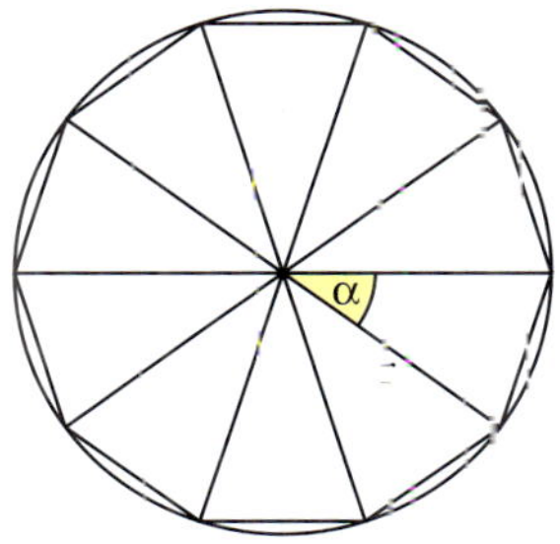

Fig. 2

4 Berechne für den regelmäßigen Pyramidenstumpf in Fig. 3
a) den Neigungswinkel α der Seitenflächen gegen die Grundfläche,
b) den Neigungswinkel β einer Kante gegen die Grundfläche.

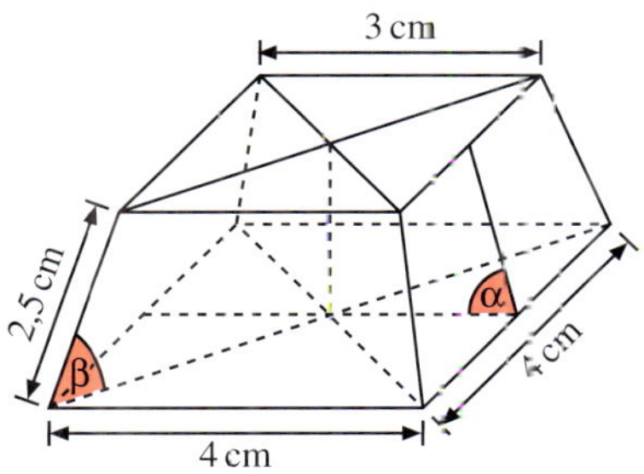

Fig. 3

5 Die Rohrleitung eines Wasserkraftwerks fällt um 450 m. In einer Karte mit dem Maßstab 1 : 25 000 ist sie 4,2 cm lang eingezeichnet. Berechne den Neigungswinkel und die Länge der Leitung.

6 Bei einer Stehleiter (Fig. 4) mit 3 m langen Holmen ist die Sperrkette ausgehängt. Der anfängliche Öffnungswinkel γ der Leiter beträgt 30°.
a) Wie hoch befindet sich anfangs das Gelenk G der Leiter über dem Boden?
b) Um wie viel cm kommt G tiefer, wenn sich γ von 30° auf 40° vergrößert?

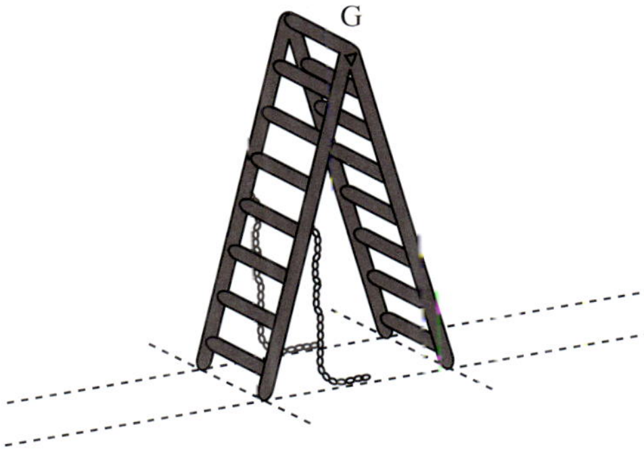

Fig. 4

7 a) Zeige durch Umformen, dass $1 + \tan^2(\alpha)$ gleich dem Kehrwert von $\cos^2(\alpha)$ ist.
b) Berechne die fehlenden Werte der Tabelle, ohne den Winkel α zu bestimmen.

$\sin(\alpha)$	0,11			0,54		
$\cos(\alpha)$		0,73			0,13	
$\tan(\alpha)$			1,45			0,17

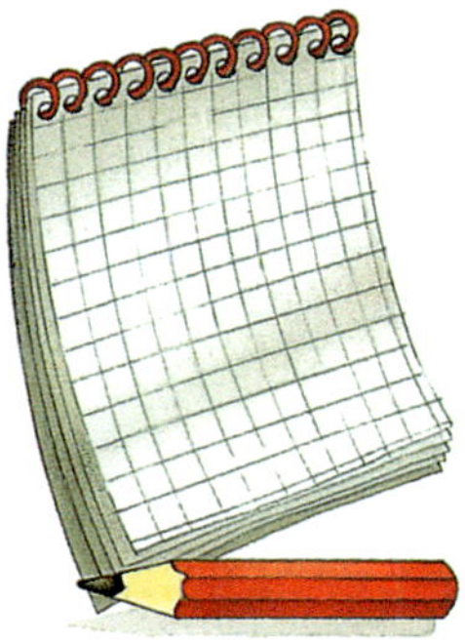

Die Lösungen zu den Aufgaben dieser Seite findest du auf Seite 212.

1 Periodische Vorgänge

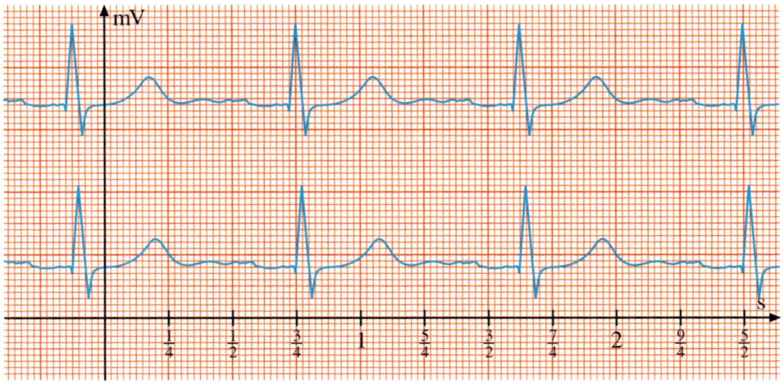

Fig. 1

1 Durch die Bewegungen des Herzmuskels entstehen elektrische Spannungen. Man misst diese und zeichnet den zeitlichen Verlauf auf. So entsteht, vereinfacht ausgedrückt, ein Elektrokardiogramm (EKG) wie in Fig. 1.

a) Woran kann man erkennen, dass das Elektrokardiogramm von einem regelmäßig schlagenden Herzen gemacht wurde?

b) Lies am Elektrokardiogramm ab: Wie viel Sekunden liegen zwischen zwei Herzschlägen?

In Natur und Technik gibt es viele Vorgänge, die sich zeitlich wiederholen.
Fig. 2 zeigt den Graphen der Funktion f: *Zeit* $\rightarrow$ *Wasserstand* für ein Überlaufgefäß, in das kontinuierlich ein dünner Wasserstrahl läuft. Die Funktion f beschreibt einen Vorgang, der sich alle 4 min wiederholt. Dies erkennt man am Graphen daran, dass dieser durch eine Verschiebung um 4 parallel zur Zeitachse auf sich abgebildet wird.
Außerdem gilt: Für jeden Zeitpunkt t muss der Wasserstand f(t) mit dem Wasserstand nach 4 min übereinstimmen.
Es muss also für jeden Wert von t gelten:

$$f(t+4) = f(t).$$

Solche Funktionen nennt man periodisch.

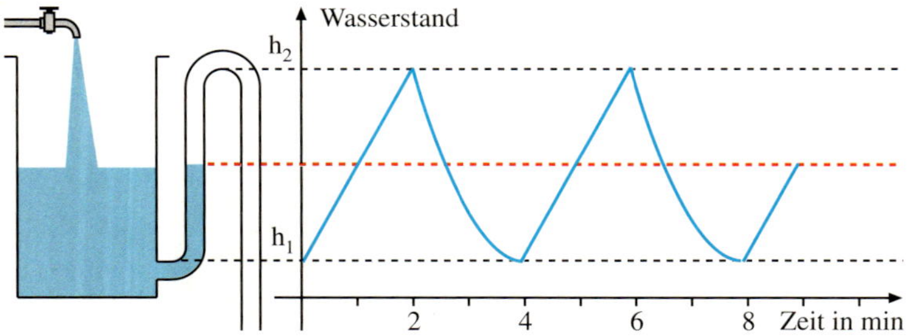

Fig. 2

> Eine Funktion f heißt **periodisch**, wenn es mindestens eine Zahl p gibt, so dass für alle reellen Zahlen x gilt: $f(x+p) = f(x)$.
> Die kleinste positive Zahl p mit dieser Eigenschaft nennt man die **Periode** von f.

Beachte: Eine Funktion f: $x \mapsto f(x)$ ist genau dann periodisch, wenn ihr Graph verschiebungssymmetrisch zur x-Achse ist.

Beispiel

Fig. 3 zeigt einen Ausschnitt aus dem Graphen einer periodischen Funktion. Bestimme die Periode.

Lösung:

Untersuche, durch welche Verschiebungen der Graph auf sich abgebildet wird. Die kürzeste Pfeillänge dieser Verschiebungen ist die Periode.

Die Funktion f hat die Periode 3,5.

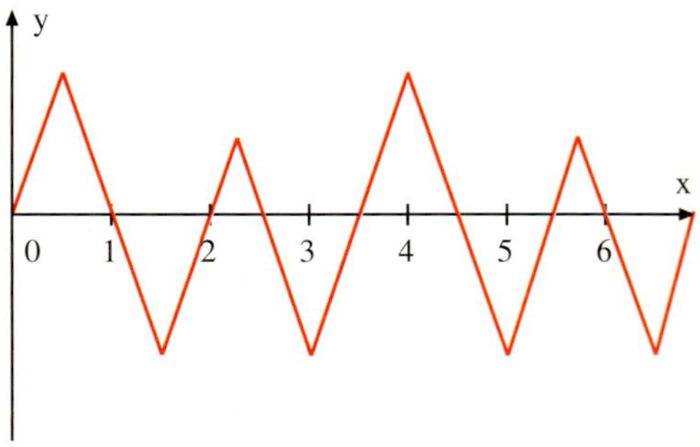

Fig. 3

Aufgaben

2 Welche Funktionen sind periodisch? Begründe deine Entscheidung und gib gegebenenfalls die Periode an.
a) *Zeit* → *Ballhöhe* beim Springen eines Balles
b) *Zeit* → *Abstand der Erde von der Sonne*
c) *Zeit* → *Wasserstand an der Küste*

3 Unter welcher Bedingung ist die Funktion *Zeit* → *Höhe des Ventils über der Straße* bei einem rollenden Fahrrad periodisch?

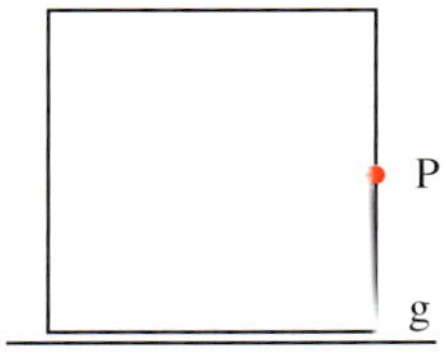

Fig. 1

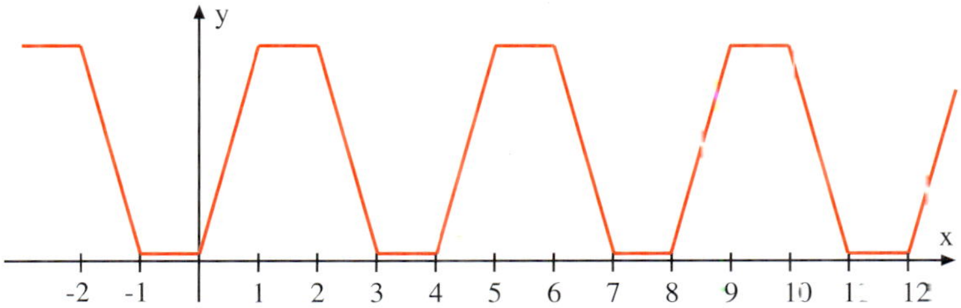

Fig. 2

4 Ein Punkt P bewegt sich mit gleich bleibender Geschwindigkeit um das Quadrat in Fig. 1 herum. Fig. 2 zeigt den Graphen der Funktion
f: *Zeit* → *Abstand des Punktes von der Geraden g*.
a) Erläutere den Verlauf des Graphen in Fig. 2.
b) Gib einige Verschiebungen an, die den Graphen auf sich abbilden.
c) Wie ändert sich die Periode, wenn sich der Punkt mit dreifacher Geschwindigkeit um das Quadrat herumbewegt?

5 In Fig. 3 ist das Bild einer „Sägezahnspannung" auf dem Schirm eines Oszillographen dargestellt. Dieser Spannungsverlauf ist periodisch. Bestimme die Periode, wenn der Abstand der Gitterlinien in der waagerechten Richtung $\frac{1}{100}$ s entspricht.

6 Fig. 4 zeigt Graphen periodischer Funktionen. Bestimme die Periode.

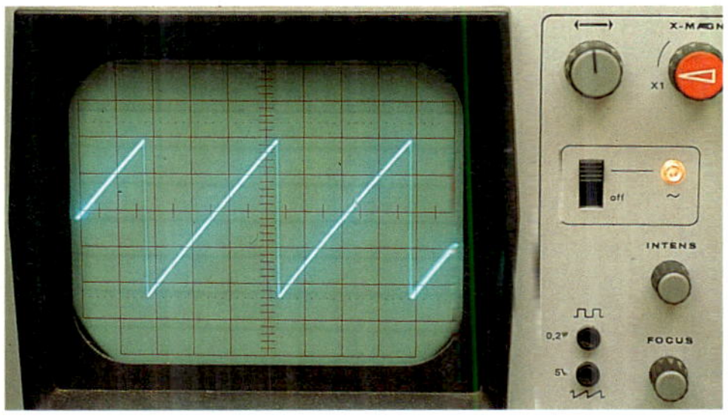

Fig. 3

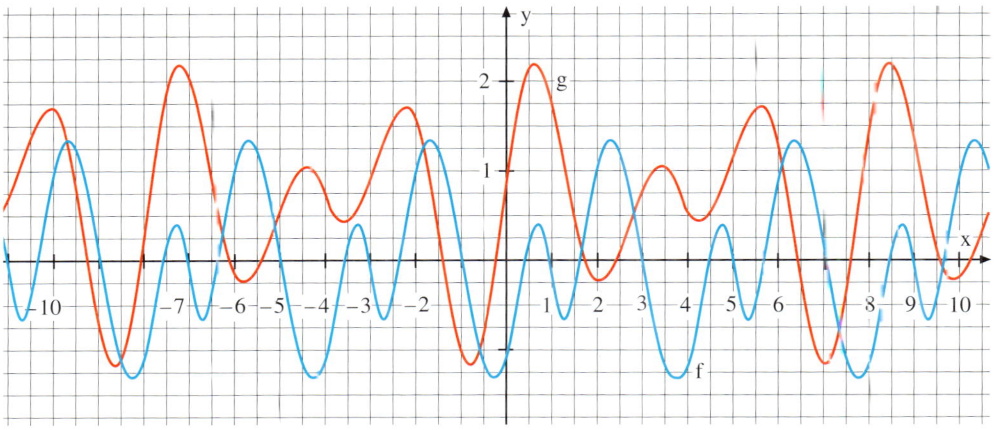

Fig. 4

2 Sinus- und Kosinusfunktion für das Gradmaß

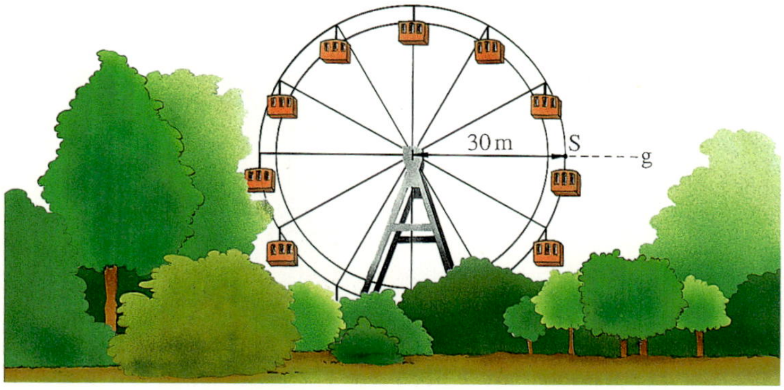

Fig. 1

1 Der Aufhängepunkt einer Gondel des Riesenrads startet im Punkt S.
a) Wie viel m über der Geraden g befindet sich dieser Aufhängepunkt, wenn sich das Riesenrad um 30° (120°, 210°, 320°, 420°, 720°) gedreht hat?
b) Begründe, dass die Funktion *Drehwinkel* $\rightarrow$ *Höhe des Aufhängepunkts über der Geraden g* periodisch ist, und gib ihre Periode an.
c) Ist diese Funktion auch für negative Winkel definiert?

Die Betrachtung von Drehungen legt es nahe, $\sin(\alpha)$ und $\cos(\alpha)$ auch für Winkel $\alpha > 90°$ zu definieren.

> Die Funktionen sin und cos werden so für alle Winkel α definiert (Fig. 2):
> Jeder Winkel α mit der positiven x-Achse als erstem Schenkel bestimmt mit seinem zweiten Schenkel einen Punkt P_α auf dem Einheitskreis. Man legt fest:
> Die x-Koordinate des Punktes P_α ist $\mathbf{cos(\alpha)}$. Die y-Koordinate des Punktes P_α ist $\mathbf{sin(\alpha)}$.

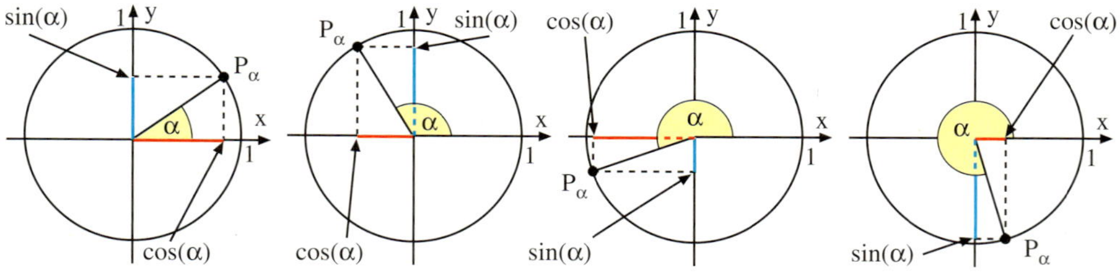

Fig. 2

Bei Drehungen können auch negative Winkel oder Winkel über 360° auftreten. Daher überträgt man die Definition von sin und cos auch auf solche Winkel (Fig. 3 und 4).

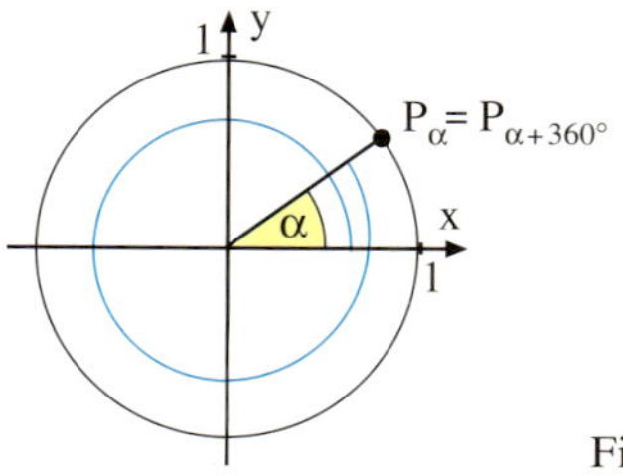

Fig. 3

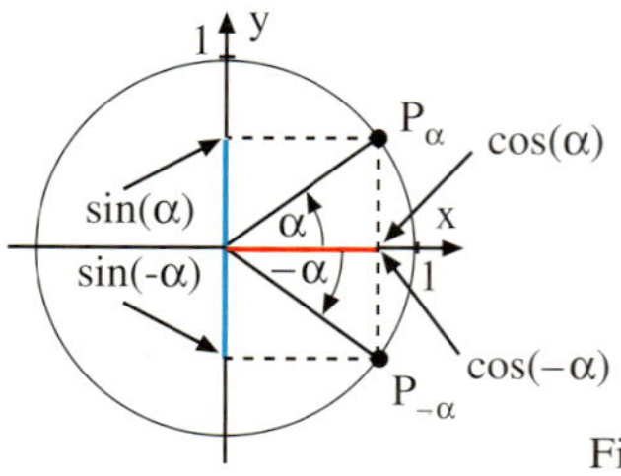

Fig. 4

Die so definierten Funktionen sin und cos sind periodisch mit der Periode 360°. Für alle Winkel α und für $k \in \mathbb{Z}$ gilt also:

$$\mathbf{\sin(\alpha + k \cdot 360°) = \sin(\alpha)} \quad \text{und} \quad \mathbf{\cos(\alpha + k \cdot 360°) = \cos(\alpha)}.$$

Die Graphen der Sinus- und Kosinusfunktion für $-450° \leqq \alpha \leqq 900°$ sehen in einem geeigneten Koordinatensystem so aus (vgl. Aufgabe 2):

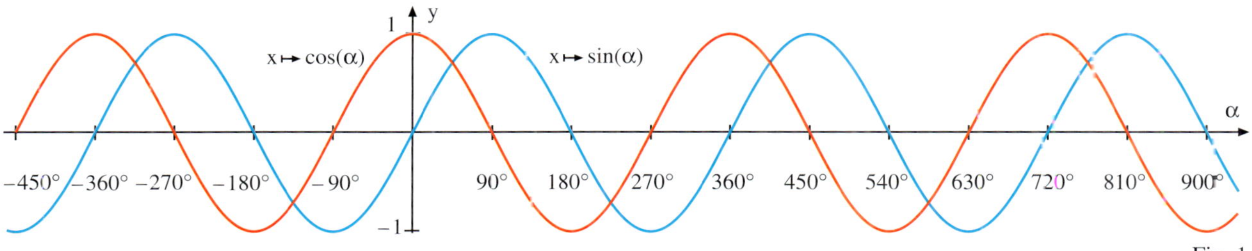

Fig. 1

Eigenschaften der Funktionen:

1. Es gilt:
$\sin(-\alpha) = -\sin(\alpha)$
$\cos(-\alpha) = \cos(\alpha)$
Dies ergibt sich aus der Achsensymmetrie von Fig. 4 auf der vorigen Seite.

2. Fig. 2 verdeutlicht, dass für Winkel α mit $0° \leqq \alpha \leqq 90°$ gilt:
$\cos(\alpha) = \sin(\alpha + 90°)$ und
$\sin(\alpha) = -\cos(\alpha + 90°)$.

Eigenschaften der Funktionsgraphen:

Der Graph der Sinusfunktion ist punktsymmetrisch zum Nullpunkt.
Der Graph der Kosinusfunktion ist achsensymmetrisch zur y-Achse.

Den Graphen der Kosinusfunktion erhält man durch eine Verschiebung des Graphen der Sinusfunktion um −90° parallel zur x-Achse.

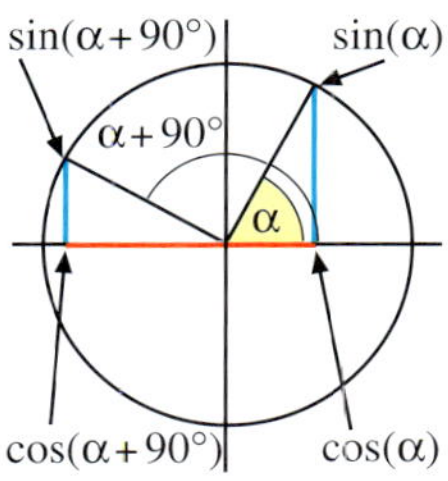

Fig. 2

Der vollständige Nachweis der Eigenschaften 1. und 2. für alle Winkel α erfolgt mit Hilfe der Additionssätze (vgl. S. 170).
Durch Anwendung des Satzes von Pythagoras erhält man (vgl. Fig. 3):

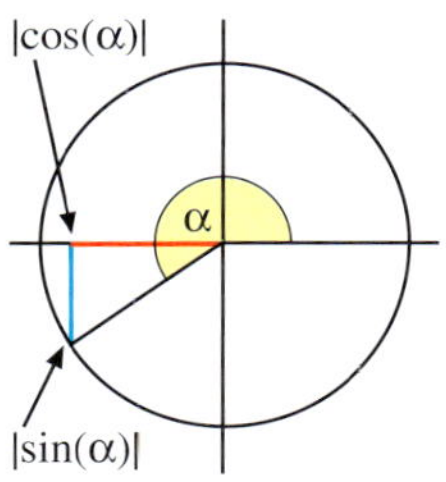

Fig. 3

Für alle Winkel α gilt: **$\sin^2(\alpha) + \cos^2(\alpha) = 1$**.

Der Taschenrechner liefert zu jedem Winkel α jeweils genau einen Näherungswert für $\sin(\alpha)$ und $\cos(\alpha)$.
Zu jedem Wert z mit $-1 \leqq z \leqq 1$ liefert der Taschenrechner eine Näherung für einen Winkel α_1 mit $-90° \leqq \alpha_1 \leqq 90°$, für den gilt: $\sin(\alpha_1) = z$. Fig. 4 verdeutlicht:
1. Dann gilt auch für $\alpha_2 = 180° - \alpha_1$: $\sin(\alpha_2) = z$.
2. Weitere Lösungen der Gleichung $\sin(\alpha) = z$ mit $0° \leqq \alpha \leqq 360°$ gibt es nicht.

INV SIN

SIN⁻¹

2nd SIN

Zu Tastenfolgen und Auswirkungen beim Gebrauch Ihres Taschenrechners lesen Sie Ihre Bedienungsanleitung oder fragen Sie Ihren Lehrer oder Ihre Lehrerin.

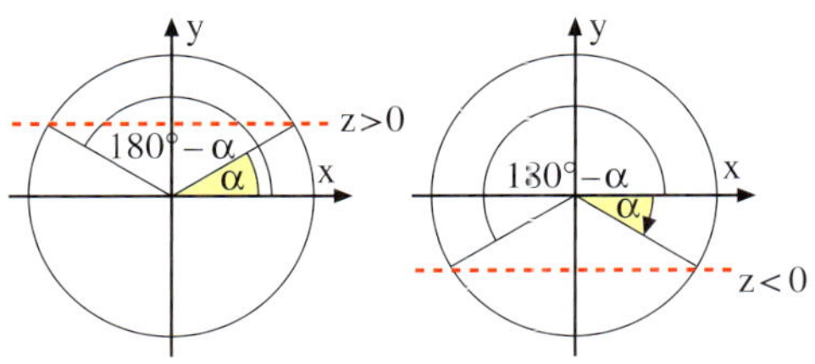

Fig. 4

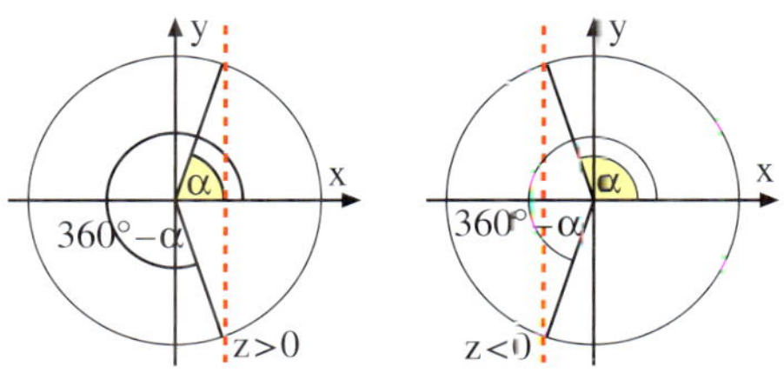

Fig. 5

INV COS

Zu jedem Wert z mit $-1 \leqq z \leqq 1$ liefert der Taschenrechner eine Näherung für einen Winkel α_1 mit $0° \leqq \alpha_1 \leqq 180°$, für den gilt: $\cos(\alpha_1) = z$. Fig. 5 verdeutlicht:
1. Dann gilt auch für $\alpha_2 = 360° - \alpha_1$: $\cos(\alpha_2) = z$.
2. Weitere Lösungen der Gleichung $\cos(\alpha) = z$ mit $0° \leqq \alpha \leqq 360°$ gibt es nicht

Beispiel
Bestimme mit dem Taschenrechner auf eine Nachkommastelle gerundete Näherungswerte für alle Winkel α zwischen 0° und 360° mit:

a) $\sin(\alpha) = 0{,}624$; b) $\cos(\alpha) = -0{,}234$; c) $\sin(\alpha) = -0{,}734$.

Lösung:

a) *Der Taschenrechner liefert eine Näherungslösung* $\alpha_1 \approx 38{,}6°$ *zwischen 0° und 360°. Dann ist auch* $\alpha_2 \approx 180° - \alpha_1$ *eine Näherungslösung.*
$\alpha_1 \approx 38{,}6°$ und $\alpha_2 \approx 180° - 38{,}6° = 141{,}4°$

b) *Der Taschenrechner liefert eine Näherungslösung* $\alpha_1 \approx 103{,}5°$ *zwischen 0° und 360°. Dann ist auch* $\alpha_2 \approx 360° - \alpha_1$ *eine Näherungslösung.*
$\alpha_1 \approx 103{,}5°$ und $\alpha_2 \approx 360° - 103{,}5° = 256{,}5°$

c) *Hier ist* $\sin(\alpha) < 0$. *Daher liefert der Taschenrechner eine Näherung* α_0 *zwischen −90° und 0°. Dann sind* $\alpha_1 = 360° + \alpha_0$ *und* $\alpha_2 = 180° - \alpha_0$ *Näherungslösungen zwischen 0° und 360°.*
$\alpha_1 \approx 360° + (-47{,}2°) = 312{,}8°$ und $\alpha_2 \approx 180° - (-47{,}2°) = 227{,}2°$

Aufgaben

Graphen der Sinus- und Kosinusfunktion

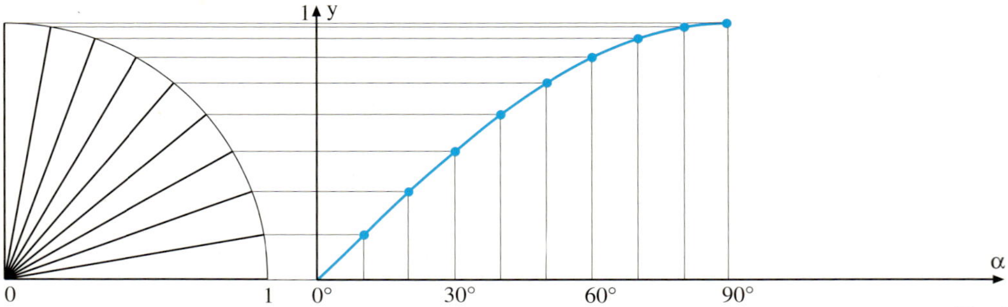

Fig. 1

2 a) Fig. 1 zeigt, wie man Punkte des Graphen der Sinusfunktion zeichnerisch ermitteln kann. Zeichne so den Graphen der Sinusfunktion für $0° \leqq \alpha \leqq 90°$.
b) Zeichne anschließend den Graphen der Sinusfunktion für $-360° \leqq \alpha \leqq 720°$. Benutze dazu die in a) konstruierten Punkte.
c) Zeichne den Graphen der Kosinusfunktion für $-360° \leqq \alpha \leqq 720°$.

Funktionswerte bestimmen

3 Zeichne einen Einheitskreis (Einheit 10 cm) und bestimme zeichnerisch Näherungswerte für $\sin(\alpha)$ und $\cos(\alpha)$.
a) $\alpha = 15°$ b) $\alpha = 25°$ c) $\alpha = 105°$ d) $\alpha = 155°$ e) $\alpha = 205°$ f) $\alpha = 325°$
g) $\alpha = -35°$ h) $\alpha = 425°$ i) $\alpha = -135°$ k) $\alpha = 745°$ l) $\alpha = -380°$ m) $\alpha = -710°$

4 Bestimme Näherungswerte mit den Ergebnissen aus Aufgabe 3.
a) $\sin(375°)$ b) $\cos(840°)$ c) $\sin(745°)$ d) $\cos(-325°)$

5 Bestimme die Funktionswerte mit dem Taschenrechner. Runde die Ergebnisse auf 4 Nachkommastellen.
a) $\sin(160°)$ b) $\sin(134{,}5°)$ c) $\cos(110{,}5°)$ d) $\cos(126{,}5°)$
e) $\cos(284°)$ f) $\cos(308{,}5°)$ g) $\sin(304°)$ h) $\cos(-112{,}3°)$

sin (0°)	$\frac{1}{2}\sqrt{0}$	cos (90°)
sin (30°)	$\frac{1}{2}\sqrt{1}$	cos (60°)
sin (45°)	$\frac{1}{2}\sqrt{2}$	cos (45°)
sin (60°)	$\frac{1}{2}\sqrt{3}$	cos (30°)
sin (90°)	$\frac{1}{2}\sqrt{4}$	cos (0°)

Fig. 1

6 Die Tabelle in Fig. 1 zeigt einige der sin- und cos-Werte, die bisher berechnet wurden. Bestimme damit ohne Taschenrechner die exakten Werte.
a) sin (120°) b) cos (150°) c) sin (210°) d) cos (225°)
e) sin (330°) f) sin (315°) g) sin (405°) h) cos (780°)

7 Patrick hat einen Taschenrechner, der die Funktionswerte für die Sinus- und die Kosinusfunktion nicht berechnen kann. Erkläre jeweils, wie er mit seinem Taschenrechner Näherungswerte für die fehlenden Funktionswerte bestimmen kann, und berechne diese.

α	17°	25°	140°	240°	320°	415°	550°	−40°	−455°
sin (α)	0,29			−0,87	−0,64	0,82		−0,64	
cos (α)		0,91	−0,77				−0,98		−0,09

Winkel bestimmen

8 Zeichne einen Einheitskreis (Einheit 10 cm) und bestimme zeichnerisch alle Winkel α zwischen 0° und 360°, für die gilt:
a) sin (α) = 0,1 b) cos (α) = 0,2 c) cos (α) = −0,3 d) sin (α) = −0,7
e) sin (α) = −0,1 f) cos (α) = −0,4 g) sin (α) = 0,8 h) sin (α) = −1

9 Bestimme ohne Taschenrechner alle Winkel α zwischen 0° und 360°, für die gilt:
a) sin (α) = sin (10°) b) cos (α) = cos (20°) c) cos (α) = cos (150°)
d) cos (α) = cos (240°) e) sin (α) = sin (95°) f) sin (α) = sin (201°)

10 Für welche Winkel α ist
a) sin (α) positiv und cos (α) negativ? b) sin (α) negativ und cos (α) positiv?
c) sin (α) < 0,5 und cos (α) negativ? d) cos (α) > 0,5 und sin (α) positiv?

11 Für welche Winkel gilt: a) sin (α) = cos (α), b) sin (α) = −cos (α)?

12 Bestimme mit Hilfe des Taschenrechners auf eine Nachkommastelle gerundete Näherungswerte für alle Winkel α zwischen 0° und 360° mit:
a) sin (α) = 0,7 b) cos (α) = 0,7 c) sin (α) = −0,64 d) cos (α) = −0,2
e) sin (α) = −0,958 f) cos (α) = −0,958 g) sin (α) = 0,23 h) cos (α) = 0,638

13
a) sin (α) = −0,8794 b) cos (α) = 0,4352 c) sin (α) = 0,6321
d) cos (α) = −0,1278 e) sin (α) = 0,8665 f) sin (α) = −0,6000
g) sin (α) = 0,235 h) cos (α) = −0,186 i) cos (α) = 0,186

Beweise

14 Begründe: Es gibt keinen Winkel α, für den gilt:
a) sin (α) + cos (α) = 2 b) sin (α) · cos (α) = 1

15 Beweise: Für alle Winkel α gilt:
a) $(\sin(\alpha) + \cos(\alpha))^2 = 1 + 2\sin(\alpha)\cos(\alpha)$ b) $\sin^4(\alpha) - \cos^4(\alpha) = \sin^2(\alpha) - \cos^2(\alpha)$

***16** Beweise unter Benutzung von Formeln: Für alle Winkel α gilt:
a) cos (45° + α) = sin (45° − α) b) sin (45° + α) = cos (45° − α)

3 Die Tangensfunktion

1 An der Decke in Monikas Partykeller rotiert eine Lampe mit zwei Strahlern. In Ruhestellung zeigt einer der Strahler genau auf die Mitte der Tür.
a) In welcher Entfernung von der Mitte der Tür trifft die Mitte eines Strahls die Wand, nachdem sich die Lampe um 30° (150°, 210°, 330°) gedreht hat?
b) Um welchen Winkel kann sich die Lampe gedreht haben, wenn die Mitte eines Strahls die Ecke A trifft?

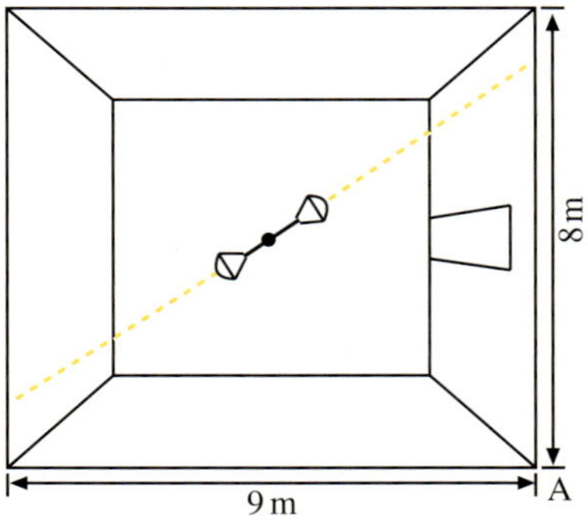

Fig. 1

Die Definition des Tangens lässt sich auf alle Winkel α erweitern, für die gilt:
$\alpha \neq 90° + k \cdot 180°$ mit k aus $\mathbb{Z}$.

Die Funktion tan wird so für alle Winkel α mit $\alpha \neq 90° + k \cdot 180°$, k aus $\mathbb{Z}$ definiert (Fig. 2):
Jeder Winkel α mit der positiven x-Achse als erstem Schenkel bestimmt mit seinem zweiten Schenkel einen Schnittpunkt P_α mit der Tangente an den Einheitskreis im Punkt A(1 | 0). Man legt fest:
Die y-Koordinate des Punktes P_α ist **tan(α)**.

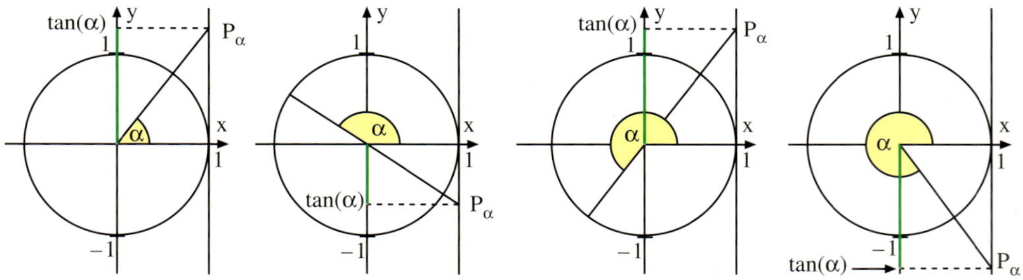

Fig. 2

Wichtige Eigenschaften der Tangensfunktion
Für alle Winkel α mit $\alpha \neq 90° + k \cdot 180°$ (k aus $\mathbb{Z}$) und damit $\cos(\alpha) \neq 0$ gilt:

Die Begründung dieser Eigenschaften erfolgt in den Aufgaben.

1. $\tan(\alpha + k \cdot 180°) = \tan(\alpha)$, d.h. die Tangensfunktion hat die Periode 180°.
2. $\tan(\alpha) = \frac{\sin(\alpha)}{\cos(\alpha)}$.
3. $\tan(-\alpha) = -\tan(\alpha)$. Daraus folgt, dass der Graph der Tangensfunktion punktsymmetrisch zum Ursprung ist.

Der Taschenrechner liefert zu jedem Winkel α mit $\cos(\alpha) \neq 0$ genau einen Näherungswert für tan(α). Der Taschenrechner liefert zu jedem Wert $y \in \mathbb{R}$ genau einen Winkel α mit $-90° < \alpha < 90°$, für den gilt: $\tan(\alpha) = y$.
Für $y \geqq 0$ sind dann α und $180° + \alpha$ und für $y \leqq 0$ die Winkel $360° + \alpha$ und $180° + \alpha$ alle Lösungen der Gleichung $\tan(\alpha) = y$ mit $0° \leqq \alpha \leqq 360°$.

Graph der Tangensfunktion für $-360° \leqq \alpha \leqq 360°$:

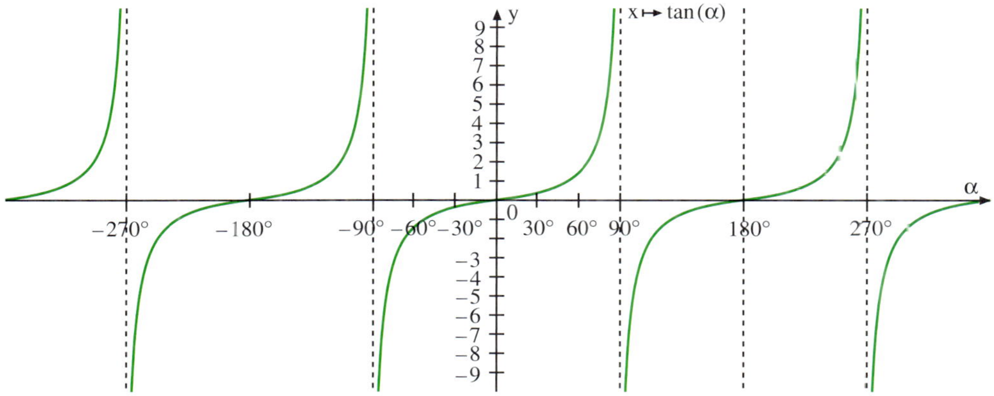

Fig. 1

Beispiel
Bestimme mit dem Taschenrechner auf eine Nachkommastelle gerundete Näherungswerte für alle Winkel α zwischen 0° und 360°, für die gilt:
a) $\tan(\alpha) = 2$, b) $\tan(\alpha) = -3$.
Lösung:
a) *Der Taschenrechner liefert eine Näherungslösung* $\alpha_1 \approx 63{,}4°$. *Dann ist auch* $\alpha_2 = \alpha_1 + 180°$ *eine Näherungslösung.*
$\alpha_1 \approx 63{,}4°$ und $\alpha_2 \approx 63{,}4° + 180° = 243{,}4°$
b) *Hier ist* $\tan(\alpha) < 0$. *Der Taschenrechner liefert daher eine Näherungslösung* $\alpha_0 \approx -71{,}6°$. *Dann sind* $\alpha_1 = 360° + \alpha_0$ *und* $\alpha_2 = 180° + \alpha_0$ *Näherungslösungen zwischen 0° und 360°.*
$\alpha_1 \approx 360° + (-71{,}6°) = 288{,}4°$ und $\alpha_2 \approx 180° + (-71{,}6°) = 108{,}4°$

Aufgaben

2 Zeichne einen Einheitskreis (Einheit = 10 cm) und bestimme zeichnerisch Näherungswerte für $\tan(\alpha)$.
a) $\alpha = 20°$ b) $\alpha = 130°$ c) $\alpha = 200°$ d) $\alpha = 290°$ e) $\alpha = 350°$

3 Bestimme die Funktionswerte mit dem Taschenrechner.
a) $\tan(10°)$ b) $\tan(50°)$ c) $\tan(170°)$ d) $\tan(-230°)$ e) $\tan(735°)$

4 Begründe am Einheitskreis: Für alle Winkel α mit $\alpha \neq 90° + k \cdot 180°$ mit k aus $\mathbb{Z}$ gilt $\tan(\alpha) = \frac{\sin(\alpha)}{\cos(\alpha)}$.

5 Bestimme exakte Funktionswerte.
a) $\tan(30°)$ b) $\tan(45°)$ c) $\tan(60°)$ d) $\tan(330°)$ e) $\tan(-420°)$

6 Bestimme ohne Taschenrechner alle Winkel, für die gilt:
a) $\tan(\alpha) = 1$ b) $\tan(\alpha) = \sqrt{3}$ c) $\tan(\alpha) = \frac{1}{\sqrt{3}}$ d) $\tan(\alpha) = -1$

7 Bestimme mit dem Taschenrechner auf eine Nachkommastelle gerundete Näherungswerte für alle Winkel α zwischen 0° und 360°, für die gilt:
a) $\tan(\alpha) = 2{,}1$ b) $\tan(\alpha) = -3{,}5$ c) $\tan(\alpha) = 100$ d) $\tan(\alpha) = -0{,}1$

4 Additionssätze

Die Tabelle in Fig. 4 auf Seite 159 zeigt, in welcher Reihenfolge sich mit Hilfe einer solchen Formel exakte Funktionswerte bestimmen lassen, wenn man von den exakten Werten für die Winkel 90° und 60° ausgeht.

1 Für einige Winkel α kennt man exakte Werte für $\sin(\alpha)$ und $\cos(\alpha)$. Mit Hilfe von Fig. 1 kann man für solche Winkel α exakte Werte für $\sin\left(\frac{\alpha}{2}\right)$ bestimmen.

a) Begründe: In Fig. 1 gilt: $\sphericalangle LP_2P_1 = \frac{\alpha}{2}$, $\overline{MP_1} = \overline{MP_2} = \sin\left(\frac{\alpha}{2}\right)$ und $\overline{LP_1} = 1 - \cos(\alpha)$.

b) Zeige mit Hilfe des Dreiecks LP_1P_2, dass gilt: $\sin\left(\frac{\alpha}{2}\right) = \frac{1-\cos(\alpha)}{2\sin\left(\frac{\alpha}{2}\right)}$. Folgere hieraus, dass für $\alpha \leqq 90°$ gilt: $\sin\left(\frac{\alpha}{2}\right) = \sqrt{\frac{1-\cos(\alpha)}{2}}$.

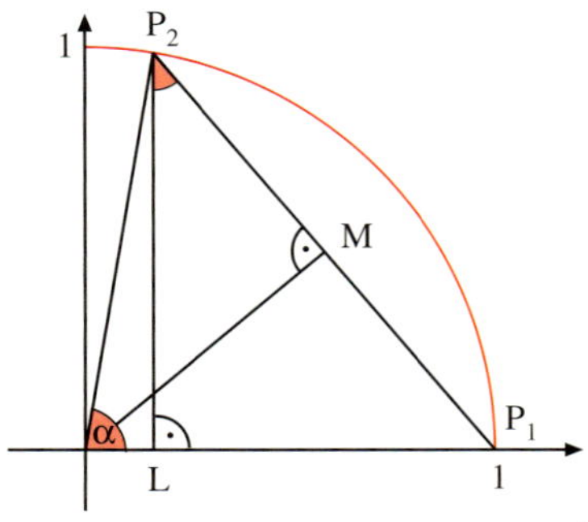

Fig. 1

c) Berechne mit der Formel aus b): $\sin(15°)$, $\sin(7{,}5°)$ und $\sin(22{,}5°)$.

2 a) Vergleiche $\sin(30°) + \sin(60°)$ mit $\sin(30° + 60°)$.
b) Vergleiche ebenso $\cos(90°) - \cos(60°)$ mit $\cos(90° - 60°)$.

Um mit Hilfe bekannter Funktionswerte weitere Funktionswerte der Sinus- und Kosinusfunktion zu berechnen, kann man die sogenannten Additionssätze benutzen.

Additionssätze

$\sin(\alpha + \beta) = \sin(\alpha)\cos(\beta) + \cos(\alpha)\sin(\beta)$ $\quad$ $\cos(\alpha + \beta) = \cos(\alpha)\cos(\beta) - \sin(\alpha)\sin(\beta)$

$\sin(\alpha - \beta) = \sin(\alpha)\cos(\beta) - \cos(\alpha)\sin(\beta)$ $\quad$ $\cos(\alpha - \beta) = \cos(\alpha)\cos(\beta) + \sin(\alpha)\sin(\beta)$

Es ist geschickt, einen der Additionssätze zu beweisen und die Gültigkeit der anderen daraus zu folgern.

Beweis von $\cos(\alpha - \beta) = \cos(\alpha)\cos(\beta) + \sin(\alpha)\sin(\beta)$: Die Länge c der Verbindungsstrecke zweier Punkte P_1 und P_2 auf dem Einheitskreis wird auf zwei Arten bestimmt:

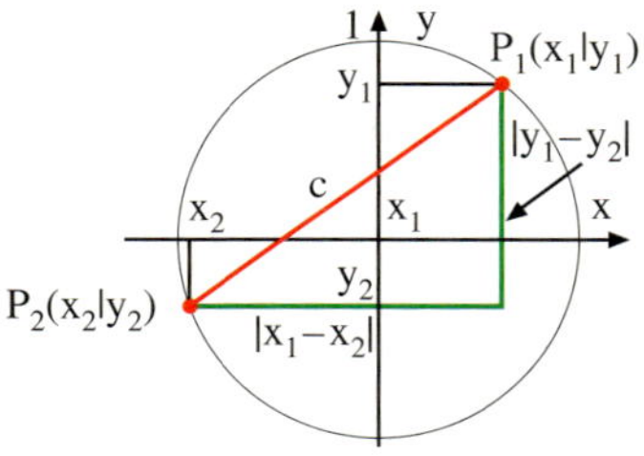

Fig. 2

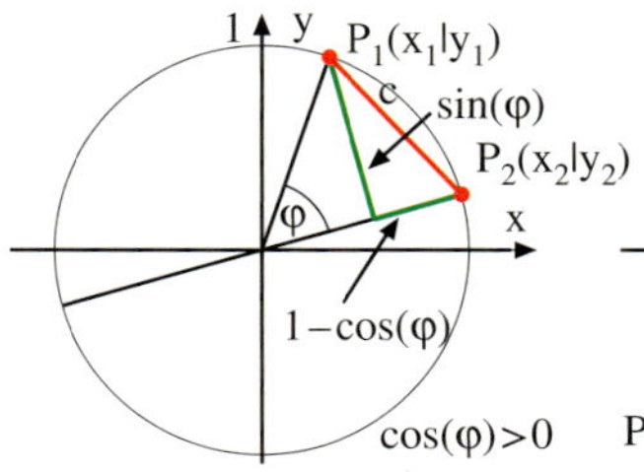

Fig. 3

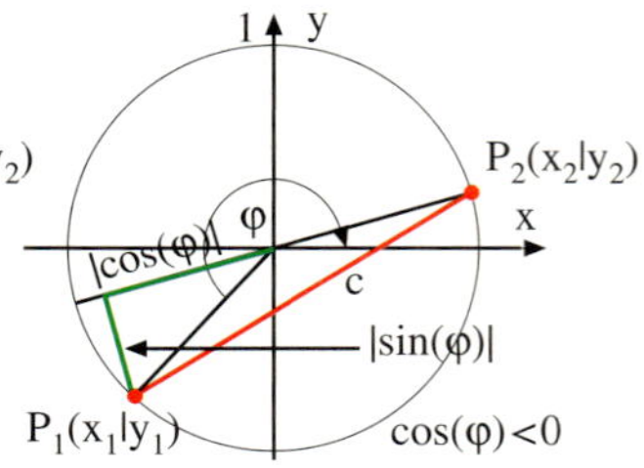

Fig. 4

1. Fig. 2 verdeutlicht, dass gilt:
$c^2 = (x_1 - x_2)^2 + (y_1 - y_2)^2 = x_1^2 + y_1^2 + x_2^2 + y_2^2 - 2(x_1x_2 + y_1y_2) = 2 - 2(x_1x_2 + y_1y_2)$.
2. Fig. 3 und Fig. 4 verdeutlichen: Für den Winkel $\varphi = \sphericalangle P_2OP_1$ gilt:
$c^2 = (1 - \cos(\varphi))^2 + \sin^2(\varphi) = 1 - 2\cos(\varphi) + \cos^2(\varphi) + \sin^2(\varphi) = 2 - 2\cos(\varphi)$.

Aus 1. und 2. folgt: $\cos(\varphi) = x_1x_2 + y_1y_2$. Ist $P_1(\cos(\alpha)\,|\,\sin(\alpha))$ und $P_2(\cos(\beta)\,|\,\sin(\beta))$, dann gilt für $\varphi = \alpha - \beta$: $\cos(\varphi) = \cos(\alpha - \beta) = \cos(\alpha)\cos(\beta) + \sin(\alpha)\sin(\beta)$.

Durch geschicktes Anwenden der Formel $\cos(\alpha - \beta) = \cos(\alpha)\cos(\beta) + \sin(\alpha)\sin(\beta)$ erhält man nacheinander die Formeln: $\cos(\alpha) = \cos(-\alpha)$, $\cos(\alpha - 90°) = \sin(\alpha)$, $\sin(90° - \alpha) = \cos(\alpha)$ und $\sin(-\alpha) = -\sin(\alpha)$ (siehe Aufgabe 6).
Die übrigen Additionssätze gewinnt man dann durch Anwenden dieser Formeln (siehe Aufgabe 7).
Nutzt man die Beziehung $\tan(\alpha) = \frac{\sin(\alpha)}{\cos(\alpha)}$ und die bereits bewiesenen Additionssätze, so erhält man für die Tangensfunktion:

Die Begründung erfolgt in Aufgabe 8.

$$\tan(\alpha + \beta) = \frac{\tan(\alpha) + \tan(\beta)}{1 - \tan(\alpha)\tan(\beta)} \quad \text{und} \quad \tan(\alpha - \beta) = \frac{\tan(\alpha) - \tan(\beta)}{1 + \tan(\alpha)\tan(\beta)}.$$

Durch Anwenden der Additionssätze für Sinus und Kosinus auf die rechten Seiten der folgenden Gleichungen bestätigt man (Aufgabe 9):
$\sin(\alpha) + \sin(\beta) = 2\sin\left(\frac{\alpha + \beta}{2}\right)\cos\left(\frac{\alpha - \beta}{2}\right)$ und $\cos(\alpha) + \cos(\beta) = 2\cos\left(\frac{\alpha + \beta}{2}\right)\cos\left(\frac{\alpha - \beta}{2}\right)$.

Beispiel 1
Bestimme genaue Werte für a) $\sin(75°)$, b) $\cos(105°)$.
Lösung:
Schreibe die Winkel als Summe oder Differenz zweier Winkel, von denen du die Funktionswerte kennst, und wende Additionssätze an.

a) $\sin(75°) = \sin(45° + 30°) = \sin(45°)\cos(30°) + \sin(30°)\cos(45°)$
$= \frac{1}{2}\sqrt{2} \cdot \frac{1}{2}\sqrt{3} + \frac{1}{2} \cdot \frac{1}{2}\sqrt{2} = \frac{1}{4}\sqrt{6} + \frac{1}{4}\sqrt{2} = \frac{1}{4}\left(\sqrt{6} + \sqrt{2}\right)$

b) $\cos(105°) = \cos(135° - 30°) = \cos(135°)\cos(30°) + \sin(135°)\sin(30°)$
$= \left(-\frac{1}{2}\sqrt{2}\right)\left(\frac{1}{2}\sqrt{3}\right) + \frac{1}{2}\sqrt{2} \cdot \frac{1}{2} = -\frac{1}{4}\sqrt{6} + \frac{1}{4}\sqrt{2} = \frac{1}{4}\left(\sqrt{2} - \sqrt{6}\right)$

Beispiel 2
Beweise: Für alle Winkel α gilt: $\cos(2\alpha) = 1 - 2\sin^2(\alpha)$
Lösung:
$\cos(2\alpha) = \cos(\alpha + \alpha) = \cos(\alpha) \cdot \cos(\alpha) - \sin(\alpha) \cdot \sin(\alpha) = \cos^2(\alpha) - \sin^2(\alpha)$
$= 1 - \sin^2(\alpha) - \sin^2(\alpha) = 1 - 2\sin^2(\alpha)$

Aufgaben

Funktionswerte bestimmen

3 Berechne die Funktionswerte mit Hilfe der Additionssätze.
a) $\sin(15°)$ b) $\cos(15°)$ c) $\sin(195°)$ d) $\cos(255°)$

4 Für zwei Winkel α und β zwischen 90° und 180° gilt: $\sin(\alpha) = \frac{2}{3}\sqrt{2}$ und $\cos(\beta) = -\frac{1}{2}\sqrt{3}$. Bestimme die Funktionswerte, ohne α und β zu berechnen.
a) $\sin(\alpha + \beta)$ b) $\sin(\alpha - \beta)$ c) $\cos(\alpha + \beta)$ d) $\cos(\alpha - \beta)$
e) $\sin(2\alpha)$ f) $\sin(2\beta)$ g) $\cos(2\alpha)$ h) $\cos(2\beta)$
i) $\tan(\alpha + \beta)$ k) $\tan(\alpha - \beta)$ l) $\tan(2\alpha)$ m) $\tan(2\beta)$

5 Für $180° \leqq \alpha \leqq 270°$ und $270° \leqq \beta \leqq 360°$ gilt: $\sin(\alpha) = -0{,}28$ und $\cos(\beta) = 0{,}6$. Bestimme die Funktionswerte, ohne α und β zu berechnen.
a) $\sin(\alpha + \beta)$ b) $\cos(\alpha - \beta)$ c) $\cos(2\alpha)$ d) $\sin(2\alpha)$
e) $\tan(\alpha + \beta)$ f) $\tan(\alpha - \beta)$ g) $\tan(2\alpha)$ h) $\tan(2\beta)$

Formeln beweisen

Ein Tipp zu Aufgabe 6a: $\cos(-\alpha) = \cos(0° - \alpha)$

Ein Tipp zu Aufgabe 6b: $\cos(\alpha + 90°) = \cos(\alpha - (-90°))$

6 Beweise mit dem Additionssatz $\cos(\alpha - \beta) = \cos(\alpha)\cos(\beta) + \sin(\alpha)\sin(\beta)$, dass für alle Winkel α gilt:
a) $\cos(\alpha) = \cos(-\alpha)$ b) $\cos(\alpha + 90°) = -\sin(\alpha)$
c) $\sin(90° - \alpha) = \cos(\alpha)$ d) $\sin(-\alpha) = -\sin(\alpha)$

7 Beweise mit den Formeln aus Aufgabe 6 und dem dort benutzten Additionssatz, dass die übrigen Additionssätze gelten.

8 Beweise die Additionssätze für die Tangensfunktion.

9 Zeige, dass für alle Winkel $\alpha + \beta$ gilt:
a) $\sin(\alpha) + \sin(\beta) = 2\sin\left(\frac{\alpha+\beta}{2}\right)\cos\left(\frac{\alpha-\beta}{2}\right)$ b) $\cos(\alpha) + \cos(\beta) = 2\cos\left(\frac{\alpha+\beta}{2}\right)\cos\left(\frac{\alpha-\beta}{2}\right)$

10 Beweise:
a) $\sin(2\alpha) = 2\sin(\alpha)\cos(\alpha)$ b) $\sin(3\alpha) = 3\sin(\alpha) - 4\sin^3(\alpha)$

11 a) Es ist $\alpha = 2\frac{\alpha}{2}$. Beweise damit und unter Verwendung der Formeln aus Beispiel 2 und Aufgabe 10a): $\left|\sin\left(\frac{\alpha}{2}\right)\right| = \sqrt{\frac{1-\cos(\alpha)}{2}}$ und $\left|\cos\left(\frac{\alpha}{2}\right)\right| = \sqrt{\frac{1+\cos(\alpha)}{2}}$.
b) Bestimme nacheinander exakte Funktionswerte:
$\sin(15°)$, $\cos(15°)$, $\sin(7{,}5°)$, $\cos(7{,}5°)$, $\sin(3{,}75°)$, $\cos(3{,}75°)$, $\sin(11{,}25°)$, $\cos(11{,}25°)$, $\cos(71{,}25°)$, $\sin(18{,}75°)$.

Drehungen

12 In Fig. 1 ist Q′ der Bildpunkt von Q und P′ der Bildpunkt von P bei einer Drehung um den Winkel φ mit Drehzentrum $O(0|0)$.
a) Zeige: Wenn x_Q und y_Q die Koordinaten von Q sind, dann gilt für die Koordinaten $x_{Q'}$ und $y_{Q'}$ von Q′:
$x_{Q'} = \cos(\varphi)x_Q - \sin(\varphi)y_Q$ und
$y_{Q'} = \sin(\varphi)x_Q + \cos(\varphi)y_Q$.
b) Begründe: Für die Koordinaten x_P und y_P von P gilt: $x_P = r \cdot x_Q$ und $y_P = r \cdot y_Q$.
c) Zeige: Für die Koordinaten $x_{P'}$ und $y_{P'}$ von P′ gilt:
$x_{P'} = \cos(\varphi)x_P - \sin(\varphi)y_P$ und
$y_{P'} = \sin(\varphi)x_P + \cos(\varphi)y_P$.

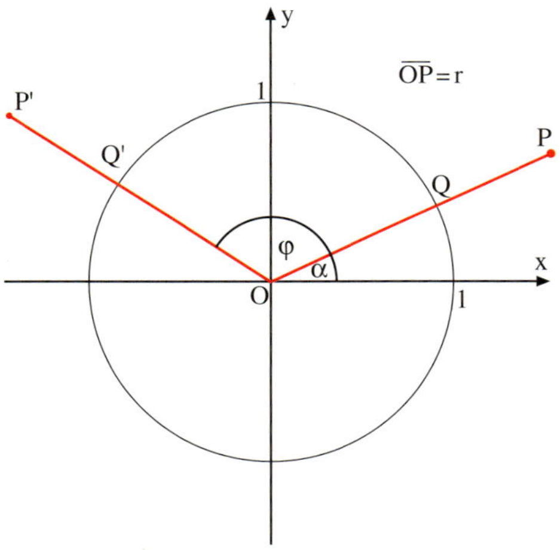

Fig. 1

13 Das Dreieck mit den Eckpunkten $A(2|1)$, $B(7|3)$ und $C(5|6)$ wird um 40° um den Ursprung gedreht.
a) Zeichne das Bilddreieck und lies die Koordinaten der Bildpunkte ab.
b) Berechne die Bildpunkte mit den Formeln aus Aufgabe 12.

14 Der Punkt $P(x|y)$ wird um 90° um den Ursprung gedreht. Gib die Koordinaten des Bildpunktes P′ an.

5 Die trigonometrischen Funktionen auf $\mathbb{R}$

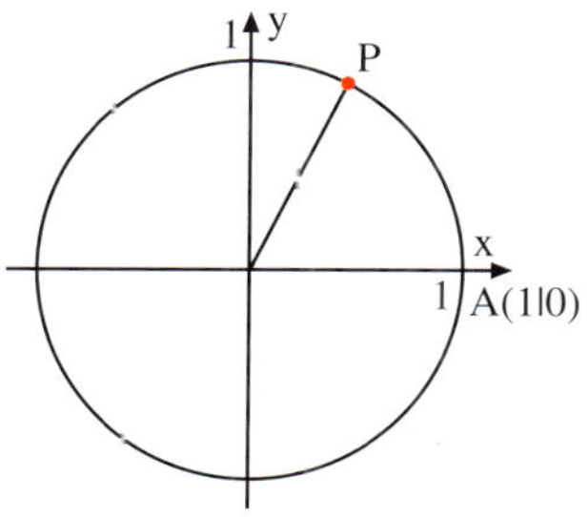

Fig. 1

1 Der Punkt P startet im Punkt $A(1|0)$ und bewegt sich auf dem Einheitskreis.
a) Welche Koordinaten hat der Punkt P, wenn er eine Wegstrecke von 1 LE zurückgelegt hat?
b) Stelle einen Funktionsterm für die Funktion: *Maßzahl der zurückgelegten Wegstrecke* $\rightarrow$ *x-Koordinate des Punktes P* auf. Zeichne den Graphen der Funktion.

Winkel kann man im Gradmaß oder im Bogenmaß messen. Misst man die Winkel im Bogenmaß, so wird dem Winkel mit dem Bogenmaß x durch die Sinusfunktion der Sinuswert des Winkels $\alpha = \frac{x}{2\pi} \cdot 360°$ zugeordnet. Das Bogenmaß eines Winkels ist eine reelle Zahl.
Die Funktion $x \mapsto \frac{x}{2\pi} \cdot 360° \mapsto \sin\left(\frac{x}{2\pi} \cdot 360°\right)$ lässt sich also als Funktion auffassen, die für alle reellen Zahlen definiert ist.

> Fasst man jede reelle Zahl x als Bogenmaß eines Winkels auf, so werden hierdurch die Funktionen $\mathbf{x \mapsto \sin(x)}$ und $\mathbf{x \mapsto \cos(x)}$ für alle reellen Zahlen definiert.
> Diese Funktionen haben die Periode 2π.

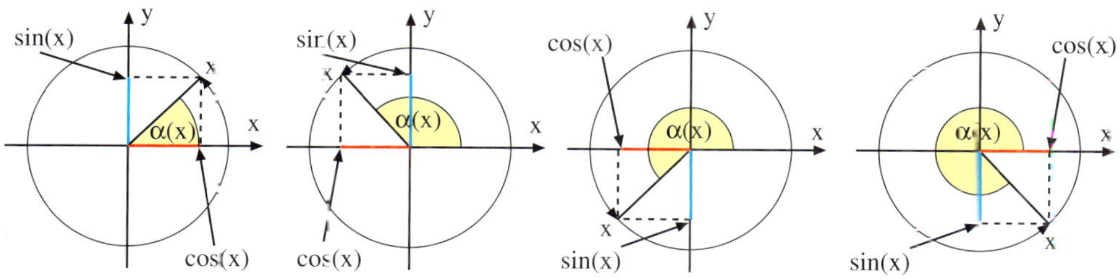

Fig. 2

Die Funktion tan definiert man entsprechend für reelle Zahlen. Sie hat die Periode π.
Die so definierten Funktionen sin, cos und tan heißen **trigonometrische Funktionen**.
In einem Koordinatensystem mit gleicher Einteilung der beiden Achsen sehen die Graphen für die Sinus- und Kosinusfunktion so aus (vgl. Aufgabe 2):

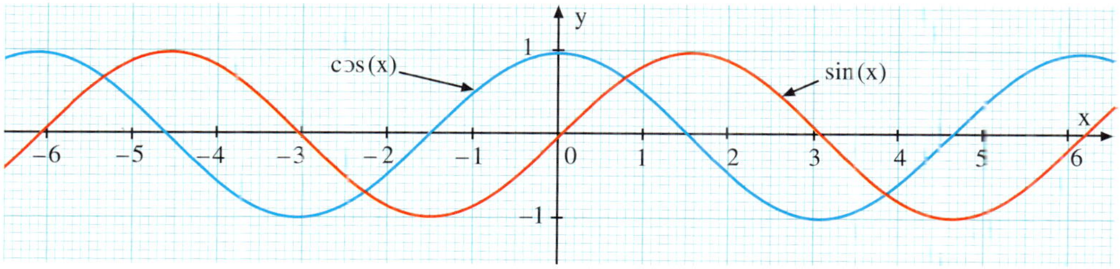

Fig. 3

Die Eigenschaften der im Gradmaß definierten Funktionen lassen sich leicht auf die auf $\mathbb{R}$ definierten Funktionen übertragen.

Eigenschaft	Für alle reellen Zahlen x gilt:
sin und cos haben die Periode 2π	$\sin(x + 2\pi) = \sin(x)$ $\cos(x + 2\pi) = \cos(x)$
Nullstellen	$\sin(x) = 0$, wenn $x = k\pi$ mit $k \in \mathbb{Z}$ $\cos(x) = 0$, wenn $x = \frac{\pi}{2} + k\pi$ mit $k \in \mathbb{Z}$
größte Funktionswerte	$\sin(x) = 1$, wenn $x = \frac{\pi}{2} + 2k\pi$ mit $k \in \mathbb{Z}$ $\cos(x) = 1$, wenn $x = 2k\pi$ mit $k \in \mathbb{Z}$
kleinste Funktionswerte	$\sin(x) = -1$, wenn $x = \frac{3}{2}\pi + 2k\pi$ mit $k \in \mathbb{Z}$ $\cos(x) = -1$, wenn $x = \pi + 2k\pi$ mit $k \in \mathbb{Z}$
Den Graphen der Kosinusfunktion erhält man durch eine Verschiebung des Graphen der Sinusfunktion um $\frac{\pi}{2}$ gegen die Richtung der x-Achse.	$\cos(x) = \sin(x + \frac{\pi}{2})$

Beispiel 1

Bestimme mit dem Taschenrechner auf 3 Nachkommastellen gerundete Näherungswerte für alle reellen Zahlen x mit

a) $\sin(x) = 0{,}7$ b) $\cos(x) = -0{,}3$ c) $\tan(x) = 2$ und $0 \leqq x \leqq 2\pi$

Lösung:

Mögliche Taschenrechneranzeige:

Auf den meisten Taschenrechnern ist eine Taste DRG oder eine Taste RAD, mit der man von einem Winkelmaß ins andere umstellen kann.

Die Aufgabenstellung zeigt, dass im Bogenmaß gerechnet wird. Stelle daher den Taschenrechner auf das Bogenmaß um.

a) *Der Taschenrechner liefert eine Näherungslösung* $x_1 \approx 0{,}775$ *zwischen* $-\frac{\pi}{2}$ *und* $\frac{\pi}{2}$.
Dann ist auch $x_2 = \pi - x_1$ *eine Näherungslösung.*
$x_1 \approx 0{,}775$ und $x_2 \approx \pi - 0{,}775 \approx 2{,}366$

b) *Der Taschenrechner liefert die Näherungslösung* $x_1 \approx 1{,}875$ *zwischen 0 und* π.
Dann ist auch $x_2 = 2\pi - x_1$ *eine Näherungslösung.*
$x_1 \approx 1{,}875$ und $x_2 \approx 2\pi - 1{,}875 \approx 4{,}408$

c) *Der Taschenrechner liefert die Näherungslösung* $x_1 \approx 1{,}107$ *zwischen* $-\frac{\pi}{2}$ *und* $\frac{\pi}{2}$.
Dann ist auch $x_2 = x_1 + \pi$ *eine Näherungslösung.*
$x_1 \approx 1{,}107$ und $x_2 \approx 1{,}107 + \pi \approx 4{,}249$

Beispiel 2

Gib auf 3 Nachkommastellen gerundete Näherungswerte für alle reellen Zahlen x an, für die gilt: $\cos(x) = 0{,}8$.

Lösung:

Bestimme zwei Lösungen zwischen 0 und 2π. *Nutze die Periodizität aus.*

$L = \{x \in \mathbb{R} \mid x = 0{,}644 + k \cdot 2\pi$ oder $x = 5{,}640 + k \cdot 2\pi$ mit $k \in \mathbb{Z}\}$

Aufgaben

Zur Wiederholung

2 Gib die Winkel im Bogenmaß als Vielfache von π an.

a) 180°; 90°; 270°; 45°; 135°; 225°; 315° b) 60°; 120°; 30°; 15°; 75°; 150°; 7,5°
c) 36°; 18°; 9°; 72°; 144°; 54°; 108° d) 1°; 7°; 23°; 68°; 112°; 137°; 318°

3 Gib die Winkel im Gradmaß an.

a) π; $\frac{\pi}{2}$; $\frac{\pi}{4}$; $\frac{3\pi}{4}$; $\frac{5\pi}{4}$; $\frac{\pi}{3}$; $\frac{2\pi}{3}$; $\frac{\pi}{6}$; $\frac{5\pi}{6}$; $\frac{11\pi}{6}$ b) $\frac{\pi}{10}$; $\frac{3\pi}{10}$; $\frac{7\pi}{10}$; $\frac{\pi}{18}$; $\frac{5\pi}{18}$; $\frac{\pi}{180}$; $\frac{7\pi}{180}$; $\frac{7\pi}{18}$

4 Bestimme das Gradmaß zum Bogenmaß.

a) 2; 1,8; 2,3; 4,7; –2,1; –3,6; 5,8; –5,4; 4,21 b) 6,8; 13,4; 34,8; –102,9; 435,8; 1024

Die trigonometrischen Funktionen

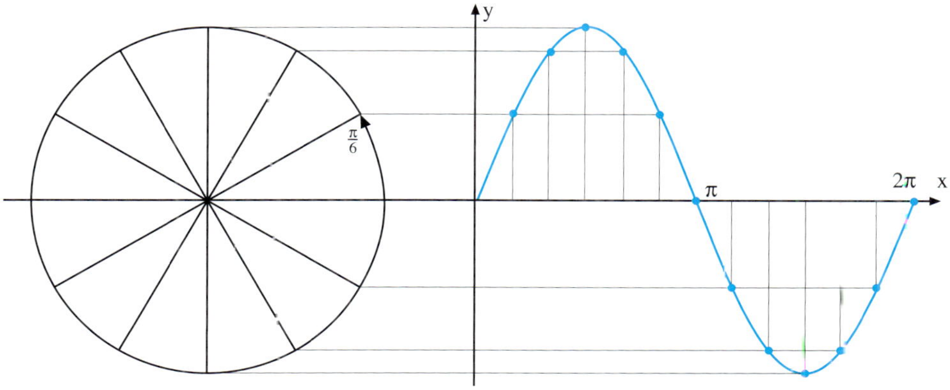

Fig. 1

5 Fig. 1 verdeutlicht, wie man Funktionswerte der Sinusfunktion graphisch ermitteln und damit direkt Punkte des Graphen konstruieren kann. Zeichne auf diese Art den Graphen der Sinusfunktion in einem Koordinatensystem mit gleicher Einteilung auf beiden Achsen. Wähle als Einheit 2 cm.

6 Zeichne die Graphen der Kosinus- und der Tangensfunktion wie in Aufgabe 5.

7 Bestimme die Funktionswerte ohne Taschenrechner.

a) $\sin\left(\frac{\pi}{4}\right)$ b) $\cos\left(\frac{\pi}{3}\right)$ c) $\tan\left(\frac{\pi}{6}\right)$

d) $\sin\left(\frac{3}{2}\pi\right)$ e) $\cos\left(\frac{3}{4}\pi\right)$ f) $\sin\left(\frac{5}{2}\pi\right)$

g) $\tan(5\pi)$ h) $\sin\left(-\frac{9}{4}\pi\right)$ i) $\tan\left(\frac{3}{4}\pi\right)$

8 Bestimme mit dem Taschenrechner.

a) $\sin(0{,}52)$ b) $\cos(0{,}84)$ c) $\tan(0{,}63)$ d) $\cos(1{,}31)$

9 Bestimme ohne Taschenrechner alle x mit $0 \leqq x \leqq 2\pi$, für die gilt:

a) $\sin(x) = 1$ b) $\cos(x) = \frac{1}{2}\sqrt{2}$ c) $\tan(x) = -1$

d) $\cos(x) = \frac{1}{2}\sqrt{3}$ e) $\sin(x) = \frac{1}{2}$ f) $\cos(x) = -\frac{1}{2}$

10 Bestimme mit dem Taschenrechner auf 3 Nachkommastellen gerundete Näherungswerte für alle Zahlen x mit $0 \leqq x \leqq 2\pi$, für die gilt:

a) $\sin(x) = 0{,}9396$ b) $\sin(x) = 0{,}8192$ c) $\cos(x) = 0{,}6294$

d) $\cos(x) = -0{,}8870$ e) $\sin(x) = -0{,}5519$ f) $\sin(x) = -0{,}6947$

g) $\cos(x) = 0{,}7071$ h) $\cos(x) = -0{,}1736$ i) $\tan(x) = 0{,}4245$

k) $\tan(x) = -0{,}4557$ l) $\tan(x) = 2{,}7865$ m) $\tan(x) = -4{,}5321$

11 Bestimme auf 3 Nachkommastellen gerundete Näherungswerte für alle reellen Zahlen x, für die gilt:

a) $\sin(x) = 0{,}6$ b) $\cos(x) = -0{,}56$ c) $\tan(x) = 231$ d) $\cos(x) = 0{,}43$

6 Funktionen der Form $x \mapsto a \cdot \sin(bx - e)$

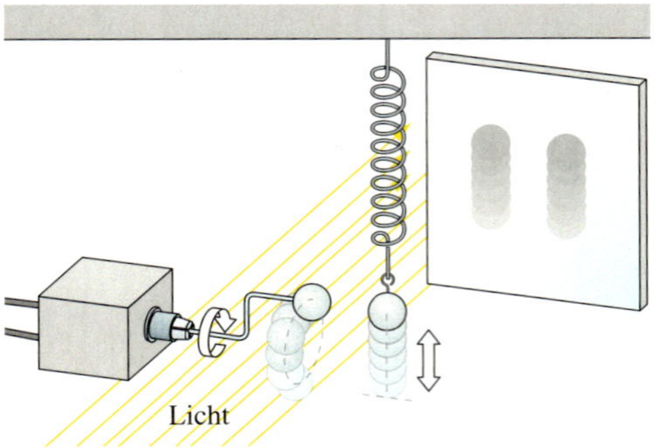

Fig. 1

1 An der Schraubenfeder und der Motorwelle sind Kugeln befestigt (Fig. 1).
Lenkt man die Schraubenfeder aus ihrer Ruhelage aus, so kann man durch Regulierung der Drehgeschwindigkeit des Motors erreichen, dass sich die Schattenbilder der beiden Kugelmitten stets auf gleicher Höhe befinden.
Begründe: Die Auslenkung der Feder lässt sich durch eine Funktion f der Form $f\colon t \mapsto A \cdot \sin(b \cdot t)$ beschreiben.

Die folgenden Vergleiche zeigen, wie man sich die Graphen von Funktionen der Form $x \mapsto a \cdot \sin(bx - e)$ aus dem Graphen der Funktion $x \mapsto \sin(x)$ entstanden denken kann.

1. Funktionen der Form $x \mapsto a \cdot \sin(x)$

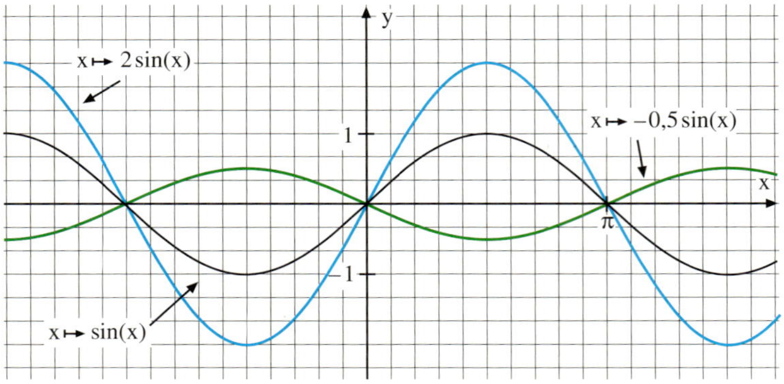

Fig. 2

Für die Funktionen $f\colon x \mapsto \sin(x)$ und $g\colon x \mapsto a \cdot \sin(x)$ gilt:
$g(x) = a \cdot \sin(x) = a \cdot f(x)$.
Fig. 2 verdeutlicht: Der Graph von g entsteht aus dem Graphen von f durch Streckung ($|a| > 1$) oder Stauchung ($|a| < 1$) in Richtung der y-Achse. Ist $a < 0$, so erfolgt noch eine zusätzliche Spiegelung an der x-Achse. Die Zahl $|a|$ gibt den größten Funktionswert an und heißt **Amplitude**.
Für $a \neq 0$ hat die Funktion $x \mapsto a \cdot \sin(x)$ die Periode 2π.

2. Funktionen der Form $x \mapsto \sin(x - e)$

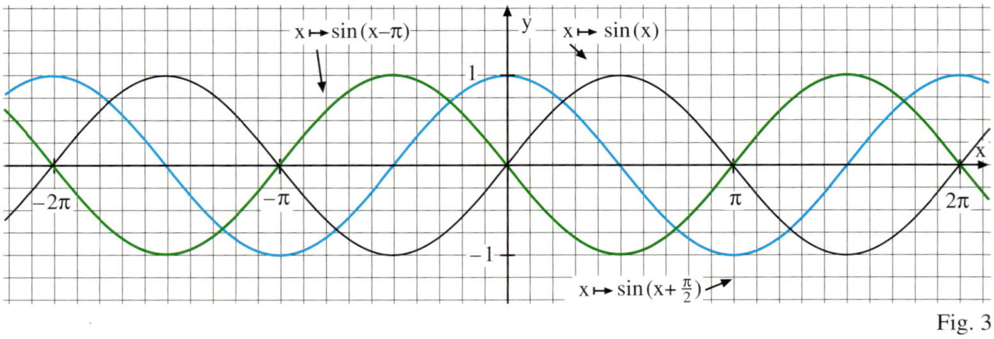

Fig. 3

Für die Funktionen $f\colon x \mapsto \sin(x)$ und $g\colon x \mapsto \sin(x - e)$ gilt:
$g(x + e) = \sin(x - e + e) = \sin(x) = f(x)$. Für $e = \pi$ bedeutet das, dass die Funktion g den Funktionswert f(x) „erst“ an einer Stelle annimmt, die um π rechts von x liegt. Fig. 3 verdeutlicht: Der Graph von g entsteht aus dem Graphen von f durch eine Verschiebung um e nach rechts ($e > 0$) oder links ($e < 0$). Die Periode von g ist 2π; die Amplitude ist 1.

3. Funktionen der Form $x \mapsto \sin(b \cdot x)$ mit $b > 0$

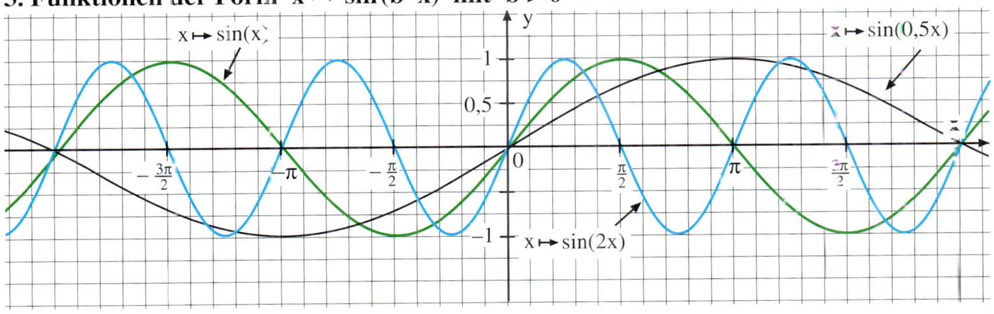

Fig. 1

Für die Funktionen $f\colon x \to \sin(x)$ und $g\colon x \mapsto \sin(b \cdot x)$ gilt: $g\left(\frac{1}{b}x\right) = \sin\left(b \cdot \frac{1}{b}x\right) = f(x)$. Für $b = 2$ bedeutet das, dass die Funktion g den Funktionswert f(x) „bereits" an der Stelle $\frac{x}{2}$ annimmt. Fig. 1 verdeutlicht: Der Graph von g entsteht aus dem Graphen von f durch Stauchung ($b > 1$) oder Streckung ($b < 1$) in Richtung der x-Achse. Die Periode der Funktion g ist $\frac{2\pi}{b}$. Die Amplitude der Funktion g ist 1.

Fig. 2 verdeutlicht am Beispiel der Funktion $x \mapsto 3\sin\left(2x - \frac{\pi}{2}\right) = 3\sin\left(2\left(x - \frac{\pi}{4}\right)\right)$:

Wenn der Term von der Form $x \mapsto a \cdot \sin(bx - c)$ ist, formt man um: $x \mapsto a \cdot \sin\left(b\left(x - \frac{c}{b}\right)\right)$

> Den Graphen einer Funktion $x \mapsto a \cdot \sin(b(x - c))$ mit $b > 0$ kann man sich so aus dem Graphen der Funktion $x \mapsto \sin(x)$ entstanden denken:
> 1. Strecken (oder Stauchen) in y-Richtung um den Faktor $|a|$ (grüner Graph), denn $|a|$ ist der größte Funktionswert (die Amplitude). Ist $a < 0$, muss noch an der x-Achse gespiegelt werden.
> 2. Stauchen (oder Strecken) in x-Richtung um den Faktor b (roter Graph), denn $\frac{2\pi}{b}$ ist die Periode.
> 3. Verschiebung des neuen Graphen um c nach rechts (blauer Graph).

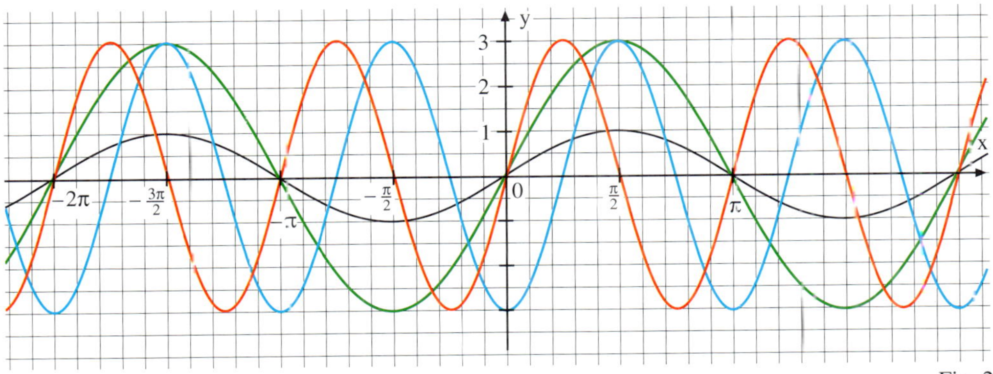

Fig. 2

In Physik und Technik gibt es viele zeitlich periodische Vorgänge, z. B. Schwingungen, die sich mit Hilfe von Funktionen der Form $x \mapsto a \cdot \sin(bx - e)$ beschreiben lassen. Man schreibt die Funktionen dann häufig in der Form $t \mapsto a\sin\left(\frac{2\pi}{T}t - e\right)$. In dieser Form ist die Periode T leicht ablesbar. Man nennt T dann auch die **Schwingungsdauer** und e die **Phasenverschiebung**. Den Kehrwert der Periode $\nu = \frac{1}{T}$ nennt man die **Frequenz**; sie gibt die Anzahl der Schwingungsvorgänge pro Zeiteinheit an.

Beispiel 1
Bestimme Amplitude und Periode der Funktion f: $x \mapsto \frac{3}{2}\sin(2x + \pi)$. Wie kann man sich den Graphen von f aus dem Graphen der Sinusfunktion entstanden denken? Skizziere den Graphen von f.
Lösung:
Forme den Funktionsterm um:
$\frac{3}{2}\sin(2x + \pi) = \frac{3}{2}\sin\left(2\left(x + \frac{\pi}{2}\right)\right)$.
Die Amplitude ist $\frac{3}{2}$. Die Periode ist $\frac{2\pi}{2} = \pi$.
*Den Graphen von f kann man jetzt leicht skizzieren, wenn man zwei benachbarte Nullstellen x_1 und x_2 kennt: Der Graph von f entsteht aus dem Graphen der Funktion g: $x \mapsto \frac{3}{2}\sin(2x)$ durch eine Verschiebung um $-\frac{\pi}{2}$ parallel zur x-Achse. Damit findet man $x_1 = -\frac{\pi}{2}$ **und** $x_2 = -\frac{\pi}{2} + \frac{1}{2}\cdot\pi = 0$.*

Der Abstand zweier benachbarter Nullstellen ist gleich einer halben Periodenlänge.

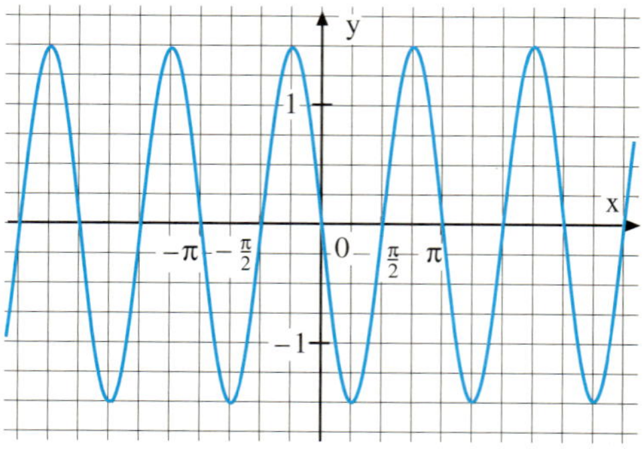

Fig. 1

Beispiel 2
Fig. 2 zeigt den Graphen einer Funktion der Form $x \mapsto a\sin(bx - e)$.
Gib einen Funktionsterm an.
Lösung:
Die Amplitude ist $\frac{3}{2}$, die Periode ist 3π.
Der Graph schneidet die x-Achse mit Vorzeichenwechsel von − nach + bei $\frac{\pi}{2}$.
Also gilt f: $x \mapsto \frac{3}{2}\sin\left(b\left(x - \frac{\pi}{2}\right)\right)$ und $\frac{2\pi}{b} = 3\pi$. Hieraus erhält man $b = \frac{2\pi}{3\pi} = \frac{2}{3}$.
f: $x \mapsto \frac{3}{2}\sin\left(\frac{2}{3}\left(x - \frac{\pi}{2}\right)\right) = \frac{3}{2}\sin\left(\frac{2}{3}x - \frac{\pi}{3}\right)$

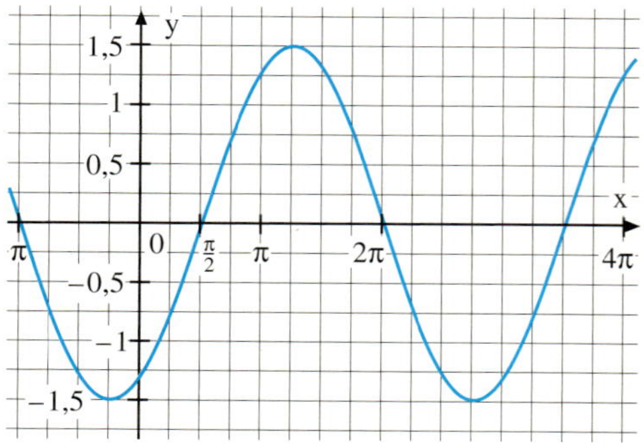

Fig. 2

Aufgaben

2 Bestimme jeweils die Amplitude und die Periode der Funktion. Skizziere dann den Graphen im Intervall $[-\pi; 2\pi]$. Wähle eine passende Achseneinteilung.

a) $x \mapsto 2{,}5\sin(x)$ b) $x \mapsto -2\sin(x)$ c) $x \mapsto \frac{1}{2}\cdot\sin(x)$
d) $x \mapsto \sin\left(\frac{1}{3}x\right)$ e) $x \mapsto \sin\left(\frac{3}{2}x\right)$ f) $x \mapsto \sin\left(\frac{2}{3}x\right)$

3
a) $x \mapsto 2\sin(\pi x)$ b) $x \mapsto 1{,}5\sin(3\pi x)$ c) $x \mapsto -2\sin(1{,}5\pi x)$
d) $x \mapsto \frac{2}{3}\sin\left(\frac{3}{2}\pi x\right)$ e) $x \mapsto \sin\left(\frac{2\pi}{5}x\right)$ f) $x \mapsto 2\sin\left(\frac{5}{2\pi}x\right)$

4
a) $x \mapsto \sin(x - \pi)$ b) $x \mapsto \sin(x + \pi)$ c) $x \mapsto \sin(x - 3\pi)$

5
a) $x \mapsto \sin\left(x + \frac{\pi}{2}\right)$ b) $x \mapsto \sin\left(x - \frac{\pi}{4}\right)$ c) $x \mapsto \sin(x - 2\pi)$
d) $x \mapsto 2\sin(x - \pi)$ e) $x \mapsto \frac{1}{2}\sin\left(x - \frac{\pi}{2}\right)$ f) $x \mapsto \frac{3}{4}\sin\left(x + \frac{3}{4}\pi\right)$
g) $x \mapsto 2\sin\left(2x - \frac{\pi}{2}\right)$ h) $x \mapsto \frac{2}{3}\sin\left(2x - \frac{2}{3}\pi\right)$ i) $x \mapsto 2\sin\left(\frac{1}{2}x + \frac{1}{3}\pi\right)$
k) $x \mapsto 3\sin\left(\frac{2\pi}{3}x - \frac{1}{2}\right)$ l) $x \mapsto \frac{3}{2}\sin\left(\frac{2\pi}{0{,}02}x + 0{,}01\right)$ m) $x \mapsto 0{,}1\sin\left(\frac{\pi}{2}x - \frac{1}{4}\right)$

6 Forme den Funktionsterm in einen Term der Form $a \cdot \sin(bt - e)$ um. Bestimme dann Amplitude, Periode und Phasenverschiebung.

a) $t \mapsto \cos(t)$

b) $t \mapsto 2\cos\left(\frac{2\pi}{5}t + 0{,}4\right)$

c) $t \mapsto \frac{1}{2}\cos\left(4t + \frac{\pi}{2}\right)$

d) $t \mapsto \sin(t)\cos(t)$

e) $t \mapsto \cos\left(t + \frac{\pi}{3}\right) + \sin\left(t - \frac{\pi}{6}\right)$

*f) $t \mapsto \cos^2(t) - \frac{1}{2}$

7 Der blaue Graph in Fig. 1 beschreibt den zeitlichen Verlauf der Spannung einer Überlandleitung von technischem Wechselstrom, der rote den der Spannung, mit der die Deutsche Bahn ihre E-Loks betreibt. Die Amplitude beim technischen Wechselstrom ist $20\,000\sqrt{2}$ Volt, beim Bundesbahnstrom $15\,000\sqrt{2}$ Volt. Gib für beide Spannungsverläufe einen Funktionsterm der Form $t \mapsto a \cdot \sin\left(\frac{2\pi}{T}t\right)$ an.

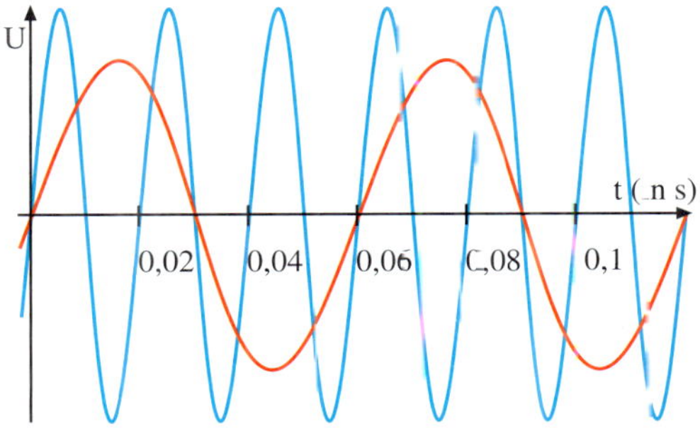

Fig. 1

8 Gib zu jedem Graphen einen Funktionsterm der Form $x \mapsto a \cdot \sin(b \cdot x - e)$ an.

a)

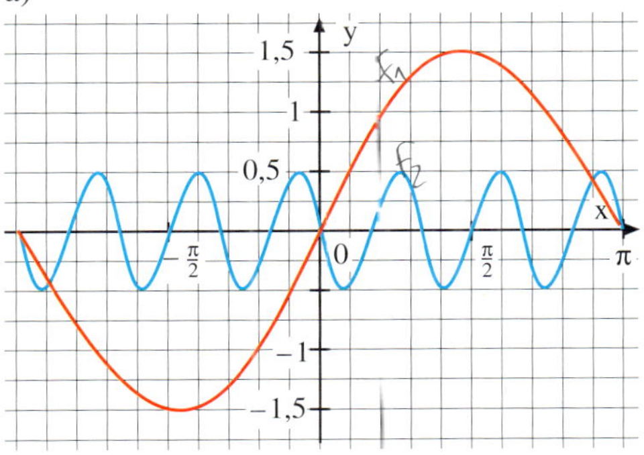

Fig. 2

b)

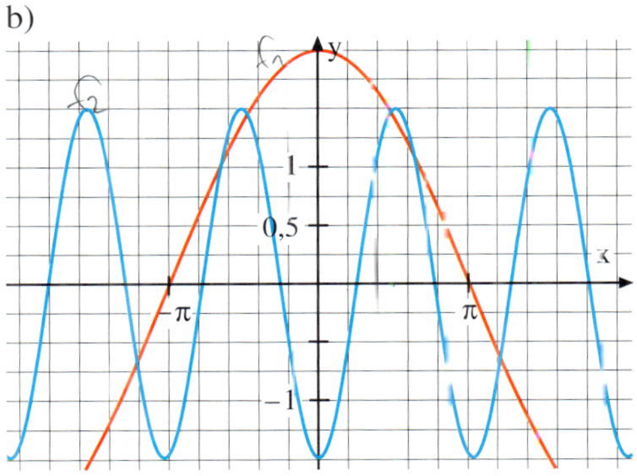

Fig 3

9 Gib zu jedem Graphen einen Funktionsterm der Form $t \mapsto a \cdot \sin\left(\frac{2\pi}{T}t - e\right)$ an.

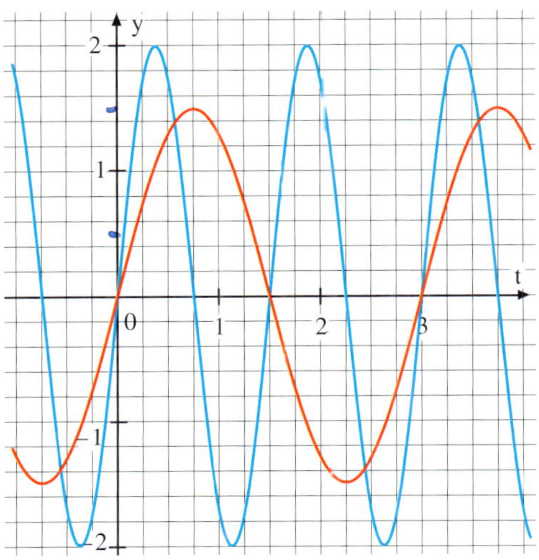

Fig. 4

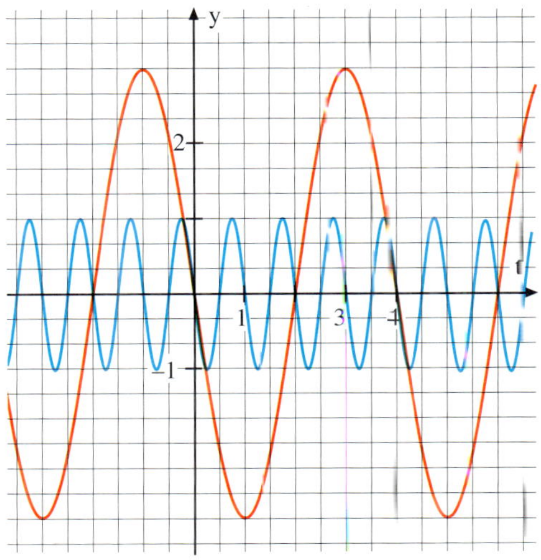

Fig. 5

7 Trigonometrische Gleichungen

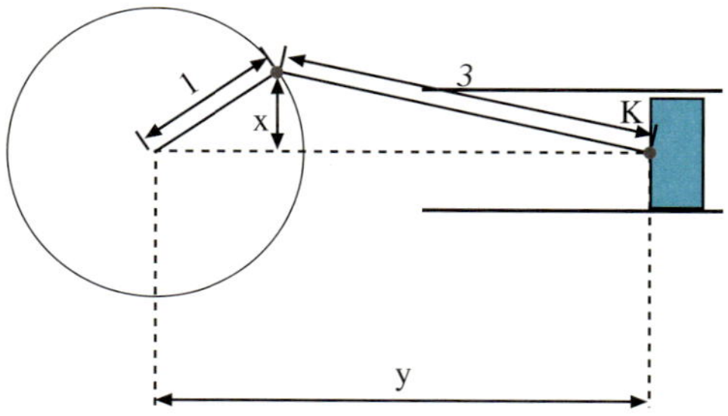

Fig. 1

1 a) Gib einen Funktionsterm zur Berechnung der Lage y des Gelenkkopfes K (Fig. 1) in Abhängigkeit von der Bogenlänge x an.
b) Für welche Werte von x gilt $y = 3$?

2 Löse die Gleichungen.
a) $\sin(x + 1) = \frac{1}{2}$ b) $\sin(x)\left(\cos(x) + \frac{1}{2}\right) = 0$
c) $\sin(x) - 3\cos(x) = 0$

Obwohl man beim Lösen von Gleichungen meistens nur Näherungslösungen angeben kann, ist es bei Gleichungen üblich, in den Rechnungen überall nur das Gleichheitszeichen zu benutzen.

Gleichungen wie $\sin(x) = 0{,}5$; $2\sin^2(x) - \sin(x) = 1$ heißen **trigonometrische Gleichungen**. Die Beispiele zeigen, wie man einige dieser Gleichungen lösen kann.

Gleichungstyp:
$\sin(ax + b) = c$ oder
$\cos(ax + b) = c$ oder
$\tan(ax + b) = c$
Lösungsstrategie:
Substitution: $z = ax + b$

Beispiel 1
Bestimme die Lösungsmenge: $\sin(2x + 1) = 0{,}3$.
Lösung:
$\sin(2x + 1) = 0{,}3$ | Substitution $z = 2x + 1$
Neue Gleichung: $\sin(z) = 0{,}3$
1. Lösung mit dem Taschenrechner: $z_1 = 0{,}305$; 2. Lösung: $z_2 = \pi - z_1 = 2{,}837$
Alle Lösungen für z: $z = 0{,}305 + 2k\pi$ bzw. $z = 2{,}837 + 2k\pi$ mit k aus $\mathbb{Z}$.
Mache die Substitution rückgängig: $2x = z - 1$; $x = \frac{z-1}{2}$
$L = \left\{x \mid x = \frac{-0{,}695 + 2k\pi}{2} \text{ oder } x = \frac{1{,}837 + 2k\pi}{2};\ k \text{ aus } \mathbb{Z}\right\}$

Gleichungstyp:
$c \cdot \sin(ax + b) = d \cdot \cos(ax + b)$
Lösungsstrategie:
Dividiere durch $\cos(ax + b)$. So erhältst du eine Gleichung, in der nur noch die Funktion tan auftritt.

Beispiel 2
Bestimme die Lösungsmenge: $\sin(2x) = 3\cos(2x)$
Lösung:
Wenn x eine Lösung der Gleichung mit $\cos(2x) = 0$ wäre, müsste auch $\sin(2x) = 0$ sein. Die Funktionen sin und cos haben aber keine gemeinsamen Nullstellen. Also kann man „beide Seiten der Gleichung durch $\cos(2x)$ dividieren".
$\sin(2x) = 3\cos(2x)$ | : $\cos(2x)$
$\tan(2x) = 3$ *Löse diese Gleichung. Gehe wie in Beispiel 1 vor.*
$2x = 1{,}249 + k\pi$
$L = \{x \mid x = 0{,}625 + k\frac{\pi}{2};\ k \in \mathbb{Z}\}$

Gleichungstyp:
$\sin(ax+b) + \sin(cx+d) = 0$
oder
$\cos(ax+b) + \cos(cx+d) = 0$
Lösungsstrategie:
Wende die Additionssätze an. Du erhältst entweder eine Gleichung der Form $\sin(ex+f)\cos(gx+h) = 0$ oder $\cos(jx+k)\cos(lx+m) = 0$. Setze die einzelnen Faktoren gleich Null.

Beispiel 3
Bestimme die Lösungsmenge: $\sin(2x + 1) + \sin(3x - 2) = 0$
Lösung:
Wende die Gleichung $\sin(\alpha) + \sin(\beta) = 2\sin\left(\frac{\alpha+\beta}{2}\right)\cos\left(\frac{\alpha-\beta}{2}\right)$ an (vgl. Additionssätze).
$2\sin\left(\frac{2x+1+3x-2}{2}\right)\cos\left(\frac{2x+1-(3x-2)}{2}\right) = 0$
$2\sin\left(\frac{5x-1}{2}\right)\cos\left(\frac{-x+3}{2}\right) = 0$ *Ein Produkt ist Null, wenn einer der Faktoren Null ist.*
1. Fall: $\sin\left(\frac{5x-1}{2}\right) = 0$, d.h. $\frac{5x-1}{2} = k\pi$ mit einer ganzen Zahl k. Also $x = \frac{2k\pi + 1}{5}$
2. Fall: $\cos\left(\frac{-x+3}{2}\right) = 0$, d.h. $\frac{-x+3}{2} = \frac{\pi}{2} + k\pi$ mit $k \in \mathbb{Z}$. Also $x = 3 - \pi(1 + 2k)$
$L = \{x \mid x = \frac{2k\pi + 1}{5} \text{ oder } x = 3 - \pi(1 + 2k) \text{ mit } k \in \mathbb{Z}\}$

Gleichungstyp:
Es tritt nur eine trigonometrische Funktion f auf, diese aber quadratisch.
Lösungsstrategie:
Substitution: $z = f(x)$

Beispiel 4

Bestimme die Lösungen der Gleichungen im Intervall $[0; 2\pi]$: $2\sin^2(x) - \sin(x) = 1$

Lösung:

$2\sin^2(x) - \sin(x) = 1$ | Substitution $z = \sin(x)$

Neue Gleichung: $2z^2 - z = 1$

Lösungen: $z_1 = 1$ und $z_2 = -\frac{1}{2}$ — *Substitution rückgängig machen.*

$\sin(x) = 1$ oder $\sin(x) = -\frac{1}{2}$

Also $x_1 = \frac{\pi}{2}$; $x_2 = \frac{7}{6}\pi$; $x_3 = \frac{11}{6}\pi$

$L = \left\{\frac{\pi}{2};\ \frac{7}{6}\pi;\ \frac{11}{6}\pi\right\}$

Gleichungstyp:
$a \cdot \sin(bx + c) + d \cdot \cos(ex + f) + g = 0$ mit $g \neq 0$.
Lösungsstrategie:
Löse nach einer trigonometrischen Funktion auf. Quadriere die Gleichung. Ersetze $\cos^2$ durch $\sin^2$ (oder umgekehrt). Du erhältst eine Gleichung, in der nur noch eine trigonometrische Funktion vorkommt.
Eine Probe mit den exakten Funktionswerten ist hier unbedingt erforderlich!

Beispiel 5

Bestimme die Lösungen der Gleichung im Intervall $[0; 2\pi]$: $3\sin(x) - 2\cos(x) + 3 = 0$

Lösung:

$3\sin(x) - 2\cos(x) + 3 = 0$ | $+ 2\cos(x)$ — *Löse nach sin(x) oder cos(x) auf.*

$3\sin(x) + 3 = 2\cos(x)$ | quadrieren — *Danach ist eine Probe notwendig.*

$9\sin^2(x) + 18\sin(x) + 9 = 4\cos^2(x)$ — *Ersetze $\cos^2(x)$ durch $1 - \sin^2(x)$.*

$9\sin^2(x) + 18\sin(x) + 9 = 4 - 4\sin^2(x)$ — *Löse diese Gleichung wie in Beispiel 4.*

Man erhält $\sin(x) = -\frac{5}{13}$ oder $\sin(x) = -1$.

Probe für die Funktionswerte:

Die Probe muss mit den exakten Werten für sin(x) und cos(x) durchgeführt werden und nicht mit Näherungswerten für x.

1. Fall: $\sin(x) = -\frac{5}{13}$. Dann gilt $|\cos(x)| = \sqrt{1 - \sin^2(x)} = \frac{12}{13}$

Probe für $\sin(x) = -\frac{5}{13}$ und $\cos(x) = \frac{12}{13}$: $3\left(-\frac{5}{13}\right) - 2 \cdot \frac{12}{13} + 3 = 0$

Probe für $\sin(x) = -\frac{5}{13}$ und $\cos(x) = -\frac{12}{13}$: $3\left(-\frac{5}{13}\right) - 2 \cdot \left(-\frac{12}{13}\right) + 3 > 0$

2. Fall: $\sin(x) = -1$. Dann gilt $\cos(x) = 0$: $3 \cdot (-1) + 3 = 0$

1. Fall: Für $\sin(x) = -\frac{5}{13}$ liefert der Taschenrechner die Lösung $x_1 \approx -0{,}395$. Es gilt $\cos(x_1) > 0$. Also ist x_1 eine Lösung der Gleichung. Um eine Lösung im Intervall $[0; 2\pi]$ zu erhalten, berechnet man $2\pi + x_1 = 5{,}888$. Eine weitere Lösung x zwischen 0 und 2π mit $\sin(x) < 0$ und $\cos(x) > 0$ gibt es nicht.

2. Fall: $\sin(x) = -1$ hat die Lösung $x_2 = \frac{3}{2}\pi$.

$L = \{5{,}888;\ \frac{3}{2}\pi\}$

Gleichungstyp:
In der Gleichung tritt eine der Funktionen sin oder cos zusammen mit der Tangensfunktion auf.
Lösungsstrategie:
Ersetze tan durch $\frac{\sin}{\cos}$. Du erhältst eine Bruchgleichung, in der nur noch die Funktionen sin oder cos auftreten.

Beispiel 6

Gib alle Lösungen im Intervall $[0; 2\pi]$ an: $2\sin(x) - \tan(x) = 0$

Lösung:

$2\sin(x) - \tan(x) = 0$ — *Ersetze tan(x) durch $\frac{\sin(x)}{\cos(x)}$.*

$2\sin(x) - \frac{\sin(x)}{\cos(x)} = 0$ — *Bringe auf den Hauptnenner.*

$\frac{2\sin(x)\cos(x) - \sin(x)}{\cos(x)} = 0$ — *Löse die Bruchgleichung durch „Vergleich mit 0“.*

$2\sin(x)\cos(x) - \sin(x) = 0$ und $\cos(x) \neq 0$ — *Klammere sin(x) aus.*

$\sin(x)(2\cos(x) - 1) = 0$ und $\cos(x) \neq 0$ — *Ein Produkt ist Null, wenn einer der Faktoren 0 ist.*

$\sin(x) = 0$ oder $2\cos(x) - 1 = 0$ bzw. $\cos(x) = \frac{1}{2}$

Also $x_1 = 0$; $x_2 = 2\pi$; $x_3 = \frac{\pi}{3}$; $x_4 = 2\pi - x_3 = \frac{5}{3}\pi$.

Es gilt $\cos(x_1) \neq 0$; $\cos(x_2) \neq 0$; $\cos(x_3) \neq 0$ und $\cos(x_4) \neq 0$.

$L = \{0;\ \frac{\pi}{3};\ \frac{5}{3}\pi;\ 2\pi\}$

Aufgaben

3 Gib alle Lösungen der Gleichung an.

a) $5\sin(x) = 3$ b) $3\sin(x) - 2 = 0$ c) $\frac{2}{3} - \frac{4}{5}\cos(x) = 0$

d) $1{,}5\sin(x) = -0{,}8$ e) $\frac{1}{2}\cos(x) = -0{,}2$ f) $3\cos(x) = \sqrt{2}$

g) $3\sin(x) - \sin(x) = 1{,}2$ h) $4\cos(x) = 1 - 2\cos(x)$ i) $\frac{1}{2}\sin(x) + 1 = 3\sin(x)$

k) $5\tan(x) = 12$ l) $3\tan(x) = 4 - \tan(x)$ m) $5\tan(x) + 3 = \tan(x)$

4

a) $\sin(3x - 2) = 0{,}6$ b) $\cos(5x + 7) = 0{,}8$ c) $\sin\left(\frac{1}{2}x - \frac{\pi}{3}\right) = -0{,}1$

d) $4\sin(x - 3\pi) = 3{,}5$ e) $3\cos\left(2x - \frac{\pi}{4}\right) + 5 = 1{,}8$ f) $\cos(6x-3) = 2\cos(6x-3)+1$

g) $\tan\left(x + \frac{\pi}{2}\right) = -1$ h) $\tan\left(2x - \frac{\pi}{3}\right) = 1$ i) $5\tan(3x + 5) = 9$

5

a) $\sin(x) + \cos(x) = 0$ b) $2\sin(x) = \cos(x)$

c) $\sin(x) = 2\cos(x)$ d) $4\cos(x) = 3\sin(x)$

e) $\cos(2x+1) = 3\sin(2x+1)$ f) $\sin(3x - 1) = 2\cos(3x - 1)$

6

a) $\sin\left(x - \frac{\pi}{4}\right) = \sin\left(x + \frac{\pi}{4}\right)$ b) $\cos(3x + 1) + \cos(2x - 1) = 0$

c) $\sin(2x + 3) + \sin(3x + 2) = 0$ d) $\sin\left(2x - \frac{\pi}{4}\right) = \sin\left(3x + \frac{\pi}{4}\right)$

e) $\cos\left(x - \frac{\pi}{4}\right) = \sin\left(x + \frac{\pi}{4}\right)$ f) $\sin(x) = 2\sin\left(x - \frac{\pi}{3}\right) - \sqrt{3}\cos(x)$

7 Gib alle Lösungen der Gleichung in $[0; 2\pi]$ an.

a) $\sin^2(x) - 3\sin(x) + 1 = 0$ b) $2\cos^2(x) + 3\cos(x) + 1 = 0$

c) $2\cos^2(x) - 3\cos(x) - 3 = 0$ d) $2\sqrt{3}\sin(x) - 3 = 8\sin^2(x)$

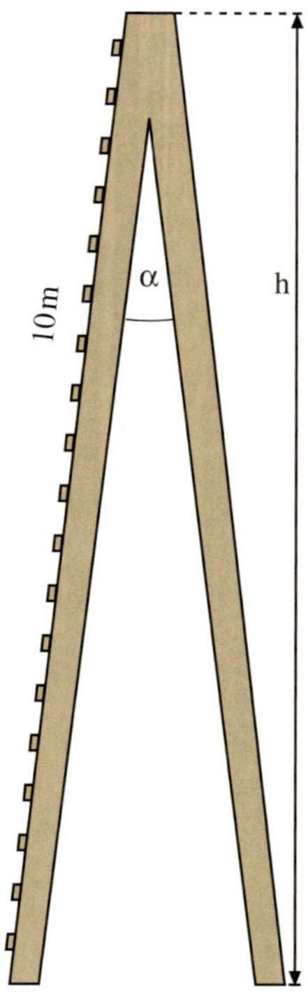

Fig. 1

8

a) $\sin(x) + 4\cos(x) = 1$ b) $2\sin(x) = 5 - 2\cos(x)$

c) $3\sin(x) - 4\cos(x) = 5$ d) $5\sin(x) + 2\cos(x) = 4$

e) $\sin(2x - 1) + \cos(2x - 1) = 1{,}5$ f) $2\cos(x + 2) = \sin(x + 2) - 0{,}5$

g) $3 - 2\cos(3x + 2) = 4\sin(3x + 2)$ h) $1 + \sin(2x) = 2 - \cos(2x)$

9

a) $\cos(x) = \tan(x)$ b) $\sin(x) - 4\tan(x) = 0$ c) $2\cos(x) = \sqrt{2}\tan(x)$

d) $\tan(x) - \sin(x) = 0$ e) $\sqrt{2}\cos(x)\tan(x) = 1$ f) $\tan^2(x) - \sin(x) = 0$

10

a) $\cos^2(x) - 3\sin^2(x) = 1$ b) $3\sin^2(x) + 7\cos^2(x) = 9$ c) $4\cos^2(x) = 1 + 3\sin^2(x)$

d) $\sin^2(x) + \sin(x) = 0$ e) $\cos^2(x) - \cos(x) = 0$ f) $2\sin^2(x) - \sin(x) = 0$

11 Zeichne die Graphen der Funktionen. Bestimme dann zeichnerisch und rechnerisch die Koordinaten der Schnittpunkte.

a) $x \mapsto 2\sin(x)$ und $x \mapsto \cos(x)$ b) $x \mapsto \tan(x)$ und $x \mapsto 2\sin(x)$

c) $x \mapsto \sin(x)$ und $x \mapsto 1 + \cos(x)$ d) $x \mapsto 2\cos(x)$ und $x \mapsto \cos^2(x)$

12 Wie groß muss der Öffnungswinkel α (Fig. 1) sein, damit die Höhe h 5 m beträgt?

*** 13** Wie groß sind die Winkel einer Raute mit der Seitenlänge $a = 4\,cm$ und dem Flächeninhalt $A = 10\,cm^2$?

8 Vermischte Aufgaben

α	sin	cos
0°	0,0000	1,0000
1	0,0175	0,9998
2	0,0349	0,9994
3	0,0523	0,9986
4	0,0698	0,9976
5	0,0872	0,9962
6	0,1045	0,9945
7	0,1219	0,9925
8	0,1392	0,9903
9	0,1564	0,9877
10	0,1736	0,9848
11	0,1908	0,9816
12	0,2079	0,9781
13	0,2250	0,9744
14	0,2419	0,9703
15	0,2588	0,9659
16	0,2756	0,9613
17	0,2924	0,9563
18	0,3090	0,9511
19	0,3256	0,9455
20	0,3420	0,9397
21	0,3584	0,9336
22	0,3746	0,9272
23	0,3907	0,9205
24	0,4067	0,9135
25	0,4226	0,9063
26	0,4384	0,8988
27	0,4540	0,8910
28	0,4695	0,8829
29	0,4848	0,8746
30	0,5000	0,8660
31	0,5150	0,8572
32	0,5299	0,8480
33	0,5446	0,8387
34	0,5592	0,8290
35	0,5736	0,8192
36	0,5878	0,8090
37	0,6018	0,7986
38	0,6157	0,7880
39	0,6293	0,7771
40	0,6428	0,7660
41	0,6561	0,7547
42	0,6691	0,7431
43	0,6820	0,7314
44	0,6947	0,7193
45	0,7071	0,7071

Fig. 1

1 Bestimme einen Winkel α zwischen 0° und 90°, für den gilt:

a) $\sin(\alpha) = \sin(140°)$
b) $\cos(\alpha) = |\cos(140°)|$
c) $\sin(\alpha) = |\sin(290°)|$
d) $\cos(\alpha) = |\cos(236°)|$
e) $\cos(\alpha) = \cos(301°)$
f) $\sin(\alpha) = |\sin(220°)|$

2 Begründe, dass die Aussagen wahr sind.

a) $\sin(145°) = \cos(55°)$
b) $\sin(35°) = -\cos(125°)$
c) $\sin(80°) = -\cos(170°)$
d) $\cos(230°) = \cos(130°)$
e) $\sin(230°) = \cos(140°)$
f) $\cos(340°) = \sin(110°)$

3 Zur Bestimmung von Näherungswerten für die Sinus- und Kosinusfunktion wurden früher Tafeln benutzt (Fig. 1 zeigt eine vereinfachte Tafel), in denen die Funktionswerte z. B. als vierstellige Näherungen abgelesen werden konnten. Lies aus der Tafel Näherungswerte ab.

a) $\sin(43°)$
b) $\cos(27°)$
c) $\sin(64°)$
d) $\cos(73°)$
e) $\cos(128°)$
f) $\sin(123°)$
g) $\sin(192°)$
h) $\cos(284°)$

4 Erkläre mit Fig. 2, dass es genau zwei Winkel α mit $0° \leqq \alpha \leqq 360°$ gibt, für die gilt: $\cos(\alpha) = \cos(\alpha + 40°)$. Bestimme diese Winkel.

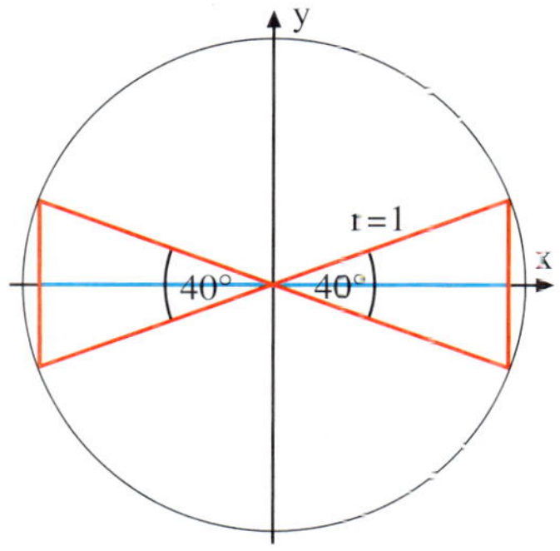

Fig. 2

5 Benutze ähnliche Figuren wie Fig. 2, um alle Winkel α mit $0° \leqq \alpha \leqq 360°$ zu bestimmen, für die gilt:

a) $\cos(\alpha) = \cos(\alpha - 80°)$
b) $\sin(\alpha) = \sin(\alpha + 35°)$
c) $\sin(\alpha) = \sin(\alpha - 40°)$

6 Bestätige die Richtigkeit der angegebenen Termvereinfachungen für alle Winkel α.

a) $\sin^2(\alpha)\cdot\cos(\alpha) + \cos^3(\alpha) = \cos(\alpha)$
b) $\cos^2(\alpha) + \cos^2(\alpha)\cdot\tan^2(\alpha) = 1$
c) $\sin(\alpha) - \sin(\alpha)\cdot\cos^2(\alpha) = \sin^3(\alpha)$
d) $(\sin(\alpha)+\cos(\alpha))^2 + (\sin(\alpha)-\cos(\alpha))^2 = 2$

7

a) $\frac{\tan(\alpha)}{1+\tan^2(\alpha)} = \sin(\alpha)\cdot\cos(\alpha)$
b) $1 - \frac{1}{\sin^2(\alpha)} = -\frac{1}{\tan^2(\alpha)}$
c) $\frac{1-\cos^2(\alpha)}{\sin(\alpha)\cdot\cos(\alpha)} = \tan(\alpha)$
d) $\frac{\sin^2(\alpha)-\sin^4(\alpha)}{\cos^2(\alpha)-\cos^4(\alpha)} = 1$
e) $\frac{\sin^4(\alpha)-\cos^4(\alpha)}{\sin^2(\alpha)-\cos^2(\alpha)} = 1$
f) $\frac{1}{1+\sin(\alpha)} + \frac{1}{1-\sin(\alpha)} = \frac{2}{\cos^2(\alpha)}$

8 Für welche Winkel α gelten die angegebenen Termvereinfachungen?

a) $\cos(\alpha)\cdot\sqrt{1+\tan^2(\alpha)} = \cos(\alpha)$
b) $\sin(\alpha)\cdot\sqrt{1+\tan^2(\alpha)} = -\tan(\alpha)$

9 a) Beweise: $\frac{1}{\cos^2(\alpha)} = 1 + \tan^2(\alpha)$

b) Für einen Winkel α mit $180° \leqq \alpha \leqq 270°$ gilt $\tan(\alpha) = 3\sqrt{3}$. Bestimme $\cos(\alpha)$.

c) Gib eine Formel an, mit der man $|\sin(\alpha)|$ berechnen kann, wenn man $\tan(\alpha)$ kennt.

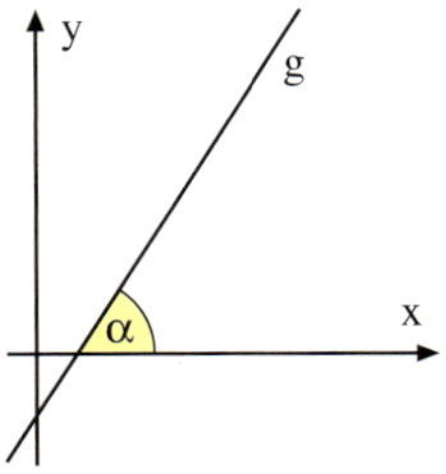

Fig. 1

10 Wenn g eine Gerade ist und α der Winkel zwischen der x-Achse als erstem Schenkel und g, dann nennt man α den Steigungswinkel der Geraden (Fig. 1).
Zeige: Für den Steigungswinkel α einer Geraden mit der Steigung m gilt: $\tan(\alpha) = m$.

11 Bestimme die Steigungswinkel der Geraden.
a) $y = 0{,}6x + 3$ b) $y = -2{,}4x + 8$ c) $y = -102x - 1995$

Anwenden der Additionssätze

12 Beweise unter Benutzung der Additionssätze. Für alle Winkel α gilt:
a) $\sin(\alpha + 60°) + \sin(\alpha - 60°) = \sin(\alpha)$ b) $\cos(\alpha + 60°) + \cos(\alpha - 60°) = \cos(\alpha)$
c) $\cos(45° + \alpha) + \cos(45° - \alpha) = \sqrt{2}\cos(\alpha)$ d) $\sin(\alpha - 30°) - \sin(30° + \alpha) = -\cos(\alpha)$

13 Vereinfache die Terme unter Benutzung der Additionssätze.
a) $\cos(30° - \alpha) - \cos(30° + \alpha)$ b) $\sin(\alpha + 60°) - \sin(\alpha - 60°)$
c) $\sin(\alpha - 45°) - \sin(\alpha + 45°)$ d) $\sin(\alpha - 45°) + \cos(\alpha + 45°)$

14 Beweise:
a) $\cos(2\alpha) = \cos^2(\alpha) - \sin^2(\alpha)$ b) $\cos(3\alpha) = 4\cos^3(\alpha) - 3\cos(\alpha)$

15 Beweise: Für die Innenwinkel α, β und γ eines Dreiecks gilt:
a) $\cos(\alpha + \beta - \gamma) = -\cos(2\gamma)$.
b) Wenn $\cos(\alpha + \beta - \gamma) = 1$ ist, dann ist das Dreieck rechtwinklig.

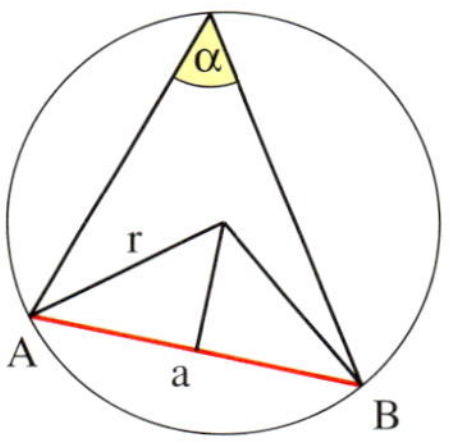

Fig. 2

16 Beweise: $\sin(\alpha + \beta + \gamma)$
$= \sin(\alpha)\cos(\beta)\cos(\gamma) + \cos(\alpha)\sin(\beta)\cos(\gamma) + \cos(\alpha)\cos(\beta)\sin(\gamma) - \sin(\alpha)\sin(\beta)\sin(\gamma)$.

Claudius Ptolemäus lebte ca. 150 n. Chr. in Alexandria. Er entdeckte den in Aufgabe 17 b) zu beweisenden Satz und folgerte hieraus einen „Additionssatz für Kreissehnen", mit dessen Hilfe er sehr genaue Sehnentabellen errechnete (s. Seite 159).

17 a) Beweise: Wenn α ein Umfangswinkel über dem Kreisbogen $\overset{\frown}{AB}$ in einem Kreis mit dem Radius r ist, dann gilt für die Länge a der Sehne $\overline{AB}$: $a = 2r \cdot \sin(\alpha)$ (Fig. 2).
*b) Beweise: In jedem Sehnenviereck ist das Produkt aus den Diagonalen gleich der Summe der Produkte aus gegenüberliegenden Seiten. Mit den Bezeichnungen in Fig. 3 gilt also: $e \cdot f = a \cdot c + b \cdot d$.
1. Begründe: $e \cdot f = 2r \cdot \sin(\alpha + \beta) \cdot 2r \cdot \sin(\alpha + \delta)$.
2. Bestätige durch Termumformungen:
$\sin(\alpha + \beta) \cdot \sin(\alpha + \delta) = \sin(\beta)\sin(\delta) + \sin(\alpha) \cdot \sin(\alpha + \beta + \delta)$.
Benutze dabei die Additionssätze, die Gleichung $\cos^2(\alpha) = 1 - \sin^2(\alpha)$ und das Ergebnis von Aufgabe 16.
3. Folgere nun die Behauptung.

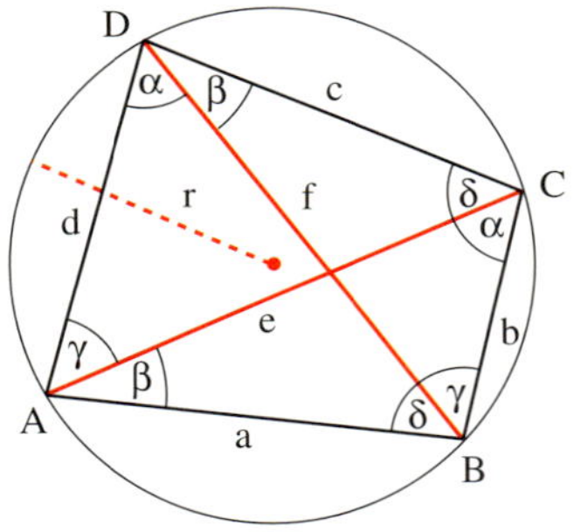

Fig. 3

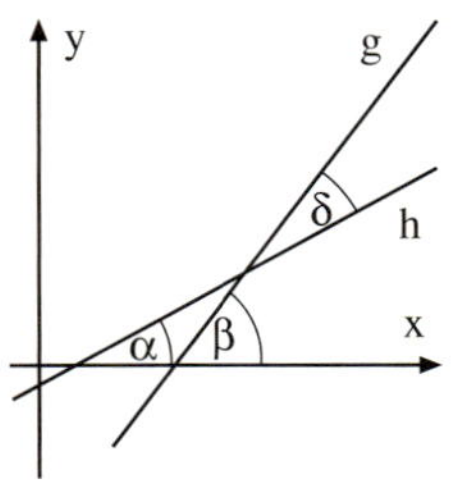

Fig. 4

***18** a) Zeige mit dem Ergebnis von Aufgabe 10: Genau dann, wenn zwei Geraden mit den Steigungen m_1 und m_2 senkrecht aufeinander stehen, gilt: $m_1 \cdot m_2 = -1$.
b) Zwei sich schneidende Geraden bilden zwei Winkel, die sich zu 180° ergänzen.
c) Den kleineren dieser beiden Winkel nennt man den Schnittwinkel. Zeige: Wenn zwei sich schneidende Geraden mit den Steigungen m_1 und m_2 nicht senkrecht aufeinander stehen, dann gilt für den Schnittwinkel δ: $\tan(\delta) = \left|\frac{m_2 - m_1}{1 + m_1 m_2}\right|$.

Zu einigen Aufgaben findest du auf dieser Seite hier auf dem Rand Anregungen zum Experimentieren mit einem Computer.

Anwenden der Sinus- und Kosinusfunktion für das Bogenmaß

Zu 19: Wie kann man andere Spiralen zeichnen? („engere Windungen“; „gleichmäßig wachsende Windungen“ usw.)

***19** Die Spirale in Fig. 1 erhält man, indem für jedes $t \geqq 0$ den Punkt $P(x(t)|y(t))$ mit $x(t) = t \cdot \cos(t)$ und $y(t) = t \cdot \sin(t)$ zeichnet.
a) Welche Koordinaten hat der Punkt R_2, wenn für den Punkt $R_1(x_1|y_1)$ gilt:
$x_1 = t_1 \cdot \cos(t_1)$ und $y_1 = t_1 \cdot \sin(t_1)$?
b) Bestimme den Abstand von R_1 zu R_2.
c) Begründe: Je zwei benachbarte Schnittpunkte einer Halbgeraden durch den Ursprung mit der Spirale haben den gleichen Abstand.

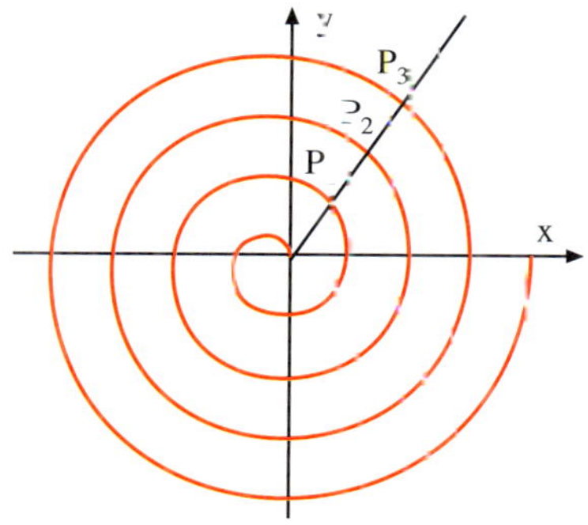

Fig. 1

Zeichne die Bahn, die ein Fahrradpedal abfährt.

Ein Kreis rollt auf einem Kreis. Zeichne die Bahn eines Punktes auf dem rollenden Kreis.

***20** Ein Kreis mit dem Radius 1 rollt auf einer zur x-Achse parallelen Geraden g. Beim Start befindet sich der Mittelpunkt des Kreises am Punkt $(0|0)$ und der Punkt P am Punkt $(0|-1)$. Während des Rollens bewegt sich der Punkt P auf einer Kurve.
a) Begründe: Wenn der Kreis die Strecke s zurückgelegt hat, d. h., wenn sich der Mittelpunkt auf dem Punkt $(s|0)$ befindet, hat sich der Punkt P auf den Punkt $P(x(s)|y(s))$ mit $x(s) = s - \sin(s)$ und $y(s) = -\cos(s)$ bewegt.

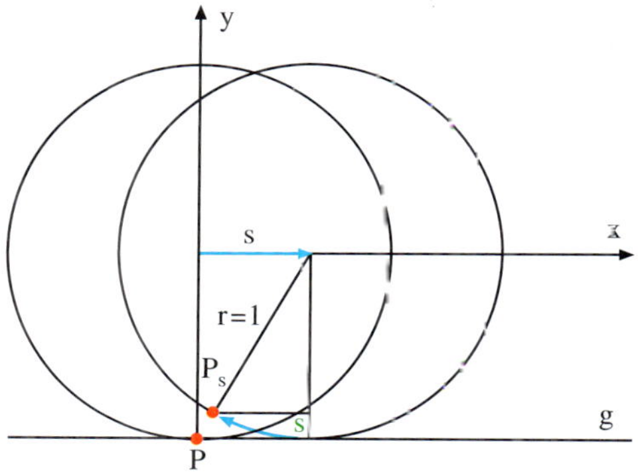

Fig. 2

b) Lege eine Wertetabelle für die Funktionen $s \mapsto x(s)$ und $s \mapsto y(s)$ für Werte von 0 bis $\frac{\pi}{2}$ mit der Schrittweite $\frac{\pi}{20}$ an. Trage die so berechneten Punkte P_s in ein Koordinatensystem ein und zeichne die Bahn des Punktes P für zwei volle Umdrehungen des Kreises.

Funktionswerte mit dem Computer bestimmen

21 a) Übertrage die Tabelle ins Heft und fülle sie mit Hilfe des Taschenrechners aus. Was fällt dir auf?
b) Begründe am Einheitskreis, dass für kleine Werte von x gilt: $\sin(x) \approx x$.

x	0,1	0,01	0,001	0,0001
sin(x)				
x − sin(x)				

Schreibe ein Programm, das die „Verdreifachungsformel“ $\sin(3\alpha) = 3 \cdot \sin(\alpha) - 4 \cdot \sin^3(\alpha)$ benutzt. Welches Programm liefert die besseren Näherungswerte?

***22** Das Programm mit der in Fig. 3 angegebenen Programmstruktur berechnet einen Näherungswert für sin(a). Dabei werden die Formel $\sin(2x) = 2\sin(x)\sqrt{1-\sin^2(x)}$ und die Tatsache benutzt, dass für kleine Werte von x gilt: $\sin(x) = x$.
a) Erläutere die Programmstruktur.
b) Führe das Programm mit dem Taschenrechner für die Werte $a = 1$ und $g = 0{,}001$ durch und vergleiche das Ergebnis mit dem Taschenrechnerwert für sin(1).

```
EINGABE a, g (Genauigkeit)
SETZE n:=0    (Zähler)
WIEDERHOLE
SETZE a:=a/2; SETZE n:=n+1
BIS a<g   (Halbiere so oft, bis
die gewünschte Genauigkeit er-
reicht ist)
SETZE s:=a   (sin(a)≈a)
WIEDERHOLE n-mal
SETZE s:=2*s*sqrt(1-s^2)
(Rückgängigmachen des Halbierens
durch Verdoppeln)
AUSGABE s
```

Fig. 3

THEMA:

Überlagerung von Schwingungen

Einer Membran stehen zwei Schallquellen S_1 und S_2 gegenüber. Ein von der Schallquelle S_1 (bzw. S_2) erzeugter Ton bewirkt eine Schwingung der Membran, wobei die Funktion $f_1\colon t \mapsto f_1(t)$ (bzw. $f_2\colon t \mapsto f_2(t)$) die Auslenkung eines Punktes der Membran aus der Ruhelage beschreibt.
Gehen von beiden Schallquellen gleichzeitig Töne aus, so wird die Bewegung eines Punktes der Membran durch die Funktion $f\colon\ t \mapsto f_1(t) + f_2(t)$ beschrieben.

Die Begriffe Amplitude, Frequenz und Phasenverschiebung wurden auf den Seiten 176 und 177 erklärt.

In der Physik sagt man, die beiden **Schwingungen überlagern sich**; in der Mathematik nennt man f die **Summe der Funktionen** f_1 und f_2.
Die von einer Stimmgabel erzeugten Schwingungen einer Membran lassen sich durch Funktionen der Form $t \mapsto a \cdot \sin(bt - c)$ beschreiben. Dabei ist die Amplitude ein Maß für die Lautstärke und die Frequenz ein Maß für die Tonhöhe.

Experimente am Computer

1 Zeichne mit einem Computerprogramm den Graphen der Summe der Funktionen. Untersuche mit Hilfe des Graphen, ob die „Summenfunktion" periodisch ist, und stelle dann ihre Periode fest. Bestimme die Amplitude der „Summenfunktion".

a) $f_1\colon t \mapsto 2\sin(t)$; $f_2\colon t \mapsto 3\sin(t)$
b) $f_1\colon t \mapsto 7\sin(5t)$; $f_2\colon t \mapsto 4\sin(5t)$
c) $f_1\colon t \mapsto 2\sin(t)$; $f_2\colon t \mapsto 2\sin\left(t - \frac{\pi}{2}\right)$
d) $f_1\colon t \mapsto 3\sin\left(\frac{2\pi}{5}t + \pi\right)$; $f_2\colon t \mapsto 3\sin\left(\frac{2\pi}{5}t - \frac{\pi}{2}\right)$
e) $f_1\colon t \mapsto \sin(\pi t)$; $f_2\colon t \mapsto \sin\left(\frac{2\pi}{3}t\right)$
f) $f_1\colon t \mapsto 3\sin\left(\frac{\pi}{2}t\right)$; $f_2\colon t \mapsto 3\sin\left(\frac{\pi}{3}t\right)$
g) $f_1\colon t \mapsto \sin(4t)$; $f_2\colon t \mapsto \sin(5t)$
h) $f_1\colon t \mapsto \sin(4t)$; $f_2\colon t \mapsto \sin\left(\frac{2\pi}{3}t\right)$
i) $f_1\colon t \mapsto \sin(1{,}7t)$; $f_2\colon t \mapsto \sin(1{,}8t)$
k) $f_1\colon t \mapsto \sin(1{,}75t)$; $f_2\colon t \mapsto \sin(1{,}8t)$

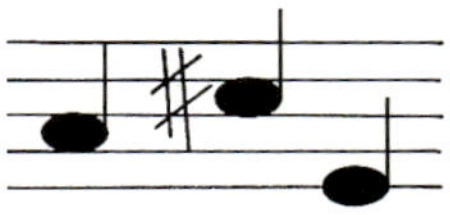

2 a) Der „Kammerton" a erklingt mit einer Frequenz von 440 Schwingungen pro s. Das Tonintervall von a nach cis nennt man eine Terz. Bei einer Terz verhalten sich die Frequenzen wie 4:5. Bestimme eine Funktion $f_1\colon\ t \mapsto \sin(a_1 \cdot t)$ für den Kammerton a und eine Funktion $f_2\colon\ t \mapsto \sin(a_2 \cdot t)$ für den höher liegenden Ton cis. Zeichne die Graphen für die Funktionen f_1, f_2 und für die Summe der Funktionen f_1 und f_2 in ein Koordinatensystem.
b) Bei einer Quinte (z. B. von a bis e) verhalten sich die Frequenzen wie 2:3. Verfahre wie in a).

3 Zeichne die Graphen jeweils in ein Koordinatensystem. Was fällt dir auf?

a) $f_1(t) = \sin\left(t + \frac{\pi}{2}\right)$; $f_2(t) = \sin\left(t + \frac{\pi}{2}\right) + \frac{\sin\left(3t + \frac{\pi}{2}\right)}{9}$; $f_3(t) = \sin\left(t + \frac{\pi}{2}\right) + \frac{\sin\left(3t + \frac{\pi}{2}\right)}{9} + \frac{\sin\left(5t + \frac{\pi}{2}\right)}{25}$;
$f_4(t) = \sin\left(t + \frac{\pi}{2}\right) + \frac{\sin\left(3t + \frac{\pi}{2}\right)}{9} + \frac{\sin\left(5t + \frac{\pi}{2}\right)}{25} + \frac{\sin\left(7t + \frac{\pi}{2}\right)}{49}$

b) $f_1(t) = \sin(t)$; $f_2(t) = \sin(t) - \frac{\sin(2t)}{2}$; $f_3(t) = \sin(t) - \frac{\sin(2t)}{2} + \frac{\sin(3t)}{3}$;
$f_4(t) = \sin(t) - \frac{\sin(2t)}{2} + \frac{\sin(3t)}{3} - \frac{\sin(4t)}{4}$; $f_5(t) = \sin(t) - \frac{\sin(2t)}{2} + \frac{\sin(3t)}{3} - \frac{\sin(4t)}{4} + \frac{\sin(5t)}{5}$

Theoretische Erklärungen zu den Experimenten

*Eine Funktion der Form $t \mapsto a \cdot \sin(b \cdot t - c)$ nennt man eine **allgemeine Sinusfunktion**.*

4 Begründe: Die Summe zweier allgemeiner Sinusfunktionen mit gleicher Frequenz und Phasenverschiebung ist eine allgemeine Sinusfunktion mit gleicher Frequenz und Phasenverschiebung. Ihre Amplitude ist die Summe der beiden einzelnen Amplituden.

5 Zeige durch Anwenden der Formel $\sin(x) + \sin(y) = 2 \cdot \sin\left(\frac{x+y}{2}\right) \cdot \cos\left(\frac{x-y}{2}\right)$:
$$\sin(b_1 t - c_1) + \sin(b_2 t - c_2) = 2\sin\left(\frac{b_1+b_2}{2}t - \frac{c_1+c_2}{2}\right)\cos\left(\frac{b_1-b_2}{2}t - \frac{c_1-c_2}{2}\right).$$

6 Folgere aus dem Ergebnis von Aufgabe 5: Die Summe zweier allgemeiner Sinusfunktionen mit gleicher Amplitude und Frequenz ist eine allgemeine Sinusfunktion mit der gleichen Frequenz wie die beiden Summanden.

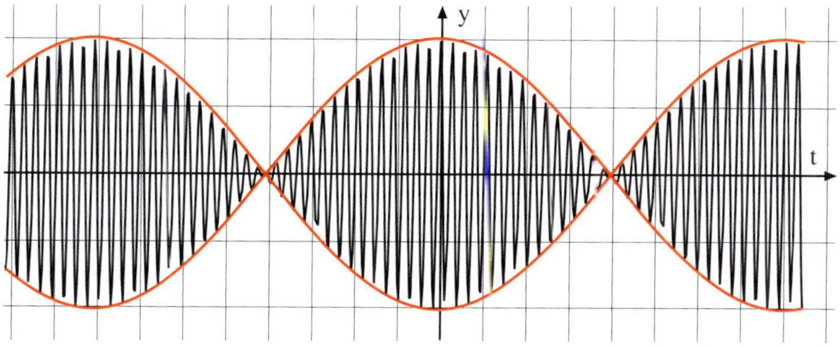

Fig. 1

7 a) Der schwarze Graph in Fig. 1 gehört zu der Funktion
f: $t \mapsto \sin(1{,}45\pi \cdot t) + \sin(1{,}5\pi \cdot t)$.
Begründe mit dem Ergebnis von Aufgabe 5, dass der Graph von f zwischen den beiden roten Graphen zu den Funktionen
$t \mapsto 2\cos(0{,}025\pi \cdot t)$ und
$t \mapsto -2\cos(0{,}025\pi \cdot t)$ liegen muss.
b) Gibt es Punkte auf dem Graphen von f, die auch auf dem Graphen der Funktion $t \mapsto \cos(0{,}025\pi t)$ liegen?
c) Erklingen gleichzeitig zwei Töne, deren Frequenzen sich nur geringfügig unterscheiden, so entsteht ein „Heulton", der ständig an- und abschwillt. Erläutere dies. Man nennt diese Erscheinung **Schwebung**

Eine Schwebung kann man erhalten, indem man an eine von zwei Stimmgabeln, die den gleichen Ton erzeugen, etwas Wachs klebt und sie damit gegenüber der anderen geringfügig verstimmt.

8 Für zwei Funktionen f_1, f_2 und die Funktion g soll gelten:
$$f_1(t) = a_1 \cdot \sin\left(\frac{2\pi}{T_1}t + c_1\right);\quad f_2(t) = a_2 \cdot \sin\left(\frac{2\pi}{T_2}t + c_2\right) \text{ und } g(t) = f_1(t) + f_2(t).$$
a) Zeige: Wenn es natürliche Zahlen p und q gibt mit $p \cdot T_1 = q \cdot T_2$, mit $p, q \neq 0$, dann ist die Funktion g periodisch.
b) Man kann zeigen, dass die Funktion g genau dann periodisch ist, wenn es natürliche Zahlen p und q gibt mit $p \cdot T_1 = q \cdot T_2$. Die Periode T der Funktion g ist dann $p \cdot T_1$, wobei man p so klein wie möglich wählt. Entscheide, welche der „Summenfunktionen" aus Aufgabe 1 periodisch sind, und bestimme ihre Periode rechnerisch.

Wenn man eine Saite eines Instruments anschlägt, so schwingen viele andere Teile des Instruments mit. Aus der Überlagerung all dieser Schwingungen entsteht die sogenannte Klangfarbe des Instruments.

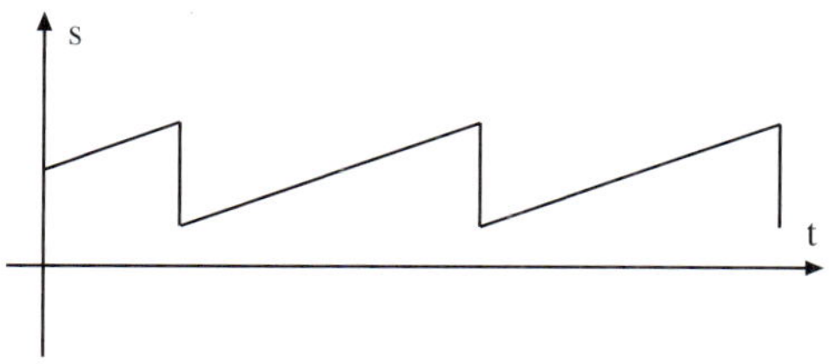

Fig. 2

Fig. 2 zeigt den Graphen der zu einem Geigenton gehörenden Schwingungsfunktion. Diese Funktion ist keine allgemeine Sinusfunktion. Der französische Mathematiker Jean Baptiste Fourier (1768–1830) hat jedoch nachgewiesen, dass sich jede periodische Funktion durch eine Summe von allgemeinen Sinusfunktionen, deren Frequenzen ganzzahlige Vielfache der Ausgangsfunktion sind, „beliebig genau" annähern lässt. (Vergleiche auch mit Aufgabe 3.) Damit lassen sich auch die Ergebnisse über die Überlagerung von Sinusfunktionen auf solche Funktionen übertragen.

Rückblick

Periodische Funktionen
Eine Funktion f heißt periodisch, wenn es mindestens eine Zahl p gibt, so dass für alle reellen Zahlen x gilt: $f(x+p) = f(x)$. Die kleinste positive Zahl p mit dieser Eigenschaft ist die Periode von f. Der Graph einer periodischen Funktion ist verschiebungssymmetrisch zur x-Achse.

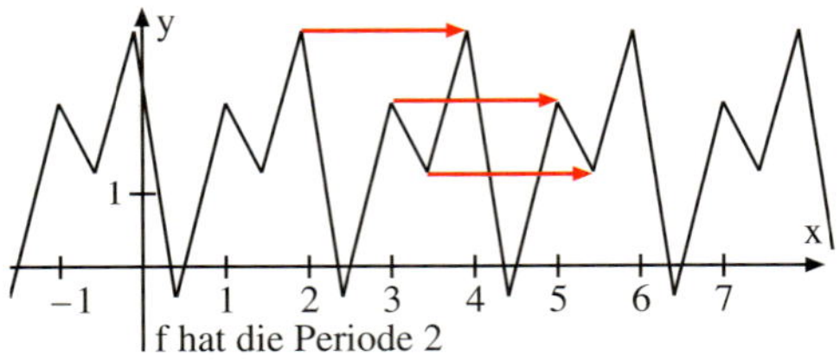

Sinus- und Kosinusfunktion für das Gradmaß
Die Funktionen sin und cos werden so für alle Winkel α definiert: Jeder Winkel α mit der positiven x-Achse als erstem Schenkel bestimmt mit seinem zweiten Schenkel einen Punkt P_α auf dem Einheitskreis.
Die x-Koordinate des Punktes P_α ist $\cos(\alpha)$.
Die y-Koordinate des Punktes P_α ist $\sin(\alpha)$.
Die Funktionen sin und cos sind periodisch mit der Periode 360°.
Für alle Winkel α gilt: $\sin^2(\alpha) + \cos^2(\alpha) = 1$.

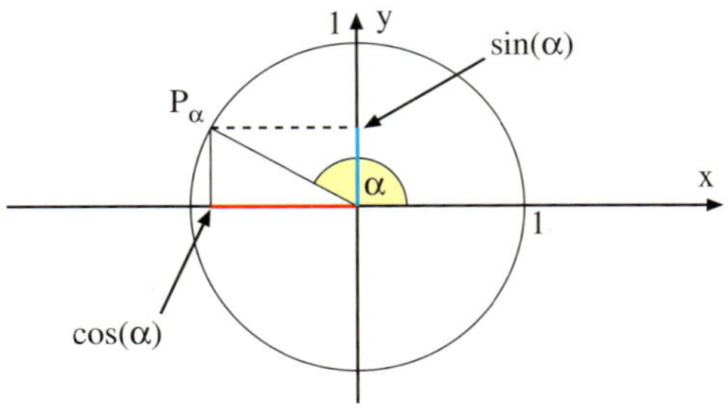

Additionssätze
(1) $\sin(\alpha + \beta) = \sin(\alpha)\cos(\beta) + \cos(\alpha)\sin(\beta)$
(2) $\sin(\alpha - \beta) = \sin(\alpha)\cos(\beta) - \cos(\alpha)\sin(\beta)$
(3) $\cos(\alpha + \beta) = \cos(\alpha)\cos(\beta) - \sin(\alpha)\sin(\beta)$
(4) $\cos(\alpha - \beta) = \cos(\alpha)\cos(\beta) + \sin(\alpha)\sin(\beta)$

$\sin(165°) = \sin(120° + 45°)$
$= \sin(120°)\cos(45°) + \cos(120°)\sin(45°)$
$= \frac{1}{2}\sqrt{3}\,\frac{1}{2}\sqrt{2} - \frac{1}{2}\cdot\frac{1}{2}\sqrt{2}$
$= \frac{1}{4}\left(\sqrt{6} - \sqrt{2}\right)$

Die trigonometrischen Funktionen auf $\mathbb{R}$
Misst man Winkel im Bogenmaß und fasst jede reelle Zahl x als Bogenmaß eines Winkels auf, so sind die Funktionen sin und cos für alle reellen Zahlen definiert.
Sie sind periodisch mit der Periode 2π.
Die Funktion tan ist für alle reellen Zahlen x außer $x = \frac{\pi}{2} + k\pi$ mit k aus $\mathbb{Z}$ definiert. Sie ist periodisch mit der Periode π.

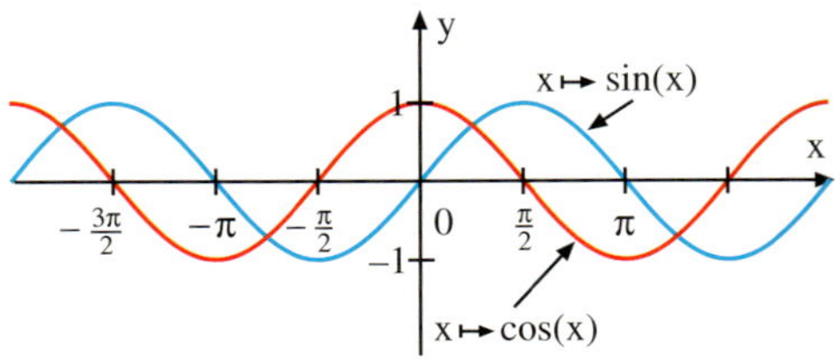

Funktionen der Form $x \mapsto a \cdot \sin(bx - e)$
Den Graphen einer Funktion $x \mapsto a \cdot \sin(b(x - c))$ mit $b > 0$ kann man sich so aus dem Graphen der Funktion $x \mapsto \sin(x)$ entstanden denken:
1. Strecken (oder Stauchen) in y-Richtung um den Faktor $|a|$. $|a|$ ist der größte Funktionswert (die Amplitude). Ist $a < 0$, muss noch an der x-Achse gespiegelt werden.
2. Stauchen (oder Strecken) in x-Richtung um den Faktor b. $\frac{2\pi}{b}$ ist die Periode.
3. Verschiebung der neuen Funktion um c nach rechts.

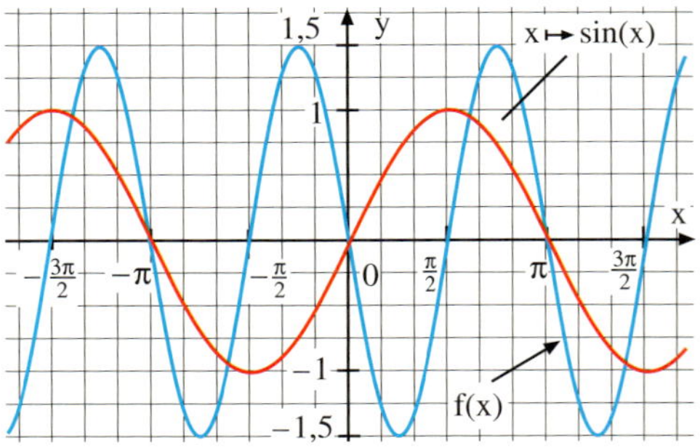

$f(x) = 1{,}5 \cdot \sin(2x - \pi) = 1{,}5 \cdot \left(\sin 2\left(x - \frac{\pi}{2}\right)\right)$

Aufgaben zum Üben und Wiederholen

1 Bestimme ohne Taschenrechner exakte Funktionswerte.
a) $\sin(150°)$ b) $\sin(225°)$ c) $\cos(210°)$ d) $\sin(-120°)$
e) $\cos(-150°)$ f) $\sin(780°)$ g) $\cos(480°)$ h) $\sin(-480°)$

2 Für welche Winkel α zwischen 0° und 360° ist
a) $\sin(\alpha)$ negativ und $\cos(\alpha)$ negativ? b) $\cos(\alpha) < 0{,}5$ und $\sin(\alpha)$ negativ?
c) $\sin(\alpha)$ positiv und $\tan(\alpha)$ negativ? d) $\tan(\alpha) < 1$ und $\cos(\alpha)$ positiv?

3 Für welche Winkel α zwischen 0° und 360° gilt $\cos(\alpha) = \sqrt{1 - \sin^2(\alpha)}$?

4 Bestimme exakte Funktionswerte
a) für $\sin(\alpha)$, wenn $\cos(\alpha) = -0{,}1$ und $180° \leqq \alpha \leqq 270°$;
b) für $\cos(\alpha)$, wenn $\sin(\alpha) = 0{,}8$ und $\tan(\alpha) < 0$.

5 Bestimme mit Hilfe des Taschenrechners auf eine Nachkommastelle gerundete Näherungswerte für alle Winkel α zwischen 0° und 360° mit:
a) $\sin(\alpha) = -0{,}4563$ b) $\cos(\alpha) = 0{,}6579$
c) $\tan(\alpha) = -2{,}5$ d) $\tan(\alpha) = 0{,}5$
e) $\sin(\alpha) = 0{,}5493$ f) $\cos(\alpha) = -0{,}2873$

6 Für zwei Winkel α und β zwischen 180° und 270° gilt $\sin(\alpha) = -\frac{1}{3}\sqrt{2}$ und $\cos(\beta) = -\frac{2}{5}\sqrt{3}$. Bestimme die Funktionswerte, ohne α und β zu bestimmen.
a) $\cos(\alpha - \beta)$ b) $\sin(\alpha + \beta)$ c) $\sin(2\alpha)$ d) $\cos(2\beta)$

7 Vereinfache mit Hilfe der Additionssätze.
a) $\cos(60° + \alpha) - \cos(60° - \alpha)$ b) $\sin(\alpha + 30°) + \cos(\alpha - 60°)$
c) $\cos(\alpha + \beta)\sin(\beta) - \sin(\alpha + \beta)\cos(\beta)$ d) $\cos(\alpha - \beta)\sin(\beta) + \sin(\alpha - \beta)\cos(\beta)$

8 Bestimme die Funktionswerte ohne Taschenrechner.
a) $\cos\left(\frac{\pi}{4}\right)$ b) $\sin\left(\frac{\pi}{3}\right)$ c) $\tan\left(\frac{2}{3}\pi\right)$ d) $\cos\left(\frac{15}{4}\pi\right)$

9 Bestimme mit dem Taschenrechner auf 3 Nachkommastellen gerundete Näherungswerte für alle Zahlen x mit $0 \leqq x \leqq 2\pi$, für die gilt:
a) $\sin(x) = 0{,}5287$ b) $\sin(x) = -0{,}6134$ c) $\cos(x) = -0{,}9132$

10 Bestimme jeweils die Amplitude und die Periode der Funktion. Skizziere dann den Graphen im Intervall $[-2\pi; 2\pi]$. Wähle eine passende Achseneinteilung.
a) $x \mapsto 1{,}5\sin(x)$ b) $x \mapsto 2\sin\left(x - \frac{\pi}{2}\right)$
c) $x \mapsto \sin(2\pi x)$ d) $x \mapsto 3\sin(2x - \pi)$
e) $x \mapsto 2\sin\left(3x - \frac{3}{2}\pi\right)$ f) $x \mapsto -\frac{1}{2}\sin\left(\frac{\pi}{2}x + \frac{\pi}{4}\right)$

11 Bestimme die Lösungsmenge.
a) $\cos(4x + 1) = -0{,}3$ b) $2\sin(3x + 4) = 4\cos(3x + 4)$
c) $\cos(2x + 3) + \cos(x - 5) = 0$ d) $6\cos^2(x) - 4\cos(x) - 2 = 0$
e) $6\sin(x) + 2\cos(x) = 2$ f) $13\sin(x) + 12\tan(x) = 0$

Die Lösungen zu den Aufgaben dieser Seite findest du auf den Seiten 212 und 213.

12 Zeichne die Graphen der Funktionen. Bestimme dann zeichnerisch und rechnerisch die Koordinaten der Schnittpunkte mit x-Koordinaten in $[0; 2\pi]$.
a) $x \mapsto \sin(x)$ und $x \mapsto 1 - \cos(x)$ b) $x \mapsto 2\sin(x)$ und $x \mapsto 3\sin^2(x)$

IX Trigonometrische Berechnungen

1 Der Sinussatz

Zur Erinnerung:
Eine Seemeile (1 sm) entspricht $\frac{1}{60}°$ Breitenunterschied auf einem Erdmeridian.
Also: 1 sm ≈ 1,85 km

1 a) Ein Schiff peilt ein Leuchtfeuer an. Zuerst misst es den Winkel $\alpha = 43°$ und nach einer Fahrtstrecke von $c = 7{,}5\,\text{sm}$ den Winkel $\beta = 58°$. Wie groß ist bei der zweiten Peilung die Entfernung a des Schiffs vom Leuchtfeuer (Fig. 1)? Berechne erst γ und h, dann a.
b) Wie groß war auf der Fahrt von A nach B die kürzeste Entfernung e des Schiffes vom Leuchtfeuer?

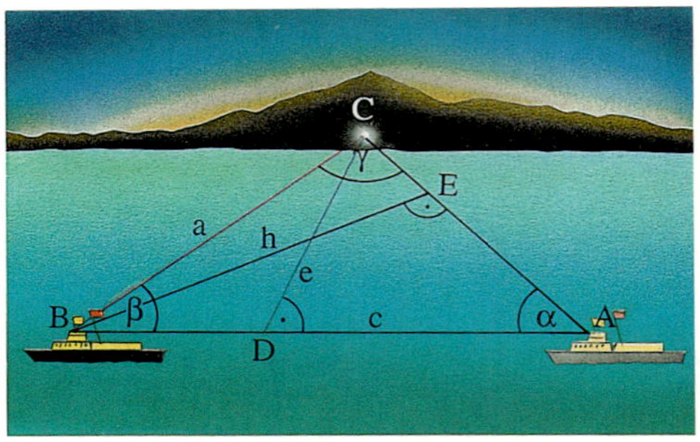

Fig. 1

Man kann die Berechnung eines nicht rechtwinkligen Dreiecks ABC mit Hilfe rechtwinkliger Dreiecke durchführen, wenn man in ABC eine Höhe einzeichnet:

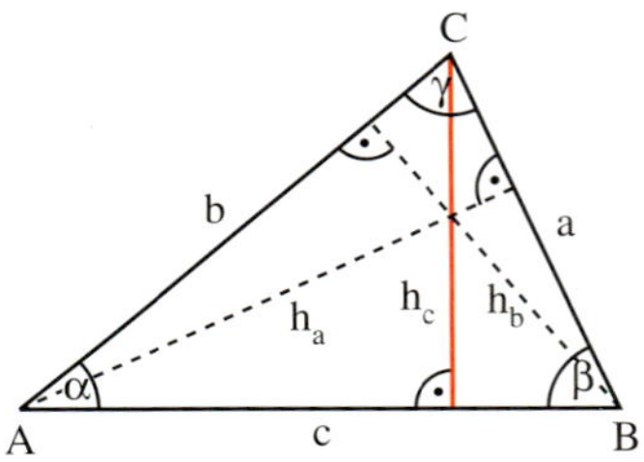

Fig. 2

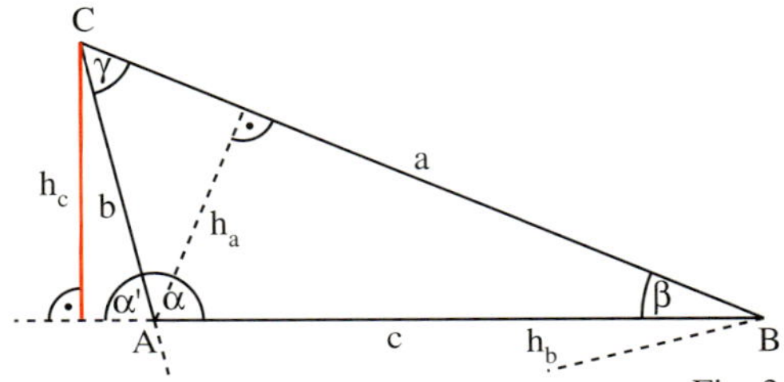

Fig. 3

1. Für spitzwinklige Dreiecke (Fig. 2) gilt: $\sin(\alpha) = \frac{h_c}{b}$ und $\sin(\beta) = \frac{h_c}{a}$.
Fig. 3 zeigt für stumpfwinklige Dreiecke: $\sin(\alpha) = \sin(180° - \alpha) = \sin(\alpha') = \frac{h_c}{b}$.
2. Division ergibt: $\frac{\sin(\alpha)}{\sin(\beta)} = \frac{h_c \cdot a}{h_c \cdot b} = \frac{a}{b}$.
3. Verwendet man h_a oder h_b anstelle von h_c, so erhält man $\frac{\sin(\beta)}{\sin(\gamma)} = \frac{b}{c}$ und $\frac{\sin(\alpha)}{\sin(\gamma)} = \frac{a}{c}$.
Damit ist gezeigt:

> **Sinussatz:** In jedem Dreieck ABC verhalten sich die Längen zweier Seiten wie die Sinuswerte ihrer Gegenwinkel: $\frac{a}{b} = \frac{\sin(\alpha)}{\sin(\beta)}$ $\frac{b}{c} = \frac{\sin(\beta)}{\sin(\gamma)}$ $\frac{a}{c} = \frac{\sin(\alpha)}{\sin(\gamma)}$

Ab jetzt muss man berechnete Winkel vor dem Runden notieren bzw. im Taschenrechner speichern, um keine Rundungsfehler weiterzuschleppen.

Beispiel 1
Von einem Dreieck ABC ist $a = 6\,\text{cm}$; $b = 4{,}5\,\text{cm}$ und $\alpha = 62°$ gegeben.
Berechne die Winkel β, γ und die Seite c.
Lösung:

Formeln:	*umgeformt:*	*Rechnung:*	*Ergebnis:*	
$\frac{a}{b} = \frac{\sin(\alpha)}{\sin(\beta)}$	$\sin(\beta) = \frac{b \cdot \sin(\alpha)}{a}$	$\sin(\beta) = \frac{4{,}5\,\text{cm} \cdot \sin(62°)}{6\,\text{cm}}$	$\beta_1 \approx 41{,}5°$	*41,468692° notieren!*
	($\beta_2 = 180° - \beta_1$ ist keine zweite Lösung, da $\alpha + \beta_2 > 180°$ ist.)			
$\alpha + \beta + \gamma = 180°$	$\gamma = 180° - (\alpha + \beta)$	$\gamma \approx 180° - (62° + 41{,}468692°)$	$\gamma \approx 76{,}5°$	*76,531308° notieren!*
$\frac{a}{c} = \frac{\sin(\alpha)}{\sin(\gamma)}$	$c = \frac{a \cdot \sin(\gamma)}{\sin(\alpha)}$	$c \approx \frac{6\,\text{cm} \cdot \sin(76{,}531308°)}{\sin(62°)}$	$c \approx 6{,}6\,\text{cm}$	

Hier wird mit gerundeten Winkeln weitergerechnet, da die dritte Seitenlänge auf zwei bzw. drei Ziffern gerundet wird.

Beispiel 2
Von einem Dreieck ABC ist $b = 6\,cm$; $c = 7\,cm$ und $\beta = 35°$ gegeben.
Berechne die Seite a und die Winkel α und γ.
Lösung:

Formeln:	*umgeformt:*	*Rechnung:*	*Ergebnis:*
$\frac{b}{c} = \frac{\sin(\beta)}{\sin(\gamma)}$	$\sin(\gamma) = \frac{c \cdot \sin(\beta)}{b}$	$\sin(\gamma) = \frac{7\,cm \cdot \sin(33°)}{6\,cm}$	$\gamma_1 \approx 39{,}5°$
($\gamma_2 = 180° - \gamma_1$ ist eine zweite Lösung, da $\beta + \gamma_2 < 180°$ ist.)			$\gamma_2 \approx 140{,}5°$
$\alpha + \beta + \gamma = 180°$	$\alpha_1 = 180° - (\beta + \gamma_1)$	$\alpha_1 \approx 180° - (33° + 39{,}5°)$	$\alpha_1 \approx 107{,}5°$
	$\alpha_2 = 180° - (\beta + \gamma_2)$	$\alpha_2 \approx 180° - (33° + 140{,}5°)$	$\alpha_2 \approx 6{,}5°$
$\frac{a}{b} = \frac{\sin(\alpha)}{\sin(\beta)}$	$a_1 = \frac{b \cdot \sin(\alpha_2)}{\sin(\beta)}$	$a_1 \approx \frac{6\,cm \cdot \sin(107{,}5°)}{\sin(33°)}$	$a_1 \approx 10{,}5\,cm$
	$a_2 = \frac{b \cdot \sin(\alpha_2)}{\sin(\beta)}$	$a_2 \approx \frac{6\,cm \cdot \sin(6{,}5°)}{\sin(33°)}$	$a_2 \approx 1{,}2\,cm$

Hier gibt es zwei Dreiecke mit den gegebenen Stücken.

Beispiel 3
Prüfe rechnerisch, ob es ein Dreieck ABC mit $a = 5\,cm$; $c = 10\,cm$ und $\alpha = 37°$ gibt.
Lösung:

Formeln:	*umgeformt:*	*Rechnung:*	*Ergebnis:*
$\frac{a}{c} = \frac{\sin(\alpha)}{\sin(\gamma)}$	$\sin(\gamma) = \frac{c \cdot \sin(\alpha)}{a}$	$\sin(\gamma) = \frac{10\,cm \cdot \sin(37°)}{5\,cm} \approx 1{,}2$	—

Da Sinuswerte über 1 nicht möglich sind, gibt es kein solches Dreieck!

Aufgaben

2 Berechne die fehlenden Seiten und Winkel des Dreiecks ABC mit
a) $a = 3{,}5\,cm$; $b = 5{,}8\,cm$; $\beta = 77°$
b) $a = 4{,}6\,cm$; $c = 2{,}4\,cm$; $\alpha = 124°$
c) $b = 23{,}1\,cm$; $c = 15{,}4\,cm$; $\beta = 35°$
d) $a = 2{,}4\,cm$; $b = 6{,}7\,cm$; $\beta = 95°$
e) $b = 3{,}5\,cm$; $c = 12{,}8\,cm$; $\gamma = 112°$
f) $a = 8{,}9\,cm$; $c = 8{,}9\,cm$; $\alpha = 43°$

Hier gibt es zwei Dreiecke mit den gegebenen Stücken.

3 Bestimme die Dreiecke mit den gegebenen Stücken erst zeichnerisch und berechne dann die fehlenden Stücke.
a) $a = 3{,}7\,cm$; $c = 6{,}2\,cm$; $\alpha = 26°$
b) $a = 8{,}2\,cm$; $b = 4{,}5\,cm$; $\beta = 18°$
c) $b = 6{,}2\,cm$; $c = 3{,}9\,cm$; $\gamma = 30°$
d) $a = 4{,}4\,cm$; $c = 8{,}7\,cm$; $\alpha = 15°$
e) $b = 14{,}3\,cm$; $c = 9{,}9\,cm$; $\gamma = 30°$
f) $a = 3{,}4\,cm$; $c = 7{,}5\,cm$; $\alpha = 15°$

4 Untersuche rechnerisch, ob es zwei Dreiecke, ein oder kein Dreieck mit den gegebenen Stücken gibt. Berechne gegebenenfalls die fehlenden Stücke.
a) $a = 3\,cm$; $c = 6\,cm$; $\alpha = 30°$
b) $a = 3\,cm$; $b = 5\,cm$; $\alpha = 45°$
c) $a = 4{,}5\,cm$; $c = 5{,}5\,cm$; $\alpha = 40°$
d) $b = 5{,}8\,cm$; $c = 6{,}8\,cm$; $\beta = 60°$

5
a) $b = 6158\,m$; $c = 4853\,m$; $\gamma = 33{,}5°$
b) $a = 1{,}6\,km$; $b = 2{,}1\,km$; $\alpha = 56{,}5°$
c) $a = 4{,}5\,cm$; $\alpha = 40{,}3°$; $\beta = 65{,}7°$
d) $b = 9{,}7\,cm$; $\beta = 74{,}1°$; $\alpha = 25{,}5°$

6 Berechne die fehlenden Seiten und Winkel für ein Dreieck ABC. Fertige vorher eine Skizze an und markiere die gegebenen Stücke.
a) $a = 8{,}3\,cm$; $b = 10{,}5\,cm$; $\beta = 103°$
b) $c = 4{,}5\,cm$; $\alpha = 44°$; $\gamma = 79°$
c) $a = 13{,}4\,cm$; $c = 15{,}9\,cm$; $\alpha = 35°$
d) $b = 12{,}0\,cm$; $c = 5{,}8\,cm$; $\beta = 123°$
e) $c = 101{,}3\,cm$; $\beta = 7{,}5°$; $\gamma = 63{,}2°$
f) $b = 2{,}0\,cm$; $\alpha = 144{,}5°$; $\beta = 3{,}1°$
g) $a = 12{,}5\,cm$; $b = 10{,}0\,cm$; $\alpha = 75°$
h) $a = 13{,}0\,cm$; $\alpha = 76°$; $\gamma = 53°$

7 Im Dreieck ABC sind die Stücke a, b und α gegeben, wobei $a < b$ gilt. Begründe, dass man in diesem Fall wie in der Tabelle prüfen kann, ob es zwei Lösungen, eine oder keine Lösung der Berechnungsaufgabe gibt:

$\sin(\alpha) < \frac{a}{b}$	$\sin(\alpha) = \frac{a}{b}$	$\sin(\alpha) > \frac{a}{b}$
zwei Lösungen	eine Lösung	keine Lösung

8 In Fig. 1 ist w_α die Winkelhalbierende von α und s_c die Seitenhalbierende von c. Notiere mit Hilfe der bezeichneten Strecken und Winkel den Sinussatz für
a) das Dreieck ADC b) das Dreieck DBC
c) das Dreieck ABE d) das Dreieck AEC.

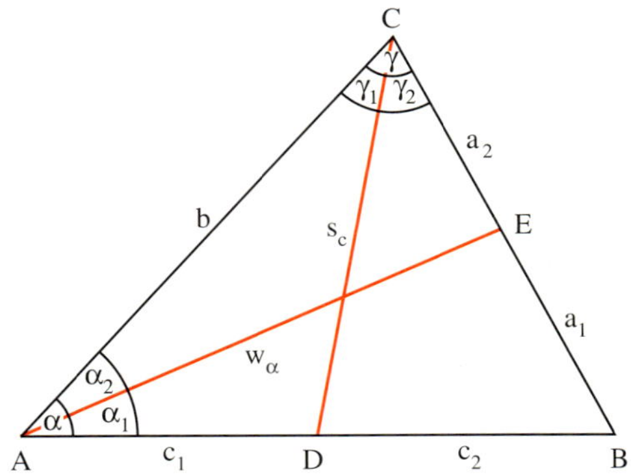

Fig. 1

9 Berechne die Seiten und Winkel eines Dreiecks ABC, von dem gegeben ist:
a) $b:c = 2:3$; $a = 8\,\text{cm}$; $\gamma = 60°$
b) $a:b = 1:2$; $c = 5\,\text{cm}$; $\beta = 30°$
c) $a:c = 5:3$; $b = 9\,\text{cm}$; $\alpha = 55°$

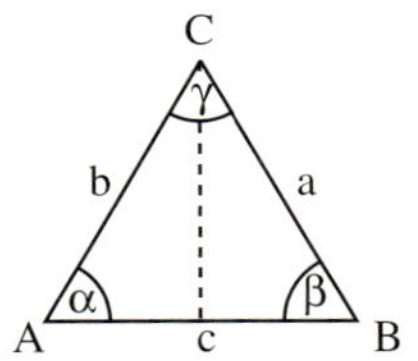

Fig. 2

10 a) Wie lauten die Formeln für den Sinussatz, wenn das Dreieck ABC rechtwinklig mit $\gamma = 90°$ ist?
b) Zeige mit Hilfe des Sinussatzes: In einem gleichschenkligen Dreieck ABC mit der Basis c, den Basiswinkeln α und β und den Schenkeln a und b (Fig. 2) gilt: $\frac{a}{c} = \frac{\sin(\alpha)}{\sin(2\alpha)}$.

11 a) Zeichne verschiedene spitz- und stumpfwinklige Dreiecke. Überprüfe daran die Aussage, dass in jedem Dreieck der kleineren Seite der kleinere Winkel gegenüberliegt.
*b) Begründe diese Aussage. Zeige dazu mit Hilfe des Sinussatzes, dass für die Seiten a, b und ihre Gegenwinkel α, β im Dreieck gilt:
(1) Wenn $a < b$, dann $\sin(\alpha) < \sin(\beta)$
(2) Wenn $\sin(\alpha) < \sin(\beta)$, dann $a < b$.

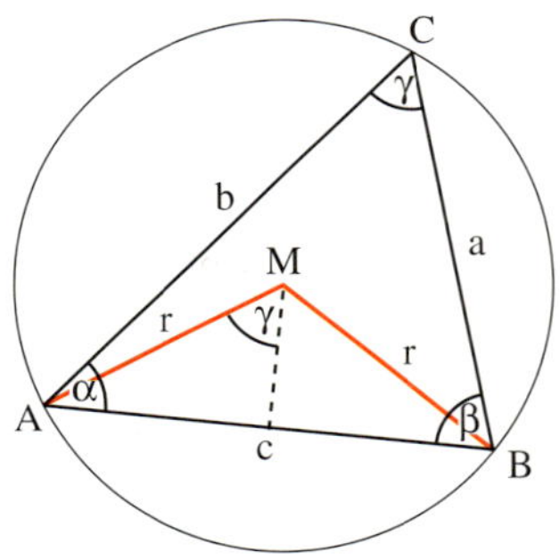

Fig. 3

***12** a) Zeige, dass man den Sinussatz für ein Dreieck ABC auch in der Form
$$\frac{a}{\sin(\alpha)} = \frac{b}{\sin(\beta)} = \frac{c}{\sin(\gamma)}$$
formulieren kann.
b) Zeige an Fig. 3, dass die drei Quotienten in a) gleich dem Umkreisdurchmesser 2r des Dreiecks ABC sind.
c) Berechne den Umkreisradius r eines Dreiecks ABC mit
$c = 6\,\text{cm}$; $\alpha = 56°$; $\beta = 34°$.

***13** Die Winkelhalbierende eines Winkels teilt die Gegenseite im Verhältnis der anliegenden Seiten (Fig. 4).
Schreibe diese Behauptung als Formel und beweise sie an Fig. 4 mit Hilfe des Sinussatzes.

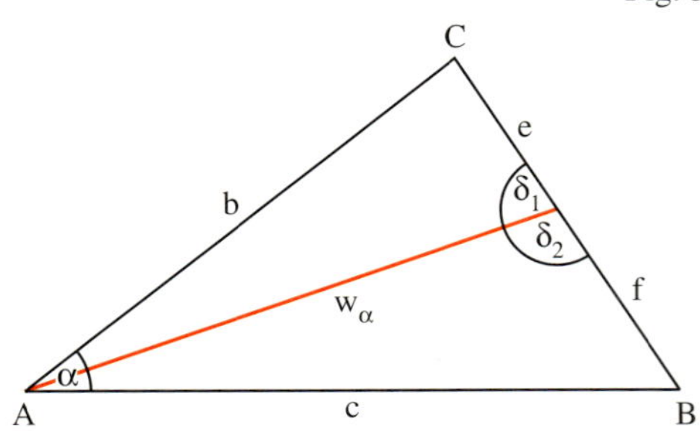

Fig. 4

2 Der Kosinussatz

1 Beim Bau einer Eisenbahnstrecke soll ein Tunnel durch einen Berg gebohrt werden (Fig. 1). Von einem Punkt A aus wurden die Entfernungen $b = 3{,}51\,\text{km}$ und $c = 4{,}82\,\text{km}$ bis zu den Tunnelenden B und C und der Winkel $\alpha = 36{,}25°$ bestimmt.
a) Berechne die Länge a des Tunnels. Bestimme dazu zunächst die Längen x und h aus α und b.
b) Unter welchem Winkel β muss der Tunnel von B aus vorangetrieben werden?

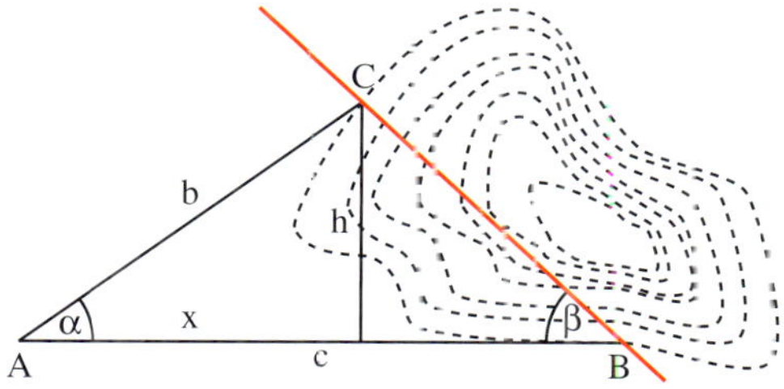

Fig. 1

Wenn im Dreieck ABC zwei Seiten und der eingeschlossene Winkel gegeben sind, kann man mit Hilfe einer Höhe das Quadrat der dritten Seite bestimmen:

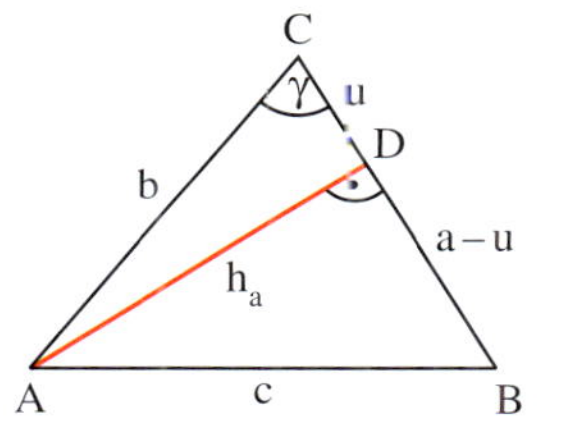

Fig. 2

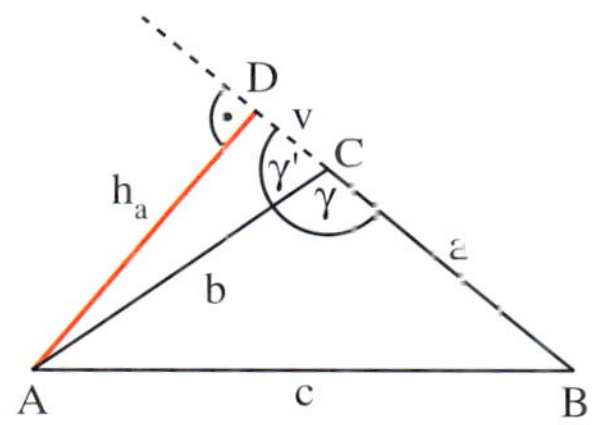

Fig. 3

In Fig. 2 (ABC spitzwinklig) gilt:
$u = b \cdot \cos(\gamma)$ und $h_a = b \cdot \sin(\gamma)$.
Nach dem Satz des Pythagoras gilt für das Dreieck ABD: $c^2 = (a-u)^2 + h_a^2$. Also:

$$\begin{aligned} c^2 &= a^2 - 2ab\cdot\cos(\gamma) + b^2\cdot\cos^2(\gamma) + b^2\cdot\sin^2(\gamma) \\ &= a^2 - 2ab\cdot\cos(\gamma) + b^2(\cos^2(\gamma) + \sin^2(\gamma)) \\ &= a^2 + b^2 - 2ab\cdot\cos(\gamma). \end{aligned}$$

In Fig. 3 (ABC stumpfwinklig) gilt:
$v = b \cdot \cos(\gamma')$ und $h_a = b \cdot \sin(\gamma')$.
Nach dem Satz des Pythagoras gilt für das Dreieck ABD: $c^2 = (a+v)^2 + h_a^2$. Also:

$$\begin{aligned} c^2 &= a^2 + 2ab\cdot\cos(\gamma') + b^2\cos^2(\gamma') + b^2\sin^2(\gamma') \\ &= a^2 + 2ab\cdot\cos(\gamma') + b^2(\cos^2(\gamma') + \sin^2(\gamma')) \\ &= a^2 + b^2 - 2ab\cdot\cos(\gamma). \end{aligned}$$

Entsprechende Gleichungen ergeben sich für β und α als eingeschlossene Winkel.

Bemerkung:
Im Sonderfall $\gamma = 90°$ geht die letzte Gleichung über in: $c^2 = a^2 + b^2$. Man nennt deshalb den Kosinussatz auch den „verallgemeinerten Satz des Pythagoras".

> **Kosinussatz:** In jedem Dreieck ABC gilt:
> $a^2 = b^2 + c^2 - 2bc\cdot\cos(\alpha)$
> $b^2 = a^2 + c^2 - 2ac\cdot\cos(\beta)$
> $c^2 = a^2 + b^2 - 2ab\cdot\cos(\gamma)$

Beispiel 1
Von einem Dreieck ABC ist $b = 4\,\text{cm}$; $c = 7\,\text{cm}$; $\alpha = 64°$ gegeben. Bestimme a, β und γ.
Lösung:

6,360 127 03 notieren!

Formeln:	*Rechnung:*	*Ergebnis:*
$a^2 = b^2 + c^2 - 2bc\cdot\cos(\alpha)$	$a^2 = 16\,\text{cm}^2 + 49\,\text{cm}^2 - 56\,\text{cm}^2\cos(64°)$	$a \approx 6{,}4\,\text{cm}$
$\sin(\beta) = \frac{b\cdot\sin(\alpha)}{a}$	$\sin(\beta) \approx \frac{4\cdot\sin(64°)}{6{,}360\,127\,03}$	$\beta \approx 34{,}4°$
$\gamma = 180° - (\alpha + \beta)$	$\gamma \approx 180° - (64° + 34{,}4°)$	$\gamma \approx 81{,}6°$

Anmerkungen:
Da die Summe der gerundeten Winkel 180° betragen soll, muss im dritten Schritt mit den ***gerundeten*** *Winkeln gearbeitet werden.*

Beispiel 2

Von einem Dreieck ABC ist $a = 5\,\text{cm}$; $b = 6\,\text{cm}$; $c = 8\,\text{cm}$ gegeben. Bestimme α, β und γ.

Lösung:

Formeln:	*umgeformt:*	*Rechnung:*	*Ergebnis:*
$a^2 = b^2 + c^2 - 2bc \cdot \cos(\alpha)$	$\cos(\alpha) = \frac{b^2 + c^2 - a^2}{2bc}$	$\cos(\alpha) = \frac{36 + 64 - 25}{96}$	$\alpha \approx 38{,}6°$

Man sollte auch beim zweiten Winkel nur mit gegebenen Stücken rechnen. Der verwendete Kosinussatz hat gegenüber dem Sinussatz außerdem den Vorteil, Winkel stets eindeutig zu liefern.

$b^2 = a^2 + c^2 - 2ac \cdot \cos(\beta)$	$\cos(\beta) = \frac{a^2 + c^2 - b^2}{2ac}$	$\cos(\beta) = \frac{25 + 64 - 36}{80}$	$\beta \approx 48{,}5°$
$\alpha + \beta + \gamma = 180°$	$\gamma = 180° - (\alpha + \beta)$	$\gamma \approx 180° - (38{,}6° + 48{,}5°)$	$\gamma \approx 92{,}9°$

Aufgaben

2 Berechne die dritte Seite und die fehlenden Winkel im Dreieck ABC.

a) $b = 6{,}9\,\text{cm}$; $c = 7{,}5\,\text{cm}$; $\alpha = 72°$
b) $a = 3{,}2\,\text{cm}$; $b = 9{,}3\,\text{cm}$; $\gamma = 117°$
c) $a = 39\,\text{m}$; $c = 84\,\text{m}$; $\beta = 45°$
d) $a = 114\,\text{m}$; $b = 276\,\text{m}$; $\gamma = 56°$
e) $a = 8{,}1\,\text{cm}$; $c = 3{,}4\,\text{cm}$; $\beta = 123°$
f) $b = 58\,\text{m}$; $c = 77\,\text{m}$; $\alpha = 78{,}5°$

3 Berechne die Winkel α, β und γ im Dreieck ABC.

a) $a = 4\,\text{cm}$; $b = 6\,\text{cm}$; $c = 8\,\text{cm}$
b) $a = 12\,\text{m}$; $b = 5\,\text{m}$; $c = 13\,\text{m}$
c) $a = 4{,}5\,\text{cm}$; $b = 7\,\text{cm}$; $c = 3{,}5\,\text{cm}$
d) $a = 4{,}1\,\text{cm}$; $b = 5{,}2\,\text{cm}$; $c = 6{,}3\,\text{cm}$
e) $a = 3{,}2\,\text{m}$; $b = 6{,}1\,\text{m}$; $c = 4{,}5\,\text{m}$
f) $a = 385\,\text{m}$; $b = 165\,\text{m}$; $c = 437\,\text{m}$

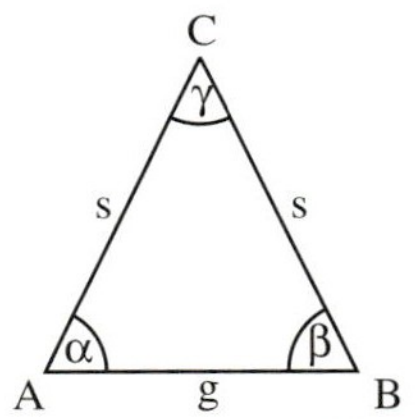

Fig. 1

4 a) Welche Beziehungen zwischen der Schenkellänge s, der Grundseite g und dem Winkel γ liefert der Kosinussatz bei dem gleichschenkligen Dreieck in Fig. 1?
b) Berechne für ein gleichschenkliges Dreieck mit der Schenkellänge $s = 9{,}8\,\text{cm}$ und dem Winkel $\gamma = 25°$ die Grundseite g.

5 Ein Dreieck ABC hat die Seitenlängen $a = 7\,\text{cm}$; $c = 12\,\text{cm}$ und den Winkel $\beta = 57°$. Um wie viel cm^2 sind die Flächeninhalte der Quadrate über den Seiten a und b größer als der Flächeninhalt des Quadrates über c?

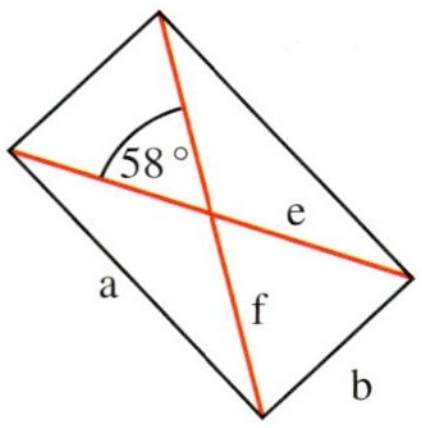

Fig. 2

6 Bei einem Parallelogramm mit den Diagonalen $e = 8\,\text{cm}$ und $f = 14\,\text{cm}$ schneiden sich die Diagonalen wie in Fig. 2 unter dem Winkel 58°. Berechne die Seitenlängen des Parallelogramms.

***7** Einem Kreis mit Radius r ist ein regelmäßiges n-Eck einbeschrieben (Fig. 3).
a) Stelle eine Formel für den Flächeninhalt eines Teildreiecks und des n-Ecks auf.
b) Berechne den Flächeninhalt A eines regelmäßigen 8-Ecks, das einem Kreis mit Radius $r = 10\,\text{cm}$ einbeschrieben ist.

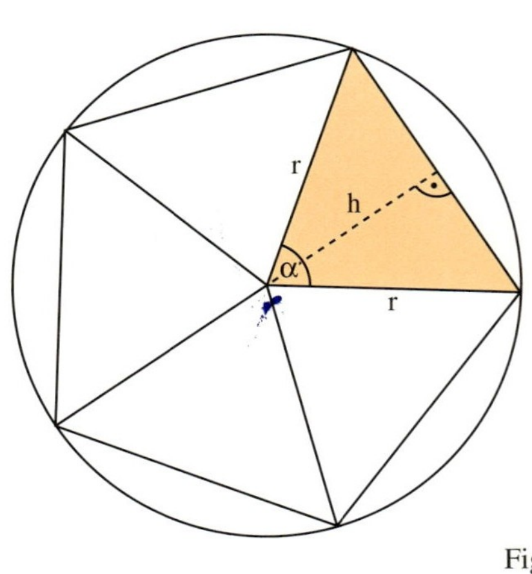

Fig. 3

***8** Berechne im Dreieck ABC die fehlenden Seiten und Winkel (Höhen sind mit h, Seitenhalbierende mit s und Winkelhalbierende mit w bezeichnet).

a) $b = 4{,}5\,\text{cm}$; $c = 5\,\text{cm}$; $h_c = 3\,\text{cm}$
b) $a = 55{,}6\,\text{m}$; $c = 66\,\text{m}$; $s_c = 32{,}7\,\text{m}$
c) $b = 6{,}25\,\text{m}$; $h_b = 5{,}12\,\text{m}$; $s_b = 5{,}57\,\text{m}$
d) $c = 160\,\text{m}$; $h_a = 91\,\text{m}$; $w_\beta = 97\,\text{m}$

3 Dreiecksberechnungen

1 Will man ein Geländedreieck ABC maßstäblich in eine Karte einzeichnen, so muss man mindestens drei seiner Stücke messen. Warum ist es dabei nicht gleichgültig, welche Stücke man misst? Nenne jeweils drei Stücke, durch die das Dreieck
a) eindeutig bestimmt ist,
b) nicht eindeutig bestimmt ist.

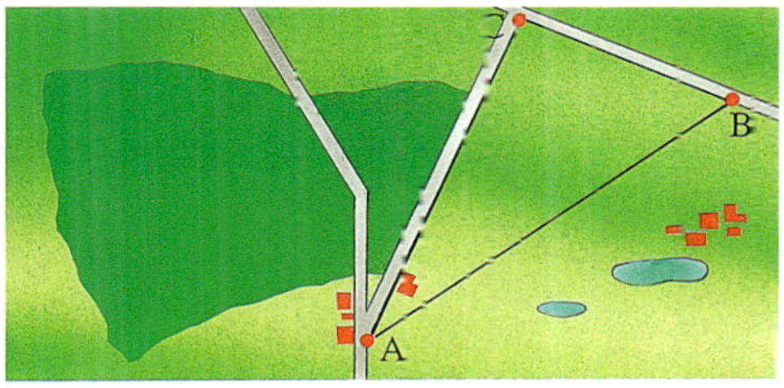

Fig. 1

Man kann die Stücke eines Dreiecks ABC mit Hilfe des Sinussatzes oder des Kosinussatzes berechnen. Dabei sind die Ergebnisse nach den **Kongruenzsätzen** eindeutig bestimmt, falls gegeben sind:
a) die drei Seiten (Kongruenzsatz **sss**),
b) zwei Seiten und der eingeschlossene Winkel (Kongruenzsatz **sws**),
c) eine Seite und zwei Winkel (Kongruenzsatz **wsw** bzw. **sww**),
d) zwei Seiten und der Gegenwinkel der größeren Seite (Kongruenzsatz **Ssw**).
Wenn zwei Seiten und der Gegenwinkel der kleineren Seite gegeben sind, ist das Dreieck im Allgemeinen nicht eindeutig bestimmt (ein Beispiel zeigt Fig. 2).
Bemerkung: Bei Dreiecksberechnungen hat der Kosinussatz den Vorteil, dass er bei der Winkelbestimmung nur einen Winkel als Ergebnis liefert und man in vielen Fällen ausschließlich mit den gegebenen Werten rechnen kann.

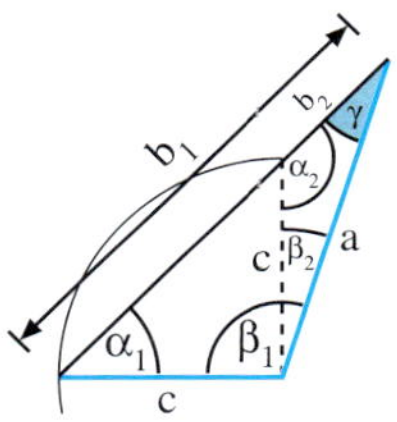

Fig. 2

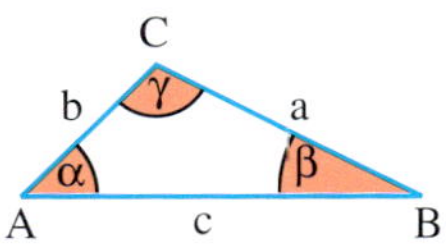

Fig. 3

Beispiel 1 (sss)
Gegeben: $a = 3{,}5\,\text{cm}$; $b = 2{,}4\,\text{cm}$; $c = 5{,}1\,\text{cm}$. Gesucht: α, β, γ.
Lösung:

Berechnung des 1. Winkels mit dem Kosinussatz:
$c^2 = a^2 + b^2 - 2ab \cdot \cos(\gamma)$
$\cos(\gamma) = \frac{a^2 + b^2 - c^2}{2ab}$

Berechnung des 2. Winkels mit dem Kosinussatz:
$a^2 = b^2 + c^2 - 2bc \cdot \cos(\alpha)$
$\cos(\alpha) = \frac{b^2 + c^2 - a^2}{2bc}$

Berechnung des 3. Winkels mit dem Winkelsummensatz:
$\alpha + \beta + \gamma = 180°$
$\beta = 180° - (\alpha + \gamma)$

Bei den Zwischenrechnungen wird jetzt und in den folgenden Beispielen nur mit den Maßzahlen gerechnet.

$\cos(\gamma) = \frac{3{,}5^2 + 2{,}4^2 - 5{,}1^2}{2 \cdot 3{,}5 \cdot 2{,}4}$
$\gamma \approx 118{,}4°$

$\cos(\alpha) = \frac{2{,}4^2 + 5{,}1^2 - 3{,}5^2}{2 \cdot 2{,}4 \cdot 5{,}1}$
$\alpha \approx 37{,}1°$

$\beta \approx 180° - (37{,}1° + 118{,}4°)$
$\beta \approx 24{,}5°$

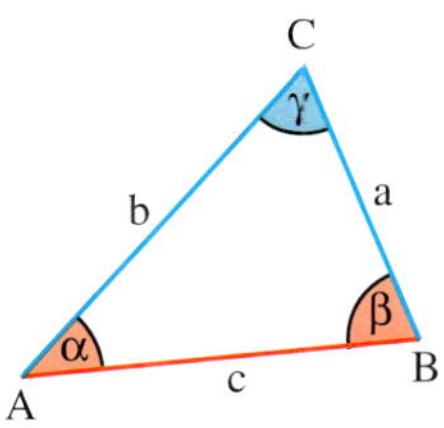

Fig. 4

Beispiel 2 (sws)
Gegeben: $a = 4{,}2\,\text{cm}$; $b = 3{,}5\,\text{cm}$; $\gamma = 78°$. Gesucht: c, α, β.
Lösung:

Berechnung der 3. Seite mit dem Kosinussatz:
$c^2 = a^2 + b^2 - 2ab \cdot \cos(\gamma)$
$c^2 = 4{,}2^2 + 3{,}5^2 - 2 \cdot 4{,}2 \cdot 3{,}5 \cdot \cos(78°)$
$c^2 \approx 23{,}78\,\text{cm}^2$
$c \approx 4{,}88\,\text{cm} \approx 4{,}9\,\text{cm}$

Berechnung des 2. Winkels mit dem Kosinussatz:
$a^2 = b^2 + c^2 - 2bc \cdot \cos(\alpha)$
$\cos(\alpha) = \frac{b^2 + c^2 - a^2}{2bc}$
$\cos(\alpha) \approx \frac{3{,}5^2 + 23{,}78 - 4{,}2^2}{2 \cdot 3{,}5 \cdot 4{,}88}$
$\alpha \approx 57{,}4°$

Berechnung des 3. Winkels mit dem Winkelsummensatz:
$\alpha + \beta + \gamma = 180°$
$\beta = 180° - (\alpha + \gamma)$
$\beta \approx 180° - (57{,}4° + 78°)$
$\beta \approx 44{,}6°$

Will man mit einer gerundeten Seitenlänge weiterrechnen, so sollte sie eine Stelle mehr als das jeweilige gerundete Endergebnis haben.

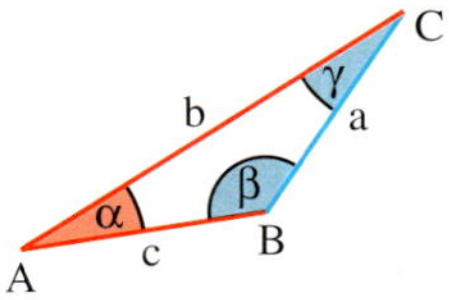

Fig. 1

Beispiel 3 (wsw bzw. **sww)**
Gegeben: a = 3,7 cm; β = 123°; γ = 26°. Gesucht: α, b, c.
Lösung:

Berechnung des 3. Winkels mit dem Winkelsummensatz:

$\alpha + \beta + \gamma = 180°$

$\alpha = 180° - (\beta + \gamma)$

$\alpha = 180° - (123° + 26°)$

$\alpha = 31°$

Berechnung der 2. Seite mit dem Sinussatz:

$\frac{a}{b} = \frac{\sin(\alpha)}{\sin(\beta)}$

$b = \frac{a \cdot \sin(\beta)}{\sin(\alpha)}$

$b = \frac{3{,}7 \cdot \sin(123°)}{\sin(31°)}$

$b \approx 6{,}0\,\text{cm}$

Berechnung der 3. Seite mit dem Sinussatz:

$\frac{a}{c} = \frac{\sin(\alpha)}{\sin(\gamma)}$

$c = \frac{a \cdot \sin(\gamma)}{\sin(\alpha)}$

$c = \frac{3{,}7 \cdot \sin(26°)}{\sin(31°)}$

$c \approx 3{,}1\,\text{cm}$

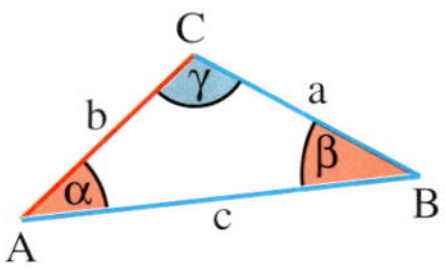

Fig. 2

Bei diesem speziellen Dreieck sind die gerundeten Winkel so genau, dass ohne weitere Sicherheitsstellen mit ihnen gerechnet werden kann.

Beispiel 4 (Ssw mit Gegenwinkel der größeren Seite)
Gegeben: a = 3,7 cm; c = 6,2 cm; γ = 107°. Gesucht: α, β, b.
Lösung:

Berechnung des 2. Winkels mit dem Sinussatz:

$\frac{a}{c} = \frac{\sin(\alpha)}{\sin(\gamma)}$

$\sin(\alpha) = \frac{a \cdot \sin(\gamma)}{c}$

$\sin(\alpha) = \frac{3{,}7 \cdot \sin(107°)}{6{,}2}$

$\alpha_1 \approx 34{,}8°$

Berechnung des 3. Winkels mit dem Winkelsummensatz:

$\alpha + \beta + \gamma = 180°$

$\beta = 180° - (\alpha + \gamma)$

$\beta \approx 180° - (34{,}8° + 107°)$

$\beta \approx 38{,}2°$

Berechnung der 3. Seite mit dem Sinussatz:

$\frac{b}{c} = \frac{\sin(\beta)}{\sin(\gamma)}$

$b = \frac{c \cdot \sin(\beta)}{\sin(\gamma)}$

$b \approx \frac{6{,}2 \cdot \sin(38{,}2°)}{\sin(107°)}$

$b \approx 4{,}0\,\text{cm}$

$\alpha_2 \approx 180° - 34{,}8° = 145{,}2°$ ist nicht brauchbar, da $\alpha_2 + \gamma > 180°$.

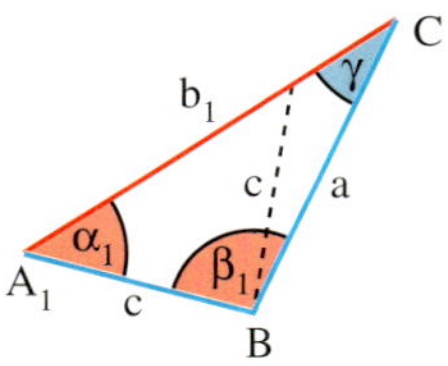

Fig. 3

Auch bei diesem Dreieck sind die gerundeten Winkel ohne weitere Sicherheitsstellen verwendbar.

Beispiel 5 (ssw mit Gegenwinkel der kleineren Seite)
Gegeben: a = 6,9 cm; c = 5,0 cm; γ = 34°. Gesucht: α, β, b.
Lösung:

Berechnung des 2. Winkels mit dem Sinussatz:

$\frac{a}{c} = \frac{\sin(\alpha)}{\sin(\gamma)}$

$\sin(\alpha) = \frac{a \cdot \sin(\gamma)}{c}$

$\sin(\alpha) = \frac{6{,}9 \cdot \sin(34°)}{5{,}0}$

$\alpha_1 \approx 50{,}5°$
$\alpha_2 \approx 180° - 50{,}5° = 129{,}5°$

Berechnung des 3. Winkels mit dem Winkelsummensatz:

$\beta = 180° - (\alpha + \gamma)$

$\beta_1 \approx 180° - 84{,}5°$
$\beta_2 \approx 180° - 163{,}5°$

$\beta_1 \approx 95{,}5°$
$\beta_2 \approx 16{,}5°$

Berechnung der 3. Seite mit dem Sinussatz:

$\frac{b}{c} = \frac{\sin(\beta)}{\sin(\gamma)}$;

$b = \frac{c \cdot \sin(\beta)}{\sin(\gamma)}$

$b_1 \approx \frac{5{,}0 \cdot \sin(95{,}5°)}{\sin(34°)}$

$b_2 \approx \frac{5{,}0 \cdot \sin(16{,}5°)}{\sin(34°)}$

$b_1 \approx 8{,}9\,\text{cm}$
$b_2 \approx 2{,}5\,\text{cm}$

Beide Winkel α_1 und α_2 sind Lösungen, da sowohl $\alpha_1 + \gamma$ als auch $\alpha_2 + \gamma$ kleiner als 180° sind.
Bemerkung: Es gibt auch Fälle, in denen die Aufgabe nur eine Lösung hat oder sogar unlösbar ist (vergleiche dazu Aufgabe 6).

Aufgaben

2 Berechne die Winkel des Dreiecks ABC.

a) a = 2,8 cm; b = 3,4 cm; c = 4,7 cm
b) a = 13,5 cm; b = 2,0 cm; c = 12,4 cm
c) a = 7,1 cm; b = 13,9 cm; c = 8,6 cm
d) a = 4,7 cm; b = 4,7 cm; c = 2,5 cm
e) a = 23,9 m; b = 44,2 m; c = 31,6 m
f) a = 1,10 m; b = 2,05 m; c = 1,75 m
g) a = 1,27 km; b = 1,05 km; c = 0,98 km
h) a = 5,51 km; b = 2,08 km; c = 3,94 km

3 Berechne die fehlende Seite und die fehlenden Winkel des Dreiecks ABC.
a) $a = 4{,}1\,cm$; $b = 5{,}9\,cm$; $\gamma = 18°$ b) $b = 5{,}3\,cm$; $c = 2{,}8\,cm$; $\alpha = 116°$
c) $a = 14{,}2\,m$; $c = 8{,}5\,m$; $\beta = 95{,}5°$ d) $b = 1{,}41\,km$; $c = 3{,}55\,km$; $\alpha = 172{,}1°$

4 Berechne den fehlenden Winkel und die fehlenden Seiten des Dreiecks ABC.
a) $a = 8{,}2\,cm$; $\beta = 33°$; $\gamma = 51°$ b) $b = 5{,}3\,cm$; $\alpha = 57°$; $\beta = 62°$
c) $c = 4{,}1\,cm$; $\beta = 18°$; $\gamma = 45°$ d) $a = 14{,}0\,m$; $\alpha = 54{,}7°$; $\beta = 72{,}5°$

5 Berechne die fehlende Seite und die fehlenden Winkel des Dreiecks ABC.
a) $a = 24{,}1\,cm$; $b = 15{,}9\,cm$; $\alpha = 73°$ b) $b = 8{,}3\,cm$; $c = 10{,}8\,cm$; $\gamma = 108°$
c) $a = 4{,}9\,m$; $c = 9{,}8\,m$; $\gamma = 62{,}5°$ d) $b = 2{,}45\,m$; $c = 1{,}04\,m$; $\beta = 92{,}3°$

6 Prüfe, ob es ein Dreieck ABC mit den gegebenen Stücken gibt. Berechne gegebenenfalls die fehlenden Stücke.
a) $a = 7{,}2\,cm$; $c = 4{,}7\,cm$; $\gamma = 35°$ b) $a = 6{,}4\,cm$; $b = 3{,}2\,cm$; $\beta = 42°$
c) $b = 3{,}5\,cm$; $c = 7{,}0\,cm$; $\beta = 30°$ d) $b = 7{,}0\,cm$; $c = 6{,}2\,cm$; $\gamma = 12{,}5°$
e) $a = 4{,}5\,m$; $c = 6{,}0\,m$; $\alpha = 60{,}5°$ f) $a = 1{,}3\,km$; $b = 2{,}6\,km$; $\alpha = 30{,}0°$

7 Berechne die fehlenden Winkel und Seiten im Dreieck ABC. Fertige zunächst eine Skizze an und markiere darin die gegebenen Stücke. Achte darauf, ob es zwei Lösungen, eine oder keine Lösung gibt.
a) $a = 2{,}78\,m$; $b = 3{,}77\,m$; $\gamma = 52{,}9°$ b) $b = 1{,}26\,km$; $\alpha = 121{,}3°$; $\gamma = 31{,}3°$
c) $a = 31{,}5\,m$; $b = 50{,}2\,m$; $c = 71{,}2\,m$ d) $b = 17{,}0\,cm$; $c = 23{,}1\,cm$; $\beta = 34{,}5°$
e) $a = 5{,}4\,cm$; $b = 7{,}1\,cm$; $\beta = 72{,}1°$ f) $a = 34\,cm$; $b = 27\,cm$; $\beta = 82{,}5°$
g) $b = 8{,}75\,m$; $c = 11{,}03\,m$; $\alpha = 110{,}3°$ h) $c = 18{,}7\,m$; $\alpha = 49{,}3°$; $\gamma = 127{,}0°$
i) $a = 3{,}81\,m$; $b = 2{,}55\,m$; $c = 7{,}22\,m$ k) $a = 8{,}8\,cm$; $\beta = 88{,}5°$; $\gamma = 103{,}5°$

8 Berechne in einem Dreieck ABC (Fig. 1) mit $a = 18\,cm$; $b = 11\,cm$ und $\alpha = 65{,}3°$
a) die Höhe h_a,
b) die Winkelhalbierende w_α,
c) die Seitenhalbierende s_b.

9 Berechne für ein Dreieck ABC mit $a = 5{,}0\,cm$; $b = 8{,}0\,cm$ und $\beta = 28°$
a) die Seitenhalbierende s_c,
b) den Umfang U,
c) den Flächeninhalt A.

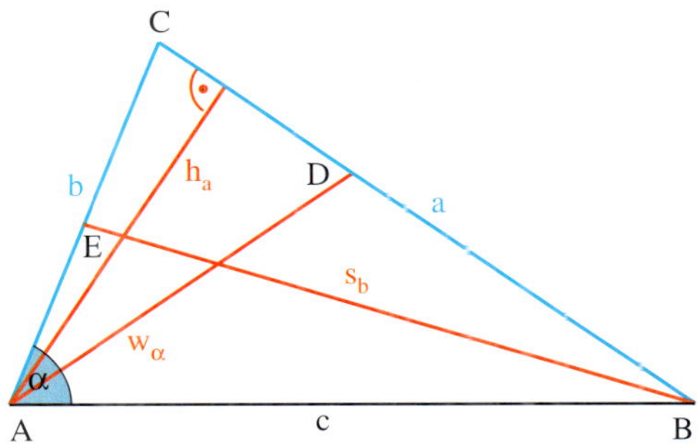

Fig. 1

***10** Berechne die fehlenden Seiten und Winkel in einem Dreieck ABC mit $a = 17{,}1\,cm$; $w_\gamma = 10{,}2\,cm$ und $\gamma = 63{,}8°$. Fertige dazu eine Skizze an und überlege daran, welche Teildreiecke du berechnen kannst.

***11** Berechne die Diagonalen und die fehlenden Seiten und Winkel eines Vierecks ABCD (Fig. 2) mit $a = 3{,}9\,cm$, $b = 4{,}1\,cm$, $\alpha = 85°$, $\beta = 51°$ und $\gamma = 110°$.

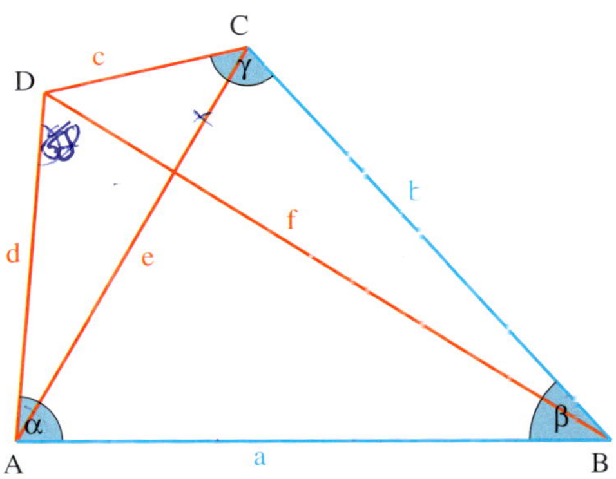

Fig. 2

4 Anwendungen

Beispiel
Von einem Trapez ABCD wie in Fig. 1 sind die Seiten $a = 6{,}1\,\text{cm}$; $b = 4{,}0\,\text{cm}$ und die Winkel $\alpha = 65°$ und $\beta = 57°$ gegeben.
Berechne die fehlenden Seiten und Winkel.
Lösung:

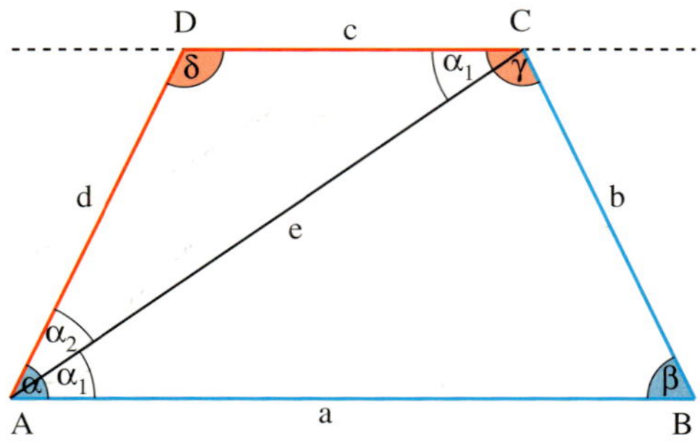

Fig. 1

1. Schritt: Teildreiecke suchen:
c und d lassen sich im Dreieck ACD berechnen, wenn e im Dreieck ABC berechnet wird.

Bei Zwischenrechnungen wird hier nur mit den Maßzahlen gerechnet.

2. Schritt: e berechnen:
Wende den Kosinussatz an.
Formel: $e^2 = a^2 + b^2 - 2ab \cdot \cos(\beta)$
Rechnung: $e = \sqrt{6{,}1^2 + 4{,}0^2 - 2 \cdot 6{,}1 \cdot 4{,}0 \cdot \cos(57°)}$
Ergebnis: $e \approx 5{,}160\,582\,8\,\text{cm} \approx 5{,}2\,\text{cm}$.

3. Schritt: Winkel bestimmen:
Wende den Sinussatz an.
Formeln: $\sin(\alpha_1) = \frac{b \cdot \sin(\beta)}{e}$; $\alpha_2 = \alpha - \alpha_1$;
$\gamma = 180° - \beta$; $\delta = 180° - \alpha$

Der Wert für $\sin(\alpha_1)$ sollte notiert oder gespeichert werden, da er im 4. Schritt noch einmal benötigt wird.

Rechnung: $\sin(\alpha_1) \approx \frac{4{,}0 \cdot \sin(57°)}{5{,}160\,582\,8} \approx 0{,}650\,058\,80$;
$\gamma = 180° - 57°$; $\delta = 180° - 65°$
Ergebnisse: $\gamma = 123°$; $\delta = 115°$;
$\alpha_1 \approx 40{,}546\,035° \approx 40{,}5°$;
$\alpha_2 = 65° - \alpha_1 \approx 23{,}453\,965° \approx 23{,}5°$

4. Schritt: Seiten bestimmen:
Wende den Sinussatz an.
Formeln: $c = \frac{e \cdot \sin(\alpha_2)}{\sin(\delta)}$; $d = \frac{e \cdot \sin(\alpha_1)}{\sin(\delta)}$
Rechnung: $c \approx \frac{5{,}160\,582\,8\,\text{cm} \cdot \sin(23{,}453\,965°)}{\sin(115°)}$
$d \approx \frac{5{,}160\,582\,8\,\text{cm} \cdot 0{,}650\,058\,80}{\sin(115°)}$
Ergebnisse: $c \approx 2{,}3\,\text{cm}$; $d \approx 3{,}7\,\text{cm}$

Aufgaben

Aus der Geometrie

Beachte: Bei rechtwinkligen Dreiecken musst du nicht mit dem Sinussatz bzw. Kosinussatz arbeiten!

1 Berechne die fehlenden Seiten und Winkel des Vierecks ABCD (Fig. 2). Suche geeignete Teildreiecke, in denen du den Sinus- oder Kosinussatz anwenden kannst.
a) $a = 10\,\text{cm}$; $b = 8\,\text{cm}$; $c = 7\,\text{cm}$; $d = 7\,\text{cm}$; $\beta = 75°$
b) $a = 9{,}5\,\text{cm}$; $b = 7{,}6\,\text{cm}$; $c = 8{,}5\,\text{cm}$; $d = 3{,}7\,\text{cm}$; $e = 6{,}5\,\text{cm}$

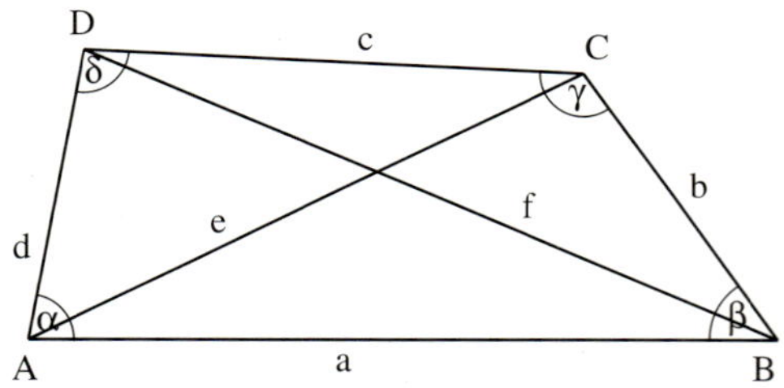

Fig. 2

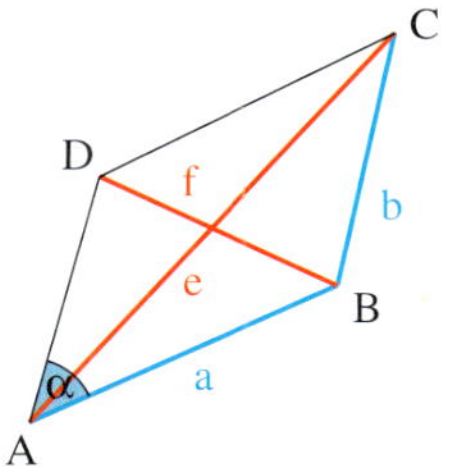

Fig. 2

2 Von einem Viereck ABCD wie in Fig. 1 sind bekannt: $d = 3{,}8\,m$; $f = 6{,}4\,m$; $\alpha = 84{,}3°$; $\beta = 136{,}5°$; $\delta = 110{,}9°$.
a) Berechne die Seite a.
b) Berechne b, c und e.

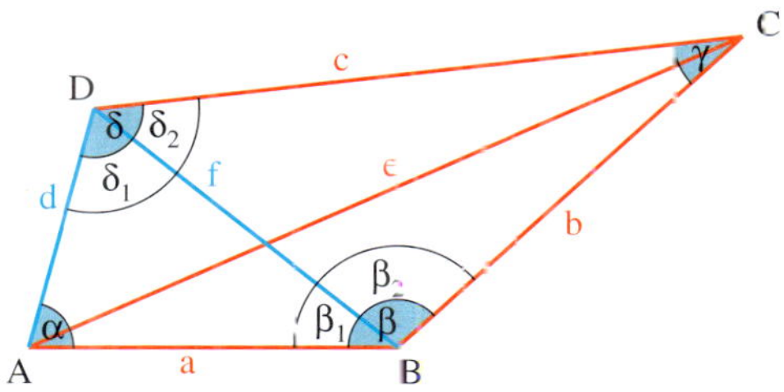

Fig. 1

3 Berechne die beiden Diagonalen in einem Parallelogramm ABCD (Fig. 2) mit $a = 10{,}2\,cm$; $b = 7{,}7\,cm$; $\alpha = 36{,}3°$.

4 Berechne den Umfang und den Flächeninhalt eines Dreiecks ABC mit
a) $c = 7{,}5\,cm$; $\alpha = 60{,}5°$; $\beta = 34{,}1°$,
b) $b = 5{,}8\,cm$; $c = 3{,}7\,cm$; $\beta = 107{,}8°$.

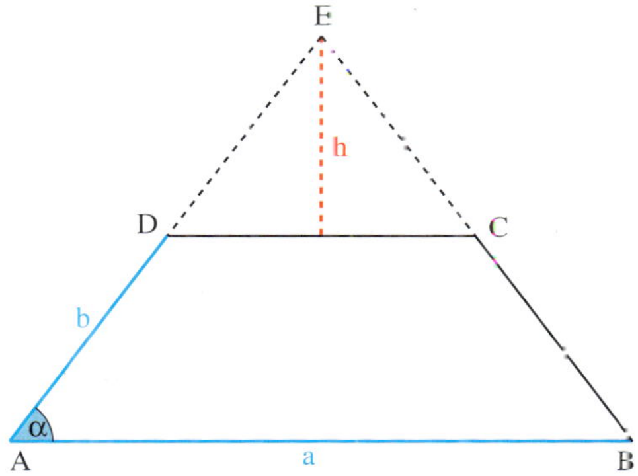

Fig. 3

5 Gegeben ist ein symmetrisches Trapez wie in Fig. 3 mit der Grundseite $a = 5\,cm$, dem Schenkel $b = 3\,cm$ und dem Basiswinkel $\alpha = 65°$. Die Geraden AD und BC schneiden sich in E. Berechne die Höhe h des Dreiecks DCE.

6 a) Beweise an Fig. 4, dass für den Flächeninhalt A eines Kreisabschnitts gilt:

$$A = \frac{1}{2}b\,r - \frac{1}{2}r^2 \cdot \sin(\alpha).$$

b) Berechne den Flächeninhalt eines Kreisabschnitts mit $r = 5\,cm$ und $\alpha = 156°$ (mit $r = 7\,cm$ und $s = 10\,cm$).

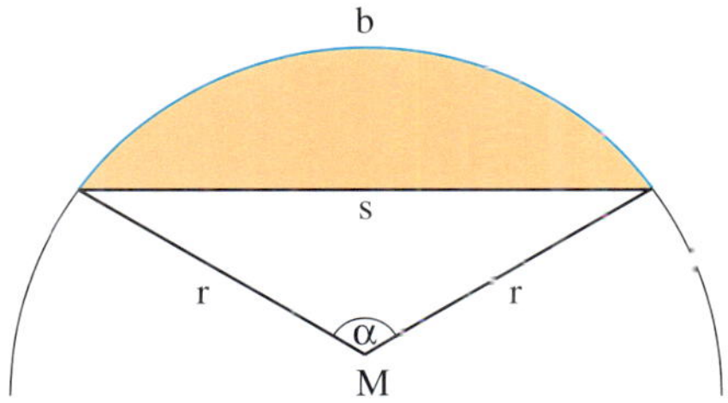

Fig. 4

7 Die Mittelpunkte M_1 und M_2 zweier Kreise mit den Radien $r_1 = 5\,cm$ und $r_2 = 4\,cm$ haben den Abstand $e = 7\,cm$ voneinander (Fig. 5). Welche Form hat das Viereck $M_1S_1M_2S_2$? Berechne die Innenwinkel und die zweite Diagonale des Vierecks.

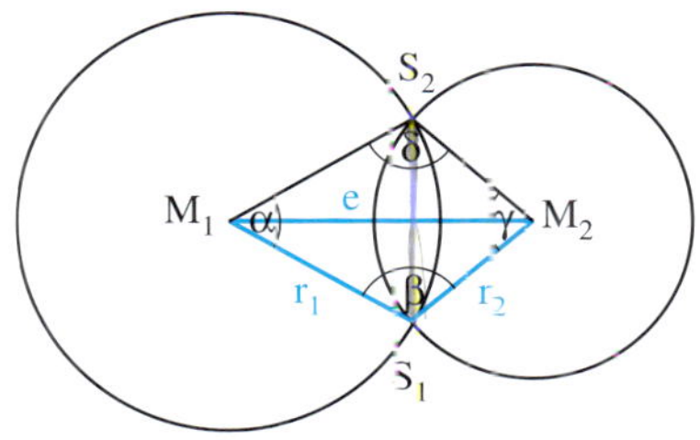

Fig. 5

8 Unter welchem Winkel sind bei einem Tetraeder (Fig. 6)
a) die Seitenkanten, b) die Seitenflächen gegen die Grundfläche geneigt?

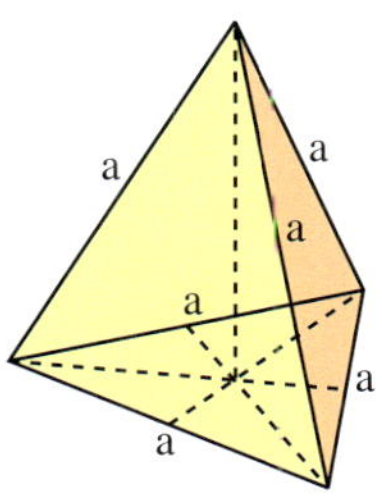

Fig. 6

***9** Eine schiefe Pyramide wie in Fig. 7 hat eine quadratische Grundfläche mit der Kantenlänge a. Für die Seitenkanten gilt $|AS| = |DS| = \frac{3}{2}a$ und $|BS| = |CS| = a$.
a) Unter welchen Winkeln sind die Seitenflächen gegen die Grundflächen geneigt?
b) Drücke das Pyramidenvolumen V durch a aus.

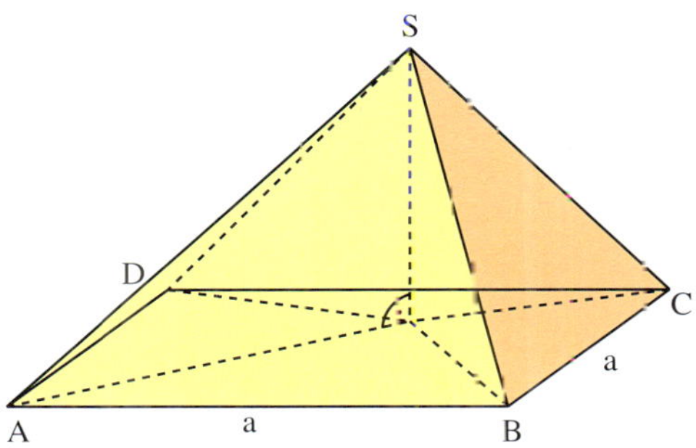

Fig. 7

10 Berechne die Winkel α, β, γ zwischen den Flächendiagonalen e, f, g eines Quaders wie in Fig. 1, bei dem die Kante a dreimal so lang wie b und die Kante c halb so lang wie b ist.

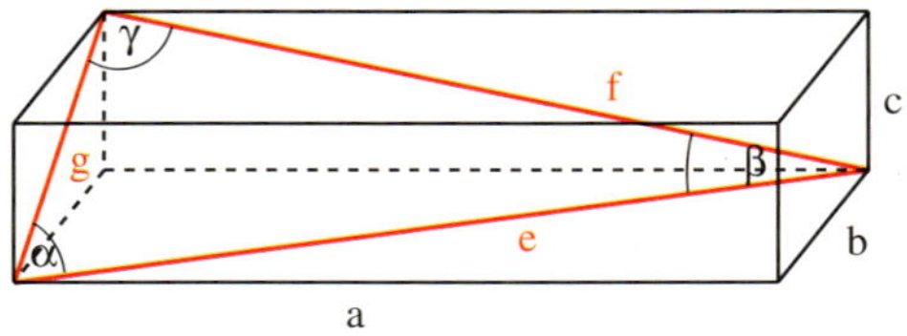

Fig. 1

Aus Physik und Technik

11 Bei Windstille bilden die Regentropfen am Fenster eines mit der Geschwindigkeit $v_Z = 140\,\frac{km}{h}$ fahrenden Zuges einen Winkel $\alpha = 20°$ mit der Waagerechten (Fig. 2). Berechne die Fallgeschwindigkeit v_R der Regentropfen.

Fig. 2

12 Ein Bierfass wird eine Rampe hinaufgerollt, die den Neigungswinkel $\alpha = 21{,}8°$ hat. Die Gewichtskraft $G = 750\,N$ lässt sich dabei wie in Fig. 3 in eine Hangabtriebskraft H parallel zur Rampe und eine Druckkraft D senkrecht dazu zerlegen. Berechne beide Kräfte. Überlege dazu, wie groß der Winkel β ist.

Fig. 3

***13** a) Ein Flugzeug mit der Eigengeschwindigkeit $v = 320\,\frac{km}{h}$ steuert den Kurs SO. Es wird durch einen Wind aus Richtung NNO um 5° abgetrieben (Fig. 4). Berechne die Windgeschwindigkeit v_W.
b) Ein Flugzeug soll mit der Eigengeschwindigkeit $v = 480\,\frac{km}{h}$ genau nach Osten fliegen. Welchen Winkel zu dieser Richtung muss es als Kurs steuern, wenn ein Südwestwind mit $9\,\frac{m}{s}$ Windgeschwindigkeit weht?

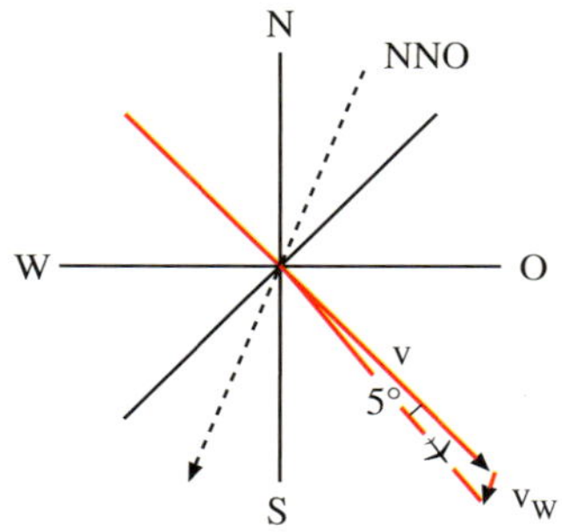

Fig. 4

***14** a) Ein Keil mit dem Winkel $\alpha = 5°$ wird mit der Kraft $K = 1000\,N$ in einen Baumstamm getrieben (Fig. 5). Berechne die Druckkräfte D, die den Stamm spalten.
b) Bei welchem Keilwinkel α ist die Kraft D gleich der Kraft K (bei welchem Winkel ist D doppelt so groß wie K)?

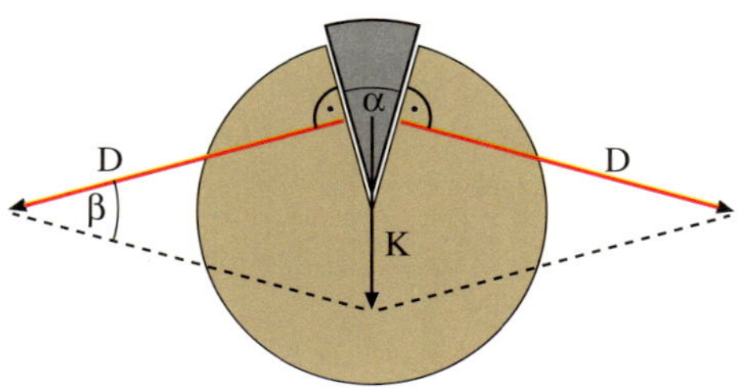

Fig. 5

***15** Zwei Treibräder mit den Radien $R = 40\,cm$ und $r = 25\,cm$ sollen durch einen straff gespannten Treibriemen verbunden werden (Fig. 6). Der Abstand ihrer Mittelpunkte ist $d = 100\,cm$. Wie lang muss der Treibriemen sein? Bestimme zuerst den Winkel φ.

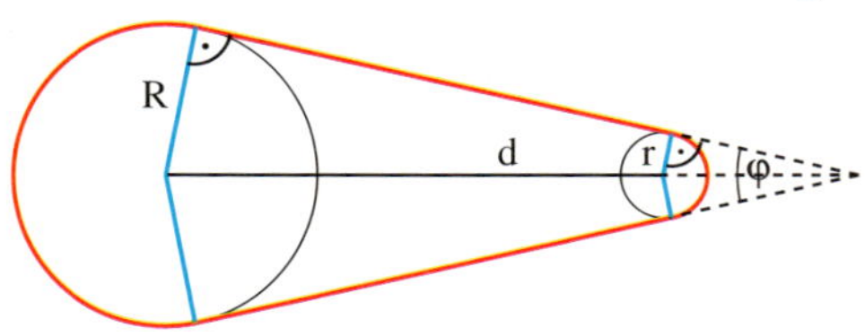

Fig. 6

5 Vermischte Aufgaben

Beachte: Bei rechtwinkligen Dreiecken musst du nicht mit dem Sinussatz bzw. dem Kosinussatz arbeiten.

Dreiecke und Vierecke

1 Berechne die fehlenden Seiten und Winkel eines Dreiecks ABC.
a) $b = 7{,}5\,cm$; $c = 4{,}4\,cm$; $\alpha = 50°$
b) $a = 3{,}4\,m$; $b = 7{,}2\,m$; $c = 5{,}7\,m$
c) $c = 2{,}05\,m$; $\alpha = 40{,}3°$; $\beta = 95{,}1°$
d) $b = 1{,}8\,km$; $c = 4{,}5\,km$; $\gamma = 150{,}5°$

2 Berechne den Flächeninhalt A eines Dreiecks ABC mit den Seitenlängen
a) $a = 5\,cm$; $b = 9\,cm$; $c = 7\,cm$,
b) $a = 6{,}4\,m$; $b = 8{,}5\,m$; $c = 3{,}6\,m$,
c) $a = 2{,}15\,m$; $b = 4{,}30\,m$; $c = 5{,}07\,m$,
d) $a = 5{,}01\,km$; $b = 4{,}38\,km$; $c = 2{,}77\,km$.

3 Von einem Dreieck ABC sind $c = 13\,cm$; $\beta = 124°$; $h_c = 5\,cm$ bekannt. Bestimme die fehlenden Seiten und Winkel. Markiere dazu in einer Skizze die gegebenen Stücke.

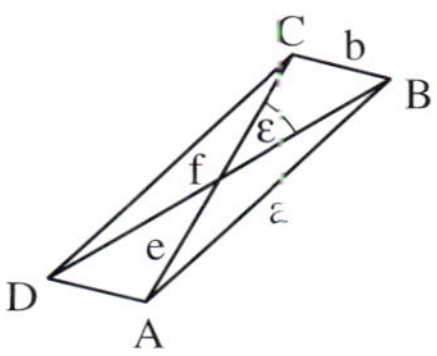

Fig. 1

4 Welchen Winkel ε bilden die beiden Diagonalen e und f eines Parallelogramms ABCD (Fig. 1) miteinander, wenn die Seite a dreimal so lang wie b ist und die Diagonale e zweieinhalbmal so lang wie b ist?

5 Bestimme die fehlenden Seiten und Winkel eines Sehnenvierecks ABCD (Fig. 2).
a) $a = 6\,cm$; $b = 4\,cm$; $r = 5\,cm$; $\alpha = 95°$
b) $a = 5\,cm$; $b = 4\,cm$; $f = 5\,cm$; $\gamma = 120°$
c) $a = 64\,cm$; $r = 45\,cm$; $\beta = 74°$; $\gamma = 102°$

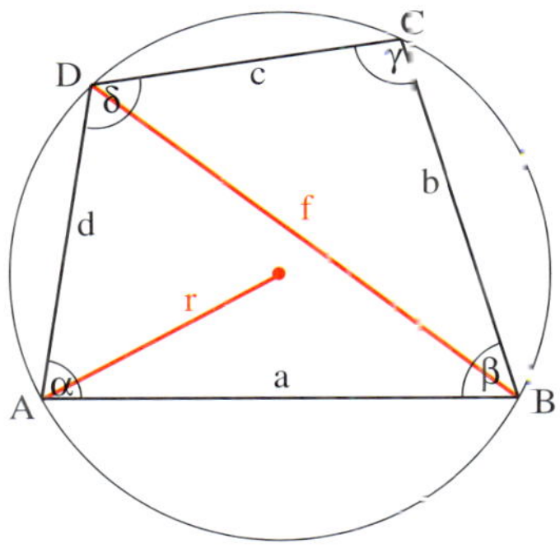

Fig. 2

6 Berechne den Flächeninhalt eines regelmäßigen Fünfecks
a) mit der Seitenlänge $a = 10\,cm$,
b) mit dem Umkreisradius $r = 8\,cm$.

Berechnungen am Kreis

7 In einen Kreis mit Radius r wird eine Sehne der Länge s eingezeichnet. Berechne den zugehörigen Mittelpunktswinkel.
a) $s = \frac{3}{2}r$ b) $s = \frac{4}{3}r$ c) $s = \frac{3}{4}r$
d) $s = \frac{2}{3}r$ e) $s = \frac{2}{5}r$ f) $s = \frac{1}{5}r$

8 Albrecht Dürer gab eine Näherungskonstruktion für die Seite s_7 des regelmäßigen Siebenecks an: Ist s_3 die Seitenlänge des demselben Kreis einbeschriebenen gleichseitigen Dreiecks (Fig. 3), so gilt $s_7 \approx \frac{1}{2}s_3$. Berechne den Mittelpunktswinkel β, der zur Sehne $\frac{1}{2}s_3$ gehört, und vergleiche ihn mit dem genauen Wert α für das Siebeneck. Gib den Fehler in % an.

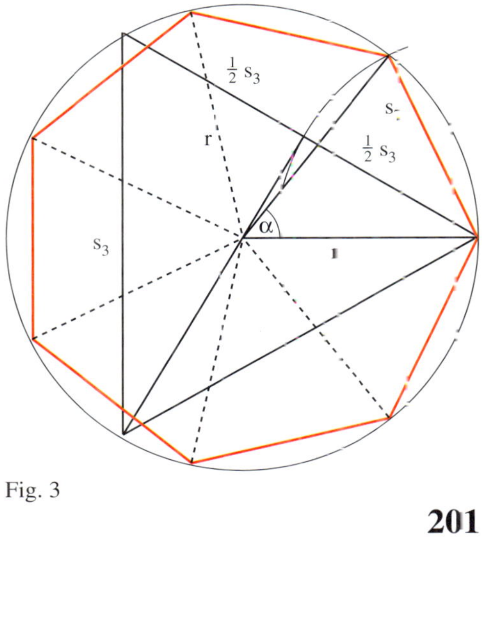

Fig. 3

9 Zwei Kreise haben die Radien $r_1 = 5\,cm$ und $r_2 = 10\,cm$. Der Abstand ihrer Mittelpunkte beträgt $d = 8\,cm$. Wie groß ist die gemeinsame Fläche beider Kreise? Zeichne erst und rechne dann!

10 Zwei Tangenten eines Kreises schneiden sich unter dem Winkel $\alpha = 75°$ in einem Punkt S (Fig. 1). Ihre Berührpunkte A und B haben den Abstand $s = 7\,cm$.
a) Berechne den Kreisradius r.
b) Berechne den Abstand des Punktes S vom Kreismittelpunkt M.

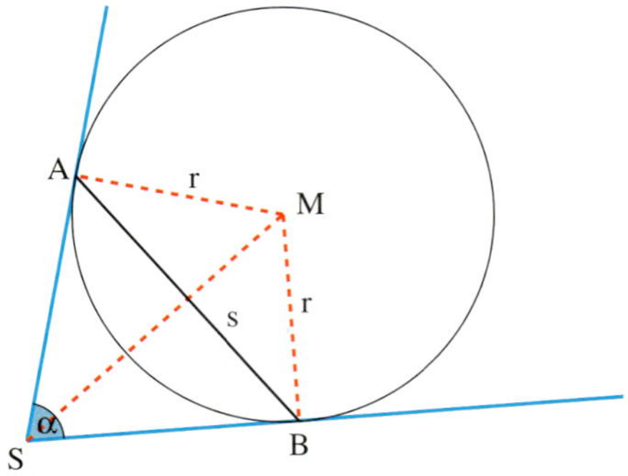

Fig. 1

Aus der Raumgeometrie

11 Eine quadratische Pyramide (Fig. 2) hat die Höhe $h = 10\,cm$. Die Länge der Grundkante beträgt $a = 25\,cm$.
a) Berechne den Neigungswinkel α der Seitenkanten gegen die Grundfläche.
b) Berechne den Neigungswinkel β der Seitenflächen gegen die Grundfläche.
c) Berechne den Oberflächeninhalt der Pyramide.

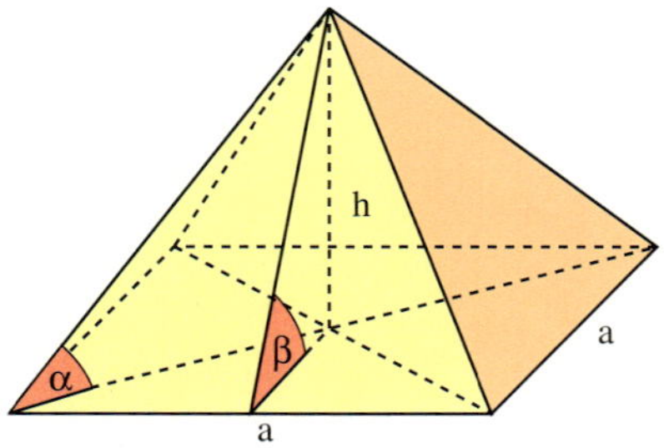

Fig. 2

12 Berechne den Winkel ε zwischen den beiden Raumdiagonalen eines Würfels mit der Kantenlänge a (Fig. 3).
Drücke dazu die Länge der Raumdiagonalen durch a aus.

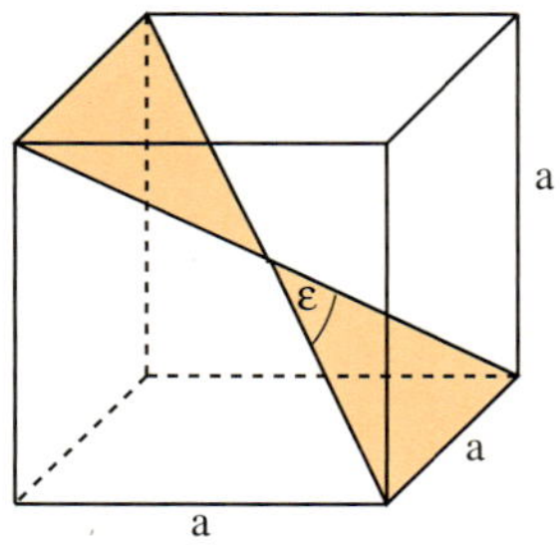

Fig. 3

***13** a) Zeige mit Hilfe von Fig. 4, dass bei einem Quader mit den Kantenlängen a, b und c für die Winkel α, β, γ zwischen der Raumdiagonale und den Seitenkanten stets gilt:

$$\cos^2(\alpha) + \cos^2(\beta) + \cos^2(\gamma) = 1.$$

b) Berechne für einen Quader mit den Kantenlängen $a = 6\,cm$; $b = 5\,cm$; $c = 4\,cm$ die Winkel α, β und γ.

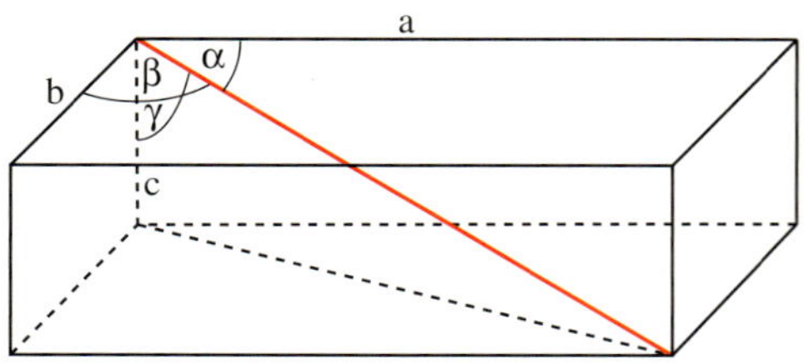

Fig. 4

Anwendungen

14 Um die Höhe h eines Berges zu bestimmen, wird der Gipfel von den Enden einer 200 m langen, auf den Berg zulaufenden Standlinie $\overline{AB}$ aus angepeilt (Fig. 5). Berechne die Höhe aus den beiden Erhebungswinkeln $\alpha = 30{,}11°$ und $\beta = 35{,}25°$.

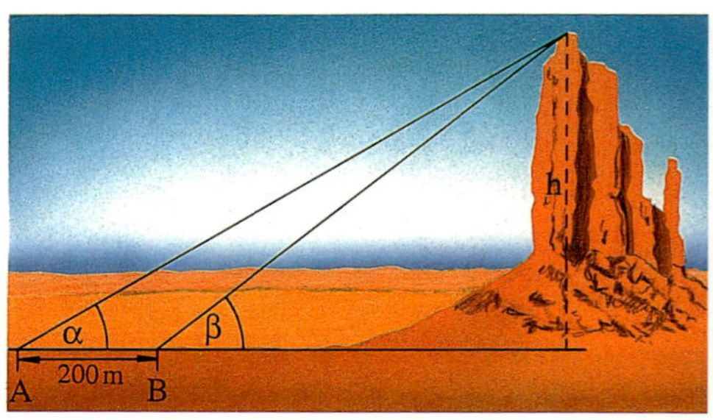

Fig. 5

15 Von einer Aussichtsplattform aus, die auf einem Berggipfel liegt, erscheinen die Ufer eines darunter liegenden Bergsees unter den Tiefenwinkeln $\alpha = 65{,}2°$ und $\beta = 47{,}9°$ (Fig. 1). Die Plattform ist 1800 m vom näher liegenden Seeufer entfernt. Wie breit ist der See längs der Sichtlinie?

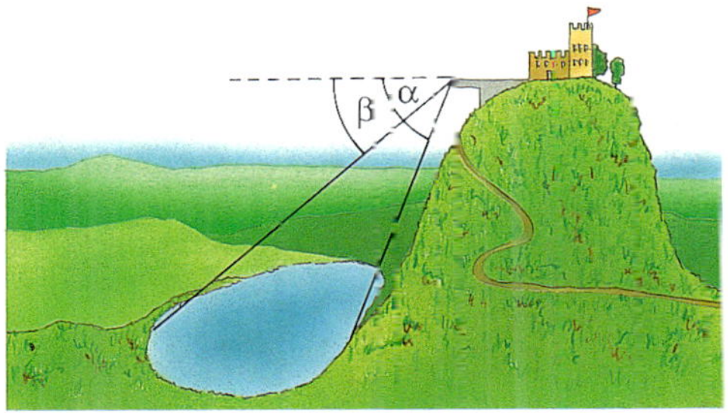

Fig. 1

16 Zwei gerade Waldwege gehen von einem Aussichtspunkt A aus und schließen einen Winkel von 118° ein (Fig. 2). Nach 2,45 km gelangt man von A aus auf dem einen Weg zu einem Brunnen B, auf dem anderen Weg sind es von A aus 3,31 km bis zu einer Hütte C. Von B nach C soll ein gerader Forstweg angelegt werden. Wie lang wird dieser Weg? Welchen Winkel bildet er mit dem Weg von A nach B?

Fig. 2

17 Aus einem Metallkegel mit dem Öffnungswinkel $\alpha = 80°$ wird von der Mitte der Grundfläche aus wie in Fig. 3 eine kegelförmige Vertiefung mit demselben Grundkreis herausgebohrt. Wie groß ist der Öffnungswinkel β der Bohrung, wenn der Kegel die Hälfte seines Gewichts verliert?

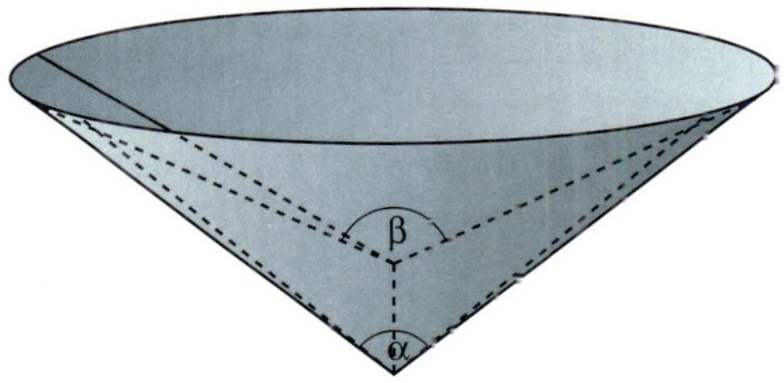

Fig. 3

18 Ein Schiff fährt mit der Eigengeschwindigkeit $v = 18$ Knoten in die Richtung SO (1 Knoten = $\frac{\text{1 Seemeile}}{\text{Stunde}}$). Es befindet sich in einer Meeresströmung aus östlicher Richtung mit der Strömungsgeschwindigkeit 1 Knoten. Um wie viel Grad weicht das Schiff von seinem Kurs ab?

***19** Nach der Seekarte haben zwei Leuchtfeuer L_1 und L_2 die Entfernung 12,6 sm. Die Verbindungslinie L_1L_2 bildet mit der Nordrichtung den Winkel $\delta = 145°$. Ein Schiff S peilt beide Leuchtfeuer unter den Winkeln $\alpha = 249°$ und $\beta = 154°$ gegen die Nordrichtung an (Fig. 4). Wie weit ist das Schiff von den Leuchtfeuern entfernt?

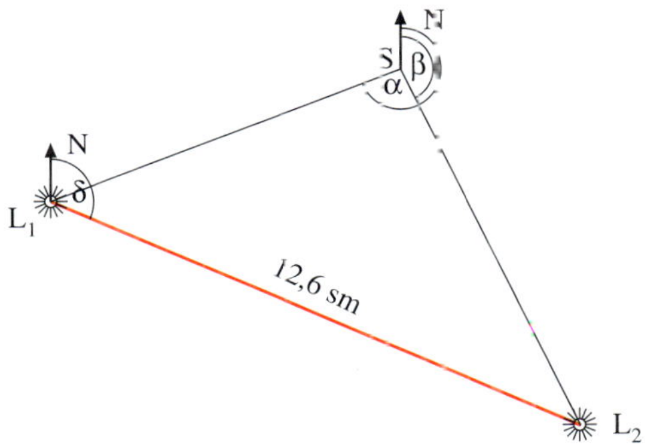

Fig. 4

***20** Eine Kugel mit der Gewichtskraft 600 N liegt in einer Rinne mit asymmetrischem Querschnitt (Fig. 5). Berechne die Kräfte D_1 und D_2, die sie auf die Wände ausübt.

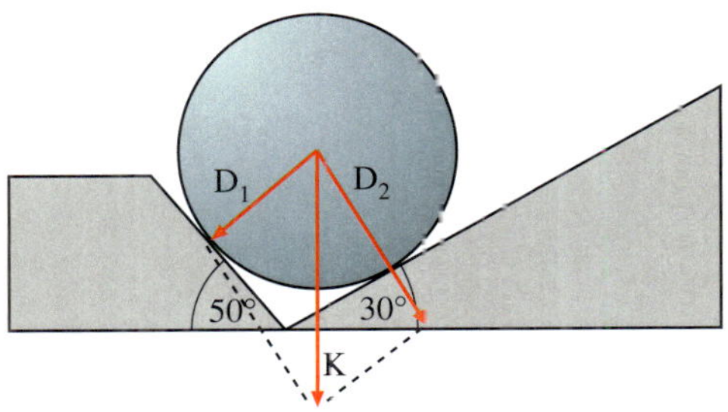

Fig. 5

THEMA:

Vermessungen

Im Jahre 1614 führte der Niederländer SNELLIUS *erstmals das* ***Triangulationsverfahren*** *(Dreiwinkelverfahren) ein, um das Land zu vermessen. Dazu wird das Land mit einem Netz von Dreiecken überzogen, deren Ecken auffällige Punkte im Gelände sind. Ausgehend von einer möglichst genau vermessenen horizontalen* ***Standlinie*** *werden nur Winkel gemessen. Daraus werden dann alle Dreiecksseiten berechnet.*

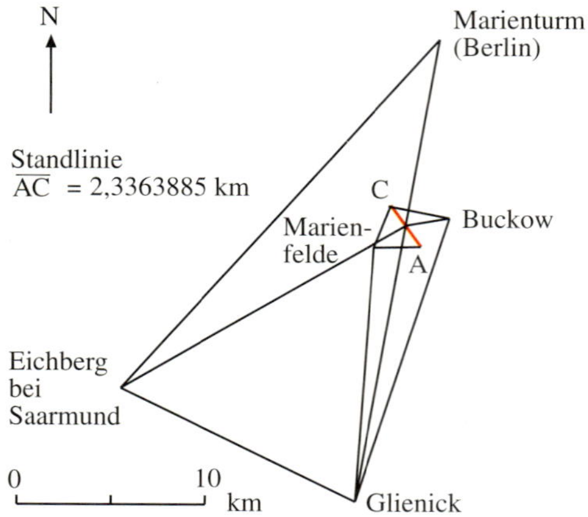

Fig. 1

Nr. des Dreiecks	Eckpunkte des Dreiecks	Winkel an diesen Eckpunkten
1	A	57° 46′ 17,91″
	C	67° 54′ 53,98″
	Marienfelde	54° 18′ 48,11″
2	C	126° 50′ 40,33″
	Marienfelde	27° 8′ 21,18″
	Buckow	26° 0′ 58,49″
3	Marienfelde	102° 3′ 1,95″
	Buckow	63° 33′ 8,54″
	Glienick	14° 23′ 49,51″

1° = 60′ (lies: 60 Minuten)
1′ = 60″ (lies: 60 Sekunden)

Fig. 2

Für Vermessungen wird der Theodolit verwendet.

Fig. 3

1 Fig. 2 zeigt die Ergebnisse einer Vermessung, die mit Hilfe der in Fig. 1 angegebenen Dreiecke im Jahre 1864 bei Berlin durchgeführt wurde.
a) Berechne die Strecken C–Marienfelde; Marienfelde–Buckow; Marienfelde–Glienick.
b) Welche Winkelmessungen fehlen noch, damit man die Strecke Marienturm (Berlin)–Eichberg berechnen kann?

2 Fig. 4 ist einem Buch der Vermessungskunde aus dem Jahre 1749 entnommen. Hinzugefügt sind deutlichere Kennzeichnungen von Winkeln.
In der Darstellung wird gezeigt, wie man die Orte zweier Punkte im Gelände durch Anpeilen von einer horizontalen Standlinie $\overline{CD}$ aus bestimmt (**Vorwärtseinschneiden nach zwei Punkten**).
Berechne $\overline{AB}$ für die Punkte in Fig. 4, wenn die Längenangabe für $\overline{CD}$ in Ellen ist.

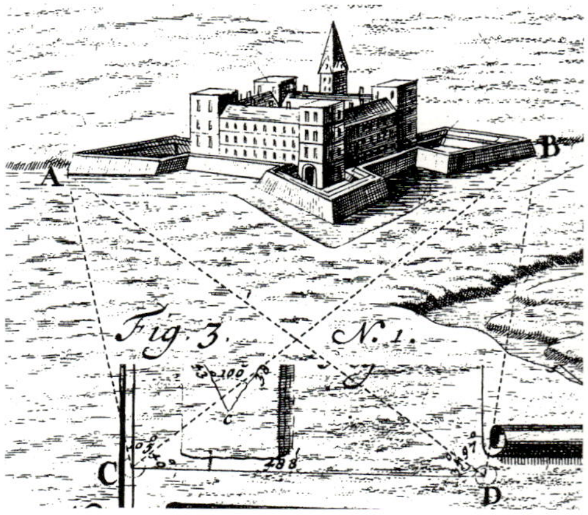

Fig. 4

Alle Vierecke, die in den Winkeln α, β, γ und δ in Fig. 5 übereinstimmen, sind zueinander ähnlich. Daher stimmen sie in entsprechenden Seitenverhältnissen überein.

3 Beim **Rückwärtseinschneiden** werden von zwei Punkten A und B aus die Endpunkte C und D einer Standlinie mit bekannter Länge s angepeilt (Fig. 5).
Dann tut man so, als ob $\overline{AB} = 1\,\text{km}$ gelten würde, und berechnet die dazu gehörende Entfernung s′ von C nach D.
Da $s : s' = \overline{AB} : 1\,\text{km}$ gilt, kann $\overline{AB}$ aus s und s′ berechnet werden.
Berechne nach diesem Verfahren $\overline{AB}$, wenn gegeben sind:
$s = 360{,}0\,\text{m}$; $\alpha = 69{,}4°$; $\beta = 35{,}3°$; $\gamma = 79{,}9°$; $\delta = 30{,}4°$.

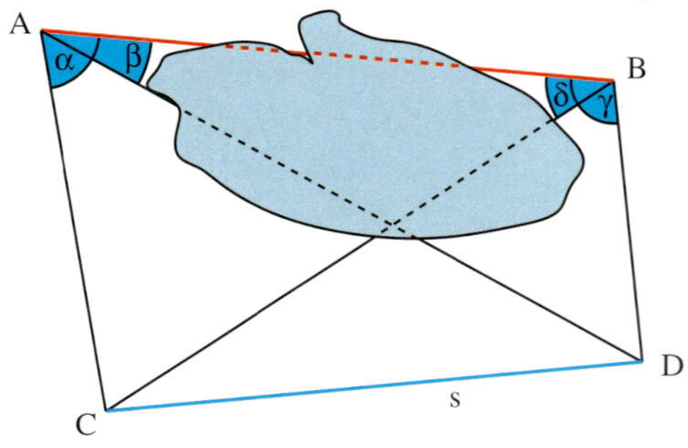

Fig. 5

4 In *nicht ebenem* Gelände muss man neben den Winkeln in horizontaler Richtung auch Winkel in vertikaler Richtung messen. In Fig. 1 wird die Höhe h eines Berggipfels P über der Ebene bestimmt. Die waagerechte Standlinie $\overline{AB}$ ist 300,2 m lang und für die horizontalen Winkel wird $\alpha = 71{,}3°$ und $\beta = 59{,}1°$ gemessen. Die Höhenwinkel betragen $\gamma = 31{,}8°$ und $\delta = 29{,}3°$.

a) Berechne h. Welche Messung wird nicht gebraucht?

b) Berechne noch einmal h. Verwende dabei den in a) nicht benutzten Winkel und vergleiche beide Ergebnisse.

Man misst mehr Winkel als nötig, um Messfehler abschätzen zu können.

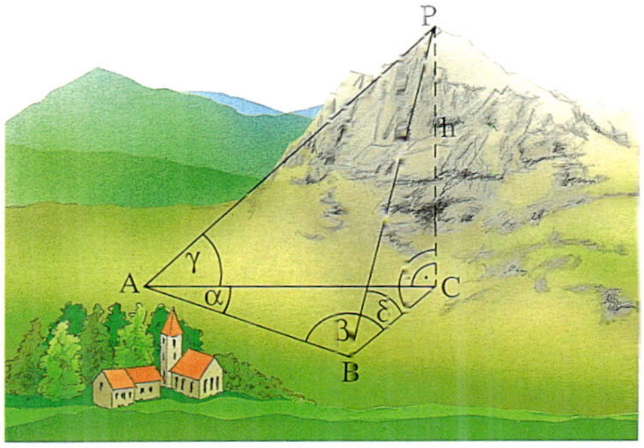

Fig. 1

***5** Blickt man von einem 120 m über dem Riffelsee (bei Zermatt/Schweiz) gelegenen Punkt A bei Windstille in den See, so sieht man das Spiegelbild des Matterhorns unter dem Tiefenwinkel $\alpha = 11{,}80°$. Die Spitze des Matterhorns erblickt man direkt unter dem Höhenwinkel $\beta = 10{,}25°$ (Fig. 2). Wie viel Meter liegt der Gipfel des Matterhorns über dem Riffelsee?

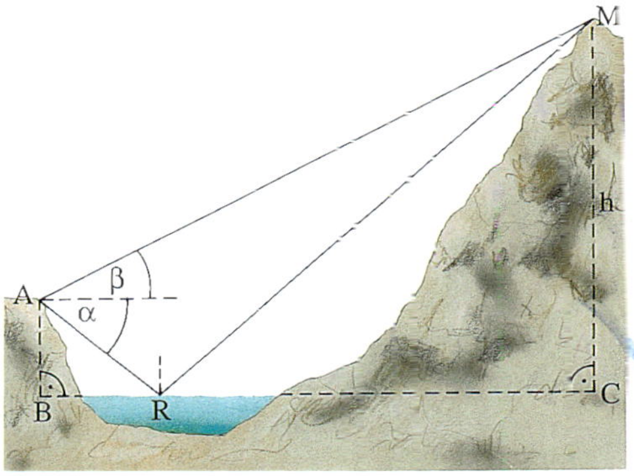

Fig. 2

Fig. 3

Die Vorderseite des Zehnmarkscheins (Fig. 3) zeigte den Mathematiker Carl Friedrich Gauss (1777–1855). Auf der Rückseite des Scheins (Fig. 4) sollte daran erinnert werden, dass Gauss sehr viel für das deutsche Vermessungswesen getan hat. Das dort abgebildete Instrument wird allerdings nicht bei der *Landvermessung* verwendet. Wozu dient es wirklich? Schlage in einem Lexikon unter dem Stichwort *Sextant* nach.

Fig. 4

Rückblick

Sinussatz und Kosinussatz
Zwischen den Seiten und Winkeln eines Dreiecks ABC (Fig. 1) bestehen folgende Beziehungen:

1. Sinussatz:
Je zwei Dreiecksseiten verhalten sich wie die Sinuswerte ihrer Gegenwinkel.

$\frac{a}{b} = \frac{\sin(\alpha)}{\sin(\beta)}$ $\frac{b}{c} = \frac{\sin(\beta)}{\sin(\gamma)}$ $\frac{a}{c} = \frac{\sin(\alpha)}{\sin(\gamma)}$

2. Kosinussatz:
Für jede Dreiecksseite, ihren Gegenwinkel und dessen anliegende Seiten gilt:

$$a^2 = b^2 + c^2 - 2bc \cdot \cos(\alpha),$$
$$b^2 = a^2 + c^2 - 2ac \cdot \cos(\beta),$$
$$c^2 = a^2 + b^2 - 2ab \cdot \cos(\gamma).$$

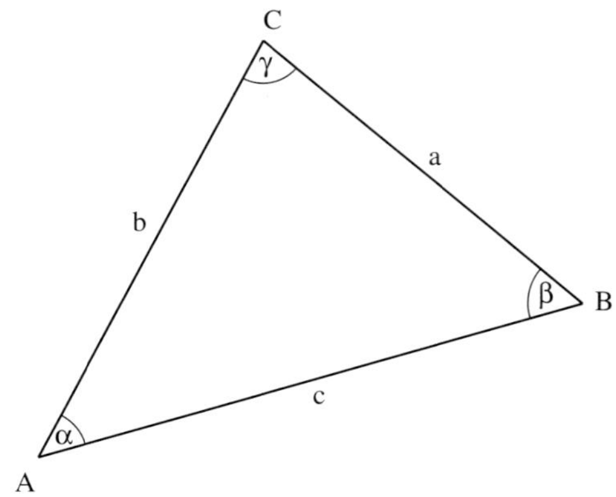

Fig. 1

Dreiecksberechnungen
Ein Dreieck lässt sich berechnen, wenn
- **drei Seiten** gegeben sind,
- **zwei Seiten** und **ein Winkel** gegeben sind,
- **eine Seite** und **zwei Winkel** gegeben sind.

Die Berechnung erfolgt nach dem folgenden Plan:

gegeben	Berechnung der fehlenden Stücke	Anzahl der Lösungsdreiecke
sss a; b; c	1. Winkel: Kosinussatz 2. Winkel: Kosinussatz 3. Winkel: Winkelsummensatz	1 (vgl. Beispiel 1 auf Seite 195)
sws z. B.: b; c; α	3. Seite: Kosinussatz 2. Winkel: Kosinussatz 3. Winkel: Winkelsummensatz	1 (vgl. Beispiel 2 auf Seite 195)
wsw, sww z. B.: α; β; c α; β; b	3. Winkel: Winkelsummensatz 2. Seite: Sinussatz 3. Seite: Sinussatz	1 (vgl. Beispiel 3 auf Seite 196)
Ssw z. B.: a; b; α mit $a \geqq b$	2. Winkel: Sinussatz 3. Winkel: Winkelsummensatz 3. Seite: Sinussatz	1 (vgl. Beispiel 4 auf Seite 196)
ssw z. B.: a; b; α mit $a < b$	2. Winkel: Sinussatz 3. Winkel: Winkelsummensatz 3. Seite: Sinussatz	0, 1 oder 2 (vgl. Beispiel 5 auf Seite 196)

Berechnung eines Winkels aus 3 Seiten mit dem Kosinussatz:
Gegeben: $a = 6\,cm;\ b = 7\,cm;\ c = 4\,cm.$
Gesucht: der Winkel α.
Formel: $\cos(\alpha) = \frac{b^2 + c^2 - a^2}{2bc}.$
Rechnung: $\cos(\alpha) = \frac{7^2 + 4^2 - 6^2}{2 \cdot 7 \cdot 4} = \frac{29}{56}.$
Ergebnis: $\alpha \approx 58{,}9°.$

Seitenberechnung mit dem Sinussatz:
Gegeben: $c = 8\,cm;\ \alpha = 42°;\ \gamma = 50°.$
Gesucht: die Seite a.
Formel: $a = \frac{c \cdot \sin(\alpha)}{\sin(\gamma)}.$
Rechnung: $a = \frac{8\,cm \cdot \sin(42°)}{\sin(50°)}.$
Ergebnis: $a \approx 7{,}0\,cm.$

Winkelberechnung mit dem Sinussatz:
Gegeben: $b = 8\,cm;\ c = 5\,cm;\ \gamma = 35°.$
Gesucht: der Winkel β.
Formel: $\sin(\beta) = \frac{b \cdot \sin(\gamma)}{c}.$
Rechnung: $\sin(\beta) = \frac{8\,cm \cdot \sin(35°)}{5\,cm}.$
Ergebnis: $\beta_1 \approx 66{,}6°;\ \beta_2 \approx 113{,}4°.$

Aufgaben zum Üben und Wiederholen

Die Lösungen zu den Aufgaben dieser Seite findest du auf Seite 213.

1 Berechne die fehlenden Seiten und Winkel eines Dreiecks ABC.
a) a = 1,5 m; c = 2,3 m; $\beta = 40°$
b) a = 2,7 cm; b = 4,2 cm; c = 3,9 cm
c) b = 2,05 m; $\beta = 30{,}3°$; $\gamma = 105{,}4°$
d) b = 7,8 km; c = 3,5 km; $\gamma = 15{,}5°$
e) a = 2,26 m; b = 1,13 m; $\alpha = 47{,}3°$
f) a = 3,04 cm; $\beta = 22{,}6°$; $\gamma = 97{,}2°$

2 In einem Dreieck ABC wie in Fig. 1 ist a = 3,8 cm; c = 4,5 cm; $s_c = 4{,}5$ cm.
a) Berechne die Winkel des Dreiecks und die Seite b.
b) Berechne die Höhe h_c.

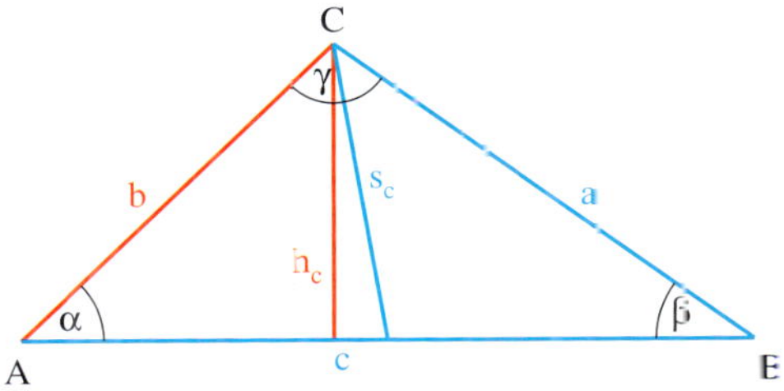

Fig. 1

3 Ein Dreieck ABC hat die Seiten a = 8,1 cm; c = 5,2 cm und den Winkel $\alpha = 24{,}9°$.
a) Berechne den Umfang U und den Flächeninhalt A des Dreiecks.
b) Berechne die Seitenhalbierende s_b.

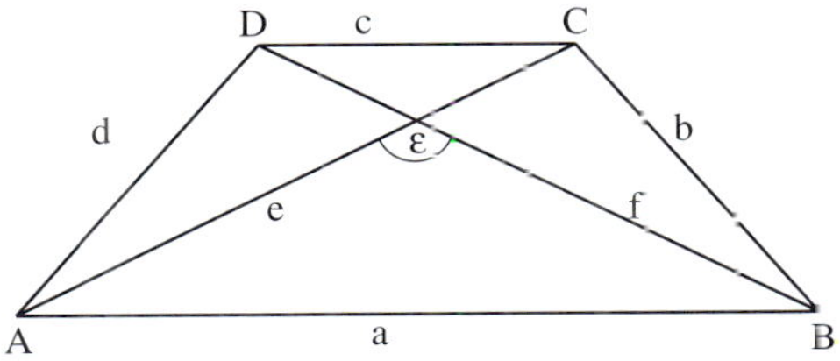

Fig. 2

4 Welchen Winkel ε bilden die beiden Diagonalen e und f eines symmetrischen Trapezes ABCD (Fig. 2) miteinander, wenn
a) die Seiten a und b gleich lang sind und die Seite a dreimal so lang wie c ist,
b) die Seite a doppelt so lang wie b ist und die Seite c halb so lang wie b ist?

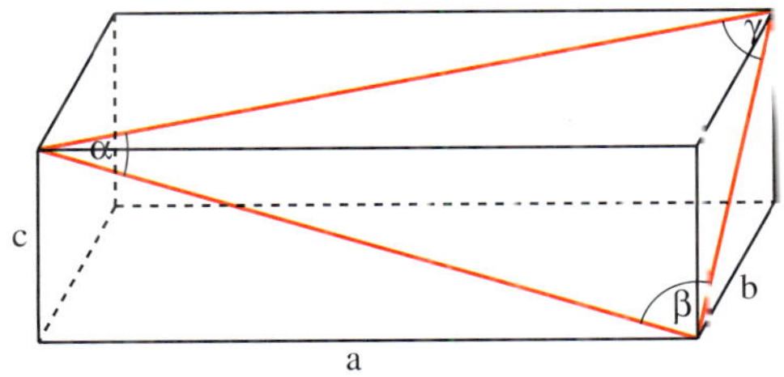

Fig. 3

5 Bestimme die Winkel α, β, γ zwischen den Flächendiagonalen eines Quaders (Fig. 3) mit den Kantenlängen a = 6,1 cm; b = 4,2 cm; c = 3,1 cm.

6 Eine schiefe Säule hat eine quadratische Grundfläche und rechteckige Seitenflächen BCGF und ADHE (Fig. 4). Berechne das Volumen V und den Oberflächeninhalt O der Säule.
a) a = 5 cm; b = 10 cm; $\alpha = 70°$
b) a = 3 cm; b = 8 cm; $\overline{AF} = 7$ cm

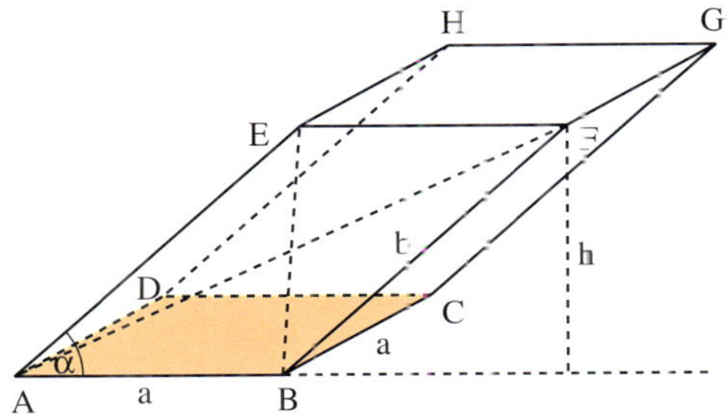

Fig. 4

7 Zwei waagerechte Stollen eines Bergwerks gehen von einem Punkt A eines Schachtes aus und schließen den Winkel $\alpha = 73°$ ein (Fig. 5). Der erste Stollen hat die Länge $\overline{AB} = 480$ m, der zweite $\overline{AC} = 350$ m.
a) Wie lang wird ein Verbindungsstollen von B nach C?
b) Unter welchen Winkeln gegen AB und AC muss der Verbindungsstollen von B bzw. C aus vorangetrieben werden?

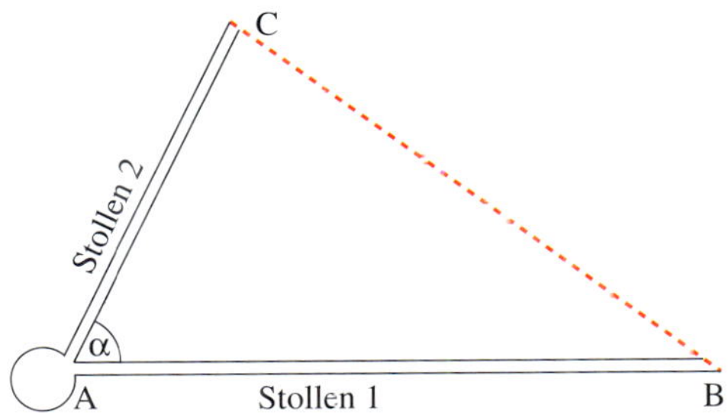

Fig. 5

Rückblick, Seite 31

1

a) 0,000 000 1 b) 40 000 000 000 000
c) 170 d) 0,008 45
e) 0,000 000 12

2

a) $8{,}73 \cdot 10^8$ b) $2{,}76 \cdot 10^{-4}$
c) $9{,}34 \cdot 10^7$ d) $7{,}6 \cdot 10^{-2}$
e) $6{,}767 \cdot 10^{-6}$

3

$3{,}15 \cdot 10^{16}$ Sekunden

4

a) 500^2; 130^2; 4000^4
b) 2^{10}; 2^{12} c) 5^5; 7^5

5

a) $x^{\frac{17}{22}}$ b) $z^{\frac{5}{26}}$
c) $\frac{1}{3}s^{-\frac{2}{3}}$ d) $(12\frac{1}{4}a)^{3r}$

6

a) 32 b) 2000
c) $1{,}715 \cdot 10^3$ d) 2,56

7

a) $(a-b)^4$ b) $(a^{r-1} - 25) : (3\,a^{r-1})$
c) $0\ (x \neq 0)$ d) k^{1-x}

8

a) $(b^t \cdot b^h) \cdot (s - r)$ b) $x^{g+h} \cdot (t-r)^4$

9

a) $\frac{xy}{ab}$ b) $x^4y^2a^2b^2$
c) $p^2r^{10}s^6$ d) $\frac{9b}{ax^6v^4}$
e) $x^{14}y^{15}z^{-2}$ f) $a^6b^4c^{-42}$
g) $(a^2-b^2)^{-6}$ h) 1

10

a) $\frac{a^{48}}{3^7b^{82}}$ b) $\frac{1}{a^{12}(a-b)^2}$ c) $\frac{-3g^5}{g^{10}-h^{10}}$
d) $13(k^3+m^3)$ e) 0

11

a) $\sqrt[3]{4}$ b) 4 c) $2\sqrt[3]{3}$ d) 2

12

a) $\frac{\sqrt{u-v}}{u-v}$ b) $\frac{\sqrt[5]{(2u+3v)^4}}{2u+3v}$
c) $\frac{7a(\sqrt{a}+\sqrt{b})}{a-b}$ d) $\frac{k(\sqrt{2k}-4\sqrt{3m})}{k-24m}$
e) $\frac{\sqrt{77}}{11}$ f) $\frac{\sqrt[3]{1183}}{13}$
g) $\frac{(2\sqrt{y}-3\sqrt{z})^2}{4y-9z}$ h) $\frac{1+\sqrt{1-g}}{g}$

13

a) $2\sqrt{6}$
b) $3\sqrt[5]{2}$
c) $2(a-b)\sqrt[4]{a-b}$
d) $(2a-3b)\sqrt[3]{2a-3b}$
e) $(a+2)\sqrt[3]{a-2}$

Rückblick, Seite 47

1

Für diese x-Werte sind die Funktionswerte größer als 10^6:
a) $x < -10 \cdot \sqrt[4]{10^3}$; $x > 10 \cdot \sqrt[4]{10^3}$
b) $0 < x < \frac{1}{100} \cdot \sqrt[5]{3 \cdot 10^4}$
c) $x < -2 \cdot \sqrt[6]{5^5}$; $x > 2 \cdot \sqrt[6]{5^5}$
d) $0 < x < \sqrt[7]{10^3}$
Für diese x-Werte sind die Funktionswerte kleiner als 10^{-9}:
a) $-0{,}01 < x < 0{,}01$
b) $x > 10 \cdot \sqrt[5]{3 \cdot 10^4}$
c) $-0{,}01 \cdot \sqrt[6]{200} < x < 0{,}01 \cdot \sqrt[6]{200}$
d) $x < 0$; $x > 100 \cdot \sqrt[7]{10^4}$

2

Der Graph von $x \mapsto x^3$ wurde
a) um 2 Einheiten in Richtung der y-Achse verschoben,

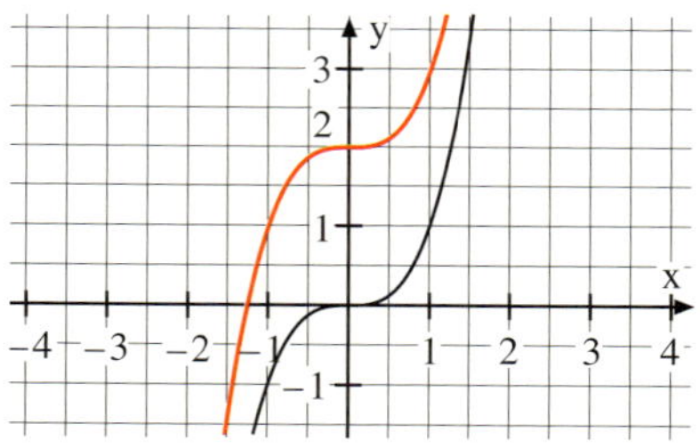

b) um 7 Einheiten in Richtung der x-Achse verschoben,

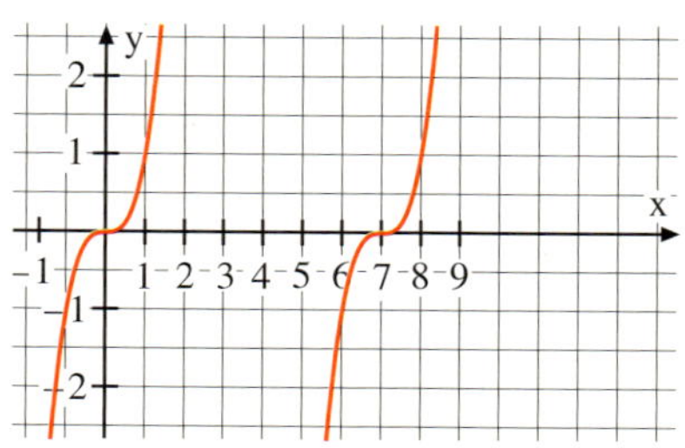

c) um 2 Einheiten gegen die Richtung der x-Achse und um 4 Einheiten in Richtung der y-Achse verschoben.

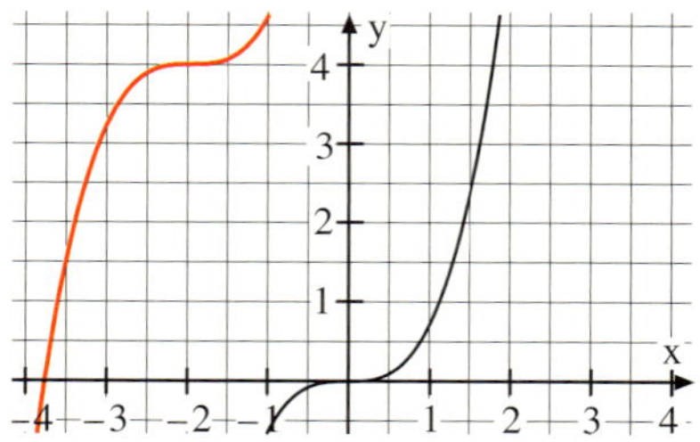

3

Der Graph von $x \mapsto x^{-4}$ wurde
a) um 5 Einheiten in Richtung der y-Achse verschoben,

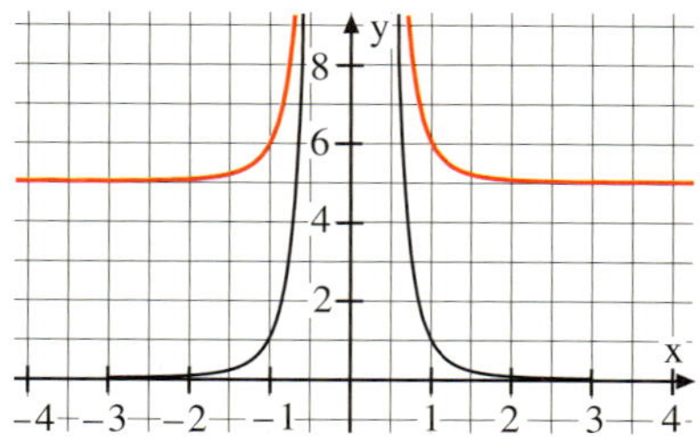

b) um 3 Einheiten gegen die Richtung der y-Achse verschoben,

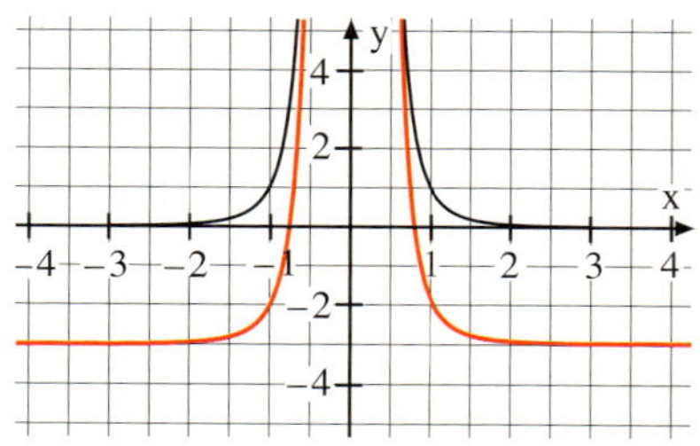

c) um 1 Einheit gegen die Richtung der x-Achse verschoben.

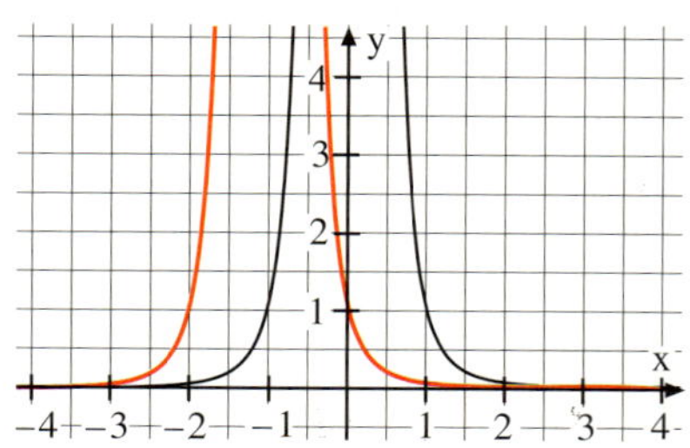

4

a) Der Graph ist punktsymmetrisch zu P(0|8); er ist überall streng monoton steigend.
b) und c) Der Graph ist achsensymmetrisch zur y-Achse; er ist streng monoton fallend für $x < 0$ und streng monoton steigend für $x \geqq 0$.
d) Der Graph ist punktsymmetrisch zu P(11|0); er ist überall streng monoton steigend.
e) Der Graph ist achsensymmetrisch zur Parallelen zur y-Achse, die durch den Punkt P(6|1) geht; er ist streng monoton fallend für $x < 6$ und streng monoton steigend für $x \geqq 6$.
f) Der Graph ist punktsymmetrisch zu P(0|–2); er ist überall streng monoton steigend.
g) Der Graph ist achsensymmetrisch zur y-Achse; er ist streng monoton steigend für $x < 0$ und streng monoton fallend für $x \geqq 0$.
h) Der Graph ist achsensymmetrisch zur Parallelen zur y-Achse, die durch den Punkt P(8|9) geht; er ist streng monoton steigend für $x < 8$ und streng monoton fallend für $x \geqq 8$.
i) Der Graph ist punktsymmetrisch zu P(7|3); er ist überall streng monoton fallend.

5

a) Der Graph ist punktsymmetrisch zu P(0|8); er ist für $x < 0$ und $x > 0$ streng monoton fallend. Die y-Achse und die Parallele zur x-Achse, die durch den Punkt P(0|8) geht, sind Asymptoten.
b) Der Graph ist achsensymmetrisch zur y-Achse; er ist streng monoton steigend für $x < 0$ und streng monoton fallend für $x > 0$. Die y-Achse und die Parallele zur x-Achse, die durch den Punkt P(0|5) geht, sind Asymptoten.
c) Der Graph ist punktsymmetrisch zu O(0|0); er ist für $x < 0$ und $x > 0$ streng monoton fallend. Die y-Achse und die x-Achse sind Asymptoten.
d) Der Graph ist achsensymmetrisch zur Parallelen zur y-Achse, die durch den Punkt P(–4|0) geht; er ist streng monoton steigend für $x < -4$ und streng monoton fallend für $x > -4$. Die x-Achse und die Parallele zur y-Achse, die durch den Punkt P(–4|0) geht, sind Asymptoten.
e) Der Graph ist punktsymmetrisch zu P(5|2); er ist für $x < 5$ und $x > 5$ streng monoton fallend. Die Parallelen zur y-Achse und zur x-Achse, die durch den Punkt P(5|2) gehen, sind Asymptoten.
f) Der Graph ist punktsymmetrisch zu P(6|1); er ist für $x < 6$ und $x > 6$ streng monoton fallend. Die Parallelen zur y-Achse und zur x-Achse, die durch den Punkt P(6|1) gehen, sind Asymptoten.
g) Der Graph ist achsensymmetrisch zur y-Achse; er ist streng monoton fallend für $x < 0$ und streng monoton steigend für $x > 0$. Die x-Achse und die y-Achse sind Asymptoten.
h) Der Graph ist punktsymmetrisch zu P(–17|1); er ist für $x < -17$ und $x > -17$ streng monoton steigend. Die Parallelen zur x-Achse und zur y-Achse, die durch den Punkt P(–17|1) gehen, sind Asymptoten.
i) Der Graph ist achsensymmetrisch zur Parallelen zur y-Achse, die durch den Punkt P(3|–6) geht; er ist streng monoton fallend für $x < 3$ und streng monoton steigend für $x > 3$. Die Parallelen zur x-Achse und zur y-Achse, die durch den Punkt P(3|–6) gehen, sind Asymptoten.

6

a)

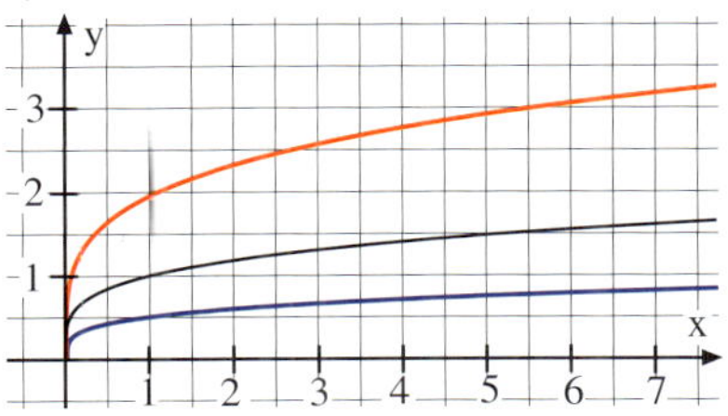

b)

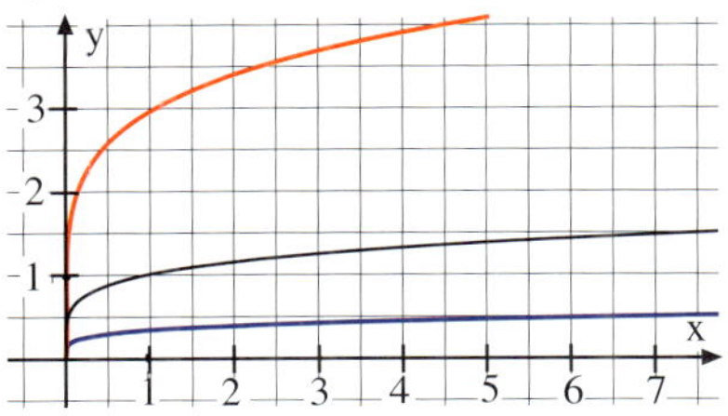

7

a) Nein, denn den x-Werten –1 und 1 wird der y-Wert 2 zugeordnet.
b) und d) Ja: Der Graph ist überall streng monoton steigend; er wird deshalb von keiner Parallelen zur x-Achse zweimal geschnitten.
c) Nein, denn den x-Werten 0 und 2 wird der y-Wert 1 zugeordnet.

8

a)

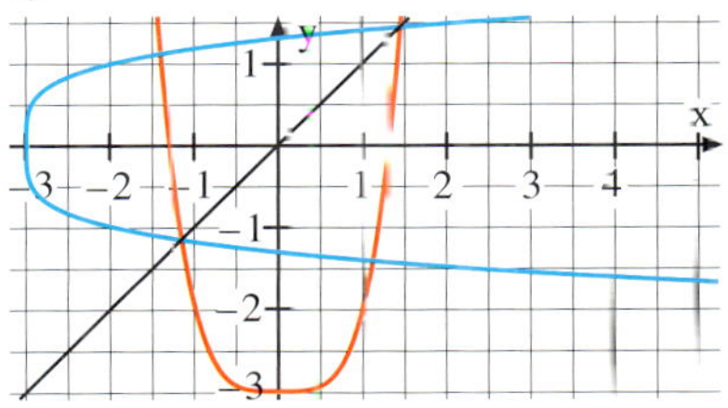

b) $D = \{x \mid x \geqq 0\}$ oder $D = \{x \mid x \leqq 0\}$

9

a) $D = \{x \mid x \geqq 0\}$ oder $D = \{x \mid x \leqq 0\}$
b) $D = \{x \mid x \geqq -7\}$ oder $D = \{x \mid x \leqq -7\}$
c) $D = \{x \mid x \geqq 7\}$ oder $D = \{x \mid x \leqq 7\}$
d) $D = \{x \mid x \geqq 12\}$ oder $D = \{x \mid x \leqq 12\}$

10

a) $L = \{-4;\ 4\}$
b) $L = \{6\}$
c) $L = \left\{-\sqrt[12]{1\frac{4}{3}};\ \sqrt[12]{1\frac{4}{3}}\right\}$
d) $L = \{\}$
e) $L = \left\{\sqrt[13]{45}\right\}$
f) $L = \{\}$

11

a) $L = \{-2;\ 5\}$
b) $L = \{\}$
c) $L = \left\{-\sqrt[12]{2};\ \sqrt[12]{2}\right\}$
d) $L = \{\}$
e) $L = \{\}$
f) $L = \{-1;\ 1\}$

12

a) $L = \{19683\}$
b) $L = \{-5\}$
c) $L = \{\}$
d) $L = \left\{\sqrt[3]{2}\right\}$

13

a) $L = \{32\}$
b) $L = \{387420494\}$
c) $L = \{9\}$
d) $L = \{\}$

Rückblick, Seite 79

1

a)

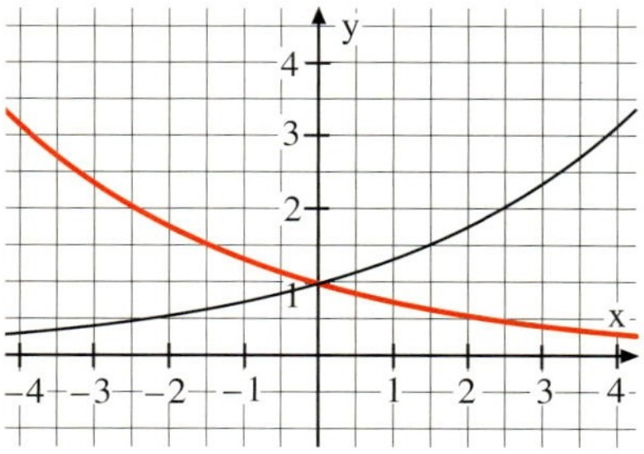

b) $x \mapsto \left(\frac{3}{4}\right)^x$ ist monoton fallend.

$x \mapsto \left(\frac{4}{3}\right)^x$ ist monoton steigend.

c) Die Graphen sind symmetrisch zur y-Achse.

2

a) $a = 0{,}8$; $b = 100$,
also $x \mapsto 100 \cdot 0{,}8^x$.

b) Halbwertszeit: ca. 3 Zeiteinheiten

3

a) $x \mapsto 6 \cdot \left(\frac{1}{3}\right)^x$ b) $x \mapsto \frac{1}{9} \cdot 3^x$

c) $x \mapsto 4 \cdot \left(\frac{1}{2}\right)^x$ d) $x \mapsto 10 \cdot \left(\sqrt{2}\right)^x$

4

a) $0{,}1\,\text{mm} \cdot 2^8 = 25{,}6\,\text{mm}$

b) Nach dem 14. Falten (dann wäre es 1,6384 m dick)

5

a) $\frac{1}{4}$ Stunde, also 15 Minuten

b) 4:26 h bzw. rund $4\frac{1}{2}$ h

6

Man erhält den Umfang U_n des n-ten Quadrats aus dem Umfang U_1 des ersten Quadrats, in dem man U_1 insgesamt (n − 1)-mal mit $\frac{1}{\sqrt{2}}$ multipliziert, also

$$U_n = U_1 \cdot \left(\frac{1}{\sqrt{2}}\right)^{n-1}.$$

(Man erhält den Flächeninhalt A_n des n-ten Quadrats aus dem Flächeninhalt des ersten Quadrats, indem man A_1 insgesamt (n − 1)-mal mit $\frac{1}{2}$ multipliziert, also

$$A_n = A_1 \cdot \left(\frac{1}{2}\right)^{n-1}.)$$

7

a) 3 b) 8 c) −3

d) −3 e) −6

8

a) 0,436 1627 b) 2,261 8595

c) 2,861 3531 d) 7,212 5674

e) −0,369 0702

9

a) $x \mapsto \log_{\frac{5}{4}}(x)$

b)

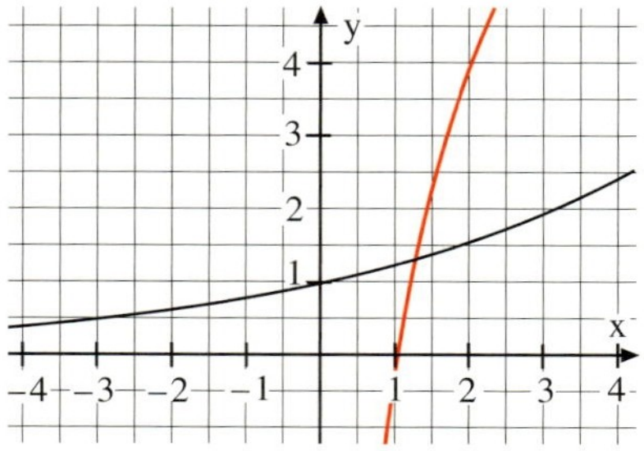

c) Die Graphen liegen symmetrisch zur Geraden mit der Gleichung $y = x$.

10

a) $\lg(a) + \lg(b) + \lg(c)$

b) $3 \cdot \log_a(x)$

c) $2 + \log_a(b) + \log_a(c)$

d) $\lg(3) + \lg(a) - 1 - \lg(b)$

e) $\frac{3}{2} \cdot \log_a(u) + \frac{1}{2} \cdot \log_a(v) + \frac{5}{2} \cdot \log_a(w)$

11

a) $x = 2$

b) $x = -1{,}5$

c) $x \approx 1{,}093\,1094$

d) $x \approx -1{,}100\,894$

Rückblick, Seite 99

1

a) $d = 7{,}16\,\text{m}$; $U \approx 22{,}5\,\text{m}$; $A \approx 40{,}3\,\text{m}^2$

b) $d \approx 24{,}5\,\text{cm}$; $r \approx 12{,}25\,\text{cm}$
$A \approx 472\,\text{cm}^2$

c) $r \approx 1{,}26\,\text{cm}$; $d \approx 2{,}52\,\text{cm}$; $U \approx 7{,}93\,\text{cm}$

d) $r = 0{,}50\,\text{m}$; $U \approx 3{,}14\,\text{m}$; $A \approx 0{,}785\,\text{m}^2$

e) $d = 14\,\text{cm}$; $r = 7\,\text{cm}$; $A = 49\,\pi\,\text{cm}^2$

f) $r = 2{,}3\,\text{m}$; $d = 4{,}6\,\text{m}$; $U = 4{,}6\,\pi\,\text{m}$

2

a) $b \approx 5{,}8\,\text{cm}$; $A \approx 27{,}6\,\text{cm}^2$

b) $\alpha \approx 172°$; $A = 9{,}375\,\text{cm}^2$

c) $r = 11{,}5\,\text{cm}$; $A \approx 68{,}8\,\text{cm}^2$

d) $b = 8{,}8\,\text{cm}$; $\alpha \approx 126°$

3

$38{,}5\,\text{cm}^2$

4

1,8 mm

5

$0{,}209\,\text{m}^2$

6

etwa 360 rote und 450 gelbe Tulpenzwiebeln

7

0,739 m

8

etwa 1,4 Millionen km

9

Alle Kreisteile haben denselben Flächeninhalt und denselben Umfang. (Bezeichnet man den Durchmesser des großen Kreises mit 8 a, so beträgt der Flächeninhalt jeweils $A = 4\,a^2\,\pi$, der Umfang jeweils $U = 8\,a\,\pi$.)

10

Die Mittelpunkte der drei Münzen bilden die Ecken eines gleichseitigen Dreiecks: Der Umfang ist gleich dem halben Umfang einer Münze:
$U \approx 33{,}4\,\text{mm}$.
Der Flächeninhalt ist gleich der Differenz aus dem Flächeninhalt des gleichseitigen Dreiecks und dem Flächeninhalt eines Halbkreises:
$A \approx 18{,}2\,\text{mm}^2$

Rückblick Seite 115

1

a)

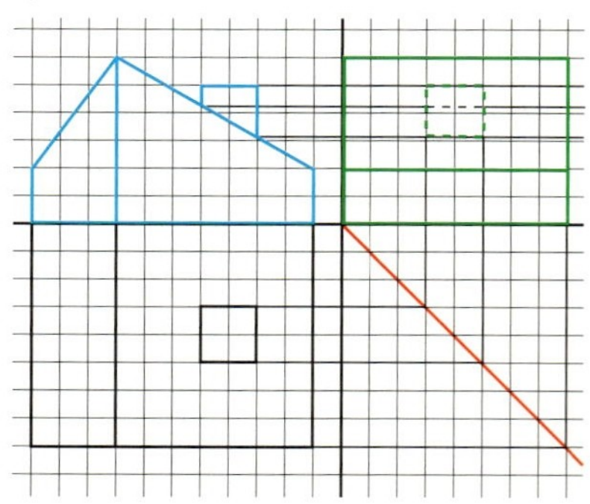

b) Schrägbild mit $\alpha = 45°$, $k = \frac{1}{2}$

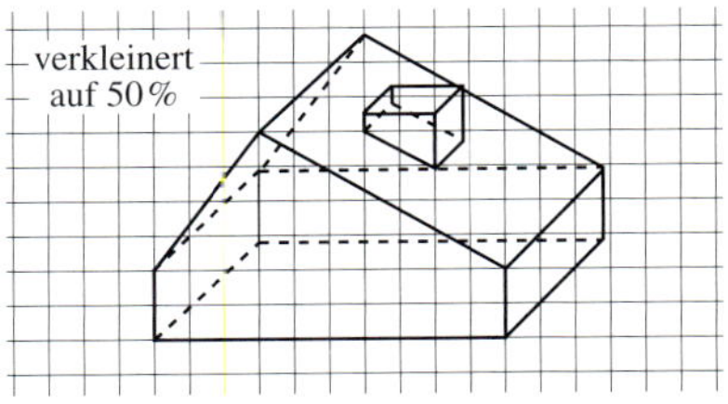

Schrägbild mit $\alpha = 30°$, $k = \frac{2}{3}$

verkleinert auf 50 %

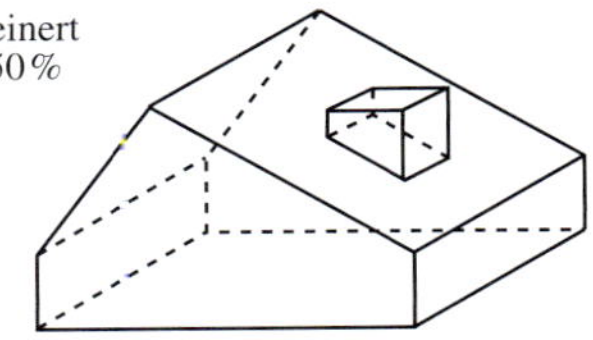

2

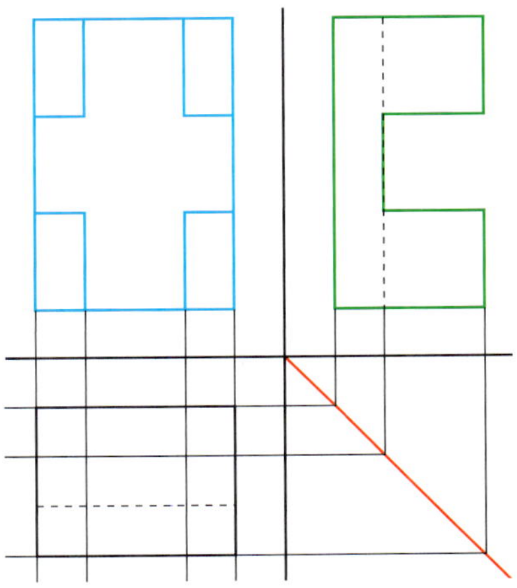

3

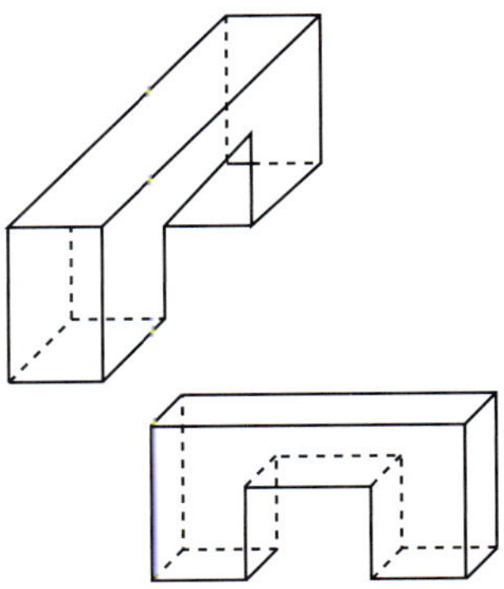

4

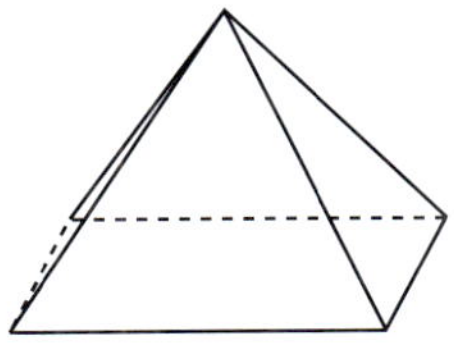

5

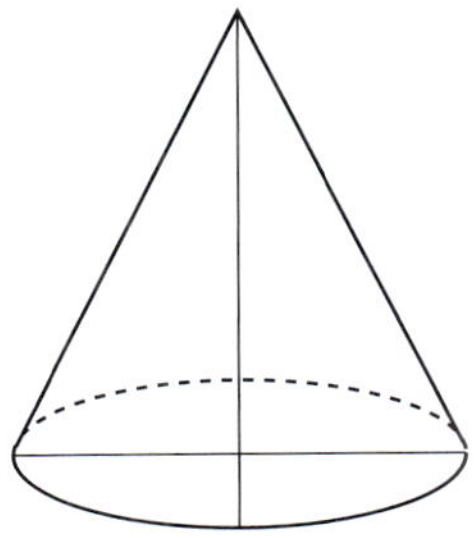

6

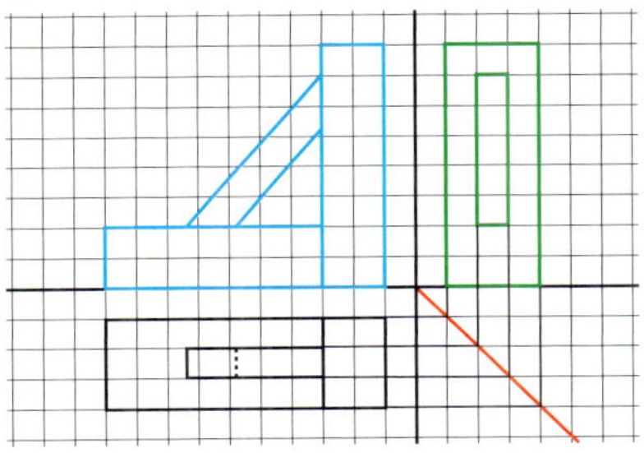

7

Abbildung auf 35 % verkleinert

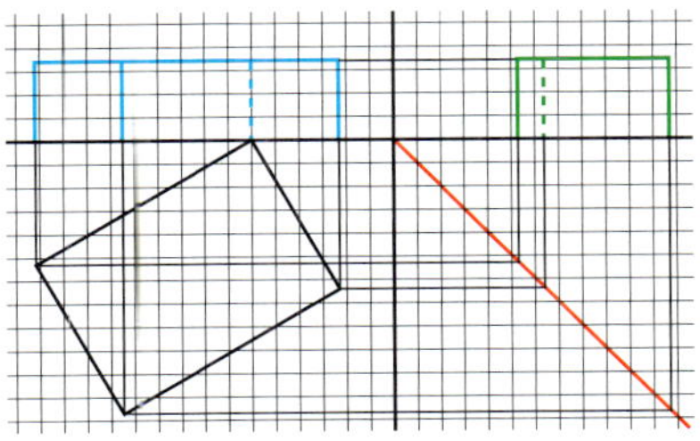

8

a)

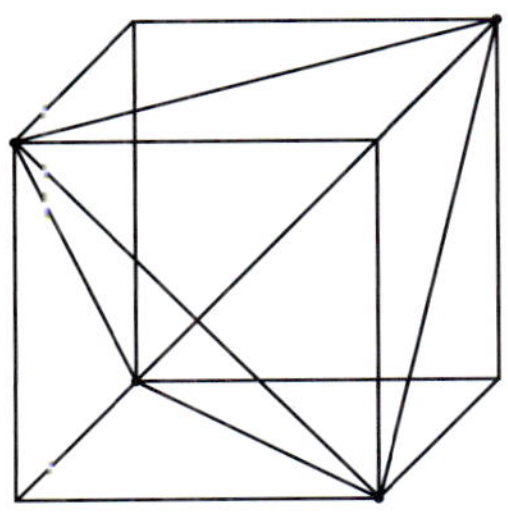

b) Alle Seiten der Dreiecke sind Diagonalen von Quadraten mit der Seitenlänge 4 cm.

c) Der Körper ist ein Tetraeder.

Rückblick, Seite 139

1

a) $V \approx 67{,}4\,m^3$ $\quad O \approx 115{,}8\,m^2$

b) $V \approx 36{,}0\,m^3$ $\quad O \approx 60{,}2\,m^2$

2

$V \approx 32\,390\,\pi\,cm^3 \approx 101\,700\,cm^3$

$O \approx 3848\,\pi\,cm^2 \approx 12\,089\,cm^2$

$M \approx 2677\,\pi\,cm^2 \approx 8409\,cm^2$

3

a) $V \approx 40{,}8\,cm^3$ $\quad O \approx 83{,}3\,cm^2$

b) $V \approx 175\,200\,cm^3$ $\quad O \approx 20\,870\,cm^2$

4

a) $V \approx 1052\,\pi\,cm^3 \approx 3306\,cm^3$

$M = 360\,\pi\,cm^2 \approx 1131\,cm^2$

$O = 441\,\pi\,cm^2 \approx 1385\,cm^2$

b) $V = 103\,488\,\pi\,cm^3 \approx 325\,100\,cm^3$

$M = 3640\,\pi\,cm^2 \approx 11\,440\,cm^2$

$O = 6776\,\pi\,cm^2 \approx 21\,290\,cm^2$

c) $V = 756{,}25\,\pi\,m^3 \approx 2376\,m^3$

$M \approx 788{,}4\,m^2$

$O = 440\,\pi\,m^2 \approx 1382{,}30\,m^2$

5

a) $V \approx 100{,}9\,\pi\,m^3 \approx 317{,}0\,m^3$

$O \approx 71{,}57\,\pi\,m^2 \approx 224{,}9\,m^2$

b) $r \approx 12\,cm$

$V \approx 2304\,\pi\,cm^3 \approx 7238\,cm^3$

c) $r = 27\,dm$

$O = 2916\,\pi\,dm^2 \approx 9161\,dm^2$

6

a) $V = (5250\,\pi + 3375)\,mm^3$

$\approx 19\,870\,mm^3$

b) $V = 12\,800\,\pi\,mm^3 \approx 40\,210\,mm^3$

7

a) $V = \frac{1}{4}a^3$ $\quad V = 16\,mm^3$

b) 0,28 Karat

8

a) Der Drehkörper besteht aus einem Kegel und einer Halbkugel.

b) $V = 2\pi r^3$ $\quad O = \left(\sqrt{5} + 5\right) r^2 \cdot \pi$

c) $r = 3{,}5\,cm$

9

a) $V = a^3 + 2a^2 \cdot h$ $\quad$ b) $V = 504\,cm^3$

c) $h = \frac{a}{2}$

Rückblick, Seite 161

1

a) $\alpha = 48°$; $c \approx 7{,}2\,cm$; $a \approx 5{,}3\,cm$

b) $\beta = 18°$; $b \approx 2{,}3\,cm$; $a \approx 6{,}9\,cm$

c) $\alpha = 61{,}8°$; $c \approx 4{,}2\,cm$; $b \approx 2{,}0\,cm$

d) $\alpha = 69{,}5°$; $b \approx 4{,}5\,cm$; $c \approx 12{,}9\,cm$

e) $\beta \approx 32{,}9°$; $\alpha \approx 57{,}1°$; $a \approx 2{,}9\,cm$

f) $\beta = 84{,}3°$; $a \approx 0{,}33\,cm$; $b \approx 3{,}3\,cm$

2

a) $d = b = 3{,}1\,cm$; $c \approx 3{,}6\,cm$;
$A \approx 12{,}2\,cm^2$

b) $d = b = 7{,}5\,cm$; $a \approx 15{,}7\,cm$;
$A \approx 50{,}5\,cm^2$

3

a) Teildreieck: $A_t = \frac{1}{2} r^2 \sin\left(\frac{360°}{n}\right)$;
Also: $A = \frac{n}{2} r^2 \sin\left(\frac{360°}{n}\right)$.

b) 10-Eck: $A \approx 73{,}473\,cm^2$
(93,5 % der Kreisfläche)
16-Eck: $A \approx 76{,}537\,cm^2$
(97,4 % der Kreisfläche)
256-Eck: $A \approx 78{,}532\,cm^2$
(99,99 % der Kreisfläche)

4

a) $\alpha \approx 78{,}5°$ $\quad$ b) $\beta \approx 73{,}6°$

5

Länge der Leitung: 1050 m;
Neigungswinkel: $\alpha \approx 23{,}2°$

6

a) etwa 290 cm $\quad$ b) etwa 8 cm

7

a) $1 + \tan^2(\alpha) = 1 + \frac{\sin^2(\alpha)}{\cos^2(\alpha)}$
$= \frac{\sin^2(\alpha) + \cos^2(\alpha)}{\cos^2(\alpha)} = \frac{1}{\cos^2(\alpha)}$

b)

sin (α)	0,11	0,6834
cos (α)	0,9939	0,73
tan (α)	0,1107	0,9362

sin (α)	0,8232	0,54
cos (α)	0,5677	0,8417
tan (α)	1,45	0,6416

sin (α)	0,9915	0,1676
cos (α)	0,13	0,9859
tan (α)	7,627	0,17

Rückblick, Seite 189

1

a) $\frac{1}{2}$ $\quad$ b) $-\frac{\sqrt{2}}{2}$ $\quad$ c) $-\frac{\sqrt{3}}{2}$ $\quad$ d) $-\frac{\sqrt{3}}{2}$

e) $-\frac{\sqrt{3}}{2}$ $\quad$ f) $\frac{\sqrt{3}}{2}$ $\quad$ g) $-\frac{1}{2}$ $\quad$ h) $-\frac{\sqrt{3}}{2}$

2

a) $180° < \alpha < 270°$

b) $180° < \alpha < 300°$

c) $90° < \alpha < 180°$

d) $0° \leqq \alpha < 45°$ oder
$270° < \alpha \leqq 360°$

3

$0° \leqq \alpha \leqq 90°$ oder $270° \leqq \alpha \leqq 360°$

4

a) $\sin(\alpha) = -\sqrt{0{,}99}$ $\quad$ b) $\cos(\alpha) = -0{,}6$

5

a) $\alpha_1 \approx 360° + (-27{,}1°) = 332{,}9°$
$\alpha_2 \approx 180° - (-27{,}1°) = 207{,}1°$

b) $\alpha_1 \approx 48{,}9°$
$\alpha_2 \approx 311{,}1°$

c) $\alpha_1 \approx 360° + (-68{,}2°) = 291{,}8°$
$\alpha_2 \approx 180° + (-68{,}2°) = 111{,}8°$

d) $\alpha_1 \approx 26{,}6°$
$\alpha_2 \approx 180° + 26{,}6° = 206{,}6°$

e) $\alpha_1 \approx 33{,}3°$
$\alpha_2 \approx 180° - 33{,}3° = 146{,}7°$

f) $\alpha_1 \approx 106{,}7°$
$\alpha_2 \approx 360° - 106{,}7° = 253{,}3°$

6

a) $\cos(\alpha - \beta) = \frac{2\sqrt{21} + \sqrt{26}}{15}$

b) $\sin(\alpha + \beta) = \frac{2\sqrt{6} + \sqrt{91}}{15}$

c) $\sin(2\alpha) = \frac{2\sqrt{14}}{9}$

d) $\cos(2\beta) = -\frac{1}{25}$

7

a) $-\sqrt{3} \cdot \sin(\alpha)$ $\quad$ b) $\cos(\alpha) + \sqrt{3} \cdot \sin(\alpha)$

c) $-\sin(\alpha)$ $\quad$ d) $\sin(\alpha)$

8

a) $\frac{\sqrt{2}}{2}$ $\quad$ b) $\frac{\sqrt{3}}{2}$ $\quad$ c) $-\sqrt{3}$ $\quad$ d) $\frac{\sqrt{2}}{2}$

9

a) $x_1 \approx 0{,}557$; $\quad x_2 \approx 2{,}585$

b) $x_1 \approx 5{,}623$; $\quad x_2 \approx 3{,}802$

c) $x_1 \approx 2{,}722$; $\quad x_2 \approx 3{,}561$

10

a) Amplitude ist 1,5 $\quad$ Periode ist 2π

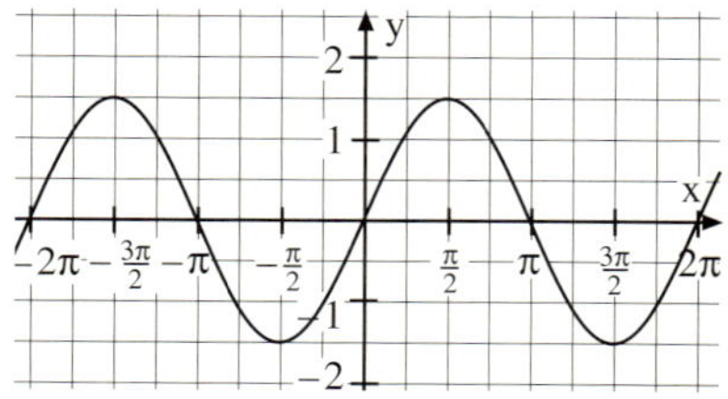

b) Amplitude ist 2 $\quad$ Periode ist 2π

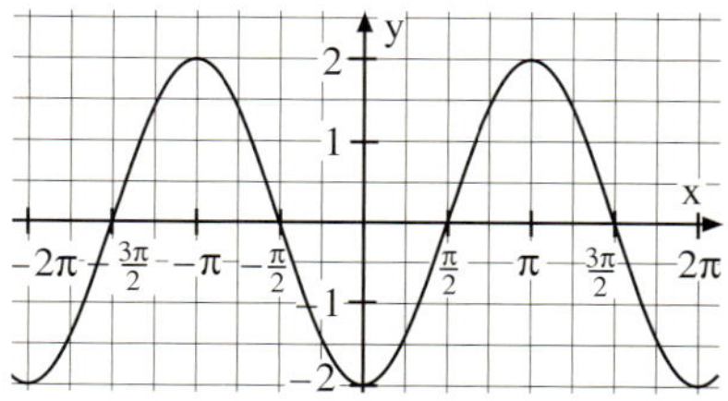

c) Amplitude ist 1 $\quad$ Periode ist 1

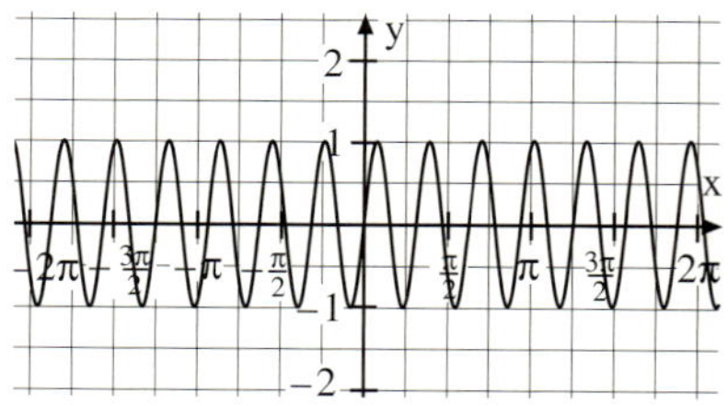

d) Amplitude ist 3 $\quad$ Periode ist π

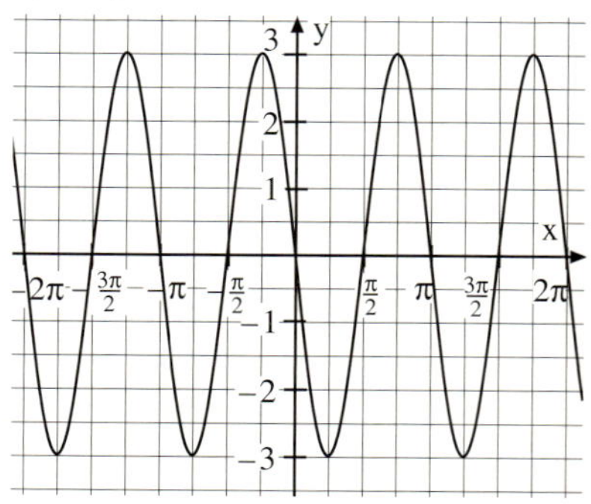

e) Amplitude ist 2 Periode ist $\frac{2\pi}{3}$

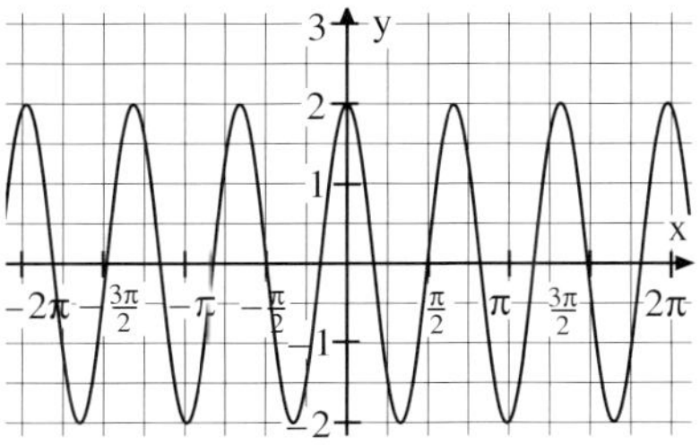

f) Amplitude ist $\frac{1}{2}$ Periode ist 4

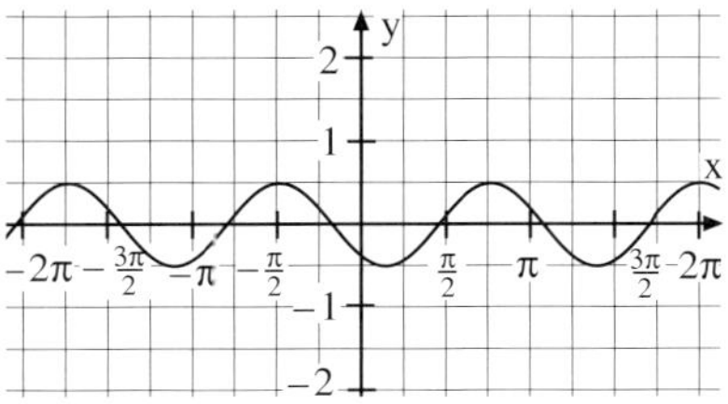

11

a) $L = \{x \mid x = \frac{0{,}438 + k\pi}{2}$ oder $x = \frac{1{,}704 + k\pi}{2}$; k aus $\mathbb{Z}\}$

b) $L = \{x \mid x = \frac{-2{,}893 + k\pi}{3}$; k aus $\mathbb{Z}\}$

c) $L = \{x \mid x = -8 + (2k+1)\pi$ oder $x = \frac{2 + (2k+1)\pi}{3}$; k aus $\mathbb{Z}\}$

d) $L = \{x \mid x = 1{,}91 + 2k\pi$ oder $x = 4{,}373 + 2k\pi$; k aus $\mathbb{Z}\}$

e) $L = \{x \mid x = 2k\pi$ oder $x = 2{,}498 + 2k\pi$; k aus $\mathbb{Z}\}$

f) $L = \{x \mid x = k\pi$ oder $x = 2{,}747 + 2k\pi$ oder $x = 3{,}536 + 2k\pi$; k aus $\mathbb{Z}\}$

12

a)

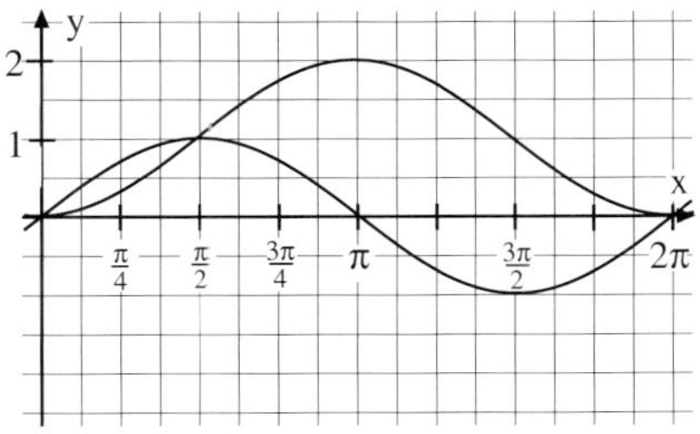

Schnittpunkte:
$S_1(0|0)$; $S_2(\frac{\pi}{2}|1)$; $S_3(2\pi|0)$

b)

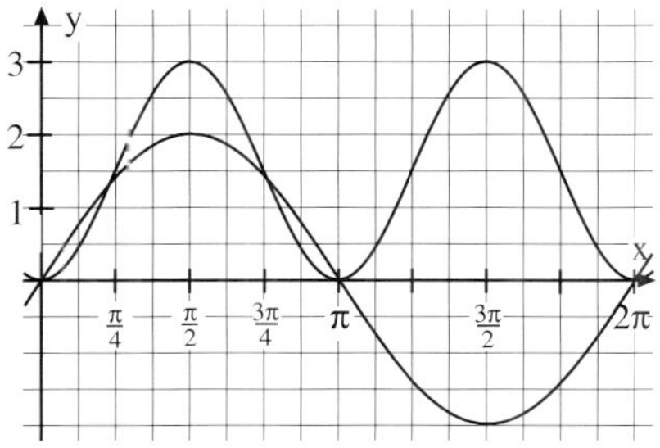

Schnittpunkte:
$S_1(0|0)$; $S_2(\pi|0)$; $S_3(2\pi|0)$
$S_4(0{,}730|\frac{4}{3})$; $S_5(2{,}412|\frac{4}{3})$

Rückblick, Seite 207

1

a) $b \approx 1{,}5\,m$; $\alpha \approx 40{,}0°$; $\beta \approx 100{,}0°$
b) $\alpha \approx 38{,}7°$; $\beta \approx 76{,}7°$; $\gamma \approx 64{,}6°$
c) $\alpha = 44{,}3°$; $a \approx 2{,}84\,m$; $c \approx 3{,}93\,m$
d) Hier gibt es zwei Dreiecke:
$\beta_1 \approx 36{,}6°$; $\alpha_1 \approx 127{,}9°$; $a_1 \approx 10{,}3\,km$
$\beta_2 \approx 143{,}4°$; $\alpha_2 \approx 21{,}1°$; $a_2 \approx 4{,}7\,km$
e) $\beta \approx 21{,}6°$; $\gamma \approx 111{,}1°$; $c \approx 2{,}87\,m$
f) $\alpha = 60{,}2°$; $b \approx 1{,}35\,cm$; $c \approx 3{,}48\,cm$

2

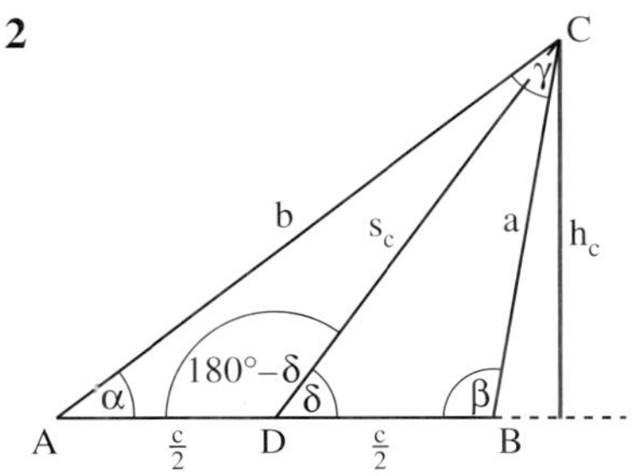

a) Erst sind die Winkel β und δ mit dem Kosinussatz im Dreieck DBC zu bestimmen. Danach können im Dreieck ADC mit dem Kosinussatz die Seite b und mit dem Sinussatz der Winkel α bestimmt werden.
$\delta \approx 57{,}5°$; $\beta \approx 92{,}5°$
$b \approx 6{,}0\,cm$; $\alpha \approx 39{,}1°$
also: $\gamma \approx 48{,}4°$
b) $h_c \approx 3{,}8\,cm$

3

a) $b \approx 12{,}5\,cm$; also $U \approx 25{,}8\,cm$
$h_b = c \cdot \sin(\alpha)$; $h_b \approx 2{,}2\,cm$;
also $A \approx 13{,}8\,cm^2$
b) $s_b \approx 2{,}7\,cm$

4

a)

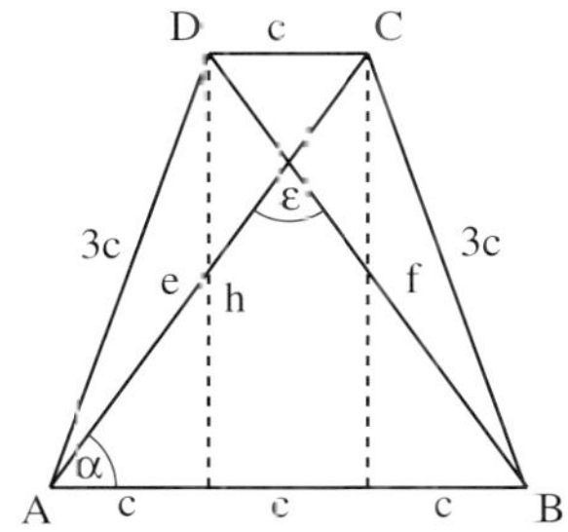

Mit $h = 2\sqrt{2}\,c$ und $e = 2\sqrt{3}\,c$ ergibt sich $\sin(\alpha_1) = \sqrt{\frac{2}{3}}$ und damit
$\alpha_1 \approx 54{,}7°$.
Also: $\varepsilon = 180° - 2\alpha_1 \approx 70{,}6°$.

b)

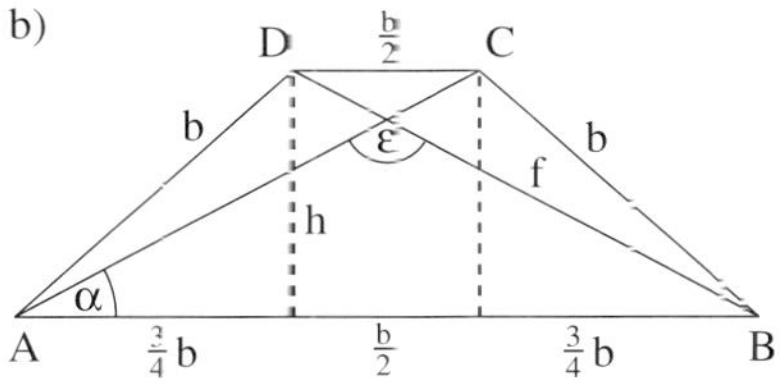

Mit $h = \frac{1}{4}\sqrt{7}\,b$ und $f = \sqrt{2}\,b$ ergibt sich $\sin(\alpha_1) = \frac{1}{8}\sqrt{14}$ und damit
$\alpha_1 \approx 27{,}9°$.
Also: $\varepsilon = 180° - 2\alpha_1 \approx 124{,}2°$.

5

Hier sind je nach Rechenreihenfolge Abweichungen gegen die angegebenen Winkel um 0,1° möglich.
$\alpha \approx 62{,}9°$; $\beta \approx 42{,}8°$; $\gamma \approx 74{,}3°$

6

a) $V = 25\,cm^2 \cdot 10\,cm \cdot \sin(70°)$
$\approx 234{,}9\,cm^3$
$O = 2 \cdot 25\,cm^2 + 2 \cdot 50\,cm^2 + 2 \cdot 5\,cm \cdot 10\,cm \cdot \sin(70°)$
$\approx 244{,}0\,cm^2$
b) Hier muss erst $180° - \alpha$ mit dem Kosinussatz im Dreieck ABF bestimmt werden. Daraus ergibt sich der Winkel α zu 60°.
$V = 9\,cm^2 \cdot 8\,cm \cdot \sin(60°)$
$\approx 62{,}4\,cm^3$
$O = 2 \cdot 9\,cm^2 + 2 \cdot 24\,cm^2 + 2 \cdot 3\,cm \cdot 8\,cm \cdot \sin(60°)$
$\approx 107{,}6\,cm^2$

7

a) $\overline{BC} \approx 505\,m$
b) $\sphericalangle ABC \approx 41{,}5°$
$\sphericalangle BCA \approx 65{,}5°$

Mathematische Begriffe und Bezeichnungen

1 Mengen

$\mathbb{N} = \{0;\ 1;\ 2;\ 3;\ \ldots\}$	ist die Menge der natürlichen Zahlen
$\{x \mid x > 3\}$	Menge aller Zahlen x, für die gilt: $x > 3$
$M \setminus \{a, b, c, \ldots\}$	Menge M ohne die Elemente a, b, c, … z. B. $\mathbb{Q} \setminus \{2;\ -2\}$
$\mathbb{Z}$	Menge der ganzen Zahlen
$\mathbb{Q}$	Menge der rationalen Zahlen
$\{\ \}$	leere Menge
$\mathbb{R}$	Menge der reellen Zahlen

2 Beziehungen zwischen Zahlen und zwischen Größen

$a = b$	a gleich b	z. B. $0{,}75\,\text{m} = 75\,\text{cm}$
$a \approx b$	a ungefähr gleich b	z. B. $346 \approx 350$
$a < b$	a kleiner b	z. B. $19 < 21$
$a > b$	a größer b	z. B. $2\,\text{m} > 195\,\text{cm}$
$a < b < c$	b liegt zwischen a und c	z. B. $7 < 10 < 11$

3 Geometrie

P; Q; R; …	Punkte
$P(x \mid y)$	Punkt P mit der 1. Koordinate x und der 2. Koordinate y; z. B. $P(2 \mid 3)$
PQ	Gerade durch die Punkte P und Q
$\overline{PQ}$	Strecke mit den Endpunkten P und Q, auch Länge dieser Stecke
$\overset{\frown}{PQ}$	Kreisbogen von P nach Q
g; h; k; …	Geraden, Halbgeraden
a; b; c; …	Strecken, auch Länge der Strecken (z. B. $a = 3\,\text{cm}$)
$g \perp h$	g ist senkrecht zu h
$g \parallel h$	g ist parallel zu h
$\sphericalangle BAC$	Winkel mit B auf dem ersten und C auf dem zweiten Schenkel und A als Scheitel
$\sphericalangle gh$	Winkel mit g als erstem Schenkel und h als zweitem Schenkel
$\alpha;\ \beta;\ \gamma;\ \ldots$	griechisches Alphabet, Bezeichnung für Winkel
$Z_{S,k}$	Zentrische Streckung mit Zentrum S und Streckfaktor k
$F \sim G$	Figur F ist ähnlich zu Figur G

Register